全国一级造价工程师职业资格考试辅导教材

建设工程
技术与计量

（安装工程）

全国一级造价工程师职业资格考试用书编写组　组编

---◇◇◇◇◇◇◇◇◇◇ **编写组成员** ◇◇◇◇◇◇◇◇◇◇---

主　编　吴春霞

主　审　柴泽江

参　编　王　菲　　杨小虎　　王　琳　　焦潞阳

　　　　戴梦婷　　毋祎祎　　杨帅飞　　李惊宇

哈尔滨工程大学出版社

Harbin Engineering University Press

内 容 简 介

本书主要根据考试大纲要求,从造价工程施工的实践出发,在紧扣法规、标准及规范的基础上,针对安装工程材料、机械设备、施工技术、计量等相关知识进行编写,旨在加强考生对理论知识的掌握,提高应用专业技术知识和工程量计算规则对安装工程进行计量的能力。全书以图文并茂的形式,透彻研析考试大纲和历年真题,精心编写"命题分析""考点精讲""同步自测"和"答案详解"四个模块,对考试内容进行解读,并对重点、难点和延伸的知识点进行多层次地专项解读,旨在帮助考生更好地理解和掌握知识点,使考生能在有限的时间内科学、有效地备考。

图书在版编目(CIP)数据

建设工程技术与计量. 安装工程 / 全国一级造价工程师职业资格考试用书编写组组编. — 哈尔滨:哈尔滨工程大学出版社, 2023.4
全国一级造价工程师职业资格考试辅导教材
ISBN 978-7-5661-3873-6

Ⅰ. ①建… Ⅱ. ①全… Ⅲ. ①建筑安装 – 建筑造价管理 – 资格考试 – 自学参考资料 Ⅳ. ①TU723.3

中国国家版本馆 CIP 数据核字(2023)第 047737 号

建设工程技术与计量(安装工程)
JIANSHE GONGCHENG JISHU YU JILIANG(ANZHUANG GONGCHENG)

选题策划 李惊宇
责任编辑 张 彦
封面设计 天 一

出版发行	哈尔滨工程大学出版社
社　　址	哈尔滨市南岗区南通大街 145 号
邮政编码	150001
发行电话	0451-82519328
传　　真	0451-82519699
经　　销	新华书店
印　　刷	新乡市华夏印务有限责任公司
开　　本	787 mm×1 092 mm　1/16
印　　张	29
字　　数	742 千字
版　　次	2023 年 4 月第 1 版
印　　次	2023 年 4 月第 1 次印刷
定　　价	68.00 元

http://www.hrbeupress.com
E-mail:heupress@ hrbeu.edu.cn

为了满足广大考生的应试复习要求，便于考生明晰现行考试考情，更好地备战全国一级造价工程师职业资格考试，我们认真研究现行考试要求，严格依据考试大纲，以章节为顺序编排，并结合现行法律法规、国家标准及行业规范，准确把控和解读历年考试命题点，以创新性的形式整合知识体系编写了本系列图书。

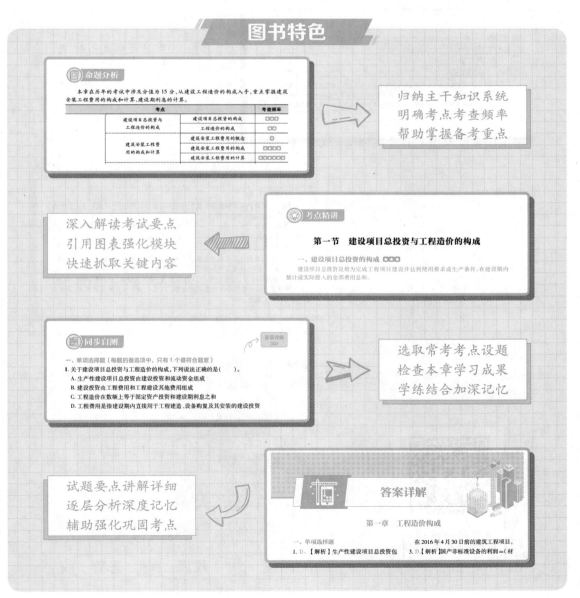

图书特色

命题分析

本章在历年的考试中涉及分值为15分，从建设工程造价的构成入手，重点掌握建筑安装工程费用的构成和计算，建设期利息的计算。

考点		考查频率
建设项目总投资与工程造价的构成	建设项目总投资的构成	□□□
	工程造价的构成	□□
建筑安装工程费用的构成和计算	建筑安装工程费用的概念	□
	建筑安装工程费用的构成	□□□
	建筑安装工程费用的计算	□□□□□

归纳主干知识系统
明确考点考查频率
帮助掌握备考重点

深入解读考试要点
引用图表强化模块
快速抓取关键内容

考点精讲

第一节　建设项目总投资与工程造价的构成

一、建设项目总投资的构成 □□□

建设项目总投资是指为完成工程项目建设并达到使用要求或生产条件，在建设期内预计或实际投入的全部费用总和。

同步自测

答案详解
300

一、单项选择题（每题的备选项中，只有1个最符合题意）

1.关于建设项目总投资与工程造价的构成，下列说法正确的是（　　）。
   A.生产性建设项目总投资由建设投资和流动资金组成
   B.建设投资由工程费用和工程建设其他费用组成
   C.工程造价在数额上等于固定资产投资和建设期利息之和
   D.工程费用是指建设期内直接用于工程建造、设备购置及其安装的建设投资

选取常考考点设题
检查本章学习成果
学练结合加深记忆

试题要点讲解详细
逐层分析深度记忆
辅助强化巩固考点

答案详解

第一章　工程造价构成

一、单项选择题

1.D.【解析】生产性建设项目总投资包

在2016年4月30日前的建筑工程项目。

3.D【解析】国产非标准设备的利润＝（材

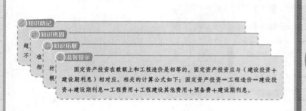

图表结合视觉清新
内容简洁层次分明
备考方便逻辑清晰

项目名称	工作内容
成井	①准备钻孔机械、埋设护筒、钻机就位；泥浆制作、固壁；成孔、出渣、清孔等。②对接上、下井管（滤管）；焊接、安放，下滤料，洗井，连接试抽等
排水、降水	①管道安装、拆除，场内搬运等。②抽水、值班、降水设备维修等

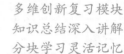

多维创新复习模块
知识总结深入讲解
分块学习灵活记忆

固定资产投资在数额上和工程造价是相等的。固定资产投资应与（建设投资＋建设期利息）相对应。相关的计算公式如下：固定资产投资＝工程造价＝建设投资＋建设期利息＝工程费用＋工程建设其他费用＋预备费＋建设期利息。

帮助熟悉考题特点
探究要点活学活用
随学随练查漏补缺

考题探究

[多选题]根据我国现行建筑安装工程费用项目组成规定，下列施工企业发生的费用中，应计入企业管理费的是（   ）。

A. 工地转移费　　　　　　　　　B. 工具用具使用费
C. 仪器仪表使用费　　　　　　　D. 检验试验费
E. 材料采购与保管费

[细说考点]本题主要考查企业管理费的组成。企业管理费包括管理人员工资、办公费、差旅交通费、固定资产使用费、工具用具使用费、劳动保险和职工福利费、劳动保护费、检验试验费、工会经费、职工教育经费、财产保险费、财务费、税金、其他。工地转移费属于企业管理费中的差旅交通费。选项C属于施工机具使用费；选项E属于材料费。本题选ABD。

图书增值

 配套增值产品

扫码刮涂层获取
配套增值视频＋题库

扫码进入激活路径
刮涂层获取激活码

课程　＋　题库　＋　答疑

目 录

CONTENTS

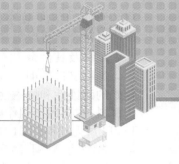

第一章　安装工程材料

命题分析

　　本章在历年的考试中涉及分值为 8 分,主要讲述了建设工程材料,安装工程常用材料,常用管件和附件,常用电气、有线通信材料及器材的分类、性能和用途,重点掌握建设工程材料的分类、性能和用途。

考点		考查频率
安装工程材料	建设工程材料的分类、性能和用途	金属材料的分类、性能和用途	★★★★★
		非金属材料的分类、性能和用途	★★★★★
		复合材料的分类、性能和用途	★★★
	安装工程常用材料的种类、性能和用途	安装工程材料的种类	★
		安装工程材料的性能	★★★★★
		安装工程材料的用途	★★★
	常用管件和附件的种类、性能和适用范围	常用管件和附件的种类	★
		常用管件和附件的性能和适用范围	★★★★★
	常用电气、有线通信材料及器材的种类、性能和用途	常用电气、有线通信材料及器材的种类	★
		常用电气、有线通信材料及器材的性能和用途	★★★★★

　　注:星星的数量越多表示考查频率越高,下同。

 **考点精讲**

第一节　建设工程材料的分类、性能和用途

　　建设工程材料是各种工程上使用的材料,是用于制造各类零件、构件的材料和在制造过程中所应用的材料。其按化学成分可分为金属材料、非金属材料、复合材料三大种类。

一、金属材料的分类、性能和用途 ★★★★★

　　金属材料是指金属元素或以金属元素为主构成的具有金属特性的材料的统称。金属材料通常分为有色金属、黑色金属以及特种金属。其中,特种金属材料是指结构金属材料、功能金属材料等,由于涉及的知识点不多,以下不作讲解。

（一）有色金属材料的分类、性能和用途

　　有色金属有狭义与广义之分。狭义的有色金属通常指除铁、锰、铬及其合金以外的金

属的统称,也称非铁金属。广义的有色金属是指黑色金属以外的所有金属,包括有色合金。有色合金可以提高有色金属的性能,例如强度、硬度、电阻比、电阻温度、机械性能等。

1. 铜及其合金

纯铜又称紫铜,通常由电解法制得,也称电解铜。纯铜具有优良的导电性和导热性,较好的耐蚀性和抗磁性,优良的耐磨性和较高的塑性,易加工成型,但强度低,不宜用作结构材料,主要用于制作电导体及配制合金。中国紫铜材料按成分可分为普通紫铜(T1,T2,T3,T4)、无氧铜(TU1,TU2 和高纯、真空无氧铜)、脱氧铜(TUP,TUMn)、添加少量合金元素的特种铜(砷铜、碲铜、银铜)四类。普通紫铜 T2 为特硬材料。

铜合金是指以纯铜为基体加入一种或几种其他元素所构成的合金,具有与纯铜一样的性能。铜合金一般分为黄铜(铜－锌合金)、青铜、白铜(铜－镍合金)三大类。具体内容如表 1-1 所示。

表 1-1　铜合金的分类及用途

分类	内容	用途
黄铜 (铜－锌合金)	以铜为基体金属,主要由铜和锌组成的合金,称为黄铜。黄铜中可含有或不含有其他合金元素。不含其他合金元素的黄铜称简单黄铜(或称普通黄铜);含有其他合金元素的黄铜称复杂黄铜(或称特殊黄铜),或依据第二合金元素命名,如镍黄铜、铅黄铜、锡黄铜、铝黄铜、锰黄铜、铁黄铜、硅黄铜等	可用于制造轴承等耐磨零件、大型蜗杆等重要零件等
青铜	以铜为基体金属,除锌和镍以外其他元素为主添加元素的合金,称为青铜。根据主添加元素不同,可分为锡青铜、铝青铜、铬青铜、锰青铜、铍青铜等。青铜中可含有或不含有主添加元素外的其他合金元素	可用于制造弹性元件、耐磨零件、抗磁及耐蚀零件,或制造齿轮、轴承、摩擦片、蜗轮、螺旋桨等
白铜 (铜－镍合金)	以铜为基体金属,主要由铜和镍组成的合金,称为白铜。白铜中可含有或不含有其他合金元素。不含其他合金元素的白铜称简单白铜;含有其他合金元素的白铜称复杂白铜,或依据第二合金元素命名,如铁白铜、锰白铜、铝白铜、锌白铜等	可用于制造在高温强腐蚀介质中工作的零件,或制造电阻元件、热电偶及其他精密电测仪器零件等

2. 铝及其合金

纯铝的导电性仅次于银和铜,可用于制造各种导线。纯铝具有良好的导热性、导电性、塑性以及反光性,但磁化率和强度较低。铝合金具有较好的强度,超硬铝合金的强度可达 600 MPa,普通硬铝合金的抗拉强度也达 200 ~ 450 MPa。它的比刚度远高于钢,因此在机械制造、电气工程中得到了广泛的运用。铝合金按加工方法可以分为变形铝合金和铸造铝合金,如图 1-1 所示。

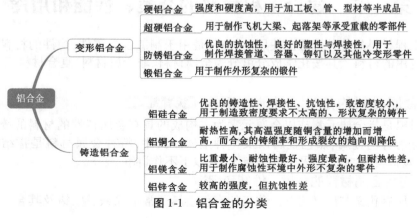

图 1-1　铝合金的分类

3. 铅及其合金

铅合金广泛应用于电解锌、电解铜和蓄电池等行业,作为湿法冶金工艺中的应用阳极,具有熔点低、耐磨性好、减摩性好、耐蚀性高、塑性好、强度低、力学性能好、铸造性能优、抗 X 射线和 γ 射线穿透能力强、使用寿命长、生产工艺简单等特点。铅在大气、淡水、海水中很稳定,对硫酸、磷酸、亚硫酸、铬酸和氢氟酸有耐蚀性,不耐硝酸侵蚀,在盐酸中也不稳定。铅合金具有与铅一样的性能。

4. 镍及其合金

镍是银白色金属,具有良好的耐热性、力学性能(塑性、韧性优良),耐蚀性好,且具有特殊的电、磁性能和热膨胀性能,在有机酸中稳定性好,常用于制药业和食品业。镍合金是以镍为基体加入其他元素组成的合金。在纯镍中加入铬、钼、铜等耐蚀元素,提高了合金的电极电位,即耐蚀性,称为镍基耐蚀合金。镍基耐蚀合金主要用于制造石油、化工、电力等方面的各种耐腐蚀环境用零部件,例如压力容器、冷凝器、塔器等。

5. 锌及其合金

锌是一种浅灰色金属,具有良好的压延性、耐磨性和抗腐性。熔融的锌(即热镀锌法)能与铁形成一层均匀细密的碱式碳酸锌氧化膜保护层,可使钢铁免受腐蚀。此外,锌还具有良好的抗电磁场性、非磁性,以及自身与其他金属碰撞不会发生火花的性能。锌主要用于制作电池、屏蔽材料以及防爆器材等。锌因其铸造性和机械性能好,故能与多种金属制成物理与化学性能更加优良的合金。锌合金是以锌为基体加入其他元素(例如铝、铜、镁、镉、铅、钛等)组成的合金。锌合金的熔点较低、流动性好、易熔焊和钎焊及塑性加工,但蠕变强度低,易发生自然时效引起尺寸变化。加入铜、铝元素可以提高其强度、硬度和抗蠕变性能。锌合金按制造工艺可分为铸造锌合金和变形锌合金,主要用于压铸或压力加工各种零部件等。

6. 镁及其合金

镁在实用金属中是最轻的金属,其比重大约是铁的1/4、铝的2/3,具有高比强度、高比刚度等特点。镁合金是以镁为基体加入其他元素组成的合金,具有密度小、强度低、抗腐蚀性差、化学活性强、散热好、消震性好、弹性模量大、缺口敏感性大、承受冲击载荷能力大、熔铸工艺较为复杂等特点,主要用于航空、航天、运输、化工等工业部门。

7. 钛及其合金

钛是一种性能优异、用途广泛的金属材料,具有良好的低温性能,可作为低温材料,常温下具有极好的抗蚀性能,在大气、海水、硝酸和碱溶液等介质中十分稳定,多用于化工行业,如 500 ℃ 以下的热交换器。钛合金是以钛为基体加入其他元素组成的合金,耐热性好,可在 540 ℃ 以下的环境中使用。

考题探究

[单选题]某有色金属及其合金有优良的导电性和导热性,较好的耐蚀性和抗磁性,优良的耐磨性和较高的塑性,易加工成型,该有色金属是(　　)。

　　A. 铜及铜合金　　　　　　　　　　B. 铝及铝合金
　　C. 镍及镍合金　　　　　　　　　　D. 钛及钛合金

[细说考点]本题主要考查铜及铜合金的性质,属记忆性知识。纯铜具有优良的导电性和导热性,较好的耐蚀性和抗磁性,优良的耐磨性和较高的塑性,易加工成型,但强度低,不宜用作结构材料,主要用于制作电导体及配制合金。铜合金具有与纯铜一样的性能。本题选 A。

（二）黑色金属材料的分类、性能和用途

1. 黑色金属材料的分类

黑色金属又称钢铁材料，主要指铁、锰、铬及其合金，如生铁、钢、铁合金、铸铁等。

（1）生铁。

根据《生铁　定义与分类》，生铁是指碳的质量分数超过 2%，并且其他元素的含量不超过规范规定的极限值的铁碳合金。生铁在熔融条件下可进一步处理成钢或者铸铁。生铁按化学成分可分为非合金生铁和合金生铁。其中，非合金生铁包括炼钢生铁、铸造生铁和其他非合金生铁；合金生铁包括镜铁和其他合金生铁。

根据《钢铁产品牌号表示方法》，生铁产品牌号通常由两部分组成。

① 第一部分：表示产品用途、特性及工艺方法的大写汉语拼音字母。

② 第二部分：表示主要元素平均含量（以千分之几计）的阿拉伯数字。炼钢用生铁、铸造用生铁、球墨铸铁用生铁、耐磨生铁为硅元素平均含量，脱碳低磷粒铁为碳元素平均含量，含钒生铁为钒元素平均含量。

（2）钢。

根据《钢分类　第 1 部分　按化学成分分类》，钢是指以铁为主要元素，含碳量一般在 2% 以下，并含有其他元素的材料。钢按化学成分可分为非合金钢、低合金钢、合金钢。

根据《钢分类　第 2 部分　按主要质量等级和主要性能或使用特性的分类》，非匀金钢、低合金钢、合金钢的分类如表 1-2 所示。

表 1-2　非合金钢、低合金钢、合金钢的分类

类型	按主要质量等级分类	按主要性能或使用特性分类
非合金钢	普通质量非合金钢、优质非合金钢、特殊质量非合金钢	① 以规定最高强度（或硬度）为主要特性的非合金钢，例如冷成型用薄钢板。 ② 以规定最低强度为主要特性的非合金钢，例如造船、压力容器、管道等用的结构钢。 ③ 以限制碳含量为主要特性的非合金钢（但下述④⑤项包括的钢除外），例如线材、调质用钢等。 ④ 非合金易切削钢，钢中硫含量最低值、熔炼分析值不小于 0.070%，并（或）加入 Pb、Bi、Te、Se、Sn、Ca 或 P 等元素。 ⑤ 非合金工具钢。 ⑥ 具有专门规定磁性或电性能的非合金钢，例如电磁纯铁。 ⑦ 其他非合金钢，例如原料纯铁等
低合金钢	普通质量低合金钢、优质低合金钢、特殊质量低合金钢	① 可焊接的低合金高强度结构钢。 ② 低合金耐候钢。 ③ 低合金混凝土用钢及预应力用钢。 ④ 铁道用低合金钢。 ⑤ 矿用低合金钢。 ⑥ 其他低合金钢，如焊接用钢
合金钢	优质合金钢和特殊质量合金钢	① 工程结构用合金钢，包括一般工程结构用合金钢，供冷成型用的热轧或冷轧扁平产品用合金钢（压力容器用钢、汽车用钢和输送管线用钢），预应力用合金钢、矿用合金钢、高锰耐磨钢等。 ② 机械结构用合金钢，包括调质处理合金结构钢、表面硬化合金结构钢、冷塑性成型（冷顶锻、冷挤压）合金结构钢、合金弹簧钢等，但不锈、耐蚀和耐热钢，轴承钢除外。

（续表）

类型	按主要质量 等级分类	按主要性能或使用特性分类
合金钢	优质合金钢和特殊质量合金钢	③不锈、耐蚀和耐热钢，包括不锈钢、耐酸钢、抗氧化钢和热强钢等，按其金相组织可分为马氏体型钢、铁素体型钢、奥氏体型钢、奥氏体－铁素体型钢、沉淀硬化型钢等。 ④工具钢，包括合金工具钢、高速工具钢。合金工具钢分为量具刃具用钢、耐冲击工具用钢、冷作模具钢、热作模具钢、无磁模具钢、塑料模具钢等；高速工具钢分为钨钼系高速工具钢、钨系高速工具钢和钴系高速工具钢等。 ⑤轴承钢，包括高碳铬轴承钢、渗碳轴承钢、不锈轴承钢、高温轴承钢等。 ⑥特殊物理性能钢，包括软磁钢、永磁钢、无磁钢及高电阻钢和合金等。 ⑦其他，如焊接用合金钢等

根据《钢铁产品牌号表示方法》，碳素结构钢和低合金结构钢的牌号通常由四部分组成。

①第一部分：前缀符号＋强度值（以 N/mm^2 或 MPa 为单位），其中通用结构钢前缀符号为代表屈服强度的拼音的字母"Q"，专用结构钢的前缀符号如表1-3所示。

②第二部分（必要时）：钢的质量等级，用英文字母 A，B，C，D，E，F，…表示。

③第三部分（必要时）：脱氧方式表示符号，即沸腾钢、半镇静钢、镇静钢、特殊镇静钢分别以"F""b""Z""TZ"表示。镇静钢、特殊镇静钢表示符号通常可以省略。

④第四部分（必要时）：产品用途、特性和工艺方法表示符号如表1-4所示。

根据需要，低合金高强度结构钢的牌号也可以采用两位阿拉伯数字（表示平均含碳量，以万分之几计）加规定的元素符号及必要时加代表产品用途、特性和工艺方法的表示符号，按顺序表示。例如：碳含量为 0.15% ～ 0.26%，锰含量为 1.20% ～ 1.60% 的矿用钢牌号为 20MnK。

表1-3　专用结构钢的前缀符号

产品名称	采用的汉字及汉语拼音或英文单词			采用字母	位置
	汉字	汉语拼音	英文单词		
热轧光圆钢筋	热轧光圆钢筋	—	Hot Rolled Plain Bars	HPB	牌号头
热轧带肋钢筋	热轧带肋钢筋	—	Hot Rolled Ribbed Bars	HRB	牌号头
细晶粒热轧带肋钢筋	热轧带肋钢筋＋细	—	Hot Rolled Ribbed Bars＋Fine	HRBF	牌号头
冷轧带肋钢筋	冷轧带肋钢筋	—	Cold Rolled Ribbed Bars	CRB	牌号头
预应力混凝土用螺纹钢筋	预应力、螺纹、钢筋	—	Prestressing、Screw、Bars	PSB	牌号头
焊接气瓶用钢	焊瓶	HAN PING	—	HP	牌号头
管线用钢	管线	—	Line	L	牌号头
船用锚链钢	船锚	CHUAN MAO	—	CM	牌号头
煤机用钢	煤	MEI	—	M	牌号头

表1-4　产品用途、特性和工艺方法表示符号

产品名称	采用的汉字及汉语拼音或英文单词			采用字母	位置
	汉字	汉语拼音	英文单词		
锅炉和压力容器用钢	容	RONG	—	R	牌号尾
锅炉用钢(管)	锅	GUO	—	G	牌号尾
低温压力容器用钢	低容	DI RONG	—	DR	牌号尾
桥梁用钢	桥	QIAO	—	Q	牌号尾
耐候钢	耐候	NAI HOU	—	NH	牌号尾
高耐候钢	高耐候	GAO NAI HOU	—	GNH	牌号尾
汽车大梁用钢	梁	LIANG	—	L	牌号尾
高性能建筑结构用钢	高建	GAO JIAN	—	GJ	牌号尾
低焊接裂纹敏感性钢	低焊接裂纹敏感性	—	Grack Free	CF	牌号尾
保证淬透性钢	淬透性	—	Hardenability	H	牌号尾
矿用钢	矿	KUANG	—	K	牌号尾
船用钢	采用国际符号				

优质碳素结构钢牌号通常由五部分组成。

①第一部分：以两位阿拉伯数字表示平均碳含量(以万分之几计)。

②第二部分(必要时)：较高含锰量的优质碳素结构钢，加锰元素符号 Mn。

③第三部分(必要时)：钢材冶金质量，即高级优质钢、特级优质钢分别以 A，E 表示，优质钢不用字母表示。

④第四部分(必要时)：脱氧方式表示符号，即沸腾钢、半镇静钢、镇静钢分别以"F""b""Z"表示，但镇静钢表示符号通常可以省略。

⑤第五部分(必要时)：产品用途、特性或工艺方法表示符号。

优质碳素弹簧钢的牌号表示方法与优质碳素结构钢相同，如表1-5所示。

表1-5　优质碳素弹簧钢的牌号表示方法

序号	产品名称	第一部分	第二部分	第三部分	第四部分	第五部分	牌号示例
1	优质碳素结构钢	碳含量：0.05% ~0.11%	锰含量：0.25% ~0.50%	优质钢	沸腾钢	—	08F
2	优质碳素结构钢	碳含量：0.47% ~0.55%	锰含量：0.50% ~0.80%	高级优质钢	镇静钢	—	50A
3	优质碳素结构钢	碳含量：0.48% ~0.56%	锰含量：0.70% ~1.00%	特级优质钢	镇静钢	—	50MnE
4	保证淬透性用钢	碳含量：0.42% ~0.50%	锰含量：0.50% ~0.85%	高级优质钢	镇静钢	保证淬透性钢表示符号"H"	45AH
5	优质碳素弹簧钢	碳含量：0.62% ~0.70%	锰含量：0.90% ~1.20%	优质钢	镇静钢	—	65Mn

易切削钢牌号通常由三部分组成。

①第一部分：易切削钢表示符号"Y"。

②第二部分：以两位阿拉伯数字表示平均碳含量(以万分之几计)。

③第三部分:易切削元素符号,如:含钙、铅、锡等易切削元素的易切削钢分别以 Ca,Pb,Sn 表示。加硫和加硫磷易切削钢,通常不加易切削元素符号 S,P。较高锰含量的加硫或加硫磷易切削钢,本部分为锰元素符号 Mn。为区分牌号,对较高硫含量的易切削,在牌号尾部加硫元素符号 S。

例如:碳含量为 0.42% ～0.50%、钙含量为 0.002% ～0.006% 的易切削钢,其牌号表示为 Y45Ca。

合金结构钢牌号通常由四部分组成。

①第一部分:以两位阿拉伯数字表示平均碳含量(以万分之几计)。

②第二部分:合金元素含量,以化学元素符号及阿拉伯数字表示,具体表示方法为:平均含量小于 1.50% 时,牌号中仅标明元素,一般不标明含量;平均含量为 1.50% ～2.49%、2.50% ～3.49%、3.50% ～4.49%、4.50% ～5.49%、…时,在合金元素后相应写成 2,3,4,5,…

温馨提示

化学元素符号的排列顺序推荐按含量值递减排列。如果两个或多个元素的含量相等时,相应符号位置按英文字母的顺序排列。

③第三部分:钢材冶金质量,即高级优质钢、特级优质钢分别以 A,E 表示,优质钢不用字母表示。

④第四部分(必要时):产品用途、特性或工艺方法表示符号。

合金弹簧钢的牌号表示方法与合金结构钢相同,如表1-6所示。

表 1-6 合金弹簧钢的牌号表示方法

序号	产品名称	第一部分	第二部分	第三部分	第四部分	牌号示例
1	合金结构钢	碳含量:0.22% ～0.29%	铬含量:1.50% ～1.80%、钼含量:0.25% ～0.35%、钒含量:0.15% ～0.30%	高级优质钢	—	25Cr2MoVA
2	锅炉和压力容器用钢	碳含量:≤0.22%	锰含量:1.20% ～1.60%、钼含量:0.45% ～0.65%、铌含量:0.025% ～0.050%	特级优质钢	锅炉和压力容器用钢	18MnMoNbER
3	优质弹簧钢	碳含量:0.56% ～0.64%	硅含量:1.60% ～2.00%、锰含量:0.70% ～1.00%	优质钢	—	60Si2Mn

知识拓展

普通质量低合金钢常用牌号为 Q295、Q335;优质低合金钢常用牌号为 Q355B(C,D)、Q390B(C,D)、Q235NHA(B,C,D)、Q420B(C,D)、Q460B;特殊质量低合金钢常用牌号为 12MnNiVR、16Mn、Q345R、L390Q;优质合金钢常用牌号为 20Mn、12CrMo、35CrMnA、ZG120Mn7Mol、BT4;特殊质量合金钢常用牌号为 06Cr19Ni10、06Cr17Ni12Mo2、NiS1101、NiS1602、NiS4101。

(3)铁合金。

根据《铁合金 术语 第1部分:材料》,铁合金是指由铁元素(不小于4%)和一种以上(含一种)其他金属或非金属元素组成的合金,在钢铁和铸造工业中作为合金添加剂、脱氧剂、脱硫剂和变性剂使用。我国将铁合金产品按功用不同分为普通铁合金和特种铁合金两大类。

> **温馨提示**
>
> 金属铬、金属锰、五氧化二钒按定义不是铁合金，但习惯上人们把这几种产品纳入铁合金范畴。

根据《铁合金产品牌号表示方法》，各类铁合金产品牌号表示方法如图1-2所示。

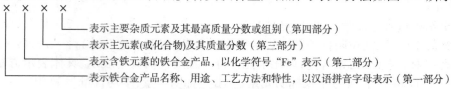

图1-2　各类铁合金产品牌号表示方法

（4）铸铁。

铸铁是指含碳量大于2.11%的铁碳合金。铸铁的分类方法有很多，按碳存在的形式可分为白口铸铁、灰口铸铁、麻口铸铁，按化学成分可分为普通铸铁和合金铸铁，按石墨形态可分为灰铸铁、球墨铸铁、蠕墨铸铁、可锻铸铁。

> **知识拓展**
>
> 铸铁的主要组成元素为铁和碳，碳多以石墨形态存在，同时石墨的数量、形状、大小和分布也决定了铸铁的塑性和韧性。其中，石墨的形状是影响铸铁塑性和韧性的最大因素。铸铁的基体组织是影响其性能的主要因素，受其影响的性能有硬度、抗压强度和耐磨性。

根据《铸铁牌号表示方法》，铸铁基本代号由表示该铸铁特征的汉语拼音字的第一个大写正体字母组成，当两种铸铁名称的代号字母相同时，可在该大写正体字母后加小写正体字母来区别。

当要表示铸铁的组织特征或特殊性能时，代表铸铁组织特征或特殊性能的汉语拼音字的第一个大写正体字母排列在基本代号的后面。

合金化元素符号用国际化学元素符号表示，混合稀土元素用符号"RE"表示。名义含量及力学性能用阿拉伯数字表示。

当以化学成分表示铸铁的牌号时，合金元素符号及名义含量（质量分数）排列在铸铁代号之后。在牌号中常规碳、硅、锰、硫、磷元素一般不标注，有特殊作用时，才标注其元素符号及含量。合金化元素的含量大于或等于1%时，在牌号中用整数标注；小于1%时，一般不标注，只有对该合金特性有较大影响时，才标注其合金化元素符号。合金化元素按其含量递减次序排列，含量相等时按元素符号的字母顺序排列。

当以力学性能表示铸铁的牌号时，力学性能值排列在铸铁代号之后。当牌号中有合金元素符号时，抗拉强度值排列于元素符号及含量之后，之间用"－"隔开。牌号中代号后面有一组数字时，该组数字表示抗拉强度值，单位为MPa；当有两组数字时，第一组表示抗拉强度值，单位为MPa，第二组表示伸长率值，单位为%，两组数字间用"－"隔开。

2. 黑色金属材料的性能和用途

（1）生铁。

生铁包括炼钢生铁和铸造生铁。炼钢生铁的质地较为硬且脆，可用于抗磨损零件的表面材料，主要是用于炼钢；而铸造生铁是有一定的机械性能以及良好的切削加工性，在工业上是应用较为普遍的一种铸铁，通常用来制造化工机械、铸件等，但其强度比较差，不能锻压。

（2）钢。

钢的材质均匀、性能可靠,具有强度高、塑性好、韧性及延展性强的特点,并具有优良的加工性能,能够承受各类荷载。钢材属于理想弹性体,其力学性能包括抗拉强度、屈服强度、伸长率、冲击韧度、硬度等。钢材的成分及金相组织决定着钢材的力学性能。

> **温馨提示**
>
> 当钢材成分一定时,往往可通过热处理的方式改变其内部的金相组织,以此来改善钢材的力学性能。钢材的热处理方式有淬火、退火、回火、正火四种方法,其中淬火和回火一般配合使用,即淬火加回火对钢材金相组织影响最大。

钢材中的化学元素以考题探究的形式进行讲解。

考题探究

【单选题】钢中除含铁以外,还含有其他一些元素。其中某种元素的含量对钢的性质有决定性的影响,该元素含量低的钢材强度较低,但塑性大,质地较软,延伸率和冲击韧性高,易于冷加工、切削和焊接;含量高的钢材强度高、塑性小、硬度大、脆性大且不易加工,该元素是(　　)。

 A.硫   B.磷

 C.碳   D.锰

【细说考点】本题主要考查碳元素对钢材的影响。钢中含碳量的高低对钢的性质有决定性影响,含碳量低的钢材具有塑性大、质地较软、延伸率和冲击韧性高,易于冷加工、切削和焊接等特点。含碳量高的钢材具有强度高、硬度大、塑性小、脆性大且不易加工等特点。当钢材中含碳量超过1%时,钢材强度随含碳量增加而下降。本题选 C。

【单选题】钢材中主要元素为铁,此外还含有一些其他元素,下列各组元素在钢材中均为有害元素的是(　　)。

 A.碳、硫   B.硫、磷

 C.磷、硅   D.硅、碳

【细说考点】本题主要考查钢材中的有害元素。钢材中的主要元素为铁,其他少量元素包括碳、硅、锰、硫、磷等。其中,硅、锰在钢材中适量添加能够提高钢材的强度和硬度,略微降低钢材的塑性和韧性,属于钢材中的有益元素。硫会使钢材产生热脆性,磷会使钢材产生冷脆性,属于钢材中的有害元素。本题选 B。

①非合金钢。

碳素结构钢是典型的非合金钢。碳素结构钢按钢的品质可分为普通碳素结构钢和优质碳素结构钢两类。

a.普通碳素结构钢。我国碳素结构钢分四个牌号,即 Q195、Q215、Q235 和 Q275。其具体性能和用途如表 1-7 所示。普通碳素结构钢一般情况下都不经热处理,而在供应状态下直接使用,具有较好的工艺性、塑性。由于普通碳素结构钢对含碳量以及磷、硫和其他残余元素含量的限制较宽,因此性能不如优质碳素结构钢,例如低温韧性和时效敏感性较差。

表 1-7 碳素结构钢的性能和用途

牌号	等级	性能	用途
Q195	—	强度不高,塑性、韧性、加工性能较好	主要用于制作薄板和盘条
Q215	A,B	塑性、焊接性能好	主要用于制作拉杆、管坯、螺栓、铆钉
Q235	A,B,C,D	强度适中,塑性、韧性、可焊性良好	大量用于制作钢筋、型钢和钢板
Q275	A,B,C,D	强度和硬度较高,耐磨性较好,但塑性、韧性和可焊性较差	主要用于制作轴类、耐磨零件及垫板

b. 优质碳素结构钢。优质碳素结构钢是指含碳量小于 0.8% 的碳素钢,其所含的有害杂质硫、磷及非金属夹杂物较少,机械性能较为优良,且塑性和韧性较普通碳素结构钢高。优质碳素结构钢可通过热处理强化,主要应用于制造重要结构、机械结构零部件,建筑结构件和输送流体用管道等。

🔔 知识拓展

　　优质碳素结构钢按含碳量不同可分为三类即低碳钢（C≤0.25%）、中碳钢（C 为 0.25%～0.6%）、高碳钢（C>0.6%）。承载较小和韧性要求高的零件、小型渗碳零件制造选用低碳钢;荷载较大的机械零件制造选用中碳钢。

②低合金钢。

a. 低合金高强度结构钢。在普通碳素钢（含碳量不大于 0.2%）的基础上,少量添加一种或几种合金元素（含量不大于 5%）,如硅、锰、钒、钛、铌等形成的钢材为低合金高强度结构钢。加入合金元素可使钢的强度、耐腐蚀性、耐磨性、焊接性能、加工性能、低温冲击韧性等得到显著改善和提高。其多用于制造钢板、钢带、型钢、无缝钢管等。

b. 低合金耐候钢。低合金耐候钢简称耐候钢,即耐大气腐蚀钢,是介于普通钢和不锈钢之间的低合金钢系列。耐候钢由普碳钢添加少量铜、镍等耐腐蚀元素而成,具有优质钢的强韧、塑延、成型、焊割、磨蚀、高温、抗疲劳等特性;耐候性为普碳钢的 2～8 倍,涂装性为普碳钢的 1.5～10 倍。同时,它具有耐锈,使构件抗腐蚀延寿、减薄降耗,省工节能等特点。耐候钢主要用于铁道、车辆、桥梁、塔架等长期暴露在大气中使用的钢结构,以及用于制造集装箱、铁道车辆、石油井架、海港建筑、采油平台及化工石油设备中含硫化氢腐蚀介质的容器等结构件。

🔔 知识拓展

　　低合金钢按钢的品质可分为普通低合金钢和优质低合金钢两类。普通低合金钢与碳素结构钢相比,强度较高、韧性好,有较好的加工性能、焊接性能和耐蚀性。广泛地应用于建筑结构和各种容器、螺旋焊管的制作和加工。优质低合金钢的韧性较好,故常用于制造韧性要求较高的重要机械零部件,也可制造韧性大、形状复杂、截面尺寸大的淬火零部件。广泛地应用于压力容器、锅炉、主轴、齿轮、起重机钢轨的制作和加工。

③合金钢。

a. 结构合金钢。结构合金钢按照用途可以分为建筑及工程用结构合金钢和机械制造用结构合金钢。建筑及工程用结构合金钢主要用于建筑、桥梁、铁路、船舶、锅炉或其他工程上制造金属结构件,合金元素总含量低,使用量比较大。机械制造用结构合金钢主要用于制造各种机器及机械零件,一般会经过调质处理、表面硬化处理后使用,以提高其使用性能（以强韧性为主）和工艺性能（以可焊性、淬透性为主）,这类钢基本上都是优质钢或高级优质钢,主要类型有结构合金钢和合金弹簧钢。

b. 不锈钢。不锈耐酸钢俗称不锈钢,是指以不锈、耐蚀性为主要特性,且铬含量至少为 10.5%,碳含量最大不超过 1.2% 的钢。不锈耐酸钢可分为不锈钢和耐酸钢,能抵抗大气腐蚀的钢称为不锈钢,能抵抗化学介质(如酸类)腐蚀的钢称为耐酸钢。

常见的不锈钢一般分为五类,其性能和用途如表 1-8 所示。

表 1-8　不锈钢的性能和用途

名称	定义	性能	用途
奥氏体型不锈钢	基体以面心立方晶体结构的奥氏体组织(γ相)为主,通过冷加工使其强化(并可能导致一定的磁性)的不锈钢	主要合金元素为铬、锰、镍、钛、氮、钼和铌等;无磁性,具有较高的韧性、良好的耐蚀性、高温强度和较好的抗氧化性,以及良好的压力加工和焊接性能,但屈服强度较低,不能采用热处理方法强化,仅能通过冷加工进行强化	用于机械及化工工业设备
奥氏体-铁素体(双相)型不锈钢	基体兼有奥氏体和铁素体两相组织(其中较少相的含量一般大于15%),通过冷加工使其强化的不锈钢	有磁性,有较高的韧性、热塑性和可焊性,而且其屈服强度比奥氏体型不锈钢高约两倍。但晶间腐蚀、应力腐蚀和焊接时的热裂倾向比奥氏体型不锈钢小,使用温度不能超过 350 ℃	用于无缝钢管、热轧钢板及钢带
铁素体型不锈钢	基体以体心立方晶体结构的铁素体组织(α相)为主,一般不能通过热处理硬化,但冷加工可使其轻微强化的不锈钢	主要合金元素是铬,一般含量为 13%～30%;有磁性	主要用于制造耐氧化、耐腐蚀的设备,特别是硝酸和氮肥工业中应用广泛
马氏体型不锈钢	基体为马氏体组织,通过热处理可调整其力学性能的不锈钢	含碳较高,具有较高的强度、硬度和耐磨性,有磁性,但耐蚀性稍差,可焊性较差	常用于制作力学性能要求高的零部件和工具;也可以用于腐蚀性较弱的海水、淡水和水蒸气环境中;不用于焊接件
沉淀硬化型不锈钢	基体为奥氏体或马氏体组织,并能通过沉淀硬化(又称时效硬化)处理使其硬(强)化的不锈钢	具有高强度、高韧性、高耐蚀性等综合性能	用于制造超高强度和耐腐蚀性的设备、容器及高温零件

温馨提示

铁素体不锈钢根据铬含量可分为低铬钢和高铬钢两类。其中,高铬钢具有良好的抗氧化性,较好的耐应力腐蚀性能。但脆性转变温度高、低温韧性差,缺口敏感性高,经过某种热处理后,对晶间腐蚀比较敏感,而且这些缺点随铁素体不锈钢截面尺寸的增加和焊接热循环的作用而更加强烈地显示出来。

c. 耐热钢。耐热钢是指在高温下具有良好的化学稳定性或较高强度的钢。耐热钢包括抗氧化钢和热强钢两类。抗氧化钢又称不起皮钢。热强钢是指在高温下具有良好的抗氧化性能并具有较高的高温强度的钢。耐热钢主要用于在高温下长期使用的零件,有时还应具备组织稳定性高、导热性好、工艺性（加工性、焊接性等）好等特点。

d. 高速工具钢。高速工具钢是指高碳高合金工具钢。钢中含有能形成高硬度碳化物的合金元素，如钨、钼、铬、钒等，主要用于制造高速切削刀具，如丝锥、钻头、立铣刀等。

e. 轴承钢。轴承钢是用来制造滚动轴承中的滚动体（滚珠、滚柱、滚针）及内、外滚道的专用钢种。此外，轴承钢也可做形状复杂的工具、冷冲模具、精密量具及要求硬度高、耐磨性高的结构零件。

f. 特殊钢。特殊钢是指用特殊方法生产，具有特殊物理性能、化学性能和力学性能的钢。特殊钢主要包括磁钢（包括硬磁钢和软磁钢）、抗磁钢高、电阻钢等。

（3）铁合金。

铁合金是钢铁工业和机械铸造行业必不可少的重要原料之一。其主要用途：一是作为脱氧剂，除去钢液中过量的氧；二是作为合金元素添加剂，改善钢的质量与性能。随着我国钢铁工业持续、快速地发展，钢的品种、质量的不断扩大和提高，对铁合金产品提出了更高要求，铁合金工业日益成为钢铁工业的相关行业和配套工程。

（4）铸铁。

工程中常用的铸铁类型为按石墨形态划分的类型，包括灰铸铁、球墨铸铁、蠕墨铸铁、可锻铸铁，其性能和用途如表 1-9 所示。

表 1-9 工程中常用铸铁的性能和用途

名称	性能和用途
灰铸铁	灰铸铁的显微组织是由片状石墨和金属基体组成，其中，金属基体可分为铁素体、铁素体加珠光体和珠光体三种。灰铸铁可分为普通灰铸铁、奥氏体灰铸铁、冷硬灰铸铁、耐磨灰铸铁、耐热灰铸铁、耐蚀灰铸铁，其性能的影响因素是化学成分（主要指碳和硅的质量分数）和冷却速度。灰铸铁具有一定的强度、硬度，良好的减振性和耐磨性，较高的导热性和抗热疲劳性，同时还具有良好的铸造性及可加工性，生产工艺简便、成本低，在工业和民用生活中得到了广泛的应用
球墨铸铁	球墨铸铁是通过在浇注前往铁液中加入一定量的球化剂（如纯镁或其合金）和墨化剂（硅铁或硅钙合金），以促进碳呈球状石墨结晶而获得的。由于石墨呈球形，应力大为减轻，其综合机械性能接近于钢，铸造性能好，成本低廉，因此已成功地用于铸造一些受力复杂，强度、韧性、耐磨性要求较高的零件。球墨铸铁的成分要求比较严格，例如为了利于石墨球化，其含碳量控制在 4.5% ～4.7% 范围内变动。球墨铸铁分为普通球墨铸铁、奥氏体球墨铸铁、冷硬球墨铸铁、抗磨球墨铸铁、耐热球墨铸铁、耐蚀球墨铸铁。与灰铸铁相比，球墨铸铁的力学性能（如抗拉强度和耐疲劳强度）有显著提高，有时可用来代替碳素钢，应用于承受静荷载的零件，常用于制造汽车、拖拉机中的曲轴、连杆、凸轮等。另外，也可用于住宅的室内给水管道
蠕墨铸铁	蠕墨铸铁是通过在高碳、低硫、低磷的铁液中加入蠕化剂（镁钛合金、镁钙合金等），经蠕化处理后获得的高强度铸铁，其中的石墨呈蠕虫状，故称蠕墨铸铁。蠕虫状石墨对基体产生的应力集中与割裂现象明显减小，因此，蠕墨铸铁的力学性能优于基体相同的灰铸铁，而低于球墨铸铁，但蠕墨铸铁在铸造性、导热性等方面要比球墨铸铁好。蠕墨铸铁主要用于承受循环荷且要求组织致密、强度较高、形状复杂的工件，如汽缸盖、进排气管、液压件和钢锭模等
可锻铸铁	可锻铸铁是白口铸铁经过可锻化（石墨化）退火而获得的具有团絮状石墨的铸铁。其具有较高的强度、塑性和冲击韧性，可以部分代替碳钢，常用来制作形状复杂、承受冲击和振动荷载的零件，如管接头和低压阀门等。与其他铸铁相比，其成本低、质量稳定、处理工艺简单。可锻铸铁分为白心可锻铸铁、黑心可锻铸铁、珠光体可锻铸铁。白心可锻铸铁和黑心可锻铸铁可分别通过氧化脱碳退火和石墨化退火制得

考题探究

【单选题】某铁具有较高的强度、塑性和冲击韧性,可以部分代替碳钢,常用来制造形状复杂、承受冲击和振动荷载的零件,如管接头和低压阀门等,该铁为(　　)。

　A.灰铸铁　　　　　　　　　B.球墨铸铁

　C.蠕墨铸铁　　　　　　　　D.可锻铸铁

【细说考点】本题主要考查可锻铸铁的性能。可锻铸铁是白口铸铁经过可锻化(石墨化)退火而获得的具有团絮状石墨的铸铁。其具有较高的强度、塑性和冲击韧性,可以部分代替碳钢,常用来制造形状复杂、承受冲击和振动荷载的零件,如管接头和低压阀门等。可锻铸铁分为白心可锻铸铁、黑心可锻铸铁、珠光体可锻铸铁。白心可锻铸铁和黑心可锻铸铁可分别通过氧化脱碳退火和石墨化退火制得。本题选D。

温馨提示

　　根据历年真题出题情况分析,需特别注意考点的重复性,例如这里的"可锻铸铁",在近5年的考试中出现了3次,所以一定要掌握历年真题中的重复性考点。

二、非金属材料的分类、性能和用途 ★★★★★

非金属材料是指由非金属元素构成的材料,大致可分为有机高分子材料和无机非金属材料两类。

(一)有机高分子材料的分类、性能和用途

有机高分子材料又称聚合物或高聚物材料,是一类由一种或几种分子或分子团(结构单元或单体)以共价键结合成具有多个重复单体单元的大分子。它们可以是天然产物(如纤维、蛋白质和天然橡胶等),也可以是用合成方法制得的(如塑料、橡胶、合成纤维等)。

1.有机高分子材料的分类

常见的有机高分子材料如图1-3所示。

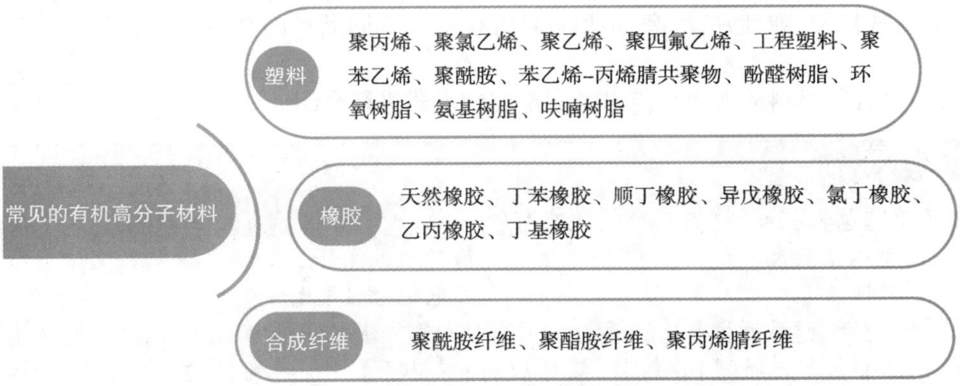

常见的有机高分子材料

塑料：聚丙烯、聚氯乙烯、聚乙烯、聚四氟乙烯、工程塑料、聚苯乙烯、聚酰胺、苯乙烯–丙烯腈共聚物、酚醛树脂、环氧树脂、氨基树脂、呋喃树脂

橡胶：天然橡胶、丁苯橡胶、顺丁橡胶、异戊橡胶、氯丁橡胶、乙丙橡胶、丁基橡胶

合成纤维：聚酰胺纤维、聚酯胺纤维、聚丙烯腈纤维

图1-3　常见的有机高分子材料

2.有机高分子材料的性能

常见的有机高分子材料有塑料、橡胶及合成纤维,其具体性能如下。

(1)塑料。

塑料是以单体为原料通过加聚或缩聚反应聚合而成的高分子化合物。其抗形变能力中等,介于纤维和橡胶之间,由合成树脂及填料、增塑剂、稳定剂、润滑剂、着色剂等添加剂组成。

①合成树脂。合成树脂是塑料的最主要成分,其在塑料中的含量一般在30%~60%。由于含量大,所以树脂的性质常常决定了塑料的性质。树脂是一种未加工的原始高分子化合物,它不仅用于制造塑料,而且还是涂料、胶黏剂以及合成纤维的原料。

②填料。填料又叫填充剂,可以提高塑料的强度、刚度和耐热性能,并降低成本。填料可分为有机填料和无机填料两类,前者如木粉、碎布、纸张和各种织物纤维等,后者如玻璃纤维、硅藻土、石棉、炭黑等。

③增塑剂。增塑剂可以增加塑料的可塑性、流动性和柔软性,降低脆性,使塑料易于加工成型。增塑剂一般是能与树脂混溶,无毒、无臭,对光、热稳定的高沸点有机化合物,最常用的是邻苯二甲酸酯类。

④稳定剂。为了防止合成树脂在加工和使用过程中受光和热的作用被分解和破坏,延长使用寿命,要在塑料中加入稳定剂。常用的有硬脂酸盐、环氧树脂等。

⑤润滑剂。润滑剂的作用是防止塑料在成型时粘在金属模具上,同时可使塑料的表面光滑美观。常用的润滑剂有硬脂酸及其钙镁盐等。

⑥着色剂。着色剂可使塑料具有各种鲜艳、美观的颜色。常用有机染料和无机颜料作为着色剂。

（2）橡胶。

橡胶一般由生胶、配合剂和骨架材料组成,分为天然橡胶和合成橡胶两类。

①生胶。生胶是指未加配合剂的橡胶,是橡胶制品的主要组分,并对其他组分起着黏结剂的作用。不同的生胶可以制成不同性能的橡胶制品。

②配合剂。硫化剂又称交联剂,其主要作用是使线型橡胶分子互相交联成空间网状结构,以改善和提高橡胶的物理力学性能;硫化促进剂,其主要作用是缩短橡胶硫化时间、降低硫化温度、减少硫化剂用量,同时也能改善性能;活化剂,能加速发挥硫化促进剂的活性物质。

③骨架材料。骨架材料又称增强材料,是某些橡胶制品不可缺少的组分,主要作用是增强制品机械强度和减少变形。

（3）合成纤维。

合成纤维是指用有机合成材料经过挤出、拉伸、改性等工艺制成的纤维,具有强度高、密度小、易洗快干、弹性好、耐磨、不怕霉蛀等优点。不同品种的合成纤维各具有某些独特性能。

有机高分子材料的通用性能以考题探究的形式进行介绍。

考题探究

【单选题】高分子材料具有的性能有(　　　　)。

A.导热系数大　　　　　　　　B.耐燃性能好

C.耐蚀性差　　　　　　　　　D.电绝缘性能好

【细说考点】本题主要考查高分子材料的性能。高分子材料具备的优良性能主要体现在以下七个方面:质量较轻;韧性较好;导热系数小;耐蚀性较好;比强度高;减摩、耐磨性较好;电绝缘性较好。高分子材料的缺点主要体现在以下四个方面:容易老化;刚度较小;易燃;耐热性较差。本题选 D。

3.有机高分子材料的用途

（1）塑料。

常用塑料的用途,如表1-10所示。

表 1-10 常用塑料的用途

名称	用途
聚丙烯 (PP)	聚丙烯质轻、不吸水,介电性和化学稳定性良好,耐热、力学性能优良,但耐光性能差,易老化,低温韧性和染色性能均不好。其使用温度为 $-30 \sim 100$ ℃,在没有外力作用下,温度即使达到 150 ℃也不会变形,机械性能(刚性、强度、硬度、弹性等)比聚乙烯好。聚丙烯主要用于制作受热的电气绝缘零件、防腐包装材料以及耐腐蚀的化工设备
聚氯乙烯 (PVC)	聚氯乙烯塑料制品分为硬、软两种。 ①硬制品密度小,抗拉强度较好,耐水性、耐油性和耐化学药品侵蚀性好,用来制作化工、纺织等排污、气、液输送管。 ②软塑料常制成薄膜,用于工业包装等
聚乙烯 (PE)	聚乙烯分为低压聚乙烯和高压聚乙烯。 ①低压聚乙烯的力学性能低于高压聚乙烯,具有良好的耐热性、耐寒性、耐磨性和化学稳定性,能耐大多数酸碱的腐蚀,吸水性小,还具有较高的强度和韧性,但耐老化性能较差,因此其表面硬度高,尺寸稳定性好。适用于制作压力管道、储罐、运输箱、电缆护套等。 ②高压聚乙烯的密度小、质轻、吸湿性小、电绝缘性好、化学稳定性强、延伸性强、透明性也强、耐低温、但力学强度低、易老化。适用于制作耐腐蚀、荷载小的零部件或电缆包皮等,多用于制作输送生活用水的管材
聚四氟乙烯 (PTEF,F-4)	聚四氟乙烯是一种以四氟乙烯作为单体聚合制得的高分子聚合物。其具有非常优良的耐高、低温性能,几乎耐所有的化学药品,不吸水且电性能优异,但强度低、冷流性强,可用于制作减摩密封零件,以及高频或潮湿条件下的绝缘材料
工程塑料 (ABS)	工程塑料为丙烯腈、丁二烯和苯乙烯(29% ~60%)三种单体共聚而成的聚合物。随着三种成分比例的调整,工程塑料的物理性能会有一定的变换。但是工程塑料却集合了三种单体的优良性质:丙烯腈的耐热性、刚性、耐腐蚀性;丁二烯的弹性、韧性;苯乙烯的光泽、电性能、成型性。另外,ABS 的机械性能和热性能均较好,可以承受较大的机械应力,易加工、制品尺寸稳定、表面光泽性好,容易涂装、着色,还可以进行表面喷镀金属、电镀、焊接、热压和粘接等二次加工,在较为苛刻的化学物理环境中也可以正常使用。主要用于制作机械零件、仪表外壳、齿轮等
聚苯乙烯 (PS)	聚苯乙烯属于一种热塑性塑料,其具有优良的耐蚀性,几乎不吸水,较大的刚度,较小的密度,良好的隔热、防振和高频绝缘性能,耐冲击性差,不耐沸水,耐油性有限。适用于制作绝缘透明件、装饰件、化学仪器及光学仪器等零件
聚酰胺 (PA)	聚酰胺坚韧、耐磨、耐疲劳、耐油、耐水、抗霉菌,但吸水率大。PA6 弹性好、冲击强度高、吸水性较大;PA66 强度高,耐磨性好;PA610 与 PA66 相似,但吸水性和刚性都较小;PA1010 半透明,吸水性较小、耐寒性较好。适用于制作一般机械零件、减摩耐磨零件、传动零件,以及化工、电器、仪表等零件
苯乙烯-丙烯腈共聚物 (AS)	苯乙烯-丙烯腈共聚物冲击强度比聚苯乙烯高,耐热、耐油、耐蚀性好。广泛用来制作耐油、耐热、耐化学腐蚀的零件及电信仪表的结构零件
酚醛树脂 (PF)	酚醛树脂俗称胶木或电木,外观呈黄褐色或黑色,是热固性塑料的典型代表。酚醛树脂使用温度高,可在非常高的温度下保持其结构的整体性和尺寸稳定性,经玻纤和石棉填充最高使用温度可达 180 ℃。另外,酚醛树脂耐化学药品性能优良,可耐有机溶剂和弱酸,但不耐强酸和强氧化剂,由于酚羟基的存在,耐碱性差。酚醛树脂还具有电绝缘性较好,绝缘电阻和介电强度高的特点,是优良的工频绝缘材料。但介电常数和介电损耗较大,电性能受温度及湿度影响。适用于中央空调系统、化工管道及房屋隔热等保温要求高的场所

名称	用途
环氧树脂（EP）	环氧树脂主要有双酚 A 型环氧树脂、酚醛环氧树脂、脂环族环氧树脂和其他类型的环氧树脂，其中，最常用的是双酚 A 型环氧树脂。环氧树脂具有强度高、电绝缘性优良、化学稳定性高、韧性较好、尺寸稳定性好、耐久性好和耐有机溶剂性好等优点，对许多材料具有较强的黏结力，成型工艺性能好，但性能受填料品种和用量影响。主要用于制作塑料模具、精密量具，电工、电子元件及线圈的灌封与固定，还可用来修复零件
氨基树脂（AF）	氨基树脂表面粗糙度低、硬度高、耐刮伤、耐热性较差、耐电弧、耐燃、耐弱酸弱碱及油脂等介质，长期使用温度≤70 ℃，易吸水，吸湿后制品会发生变形及裂纹。可用于制作模塑料、层压塑料、泡沫塑料，还可大量用作黏合剂、织物处理剂、涂料等
呋喃树脂	呋喃树脂的基本原料是糠醛，耐强酸、强碱、有机溶剂腐蚀，耐热性好，但不耐强氧化性介质，且需加热后才能经处理使其完全固化，有良好的阻燃性，储存期长，是现有耐热性能最好的树脂之一，可在 180～200 ℃ 环境下使用。可用于制作玻璃钢设备、管道、洗涤器等

（2）橡胶。

常用橡胶的用途，如表 1-11 所示。

表 1-11　常用橡胶的用途

品种	化学组分	特性	用途
天然橡胶（NR）	以橡胶烃（聚异戊二烯）为主，另含少量蛋白质、水分、树脂酸、糖类和无机盐	优点是弹性大，拉伸强度高，抗撕裂性和电绝缘性优良，耐磨性、耐寒性好，易与其他材料黏合，综合性能优于多数合成橡胶。缺点是耐氧及臭氧性差，容易老化，耐油性、耐溶剂性差，抵抗酸碱腐蚀的能力低，耐热性不高，收缩变形大	制作轮胎、胶鞋、胶管、胶带、电线电缆的绝缘层和护套以及其他通用制品
丁苯橡胶（SBR）	丁二烯和苯乙烯的共聚物	优点是耐磨性突出，耐老化和耐热性超过天然橡胶，其他性能与天然橡胶接近。缺点是弹性和加工性能较天然橡胶差，特别是自黏性差，生胶强度低	代替天然橡胶制作轮胎、胶板、胶管、胶鞋及其他通用制品
顺丁橡胶（BR）	由丁二烯聚合而成的顺式结构橡胶	优点是弹性与耐磨性优良，耐老化性佳，耐低温性优越，在动负荷下发热量小，易与金属黏合。缺点是强力较低，抗撕裂性差，加工性能与自黏性差，产量次于丁苯	一般和天然或丁苯橡胶混用，主要用于制作轮胎胎面、运输带和特殊耐寒制品

（3）合成纤维。

我国主要开发的合成纤维有三类，分别是聚酰胺纤维、聚酯氨纤维和聚丙烯腈纤维。合成纤维常用于高级缆绳、纤维混凝土、合成纤维起重吊索、运输带及制作碳纤维和石墨纤维原料等。

（二）无机非金属材料的分类、性能和用途

无机非金属材料是除有机高分子材料和金属材料以外的所有材料的统称，通常可分为传统无机非金属材料和新型无机非金属材料。传统无机非金属材料包括水泥和其他胶凝材料、陶瓷、耐火材料、玻璃、搪瓷、铸石、研磨材料、多孔材料、碳素材料、非金属矿等；新型无机非金属材料包括高频绝缘材料、铁电和压电材料、磁性材料、导体陶瓷、半导体陶瓷、光学材料、高温结构陶瓷、超硬材料、人工晶体、生物陶瓷、无机复合材料等。以下主要对安装工程中常见的一些传统无机非金属材料进行介绍。

1. 陶瓷

陶瓷是多相材料,一般由晶相、玻璃相和气相组成。陶瓷具有以下特点:

(1)表面平整、光洁,硬度和耐磨性极高、刚度大、塑性和韧性低、脆性大。

(2)熔点很高,大多在 2 000 ℃以上,具有很高的耐热性能。

(3)线膨胀系数小,导热性和抗热震性较差,受热易破裂。

(4)化学稳定性高、抗氧化性优良,对酸、碱、盐具有良好的耐腐蚀性。

(5)大多数陶瓷具有高电阻率,少数具有半导体性质;许多陶瓷具有特殊性能,如光学性能、电磁性能等。

陶瓷用途广泛,需根据陶瓷类型有针对性地应用,如耐酸性陶制品可用于铺地面、储罐等。

2. 耐火材料

耐火材料是指物理和化学性质适宜于在高温环境下使用的非金属材料,但不排除某些产品可含有一定量的金属材料。

(1)耐火混凝土。

耐火混凝土是指能在 900 ~ 1 600 ℃的温度下工作并保持其物理力学性能(如有较高的耐火度、热稳定性以及高温下较小的收缩等)的特种混凝土。其具有价格低廉、施工方便、材料来源广泛等特点,适用于锅炉各部位的耐火层。

(2)耐火水泥。

耐火水泥是指耐火度不低于 1 580 ℃的水泥。耐火水泥用于某些高温窑炉作为耐火内衬以及某些长期受大气和雨水侵蚀作用的高温工程,可与轻集料配制成隔热混凝土和耐热混凝土,与石棉配制成具有绝缘、耐热性能的石棉水泥制品。

(3)耐火砌体材料。

耐火砌体材料根据化学性质分成酸性耐火材料、中性耐火材料、碱性耐火材料,具体内容如表1-12 所示。

表 1-12　耐火砌体材料

类型	内容
酸性耐火材料	定义:以二氧化硅为主要成分,易在高温下与碱性物质发生反应的耐火材料
	性能:抗酸性炉渣侵蚀能力强,容易受碱性炉渣侵蚀;导热性能好、软化温度高、接近其耐火度,但抗热震性差。硅砖的导热性随着工作温度的升高而增大,且重复煅烧后体积没有残余收缩,会略有膨胀
	用途:硅砖主要用于热风炉、玻璃窑、焦炉、酸性炼钢炉等热工设备
中性耐火材料	定义:在高温下与酸性耐火材料、碱性耐火材料、酸性或碱性熔渣或熔剂不发生明显化学反应的耐火材料,如碳质、铬质、高铝质耐火材料等均属此类
	性能和用途: (1)碳质耐火材料根据含碳原料的成分和制品的矿物组成分为碳砖、石墨制品和碳化硅质制品三类。其具有质量轻,耐热震性好、高温强度高、导热性能好、热膨胀系数低、抗盐性能好等特点,在长期高温工作环境下不发生软化,不受金属和熔渣的湿润以及任何酸碱的侵蚀。碳质制品在高温下容易氧化,故使用时不能与氧化性火焰及含有多量氧化铁的炉渣接触。广泛用作高温炉、熔炼有色金属炉的炉衬材料,也用作石油、化工的高压釜内衬。 (2)铬质耐火材料以铬镁质耐火材料为主。铬镁质耐火材料为按一定的比例制成的铬镁砖,抗热震性好,可用作碱性平炉顶砖。 (3)高铝耐火材料具有较高的耐火度、耐压强度和荷重软化温度,用来砌筑各种大型高炉,如炼钢炉、热风炉、电炉、回转窑等热工设备的高温部位。高铝砖的主要矿物组成为莫来石、刚玉和玻璃相。随着制品中 Al_2O_3 含量的增加,莫来石和刚玉相的数量也增加,玻璃相相应减少,制品的耐火度和高温性能随之提高

（续表）

类型	内容
碱性 耐火材料	定义：以氧化钙、氧化镁为主要成分，易在高温下与酸性物质反应的耐火材料
	性能：常用的碱性耐火材料是镁质制品，主晶相为方镁石（决定镁质耐火材料高温耐火、抗碱性、铁渣性能），熔点为 2 800 ℃，制成的镁砖耐火度高于硅砖和黏土砖
	用途：多用于有色金属冶炼、高温热工设备、碱性平炉的炉顶等部位

考题探究

【单选题】某耐火材料，抗酸性炉渣侵蚀能力强，容易受碱性炉渣侵蚀，主要用于焦炉、玻璃熔窑、酸性炼钢炉的热工设备，该耐火材料为（　　）。

A. 硅砖　　　　　　　　　　　　B. 镁砖

C. 碳砖　　　　　　　　　　　　D. 铬砖

【细说考点】本题主要考查酸性耐火材料中硅砖的性能、用途。硅砖抗酸性炉渣侵蚀能力强，容易受碱性炉渣侵蚀。其导热性能好、软化温度高、接近其耐火度，但抗热震性差，主要用于热风炉、玻璃窑、焦炉、酸性炼钢炉等热工设备。本题选 A。

3. 玻璃

玻璃是非晶无机非金属材料，一般是用多种无机矿物（如石英砂、硼砂等）为主要原料，另外加入少量辅助原料制成的。玻璃通常按主要成分分为氧化物玻璃和非氧化物玻璃。其中，氧化物玻璃又分为硅酸盐玻璃、硼酸盐玻璃、磷酸盐玻璃等。硅酸盐玻璃指基本成分为 SiO_2 的玻璃，通常按玻璃中 SiO_2 碱金属以及碱土金属氧化物的不同含量，又分为石英玻璃、高硅氧玻璃等。硅酸盐玻璃在玻璃制品中应用最为广泛，具有较好的透明度、化学稳定性和热稳定性，且机械强度高、硬度大、电绝缘性强、可溶于氢氟酸，多用于化学仪器制备、高级玻璃制品等。

4. 铸石

铸石是指以辉绿岩、玄武岩、页岩等天然岩石或工业废渣为主要原料，经原料制备、熔化、成型、结晶、退火等工艺制得的具有优异耐磨耐腐性能的硅酸盐结晶材料。其具有极优良的耐磨性（比钢铁高十几倍至几十倍）、耐化学腐蚀性、绝缘性及较高的抗压性能，但脆性大、承受冲击荷载的能力低。铸石常用于生产制造铸石板材、管材、管件、铸石粉和铸石骨料等。

5. 多孔材料

多孔材料多被制作为耐火隔热材料，如硅藻土、微孔硅酸钙、矿渣棉、硅酸铝耐火纤维等。耐火隔热材料的隔热性能好，既保温又耐热，又称耐热保温材料，可用作各种热工设备的隔热层，有的也可用作工作层，是构筑各种窑炉的节能材料。

（1）硅藻土。

硅藻土是一种硅质岩石，常作为目前耐火隔热板材应用最多、最广的制作材料。使用硅藻土可以有效减少热损失，降低燃料消耗，提高生产效率等。由硅藻土制成的砖、板材、管材，具有气孔率高、密度小、保温性能好和耐高温等特点，广泛用于电力、冶金、机械、化工、石油、金属冶炼电炉和硅酸盐等工业的各种热体表面及各种高温窑炉、锅炉、炉墙中层的保温绝热部位。

（2）微孔硅酸钙。

微孔硅酸钙是用硅藻土、石灰、石棉、水玻璃及水等材料，经搅拌、加热、凝胶化、成型、

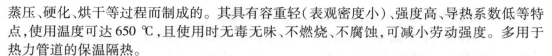

蒸压、硬化、烘干等过程而制成的。其具有容重轻(表观密度小)、强度高、导热系数低等特点,使用温度可达 650 ℃,且使用时无毒无味、不燃烧、不腐蚀,可减小劳动强度。多用于热力管道的保温隔热。

（3）矿渣棉。

矿渣棉具有耐高温、廉价、长效等特点,可制成板、管、毡、带、纸等保温、隔热、吸声等材料。

（4）硅酸铝耐火纤维。

硅酸铝耐火纤维形似棉花,具有密度小、耐高温、热稳定性好、导热率低、比热容小、抗机械振动好、保温性能好、体胀系数小等特点,广泛应用于冶金、电力、机械、化工、石油等行业的锅炉、加热炉的耐火隔热材料。

考题探究

【单选题】目前应用最多、最广的耐火隔热材料,具有气孔率高的特点,广泛用于电力、冶金、机械、化工、石油、金属冶炼电炉和硅酸盐等工业的各种热体表面及各种高温窑炉、锅炉、炉墙中层的保温绝热部位,该材料是(　　　)。

A.硅藻土　　　　　　　　　　B.硅酸铝耐火纤维
C.微孔硅酸钙　　　　　　　　D.矿渣棉

【细说考点】本题主要考查硅藻土的性能。硅藻土是一种硅质岩石,常作为耐火隔热板材的制作材料,是目前应用最多、最广的耐火隔热材料,具有气孔率高的特点,广泛用于电力、冶金、机械、化工、石油、金属冶炼电炉和硅酸盐等工业的各种热体表面及各种高温窑炉、锅炉、炉墙中层的保温绝热部位。本题选 A。

6.碳素材料

石墨是典型的碳素材料。石墨是一种结晶形碳,熔点为 3 700 ℃,即使经超高温电弧灼烧,重量的损失很小,热膨胀系数也很小。石墨在常温下有良好的化学稳定性,能耐酸、耐碱和耐有机溶剂的腐蚀,但其机械强度较低,性脆,空隙率大。石墨的强度随温度提高而加强,高温下机械强度高,在 2 000 ℃时,石墨强度提高一倍;在 3 000 ℃以下,石墨具有还原性,在中性介质中热稳定性好。不透性石墨是对气体和液体等流体介质具有不渗透性的石墨材料,通常采用在石墨材料的气孔内浸渍充填树脂等制得。不透性石墨是一种很好的耐腐蚀导热材料,主要用于制造各种耐酸介质的换热器和管道、阀门等。

知识拓展

绝热材料也是常见的传统无机非金属材料。绝热材料是指用于减少热传递的一种功能材料,其绝热性能决定于化学成分和(或)物理结构,既包括保温材料,又包括保冷材料。绝热材料按照绝热材料的使用温度限度分为低温用绝热材料、中温用绝热材料和高温用绝热材料三类。

低温用绝热材料应用于温度在 100 ℃以下的绝热工程,宜选用珍珠岩粉、玻璃泡等。

中温用绝热材料应用于温度在 100 ~ 700 ℃的绝热工程,宜选用的多孔质保温材料有硅酸钙、泡沫混凝土、蛭石、膨胀珍珠岩等;纤维质材料有石棉、矿渣棉、气凝胶毡、玻璃纤维等。

高温用绝热材料应用于温度在 700 ℃以上的绝热工程,宜选用的多孔质保温材料有蛭石加石棉、硅藻土、耐热黏合剂等;纤维质材料有硅纤维、硅酸铝纤维等。

除了上述分类方式外,绝热材料还可以根据施工方法不同分为绑扎式、填充式、湿抹式等材料,也可以根据成分不同分为无机材料和有机材料。

三、复合材料的分类、性能和用途 ★★★

复合材料是由有机高分子、无机非金属或金属等几类不同材料通过复合工艺组合而成的新型材料，它既能保留原组分材料的主要特色，又通过复合效应获得原组分所不具备的性能。

（一）复合材料的分类

复合材料按基体材料性质分类，可分为以下几种：

（1）金属基复合材料（MMC）。包括铝基复合材料、钛基复合材料、铜基复合材料、镁基复合材料等。

（2）有机材料基复合材料。包括木质基复合材料、高分子基复合材料。

①木质基复合材料。木质基复合材料是指以木材（其各种形态，包括纤维、单板和刨花等）为基体材料再加上其他的增强材料或功能材料复合而成，具有承受一定载荷的或具有某些特定性能的复合材料。

②高分子基复合材料。包括树脂基复合材料和橡胶基复合材料。其中，树脂基复合材料包括热塑性树脂基（主要有聚丙烯基、聚四氯乙烯基）复合材料；热固性树脂基（主要有不饱和聚酯树脂基、环氧树脂基、酚醛树脂基、乙烯基酯树脂基、聚氨酯树脂基、有机硅树脂基）复合材料。

（3）无机非金属材料基复合材料。包括水泥基复合材料、陶瓷基复合材料和碳基复合材料。

①水泥基复合材料。水泥基复合材料包括纤维增强水泥基复合材料和颗粒型复合材料。

②陶瓷基复合材料。包括玻璃基复合材料（主要有高硅玻璃基复合材料、铝硅玻璃基复合材料等）和玻璃陶瓷基复合材料（主要有镁铝硅微晶玻璃基复合材料、铝锂硅微晶玻璃基复合材料等）。

③碳基复合材料。碳基复合材料是以碳纤维（织物）或碳化硅等陶瓷纤维（织物）为增强体，以碳为基体的复合材料。

（二）复合材料的性能

复合材料的性能取决于组分材料的种类、性能、含量和分布，以及组分材料之间的相互作用特性（界面性能）。

复合材料比重小，比强度和比模量大，具有优良的化学稳定性、减摩耐磨、自润滑、耐蚀、耐热、耐疲劳、耐蠕变、消声、电绝缘等性能。还具有抗断裂能力强、高温性能好、减振性好等特点。

> **温馨提示**
>
> 玻璃纤维增强酚醛树脂复合材料具有良好的耐腐蚀性，使用场合包括：在含氯离子的酸性介质中使用；在含有盐的介质中使用；用于酯类和某些溶剂的管道等。

（三）复合材料的用途

在工程中常用的复合材料有颗粒增强的铝基复合材料、塑料－钢复合材料和塑料－青铜－钢复合材料。

（1）颗粒增强的铝基复合材料。颗粒增强的铝基复合材料兼有铝合金基体优点和增强颗粒的优点，且具有成本低廉、制备简单的优点，目前在材料领域广受欢迎。用颗粒增强的铝基复合材料制造发动机活塞，可以大幅提高发动机活塞的使用寿命。

（2）塑料－钢复合材料。塑料－钢复合材料由聚氯乙烯塑料与普通碳钢薄板复合制成,有单面、双面两种。具备以下特性:化学稳定性好,耐油及醇类;绝缘性及耐磨性好;深冲加工时不分离,冷弯大于 120 ℃不分离开裂;低碳钢的冷加工性能。另外,短期使用可耐 120 ℃高温,在 -10~60 ℃环境中可以长期使用。

> **温馨提示**
>
> 塑料-钢复合材料的特性是重要考点,曾多次考查。其用途从未考查,此处不作介绍。

(3)塑料-青铜-钢复合材料。塑料-青铜-钢复合材料由表面塑料层、中间烧结层、钢背层三层复合而成,表面塑料层是聚四氟乙烯和填充材料的混合物,中间烧结层的材料为青铜球粉,钢背层的材料为优质碳素结构钢。该复合材料的特点是结合力好、耐磨性好。适用于尺寸精度要求高、无油或少油润滑的轴承等。

> **知识拓展**
>
> 对于复合材料,除了其分类、性能和用途需要掌握外,还需要了解其基体材料、增强材料,具体内容如表 1-13 所示。

表 1-13　基体材料、增强材料

类型		内容
基体材料	树脂材料	树脂基复合材料又称增强塑料,是复合材料最主要的一类,可以分为热固性树脂复合材料和热塑性树脂复合材料两大类。其中,热塑性树脂复合材料主要包括工程型树脂复合材料和通用型树脂复合材料两种。树脂材料的主要作用是把纤维粘接在一起,分配纤维间的荷载,保护纤维不受环境影响
	金属材料	金属基复合材料的主要品种有铝及铝合金、镁合金、钛合金、镍合金、铜及铜合金、铅、钛铝、镍铝金属间化合物等。主要分为三类:颗粒增强、短纤维或晶须增强、连续纤维或薄片增强。不同应用领域、不同工况条件对复合材料构件的性能要求也不同
	陶瓷材料	陶瓷基复合材料可以改变脆性、提高韧性。陶瓷基复合材料的基体主要有氧化物陶瓷基体和非氧化物陶瓷基体
增强材料	纤维增强体	在纤维增强复合材料中,纤维是材料主要承载组分,其增强效果主要取决于纤维的特征(取向、长度、形状、化学成分),纤维与基体间的黏合强度,纤维的体积分数、尺寸和分布。纤维材料增强体按其性能可分为高性能纤维增强体和一般纤维增强体。其中,对于强度不高、产量较大、来源较丰富的纤维通常称为一般纤维增强体,主要包括玻璃纤维、矿物纤维、石棉纤维、棉纤维、合成纤维和亚麻纤维等。碳纤维、芳纶、全芳香族聚酯属于高性能纤维增强体,具有超高强度和超高模量
	片状增强体	片状增强体是具有片状结构的多晶体增强材料的统称,通常为长与宽尺度相近的薄片。常见的材料有云母、玻璃等
	颗粒增强体	颗粒增强体主要是指具有高强度、高模量、耐热、耐磨、耐高温的陶瓷和石墨等非金属颗粒,如碳化硅、氧化铝、氮化硅、碳化钛、碳化硼、石墨、细金刚石等。根据增强体尺寸大小分为颗粒增强体和微粒增强体两类,前者耐磨性能、耐热性能、超硬性能良好,应用前景广泛

第二节 安装工程常用材料的种类、性能和用途

一、安装工程材料的种类 ★

安装工程常用材料的种类包括型材、板材、管材、焊接材料、暖通材料、电气电信材料以及防腐材料等。本节着重对型材、板材、管材、焊接材料以及防腐材料进行讲解。

（一）型材的种类

型材是铁或钢以及具有一定强度和韧性的材料通过轧制、挤出、铸造等工艺制成的具有一定几何形状的物体。这类材料具有的外观尺寸一定，断面呈一定形状，具有一定的力学物理性能。型材既能单独使用也能进一步加工成其他制造品，常用于建筑结构与制造安装。常见的型材有型钢等。

型材常见的分类方法主要如下：

（1）按生产方法分类。型材按生产方法可以分成热轧型材、冷弯型材、冷轧型材、冷拔型材、挤压型材、锻压型材、热弯型材、焊接型材和特殊轧制型材等。

（2）按断面特点分类。型材按其横断面形状可分成简单断面型材和复杂断面型材。

（3）按断面尺寸大小分类。型材按断面尺寸可分为大型、中型和小型型材。

（二）板材的种类

安装工程中常用的板材有铝合金板、塑料复合钢板及钢板，具体内容如下：

（1）铝合金板。铝合金板是一种工业建材，根据材质的不同应用于不同的行业，按表面处理方式可分为非涂漆产品和涂漆产品两大类。

（2）塑料复合钢板。塑料复合钢板是在钢板或压型钢板上覆以 $0.2 \sim 0.4$ mm 的软质或半硬质聚氯乙烯塑料薄膜（具有耐腐蚀性），分单面和双面覆层两种，既保证了强度，又增加了耐腐蚀性。

（3）钢板。钢板是一种宽厚比和表面积都很大的扁平钢材。钢板的分类方法很多，如表 1-14 所示。

表 1-14　钢板的分类方法

分类方法	分类名称
按厚度	薄钢板和厚钢板
按轧制方式	热轧钢板和冷轧钢板
按表面特征	普通钢板、镀锌板（热镀锌板、电镀锌板）、镀锡板、复合钢板、彩色涂层钢板
按用途	锅炉钢板、屋面钢板、结构钢板、电工钢板（硅钢片）、钢带

> **温馨提示**
>
> 常用的钢板有普通钢板、塑料复合钢板、镀锌钢板和不锈耐酸钢板。其中，塑料复合钢板和镀锌钢板常用于空调、超净等防尘要求较高的通风系统。

（三）管材的种类

管材是安装工程必需的材料，常用的有给水管、排水管、煤气管、暖气管、电线导管、雨水管等。管材按化学成分分为金属管材、非金属管材和复合材料管材三大类。

常用的金属管材有无缝钢管、焊接钢管、合金钢管、铸铁管、有色金属管等。其中，无缝钢管又包括一般无缝钢管、不锈钢无缝钢管和锅炉及过热器用无缝钢管等；焊接钢管又

根据焊缝形状的不同分为直缝钢管、螺纹缝钢管和双层卷焊钢管,根据管壁厚度的不同分为薄壁管、加厚管,根据加工方式的不同分为焊接钢管、镀锌钢管,根据用途的不同分为水输送钢管、煤气输送钢管;铸铁管包括给水铸铁管和排水铸铁管。

常用的非金属管材有混凝土管、陶瓷管、塑料管等。其中,常用的塑料管包括硬聚氯乙烯管、氯化聚氯乙烯管、聚乙烯管、交联聚乙烯管、聚丙烯管、聚丁烯管等。

常用的复合材料管材有钢塑复合管、铝塑复合管、玻璃钢管、硬聚氯乙烯/玻璃钢复合管等。

(四)焊接材料的种类

焊接材料是指焊接时所消耗材料的统称。常见的焊接材料有焊条、焊丝、焊剂等。

1. 焊条

常见焊条的分类,如图 1-4 所示。

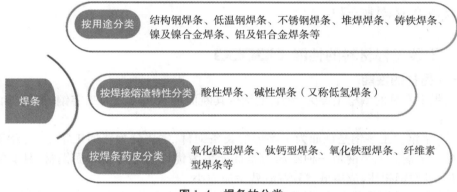

图 1-4　焊条的分类

2. 焊丝

焊丝的分类方法有许多种,通常有以下几种:

(1)按照适用的焊接方法可分为埋弧焊焊丝、CO_2 焊焊丝、钨极氩弧焊焊丝、熔化极氩弧焊焊丝、自保护焊焊丝及电渣焊焊丝等。

(2)按照焊丝的形状结构可分为实心焊丝、药芯焊丝及活性焊丝等。

(3)按照适用的金属材料可分为低碳钢、低合金钢用焊丝,硬质合金堆焊焊丝,以及铝、铜与铸铁焊丝等。

> **知识拓展**
>
> 焊丝也可以根据焊丝直径分类,半自动埋弧焊丝分为直径 1.6 mm 焊丝、直径 2 mm 焊丝、直径 2.4 mm 焊丝,而自动埋弧焊丝为直径 3~6 mm 焊丝(可发挥埋弧焊大电流、高熔敷率的优点)。同一电流使用较小直径的焊丝时,可获得加大焊缝熔深、减小熔宽的效果。当工件装配不良时,宜选用较粗的焊丝。

3. 焊剂

焊剂不仅要有良好的冶金性能,还应有良好的工艺性能。其分类如下:

(1)按焊剂的制造方法可分为熔炼焊剂、烧结焊剂和陶制焊剂三大类。

(2)按焊剂使用用途可分为埋弧焊焊剂、堆焊焊剂、电渣焊焊剂。其中,埋弧焊焊剂按其用途划分为钢用焊剂、有色金属用焊接;按化学成分划分为碱性焊剂、酸性焊剂、中性焊剂。

(3)按所焊材料的种类可分为低碳钢用焊剂、低合金钢用焊剂、不锈钢用焊剂。

(4)按焊接工艺特点可分为镍及镍合金用焊剂、钛及钛合金用焊剂等。

（五）防腐材料的种类

安装工程中常用的防腐材料主要有各种有机和无机涂料、玻璃钢、橡胶制品等，具体内容如下：

（1）涂料。涂料可分为油基漆和树脂基漆两大类，前者成膜物质为干性油类，后者成膜物质为合成树脂。常见的防腐蚀涂料有酚醛树脂漆、漆酚树脂漆、过氯乙烯漆、呋喃树脂漆、聚氨酯漆、环氧煤沥青漆、三聚乙烯防腐涂料、环氧树脂涂料等。

（2）玻璃钢。玻璃钢具有质量轻、硬度高、不导电、耐腐蚀、机械强度高等优点，可代替钢材制造机器零件。玻璃钢按其所用树脂品种的不同，可分为环氧玻璃钢、聚酯玻璃钢、环氧酚醛玻璃钢、环氧煤焦油玻璃钢等。

（3）橡胶制品。安装工程中常用防腐橡胶制品多用于设备防腐衬里。设备防腐衬里常用的橡胶种类有氯丁胶、丁基胶、氯化丁基胶、溴化丁基胶等。硫化后的橡胶按其硬度分为硬胶、半硬胶、软胶三种。

二、安装工程材料的性能 ★★★★★

（一）型材的性能

在工程中常见的型材主要为型钢，型钢按其断面形状又可分为工字钢、槽钢、角钢、圆钢、方钢等。

（1）工字钢。工字钢是截面为工字形的长条钢材，主要分为普通工字钢、轻型工字钢和宽翼缘工字钢。工字钢是一种断面力学性能更为优良的经济型断面钢材，具有抗弯能力强，与一般型钢相比，成本低、精度高、残余应力小。

（2）槽钢。槽钢是截面为凹槽形的长条钢材，主要分为普通槽钢和轻型槽钢。槽钢具有较好的焊接、铆接性能及综合机械性能。

（3）角钢。角钢是两边互相垂直成角形的长条钢材，有等边角钢和不等边角钢之分。在使用中要求有较好的可焊性、塑性变形性能及一定的机械强度。

（二）板材的性能

铝合金板具有延展性能好、传热性能良好、摩擦不易产生火花、耐腐蚀等特点。

塑料复合钢板具有绝缘、耐磨、耐腐蚀、耐油等特点。

钢板具有加工性能好、结构强度高、价格便宜等特点。

（三）管材的性能

无缝钢管是指由整支圆钢穿孔而成的，表面上没有焊缝的钢管。相比焊缝钢管强度更高，能承受 $3.2 \sim 7.0$ MPa 的压力。不同规格的无缝钢管表示方法为：外径（d）× 壁厚（l），示意图如图 1-5 所示。

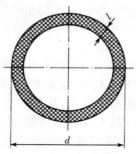

图 1-5 无缝钢管示意图

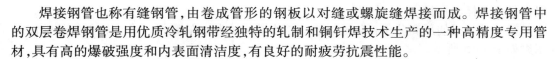

焊接钢管也称有缝钢管,由卷成管形的钢板以对缝或螺旋缝焊接而成。焊接钢管中的双层卷焊钢管是用优质冷轧钢带经独特的轧制和铜钎焊技术生产的一种高精度专用管材,具有高的爆破强度和内表面清洁度,有良好的耐疲劳抗震性能。

温馨提示

关于焊缝钢管,还需要掌握钢管理论重量的计算。根据《低压流体输送用焊接钢管》,钢管的理论重量按下式计算(钢的密度按 $7.85\ kg/dm^3$):
$$W = 0.024\ 661\ 5(D-t)t$$
式中　W——钢管的单位长度理论重量,单位为 kg/m。

　　　　D——钢管的外径,单位为 mm。

　　　　t——钢管的壁厚,单位为 mm。

考题探究

【单选题】根据《低压流体输送用焊接钢管》,钢管的理论重量计算式为 $W = 0.024\ 661\ 5(D-t)t$,某钢管外径108 mm,壁厚6 mm,则该钢管的单位长度理论重量为(　　　)。

A.12.02 kg/m　　　　　　　　　B.13.21 kg/m

C.13.91 kg/m　　　　　　　　　D.15.09 kg/m

【细说考点】本题主要考查钢管的单位长度理论重量的计算。钢管外径 $D=108$ mm,钢管壁厚 $t=6$ mm,将数据代入,$W=0.024\ 661\ 5 \times (108-6) \times 6=15.09(kg/m)$。本题选 D。

合金钢管性能要比一般的无缝钢管高很多,因为这种钢管里面含铬比较多,其耐高温、耐低温、耐腐蚀的性能是普通无缝钢管比不上的。合金钢管中的高压耐热合金管具有强度高、耐热的特点。

铸铁管是指用铁水浇注的圆管的统称。其具有耐腐蚀性强,性质较脆,经久耐用的特点。对于埋地敷设的铸铁管,管壁内外都应涂有沥青,以增强其抗腐蚀性能。

有色金属管在安装工程中常用的有铜管、铜合金管、铝管、铝合金管等,分为无缝的和用板材卷焊的两种。

(1)铜及铜合金管。铜及铜合金管对淡水的耐腐蚀性较好,机械强度高、抗挠性较强、易加工、内表面光滑、不易结水垢、美观。但管壁薄、易碰坏。通常采用螺纹连接、法兰连接、焊接、专用管件连接。

(2)铝及铝合金管。铝及铝合金管具有重量轻、不生锈、塑性好等特点,但机械强度差,不能承受较高的压力。无缝铝管的外径为 18~120 mm,壁厚为 1.5~5 mm;铝板卷焊铝管的外径为 159~1 020 mm,壁厚为 6~8 mm,铝管输送的介质操作温度在 200 ℃ 以下,并且在温度高于 160 ℃ 时,不宜在压力下使用。

混凝土管是指用混凝土或钢筋混凝土制作的管子,可分为素混凝土管、普通钢筋混凝土管、自应力钢筋混凝土管和预应力混凝土管四种。混凝土管和钢筋混凝土管的原材料较易获得,价格较低,制造简单方便。但抗腐蚀性较差,不宜输送酸性、碱性较强的工业废水,管节较短,接头多,施工复杂,抗渗、抗漏性差。

陶瓷管是由二氧化硅(黏土)、三氧化二铝等氧化物和水经焙烧而成,具有良好的耐腐蚀性(除氢氟酸和强氟酸外,能耐各种浓度的无机酸、有机酸和有机溶剂等介质的腐蚀),不透水性和一定的机械强度。其使用压力一般为低压,使用温度为常温状态。陶瓷管一般都是用承插口连接。

塑料管是指使用高分子材料通过连续挤出等方式制成的管材。常见塑料管的性能和用途如表 1-15 所示。

表 1-15　常见塑料管的性能和用途

管材名称	性能和用途
硬聚氯乙烯管（UPVC）	硬聚氯乙烯管内壁光滑，具有耐腐蚀、不易结垢、水力条件好、质轻安装方便、不易老化、抗热强度低、质地坚硬、价廉、易于粘接、阻燃等优点，但不抗撞击、耐久性差，接头粘合技术要求高，固化时间较长。常见的连接方式有承插粘接、专用配件法兰连接、螺纹连接。硬聚氯乙烯给水管多用于给水（非饮用水）、排水管道、雨水管道、化工腐蚀管道，不得用于室内消防给水系统以及与消防给水系统相连接的生活给水系统
氯化聚氯乙烯管（CPVC）	氯化聚氯乙烯管具有刚性高、耐腐蚀、阻燃性能好、导热性能低、热膨胀系数低及安装方便等特点，是现今新型的冷热水输送管道，但价格偏高。常见的连接方式有承插粘接、专用配件的法兰连接、螺纹连接。氯化聚氯乙烯管多用于电力电缆护套管和建筑物内排污废水（高、低温）管道
聚乙烯管（PE）	聚乙烯管按其密度不同分为高密度聚乙烯管、中密度聚乙烯管和低密度聚乙烯管，管具有无毒、质量轻、韧性好、可盘绕、耐腐蚀，常温下不溶于任何溶剂，强度较低，一般适宜于压力较低的工作环境。常见的连接方式有电热熔接性，热熔对接连接，法兰、螺纹丝扣。聚乙烯管多用于燃气管道、雨水管道、工业耐腐蚀管道以及水温不大于 40 ℃ 的管道，最大工作压力不大于 2.0 MPa 的压力输水和饮用水管道。其耐热性能不好，不能作为热水管使用
交联聚乙烯管（PEX）	交联聚乙烯管具有的特点：优良的耐温性能，使用温度为 −70 ~ 110 ℃；优良的隔热性能，导热系数低；较长的使用寿命，可安全使用 50 年以上；抗化学耐腐蚀性能；良好的恢复形状记忆性能，抗振动，耐冲击。常见的连接方式有专用金属连接件的卡套式、卡箍式及丝扣连接。交联聚乙烯管适用于建筑冷热水管道、供暖管道、工业管道、燃气管道、雨水管道等
聚丙烯管（PP）	聚丙烯管具有价廉、无毒、耐温度性能好等优点。常用的聚丙烯管有均聚聚丙烯管（PP－H）、嵌段共聚聚丙烯管（PP－B）和无规共聚聚丙烯管（PP－R）三种。其中，无规共聚聚丙烯管是最轻的热塑性塑料管材，具有较高的强度、耐热性，最高工作温度可达 95 ℃，在 1.0 MPa 下长期（50 年）使用温度可达 70 ℃，无毒，耐化学腐蚀，常温下无任何溶剂能溶解，但其低温易脆化，每段长度有限，且不能弯曲施工。常见的连接方式有电热熔、热熔对接、法兰连接、螺纹连接。无规共聚聚丙烯管广泛地用在冷热水供应系统中
聚丁烯管（PB）	聚丁烯管抗腐蚀性能好，可伸缩，可冷弯，内壁光滑并耐较高温度，但紫外线照射会导致老化，易受有机溶剂侵蚀。常见的连接方式有热熔连接、螺纹连接。聚丁烯管适用于输送热水

钢塑复合管、铝塑复合管、玻璃钢管、硬聚氯乙烯/玻璃钢复合管均属于常见的复合材料管材，其性能和用途如表 1-16 所示。

表 1-16　常见复合材料管材的性能和用途

管材名称	性能和用途
钢塑复合管	钢塑复合管是通过钢与塑料复合而成，所以具有钢塑共同优点，其抗压、抗拉伸及耐腐蚀、防紫外线能力更是其他管道所不能及，因此在各个工程领域都可以采用该管道（多用作建筑给水冷水管），并且复合钢管可以根据不同的环境发挥不同的性能优势。常见的连接方式有螺纹连接、沟槽连接、法兰连接

（续表）

管材名称	性能和用途
铝塑复合管	铝塑复合管有较好的保温性能，内外壁不易腐蚀，因内壁光滑，对流体阻力很小、安装施工方便。铝塑复合管包括交联聚乙烯铝塑复合管（适用于热水）、高密度聚乙烯铝塑复合管（适用于冷水）。常见的连接方式有卡套式连接、卡压式连接
玻璃钢管	玻璃钢管系选用多种不同性质的树脂作为内衬防渗层，与玻璃纤维增强层复合制成，具有保温、耐腐蚀、内壁光滑等优点，但接口要求高、易漏水、不易施工、价贵。常见的连接方式有承插式连接、平口对接连接、法兰连接。玻璃钢管主要用于地质腐蚀性强的大中型室外给水输送管道
硬聚氯乙烯/玻璃钢复合管	硬聚氯乙烯/玻璃钢复合管即UPVC/FRP复合管，其内衬层为硬聚氯乙烯薄壁管，价格低廉，使用寿命长，具有良好的耐腐蚀性、耐温性、耐压性，且无电化学腐蚀，可制成氯碱工业工艺管、污水处理及输送管、热能输送管、水电站压力水管等

（四）焊接材料的性能

1. 焊条的性能

焊条是指涂有药皮的供手弧焊用的熔化电极，由药皮和焊芯两部分组成。其中，药皮是指压涂在焊芯表面上的涂料层；焊芯是指焊条中被药皮包覆的金属芯。焊条的断面形式示意图，如图1-6所示。

图1-6　焊条的断面形式示意图

（1）药皮和焊芯的性能。

①焊条药皮是矿石粉末、铁合金粉、有机物和化工制品等原料按一定比例配制后压涂在焊芯表面上的一层涂料。药皮在焊接过程中起着极为重要的作用，其主要表现有：

a. 保护作用。由于电弧的热作用使药皮形成熔渣，在焊接冶金过程中药皮又会产生某些气体。熔渣和电弧气氛起着保护熔滴、熔池和焊接区的作用，隔离了空气，防止氮气等有害气体侵入焊缝。

b. 冶金作用。在焊接过程中，药皮的组成物质进行着冶金反应，其作用是去除有害杂质（例如氧、氮、氢、硫、磷等），并保护或添加有益的合金元素，使焊缝的抗气孔性能及抗裂性能良好，避免焊缝中形成夹渣、裂纹、气孔，确保焊缝的力学性能。

c. 使焊条具有良好的工艺性能。焊条药皮可以使电弧容易引燃并能稳定地连续燃烧；焊接飞溅小；焊缝成形美观；焊缝易于脱渣以及可适用于各种空间位置施焊。

> **考题探究**
>
> 【多选题】药皮在焊接过程中起着极为重要的作用，其主要表现有（　　）。
> A. 避免焊缝中形成夹渣、裂纹、气孔，确保焊缝的力学性能
> B. 弥补焊接过程中合金元素的烧损，提高焊缝的力学性能
> C. 药皮中加入适量氧化剂，避免氧化物还原，以保证焊接质量
> D. 改善焊接工艺性能，稳定电弧，减少飞溅，易脱渣
>
> 【细说考点】本题主要考查药皮在焊接过程中的主要表现。药皮在焊接过程中，由于电弧的高温作用，焊缝金属中所含的某些合金元素被烧损（氧化或氮化），会使焊缝的力学性能降低。因此要在药皮中加入适量还原剂，使氧化物还原，以保证焊缝质量。故选项B，C错误。本题选AD。

②焊条焊芯是一根具有一定长度及直径的钢丝。焊条电弧焊时,焊芯与焊件之间产生电弧并熔化为焊缝的填充金属。焊芯既是电极,又是填充金属。用于焊芯的专用金属丝(称焊丝)分为碳素结构钢、低合金结构钢和不锈钢三类。焊芯的成分将直接影响着熔敷金属的成分和性能。

(2)酸性焊条和碱性焊条的性能。

酸性焊条和碱性焊条的性能如表 1-17 所示。

表 1-17　酸性焊条和碱性焊条的性能

焊条名称	定义	主要性能
酸性焊条	药皮中含有大量酸性氧化物(TiO_2、SiO_2等)的焊条称为酸性焊条	酸性焊条焊接工艺性能较好,电弧稳定、飞溅小、熔渣流动性好、易于脱渣、焊缝外表美观。焊接时可选用交流焊机,价格比碱性焊条低。因药皮中含有较多的氧化铁和氧化钛等氧化物,氧化性较强,对水、铁锈的敏感性不大,焊缝不宜产生由氢引起的气孔。焊接过程中产生烟尘较少,有利于焊工健康。但焊缝的力学性能较低,常、低温冲击韧性一般,抗裂性较差。酸性熔渣脱氧不完全,焊缝的磷、硫杂质不能全部清除
碱性焊条	药皮中含有大量碱性氧化物(CaO、Na_2O)的称为碱性焊条	碱性焊条的焊渣中 CaO 数量较多,熔渣脱氧能力强,有效消除焊缝金属中的硫、磷,合金元素烧损少,抗热裂性能较好,非金属杂物较少,有较高塑性和韧性及较好的抗冷裂性能和力学性能。由于药皮中含有较多的 CaF_2,影响气体电离,所以碱性焊条一般要求采用直流电源反接法施焊

知识拓展

关于焊条,还需要掌握焊条型号的相关内容,在《非合金钢及细晶粒钢焊条》《不锈钢焊条》等规范中有详细阐述,具体内容如下。

《非合金钢及细晶粒钢焊条》中对焊条型号的规定。

(1)焊条型号按熔敷金属力学性能、药皮类型、焊接位置、电流类型、熔敷金属化学成分和焊后状态等进行划分。药皮类型的简要说明及不同标准之间的型号对照参见规定。

(2)焊条型号由五部分组成(型号示例如图 1-7 所示):

①第一部分用字母"E"表示焊条。

②第二部分为字母"E"后面的紧邻两位数字,表示熔敷金属的最小抗拉强度代号。

③第三部分为字母"E"后面的第三和第四两位数字,表示药皮类型、焊接位置和电流类型。

④第四部分为熔敷金属的化学成分分类代号,可为"无标记"或短划"–"后的字母、数字或字母和数字的组合。

⑤第五部分为熔敷金属的化学成分代号之后的焊后状态代号,其中"无标记"表示焊态,"P"表示热处理状态,"AP"表示焊态和焊后热处理两种状态均可。

(3)除以上强制分类代号外,根据供需双方协商,可在型号后依次附加可选代号:

①字母"U",表示在规定试验温度下,冲击吸收能量可以达到47 J以上。

②扩散氢代号"HX",其中 X 代表 15,10 或 5,分别表示每 100 g 熔敷金属中扩散氢含量的最大值(mL)。

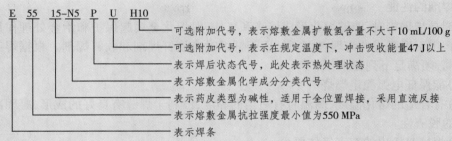

图1-7 型号示例

《不锈钢焊条》中对焊条型号的规定。

（1）焊条型号按熔敷金属化学成分、焊接位置和药皮类型等进行划分。药皮类型的简要说明及不同标准之间的型号对照参见规定。

（2）焊条型号由四部分组成（型号示例如图1-8所示）：

①第一部分用字母"E"表示焊条。

②第二部分为字母"E"后面的数字表示熔敷金属的化学成分分类，数字后面的"L"表示碳含量较低，"H"表示碳含量较高，如有其他特殊要求的化学成分，该化学成分用元素符号表示放在后面。

③第三部分为短划"－"后的第一位数字，表示焊接位置。

④第四部分为最后一位数字，表示药皮类型和电流类型。

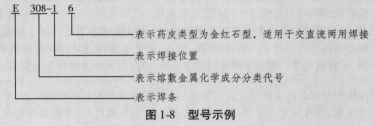

图1-8 型号示例

2. 焊丝的性能

焊丝是作为填充金属或同时作为导电用的金属丝焊接材料。在气焊和钨极气体保护电弧焊时，焊丝用作填充金属；在埋弧焊、电渣焊和其他熔化极气体保护电弧焊时，焊丝既是填充金属，同时也是导电电极。埋弧焊焊接过程中，为了改善焊丝的导电性能和避免其生锈，应在焊丝表面镀铜。但不锈钢及非铁金属焊丝本不身易生锈，也就无需在其表面镀铜。

考题探究

【单选题】埋弧焊焊丝镀铜可利于防锈并改善其导电性，以下各种焊丝不宜镀铜的是（　　）。

A. 碳钢焊丝　　　　　　　　B. 不锈钢焊丝

C. 普通低合金钢焊丝　　　　D. 优质低合金钢焊丝

【细说考点】本题主要考查不锈钢的性能。埋弧焊焊接过程中，为了改善焊丝的导电性能和避免其生锈，应在焊丝表面镀铜。但不锈钢及非铁金属焊丝本不身易生锈，也就无需在其表面镀铜。本题选B。

3.焊剂的性能

焊剂是指焊接时,能够熔化形成熔渣和气体,对熔化金属起保护和冶金处理作用的一种物质。用于埋弧焊的为埋弧焊剂。用于钎焊时有硬钎焊剂和软钎焊剂。根据焊剂的作用,焊剂必须满足下列要求:

(1)能保证电弧稳定燃烧。

(2)有合适的熔化温度,高温时有适当的黏度,以利于焊缝有良好的成形,凝固冷却后有良好的脱渣性。

(3)焊接时析出的有害气体要少。

(4)与选用的焊丝相配合,通过适当的焊接工艺保证焊缝金属能获得所需的化学成分和机械性能。

(5)能有效地脱氧、脱硫、脱磷,对油污、铁锈敏感性小,不致使焊缝产生裂纹和气孔。

(6)不易吸潮,有足够的强度,以保证焊剂的多次使用。

（五）防腐材料的性能

1.涂料的性能

常用涂料的性能和用途,如表 1-18 所示。

表 1-18　常用涂料的性能和用途

涂料名称	性能和用途
酚醛树脂漆	酚醛树脂漆是以酚醛树脂为主要成膜物的涂料。由于含有大量的苯环结构,因此具有较好的耐热性和耐腐蚀性(耐酸性更突出)。又由于分子中含有一定量的酸性酚羟基,能与碱发生反应生成可溶性的酚钠,因此酚醛树脂不适宜用于碱性介质中。酚醛树脂油漆的特点是干燥快、硬度高、耐水、耐化学腐蚀,但性脆、金属附着力较差、易泛黄,不宜做白漆。常温下酚醛树脂漆不能久存,加入苯甲醇作为缓聚剂,会延长存放期
漆酚树脂漆	漆酚树脂漆是将生漆通过脱水缩聚与有机溶剂稀释而成的树脂类漆,发挥了生漆的优越性能,具有施工方便、耐磨性强、化学稳定性好、毒性小、干燥快等特点。漆酚树脂漆适用于大型快速施工的需要,广泛应用在化肥、氯碱生产中,防止工业大气如二氧化硫、氨气、氯气等气体腐蚀,但不耐阳光中紫外线照射
过氯乙烯漆	过氯乙烯漆是由过氯乙烯树脂、醇酸树脂为主要成膜物质,加入体质颜料(半光磁漆)、增塑剂、光稳定剂等组成的涂料,具有使用寿命长、施工简便、耐酸、耐油、耐海水、防燃烧等优点,但耐磨性和耐冲击性较差,金属附着力不强,若使用温度过高(正常使用温度 0~70 ℃)则易老化。过氯乙烯漆适用于各种工业,民用建筑物,防水、防潮、防腐蚀等工程
呋喃树脂漆	呋喃树脂漆是以糠醛为主要原料,加入溶剂、填料、颜料配制而成的涂料,具有硬度大、透气性小、耐化学性好、耐水性好、耐油性好、价廉等特点,金属附着力不强,在高温下耐强酸和强碱的腐蚀效果良好。因呋喃树脂漆的固化剂为强酸性物质,所以不能把含有酸性固化剂的树脂胶料直接同呈碱性的混凝土和钢结构基层接触,在基层表面应采用环氧树脂胶料、乙烯基酯树脂胶料、不饱和聚酯树脂胶料或纤维增强塑料做隔离层
聚氨酯漆	聚氨酯漆是多异氰酸酯化合物和端羟基化合物进行预聚反应而生成的高分子合成材料,具有耐盐、耐酸和耐各种稀释剂的优点,施工方便,无毒且造价低,广泛用于石油、化工、冶金等行业的管道和设备的表面防腐,也可用于混凝土构筑物表面的涂覆

（续表）

涂料名称	性能和用途
环氧煤沥青漆	环氧煤沥青漆由环氧树脂、煤焦沥青、填料组成漆基，以聚酰胺为固化剂共同组成，具有机械强度高，黏结力大的特点，在酸、碱、盐、水、汽油、煤油、柴油等溶液和溶剂中长期浸泡无变化，防腐寿命可达50年以上，广泛用于城市给水管道、煤气管道的防腐处理
三聚乙烯防腐涂料	三聚乙烯防腐涂料是一种新型防腐涂料，一般由环氧粉末涂料、胶黏剂、聚乙烯涂层组成，具有良好的机械强度、抗紫外线、抗老化和抗阳极剥离等性能，广泛用于天然气和石油输配管线、市政管网、油罐、桥梁等防腐工程
环氧树脂涂料	环氧树脂涂料是以环氧树脂为主要成膜物质的涂料，与金属和非金属均有极好的附着力，特别是对金属表面的附着力更强，具有良好的耐侵蚀性、耐碱性、耐磨性，但耐候性较差。漆膜有良好的弹性与硬度，且收缩率小。若加入适量呋喃树脂，可提高使用温度。热固型比冷固型的耐温与耐腐蚀性能好

温馨提示

酚醛树脂漆、过氯乙烯漆及呋喃树脂漆在使用中的共同特点为与金属附着力差，安装工程防腐蚀施工时不能直接涂覆在金属表面。

知识拓展

关于涂料，还需要掌握涂料的组成，具体内容如下。

涂料是指涂于物体表面能形成具有保护、装饰或特殊性能（如绝缘、防腐、标志等）的固态涂膜的一类液体或固体材料，是由成膜物质、分散介质（溶剂）、颜料、填料及助剂组成的复杂的多相分散体系。涂料的各种组分在形成涂层过程中发挥其作用。涂料的具体组成如下：

（1）成膜物质，又称主要成膜物质，包括油料（干性油和半干性油）、树脂（天然树脂和合成树脂）。

（2）分散介质（溶剂），又称辅助成膜物质，包括溶剂、稀料和稀释剂。

（3）颜料和填料，又称次要成膜物质，包括着色颜料、防锈颜料、体质颜料。

（4）助剂，又称辅助材料，包括增塑剂、催干剂、防潮剂、固化剂、分散剂、触变剂等。

因此，也可以说涂料由主要成膜物质、辅助成膜物质、次要成膜物质和辅助材料组成。

2. 玻璃钢的性能

玻璃钢又称玻璃纤维增强塑料，即纤维增强复合塑料，是以玻璃纤维及其制品（玻璃布、带、毡、纱等）作为增强材料，以合成树脂作基体材料的一种复合材料。玻璃钢集中了玻璃纤维及合成树脂的特性，具有质量轻、强度高、耐化学腐蚀、良好的电绝缘性和隔热性能的特点。一般玻璃钢不能在高温下长期使用。如聚酯玻璃钢在45 ℃以上、环氧玻璃钢在60 ℃以上，它们的强度开始下降。

3. 橡胶的性能

用于防腐的橡胶多为天然橡胶。橡胶的耐寒性好，但不耐热，高温会加速其老化，故其使用温度与其使用寿命相关。用作化工衬里的橡胶需要生胶经硫化处理，具有较好的耐热性、耐腐蚀性和机械强度。聚异丁烯橡胶是一种合成橡胶，是目前化工防腐蚀的主用橡胶,气密性、绝缘性能优良,耐老化性良好,耐碱、冷酸、臭氧、过氧化氢等性能良好,不耐氯、溴、硝酸等,抗张强度低,不易硫化和加工,耐热性较差,使用温度不高,在温度 50 ℃时开始变软。

三、安装工程材料的用途 ★★★

（一）型材的用途

工字钢不论是普通型还是轻型的,由于截面尺寸相对较高、较窄,故对截面两个主轴的惯性矩相差较大,故仅能直接用于在其腹板平面内受弯的构件或将其组成格构式受力构件。对轴心受压构件或在垂直于腹板平面还有弯曲的构件均不宜采用,这就使其在应用范围上有着很大的局限。工字钢在钢结构中主要用于柱和梁。

槽钢主要用于建筑结构、车辆制造和其他工业结构,槽钢还常常和工字钢配合使用。

角钢可按结构的不同需要组成各种不同的受力构件,可作构件之间的连接件。广泛地用于各种建筑结构和工程结构,如房梁、桥梁、输电塔、起重运输机械、船舶、工业炉、反应塔、容器架以及仓库货架等。

（二）板材的用途

铝合金板适合咬口连接,多用于防爆的通风系统的风管。

塑料复合钢板可做墙板、屋面板、耐腐蚀的通风系统的风管,广泛应用于建筑工程。

钢板应用广泛,如薄钢板可制作风管、气柜等;厚钢板多用于容器、桥梁、设备外壳等;硅钢片多用于电动机、变压器、电磁机构等;钢带多用于制造焊缝钢管、弹簧、电缆外壳等。

（三）管材的用途

无缝钢管包括一般无缝钢管、不锈钢无缝钢管、锅炉及过热器用无缝钢管等。其中,一般无缝钢管适用于高层建筑物内的冷、热水管和蒸汽管道(工作压力的最低标准应为大于 0.6 MPa);不锈钢无缝钢管广泛用于石油、化工、医疗、食品、轻工、机械仪表等工业输送管道以及机械结构部件等;锅炉及过热器用无缝钢管用于输送高温、高压水等介质,或制造相应的管道。

焊接钢管包括直缝钢管、螺纹缝钢管和双层卷焊钢管等。其中,直缝钢管适用于输送低压流体(如煤气、暖气)和制作零部件;螺纹缝钢管适用于输送水、石油、天然气等;双层卷焊钢管适用于冷冻设备、电热电器工业中的刹车管、燃料管、润滑油管、加热器或冷却器管等。

考题探究

【单选题】具有高的爆破强度和内表面清洁度,有良好的耐疲劳抗震性能,适于冷冻设备、电热电器工业中的刹车管、燃料管、润滑油管、加热器或冷却器管的金属管材为（　　）。

A. 直缝电焊钢管　　　　　　　　B. 单面螺旋缝钢管

C. 双面螺旋缝钢管　　　　　　　D. 双层卷焊钢管

【细说考点】本题主要考查双层卷焊钢管的性能、用途。双层卷焊钢管是用优质冷轧钢带经独特的轧制和铜钎焊技术生产的一种高精度专用管材。双层卷焊钢管具有高的爆破强度和内表面清洁度,有良好的耐疲劳抗震性能,适用于汽车、冷冻设备、电热电器工业中的刹车管、燃料管、润滑油管、加热或冷却器等。本题选 D。

合金钢管主要用途是用于电厂,核电,高压锅炉,高温过热器和再热器等高压高温的管道上及设备上。

铸铁管多用于耐腐蚀及排水工程。铸铁管的连接形式分为承插式和法兰式两种。其中,双盘法兰铸铁管常用于输送硫酸和碱类等介质;排水承插铸铁管适用于污水的排放。

有色金属管包括铜及铜合金管和铝及铝合金管等。其中,铜及铜合金管多用于热水管道、低温管道和氧气管道;铝及铝合金管可用于液化装置、铝制设备及管道不宜污染产品,其中铝管一般可以用来输送过氧化氢、浓硝酸、脂肪酸、醋酸等液体,以及二氧化碳和硫化氢等气体。因铝与氯离子易发生化学反应,故不能用来输送盐酸。

混凝土管主要用于输送水、油、气等流体。钢筋混凝土管可以替代铸铁管输送低压水和气。

陶瓷管包括普通陶瓷管和耐酸陶瓷管。其中,普通陶瓷管主要用于输送生产给排水管道;耐酸陶瓷管主要用于输送酸性介质的管道。

(四)焊接材料的用途

焊条包括酸性焊条和碱性焊条。其中,酸性焊条可以采用交、直流电源施焊,多用于焊接低碳钢板和不太重要的碳钢结构,是应用最广的焊条;碱性焊条可用于一般承受动载的工件、合金钢和重要碳钢结构的焊接。

焊丝有实芯焊丝和药芯焊丝两类,后者只在某些特殊的工艺场合使用,生产中普遍使用的是实芯焊丝。

(五)防腐材料的用途

玻璃钢在防腐方面主要用于工业,比如用于生产、贮存或运输酸碱的槽罐,排污管道,代替钢材制造机器设备零件等。

> **温馨提示**
>
> 涂料和橡胶的用途已在上文的相应性能中有所介绍,此处不再讲解。

第三节　常用管件和附件的种类、性能和适用范围

一、常用管件和附件的种类 ★

(一)常用管件的种类

管件是指管道系统中起连接、变向、分流、密封等作用的零部件的统称,包括弯头、三通、法兰、异径管、管接头等。常见的管件种类(按用途划分),如表1-19所示。

表1-19　常见的管件种类

管件种类	管件名称	用途
弯头	高压弯头、焊接弯头、冲压焊接弯头、压制弯头等	改变管道方向的管件
三通	玛钢三通、钢制三通、高压三通等	增加管路分支的管件
法兰	平焊法兰、对焊法兰、螺纹法兰、松套法兰、平面形法兰、突面形法兰等	管道互相连接的管件
异径管	玛钢异径管、钢制异径管等	改变管道管径的管件
垫片	金属垫片、非金属垫片、半金属垫片	管道密封的管件
支架	固定支架、滑动支架、导向支架、滚动支架	管道固定的管件

📢 **知识拓展**

　　改变管道方向的管件还有弯管等；增加管路分支的管件还有四通等；管道互相连接的管件还有活接、管箍、夹箍、卡套和喉箍等；改变管道管径的管件还有异径弯头、支管台和补强管等；管道密封的管件还有生料带、法兰盲板、管堵、盲板、封头、线麻和焊接堵头等；管道固定的管件还有卡环、吊环、托架、拖钩和管卡等。

　　管件还可按连接方式划分，分为焊接管件、卡箍管件、螺纹管件、承插管件、卡套管件、黏接管件、热熔管件、曲弹双熔管件、胶圈连接式管件等。其中，常用的螺纹管件又可分为镀锌螺纹管件和非镀锌螺纹管件。

　　管件还可按材料划分，分为塑料管件、铸铁管件、铸钢管件、锻钢管件、合金管件等。

（二）常用附件的种类

　　管道附件是指用于连接和装配管道的管件、补偿器、阀门及其组合件等的统称。常见的附件有凸台、套管、补偿器、阀门、吹扫接头、管帽、管堵、盲板、阻火器、除污器、视镜、阀门操纵装置等。其中，管帽、管堵和盲板用于管端起封闭作用。

二、常用管件和附件的性能和适用范围 ⭐⭐⭐⭐⭐

（一）常用管件的性能和适用范围

1. 弯头

　　弯头是用来改变管道走向的。常用弯头的弯曲角度为45°、90°和180°（U型弯管），也有特殊的角度，但为数极少。

　　（1）高压弯头。高压弯头采用锻造工艺制成，其选用材料除优质碳素钢外，还可选用低合金钢。根据管道连接形式，弯头两端加工成螺纹或坡口，加工的精密度很高，要求管口螺纹与法兰口螺纹能紧密配套自由拧入并不得松动，适用于压力22.0 MPa、32.0 MPa的石油化工管道。

　　（2）焊接弯头。焊接弯头也称虾米腰或虾体弯头。其制作方法有两种，一种是在加工厂用钢板下料，切割后卷制焊接成型，多数用于钢板卷管的配套；另一种是用管材下料，经组对焊接成型，其规格范围一般在公称直径200 mm以上，使用温度不能大于200 ℃，一般可在施工现场制作。

　　（3）冲压焊接弯头。冲压焊接弯头是采用与管材相同材质的板材用冲压模具冲压成半块环形弯头，然后将两块半环弯头进行组对焊接成形。由于各类管道的焊接标准不同，通常是按组对点焊固定半成品出厂，现场施工根据管道焊缝等级进行焊接。广泛用于化工、建筑、给水、排水、石油、轻重工业、冷冻、卫生、水暖、消防、电力、航天、造船等基础工程。

　　（4）压制弯头。压制弯头也称为冲压无缝弯头，是用优质碳素钢、不锈耐酸钢和低合金钢无缝管在特制的模具内压制而成形的。压制弯头都是由专业制造厂和加工厂用标准无缝钢管冲加工而成的标准成品，出厂时弯头两端应加工好坡口，有45°和90°两种。

2. 三通

　　三通是指主管道与分支管道相连接的管件。根据规格的不同，三通可分为同径三通（等径三通）和异径三通。根据制造材质和用途的不同，三通可分为很多种。

　　（1）玛钢三通。玛钢三通的制造材质和规格范围，与玛钢弯头相同。主要用于室内采暖、上下水和煤气管道。

温馨提示

玛钢弯头也称可锻铸铁弯头,是常见的螺纹弯头。这种玛钢管件,主要用于采暖,上下水管道和煤气管道上。在工艺过程中,除需要经常拆卸的低压管道外,其他物料管道上很少使用。玛钢弯头的规格比较小,常用的规格为 0.5～4 英寸(1 英寸≈10.16 厘米),按其不同的表面处理分镀锌和不镀锌两种。

(2)钢制三通。定型三通的制作,是以优质管材为原料,经过下料、挖眼、加热后用模具拔制而成,再经机械加工,成为定型成品三通。中、低压钢制成品三通,在现场安装时都是采用焊接。钢板卷管所用三通有两种情况,一种是在加工厂用钢板下料,经过卷制焊接而成,另一种是现场安装时挖眼接管。

(3)高压三通。高压三通常用的有两种,一种是焊制高压三通,另一种是整体锻造高压三通。焊制高压三通,选用优质高压钢管为材料,制造方法类似挖眼接管,主管上所开的孔,要与相接的支管径相一致。焊接质量要求严格,通常焊前要求预热,焊后进行热处理。整体锻造高压三通一般是采用螺纹法兰连接。

3. 法兰

法兰又叫法兰盘或凸缘盘,是使管子与管子相互连接的零件,连接于管端;也有用在设备进出口上的法兰,用于两个设备之前的连接。法兰连接或法兰接头,是指由法兰、垫片及螺栓三者相互连接作为一组组合密封结构的可拆连接。采用法兰连接既有安装拆卸的灵活性,又有可靠的密封性。

法兰根据连接方式分为平焊法兰、对焊法兰、螺纹法兰、松套法兰、整体法兰等,具体内容如下:

(1)平焊法兰。平焊法兰是最常用的一种法兰。这种法兰与管子的固定形式是将法兰套在管端,焊接法兰里口和外口,使法兰固定。用于碳素钢管道连接的平焊法兰,一般用 Q235A 和 20 号钢板制造;用于不锈耐酸钢管道上的平焊法兰,应用与管子材质相同的不锈耐酸钢板制造。平焊法兰装配时较易对中,且成本较低,适用于压力等级比较低,压力波动、振动及震荡均不严重的管道系统中。

(2)对焊法兰。对焊法兰也称高颈法兰,是指带高颈(位于法兰与管道焊接处到法兰盘之间,颈身长而倾斜)的并有圆管过渡的并与管子对焊连接的法兰。高颈改善了应力的不连续性,因此提升了法兰强度,不易变形。对焊法兰主要用于工况比较苛刻的场合,或用于应力变化反复的场合,还有压力、温度波动较大,高温、高压及零下低温的管道。

(3)螺纹法兰。螺纹法兰是将法兰的内孔加工成管螺纹,并和带螺纹的管子配套实现连接。这种法兰与管内介质不接触,具有安装维修方便、不需要焊接的优点。螺纹法兰可以用于易燃、易爆,高度以及极度危害的场合。在频繁大幅度温度循环的情况下,螺纹法兰不宜用于温度高于 260 ℃及低于 −45 ℃的环境中。

(4)松套法兰。松套法兰也称活套法兰,实际上相当于两种法兰的组合。松套法兰是利用翻边、钢环等把法兰套在管端上,法兰可以在管端上活动。钢环或翻边就是密封面,法兰的作用则是把它们压紧。由此可见由于被钢环或翻边挡住,松套法兰不与介质接触。松套法兰一般分为焊环、翻边和对焊活套法兰三种。松套法兰可旋转,易对中,用于大口径管道,法兰与管道材料可不一致,法兰的焊接肩圈的材料牌号应与连接管道的材料牌号相同。松套法兰适用于钢、铝等非铁金属及不锈耐酸钢容器的连接和耐腐蚀管线上;耐压较低,适用于低压管道;适用于定时清洗和检查、需频繁拆卸的地方。

法兰根据密封面形式分为平面形、突面形、凹凸面形、榫槽面形、O 形圈形、环连接面形等,最常用的有凹凸面形和榫槽面形。法兰的密封面形式、性能及适用范围如表1-20所示。

表1-20　法兰的密封面形式、性能及适用范围

密封面形式	相关性能
平面形	平面形法兰的密封面是在平面上加工出浅沟槽,具有结构简单、加工方便但不易压紧的特点。平面形法兰适用介质无毒的环境,一般使用在 PN≤2.5 MPa 的低压力管道系统
突面形	突面形法兰的密封面是一光滑平面,有时也在密封面上车有两条界面为三角形的同心圆沟槽(俗称水线),具有结构简单、加工方便、便于防腐衬里的施工的特点。突面形法兰只适合低压场所
凹凸面形	凹凸面形法兰的密封面由一凹面和一凸面组合而成,垫片放置在凹面内。安装时易于对中,能有效地防止垫片被挤出密封面,密封性能比平面密封好。凹凸面形法兰适用于压力高的管道系统
榫槽面形	榫槽面形法兰的密封面由一个榫面一个槽面相配而成,垫片置于槽内,安装时易对中,垫片较窄且受力均匀。压紧垫片所需的螺栓力相对较小,垫片更换困难。榫槽面形法兰适用于易燃、易爆和有毒介质的条件下
O 形圈形	O 形圈形的密封圈属于挤压型密封,当介质的压力出现较大的波动的时候,特别是介质的压力大于接触压力的情况,介质顶开密封间隙,就会发生泄漏的情况,这时 O 形圈形的密封圈依靠密封件发生弹性变形,使接触压力大于介质压力,从而阻止泄漏发生,从而达到自封作用。O 形圈形的密封圈具有截面尺寸小、重量轻,耗材少,安装、拆卸方便简单,良好的密封性等特点,压力使用范围广,可适用多种介质
环连接面形	环连接面形的槽是梯形的槽,需要八角垫片来密封。两个环接面法兰是完全一致的。密封面是环槽结构,适用于压力在 2.5～16.0 MPa,使用的垫片是金属环垫,按结构可分为八角形金属环垫和椭圆形金属环垫。环连接面形法兰不需要配合成对使用,只是使用的垫圈不同,密封面加工精度要求较高,安装要求不太严格,适用于高温、高压的工况

温馨提示

此知识点在历年考试中经常考查。

4. 异径管

异径管又称大小头,是化工管件之一,用于两种不同管径的连接,又分为同心大小头和偏心大小头。通常采用的成形工艺为缩径压制、扩径压制或缩径加扩径压制,对某些规格的异径管也可采用冲压成形。

当管道中流体的流量有变化时,比如增大或减少,流速要求变化不大时,均需采用异径管。在泵的进口,为了防止汽蚀,需要采用异径管。与仪表,如流量计、调节阀的接头处,为了与仪表的接头配合,也需采用异径管。

5. 垫片

垫片是用于管道之间的密封连接或者设备机件与机件之间的密封连接。此处主要讲解用于法兰之间的密封连接,即法兰垫片。

法兰的密封面间隙靠垫片进行密封,对垫片材料的要求是具有一定的强度、韧性和弹性,不腐蚀法兰,又不被介质腐蚀。垫片的选用应根据介质的性质和参数,法兰密封的形式和设计要求等条件确定。根据材质的不同,法兰垫片可划分为金属法兰垫片、非金属法

兰垫片和半金属法兰垫片。其中,金属法兰垫片有金属齿形垫片、金属环形垫片、金属波形垫片等;非金属法兰垫片有塑料垫片(如聚四氟乙烯包履垫片等)、橡胶垫片、石棉垫片、柔性石墨垫片等;半金属法兰垫片有金属缠绕垫片和金属包覆垫片等。

以下重点讲解金属齿形垫片、金属环形垫片、聚四氟乙烯包履垫片、金属缠绕垫片。

(1)金属齿形垫片。

金属齿形垫片是一种实体金属垫片,垫片的剖切面呈锯齿形,多用于凹凸面形法兰的连接。在密封面上车削若干个同心圆,其齿数为 7～16,视垫片的规格大小而定。由于金属齿形垫片密封表面接触区的 V 形筋形成许多具有压差的空间线接触,所以密封可靠,使用周期长。和一般金属垫片相比,这种垫片需要的压紧力较小。金属齿形垫片在每次更换垫片时,都要对两法兰密封面进行加工,故更换时较为麻烦。由于垫片使用后容易在法兰密封面上留下压痕,所以一般用于较少拆卸的部位。

(2)金属环形垫片。

金属环形垫片是用金属材料(如低碳钢、不锈钢、铝、紫铜等)加工成为八角形或椭圆形截面的实体金属垫片。金属环形垫片是靠与法兰梯槽的内外侧面(主要是外侧面)接触,并通过压紧而形成密封的。八角形环形垫与法兰槽相配,主要表现为面接触。同椭圆形环垫相比,虽然不易与法兰槽达到密合,但能再次使用,并且因截面是直线构成,容易加工。

金属环形垫片具有径向自紧密封作用,故密封性较好,但加工精度要求高,因而增加了制造成本,同时椭圆形环垫不能重复使用。对高温、高压工况,密封面的加工精度要求较高的管道,应采用环连接面形法兰连接,其配合金属环形垫片使用。

(3)聚四氟乙烯包履垫片。

聚四氟乙烯包履垫片是一种塑料垫片,一般由包封皮及嵌入物两部分组成。包封皮主要起抗腐蚀作用,通常由聚四氟乙烯材料制成,嵌入物(填料)为带或不带金属加强筋的非金属材料,通常由石棉橡胶板制成。聚四氟乙烯包履垫片主要适用于全平面形及突面形钢制管法兰连接,适用公称压力 PN 为 0.6～5.0 MPa、工作温度为 0～200 ℃的腐蚀介质或对清洁度有较高要求的介质。

(4)金属缠绕垫片。

金属缠绕垫片是由金属带和非金属带螺旋复合绕制而成的一种半金属平垫片。金属带的通用材料为不锈钢,非金属带的通用材料为石墨和四氟乙烯。为了配合法兰密封面的类型不同,金属缠绕垫片的机构类型基本分为四种,即基本型 A、带内环型 B、带外环型 C、带内外环型 D,不同类型的法兰面配合,规定选择不同的垫片类型。

金属缠绕式垫片压缩性能、密封性能和回弹性能良好,应用补偿能力强、容易对中、拆卸方便,有多道密封和自紧功能,对法兰压紧面的表面缺陷不太敏感。

金属缠绕式垫片适用范围广,能在高温、高压和超低温、真空下使用,也适用于负荷不均匀、接合力易松弛、温度与压力周期性变化、有冲击或震动的场合,是阀门、泵、换热器、塔、人孔、手孔等法兰连接处理想的静密封元件。金属缠绕垫片示意图,如图 1-9 所示。

图 1-9　金属缠绕垫片

考题探究

【多选题】金属缠绕垫片是由金属带和非金属带螺旋复合绕制而成的一种半金属平垫片,其具有的特点有(　　　)。

A. 压缩、回弹性能好

B. 具有多道密封但无自紧功能

C. 对法兰压紧面的表面缺陷不太敏感

D. 容易对中,拆卸方便

【细说考点】本题主要考查金属缠绕垫片的特点。金属缠绕式垫片具有压缩性能、密封性能和回弹性能良好,应用补偿能力强、容易对中、拆卸方便,有多道密封和自紧功能,对法兰压紧面的表面缺陷不太敏感等特点。本题选 ACD。

6. 支架

管道支架是指用于地上架空敷设管道支承的一种结构件,分为固定支架、滑动支架、导向支架、滚动支架等。管道支架在任何有管道敷设的地方都会用到,又被称作管道支座、管部等。

（1）固定支架。安装在要求管道不允许有任何位移的地方。

（2）滑动支架。滑动支架也称活动支架,允许管子在支承结构上能自由滑动。尽管滑动时摩擦阻力较大,但由于支架制造简单,适用于一般情况下的管道,尤其是有横向位移的管道,所以使用范围极广。

（3）导向支架。导向支架是允许管道向一定方向活动的支架。在水平管道上安装的导向支架,既起导向作用也起支承作用;在垂直管道上安装导向支架,只能起导向作用。

（4）滚动支架。滚动支架是指装有滚筒或球盘使管道在位移时产生滚动摩擦的支架,主要用于管径较大而又无横向位移的管道。

（二）常用附件的性能、适用范围

1. 凸台

凸台也称管嘴,是自控仪表专业在工艺管道上的一次部件。工艺管道用的单面管接头也属于这一种,都是一端焊在主管上,另一端安装其他管件,或者是另外再接管。

2. 套管

套管是一种将带电导体引入电气设备或穿过墙壁的一种绝缘装置。前者称为电器套管,后者称为穿墙套管。套管通常用在建筑地下室,是用来保护管道或者方便管道安装的铁圈。套管的分类有刚性套管、柔性防水套管、钢管套管及铁皮套管等。

在某些特殊场合如钢铁冶炼需要防火套管,防火套管采用高纯度无碱玻璃纤维编制成管,再在管外壁涂覆有机硅胶经硫化处理而成,具有耐高温性能、保温隔热性能、阻燃性能、电绝缘性能、化学稳定性能、耐气候老化性能、耐寒、耐水、耐油、耐臭氧、耐电压、耐电弧、耐电晕性能等,包括管筒式防火套管、缠绕式防火套管、搭扣式防火套管三种。其中,管筒式防火套管适用于保护较短或较平直的管线;缠绕式防火套管适用于高温管道;搭扣式防火套管适用于大型冶炼设备、高温软管中。

3. 补偿器

补偿器又称伸缩器、伸缩节或膨胀节,主要用于考虑管道本身的热胀冷缩,同时还应考虑管道端点的附加位移所带来的影响而设置的管道配件。管道补偿器的种类有很多,主要有自然补偿器、方形补偿器、波形补偿器、球形补偿器、套筒式补偿器。

（1）自然补偿器。

自然补偿器是利用管路几何形状所具有的弹性来吸收热变形。常用的有 L 形和 Z 形两种形式，可以利用管道中的弯头构成。自然补偿器具有构造简单、运行可靠、投资少的优点，但管道变形时产生横向位移，且补偿管段不宜过大。自然补偿的管道的长臂臂长一般不超过 25 m，弯曲应力不应超过 80 MPa。

在设计管道时，应尽量选择自然补偿器，在不能满足设计要求的情况下，再考虑采用其他类型的补偿器。

（2）方形补偿器。

方型补偿器又称 U 型补偿器，一般用优质无缝钢管煨弯而成，当管径较大时常用焊接弯管制成。方形补偿器制造方便、补偿能力大、轴向推力小、维修方便、运行可靠，但占地面积较大、介质流动阻力大、单面外伸臂较长，当管径较大时不宜采用。

方形补偿器多用于一般热管网，现场不能使用时选择其他类型。

（3）波形补偿器。

波形补偿器是采用先进的、对波纹管无损伤的，利用薄不锈钢板整体一次液压成型制作的。波形补偿器在管线上可作轴向、横向和角向三个方向的补偿。波形补偿器具有结构紧凑、占据空间位置小、仅有轴向变形等优点，但同时具有补偿能力小、制作复杂、价格高、轴向推力大等缺点。

波形补偿器仅适用于管径较大、压力较低的场合。

（4）球形补偿器。

球形补偿器由壳体、球体、法兰、密封圈组成，示意图如图 1-10 所示。一般由 2～3 个球形补偿器组成一个补偿器组，依靠球体相对于外套的角位移在吸收或补偿管系在任意平面上的横向位移，故单台使用时作为管道万向接头使用，没有补偿能力。球形补偿器具有补偿能力大、流体阻力和变形应力小，且对固定支座的作用力小等优点，但填料容易松弛、发生泄漏。

图 1-10　球形补偿器

球形补偿器主要用途有：

①用于热力管道中，补偿热膨胀，其补偿能力是一般补偿器的 5～10倍。

②用于火箭发射台、飞机排气设施上，补偿冲击膨胀。

③作为万向接头用于冶金设备（如高炉、转炉、电炉、加热炉等）的汽化冷却系统中。

④为避免因地基产生不均匀下沉或震动等意外原因对管道产生的破坏，用于建筑物的各种管道中。

考题探究

【多选题】关于球形补偿器的特点，下列说法正确的有（　　　）。

A.补偿能力大　　　　　　　　B.流体阻力和变形应力小

C.可以单台使用，补偿能力小　　D.可做万向接头使用

【细说考点】本题主要考查球形补偿器的特点，在历年考试中经常考查。球形补偿器单台使用时作为管道万向接头使用，没有补偿能力。球形补偿器具有补偿能力大，流体阻力和变形应力小，且对固定支座的作用力小等优点，缺点是填料容易松弛，发生泄漏。本题选 ABD。

（5）套筒式补偿器。

套筒式补偿器又称填料式补偿器，由带底脚的套筒、插管、填料函组成，示意图如图 1-11 所示。套筒式补偿器以填料函来实现密封，以插管和套筒的相对运动来补偿管道的伸缩量，有铸铁和铸钢两种形式，铸铁填料式补偿器的工作压力不超过 1.3 MPa；铸钢填料式补偿器的工作压力可达 1.6 MPa。套管式补偿器占地面积小、安装简单、流体阻力小、壁厚和耐腐蚀、有较大的补偿能力。但造价较高、制作较为困难、轴向力大，需经常检修更换填料，容易泄漏，对管道横向位移要求严格，如有横向位移时易卡住填料圈。

图 1-11　填料式补偿器

套筒式补偿器适用于空间狭小、不能安装方形补偿器的大直径热力管道。

4. 阀门

阀门是用启闭管路，调节被输送介质流向、压力、流量，以达到控制介质流动、满足使用要求的重要管道部件。

（1）截止阀。

截止阀主要用来切断介质通路，也可调节流量和压力，示意图如图 1-12 所示。截止阀可分直通式、直角式、直流式。直通式适用于直线管路，便于操作，但阀门流阻较大；直角式用于管路转弯处；直流式流阻很小，与闸阀接近，但因阀杆倾斜，不便操作。截止阀的特点是制造简单、价格较低、调节性能好；安装长度大，改变流体方向，流阻较大；密封性较闸阀差，密封面易磨损，但维修容易；安装时应注意方向性，即低进高出，不得装反。

截止阀主要用于热水供应，不适用于供应带颗粒、黏性大的流体。

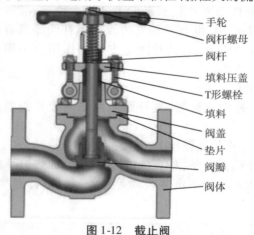

　　　　　　　　　　　　　　　　　　手轮
　　　　　　　　　　　　　　　　　　阀杆螺母
　　　　　　　　　　　　　　　　　　阀杆
　　　　　　　　　　　　　　　　　　填料压盖
　　　　　　　　　　　　　　　　　　T形螺栓
　　　　　　　　　　　　　　　　　　填料
　　　　　　　　　　　　　　　　　　阀盖
　　　　　　　　　　　　　　　　　　垫片
　　　　　　　　　　　　　　　　　　阀瓣
　　　　　　　　　　　　　　　　　　阀体

图 1-12　截止阀

（2）闸阀。

闸阀又称闸板阀，由阀杆带动阀板沿阀座密封面作升降运动的阀门，示意图如图 1-13 所示。阀体内有闸板，当闸板被阀杆提升时，阀门便开启，流体通过。闸阀具有流体阻力小，开闭所需外力较小，介质的流向不受限制，完全开启时，密封面受工作介质的冲蚀比截止阀小的优点，但外形尺寸和开启高度都较大，安装所需空间较大。开闭过程中，密封面间有相对摩擦，容易引起擦伤现象，故严密性差。

闸阀因有多种材质制造，压力和使用温度范围都比较广泛，多用于供冷热水管道，特别是多用于大口径管道上，一般只作为截断装置，不宜用于需要调节大小和启闭频繁的管路上。

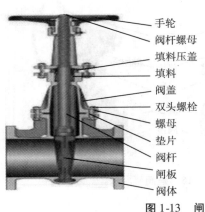

手轮
阀杆螺母
填料压盖
填料
阀盖
双头螺栓
螺母
垫片
阀杆
闸板
阀体

图 1-13　闸阀

（3）球阀。

球阀是由旋塞阀演变而来，示意图如图 1-14 所示。相比于闸阀和截止阀，结构形式较简单，在管路中主要用来做切断、分配和改变介质的流动方向，设计成 V 形开口并具有良好的流量调节功能。球阀具有结构紧凑、体积小、质量轻、驱动力矩小、操作简单、密封性能好的特点。

球阀不仅适用于水、溶剂、酸和天然气等一般工作介质，而且适用于工作条件恶劣的介质，如氧气、过氧化氢、甲烷和乙烯等，还适用于含纤维、微小固体颗粒等介质。

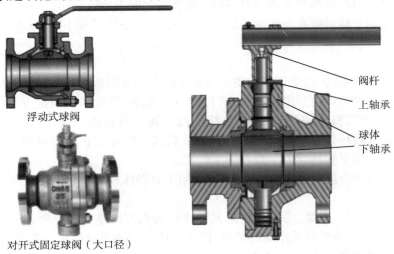

浮动式球阀

对开式固定球阀（大口径）

阀杆
上轴承
球体
下轴承

图 1-14　球阀

（4）蝶阀。

蝶阀采用圆盘式启闭件，圆盘式阀瓣固定于阀杆上，阀杆转动 90° 即可完成启闭作用，示意图如图 1-15 所示。蝶阀具有结构简单、零件少、外形尺寸小、结构长度短、操作简单、体积小、质量轻的特点，阀门全开时阀座通道有效流通面积较大，阀板厚度是介质流经阀体的唯一阻力，流体阻力较小且流量控制性好，启闭方便迅速，调节性能好，启闭力矩较小，由于转轴两侧蝶板受介质作用基本相等，而产生转矩的方向相反，因而启闭较省力。密封面材料一般采用橡胶、塑料，故低压密封性能好。

蝶阀适用于直径较大的输送水、空气、原油和油品等介质的低压管道上。

图 1-15　蝶阀

（5）隔膜阀。

隔膜阀的阀体内部有一层用橡胶或塑料制成的隔膜，隔膜的起落靠阀杆的旋转来带动，当旋转阀杆提起隔膜时，流体通过，落下隔膜压紧阀体时，流体被切断。其转动方式有气动、电动、手动三种，最大公称直径 250 mm。

隔膜阀适用于温度不超过 60 ℃，公称压力 0.6 MPa 以下带碱等腐蚀性介质的管道上。

（6）旋塞阀。

旋塞阀也称转心门，是通过转动阀杆中带有透孔的锥形栓塞来控制介质流量，旋转栓塞 90° 即可实现阀门的全开全闭。阀体形式有直通式、三通式、四通式。旋塞阀的优点是开闭迅速、操作方便、外形尺寸小、结构简单；流体通过时阻力比较小。

旋塞阀适用于输送带有沉淀物质的管道上，适用于介质温度不高、压力 1.6 MPa 以下的低压管道。

（7）止回阀。

止回阀又称逆止阀，是指依靠介质本身流动而自动开闭阀瓣，用来防止介质倒流的阀门。止回阀是一种能自动开闭的阀门，阀体内有阀盖板，当流体按预定方向流动时，靠流体自身压力，就可以将阀门开启；当流体往回流时阀盖板自动关阀，故安装时不能装反。其结构形式分为两种，一种为升降式，一种为旋启式。升降式止回阀多用于水平管道上；旋启式止回阀多用于垂直管道上及大门径管道。

止回阀适用于介质较为清洁的管道，不适用于有固体颗粒和黏性较大的介质。

（8）减压阀。

减压阀是靠膜片、弹簧、活塞等敏感元件改变阀瓣与阀座间的间隙，把进口压力减至需要的出口压力，并依靠介质本身的能量，使出口压力自动保持恒定。常用的形式有薄膜式、活塞式、弹簧薄膜式、波纹管式等。

减压阀适用于蒸汽、空气和清洁水等介质。

（9）安全阀。

安全阀是自动阀门，不借助任何外力，利用介质本身的压力来排出一定量的流体，以防止系统内压力超过预定的安全值。当压力恢复到安全值后，阀门再自行关闭以阻止介质继续流出。安全阀的排放量决定于阀座的口径与阀瓣的开启高度。常用的形式有杠杆式、弹簧式和脉冲式等。

安全阀适用于大口径、大排量的高压管道以及锅炉、压力容器上。

（10）疏水阀。

疏水阀安装在蒸汽管道的末端或低处，主要用于自动排放蒸汽管路中的凝结水，阻止蒸汽逸漏和排除空气等非凝性气体，对保证系统正常工作，防止凝结水对设备的腐蚀以及汽水混合物对系统产生水击等均有重要作用。常用的形式有浮桶式、热动力式及波纹管式等。

疏水阀适用于蒸汽设备或者蒸汽管道中。

温馨提示

上述阀门中,止回阀、减压阀、安全阀、疏水阀属于自动阀门,是依靠介质(液体、气体)本身的能力而自行动作的阀门。截止阀、闸阀、球阀、蝶阀、隔膜阀、旋塞阀属于驱动阀门,是借助手动、电动、液动、气动来操纵动作的阀门。此外,自动阀门还有跑风阀、调节阀等,驱动阀门还有节流阀等。

知识拓展

关于阀门,除了上述性能和适用范围外,还需要掌握阀门的型号。《阀门　型号编制方法》对阀门的型号有如下规定:

(1)阀门的型号编制方法。

阀门型号由阀门类型、驱动方式、连接形式、结构形式、密封面材料或衬里材料类型、压力代号或工作温度下的工作压力、阀体材料七部分组成。

编制的顺序按阀门类型、驱动方式、连接形式、结构形式、密封面材料或衬里材料类型、公称压力代号或工作温度下的工作压力代号、阀体材料进行,如图1-16所示。

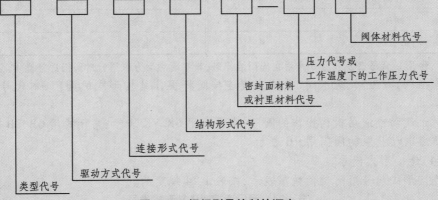

图1-16　阀门型号编制的顺序

(2)阀门类型代号。

阀门类型代号用汉语拼音字母表示,按表1-21的规定表示。

表1-21　阀门类型代号

阀门类型	代号	阀门类型	代号
弹簧载荷安全阀	A	排污阀	P
蝶阀	D	球阀	Q
隔膜阀	G	蒸汽疏水阀	S
杠杆式安全阀	GA	柱塞阀	U
止回阀和底阀	H	旋塞阀	X
截止阀	J	减压阀	Y
节流阀	L	闸阀	Z

当阀门还具有其他功能作用或带有其他特异结构时,在阀门类型代号前再加注一个汉语拼音字母,按表1-22的规定。

表1-22　具有其他功能作用或带有其他特异结构的阀门表示代号

第二功能作用名称	代号	第二功能作用名称	代号
保温型	B	排渣型	P
低温型	D^a	快速型	Q
防火型	F	（阀杆密封）波纹管型	W
缓闭型	H	—	—

注：^a 低温型指允许使用温度低于 −46 ℃ 以下的阀门。

（3）驱动方式代号。

驱动方式代号用阿拉伯数字表示，按表1-23 的规定。

表1-23　阀门驱动方式代号

驱动方式	代号	驱动方式	代号
电磁动	0	锥齿轮	5
电磁—液动	1	气动	6
电—液动	2	液动	7
蜗轮	3	气—液动	8
正齿轮	4	电动	9

注：代号1、代号2及代号8是用在阀门启闭时，需有两种动力源同时对阀门进行操作。

安全阀、减压阀、疏水阀、手轮直接连接阀杆操作结构形式的阀门，本代号省略，不表示。

对于气动或液动机构操作的阀门：常开式用6K、7K 表示；常闭式用6B、7B 表示。

防爆电动装置的阀门用9B 表示。

（4）连接形式代号。

连接形式代号用阿拉伯数字表示，按表1-24 规定的。

表1-24　阀门连接端连接形式代号

连接形式	代号	连接形式	代号
内螺纹	1	对夹	7
外螺纹	2	卡箍	8
法兰式	4	卡套	9
焊接式	6	—	—

各种连接形式的具体结构、采用标准或方式（如：法兰面形式及密封方式、焊接形式、螺纹形式及标准等），不在连接代号后加符号表示，应在产品的图样、说明书或订货合同等文件中予以详细说明。

（5）命名。

对于连接形式为"法兰"、结构形式为闸阀的"明杆""弹性""刚性"和"单闸板"，截止阀、节流阀的"直通式"，球阀的"浮动球""固定球"和"直通式"，蝶阀的"垂直板式"，隔膜阀的"屋脊式"，旋塞阀的"填料"和"直通式"，止回阀的"直通式"和"单瓣式"，安全阀的"不封闭式"和"阀座密封面材料"在命名中均予省略。

（6）型号和名称编制方法示例。

电动、法兰连接、明杆楔式双闸板，阀座密封面材料由阀体直接加工，公称压力PN0.1 MPa、阀体材料为灰铸铁的闸阀：Z942W-1电动楔式双闸板闸阀。

手动、外螺纹连接、浮动直通式，阀座密封面材料为氟塑料、公称压力PN4.0 MPa、阀体材料为1Cr18Ni9Ti的球阀：Q21F-40P外螺纹球阀。

气动常开式、法兰连接、屋脊式结构并衬胶、公称压力PN0.6 MPa、阀体材料为灰铸铁的隔膜阀：G6$_k$41J-6气动常开式衬胶隔膜阀。

液动、法兰连接、垂直板式、阀座密封面材料为铸铜、阀瓣密封面材料为橡胶、公称压力PN0.25 MPa、阀体材料为灰铸铁的蝶阀：D741X-2.5液动蝶阀。

电动驱动对接焊连接、直通式、阀座密封面材料为堆焊硬质合金、工作温度540 ℃时工作压力17.0 MPa、阀体材料铬钼钒钢的截止阀：J961Y-P$_{54}$170 V电动焊接截止阀。

第四节　常用电气、有线通信材料及器材的种类、性能和用途

一、常用电气、有线通信材料及器材的种类 ★

（一）常用电气材料的种类

安装工程中，常用的电气材料主要包括电缆、导线、桥架、母线、配管配线、照明器具、防雷接地等。这里重点介绍其中几种电气材料。

1. 电缆

电缆按电压的不同，可分为500 V、1 kV、6 kV、10 kV的电缆，甚至有110 kV、220 kV、330 kV等多种电缆；按用途的不同，可分为控制电缆、电力电缆和通信电缆；按功能特点和使用场所的不同，可分为阻燃电缆和耐火电缆。

其中，电力电缆按缆芯材料的不同，可分为铜芯电缆和铝芯电缆两大类；按绝缘材料的不同，可分为聚氯乙烯绝缘电力电缆、交联聚乙烯绝缘电力电缆、橡胶绝缘电力电缆和油浸纸绝缘电力电缆等。

2. 导线

导线是指有或无外包绝缘的柔性圆柱形导体，其长度远大于其截面尺寸，可分为裸导线和绝缘导线。

裸导线分为裸单线（单股导线）、裸绞线（多股绞合线）和型线等。常见的裸导线类型如表1-25所示。

表1-25　常见的裸导线类型

分类	内容
裸单线	裸单线主要用于电线、电缆的导电线芯或直接用于架空的通信广播线等。常用的有TY型硬圆铜线、TR型软圆铜线、LY型硬圆铝线、LR型软圆铝线
裸绞线	裸绞线是架空输电线路中使用最广泛的架空导线。常用的裸绞线有三种，分别是铜制绞线、铝制绞线和钢芯铝制绞线
型线	型线为特殊外形或大截面的导体线材，即横截面形状不是圆形的。常见的型线有硬扁铜线、硬扁铝线、软铜母线、硬铜带、软铜带、梯形铜带和铝电车线

知识拓展

具有较高的机械强度，导电性能良好，适用于大档距架空线路敷设的导线是钢芯铝制绞线。

绝缘导线一般由导电线芯、绝缘层和保护层三部分组成。绝缘导线按其线芯材料的不同，可分为铜芯和铝芯两种；按线芯股的不同，可分为单股和多股两类；按结构的不同，可分为单芯、双芯、多芯；按工作类型的不同，可分为普通型、防火阻燃型、屏蔽型、补偿型等类型；按绝缘层材料的不同，可分为聚氯乙烯绝缘导线、橡皮绝缘导线等。

3. 桥架

桥架是用于支撑电缆的刚性结构系统，根据结构形式不同可分为托盘式、梯级式、组合式、槽式。

（二）常用有线通信材料及器材的种类

安装工程中，常用的有线通信材料及器材的种类包括网络传输介质、网络设备等。常见的网络传输介质有通信光缆、同轴电缆、通信电缆和双绞电缆等；常见的网络设备有网卡、交换机、集线器、路由器、服务器等。

温馨提示

双绞电缆又称双绞线，是由两根绝缘的导体扭绞封装而成，其扭绞的目的为将对外的电磁辐射和外部的电磁干扰减到最小。

二、常用电气、有线通信材料及器材的性能和用途 ★★★★★

（一）常用电气材料的性能和用途

1. 电缆

电缆是指由一根或多根相互绝缘的导体和外包绝缘保护层制成，将电力或信息从一处传输到另一处的导线。

（1）控制电缆。

控制电缆是适用于工矿企业、能源交通部门、供交流额定电压 450/750 V 以下控制、保护线路等场合使用的电缆，能有效地传递信号、保障安全运行。控制电缆具有防潮、防腐和防损伤等特点。

控制电缆应采用铜导体。控制电缆芯数选择应符合下列规定：

①控制、信号电缆应选用多芯电缆。当芯线截面为 1.5 mm² 和 2.5 mm² 时，电缆芯数不宜超过 24 芯。当芯线截面为 4 mm² 和 6 mm² 时，电缆芯数不宜超过 10 芯。

②控制电缆宜留有备用芯线。备用芯线宜结合电缆长度、芯线截面及电缆敷设条件等因素综合考虑。

③下列情况的回路，相互间不应合用同一根控制电缆：交流电流和交流电压回路、交流和直流回路、强电和弱电回路；低电平信号与高电平信号回路；交流断路器双套跳闸线圈的控制回路以及分相操作的各相弱电控制回路；由配电装置至继电器室的同一电压互感器的星形接线和开口三角形接线回路。

④弱电回路的每一对往返导线应置于同一根控制电缆。

⑤来自同一电流互感器二次绕组的三相导体及其中性导体应置于同一根控制电缆。

⑥来自同一电压互感器星形接线二次绕组的三相导体及其中性导体应置于同一根控制电缆。来自同一电压互感器开口三角形接线二次绕组的2(或3)根导体应置于同一根控制电缆。

常见的控制电缆如下：

①KVV(铜芯聚氯乙烯绝缘聚氯乙烯护套控制电缆)，适用电压为450/750 V，芯数为4~37，截面为0.75~10 mm²，主要用于敷设在室内、电缆沟、管道等固定场合。

②KVV22(铜芯聚氯乙烯绝缘聚氯乙烯护套钢带铠装控制电缆)，适用电压为450/750 V，芯数为4~37，截面为0.75~10 mm²，主要用于敷设在能承受较大机械外力的室内、电缆沟、管道直埋等固定场合。

③KVVP(阻燃铜芯聚氯乙烯绝缘聚氯乙烯护套控制电缆)，适用电压为450/750 V，芯数为4~37，截面为0.75~10 mm²，主要用于敷设在要求屏蔽的室内、电缆沟、管道等固定场合。

④KVVR(铜芯聚氯乙烯绝缘聚氯乙烯护套控制软电缆)，适用电压为450/750 V，芯数为4~37，截面为0.75~10 mm²，主要用于敷设在室内、有移动要求的场合。

⑤KVVRP(铜芯聚氯乙烯绝缘聚氯乙烯护套编织屏蔽控制软电缆)，适用电压为450/750 V，芯数为4~37，截面为0.75~10 mm²，主要用于敷设在室内、有移动屏蔽要求的场合。

⑥ZRKVV(阻燃铜芯聚氯乙烯绝缘聚氯乙烯护套控制电缆)，适用电压为450/750 V，芯数为4~37，截面为0.75~10 mm²，主要用于敷设在要求阻燃的室内、电缆沟、管道等固定场合。

⑦ZRKVV22(铜芯聚氯乙烯绝缘聚氯乙烯护套编织钢带铠装控制电缆)，适用电压为450/750 V，芯数为4~37，截面为0.75~10 mm²，主要用于敷设在能承受较大机械外力有阻燃要求的室内、电缆沟、管道直埋等固定场合。

⑧ZRKVVP(铜芯聚氯乙烯绝缘聚氯乙烯护套编织屏蔽控制电缆)，适用电压为450/750 V，芯数为4~37，截面为0.75~10 mm²，主要用于敷设在要求屏蔽、阻燃的室内、电缆沟、管道等固定场合。

⑨ZRKVVR(铜芯聚氯乙烯绝缘聚氯乙烯护套编织控制电缆)，适用电压为450/750 V，芯数为4~37，截面为0.75~10 mm²，主要用于敷设在室内、有移动和阻燃要求的场合。

⑩ZRKVVRP(铜芯聚氯乙烯绝缘聚氯乙烯护套编织屏蔽控制电缆)，适用电压为450/750 V，芯数为4~37，截面为0.75~10 mm²，主要用于敷设在室内、有移动屏蔽和阻燃要求的场合。

⑪耐高温控制电缆(KFF电缆)，适用于交流额定电压300/500 V及以下，高温环境中的信号检测，尤其适用于消防与保安系统保护回路的控制及动力的传输线。

(2)电力电缆。

电力电缆是用于传输和分配电能的电缆，主要用于输电线路密集的发电厂和变电站，位于市区的变电站和配电所。电力电缆的基本结构由线芯(导体)、绝缘层、屏蔽层和保护层四部分组成，具有占地少、可靠性高、向超高压、分布电容较大、维护工作量少、电击可能性小的特点。

常见电力电缆及其使用范围如表1-26所示。

表 1-26　常见电力电缆及其使用范围

名称	型号		使用范围
	铜芯	铝芯	
交联聚乙烯绝缘聚氯乙烯护套电力电缆	YJV	YJLV	固定敷设在空中、室内、电缆沟、隧道或者地下
交联聚乙烯绝缘聚乙烯护套电力电缆	YJY	YJLY	固定敷设在室内、电缆沟、隧道或者地下
交联聚乙烯绝缘钢带铠装聚氯乙烯护套电力电缆	YJV_{22}	$YJLV_{22}$	固定敷设在有外界压力作用的场所
交联聚乙烯绝缘钢带铠装聚乙烯护套电力电缆	YJV_{23}	$YJLV_{23}$	固定敷设在常有外力作用的场所
交联聚乙烯绝缘细钢丝铠装聚氯乙烯护套电力电缆	YJV_{32}	$YJLV_{32}$	固定敷设在要求能承受拉力的场所，或在竖井、水中、有落差的地方及承受外力情况下敷设
交联聚乙烯绝缘细钢丝铠装聚乙烯护套电力电缆	YJV_{33}	$YJLV_{33}$	固定敷设在要求能承受拉力的场所，或在竖井、水中、有落差的地方及承受外力情况下敷设
交联聚乙烯绝缘粗钢丝铠装聚氯乙烯护套电力电缆	YJV_{42}	$YJLV_{42}$	固定敷设在水下、竖井或要求能承受拉力的场所
交联聚乙烯绝缘粗钢丝铠装聚乙烯护套电力电缆	YJV_{43}	$YJLV_{43}$	固定敷设在要求能承受较大拉力的场所

知识拓展

　　还需要了解：VV_{22}（VLV_{22}）型号的名称为铜（铝）芯聚氯乙烯绝缘钢带铠装聚氯乙烯护套电力电缆，一般用于低压系统较多，适用于额定电压 0.6/1 kV 及以下输配路线上。也适用于敷设在室外的地下直埋、电缆沟、隧道及穿线管内，电缆能承受机械外力作用，但不能承受大的拉力。

　　（3）阻燃电缆。
　　阻燃电缆是指残焰或残灼在限定时间内能自行熄灭的电缆，具有低烟、低毒且只有很小的火焰蔓延的特点。阻燃电缆根据电缆阻燃材料的不同可分为含卤阻燃电缆及无卤低烟阻燃电缆。其中，无卤低烟阻燃电缆容易吸收空气中的水分而发生潮解，从而导致绝缘电阻大幅下降。阻燃电缆适用于敷设在有阻燃要求的室内、隧道，或温度较高的场所。
　　（4）耐火电缆。
　　耐火电缆是指在火焰燃烧情况下能够保持一定时间安全运行的电缆，具有良好的耐火性、耐热性、耐腐蚀性。耐火电缆主要使用在应急电源至用户消防设备、火灾报警设备、通风排烟设备、疏散灯、紧急电源插座、紧急用电梯等供电回路。耐火电缆在电缆桥架内不宜有接头。当施工时确实有接头存在时，接头的性能和功能要求应与本体一致。多根单芯耐火电缆敷设时，应采用减少涡流影响的排列方式。耐火电缆在穿过墙、楼板时，应采取防止机械损伤措施和防火封堵措施。

温馨提示

除以上电缆种类外,还有综合布线电缆。综合布线电缆是一种模块化的、灵活性极高的建筑物内或建筑群之间的信息传输通道。通过它可使话音设备、数据设备、交换设备、控制设备与信息管理系统连接起来,同时也使这些设备与外部通信网络相连的综合布线。综合布线电缆的绞线包括三类、五类、超五类。其中,UTP CAT3.025～100(25～100对)为三类大对数铜缆的型号,UTP CAT5.025～50(25～50对)为五类大对数铜缆的型号,UTP CAT51.025～50(25～50对)为超五类大对数铜缆的型号。

知识拓展

关于电缆,除了掌握性能和用途外,还需要掌握型号的表示方法。

电缆的型号是用一串字母和数字来表示的,从电缆型号可以得到的信息包含应用场合、结构、材料和形式、重要特征或附加特征。电线电缆命名的总体原则是由内到外:用途→导体材质→内绝缘→内护层→结构特征→铠装层和外护层→特殊使用标识→电压等级→芯数×截面。常见电缆的相应代号如表1-27所示。

表1-27 常见电缆的相应代号

代号名称	代号含义
用途(类别)代号	控制电缆(K)、移动电缆(Y)、架空绝缘电缆(JK)、信号电缆(P)、电梯电缆(YT)、矿用电缆(U)、电钻电缆(UZ)
导体代号	铜导体(T,可省略不标)、铝导体(L)
绝缘代号	聚氯乙烯绝缘(V)、聚乙烯绝缘(Y)、交联聚乙烯绝缘(YJ)
内护层护套代号	聚氯乙烯护套(V)、聚乙烯护套(Y)、铅护套(Q)
铠装层和外护层标识(2个数字)	铠装层:无(0)、钢带铠装(1)、双钢带铠装(2)、细圆钢丝铠装(3)、粗圆钢丝铠装(4); 外护层:无(0)、纤维线包(1)、聚氯乙烯护套(2)、聚乙烯护套(3)
特殊使用场合或附加特殊使用要求的标识(常写到最前面)	阻燃(ZR)、耐火(NH)、防水(FS)、低烟无卤阻燃(WDZ)、低烟无卤阻燃耐火(WDZN)

考题探究

【单选题】电缆型号为:$NH-VV_{22}(3\times25+1\times16)$,表示的是( )。

A. 铜芯、聚乙烯绝缘和护套、双钢带铠装、三芯25 mm²、一芯16 mm² 耐火电力电缆

B. 铜芯、聚乙烯绝缘和护套、钢带铠装、三芯25 mm²、一芯16 mm² 阻燃电力电缆

C. 铜芯、聚氯乙烯绝缘和护套、双钢带铠装、三芯25 mm²、一芯16 mm² 耐火电力电缆

D. 铜芯、聚氯乙烯绝缘和护套、钢带铠装、三芯25 mm²、一芯16 mm² 阻燃电力电缆

【细说考点】本题主要考查电缆型号的标识。电缆型号为$NH-VV_{22}(3\times25+1\times16)$,表示铜芯、聚氯乙烯绝缘和护套、双钢带铠装、三芯25 mm²、一芯16 mm² 的耐火电力电缆。其中的"NH"表示耐火电缆,"22"表示双钢带铠装、聚氯乙烯外套。本题选C。

2. 导线

（1）裸导线。裸导线是指没有绝缘层的导线，应具有良好的导电性能和物理机械性能，主要用于室外架空线路。

知识拓展

关于裸导线，还需要掌握型号的表示方法。裸导线型号的表示方法如表 1-28 所示。

表 1-28　裸导线型号的表示方法

型号名称	型号合成
导体类型	电车线（C）；钢（G）；热处型铝镁、硅合金线（HL）；铝线（L）；母线（M）；电刷线（S）；铜线（T）；银铜合金（TY）
形状	扁形（B）；带形（D）；沟形（G）；空心（K）；排状（P）；梯形（T）；圆形（Y）
加工	防腐（F）；绞制（J）；纤维编织（X）；镀锡（X）；镀银（YD）；编织（Z）
类型	加强型（J）；扩径型（K）；轻型（Q）；支撑式（Z）；触头用（C）
软硬	柔软（R）；硬（Y）；半硬（YB）

（2）绝缘导线。绝缘导线是指在导线外围均匀而密封地包裹一层不导电的材料，形成绝缘层，防止导电体与外界接触造成漏电、短路、触电等事故发生的电线。绝缘导线的铜芯线相对于铝芯线，具有电阻率低、导电性能好、载流量大等优点，但同时具有价格偏高、重量高等缺点。

温馨提示

绝缘导线的选用也需要特别注意。根据《民用建筑电气设计标准》，消防负荷、导体截面积在 10 mm² 及以下的线路应选用铜芯。民用建筑的下列场所应选用铜芯导体：火灾时需要维持正常工作的场所；移动式用电设备或有剧烈振动的场所；对铝有腐蚀的场所；易燃、易爆场所；有特殊规定的其他场所。除上述场合外，其他无特殊要求的场合可采用价格低廉的铝芯导线，较为经济。

常用的绝缘导线及用途如表 1-29 所示。

表 1-29　常用的绝缘导线及用途

名称	型号		用途
	铜芯	铝芯	
橡皮绝缘电线	BX	BLX	固定敷设于室内（明敷、暗敷或者穿管），也可用于室外或用作设备内部安装线
氯丁橡皮绝缘电线	BXF	BLXF	同 BX 型，耐气候性好，适用于室外
橡皮绝缘软电线	BXR	—	同 BX 型，仅用于安装时要求柔软的场合
橡皮绝缘和护套电线	BXHF	BLXHF	同 BX 型，用于较潮湿的场合或用作室外进户线
聚氯乙烯绝缘电线	BV	BLV	同 BX 型，但耐湿性和耐气候性较好
聚氯乙烯绝缘软电线	BVR	—	同 BV 型，仅用于安装时要求柔软的场合

（续表）

名称	型号		用途
	铜芯	铝芯	
聚氯乙烯绝缘和护套电线	BVV	BLVV	同 BV 型,用于潮湿和机械防护要求较高的场合,可直接埋在土壤中
聚氯乙烯绝缘软线	RV	—	用作各种移动电器、移动灯具及吊灯的电源连接导线,也可用作内部安装线
聚氯乙烯绝缘平行软线	RVB	—	同 RV 型
聚氯乙烯绝缘绞型软线	RVS	—	同 RV 型

🔔 知识拓展

绝缘导线的型号表示方法及含义,如图 1-17 所示。不标第二个字母 B 表示棉纱编织;不标 L 表示铜芯;将 X 改标为 V 表示聚氯乙烯塑料绝缘。

图 1-17 绝缘导线的型号表示方法及含义

3.桥架

桥架由支架、托臂和安装附件等组成。可以独立架设,也可以敷设在各种建(构)筑物和管廊支架上,体现结构简单、造型美观、配置灵活和维修方便等特点,全部零件均需进行镀锌处理,安装在建筑物外露天的桥架,如果是在邻近海边或属于腐蚀区,则材质必须具有防腐、耐潮气、附着力好,耐冲击强度高的物性特点。

(二)常用有线通信材料及器材的性能和用途

1.通信光缆

通信光缆是由若干根(芯)光纤(一般从几芯到几千芯)构成的缆芯和外护层所组成,具有传输容量大、衰耗少、传输距离长、体积小、重量轻、无电磁干扰、成本低等特点。广泛用于电信、电力、广播等各部门的信号传输上。通信光缆按光波在光纤中传播模式的不同,分为多模光纤和单模光纤,如表 1-30 所示。

表 1-30 多模光纤和单模光纤

类型	单模光纤	多模光纤
定义	只能传导单一基模的光纤	可传播多种基模的光纤
优缺点	芯径较小,一般为 10 μm 左右; 发光器件为激光二极管(LD); 光源要求高、光频谱窄、光波纯净、光传输色散小、传输距离远、耦合光能量小、发散角度小、设备价贵	芯径较大,一般为 50 μm 或 62.5 μm; 发光器件为发光二极管(LED); 光源要求低、光频谱宽、光波不纯净、光传输色散大、传输距离小、耦合光能量大、发散角度大、设备价廉

2. 同轴电缆

同轴电缆是由两个同轴布置的导体组成,传输的信号完全封闭在外导体内部,从而具有高频损耗低、屏蔽及抗干扰能力强、使用频带宽等显著特点。同轴电缆从内至外结构为铜单线或多根铜线绞合的内导体、绝缘介质、软铜线或镀锡丝编织层、聚氯乙烯护套四层。同轴电缆的带宽取决于电缆长度,线缆中间还须要使用中继器。同轴电缆主要用于有线电视和某些局域网,目前逐渐被光纤所取代,示意图如图 1-18 所示。

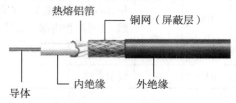

图 1-18　同轴电缆结构示意图

信号在同轴电缆中传输,存在着导体的损耗和绝缘材料的损耗。这两种损耗随电缆长度的增加和工作频率的提高而增加。其中,导体的频率决定损耗值,其损耗值与工作频率的平方根成正比。同时温度的变化,对电缆的特性也有影响,温度升高,电缆的衰减值增加,温度降低,电缆的衰减值减少。

同轴电缆可分为基带同轴电缆和宽带同轴电缆两种基本类型。其中,基带同轴电缆的屏蔽层通常是用铜做成的网状结构,其特征阻抗为 50 Ω,用于传输数字信号,常用的型号一般有 RG－8(粗缆)和 RG－58(细缆)。宽带同轴电缆的屏蔽层通常是用铝冲压而成的,其特征阻抗为 75 Ω,用于传输模拟信号,常用型号为 RG－59,是有线电视网中使用的标准传输线缆,可以在一根电缆中同时传输多路电视信号。

考题探究

【多选题】下列关于同轴电缆的说法,正确的是(　　　)。

A. 随温度增高,衰减值增大　　　　B. 损耗与工作频率的平方根成反比

C. 50 Ω 电缆用于模拟传输　　　　D. 75 Ω 电缆用于有线电视信号传输

【细说考点】本题主要考查同轴电缆的特点。同轴电缆的损耗与工作频率的平方根成正比。故选项 B 错误。同轴电缆可分为基带同轴电缆和宽带同轴电缆两种基本类型。其中,基带同轴电缆的屏蔽层通常是用铜做成的网状结构,其特征阻抗为 50 Ω,主要用于传输数字信号。故选项 C 错误。本题选 AD。

同步自测

答案详解 450—451

一、单项选择题（每题的备选项中，只有 1 个最符合题意）

1. 关于钢材中化学元素作用的说法,正确的是(　　　)。

A. 磷导致钢材产生热脆性

B. 硫和锰是钢材中的有益化学元素

C. 含碳量低的钢材延伸率和冲击韧性较高

D. 当含碳量小于 1% 时,随着含碳量的减少,钢材强度提高

2. 可以用于腐蚀性较弱的海水、淡水和水蒸气环境中，但由于可焊性较差，不用作焊接件的钢材是（　　）。

　　A. 马氏体型不锈钢　　　　　　　　　　B. 沉淀硬化型不锈钢

　　C. 奥氏体型不锈钢　　　　　　　　　　D. 铁素体型不锈钢

3. 在塑料中加入填料，可以提高塑料的（　　）。

　　A. 使用寿命　　　　　　　　　　　　　B. 强度和刚度

　　C. 可塑性和流动性　　　　　　　　　　D. 柔软性

4. 复合材料纤维材料增强体按其性能可分为高性能纤维增强体和一般纤维增强体。下列属于高性能纤维增强体的是（　　）。

　　A. 玻璃纤维　　　　　　　　　　　　　B. 棉纤维

　　C. 亚麻纤维　　　　　　　　　　　　　D. 芳纶

5. 某塑料管材在常温下无任何溶剂能溶解，最高工作温度可达 95 ℃，在 1.0 MPa 下长期使用温度可达 70 ℃，但一般不能弯曲施工的管材为（　　）。

　　A. 无规共聚聚丙烯管（PP - R）　　　　B. 嵌段共聚聚丙烯管（PP - B）

　　C. 均聚聚丙烯管（PP - H）　　　　　　D. 硬聚氯乙烯管（UPVC）

6. 关于常用防腐涂料的说法，正确的是（　　）。

　　A. 呋喃树脂漆的固化剂为碱性物质

　　B. 过氯乙烯漆的耐磨性和耐冲击性较好，金属附着力较强

　　C. 环氧树脂涂料有较好的耐磨性和耐碱性

　　D. 环氧煤沥青漆在酸性溶剂中长期浸泡无变化，防腐寿命可达 70 年以上

7. 关于各类法兰用途的说法，正确的是（　　）。

　　A. 松套法兰主要用于工况比较苛刻的场合，或用于压力温度大幅度波动的管线和高温、高压及零下低温的管道

　　B. 对焊法兰适用于低压管道，以及定时清洗和检查、需频繁拆卸的地方

　　C. 螺纹法兰适用于温度高于 260 ℃ 及低于 -45 ℃ 的环境中

　　D. 平焊法兰适用于压力等级比较低，压力波动、振动及震荡均不严重的管道系统中

8. 关于球形补偿器特点的说法，正确的是（　　）。

　　A. 补偿能力小　　　　　　　　　　　　B. 流体阻力和变形应力大

　　C. 对固定支座的作用力大　　　　　　　D. 填料容易松弛，发生泄漏

二、多项选择题（每题的备选项中，有 2 个或 2 个以上符合题意，至少有 1 个错项）

1. 关于有色金属材料的说法，错误的有（　　）。

　　A. 纯铜具有良好的塑性、导电性和耐腐蚀性，但强度低，不宜用作结构材料

　　B. 镍具有特殊的电、磁性能和热膨胀性能，在有机酸中稳定性好，常用于制药业和食品业

　　C. 铝合金按加工方法可以分为硬铝合金、超硬铝合金、铸造铝合金

　　D. 铅对硫酸、磷酸有耐蚀性，在盐酸中较稳定

2. 高温用绝热材料应用于温度在 700 ℃ 以上的绝热工程。下列属于高温用绝热材料的有（　　）。

　　A. 硅藻土　　　　　　　　　　　　　　B. 矿渣棉

　　C. 泡沫混凝土　　　　　　　　　　　　D. 蛭石加石棉

3. 关于碱性焊条的说法,正确的有(　　)。

　　A. 可用于合金钢、重要碳钢结构的焊接

　　B. 碱性焊条一般采用直流电源反接法施焊

　　C. 抗热裂性能较好,非金属杂物较少

　　D. 熔渣脱氧能力弱,焊缝中的磷、硫杂质不能全部清除

4. 铜芯绝缘导线适用于(　　)。

　　A. 中压室外架空线路

　　B. 移动式用电设备或有剧烈振动的场所

　　C. 火灾时需要维持正常工作的场所

　　D. 消防负荷、导体截面积在 $10 \ \text{mm}^2$ 及以下的线路

答案速查

一、单项选择题

1. C　　　2. A　　　3. B　　　4. D　　　5. A　　　6. C　　　7. D　　　8. D

二、多项选择题

1. CD　　　2. AD　　　3. ABC　　　4. BCD

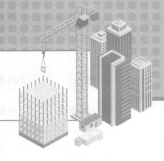

第二章　安装工程施工技术

命题分析

本章在历年的考试中涉及分值为在 12～13 分,主要讲述了切割、焊接及热处理,除锈、防腐蚀和绝热工程,吊装工程,辅助工程的施工技术,且考查频率比较均匀,没有特别明显的重难点之分,需根据历年真题合理掌握知识点。

考点		考查频率
安装工程施工技术	切割、焊接及热处理施工技术	切割施工技术	⭐⭐⭐⭐⭐

		焊接及热处理施工技术	⭐⭐⭐⭐⭐
	除锈、防腐蚀和绝热工程施工技术	除锈及防腐蚀工程施工技术	⭐⭐⭐⭐⭐
		绝热工程施工技术	⭐⭐⭐⭐
	吊装工程施工技术	起重机械	⭐⭐⭐
		起重吊索具	⭐
		吊装方法	⭐
	辅助工程施工技术	管道辅助工程的施工技术	⭐⭐⭐⭐⭐
		设备安装辅助工程的施工技术	⭐⭐

考点精讲

第一节　切割、焊接及热处理施工技术

一、切割施工技术 ⭐⭐⭐⭐⭐

工程材料切割施工技术大致可分为冷切割施工技术和热切割施工技术两大类。

冷切割是指利用机械方法使材料分离,可以很好地保持材料现有的特性,如机械切割、水刀切割等。近年来水刀切割逐步受到广泛应用。

热切割是指利用不同种类热源(如火焰、等离子弧、激光)熔化、氧化或汽化被加工材料,并利用高速气体射流吹除熔融材料形成割缝的切割工艺,包括火焰切割、等离子弧切割、激光切割、碳弧气刨等。

(一)冷切割施工技术

1.机械切割

机械切割是常用的一种切割施工技术,其实质是被加工的工件受机械挤压、磨削而发生变形并分离的物理过程。对于不同的工程材料，所采用的切割机械也有所不同，如表2-1所示。

表 2-1   不同材料采用的切割机械

材料	采用的切割机械	切割机械的特点
工程用钢筋	钢筋切断机	主要通过电动机、三角带、减速机、变速箱使切刀持续工作，具有体积小、重量轻、结构紧凑、结实可靠、功能损耗少、移动方便等优点
金属板材	剪板机	由墙板、工作台和运动的刀架组成，是借助于运动的上刀片和固定的下刀片进行切割的机械
一些小直径尺寸的方管、圆管、直钢、槽钢等型材	砂轮切割机	借助于平行薄片砂轮实现切割。砂轮片是在磨料中加入纤维、树脂、橡胶等结合剂，经压坯、干燥和焙烧而制成的多孔体。砂轮切割机使用轻巧灵活，简单便捷，但生产效率低，加工精度低，安全稳定性较差，其广泛使用于各种场合，尤其在建筑工地和室内装修中使用较多
一些金属圆料、方料、棒料、管料和型材	弓锯床	运动轨迹有直线和弧线两种，具有体积小且结构简单，但效率较低、切割精度差的特点。当为弧线运动时，锯弓绕一支点摆动小角度，每个锯齿的切入量较大，排屑容易，效率较高

2. 水刀切割

水刀切割，也称高压射水流切割，是一种新型的切割施工技术，主要用于切割其他切割技术无法加工的材料，应用范围涵盖各种金属及非金属材料。其利用的是高压水流作为切割介质，在切割过程中水流会带走大量热量，不会对被切割材料产生热影响，且无火灾危险、切口边缘的材质不发生变化。水刀切割具有切割精度较高、切口表面光滑、安全环保、切割效率高且速度快的特点，适用于加工尺寸精度要求高的零部件以及曲线边裁切加工。

（二）热切割施工技术

1. 火焰切割

火焰切割是指利用气体火焰的热能将工件切割处预热到一定温度后，喷出高速切割氧流，使其燃烧并放出热量实现切割的方法。其适用于切割厚度为 6 ~ 300 mm 的低碳钢、中碳钢及普通低合金钢。火焰切割常用的切割工具是火焰切割机，因设备结构简单、一次性投资低、切口比较平整，虽然金属损耗较高，但被广泛采用。

火焰切割是利用加热到燃烧温度的材料与高压喷射的氧气混合，产生剧烈燃烧反应形成熔渣，熔渣被高压氧吹除，进而实现切割效果的施工技术。整个过程大致分为加热、燃烧、吹渣三个阶段，重复进行，同时移动割炬，形成整齐的割缝。

使用这种方法切割的金属，其燃点应低于熔点，这样才能保证金属在固态下燃烧。金属燃烧生成熔渣（氧化物）的熔点应低于金属的熔点，且流动性好，有利于氧气流吹除。同时金属的热导率不能太高。

根据气源的不同，火焰切割大致可分为以下几类：

（1）氧－氢火焰切割。氢气是常见的可燃气体，燃烧后产生水，无毒、无味、无烟，不会危害操作人员身体健康，还有利于环境保护。氧－氢燃烧强度高，火焰温度高达 3 000 ℃，并且火焰集中不发散，可快速切割工件。氧－氢火焰切割安全性较好，气体随用随生产，不用储存，适用于水电资源廉价、适合一次性投资、长期性使用的新建工厂采用。

（2）氧－乙炔火焰切割。乙炔火焰燃烧速度快，氧－乙炔燃烧温度可达到 3 300 ℃，但安全性较差、易回火、易爆炸。氧－乙炔火焰切割是传统的火焰切割施工技术，目前已被其他施工技术所取代。

（3）氧－丙烷火焰切割。氧－丙烷燃烧温度约 2 500 ℃，其点火温度较高，是目前使用较多的一种切割气体。因其安全性远远高于氧－乙炔火焰切割，已逐步取代氧－乙炔切割。与氧－乙炔火焰切割相比，氧－丙烷火焰切割预热时间长、安全性高，氧气消耗多但总成本较低，材料无明显烧塌、下缘不挂渣、切割面粗糙度好，切口表面光洁、棱角整齐、精度高、易于液化和灌装、环境污染小。

（4）氧熔剂切割。氧熔剂切割又称金属粉末切割法，是向切割区域送入金属粉末（铁粉、铝粉等）的切割施工技术，按熔剂向切割区送进方式的不同，分为内送粉式和外送粉式两种。氧熔剂切割切出来的断面无杂质，且烟尘少，但设备较为复杂，切割速度没有等离子弧切割速度快，适用于切割不锈钢、工具钢。

考题探究

【多选题】与氧－乙炔火焰切割相比，氧－丙烷切割的特点有（　　　）。

A. 火焰温度较高，切割时间短，效率高

B. 点火温度高，切割的安全性大大提高

C. 无明显烧塌，下缘不挂渣，切割面粗糙度好

D. 氧气消耗量高，但总切割成本较低

【细说考点】本题主要考查氧－丙烷切割的特点。与氧－乙炔火焰切割相比，氧－丙烷火焰切割的特点如下：(1)点火温度较高，火焰温度较低，安全性高。(2)无明显烧塌，下缘不挂渣，切割面粗糙度好。(3)氧气消耗量大，但丙烷生产成本较乙炔低，总切割成本较低。本题选 BCD。

2. 等离子弧切割

等离子弧切割是指利用高温高冲力的等离子弧作为热源，将被切割工件局部熔化，并立即吹除，随着割炬向前移动而形成狭窄切口来完成切割过程的一种切割施工技术。

等离子弧切割是一种比较理想的切割施工技术，不仅可切割不锈钢、工具钢、高合金钢、铸铁、铝及铝合金等金属材料，而且可切割矿石、水泥板和陶瓷等非金属材料。其具有应用范围广、切割速度快、生产率高、切割面光洁、热变形小、几乎没有热影响区等优点。

等离子切割机的空载电压较高（用氩气作为离子气时为 65～80 V，用氩氢混合气体作为离子气时为 110～120 V），所以设备要有良好的保护接地。等离子弧温度高达 16 000～33 000 K，由于高温和强烈的弧光辐射作用而产生的臭氧、氮氧化物等有害气体及金属粉尘的浓度均比氩弧焊高得多。

3. 激光切割

激光切割是利用经聚焦的高功率密度激光束照射工件，使被照射的材料迅速熔化、汽化、烧蚀或达到燃点，同时借助与光束同轴的高速气流吹除熔融物质，从而实现将工件割开的一种切割施工技术。激光切割具有切割质量好且精度高、切割速度快、噪声低、切割材料种类多（如金属材料、非金属材料等）、清洁、安全、无污染等优点，但切割大厚板有困难。

4. 碳弧气刨

碳弧气刨是利用碳棒与工件之间产生的电弧，将金属局部加热到熔融状态，同时用压缩空气的气流把熔融金属吹掉，从而达到对金属进行切割或实现在金属表面上加工沟槽的一种施工技术。其适用于铸铁、高合金钢、不锈钢（耐腐蚀不锈钢除外）、铜及铜合金、铝及铝合金（铝镁合金除外）、钛及钛合金、镍及镍合金等切割。

由于碳弧气刨是利用压缩空气把熔融的金属吹走，因而可进行全位置操作。手工碳弧气刨的灵活性和可操作性较好，因而在狭窄工位或可达性差的部位，碳弧气刨仍可使

用。碳弧气刨可以清除焊根，返修焊件时清除缺陷，清理铸件毛边、飞刺、浇冒口及铸件中的缺陷。

二、焊接及热处理施工技术 ★★★★★

（一）焊接的基础知识

焊接是指通过加热或加压，或两者并用，并且可用或不用填充材料，使工件达到结合的一种方法。

1. 焊接施工技术分类

焊接按其工艺过程的特点分为熔焊、压焊和钎焊。其中，熔焊在连接部位需要加热至熔化状态，一般不加压，包括电弧焊、气焊、电子束焊、激光焊、电渣焊和铝热焊；压焊必须施加压力，包括锻焊、摩擦焊、冷压焊、电阻焊、超声波焊、扩散焊、高频焊、爆炸焊；钎焊只熔化起连接作用的填充材料，不熔化母材，包括火焰钎焊、烙铁钎焊、感应钎焊、电阻钎焊、盐浴钎焊、炉中钎焊。

（1）电弧焊。

电弧焊是应用最广泛、最重要的施工技术，包括焊条电弧焊、埋弧焊、氩弧焊、CO_2 气体保护焊、等离子弧焊等，具体内容如表 2-2 所示。

表 2-2　电弧焊的原理、特点及适用范围

焊接技术	原理	特点	适用范围
焊条电弧焊	利用焊条与焊件间的电弧熔化焊条和焊件进行焊接	机动、灵活、适应性强，可全位置焊接；设备简单耐用，维护费低；劳动强度大，焊接质量受工人技术水平影响，不稳定	在单件、小批量生产和修理中最适用，可焊接 3 mm 以上的碳素钢、低合金钢、不锈钢和铜、铝等有色金属，以及铸铁的补焊
埋弧焊	利用焊丝与焊件间的电弧热熔化焊丝和焊件进行机械化焊接，电弧被焊剂覆盖而与外界隔绝	焊接时热效率高，熔深大，焊接速度高、焊接质量好，适用于有风环境和长焊缝焊接，但不适合焊接厚度小于 1 mm 的薄板	适用于焊接中厚板结构的长焊缝和大直径圆筒的环焊缝
氩弧焊	用惰性气体氩（Ar）保护电弧进行焊接。若用钨棒作电极，则为钨极氩弧焊，即 TIG 焊	钨极不熔化，熔深浅，熔敷速度小，生产效率较低	尤其适用于焊接铝、镁这些能形成难熔氧化物的金属以及钛和锆这些活泼金属，特别适用于薄板（6 mm 以下）及打底、全位置焊，不适宜野外作业
氩弧焊	用惰性气体氩（Ar）保护电弧进行焊接。若用焊丝作电渣，则为熔化极氩弧焊，即 MIG 焊	焊接速度快、劳动生产率高；用熔化极氩气气体保护焊焊接铝、镁等金属时，为有效去除氧化膜，提高接头焊接质量，应采取直流电源反接法	几乎可以焊接所有的金属，尤其适合于焊接铝及铝合金、铜及铜合金以及不锈钢等材料

（续表）

焊接技术	原理	特点	适用范围
CO_2 气体保护焊	用 CO_2 保护，用焊丝作电极的电弧焊	生产效率高，焊接质量好，对油、锈的敏感度较低，抗锈能力强，焊缝含氢量低，抗裂性能好，受热变形小，焊接成本低，能耗少，电弧可见性好，明弧操作，便于观察跟踪	适用于板厚在 1.6 mm 以上由低碳钢、低合金钢制作的各种金属结构
等离子弧焊	利用气体（多为 Ar）和特殊装置压缩电弧获得高能量密度的等离子弧进行焊接，电极有钨极和熔化极两种	属于不熔化极电弧焊，适用于薄板及超薄板焊接，其功率密度比自由电弧提高 100 倍以上，焊接速度快，生产效率高，穿透力强，但设备比较复杂，工艺参数调节匹配较复杂	广泛应用于焊接、喷涂、堆焊及切割，多用于室内焊接

（2）气焊。

气焊是利用可燃气体与氧气混合燃烧的火焰热熔化焊件和焊丝进行焊接的施工技术。气焊的特点是操作简单、使用灵活，在旷野、山顶、高空作业中应用十分简便，无电或电力不足的情况下，气焊则能发挥更大的作用。但其加热速度及生产率较低，热影响区较大，且容易引起较大的变形，焊接质量差，不易实现自动化。气焊可用于各种位置的焊接，适用于 3 mm 以下低碳钢、高碳钢薄板的焊接，铸铁焊补以及铜、铝等有色金属的焊接。

（3）电子束焊。

电子束焊是利用加速和聚焦的电子束轰击置于真空中或非真空中的焊件所产生的热进行焊接的施工技术。电子束焊的特点是热能集中、熔深大、熔宽小、焊后几乎不变形，不需填充金属单面一次焊成，焊速快。需高压电源和防 X 射线辐射，设备复杂。电子束焊主要用于要求高质量产品的焊接，还能焊易氧化、难熔金属和异种金属，可焊很薄的精密器件和厚度达 300 mm 的构件。

（4）激光焊。

激光焊是用激光束做热源使两种材料相熔融，并焊接在一起形成牢固的、可靠的键合，保证器件的气密性的施工技术。激光焊可分为脉冲激光焊和连续激光焊。其中，脉冲激光焊是以点焊或者由焊点搭接而成的焊缝方式进行的，主要用于微型、精密元件和一些微电子元件的焊接；连续激光焊可以进行薄板精密焊，以及 50 mm 厚板的深穿入焊。

激光束能量密度高，且移动速度快，用于焊接时产生热影响区较小，焊件变形小，是一种较为理想的焊接热源。但由于其成本较高，一般只用于焊接一些微型的、精密的构件，或者用于其他方法不适用的材料的焊接，如陶瓷、玻璃等。

（5）电渣焊。

电渣焊是指利用电流通过液体熔渣所产生的电阻热来熔化金属进行焊接的施工技术。根据使用的电极形状，可分为丝极电渣焊、板极电渣焊、熔嘴电渣焊等。

电渣焊的生产效率高，可焊工件厚度大，主要应用于 30 mm 以上的厚件焊接。因其焊接熔池较大，熔化和冷却较为缓慢，所以焊后一般要进行热处理以改善组织和性能，可与铸造及锻压相结合生产组合件，以解决铸、锻能力的不足，可进行大面积堆焊和补焊。

（6）电阻焊。

电阻焊是指焊件组合后通过电极施加压力，利用电流通过接头的接触面及邻近区域产生的电阻热进行焊接的施工技术，主要有以下特点：

①焊接生产率高，点焊时每分钟可焊 60 点，对焊直径为 40 mm 的棒材每分钟可焊 1 个接头，因此电阻焊非常适合大批量生产。

②焊接质量好，焊接接头的化学成分均匀，并且与母材基本一致。

③焊接成本较低，不需要焊丝、焊条等填充金属，以及氧、乙炔、氩气等焊接材料。

④焊接过程简单，易于实现机械化、自动化。

⑤对焊接参数波动敏感；设备功率大、结构复杂、设备成本较高；工件的厚度、形状和接头形式受到一定程度的限制，如点焊、缝焊一般只适用于薄板搭接接头。

常见的电阻焊有点焊、缝焊、对焊三种类型，具体内容如下：

①点焊最适于焊接低碳钢制的薄壁（<3 mm）冲压结构，以及钢筋、钢网等，也可焊接铝、镁及其合金，适于大批量生产。

②缝焊主要用于焊接要求密封的薄壁容器，可焊接碳素钢、低合金钢、不锈钢、铝、镍、镁及其合金。

③对焊包括电阻对焊和闪光对焊。电阻对焊适于断面简单，直径较小（<20 mm）的碳素钢、铜和铝的对接。闪光对焊适用范围比电阻对焊大，大部分金属均可焊接，如碳素钢、合金钢及有色金属等。对接端面的面积从 0.1 mm² 到 100 000 mm²。可焊接刀具、钢筋、钢管和钢轨等，异种钢也可焊接。

（7）钎焊。

钎焊是硬钎焊和软钎焊的总称，是采用比母材熔化温度低的填充材料作钎料，将焊件和钎料加热到高于钎料液相线而低于母材固相线的温度，利用液态钎料在母材钎焊界面间隙中或表面上润湿，填充钎焊间隙并与母材相互作用（溶解、扩散或界面反应等）实现连接的施工技术。

钎焊加热温度较低，对母材组织和性能的影响较小，接头平整光滑，外形美观；焊件变形较小，容易保证焊件的尺寸精度；生产率高，可以实现异种金属或合金、金属与非金属的连接。但钎焊接头强度比较低，一般要求钎焊接头是母材料厚的 3 倍；耐热性能较母材差（一些镍基钎料可与母材等高温强度）；由于母材与钎料成分相差较大而引起的电化学腐蚀致使耐蚀力较差及装配要求比较高等。

考题探究

【多选题】埋弧焊具有的优点有（　　　　）。

A. 效率高，熔深小　　　　　　　　　B. 速度快，质量好

C. 适合于水平位置长焊缝的焊接　　　D. 适用于小于 1 mm 厚的薄板

【细说考点】本题主要考查埋弧焊的优点。埋弧焊的主要优点有热效率较高，熔深大，焊接质量好，速度快，生产效率和机械化操作程度高，适合于水平位置长焊缝和有风的环境中焊接。本题选 BC。

2. 焊接参数的选择

焊接参数是指焊接时，为保证焊接质量而选定的各项参数的总称，如焊接电流、电弧电压、焊接速度等。

焊接参数选择正确与否,直接影响着焊缝形状和尺寸、焊接质量及生产率。常见焊接参数及内容如表 2-3 所示。

表 2-3　焊接参数及内容

焊接参数	内容
焊条直径	焊件厚度、焊缝位置、接头形式和焊接层次等都会影响焊条直径的选择。通常按焊件厚度选择焊条直径,在确保焊接的质量前提下,尽量选用较大直径的焊条,以提高焊接生产率。对于特殊钢材需要小的线能量焊接,要选择小直径焊条
焊接电流	焊接电流的选择应根据焊条的直径、类型、接头形式、焊件的厚度、焊缝位置和焊接层数等综合考虑。其中,焊条直径和焊缝位置最为关键。对于含有合金元素较多的焊条,一般应匹配较小的焊接电流,可以保证合金元素不受损失
电弧电压	根据电源特性,由焊接电流决定相应的电弧电压。而焊接电流相同的情况下,电弧长短直接影响着焊缝的质量和成形,电弧长越长,电弧电压越高;电弧长越短,电弧电压越低。如果电弧长太长,电弧漂摆、燃烧不稳定、飞溅增加、熔深减少、熔宽加大、熔敷速度下降,而且外部空气易侵入,造成气孔和焊缝金属被氧或氮污染,焊缝质量下降;如果电弧长太短,熔滴过渡时可能经常发生短路,使操作困难。正常的弧长是小于或等于焊条直径,即所谓短弧焊。超过焊条直径的弧长为长弧焊,在使用酸性焊条时,为了预热待焊部位或降低熔池的温度和加大熔宽,有时将电弧稍微拉长进行焊接。碱性低氢型焊条,应用短弧焊以减少气孔等缺陷
电源	电源包括直流电源和交流电源。一般情况下,交流电焊机具有结构简单、制造方便、使用可靠、维修容易、效率高、成本低等一系列优点,应首先考虑。但对于重要的焊接结构或厚板大刚度结构需要保证焊接质量,故选择电弧稳定、飞溅小的直流电焊机
	根据焊条的形式和焊接特点的不同,利用电弧中的阳极温度比阴极高的特点,选用不同的极性来焊接各种不同的构件。用碱性焊条或焊接薄板时,采用直流反接(工件接负极);而用酸性焊条时,通常采用正接(工件接正极)
焊接速度	焊接速度过快会造成焊缝变窄,严重凹凸不平,容易产生咬边及焊缝波形变尖;焊接速度过慢会使焊缝变宽,余高增加,功效降低。焊接速度还直接决定着热输入量的大小,一般根据钢材的淬硬倾向来选择
焊接层数	焊接层数应视焊件的厚度而定。除薄板外,一般都采用多层焊。焊接层数过少,每层焊缝的厚度过大,对焊缝金属的塑性不利。施工中每层焊缝的厚度不应大于 4~5 mm

🔔 **知识拓展**

焊接线能量是指焊接的时候由焊接能源输入给单位长度焊缝上的热量,与焊接电流、焊接电压、焊接速度都有关系,是一个综合变量。焊接线能量对焊接接头力学性能影响很大,焊接线能量过大,由于焊接热循环的影响使得焊接接头的抗拉强度、硬度尤其是冲击韧性影响很大,所以对有冲击力韧性要求的焊缝,施焊时应测量焊接线能量并记录。

3. 焊接材料的选用

焊接材料的选用应依据设计要求,除保证焊接接头的强度、塑性不低于母材标准规定的下限值以外,还应保证焊接接头的冲击韧性不低于母材标准规定的下限值。具体包括以下选用原则:

（1）焊接材料的性能应与构件母材性能相匹配，其熔敷金属的力学性能不应低于母材的性能。当两种不同强度级别的母材焊接时，宜选用与强度较低级别的母材相匹配的焊接材料。

（2）焊接母材厚度大、刚性大、承受动荷载和冲击荷载、工作环境恶劣和受力状况复杂，对焊缝的延性、韧性要求高的构件时，应选用低氢型焊条，防止裂纹产生。

（3）在焊接结构刚性大、接头应力高、焊缝易产生裂纹的不利情况下，应考虑选用比母材强度低一级的焊条，这样可以减少产生焊缝裂纹的情况。

（4）焊件在腐蚀介质中工作时，必须先分清介质种类、浓度、工作温度以及腐蚀类型，从而选择合适的不锈钢焊材或其他耐腐蚀焊材。

（5）焊件在高温、低温、受磨损条件下工作时，应选择热强钢、低温钢、堆焊焊材等材料。

（6）因受条件限制而使某些焊接部位难以清理干净时，应考虑选用对铁锈、氧化皮和油污反应不敏感的焊材（如酸性焊条），以免产生气孔等缺陷。

（7）在酸性焊条和碱性焊条都可以满足的地方，鉴于碱性焊条对操作技术及施工准备要求高，故应尽量采用酸性焊条。

（8）低碳钢和合金钢焊接时，应选用与母材同一强度等级的焊接材料并应与母材相一致，或通过试验选用。

（9）当焊件的焊接部位不能翻转时，应选用适用于全位置焊接的焊条。

（10）为了保障焊工的身体健康，在允许的情况下应尽量采用酸性焊条。

考题探究

【单选题】焊接工艺过程中，正确的焊条选用方法为（　　）。

A. 合金钢焊接时，为弥补合金元素烧损，应选用合金成分高一等级的焊条

B. 在焊接结构刚性大、接头应力高、焊缝易产生裂纹的金属材料时，应选用比母材强度低一级的焊条

C. 普通结构钢焊接时，应选用熔敷金属抗拉强度稍低于母材的焊条

D. 为保障焊工的身体健康，应尽量选用价格稍贵的碱性焊条

【细说考点】本题主要考查焊接材料的选用。低碳钢和合金钢焊接时，应选用与母材同一强度等级的焊接材料并应与母材相一致，或通过试验选用。故选项 A 错误。焊接材料的性能应与构件钢材性能相匹配，其熔敷金属的力学性能不应低于母材的性能。故选项 C 错误。为了保障焊工的身体健康，在允许的情况下应尽量采用酸性焊条。故选项 D 错误。本题选 B。

4. 焊接接头的形式

焊接接头是指由两个或两个以上零件要用焊接组合或已经焊合的接点，一般由焊缝、熔合区、热影响区、母材四部分组成。其示意图如图 2-1 所示。

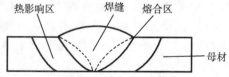

图 2-1　焊接接头示意图

在实际施工过程中，主要根据焊接结构形式、焊件厚度、焊缝强度要求及施工条件等情况来选择焊接接头。常见的焊接接头有四种形式，如表 2-4 所示。

表 2-4 焊接接头的形式

名称	定义	特点	示意图
对接接头	两焊件端面相对平行的接头	受力均匀,在静载和动载作用下都具有很高的强度,且外形平整美观,是应用最多的接头形式。但对焊前准备和装配要求较高	
T形接头	一焊件端面与另一焊件表面构成直角或近似直角的接头	广泛采用在空间类焊件上,具有较高的强度	
角接接头	两焊件端面间构成30°~135°夹角的接头	通常只起连接作用,只能用来传递工作载荷	
搭接接头	两焊件部分重叠构成的接头	焊前准备简便,但受力时产生附加弯曲应力,降低了接头强度	

温馨提示

除上述四类常见接头外,还有一类接头,即两焊件重叠或两焊接表面之间夹角不大于30°构成的接头,称为端接接头。此类接头较少出现,了解即可。

5. 坡口的形式及选用

坡口是指根据设计或工艺需要,在焊件的待焊部位加工并装配成的一定几何形状的沟槽。常见坡口代号及形式如表 2-5 所示。

表 2-5 坡口代号及形式

代号	坡口形式
I	I 形坡口
V	V 形坡口
X	X 形坡口
L	单边 V 形坡口
K	K 形坡口
U	U 形坡口
J	单边 U 形坡口

知识拓展

熔焊接头的坡口根据其形状的不同,可分为基本型、组合型和特殊型三类。其中,基本型坡口主要有I形坡口、V形坡口、单边V形坡口、U形坡口、J形坡口等;组合型坡口由基本型坡口组合而成,包括Y形坡口、X形坡口、K形坡口、双V形坡口等;特殊型坡口主要有塞、槽焊坡口,锁边坡口,带垫板坡口,卷边坡口等。

管材的坡口加工宜采用机械方法,且坡口及其内外表面应进行清理。加工坡口时,对于公称直径不大于 50 mm 的低压碳素钢管,通常采用手提砂轮磨坡口;对于公称直径大于

50 mm 的低压碳素钢管,通常采用氧乙炔切割坡口,再用手提砂轮机把氧化层打掉后并打磨平整;对于中压碳素钢管、中低压不锈钢管、低合金钢管以及各种高压钢管,通常采用坡口机或车床加工坡口;对于有色金属管,通常采用手工锉坡口。

管材焊接时的坡口主要有 I 形、U 形和 V 形三种形式。其中,I 形坡口只用于管壁厚度较薄(3.5 mm 以下)的钢管的焊接;U 形坡口一般用于管壁厚度在 20~60 mm 的高压钢管焊接;V 形坡口一般用于中低压钢管的焊接。注意:U 形坡口和 V 形坡口根部有钝边,厚度为 2 mm 左右。

6.焊接热处理方式

热处理是将固态金属或合金采用适当的方式加热、保温和冷却以获得所需要的组织结构与性能的工艺,一般分为焊前预热和焊后热处理。

焊接开始前,对焊件的全部(或局部)进行加热的工艺措施称为焊前预热。对于淬硬倾向较大的钢材进行焊接时,需进行焊前预热,可以有效预防焊接裂纹。对于铬镍奥氏体不锈钢进行焊接时则不能进行预热。

焊接完成后,为改善焊接接头的组织和性能或消除残余应力而进行的热处理称为焊后热处理。对易产生焊接延迟裂纹的钢材,焊后应立即进行焊后热处理。当不能立即进行焊后热处理时,应在焊后立即均匀加热至 200~350 ℃,并进行保温缓冷。保温时间应根据后热温度和焊缝金属的厚度确定,不应小于 30 min。其加热范围不应小于焊前预热的范围。焊后热处理包括淬火、退火、回火、正火等工艺,具体内容如表 2-6 所示。

表 2-6　焊后热处理工艺

工艺	内容
淬火	淬火是指工件加热奥氏体化后以适当方式快速冷却获得马氏体或贝氏体组织的热处理工艺。淬火主要是为获得马氏体组织,提高钢的表面硬度、强度和耐磨性,从而提高综合机械性能,多用于零件、轴模具
退火	退火是指将工件加热到适当温度,保持一定时间,然后缓慢冷却的热处理工艺。退火可消除焊件的内应力与成分的组织不均匀性,能改善和调整钢的力学性能,为下一道工序作好组织准备。对性能要求不高、不太重要的零件及一些普通铸件、焊件,退火可作为最终热处理
回火	回火是指将经过淬火的碳素钢工件加热到 A_{c1}(珠光体开始转变为奥氏体)前的适当温度,保持一定时间,随后用符合要求的方式冷却,以获得所需的组织结构和性能的热处理工艺。其可分为低温回火(工件在 250 ℃ 以下进行的回火)、中温回火(工件在 250~500 ℃ 之间进行的回火)、高温回火(工件在 500 ℃ 以上进行的回火)。其中,中温回火使工件得到好的弹性、韧性及相应的硬度,一般适用于中等硬度的零件、弹簧等;高温回火可获得较高的力学性能(高强度、弹性极限和较高的韧性等),对于重要钢结构零件经热处理后其强度较高,且塑性、韧性更显著超过正火处理
正火	正火是指工件加热奥氏体化后在空气中冷却的热处理工艺。正火将钢件加热到适当温度,保持一段时间后在空气中冷却,得到珠光体组织,从而可以细化金相组织,消除应力,提高强度和改善韧性,且生产周期短、能耗低、冷却速度快、过冷度较大。经正火后的工件,其强度、韧性、硬度都较退火有很大提高

📖 知识助记

四种焊后热处理工艺的主要区别在于冷却方式不同:淬火工艺要求浸水冷却(快冷);退火工艺要求随炉冷却(慢冷);正火工艺要求在空气自然冷却(介于淬火和退火之间);回火工艺要求在淬火的基础上重新升温再次冷却。

考题探究

【单选题】焊后热处理工艺中,与钢的退火工艺相比,正火工艺的特点为(　　)。

A. 正火较退火的冷却速度快,过冷度较大

B. 正火得到的是奥氏体组织

C. 正火处理的工件其强度、硬度较低

D. 正火处理的工件其韧性较差

【细说考点】本题主要考查正火工艺的特点。经正火后的工件,其最终得到的是珠光体组织,工件的强度、硬度、韧性都较高,且冷却速度快,过冷度较大。本题选 A。

(二)焊接工艺评定要求

焊接工艺评定是指为验证所拟定的焊件焊接工艺的正确性而进行的试验过程和结果评价。焊接工艺评定应在实际焊接生产之前进行,焊接工艺评定的方法如表2-7所示。

表2-7　评定方法

评定方法	应用说明
焊接工艺评定试验	应用普遍,但不适于实际接头形状、拘束度、可达性的情况
焊接材料试验	仅限于使用焊接材料的那些焊接方法;焊接材料的试验应包括生产中使用的母材;有关材料和其他参数的更多限制由《基于试验焊接材料的工艺评定》规定
焊接经验	限于过去用过的焊接工艺,许多焊缝在类项、接头和材料方面相似。具体要求参见《基于焊接经验的工艺评定》
标准焊接规程	与焊接工艺评定试验相似,其限定范围参见《基于标准焊接规程的工艺评定》
预生产焊接试验	原则上可以经常使用,但要求在生产条件下制作试件。适合于批量生产。具体要求参见《基于预生产焊接试验的工艺评定》

焊接工艺评定内容包括要素(焊接方法、钢材及规格、焊接材料、试件形式及焊接位置、焊接热处理加热方法)、焊接工艺评定因素等。

焊接工艺评定需要注意以下内容:

(1)不同焊接方法应分别进行焊接工艺评定。

(2)同一焊接方法,手工焊、机械焊不得互相代替。

(3)如采取一种以上的焊接方法组合形式焊接焊件,则每种焊接方法可单独进行焊接工艺评定,亦可组合进行焊接工艺评定。

(4)施工中,焊接工艺相关因素需要变化且超过规定时,应符合如下规定:

①涉及重要因素变化时,应重新进行焊接工艺评定。

②涉及附加重要因素变化时,对要求做冲击试验的,只需在原重要因素适用条件下,焊制补充试件,仅做冲击试验。

③仅次要因素变化时,不必重新进行焊接工艺评定。

(三)焊接操作的相关要求

工程施焊前,应对焊接和热处理工装设备进行检查、校准,并确认其工作性能稳定可靠。计量器具和检测试验设备应在检定或校准的有效期内。

对奥氏体不锈钢、双相不锈钢焊缝及其附近表面应按设计规定进行酸洗、钝化处理。

定位焊缝焊接时，应采用与根部焊道相同的焊接材料和焊接工艺，并应由合格焊工施焊。定位焊缝的长度、厚度和间距应能保证焊缝在正式焊接过程中不致开裂。根部焊接前，应对定位焊缝进行检查。如发现缺陷，处理后方可施焊。定位焊的焊接材料、焊接工艺、焊工和预热温度等应与正式焊相同，定位焊缝需要融入正式焊缝。

在根部焊道和盖面焊道上不得锤击。焊接连接的阀门施焊时，所采用的焊接顺序、工艺以及焊后热处理，均应保证不影响阀座的密封性能。内部清洁要求较高且焊接后不易清理的管道、机器入口管道及设计规定的其他管道的单面焊焊缝，应采用氩弧焊进行根部焊道焊接。焊接中断时，应控制合理的冷却速度或采取其他措施防止对管道产生有害影响。再次焊接前，应按焊接工艺指导书的规定重新进行预热。

（四）焊接质量的检验

1. 焊接前的质量检验

焊前检查主要是对焊前准备的检查，是贯彻预防为主的方针，最大限度避免或减少焊接缺陷的产生，保证焊接质量的积极有效措施。焊前检验应至少包括下列内容：

（1）按设计文件和相关标准的要求对工程中所用钢材、焊接材料的规格、型号（牌号）、材质、外观及质量证明文件进行确认。

（2）焊工合格证及认可范围确认。

（3）焊接工艺技术文件及操作规程审查。

（4）坡口形式、尺寸及表面质量检查。

（5）组对后对构件焊缝的形状和位置、对接接头错边量、角变形、组对间隙、搭接接头的搭接量及贴合质量、带垫板对接接头的贴合质量等检查。

（6）焊接环境、焊接设备等条件确认。

（7）定位焊缝的尺寸及质量认可。

（8）焊接材料的烘干、保存及领用情况检查。

（9）引弧板、引出板和衬垫板的装配质量检查。

2. 焊接过程中的质量检验

焊接过程不仅指形成焊缝的过程，应包括后热焊、后热处理过程。焊接过程中的检验应至少包括下列内容：

（1）实际采用的焊接电流、焊接电压、焊接速度、预热温度、层间温度及后热温度和时间等焊接工艺参数与焊接工艺文件的符合性检查。

（2）多层多道焊焊道缺欠的处理情况确认。焊接过程中的目视检测应观察每条焊道或焊层在下一道焊层覆盖前应清理干净.特别要注意焊缝金属和熔合面的结合处。焊道之间、焊缝与母材之间的过渡成型良好，便于完成下一道焊接。

（3）采用双面焊清根的焊缝，应在清根后进行外观检查及规定的无损检测。

（4）多层多道焊中焊层、焊道的布置及焊接顺序等检查。

3. 焊接后的质量检验

焊接结构（件）虽然在焊前和焊接过程中都进行了有关检验，但由于制造过程中外界因素的变化或规范、能源的波动等仍有可能产生焊接缺陷，焊后要进行外观检查、无损检验、力学性能检验、金相检验、焊缝晶间腐蚀检验、焊缝铁素体含量检验、致密性检验、焊缝强度检验等焊后检验。

（1）外观质量检查。

外观质量检查是用肉眼或借助样板或用低倍放大镜观察焊件，以发现表面缺陷以及测量焊缝的外形尺寸的方法。

焊件表面缺陷主要是:未熔合、咬边、焊瘤、裂纹、表面气孔等。在多层焊时,应重视根部焊道的外观质量。因为根部焊道最先施焊,散热快,最易产生根部裂纹、未焊透、气孔、夹杂等缺陷,而且还承受着随后各层焊接时所引起的横向拉应力;对低合金高强度结构钢焊接接头进行两次检查,一次在焊后即检查,另一次隔15~30天后再检查,看是否产生延迟裂纹;对含 Cr、Ni 和 V 元素的高强度结构钢或耐热钢若需作消除应力热处理,处理后也要观察是否产生再热裂纹。

焊接接头外部出现缺陷,通常是产生内部缺陷的标志,须待内部检测后才最后评定。

焊缝外形及其尺寸的检查,通常借助样板或量规进行。其评定标准有相关规定和相关产品设计技术要求等,焊缝宽度、余高及余高差,焊缝边缘直线度,焊脚尺寸偏差等应符合规定。

(2)无损检测。

无损检测就是指在检查机械材料内部不损害或不影响被检测对象使用性能,不伤害被检测对象内部组织的前提下,利用材料内部结构异常或缺陷存在引起的热、声、光、电、磁等反应的变化,以物理或化学方法为手段,借助现代化的技术和设备器材,对试件内部及表面的结构、状态及缺陷的类型、数量、形状、性质、位置、尺寸、分布及其变化进行检查和测试的方法。常见的无损检测方法包括超声波探伤、射线探伤、磁粉探伤、渗透探伤、涡流探伤等。

焊接接头内部质量检测选用超声波探伤(UT)或射线探伤(RT);焊接接头表面质量检测选用磁粉探伤(MT)或渗透探伤(PT);铁磁性材料应优选磁粉探伤(MT)。当其中一种无损检测方法检测有疑问时,应采用另一种无损检测方法复查。

每种无损检测方法均有其适用性和局限性,各种方法对缺欠的检测概率既不会是100%,也不会完全相同。各类无损检测方法的特点如表2-8所示。

表2-8　无损检测方法及特点

无损检测方法	内容	适用性	局限性
超声波探伤	利用超声波探测材料内部缺陷的无损检验法,具有较高的探伤灵敏度、效率高的特点,适合于厚度较大试件的检验	能检测出焊缝中的裂纹、未焊透、未熔合、夹渣、气孔等缺欠(通常采用斜射技术);能检测出型材(包括板材、管材、棒材及其他型材)中的裂纹、折叠、分层、片状夹渣等缺欠	较难检测出粗晶材料(如奥氏体钢的铸件和焊缝)中的缺欠;较难检测出形状复杂或表面粗糙的工件中的缺欠;较难判定缺欠的性质
射线探伤	采用 X 射线、γ 射线或中子射线照射焊接接头检查内部缺陷的无损检验法	能检测出焊缝中的未焊透、气孔、夹渣等缺欠;能确定缺欠的平面投影位置和大小,以及缺欠的种类	较难检测出锻件和型材中的缺欠;较难检测出焊缝中的细小裂纹和未熔合;不能检测出垂直射线照射方向的分层状缺欠;不能确定缺欠的埋藏深度和平行于射线方向的尺寸

（续表）

无损检测方法	内容	适用性	局限性
磁粉探伤	利用在强磁场中，铁磁性材料表层缺陷产生的漏磁场吸附磁粉的现象而进行的无损检验法	能检测出铁磁性材料（包括锻件、铸件、焊缝、型材等各种工件）的表面和（或）近表面存在的裂纹、折叠、夹层、夹杂、气孔等缺欠；能确定缺欠在被检工件表面的位置、大小和形状	不适用于非铁磁性材料，如奥氏体钢、铜、铝等材料；不能检测出铁磁性材料中远离检测面的内部缺欠；难以确定缺欠的深度
渗透探伤	采用带有荧光染料（荧光法）或红色染料（着色法）的渗透剂的渗透作用，显示缺陷痕迹的无损检验法。其特点有不受被检试件几何形状、尺寸大小、化学成分和内部组织结构的限制，一次操作可同时检验开口于表面中所有缺陷，检验速度快，操作比较方便，缺陷显示直观，检验灵敏度高	能检测出金属材料和致密性非金属材料的表面开口的裂纹、折叠、疏松、针孔等缺欠；能确定缺欠在被检工件表面的位置、大小和形状	不适用于疏松的多孔性材料；不能检测出表面未开口的内部和（或）表面缺欠；难以确定缺欠的深度
涡流探伤	利用感应涡流的电磁效应评价被检件的无损检验方法，可以一次测量多种参数，只能检查磁性和非铁磁性导电金属材料表面和近表面缺陷	能检测出导电材料（包括铁磁性和非铁磁性金属材料、石墨等）的表面和（或）近表面的裂纹、折叠、凹坑、夹杂、疏松等缺欠；能测出缺欠的坐标位置和相对尺寸	不适用于非导电材料；不能检测出导电材料中远离检测面的内部缺欠；较难检测出形状复杂的工件表面或近表面的缺欠；难以判定缺欠的性质

温馨提示

射线探伤中，X 射线探伤的特点有显示缺陷的灵敏度高，照射时间短，速度快，设备复杂、笨重、成本高；γ 射线探伤的特点有投资少，成本低，施工现场使用方便，曝光时间长，灵敏度较低；中子射线检测能够检测封闭在高密度金属材料中的低密度非金属材料。

考题探究

【多选题】超声波探伤与 X 射线探伤相比，具有的特点有（　　　）。

A．具有较高的探伤灵敏度、效率高　　B．对缺陷观察具有直观性

C．对试件表面无特殊要求　　　　　　D．适合于厚度较大试件的检验

【细说考点】本题主要考查超声波探伤的特点。超声波探伤是指利用超声波探测材料内部缺陷的无损检验法，具有较高的探伤灵敏度、效率高的特点，对缺陷观察没有直观性，试件表面要求平滑，适合于厚度较大试件的检验。本题选 AD。

第二节 除锈、防腐蚀和绝热工程施工技术

一、除锈及防腐蚀工程施工技术 ★★★★★

防腐蚀工程施工技术就是对在腐蚀性介质中的金属材料及其制品,采用各种不同的防腐蚀技术,以延长金属制品的使用寿命,保证工艺设备的安全和顺利运行。防腐蚀施工技术有很多,例如表面处理、涂装、衬里等。

(一)表面处理施工技术

1. 表面处理的相关知识

在涂装前,除去基底表面附着物或生成物以提高基底表面与涂层的附着力或赋予表面耐蚀性能的处理过程,称为表面处理,也称除锈。表面处理方法的选择,主要根据设备和工件的材质、锈蚀等级、处理等级、表面状况以及防腐施工工艺要求进行,同时还要考虑施工条件和成本等因素。

2. 锈蚀等级

锈蚀等级是指未涂装过的钢材表面原始程度按氧化皮覆盖程度和锈蚀程度。

钢材表面的锈蚀程度分别以 A,B,C 和 D 四个锈蚀等级表示,文字描述如下:

(1)A,大面积覆盖着氧化皮而几乎没有铁锈的钢材表面。

(2)B,已发生锈蚀,并且氧化皮已开始剥落的钢材表面。

(3)C,氧化皮已因锈蚀而剥落,或者可以刮除,并且在正常视力观察下可见轻微点蚀的钢材表面。

(4)D,氧化皮已因锈蚀而剥落,并且在正常视力观察下可见普通发生点蚀的钢材表面。

3. 表面处理技术

常见的金属表面处理技术可采用喷射或抛射除锈、手工或动力工具除锈、火焰除锈、化学除锈等。

(1)喷射或抛射除锈。

喷射除锈是利用机械设备,以压缩空气为动力,将一定粒度的钢丸、石英砂等硬质磨料,高速喷射到钢材表面,从而除去氧化皮和铁锈及其他污物的方法。常用的磨料一般为石英砂,故也称作喷砂除锈。喷射除锈应用最为广泛,具有移动性好、设备简单等优点,但是灰尘较大、噪声高,多用于现场设备及管道涂刷前的表面处理。

抛射除锈也称抛丸除锈,是利用抛丸机的叶轮片高速旋转,将磨料分散射向钢材表面,磨料高速飞出,冲击和摩擦钢材表面,从而除去钢材表面的锈蚀和氧化皮等的方法,管道抛丸除锈示意图如图 2-2 所示。常见的抛丸一般为铸铁丸(如图 2-3 所示)和钢丝切丸两种。抛射除锈自动化程度高,适合流水线生产,主要用于涂覆车间工件的金属表面处理。但不适合外形尺寸大且为异形的工件,仅适合较厚的工件除锈。

图 2-2 管道抛丸除锈示意图

图 2-3 铸铁丸

两种除锈方法都具有生产效率高，能控制质量获得不同要求的表面粗糙度，易达到除锈等级要求的优点。且宜在独立的房间内进行，并应保证操作者配备有良好的防护和保护设备。

（2）手工或动力工具除锈。

手工或动力工具除锈是指人工手持钢丝刷、钢铲刀、砂布、废旧砂轮或使用各种电动工具、风动工具等打磨钢铁表面，除去铁锈、氧化皮、污物和旧涂层、电焊熔渣、焊疤、焊瘤和飞溅，最后用毛刷或压缩空气清除表面的灰尘和污物的方法。该方法操作工具简单、使用灵活、施工方便，但生产效率低、劳动强度大、除锈质量差，一般用于较小工件或使用喷射和抛射除锈无法处理的工件。

（3）火焰除锈。

火焰除锈是利用金属与氧化皮的热膨胀系数的不同，经过加热处理，氧化皮会破裂脱落而铁锈则由于加热时的脱水作用，使锈层破裂而松散的方法。该方法多用于去除金属旧防腐层，不适用于薄壁金属设备和管道。

（4）化学除锈。

化学除锈是利用酸溶液和铁的氧化物发生化学反应，将表面锈层溶解、剥离以达到除锈目的的方法。该方法用于去除一些薄壁、形状复杂的零件表面氧化物及油垢。

考题探究

【单选题】一批厚度为 20 mm 的钢板，需在涂覆厂进行防锈处理，应选用的除锈方法为（　　）。

A. 喷射除锈法　　　　　　　　　B. 抛射除锈法

C. 化学除锈法　　　　　　　　　D. 火焰除锈法

【细说考点】本题主要考查抛射除锈法的适用范围。抛射除锈自动化程度较高，适合流水线生产，主要用于涂覆车间工件的金属表面处理。本题选 B。

4. 表面处理质量控制

基体表面处理的质量等级划分应符合下列规定：

（1）喷射或抛射除锈基体表面处理质量等级分为 Sa1、Sa2、Sa2.5、Sa3 四级。

（2）手工或动力工具除锈基体表面处理质量等级分为 St2、St3 两级。

对喷射清理的表面处理，用字母"Sa"表示。喷射清理前，应铲除全部厚锈层。可见的油、脂和污物也应清除掉。喷射清理后，应清除表面的浮灰和碎屑。喷射清理等级描述如表 2-9 所示。

表 2-9　喷射清理等级

等级	内容
Sa1 轻度的喷射清理	在不放大的情况下观察时，表面应无可见的油、脂和污物，并且没有附着不牢的氧化皮、铁锈、涂层和外来杂质
Sa2 彻底的喷射清理	在不放大的情况下观察时，表面应无可见的油、脂和污物，并且几乎没有氧化皮、铁锈、涂层和外来杂质。任何残留污染物应附着牢固

（续表）

等级	内容
Sa2.5 非常彻底的喷射清理	在不放大的情况下观察时，表面应无可见的油、脂和污物，并且没有氧化皮、铁锈、涂层和外来杂质。任何污染物的残留痕迹应仅呈现为点状或条纹状的轻微色斑
Sa3 使钢材表观洁净的喷射清理	在不放大的情况下观察时，表面应无可见的油、脂和污物，并且应无氧化皮、铁锈、涂层和外来杂质。该表面应具有均匀的金属色泽

温馨提示

上表中的"外来杂质"可能包括水溶性盐类和焊接残留物。这些污染物采用干法喷射清理、手工和动力工具清理或火焰清理，不可能从表面完全清除，可采用湿法喷射清理或水喷射清理。若氧化皮、铁锈或涂层可用钝的铲刀刮掉，则视为附着不牢。

对手工和动力工具清理，例如刮、手工刷、机械刷和打磨等表面处理，用字母"St"表示。手工和动力工具清理前，应铲除全部厚锈层。可见的油、脂和污物也应清除掉。手工和动力工具清理后，应清除表面的浮灰和碎屑。手工和动力工具清理等级描述如表2-10所示。

表 2-10　手工和动力工具清理等级

等级	内容
St2 彻底的手工和动力工具清理	在不放大的情况下观察时，表面应无可见的油、脂和污物，并且没有附着不牢的氧化皮、铁锈、涂层和外来杂质
St3 非常彻底的手工和动力工具清理	同St2，但表面处理应彻底的多，表面应具有金属底材的光泽

温馨提示

手工和动力工具处理等级没有St1，因为这个等级的表面不适合于涂覆涂料。

喷射或抛射除锈处理后的基体表面应呈均匀的粗糙面，除基体原始锈蚀或机械损伤造成的凹坑外，不应产生肉眼明显可见的凹坑和飞刺。

喷射处理后的基体表面粗糙度等级划分应符合表2-11的规定。

表 2-11　基体表面粗糙度等级划分

级别	粗糙度参考值 $R_y / \mu m$	
	丸粒状磨料	棱角状磨料
细级	25 ~ 40	25 ~ 60
中级	40 ~ 70	60 ~ 100
粗级	70 ~ 100	100 ~ 150

当设计对防腐蚀层的基体表面处理无要求时，其基体表面处理的质量要求应符合表2-12的规定。

表 2-12　基体表面处理的质量要求

防腐层类别	表面处理质量等级
金属热喷涂层	Sa3 级
橡胶衬里、搪铅、纤维增强塑料衬里、树脂胶泥衬砌砖板衬里、涂料涂层、塑料板黏结衬里、玻璃鳞片衬里、喷涂聚脲衬里	Sa2.5 级

（续表）

防腐层类别	表面处理质量等级
水玻璃胶泥衬砌砖板衬里、涂料涂层、氯丁胶乳水泥砂浆衬里	Sa2 级或 St3 级
衬铅、塑料板非黏结衬里	Sa1 级或 St2 级

处理后的基体表面不宜含有氯离子等附着物。处理合格的工件在运输和保管期间应保持干燥和洁净。基体表面处理后，应及时涂刷底层涂料，间隔时间不宜超过 5 h。当相对湿度大于 85% 时，应停止基体表面处理作业。在保管或运输中发生再度污染或锈蚀时，基体表面应重新进行处理。

考题探究

【多选题】某钢基体表面处理的质量等级为 Sa2.5，在钢表面可进行覆盖层施工的有（　　）。

A. 金属热喷涂层　　　　　　　B. 搪铅衬里

C. 橡胶衬里　　　　　　　　　D. 塑料板黏结衬里

【细说考点】本题主要考查基体表面处理的质量要求。具体内容详见上文。本题选 BCD。

（二）涂装施工技术

防腐蚀涂装工程是按防腐蚀技术要求，选择合适的防腐蚀涂料配套体系和涂覆前的表面处理工艺方法，按涂装工艺要求完成防腐蚀涂料体系涂装的全过程工作。

1. 涂装方法

涂装是现代的产品制造工艺中的一个重要环节。常用的涂装方法有刷涂法、滚涂法、喷涂法、静电喷涂法、电泳法等。

（1）刷涂法。

刷涂法是一种使用最早和最简单的涂装方法，可容易地将涂料渗透到金属表面的细孔，加强涂料对金属表面的附着力，但生产率低、劳动强度大、表面平整性较差。刷涂法适合于各种形状的物体，也适用于绝大多数的涂料。

（2）滚涂法。

滚涂法是指用滚筒沾满涂料后进行涂刷的方法，涂刷效率较高，在大面积涂覆时使用，但快干型涂料不能用滚涂法。

（3）喷涂法。

喷涂法是一种普遍采用的工业化涂装的方法，包括空气喷涂法和高压无气喷涂法。

空气喷涂法是比较简单且基本的一种喷涂方法，也是目前广泛使用的一种喷涂方法。其主要原理是利用压缩空气流经喷嘴时，使其周围产生负压而使涂料被吸出，因压缩空气的快速扩散而雾化，使涂料可以均匀地附着在工件表面。其优点是喷涂的表面质量较好，均匀且光滑平整，所用喷涂工具价格较低，但同时也伴随着过喷量大、涂着效率低、空气污染严重、废物量大等缺点。

高压无气喷涂法是不需要借助压缩空气，而是给涂料施加高压使涂料喷出时雾化而进行涂覆的工艺，设备示意图如图 2-4 所示。其特点是漆雾飞散少且涂料的喷涂黏度高，涂料不发生回弹，稀释剂用量少，减少了对环境的污染和节约涂料，改善了原空气喷涂法存在的缺陷。同时高压无气喷涂法具有喷涂效率高、涂膜质量好等优点,多用于大型钢结构、桥梁、船舶、管道等的涂装,但成本相对较高,一般选用时要考虑经济因素。

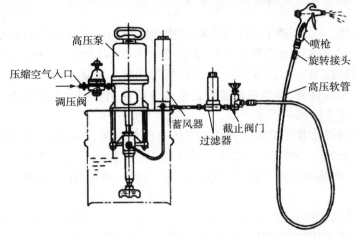

图2-4 高压无气喷涂设备示意图

(4)静电喷涂法。

静电喷涂法是利用高压静电电场使带负电的涂料微粒沿着电场相反的方向定向运动,并将涂料微粒吸附在工件表面的一种喷涂方法。该方法施工效率高,可连续自动化生产,涂层均匀质量好,但工件的某些死角和内部不易喷到,劳动保护条件较差。

(5)电泳法。

电泳法是将被涂装件浸在水溶性涂料的漆槽中,作为一极,通直流电后,涂料沉积在工件表面形成致密的涂膜。为保障环境安全,需要设置废水处理工艺。该方法涂装效率高,涂料损失小,生产效率高,采用水溶性涂料,节省有机溶剂,安全卫生,适合大批量涂装,其涂膜厚度均匀一致、附着力强,适用于任何形状复杂的工件。缺点是设备复杂、投资高、耗电量大等。

考题探究

【多选题】高压无气喷涂的主要特点为( )。

A.涂膜的附着力强,质量好

B.速度快,工效高

C.解决了其他涂装方法对复杂形状工件的涂装难题

D.无涂料回弹,大量漆雾飞扬

【细说考点】本题主要考查高压无气喷涂的主要特点。高压无气喷涂的特点是漆雾飞散少,且涂料的喷涂黏度高,涂料不发生回弹,稀释剂用量少,减少了对环境的污染和节约涂料,改善了原空气喷涂法存在的缺陷。同时高压无气喷涂法具有喷涂效率高、涂膜质量好等优点,但成本相对较高,一般选用时要考虑经济因素。本题选 ABD。

2. 涂装的技术要求

典型的涂料涂层体系结构有:防腐蚀底漆＋面漆;防腐蚀底漆＋中间漆＋面漆。

> **温馨提示**
>
> 多层涂装时应保持每道涂层面的清洁。

防腐蚀涂装施工工艺应根据所用涂料的物理性能和施工环境条件进行选择，并符合产品说明书的规定。防腐蚀涂装工程的涂装专项方案应对施工方法、技术要求、工艺参数、施工程序、质量控制与检验、安全与环保措施等内容作出规定。

所有进场的涂装材料，应经现场复检合格后方可使用。同一涂装配套中的底涂料、中间涂料、面涂料，宜选用同一厂家产品。

当产品说明书对涂装环境温度和相对湿度未作规定时，环境温度宜控制在 5 ~ 35 ℃，相对湿度不应大于 85%，钢材表面温度应高于周围空气露点温度 3 ℃ 以上，且钢材表面温度不超过 40 ℃。被涂装构件表面不允许有凝露，涂装后 4 h 内应予保护，避免淋雨和沙尘侵袭。

钢材表面除锈后不得二次污染，并宜在 4 h 之内进行涂装作业，在车间内作业或湿度较低的晴天作业时，间隔时间不应超过 8 h。同时，不同涂层间的施工应有适当的重涂间隔，最大及最小重涂间隔时间应参照涂料产品说明书确定。涂装施工结束，涂层应在自然养护期满后方可使用。

钢结构金属表面一般采用热喷涂方法进行涂装施工。热喷涂法是指将涂层金属加热到熔融状态，然后借助一股气流将其喷射到经过预处理后的基体表面而形成涂层的一种方法。热喷涂工艺有火焰喷涂法、电弧喷涂法和等离子喷涂法等。由于环境条件和操作因素所限，目前工程上应用的热喷涂方法仍以火焰喷涂法为主。该方法用氧气和乙炔焰熔化金属丝，由压缩空气吹送至待喷涂结构表面，也叫气喷法。气喷法适用于热喷锌涂层，电喷涂法适用于热喷涂铝涂层，等离子喷涂法适用于喷涂耐腐蚀合金涂层。

> **知识拓展**
>
> 首次进行热喷涂金属施工时，应先进行喷涂工艺试验评定，其内容应包括涂层厚度、结合强度、耐蚀性能、密度试验、扩散层检查与外观检查等。

金属表面处理与热喷涂施工的间隔时间，晴天或湿度不大的气候条件下应在 12 h 以内，雨天、潮湿、有盐雾的气候条件下不应超过 2 h。

金属热喷涂施工应符合下列规定：

（1）采用的压缩空气应干燥、洁净。

（2）喷枪与表面宜成直角，喷枪的移动速度应均匀，各喷涂层之间的喷枪方向应相互垂直、交叉覆盖。

（3）一次喷涂厚度宜为 25 ~ 80 μm，同一层内各喷涂带间应有 1/3 的重叠宽度。

（4）工作环境的大气温度低于 5 ℃、钢结构表面温度低于露点 3 ℃ 和空气相对湿度大于 85% 时，不得进行金属热喷涂施工操作。

3. 计量规则

根据《通用安装工程工程量计算规范》，防腐蚀涂料工程计量规则如表 2-13 所示。

表 2-13　防腐蚀涂料工程计量规则

项目名称	项目特征	计量单位	工程量计算规则	工作内容
设备防腐蚀		m²	按设计图示表面积计算	除锈,调配、涂刷(喷)
管道防腐蚀	除锈级别,涂刷(喷)品种,分层内容,涂刷(喷)遍数、漆膜厚度	m²,m	以平方米计量,按设计图示表面积尺寸以面积计算;以米计量,按设计图示尺寸以长度计算	
一般钢结构防腐蚀		kg	按一般钢结构的理论质量计算	
管廊钢结构防腐蚀			按管廊钢结构的理论质量计算	
防火涂料	除锈级别,涂刷(喷)品种,涂刷(喷)遍数、漆膜厚度,耐火极限(h),耐火厚度(mm)	m²	按设计图示表面积计算	
H 型钢制钢结构防腐蚀	除锈级别,涂刷(喷)品种,分层内容,涂刷(喷)遍数、漆膜厚度			
金属油罐内壁防静电				
埋地管道防腐蚀	除锈级别、刷缠品种、分层内容、刷缠遍数	m²,m	以平方米计量,按设计图示表面积尺寸以面积计算;以米计量,按设计图示尺寸以长度计算	除锈,刷油,防腐蚀,缠保护层
环氧煤沥青防腐蚀				除锈,涂刷、缠玻璃布
涂料聚合一次	聚合类型、聚合部位	m²	按设计图示表面积计算	聚合

在应用表 2-13 时应注意下列事项。

(1)分层内容:指应注明每一层的内容,如底漆、中间漆、面漆及玻璃丝布等内容。

(2)如设计要求热固化需注明。

(3)设备筒体、管道表面积:$S = \pi \cdot D \cdot L$,其中 π 为圆周率,D 为直径,L 为设备筒体高或管道延长米。

(4)阀门表面积:$S = \pi \cdot D \cdot 2.5D \cdot K \cdot N$,其中 K 为 1.05,N 为阀门个数。

(5)弯头表面积:$S = \pi \cdot D \cdot 1.5D \cdot 2\pi \cdot N/B$,其中 N 为弯头个数,B 值取定值(若为 90°弯头,$B = 4$;若为 45°弯头,$B = 8$)。

(6)法兰表面积:$S = \pi \cdot D \cdot 1.5D \cdot K \cdot N$,其中 K 为 1.05,N 为法兰个数。

(7)设备、管道法兰翻边面积:$S = \pi \cdot (D + A) \cdot A$,其中 A 为法兰翻边宽。

(8)带封头的设备面积:$S = L \cdot \pi \cdot D + (D^2/2) \cdot \pi \cdot K \cdot N$,其中 K 为 1.5,N 为封头个数。

(9)计算设备、管道内壁防腐蚀工程量,当壁厚大于 10 mm 时,按其内径计算;当壁厚小于 10 mm 时,按其外径计算。

（三）衬里施工技术

防腐衬里是为防止设备腐蚀的未硫化、预硫化或硫化的橡胶板或片。在金属或其他材料工作表面用衬里胶板形成连续的隔离性的覆盖层的施工技术称为衬里施工技术。

1. 砖板衬里

耐酸陶、瓷砖板具有耐腐蚀、吸水率低、易清理、常温不易氧化等优点，适用于各种氧化性酸、有机酸、有机化合物、大多数无机酸和无机盐溶液等作用的场合，但不应用于氢氟酸、氟硅酸、氟、热磷酸和热浓碱液等作用的场合。耐酸陶、瓷砖板不应用于温差剧变的场合。

铸石板具有耐腐蚀（耐酸性 >96%，耐碱性 >98%）、硬度高（仅次于金刚石、刚玉）、耐磨（高于锰钢 5~10 倍，碳素钢数十倍）等优点，但韧性和冲击性差，加工起来切割困难。铸石板适用于各种氧化性酸、有机酸、有机化合物、大多数无机酸和无机盐溶液以及低于 100 ℃的稀碱液等作用的场合，但不应用于氢氟酸以及 300 ℃以上磷酸和熔融碱等作用的场合，适用于耐磨性能要求高的场合，但不应用于重物冲击和温差剧变的场合。铸石板衬里的异形结构部位应选择异型铸石板。

不透性石墨板具有导热好、易加工、耐磨等优点，但价格贵、强度低，适用于导热系数要求高和温度剧变的场合，但不应用于重物冲击的场合。

砖板衬里常用的黏结剂为水玻璃胶泥和树脂胶泥。施工完毕后，应将胶泥进行自然固化或热处理。当采用热处理时，设计应在图样中注明。

2. 橡胶衬里

橡胶衬里施工环境温度宜为 15~30 ℃，相对湿度不宜大于 80%，或基体温度高于空气露点温度 3 ℃以上。当施工环境温度低于 15 ℃时，应采取措施提高环境温度，不得使用明火加热升温；当环境温度超过 35 ℃时，不宜进行施工。

胶板、胶黏剂和稀释剂宜由同一供应方提供，并应配套使用。

槽罐类设备衬里施工，宜按先罐壁，再罐顶，后罐底的贴衬顺序进行。

加热硫化橡胶衬里的胶板衬里层的接缝应采用搭接。多层衬里的底层、中间层和设备转动部件，可采用对接。

自然硫化橡胶衬里适用于常温自硫化的大型非受压设备或管道衬里。胶板贴衬时应用专用压滚，依次压合，排净黏结面间的空气，不得漏压。

预硫化橡胶衬里底涂料的涂刷作业，应在金属基体表面预处理合格后 4 h 内进行，且金属基体表面不得有凝露；当相对湿度超过 75%时，应采取除湿措施。胶板下料的形状应合理，尺寸应准确，应减少贴衬应力。

3. 纤维增强塑料衬里

纤维增强塑料衬里工程应包括以树脂为黏结剂，纤维及其织物为增强材料铺贴或喷射的设备、管道衬里层和隔离层。

树脂类材料主要有环氧树脂、乙烯基酯树脂、不饱和聚酯树脂、呋喃树脂、酚醛树脂等。纤维及其织物有无碱或中碱玻璃纤维增强材料、非石蜡乳液型的无捻粗纱玻璃纤维方格平纹布、玻璃纤维短切毡和玻璃纤维表面毡等，当用于含氢氟酸类介质的防腐蚀工程时，应采用涤纶晶格布或涤纶毡。

手工糊制工艺贴衬纤维增强塑料，可采用间断法或连续法。纤维增强酚醛树脂应采用间断法。纤维增强材料的涂胶除刷涂外，也可采用浸揉法处理。将纤维增强材料放置在配好的胶料里浸泡揉挤，使纤维增强材料完全浸透后，挤出多余的胶料，将纤维增强材料拉平进行贴衬。用纤维增强塑料做设备、管道及管件衬里隔离层时，可不涂刷面层胶料。

纤维增强塑料手持喷枪喷射成型工艺施工时，喷射成型工艺应采用乙烯基酯树脂或不饱和聚酯树脂。玻璃纤维无捻粗纱长度应为 25～30 mm。在处理的基体表面应均匀喷涂封底胶料,不得有漏涂、流挂等缺陷,自然固化时间不宜少于 24 h。将玻璃纤维无捻粗纱切成 25～30 mm 的长度,与树脂一起喷到被施工设备表面。喷射厚度应为 1～2 mm,纤维含量不应小于 30%,喷射后应采用辊子将沉积物压实,表面应平整、无气泡,并应在室温条件下固化。

纤维增强塑料衬里常温养护时间应符合表 2-14 的规定。

表 2-14　纤维增强塑料衬里常温养护时间

纤维增强塑料树脂名称	养护时间/d
环氧树脂纤维增强塑料	≥15
乙烯基酯树脂纤维增强塑料	≥15
不饱和聚酯纤维增强塑料	≥15
呋喃树脂纤维增强塑料	≥20
酚醛树脂纤维增强塑料	≥25

4. 塑料衬里

塑料衬里工程应包括下列内容:设备软聚氯乙烯衬里;设备与管道聚四氟乙烯、四氟乙烯 – 乙烯共聚物、聚偏氟乙烯的氟塑料衬里;管道聚丙烯、聚乙烯、聚氯乙烯的通用塑料衬里。

施工宜在洁净的室内或棚内进行。当环境温度低于 15 ℃时,宜对塑料板进行局部加热处理,表面不得出现熔融或焦化现象。

塑料板及焊条应储存在避光、干燥、洁净的仓库内;塑料板材存放应远离热源,并应在有效期内使用。

黏结剂应存放在阴凉、通风的仓库内,并应配备消防器材。

塑料板材在运输与储存期间不得损伤。

从事塑料衬里设备焊接作业的焊工,应进行塑料焊接培训,并应考试合格。焊工培训应由具有相应专业技术能力和资质的单位进行。

5. 铅衬里

铅衬里工程应包括钢制工业设备及管道的衬铅和搪铅施工。衬铅和搪铅可采用氢 – 氧焰或氧 – 乙炔焰,且应采用中性焰。凡受压容器,应经压力试验合格后,方可进行铅衬里。

> **温馨提示**
>
> 衬铅是在设备或管道表面贴衬铅板的一种铅衬里施工方法,其施工相对简单、生产周期短、成本低,适用于立面、静荷载和正压下工作;搪铅是利用铅在熔融状态下的溶合力或黏着力紧密结合在钢铁表面上的一种铅衬里施工方法,其与设备器壁之间结合均匀且牢固、无间隙、传热佳,适用于回转运动、动荷载和负压下工作。

衬铅可采用搪钉固定法、悬挂固定法、压板固定法或压条固定法;搪铅施工应采用直接搪铅法或间接搪铅法。

二、绝热工程施工技术 ★★★

在安装工程中,进行管道与设备的绝热可以保证化学过程在规定的温度条件下进行反应,以制取预期的生成物;在介质贮存、输送过程中减少温度下降和热损失,同时防止介质内液体冻结和表面结露；节省能量消耗，降低生产成本；提高耐火绝缘等级，减少火灾的发生；起到防暑、降温作用，改善工作环境，提高安全等级。

（一）绝热工程概述

绝热工程是保温工程与保冷工程的统称。保温工程是为减少设备、管道及其附件向周围环境散热或降低表面温度，在其外表面采取的包覆措施。保冷工程是为减少周围环境中的热量传入低温设备及管道内部，防止低温设备及管道外壁表面凝露，在其外表面采取的包覆措施。

具有下列情况之一的设备、管道及其附件，应进行保温：

（1）外表面温度高于 50 ℃（环境温度为 25 ℃时）且工艺需要减少散热损失者。

（2）外表面温度低于或等于 50 ℃且工艺需要减少介质的温度降低或延迟介质凝结者。

（3）工艺不要求保温的设备及管道，当其表面温度超过 60 ℃，对需要操作维护，又无法采取其他措施防止人身烫伤的部位，在距地面或工作台面 2.1 m 高度以下及工作台面边缘与热表面间的距离小于 0.75 m 的范围内，必须设置防烫伤保温设施。

具有下列情况之一的设备、管道及其附件，应进行保冷：

（1）外表面温度低于环境温度且需减少冷介质在生产和输送过程中冷损失量者。

（2）需减少冷介质在生产和输送过程中温度升高或气化者。

（3）为防止常温下、0 ℃以上设备及管道外壁表面凝露者。

（4）与保冷设备或管道相连的仪表及其附件。

常用绝热材料及其制品包括岩棉制品、矿渣棉制品、玻璃棉制品、硅酸铝棉制品、硅酸镁纤维毯、硅酸钙制品、复合硅酸盐制品、泡沫玻璃制品、聚异氰脲酸酯（PIR）泡沫制品、聚氨酯（PUR）泡沫制品、柔性泡沫橡塑制品等。

被绝热设备或管道表面温度大于 100 ℃时，应选择不低于国家标准《建筑材料及制品燃烧性能分级》中规定的 A₂ 级材料。被绝热设备或管道表面温度小于或等于 100 ℃时，应选择不低于国家标准《建筑材料及制品燃烧性能分级》中规定的 C 级材料，当选择国家标准《建筑材料及制品燃烧性能分级》中规定的 B 级和 C 级材料时，氧指数不应小于 30%。

（二）绝热工程施工

1. 施工准备

绝热工程施工一般包括以下三层。

（1）绝热层：对维护介质温度稳定起主要作用的绝热材料及其制品。

（2）防潮层：为防止水蒸气迁移的结构层。

（3）保护层：为防止绝热层和防潮层受外界损坏所设置的外护结构。

> **温馨提示**
>
> 保温结构与保冷结构热流方向相反。因此，保温结构一般设保温层和保护层，保冷结构则应设保冷层、防潮层和保护层。

工业设备及管道的绝热工程施工，宜在工业设备及管道压力强度试验、严密性试验及防腐工程完工合格后进行。

在有防腐、衬里的工业设备及管道上焊接绝热层的固定件时，焊接及焊后热处理必须在防腐、衬里和试压之前进行。

雨雪天不宜进行室外绝热工程的施工。当在雨雪天、寒冷季节进行室外绝热工程施工时，应采取防雨雪和防冻措施。

用于绝热结构的固定件和支承件的材质和品种必须与设备及管道的材质相匹配。

2. 绝热层的施工

（1）一般规定。

当采用一种绝热制品，保温层厚度大于或等于 100 mm，且保冷层厚度大于或等于 80 mm 时，应分为两层或多层逐层施工，各层的厚度宜接近。

当采用两种或多种绝热材料复合结构的绝热层时，每种材料的厚度必须符合设计文件的规定。

硬质或半硬质绝热制品的拼缝宽度，当作为保温层时，不应大于 5 mm；当作为保冷层时，不应大于 2 mm。

绝热层施工时，同层应错缝，上下层应压缝，其搭接的长度不宜小于 100 mm。

绝热层各层表面均应做严缝处理。干拼缝应采用性能相近的矿物棉填塞严密，填缝前，应清除缝内杂物。湿砌灰浆胶泥应采用相同于砌体材质的材料拼砌，灰缝应饱满。

（2）嵌装层铺法施工。

当大平面或平壁设备绝热层采用嵌装层铺法施工时，绝热材料宜采用软质或半硬质制品。绝热层的敷设宜嵌装穿挂于保温销钉上，外层可敷设一层铁丝网形成一个整体。销钉应用自锁紧板将绝热层和铁丝网紧固，并应将绝热层压下 4~5 mm。自锁紧板应紧锁于销钉上，销钉露出部分应折弯成 90°埋头。

（3）捆扎法施工。

捆扎法适用于各类绝热材料（如预制保温瓦、板、毡等）的施工，大型筒体设备和管道施工时，应有固定架或支承件，应从固定架或支承件开始，自下而上拼装。绝热层采用镀锌铁丝、不锈钢丝、金属带、黏胶带捆扎。双层或多层绝热层的绝热制品，应逐层捆扎，并应对各层表面进行找平和严缝处理。

（4）填充法施工。

填充法施工主要是将绝热材料直接填充到预先留设好的保温空腔内的方法。绝热层的填料，应按设计的规定进行预处理。一般采用散粒状绝热材料施工，如玻璃棉、珍珠岩、矿渣棉等。当局部施工部位困难，无成型的绝热制品时，可采用矿物散棉填充。填充法适用于表面不规则的保温介质。

（5）粘贴法施工。

粘贴法施工适用于各种保温材料加工成型的预制品，靠黏结剂与被保温的物体固定，多用于空调系统及制冷系统的保温。涂刷黏结剂时，要求粘贴面及四周接缝上各处黏结剂均匀饱满。粘贴保温材料时，应将接缝相互错开。常用的粘贴绝热材料有泡沫玻璃，半硬质、软质绝热制品。异型和弯曲的表面，不得采用半硬质绝热制品。黏结剂应符合使用温度的要求，并应和绝热层材料相匹配，不得对金属壁产生腐蚀，常用的有环氧树脂、沥青玛琋脂等。

（6）浇注法施工。

当采用加工模具（木模或钢模）浇注绝热层时，模具结构和形状应根据绝热层用料情况、施工程序、设备和管道的形状等进行设计，故浇注法施工适用于异型管件、阀门、法兰的绝热以及室外地面绝热或地下管道绝热。

（7）喷涂法施工。

喷涂法施工是指将特制的绝热材料使用特定的喷射设备直接喷射至绝热面上，使其直接在绝热面成型的一种施工方法。喷涂时应由下而上，分层进行。大面积喷涂时，应分段分片进行。接茬处必须结合良好，喷涂层应均匀。该方法施工方便、效率较高、适用范围大、整体性好，且不受设备形状的影响。但施工时会对人体健康产生影响，作业时应当注意防护。

喷涂施工时，一般选用聚氨酯、酚醛、聚苯乙烯等泡沫塑料。喷涂矿物纤维材料及聚氨酯、酚醛等泡沫塑料时，应分层喷涂，依次完成。

（8）涂抹法施工。

涂抹法适用于石棉粉、硅藻土等不定型的散装材料，将其按一定比例用水调成胶泥涂抹于需要保温的设备或管道表面。这种方法整体性好，保温层和保温面结合紧密，且可用于各种形状的设备，也可用于运行状态下热力管道和热力设备的保温。

（9）钉贴法施工。

钉贴法施工主要用于矩形风管、大直径管道和设备容器的绝热层施工中，适用于各种绝热材料加工成型的预制品件的绝热层。

保温钉与风管、部件及设备表面的连接，可采用粘接或焊接，结合应牢固，不得脱落；焊接后应保持风管的平整，并不应影响镀锌钢板的防腐性能；矩形风管或设备保温钉的分布应均匀，其数量底面每平方米不应少于 16 个，侧面不应少于 10 个，顶面不应少于 8 个。首行保温钉至保温材料边沿的距离应小于 120 mm。

考题探究

【单选题】某绝热层施工方法，适用于各种绝热材料加工成型的预制品，将预制品固定在保温面上形成绝热层，主要用于矩形风管、大直径管道和设备容器的绝热层施工。该绝热层施工方法为（　　）。

　　A.钉贴绝热层　　　　　　　　B.充填绝热层

　　C.捆扎绝热层　　　　　　　　D.粘贴绝热层

【细说考点】本题主要考查钉贴法绝热层施工。绝热层施工方法主要有嵌装层铺法、捆扎法、填充法、粘贴法、浇注法、喷涂法、涂抹法、钉贴法等。对于矩形风管、大直径管道和设备容器的绝热层，一般采用钉贴法施工。钉贴法在各种绝热材料加工成型的预制品中均适用。本题选 A。

3.防潮层的施工

设备或管道的保冷层和敷设在地沟内管道的保温层，其外表面均应设置防潮层。防潮层应采用粘贴、包缠、涂抹或涂膜等结构。

设置防潮层的绝热层外表面，应清理干净、保持干燥，并应平整、均匀，不得有突角、凹坑或起砂现象。

防潮层应紧密粘贴在绝热层上，并应封闭良好，不得有虚粘、气泡、褶皱或裂缝等缺陷。

知识拓展

常见的防潮层材料有塑料薄膜和阻燃性沥青玛琋脂贴玻璃布。塑料薄膜一般用于纤维质绝热层上，阻燃性沥青玛琋脂贴玻璃布多用于硬质预制块绝热层或涂抹法施工的绝热层上。

4.保护层的施工

（1）金属保护层的施工。

金属保护层接缝形式可根据具体情况，选用搭接、插接、咬接及嵌接形式：

①设备及管道金属保护层的环向、纵向接缝必须上搭下，水平管道的环向接缝应顺水搭接。

②硬质绝热制品金属保护层纵缝,在不损坏里面制品及防潮层前提下可采用咬接。半硬质和软质绝热制品的金属保护层的纵缝可用插接或搭接,搭接尺寸不得少于 30 mm。插接缝可用自攻螺钉或抽芯铆钉连接,搭接缝宜用抽芯铆钉连接。

③金属保护层的环缝,可采用搭接或插接。

④直管段上为热膨胀而设置的金属保护层环向接缝,应采用活动搭接形式。

⑤管道弯头起弧处的金属保护层宜布置一道活动搭接形式的环向接缝。

⑥保冷结构的金属保护层接缝宜用咬接或钢带捆扎结构,不宜使用螺钉或铆钉连接,使用螺钉或铆钉连接时,应采取保护措施。

保护层应有整体防水功能,应能防止水和水汽进入绝热层。对水和水汽易渗进绝热层的部位应用玛琋脂或密封胶严缝。

大型立式设备、贮罐及振动设备的金属保护层,宜设置固定支承结构。

金属保护层材料宜采用薄铝合金板、彩钢板、镀锌薄钢板、不锈钢薄板等。

垂直管道或设备金属保护层的敷设,应由下而上进行施工,接缝应上搭下。

当固定保冷结构的金属保护层时,严禁损坏防潮层。

当金属保护层采用支撑环固定时,支撑环的布置间距应和金属保护层的环向搭接位置相一致,钻孔应对准支撑环。

静置设备和转动机械的绝热层,其金属保护层应自下而上进行敷设。环向接缝宜采用搭接或插接,纵向接缝可咬接或搭接,搭接或插接尺寸应为 30~50 mm。平顶设备顶部绝热层的金属保护层,应按设计规定的斜度进行施工。

（2）非金属保护层的施工。

当采用箔、毡、布类包缠型保护层时,应符合下列规定:

①保护层包缠施工前,应对所采用的黏结剂按使用说明书做试样检验。

②当在绝热层上直接包缠时,应清除绝热层表面的灰尘、泥污,并应修饰平整。当在抹面层上包缠时,应在抹面层表面干燥后进行。

③包缠施工应层层压缝,压缝宜为 30~50 mm,且必须在其起点和终端有捆紧等固定措施。

当采用玻璃钢保护层时,应符合下列规定:

①玻璃钢可分为预制成型和现场制作（现浇）,可采用粘贴、铆接、组装的方法进行连接。

②玻璃钢的配制应严格按设计文件及产品说明书的要求进行。

③当现场制作玻璃钢时,铺衬的基布应紧密贴合,并应顺次排净气泡。胶料涂刷应饱满,并应达到设计要求的层数和厚度。

④对已安装的玻璃钢保护层,除不应被利器碰撞外,尚应符合规定。

当采用抹面类涂抹型保护层时,应符合下列规定:

①抹面材料的密度不得大于 800 kg/m³,抗压强度不得小于 0.8 MPa,烧失量（包括有机物和可燃物）不得大于 12%,干燥后（冷状态下）不得产生裂缝、脱壳等现象,不得对金属产生腐蚀。

②露天的绝热结构,不宜采用抹面保护层。如需采用时,应在抹面层上包缠毡、箔、布类保护层,并应在包缠层表面涂敷防水、耐候性的涂料。

③保温抹面保护层施工前,除局部接茬外,不应将保温层淋湿,应采用两遍操作,一次成形的施工工艺。接茬应良好,并应消除外观缺陷。

④在抹面保护层未硬化前,应采取措施防止雨淋水冲。当昼夜室外平均温度低于 5 ℃且最低温度低于 – 3 ℃时,应按冬季施工方案采取防寒措施。

⑤高温管道的抹面保护层和铁丝网的断缝,应与保温层的伸缩缝留在同一部位,缝内应填充软质矿物棉材料。室外的高温管道,应在伸缩缝部位加设金属护壳。

⑥当进行大型设备抹面时,应在抹面保护层上留出纵横交错的方格形或环形伸缩缝。伸缩缝应做成凹槽,其深度应为 5 ~ 8 mm,宽度应为 8 ~ 12 mm。

⑦当采用硅酸钙专用抹面灰浆材料时,应进行试抹,并应符合规定。

（三）绝热工程计量规则

根据《通用安装工程工程量计算规范》,绝热工程计量规则如表 2-15 所示。

表 2-15　绝热工程计量规则

项目名称	项目特征	计量单位	工程量计算规则	工作内容
设备绝热	绝热材料品种、绝热厚度、设备形式、软木品种	m^3	按图示表面积加绝热层厚度及调整系数计算	安装、软木制品安装
管道绝热	绝热材料品种、绝热厚度、管道外径、软木品种			
通风管道绝热	绝热材料品种、绝热厚度、软木品种	m^3、m^2	以立方米计量,按图示表面积加绝热层厚度及调整系数计算;以平方米计量,按图示表面积及调整系数计算	
阀门绝热	绝热材料、绝热厚度、阀门规格	m^3	按图示表面积加绝热层厚度及调整系数计算	安装
法兰绝热	绝热材料、绝热厚度、法兰规格			
喷涂、涂抹	材料、厚度、对象	m^2	按图示表面积计算	喷涂、涂抹安装
防潮层、保护层	材料、厚度、层数、对象、结构形式	m^2、kg	以平方米计量,按图示表面积加绝热层厚度及调整系数计算;以千克计量,按图示金属结构质量计算	安装
保温盒、保温托盘	名称		以平方米计量,按图示表面积计算;以千克计量,按图示金属结构质量计算	制作、安装

第三节 吊装工程施工技术

吊装工程是指用起重设备将在工厂或工地预先制作好的构件或结构吊起,移动至指定位置。吊装工程最重要的三要素就是起重机械、起重吊索具及吊装方法,下面从该三要素来阐述吊装工程的施工技术。

一、起重机械 ★★★★

(一)起重机械的分类

根据《起重机械分类》,起重机械按其功能和结构特点分轻小型起重设备、起重机、升降机、工作平台、机械式停车设备五类,具体如图 2-5 所示。

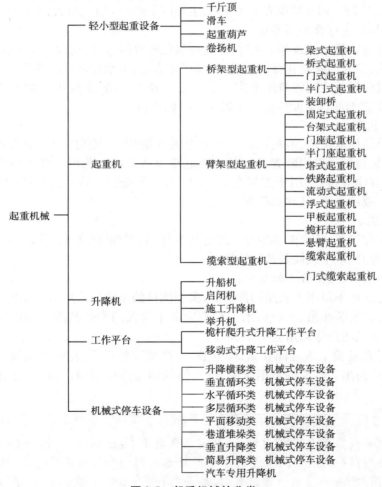

图 2-5 起重机械的分类

(二)起重机械的使用要求

1.轻小型起重设备

(1)千斤顶。

千斤顶是一种用刚性顶举件作为工作装置,通过顶部托盘或底部托爪在小行程内顶升重物的轻小起重设备，分为螺旋千斤顶、齿条千斤顶和液压齿条千斤顶。

千斤顶使用时，应符合下列要求：

①千斤顶的额定起重量应大于起重构件的重量，起升高度应满足要求，其最小高度应与安装净空相适应。

②采用多台千斤顶联合顶升时，应选用同一型号的千斤顶，并应保持同步，每台的额定起重量不得小于所分担重量的1.2倍。

③顶升时，应先轻微顶起后停住，检查千斤顶承力、地基、垫木、枕木垛有无异常或千斤顶歪斜，出现异常，应及时处理后方可继续工作。当顶升出至红色警示线时，应停止顶升操作。

（2）滑车。

滑车是一种重要的吊装工具，其结构简单，使用方便，能够多次改变滑车与滑车组牵引钢索的方向和起吊或移动运转物体。特别是由滑车联合组成的滑车组，配合卷扬机、桅杆或其他起重机械，广泛应用在建筑安装作业中，主要用于矿山、工厂、电力、农业、货物起吊等。

滑车使用时，应符合下列要求：

①当滑车的轮数小于或等于4时，走绳应采用顺穿的方式；轮数大于4时，走绳应采用双抽头的方式，如采用隔轮花穿的方式，应适当加大上、下滑轮之间的净距。

②滑车组两滑轮之间的净距不宜小于滑轮直径的5倍，走绳进入滑轮的侧偏角不宜大于5°。滑车贴地面设置时应防止杂物进入滑轮槽内。

（3）起重葫芦。

电动葫芦简称电葫芦，由装在公共吊架上的驱动装置、传动装置、制动装置以及挠性卷放，或夹持装置带动取物装置升降的轻小起重设备。电动葫芦具有体积小、自重轻、操作简单、使用方便等特点，用于工矿企业、仓储码头等场所。常见的有手拉葫芦、电动葫芦、手扳葫芦、液动葫芦、气动葫芦等。

（4）卷扬机。

卷扬机又称绞车，是由驱动的卷筒通过挠性件（钢丝绳、链条）起升运移重物的起重装置，可以垂直提升、水平或倾斜拽引重物。

卷扬机使用时，应符合下列要求：

①手动卷扬机不得用于大型构件吊装，大型构件的吊装应采用电动卷扬机。

②卷扬机应安装在吊装区外，水平距离应大于构件的安装高度。当构件被吊到安装位置时，操作人员的视线仰角应小于30°。

③钢丝绳在卷筒上应逐圈靠紧，排列整齐，严禁互相错叠、离缝和挤压。钢丝绳缠满后，卷筒凸缘应高出2倍及以上钢丝绳直径，钢丝绳全部放出时，钢丝绳在卷筒上保留的安全圈不应少于5圈。

> **知识拓展**
>
> 绞磨是卷扬机常见的牵引设备，具有构造简单、易于制造、工作平稳、操作简便、易于掌握使用和不受钢丝绳长度的限制等特点。但绞磨在使用操作时，需要较多的人力，劳动强度大，当没有自锁装置时，容易打伤人，工作不够安全，以前常用于无电源、起重量不大、速度慢的吊装作业，目前较少使用。

2. 起重机

（1）桥架型起重机。

桥架型起重机是指通过起升机构的升降运动、小车运行机构和大车运行机构的水平

运动,在矩形三维空间内完成对物料的搬运作业的起重机。常见的桥架型起重机有:

①桥式起重机,是指其桥架梁通过运行装置直接支承在轨道上的起重机。

②门式起重机,是指桥架梁通过支腿支承在轨道上的起重机。

③半门式起重机,是指其桥架梁一端直接支承在轨道上,另一端通过支腿支承在轨道上的起重机。

> **🔔 知识拓展**
>
> 桥式起重机是横架于车间、仓库和料场上空进行物料吊运的起重设备。由于它的两端坐落在高大的水泥柱或者金属支架上,形状似桥,所以又称"天车"或者"行车"。吊装方式多为单机吊装和双机抬吊。桥式起重机的吊装能力一般为 3～1 000 t,跨度 3～150 m。其优点是工作范围大、可提高劳动生产效率;缺点是操作难度大、吊运过程复杂而危险。它多用于车间、仓库和料场吊装。

(2)臂架型起重机。

臂架型起重机是指其取物装置悬挂在臂架上或沿臂架运行的小车上的起重机,是在圆形或长圆形空间完成对物料的搬运作业。常见的臂架型起重机有:

①门座起重机。门座起重机是指安装在门座上,下方可通过铁路或公路车辆的移动式回转起重机。首要用于港口、造船厂、码头、堆场等场所的物料搬运和运送,常用于装卸各种不规则物料、集装箱、散装物料,由于其起重臂灵敏,所以工作范围大。

②塔式起重机。塔式起重机是指臂架安装在垂直塔身顶部的回转式臂架型起重机,主要由塔身、起重臂、塔帽、平衡臂四大部分组成。塔式起重机吊装方式多为单机吊装和双机抬吊。塔式起重机的吊装能力一般为 3～100 t,臂长 40～80 m。其优点是机动性好、转移迅速、可靠性及维修性好、运行费用较低,缺点是机体较大、拆装费时费力、转移费用较高、短期使用不经济、起重量较小。其使用时,对基础的要求较高,只能在固定地点使用,适用于吊装在某一范围内数量多,而每一单件重量较小的设备。

③流动式起重机。流动式起重机是指可以配置立柱(塔柱),能在带载或不带载情况下沿无轨路面运行,且依靠自重保持稳定的臂架型起重机。流动式起重机根据安装形式的不同可以分为履带式、轮式和特殊式。其优点是机动性好、行驶方便、适用范围广,缺点是对施工现场的道路和场地要求较高、运行费用较高。它多用于吊装周期短的重量大的设备和材料。

常见的流动式起重机如表 2-16 所示。

表 2-16　常见的流动式起重机

起重机类型	内容
履带式起重机	履带式起重机的吊装方式多为单机吊装、双机抬吊、多机吊装,吊装能力一般为 30～2 000 t,跨度 39～190 m。其优点是操作灵活、爬坡能力大、越野性能好、行驶方便、360°全回转,对地耐力要求不高,臂杆可以接长或更换;缺点是行驶速度相对于轮式起重机慢,行驶时对道路破坏性大。多用于比较固定、地面及道路条件较差的环境下施工,或没有道路的工地
轮式起重机	轮式起重机是利用轮胎式底盘行走的流动式起重机。轮式起重机按底盘的形式分为轮胎式起重机和汽车式起重机两种

（续表）

起重机类型		内容
轮式起重机	轮胎式起重机	轮胎式起重机通常用于装卸重物和安装作业,起重量较小时,可不打支腿作业,甚至可带载行走。其具有稳定性能较好、车身短、转弯半径小的特点,适合场地狭窄的作业场所,可以全回转作业。因其行驶速度慢,对路面要求较高,故适宜于作业地点相对固定而作业量较大的场合
	汽车式起重机	汽车式起重机为轮式起重机中最常用的一种起重机。吊装方式多为单机吊装、双机抬吊、多机吊装。汽车式起重机的吊装能力一般为 8 ~ 550 t,臂长 27 ~ 120 m。其优点是采用通用或专用汽车底盘,可按汽车原有的速度行驶,灵活机动,能快速转移,吊装速度快、效率高,工作性能灵活;缺点是吊装时必须支腿,不能载荷行驶,不适合松软或泥泞地面作业,转弯半径大,维修要求高。多用于流动性较大的施工单位或临时分散的工地

流动式起重机使用时,应符合下列要求:

a. 单台起重机吊装的计算载荷应小于其额定载荷。两台起重机作主吊吊装时,吊重应分配合理,单台起重机的载荷不宜超过其额定载荷的 80% ,必要时应采取平衡措施。

b. 吊臂与设备外部附件的安全距离不应小于 500 mm。起重机、设备与周围设施的安全距离不应小于 500 mm。

c. 起重机吊装站立位置的地基承载力应满足使用要求。

🔔 **知识拓展**

关于流动式起重机,其选用步骤也是重点知识,在往年考试中考查过。选用流动式起重机的步骤为:

(1)确定站车位置,即结合现场情况、被吊装物体的就位位置确定起重机的站车位置及工作幅度。

(2)确定臂长,即按照被吊装物体的尺寸、就位高度、吊索高度和站车位置,与起重机的起升高度特性曲线相结合,确定起重机臂长。

(3)确定额定起重量,即根据前两个步骤确定的工作幅度、臂长等参数,与起重机的起升高度特性曲线相结合,确定额定起重量(承载能力)。

(4)选择起重机,对起重机额定起重量(承载能力)和计算载荷进行比较,若大于计算载荷,则选择合格;若小于计算载荷,则需要重新选择起重机。

(5)校核通过性能,即对各区间的安全距离进行计算,若不符合要求,需要重新选择起重机。

④桅杆起重机。桅杆式起重机一般用木材或钢材制作,具有制作简单、装拆方便、起重量大、受施工场地限制小的特点。特别是吊装大型构件而又缺少大型起重机械时,这类起重设备更凸显它的优越性。但这类起重机需设较多的缆风绳,移动困难。另外,其起重半径小,灵活性差。因此,桅杆式起重机一般多用于构件较重、吊装工程比较集中、施工场地狭窄,而又缺乏其他合适的大型起重机械时。

桅杆起重机使用时,应符合下列要求:

a. 桅杆起重机的地基应满足吊装技术措施中地基承载力的要求。桅杆安装后,应有可靠的接地装置,其顶端应设安全警示标志。

b. 桅杆走移方向的倾斜度应小于 5°,且倾斜幅度不宜超过 5 m;桅杆的侧向倾角不大于 3°。桅杆移动时,应至少有 4 根缆风绳均布控制。

c.缆风绳设置数量应根据使用条件决定。一般情况下,单桅杆时,缆风绳设置不宜少于6根;双桅杆或多桅杆时,每根桅杆的缆风绳设置不宜少于6根;使用门式桅杆时,每个门式桅杆不应少于6根。

⑤悬臂起重机。悬臂起重机是指取物装置悬挂在臂端或悬挂在可沿旋臂运行的起重小车上,旋臂可回转,但不能俯仰的臂架型起重机。悬臂起重机是为适应现代化生产而制作的新一代轻型吊装设备,配合可靠性高的环链电动葫芦尤其适用于短距离,使用频繁,密集性吊运作业,具有高效、节能、省事、占地面积小,易于操作与维修等特点。

考题探究

【单选题】适用于吊装在某一范围内数量多,而每一单件重量较小的设备的起重机是(　　　)。

A. 履带起重机　　　　　　　　B. 塔式起重机
C. 桅杆起重机　　　　　　　　D. 轮胎起重机

【细说考点】本题主要考查塔式起重机的适用范围。具体内容详见上文。本题选 B。

(3)缆索型起重机。

缆索型起重机是指挂有取物装置的起重小车沿固定在支架上的承载绳索运行的起重机,分为有轨和无轨两类。有轨运行起重机是在轨道范围内完成对物料的搬运工作;无轨运行起重机是在绳索运行范围内完成对物料的搬运工作,灵活性较好。

3. 升降机

升降机是指在垂直上下通道上载运人或货物升降的平台或半封闭平台的提升机械设备或装置。常见的是施工升降机和液压升降机。

(1)施工升降机。施工升降机又叫建筑用施工电梯,也可以称为室外电梯,工地提升吊笼。施工升降机主要用于城市高层和超高层的各类建筑中,因为这样的建筑高度对于使用井字架、龙门架来完成作业是十分困难的。施工升降机是建筑中经常使用的载人载货施工机械,主要用于高层建筑的内外装修、桥梁、烟囱等建筑的施工。由于其独特的箱体结构让施工人员乘坐起来既舒适又安全。施工升降机在工地上通常是配合塔吊使用。

施工升降机的种类很多,按运行方式分为无对重和有对重两种;按控制方式分为手动控制式和自动控制式。根据实际需要还可以添加变频装置和 PLC 控制模块,另外还可以添加楼层呼叫装置和平层装置。

(2)液压升降机。液压升降机主要是通过液压油的压力传动从而实现升降的功能,它的剪叉机械结构,使升降机起升有较高的稳定性,宽大的作业平台和较高的承载能力,使高空作业范围更大、并适合多人同时作业。它使高空作业效率更高,安全更保障。液压升降机是由行走机构、液压机构、电动控制机构、支撑机构组成的一种可升降的机器设备,广泛适用于汽车、集装箱、模具制造,木材加工,化工灌装等各类工业企业及生产流水线,满足不同作业高度的升降需求,同时可配装各类台面形式。

4. 工作平台

升降工作平台是一种多功能起重装卸机械设备,广泛应用于工厂、自动仓库、停车场、码头、建筑、装修、物流、电力、交通、石油、酒店等高空作业及维修;可用作保养机具、油漆装修、调换灯具、电器、清洁保养、电力线路等单人工作的高空作业。

5.机械式停车设备

机械式停车设备是机械式汽车库中运送和停放汽车设备的总称，主要用于汽车的运送和停放。

（三）起重机的基本参数和特性曲线

1.起重机的基本参数

起重机的基本参数具体内容如下：

（1）起重量。起重量是指被起升重物的质量（单位为 kg 或 t），可分为额定起重量、最大起重量、总起重量、有效起重量等。其中，额定起重量是指在正常工作条件下，对于给定的起重机类型和载荷位置，起重机设计能起升的最大净起重量。

（2）最大起升高度。最大起升高度是指起重机支承面至取物装置最高工作位置之间的垂直距离（单位为 m）。

（3）幅度。幅度的定义随起重机的不同也随之变化（单位为 m）。如当起重机为非旋转型，则吊具中心线至臂架后轴或其他典型轴线之间的水平距离为幅度；当起重机为旋转型，则旋转中心线与取物装置铅垂线之间的水平距离为幅度。

（4）吊装荷载。吊装荷载是由起升机构吊起的货物和取物装置及其他随同升降的装置重量的总和。

（5）工作速度。工作速度是指起重机工作机构在额定载荷下稳定运行的速度。

> 🔔 **知识拓展**
>
> 起重机吊装荷载的计算公式为：
> $$Q_j = K_1 \times K_2 \times Q$$
> 式中　Q_j——计算荷载；
> 　　　K_1——动荷载系数；
> 　　　K_2——不均衡荷载系数；
> 　　　Q——分配到一台起重机的吊装荷载（包括设备和索、吊具的重量）。
>
> （1）动载系数的选取。动载荷随起重机的提升速度的增大而增加。对于主、辅吊车吊装也是一样，操作速度较快的吊车所分担的载荷将会增加。通常为方便计算，动载系数取 $K_1 = 1.1$。
>
> （2）不均衡载荷系数的选取。在吊物重心位置偏离计算重心位置产生不均衡载荷的情况下，吊物多吊点和多台吊车协作作业中出现不同步产生不均衡载荷的情况下，需要考虑不均衡系数。在吊物实际重心位置偏离设计或吊物重心偏离其形心时，计算重心位置；导致不均衡受力产生的不均衡系数取 $K_2 = 1.1 \sim 1.2$。

> **考题探究**
>
> 【单选题】某起重机索、吊具重 0.1 t，吊装设备重 3 t，动荷载系数与不均衡荷载系数均为 1.1，计算荷载是（　　）。
> A.3.1 t　　　　　　　　　　　　　B.3.41 t
> C.3.751 t　　　　　　　　　　　　D.4.902 t
>
> 【细说考点】本题主要考查吊装荷载的计算。起重机吊装荷载的计算公式为：$Q_j = K_1 \times K_2 \times Q$，式中，$Q_j$ 为计算荷载；K_1 为动荷载系数；K_2 为不均衡荷载系数；Q 为分配到一台起重机的吊装荷载（包括设备和索、吊具的重量）。结合题干，代入公式得，起重机计算荷载 $Q_j = 1.1 \times 1.1 \times (0.1 + 3) = 3.751(\text{t})$。本题选 C。

2. 起重机的特性曲线

反映起重机的起重能力随臂长、幅度的变化而变化的规律和反映起重机的最大起升高度随臂长、幅度变化而变化的规律的曲线称为起重机的特性曲线（如图 2-6 所示）。在选择起重机时，一般要借助起重机的性能表和特性曲线。起重机的特性曲线也是进行起重作业的操作依据，同时特性曲线也是起重事故分析的重要参考依据。目前为了使用更加方便，一些大型起重机的特性曲线（特别是起重量特性曲线）往往被量化成图表格形式，称为特性曲线图或特性曲线表。

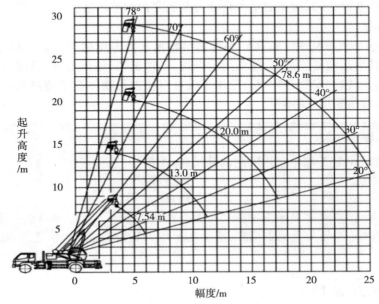

图 2-6 起重机的特性曲线示意图

二、起重吊索具 ⭐

起重吊索具是指吊机或吊物主体与被吊物体之间的连接件，也是涵盖吊索和吊具的统称。其主要包括金属吊索具［如钢丝绳吊索类、链条吊索类、吊装带吊索类、卸扣类、吊钩类、吊（夹）钳类、磁性吊具类等］、合成纤维吊索（以锦纶、丙纶、涤纶、高强高模聚乙烯纤维为材料生产的绳类和带类吊索具）。

（一）吊索

吊索主要用于悬挂重物到起重机的吊钩上，也常用于固定绞磨、卷扬机、起重滑车，或拴绑其他物体。而吊索端部，经常连接着各种吊索附件。常用的吊索附件有套环、吊钩和卡环等几种。吊索根据不同的使用要求，可以用白棕绳、起重链条或钢丝绳等做成。起重工作中使用的吊索，一般是用钢丝绳做成。

吊索宜采用 6×37 型钢丝绳制作成环式或 8 股头式，其长度和直径应根据吊物的几何尺寸、重量和所用的吊装工具、吊装方法确定。使用时可采用单根、双根、四根或多根悬吊形式。

（二）吊耳

吊耳是安装在设备上用于提升设备的吊点结构。设备吊耳应包括吊盖式吊耳、管轴式吊耳和板式吊耳。设备吊耳宜与设备制造同步完成。板式吊耳与吊索的连接应采用卸扣，不得将吊索与吊耳直接相连。立式工件的主吊耳宜采用管轴式吊耳。

（三）吊钩

吊钩是起重机械中最常见的一种吊具。吊钩常借助于滑轮组等部件悬挂在起升机构的钢丝绳上。吊钩分类极广，一般包括卸扣、吊环、圆环、梨形环、长吊环、组合吊环、S 钩、鼻吊钩、链条卸扣，具有独特、新颖、质优、安全的特点，适用于工厂、矿山、石油、化工及船舶码头等。

（四）吊环

吊环是钢丝绳、卸扣、吊钩、起重链条等的连接件，使用起来方便快捷。吊环与钢丝绳、吊耳等组成连接件时，应在起重吊环能力范围之内起重吊装。

（五）吊梁

吊梁（包括承载梁及连接索具），是对被吊物吊运的专用横梁吊具。横梁吊具实现被吊物的吊运，其吊运和安装过程、结构简单合理、动作灵活、使用方便、吊运安全可靠，被广泛应用在船舶、运输和安装等行业。使用吊梁可以使被吊物体在吊装过程中受力合理，避免产生过大的弯曲变形、损坏等。

考题探究

【单选题】吊装工程中常用的吊具除吊钩、吊梁外，还包括（ ）。

A. 钢丝绳　　　　　　　　　　B. 尼龙带

C. 滑车　　　　　　　　　　　D. 吊环

【细说考点】本题主要考查吊具的种类。吊装工程中常用的吊具包括吊钩、吊环、吊梁等。钢丝绳和尼龙带属于吊索；滑车属于轻小型起重设备。本题选 D。

三、吊装方法 ★

吊装方法的选用如表 2-17 所示。

表 2-17　吊装方法的选用

吊装方法	内容
滑移法	主要针对自身高度较高、卧态位置待吊、竖立就位的高耸设备或结构。如石油化工建设工程中的塔类设备、火炬塔架等，以及包括电视发射塔、桅杆、钢结构烟囱塔架等
吊车抬送法	吊车抬送法应用广泛，适用于各种设备和构件。如石油化工厂中的塔类设备的吊装，目前大多采用本方法
旋转法	旋转法又称扳转法吊装。旋转法有单转和双转两种方式。人字桅杆扳立旋转法主要针对特别高、重的设备和高耸塔架类结构的吊装。如石化厂吊装大型塔器类工艺设备、大型火炬塔架和构件等
无锚点推吊法	无锚点推吊法适用于施工现场障碍物较多，场地特别狭窄，周围环境复杂，设置缆风绳、锚点困难，难以采用大型桅杆进行吊装作业的基础在地面的高、重型设备或构件，特别是老厂扩建施工。应用的典型工程如氮肥厂的排气筒、毫秒炉初馏塔吊装等
集群液压千斤顶整体提升（滑移）吊装法	集群液压千斤顶整体提升（滑移）吊装法适用于大型设备与构件。如大型屋盖、网架、钢天桥（廊）、电视塔钢桅杆天线等的吊装，大型龙门起重机主梁和设备整体提升，大型电视塔钢桅杆天线整体提升，大型机场航站楼、体育场馆钢屋架整体滑移等

（续表）

吊装方法	内容
高空斜承索吊运法	适用于在超高空吊运中、小型设备、山区的上山索道,如上海东方明珠高空吊运设备
万能杆件吊装法	"万能杆件"由各种标准杆件、节点板、缀板、填板、支撑靴组成。可以组合、拼装成桁架、墩架、塔架或龙门架等形式,常用于桥梁施工中
液压提升法	液压提升法是目前广泛应用于市政工程建筑工程的相关领域以及设备安装领域的吊装方法,主要借助机、电、液一体化工作原理,用液体作为工作介质来传递能量和进行传动控制。液压提升使得起重机提升能力可按实际需要进行任意组合配置,解决了起重机在常规状态下采用桅杆起重机、移动式起重机所不能解决的大型构件整体提升技术难题

第四节　辅助工程施工技术

一、管道辅助工程的施工技术 ★★★★★

管道辅助工程主要包括管道试验、管道吹扫与清洗。其中,管道试验主要是指压力试验;管道吹扫与清洗包括水冲洗、空气吹扫、蒸汽吹扫、脱脂、化学清洗、油清洗等。

（一）管道压力试验

管道安装完毕、热处理和无损检测合格后,应进行压力试验。

1. 准备工作

压力试验前应具备下列条件:

（1）试验范围内的管道安装工程除防腐、绝热外,已按设计图纸全部完成,安装质量符合有关规定。

（2）焊缝及其他待检部位尚未防腐和绝热。

（3）管道上的膨胀节已设置临时约束装置。

（4）试验用压力表已校验,并在有效期内,其精度不得低于1.6级,表的满刻度值应为被测最大压力的1.5～2倍,压力表不得少于2块。

（5）符合压力试验要求的液体或气体已备足。

（6）管道已按试验的要求进行加固。

（7）相关技术资料已经建设单位和有关部门复查。

（8）待试管道与无关系统已采用盲板或其他措施隔离。

（9）待试管道上的安全阀、爆破片及仪表元件等已经拆下或已隔离。

（10）试验方案已批准,并已进行技术和安全交底。

2. 压力试验一般规定

压力试验应符合下列规定:

（1）压力试验应以液体为试验介质。当管道的设计压力小于或等于0.6 MPa时,也可采用气体为试验介质,但应采取有效的安全措施。

（2）脆性材料严禁使用气体进行压力试验。压力试验温度严禁接近金属材料的脆性转变温度。

（3）当进行压力试验时,应划定禁区,无关人员不得进入。

（4）试验过程中发现泄漏时，不得带压处理。消除缺陷后应重新进行试验。

（5）试验结束后，应及时拆除盲板、膨胀节临时约束装置。试验介质的排放应符合安全、环保要求。

（6）压力试验完毕，不得在管道上进行修补或增添物件。当在管道上进行修补或增添物件时，应重新进行压力试验。经设计或建设单位同意，对采取预防措施并能保证结构完好的小修补或增添物件，可不重新进行压力试验。

（7）压力试验合格后，应填写"管道系统压力试验和泄漏性试验记录"。

3. 液压试验

液压试验应符合下列规定：

（1）液压试验应使用洁净水。当对不锈钢、镍及镍合金管道，或对连有不锈钢、镍及镍合金管道或设备的管道进行试验时，水中氯离子含量不得超过 25×10^{-6}（25 ppm）。也可采用其他无毒液体进行液压试验。当采用可燃液体介质进行试验时，其闪点不得低于50 ℃，并应采取安全防护措施。

（2）试验前，注入液体时应排尽空气。

（3）试验时，环境温度不宜低于5 ℃。当环境温度低于5 ℃时，应采取防冻措施。

（4）承受内压的地上钢管道及有色金属管道试验压力应为设计压力的1.5倍。埋地钢管道的试验压力应为设计压力的1.5倍，并不得低于0.4 MPa。

（5）当管道的设计温度高于试验温度时，试验压力应符合下列规定。

①试验压力应按下式计算。

$$P_{\mathrm{T}} = 1.5P[\sigma]_{\mathrm{T}}/[\sigma]^{\mathrm{t}}$$

式中　P_{T}——试验压力（表压）（MPa）；

　　　P——设计压力（表压）（MPa）；

　　　$[\sigma]_{\mathrm{T}}$——试验温度下，管材的许用应力（MPa）；

　　　$[\sigma]^{\mathrm{t}}$——设计温度下，管材的许用应力（MPa）。

②当试验温度下管材的许用应力与设计温度下管材的许用应力的比值大于6.5时，应取6.5。

③应校核管道在试验压力条件下的应力。当试验压力在试验温度下产生超过屈服强度的应力时，应将试验压力降至不超过屈服强度时的最大压力。

（6）当管道与设备作为一个系统进行试验，管道的试验压力等于或小于设备的试验压力时，应按管道的试验压力进行试验；当管道试验压力大于设备的试验压力，并无法将管道与设备隔开，以及设备的试验压力大于按规范计算的管道试验压力的77%时，经设计或建设单位同意，可按设备的试验压力进行试验。

（7）承受内压的埋地铸铁管道的试验压力，当设计压力小于或等于0.5 MPa时，应为设计压力的2倍；当设计压力大于0.5 MPa时，应为设计压力加0.5 MPa。

（8）对位差较大的管道，应将试验介质的静压计入试验压力中。液体管道的试验压力应以最高点的压力为准，最低点的压力不得超过管道组成件的承受力。

（9）对承受外压的管道，试验压力应为设计内、外压力之差的1.5倍，并不得低于0.2 MPa。

（10）夹套管内管的试验压力应按内部或外部设计压力的最高值确定。

（11）液压试验应缓慢升压，待达到试验压力后，稳压10 min，再将试验压力降至设计压力，稳压30 min，应检查压力表无压降、管道所有部位无渗漏。

考题探究

【单选题】某埋地敷设承受内压的铸铁管道,当设计压力为0.4 MPa时,其液压试验的压力应为(　　)。

A.0.6 MPa

B.0.8 MPa

C.0.9 MPa

D.1.0 MPa

【细说考点】本题主要考查液压试验的压力计算。承受内压的埋地铸铁管道的试验压力,当设计压力小于或等于0.5 MPa时,应为设计压力的2倍;当设计压力大于0.5 MPa时,应为设计压力加0.5 MPa。该铸铁管道的试验压力 $P = 0.4 \times 2 = 0.8(MPa)$。本题选B。

4.气压试验

气压试验应符合下列规定:

(1)承受内压钢管及有色金属管的试验压力应为设计压力的1.15倍。真空管道的试验压力应为0.2 MPa。

(2)试验介质应采用干燥洁净的空气、氮气或其他不易燃和无毒的气体。

(3)试验时应装有压力泄放装置,其设定压力不得高于试验压力的1.1倍。

(4)试验前,应用空气进行预试验,试验压力宜为0.2 MPa。

(5)试验时,应缓慢升压,当压力升至试验压力的50%时,如未发现异状或泄漏,应继续按试验压力的10%逐级升压,每级稳压3 min,直至试验压力。应在试验压力下稳压10 min,再将压力降至设计压力,采用发泡剂检验应无泄漏,停压时间应根据查漏工作需要确定。

5.泄漏性试验

泄漏性试验应按设计文件的规定进行,并应符合下列规定:

(1)输送极度和高度危害介质以及可燃介质的管道,必须进行泄漏性试验。

(2)泄漏性试验应在压力试验合格后进行。试验介质宜采用空气。

(3)泄漏性试验压力应为设计压力。

(4)泄漏性试验可结合试车工作一并进行。

(5)泄漏性试验应逐级缓慢升压,当达到试验压力,并停压10 min后,应采用涂刷中性发泡剂等方法,巡回检查阀门填料函、法兰或螺纹连接处、放空阀、排气阀、排净阀等所有密封点应无泄漏。

(6)经气压试验合格,且在试验后未经拆卸过的管道可不进行泄漏性试验。

(7)泄漏性试验合格后,应及时缓慢泄压,并应按规定填写试验记录。

当设计文件和国家现行有关标准规定以卤素、氦气、氨气或其他方法进行泄漏性试验时,应按相应的技术规定进行。

6.真空度试验

真空系统在压力试验合格后,还应按设计文件规定进行24 h的真空度试验,增压率不应大于5%。增压率应按下式计算:

$$\Delta P = \left(\frac{P_2 - P_1}{P_1}\right) \times 100$$

式中　ΔP——24 h的增压率(%);

P_1——试验初始压力(表压)(MPa);

P_2——试验最终压力(表压)(MPa)。

（二）管道吹扫与清洗

1. 一般规定

管道在压力试验合格后,应进行吹扫与清洗。并应编制管道吹扫与清洗方案。

管道吹扫与清洗方法,应根据管道的使用要求、工作介质、系统回路、现场条件及管道内表面脏污程度确定,并应符合下列规定:

（1）公称尺寸大于或等于 600 mm 的液体或气体管道,宜采用人工清理。

（2）公称尺寸小于 600 mm 的液体管道宜采用水冲洗。

（3）公称尺寸小于 600 mm 的气体管道宜采用压缩空气吹扫。

（4）蒸汽管道应采用蒸汽吹扫,非热力管道不得采用蒸汽吹扫。

（5）对有特殊要求的管道,应按设计文件规定采用相应的吹扫与清洗方法。

（6）需要时可采取高压水冲洗、空气爆破吹扫或其他吹扫与清洗方法。

管道吹扫与清洗前,应仔细检查管道支吊架的牢固程度,对有异议的部位应进行加固。

对不允许吹扫与清洗的设备及管道,应进行隔离。

管道吹扫与清洗前,应将系统内的仪表、孔板、喷嘴、滤网、节流阀、调节阀、电磁阀、安全阀、止回阀（或止回阀阀芯）等管道组成件暂时拆除,并应以模拟体或临时短管替代,待管道吹洗合格后应重新复位。对以焊接形式连接的上述阀门、仪表等部件,应采取流经旁路或卸掉阀头及阀座加保护套等保护措施后再进行吹扫与清洗。

吹扫与清洗的顺序应按主管、支管、疏排管依次进行。吹洗出的脏物不得进入已吹扫与清洗合格的管道。

为管道吹扫与清洗安装的临时供水、供气管道及排放管道,应预先吹扫与清洗干净后再使用。

管道吹扫与清洗时应设置禁区和警戒线,并应挂警示牌。

空气爆破吹扫和蒸汽吹扫时,应采取在排放口安装消音器等措施。

化学清洗废液、脱脂残液及其他废液、污水的处理和排放,应符合国家现行有关标准的规定,不得随地排放。

管道吹扫与清洗合格后,除规定的检查和恢复工作外,不得再进行其他影响管内清洁的作业。

化学清洗和脱脂作业时,操作人员应按规定穿戴专用防护服装,并应根据不同清洗液对人体的危害程度佩戴防护眼镜、防毒面具等防护用具。

管道吹扫与清洗合格后,施工单位应会同建设单位或监理单位共同检查确认,并应填写"管道系统吹扫与清洗检查记录"及"管道隐蔽工程（封闭）记录"。

2. 水冲洗

管道冲洗应使用洁净水。冲洗不锈钢、镍及镍合金管道时,水中氯离子含量不得超过 25×10^{-6}（25 ppm）。

管道水冲洗的流速不应低于 1.5 m/s,冲洗压力不得超过管道的设计压力。

冲洗排放管的截面积不应小于被冲洗管截面积的 60%。排水时,不得形成负压。

管道水冲洗应连续进行,当设计无规定时,排出口的水色和透明度应与入口处的水色和透明度目测一致。

对有严重锈蚀和污染的管道,当使用一般清洗方法未能达到要求时,可采取将管道分段进行高压水冲洗。

管道冲洗合格后,应及时将管内积水排净,并应及时吹干。

3. 空气吹扫

空气吹扫宜利用工厂生产装置的大型空压机或大型储气罐进行间断性吹扫。吹扫压力不得大于系统容器和管道的设计压力,吹扫流速不宜小于 20 m/s。

吹扫忌油管道时,应使用无油压缩空气或其他不含油的气体进行吹扫。

空气吹扫时,应在排气口设置贴有白布或涂刷白色涂料的木质靶板进行检验,吹扫5 min后靶板上应无铁锈、尘土、水分及其他杂物。

当吹扫的系统容积大、管线长、口径大,并不宜用水冲洗时,可采取"空气爆破法"进行吹扫。爆破吹扫时,向系统充注的气体压力不得超过 0.5 MPa,并应采取相应的安全措施。

4. 蒸汽吹扫

蒸汽管道吹扫前,管道系统的绝热工程应已完成。

为蒸汽吹扫安装的临时管道,应按正式蒸汽管道安装技术要求进行施工,安装质量应符合有关规定。应在临时管道吹扫干净后,再用于正式蒸汽管道的吹扫。

蒸汽管道应以大流量蒸汽进行吹扫,流速不应小于 30 m/s。

蒸汽吹扫前,应先进行暖管,并应及时疏水。暖管时,应检查管道的热位移,当有异常时,应及时进行处理。

蒸汽吹扫时,管道上及其附近不得放置易燃、易爆物品及其他杂物。

蒸汽吹扫应按加热、冷却、再加热的顺序循环进行。吹扫时宜采取每次吹扫一根和轮流吹扫的方法。

排放管应固定在室外,管口应倾斜朝上。排放管直径不应小于被吹扫管的直径。

通往汽轮机或设计文件有规定的蒸汽管道,经蒸汽吹扫后应对吹扫靶板进行检验。最终验收的靶板应做好标识,并应妥善保管。

5. 脱脂

忌油管道系统应按设计文件规定进行脱脂处理。

脱脂液的配方应经试验鉴定后再采用。

对有明显油渍或锈蚀严重的管子进行脱脂时,应先采用蒸汽吹扫、喷砂或其他方法清除油渍和锈蚀后,再进行脱脂。

脱脂剂应按设计规定选用。当设计无规定时,应根据脱脂件的材质、结构、工作介质、脏污程度及现场条件选择相应的脱脂剂和脱脂方法。

脱脂剂或用于配制脱脂液的化学制品应具有产品质量证明文件。脱脂剂在使用前应按产品技术条件对其外观、不挥发物、水分、反应介质及油脂含量进行复验。脱脂剂应按规定进行妥善保管。

脱脂、检验及安装使用的工器具、量具、仪表等,应按脱脂件的要求预先进行脱脂后再使用。

脱脂后应及时将脱脂件内部的残液排净,并应用清洁、无油压缩空气或氮气吹干,不得采用自然蒸发的方法清除残液。当脱脂条件允许时,可采用清洁无油的蒸汽将脱脂残液吹除干净。

有防锈要求的脱脂件经脱脂处理后,宜采取充氮封存或采用气相防锈纸、气相防锈塑料薄膜等措施进行密封保护。

🔔知识拓展

检查脱脂的方法如下。(推荐采用直接法)

(1)直接法:用清洁干燥的白滤纸擦拭,纸上应无油脂痕迹;用紫外线灯照射,脱脂表面应无紫蓝荧光。

(2)间接法:用蒸汽吹扫脱脂时,盛少量蒸汽冷凝液于器皿内,并放入数颗粒度小于1 mm的纯樟脑,以樟脑不停旋转为合格;有机溶剂及浓硝酸脱脂时,取脱脂后的溶液或酸分析,其含油和有机物不应超过 0.03%。

6. 化学清洗

需要化学清洗的管道，其清洗范围和质量要求应符合设计文件的规定。

当进行管道化学清洗时，应与无关设备及管道进行隔离。

化学清洗液的配方应经试验鉴定后再采用。

管道酸洗钝化应按脱脂去油、酸洗、水洗、钝化、水洗、无油压缩空气吹干的顺序进行。当采用循环方式进行酸洗时，管道系统应预先进行空气试漏或液压试漏检验合格。

对不能及时投入运行的化学清洗合格的管道，应采取封闭或充氮保护措施。

7. 油清洗

润滑、密封及控制系统的油管道，应在机械设备和管道酸洗合格后、系统试运行前进行油清洗。不锈钢油系统管道宜采用蒸汽吹净后再进行油清洗。

经酸洗钝化或蒸汽吹扫合格的油管道，宜在两周内进行油清洗。

当在冬季或环境温度较低的条件下进行油清洗时，应采取在线预热装置或临时加热器等升温措施。

油清洗应采用循环方式进行。油循环过程中，每 8 h 应在 40 ~ 70 ℃ 内反复升降油温 2 ~ 3 次，并应及时清洗或更换滤芯。

当设计文件或产品技术文件无规定时，管道油清洗后应采用滤网检验。

油清洗合格的管道，应采取封闭或充氮保护措施。

油系统试运行时，应采用符合设计文件或产品技术文件的合格油品。

🔔 知识拓展

根据《工业金属管道工程施工质量验收规范》，油清洗合格标准如表 2-18 所示。

表 2-18　油清洗合格标准

机械转速/(r·min⁻¹)	滤网规格/目	合格标准
≥6 000	200	目测滤网上无硬的颗粒及黏稠物，每平方厘米范围内软杂物不多于3个
<6 000	100	

考题探究

【单选题】大型机械设备系统试运行前，应对其润滑系统的润滑油管道进行清洗。清洗的最后步骤是（　　）。

A. 蒸汽吹扫　　　　　　　　　　B. 压缩空气吹扫

C. 酸洗　　　　　　　　　　　　D. 油清洗

【细说考点】本题主要考查清洗步骤。润滑、密封及控制系统的油管道，应在机械设备和管道酸洗合格后、系统试运行前进行油清洗。不锈钢油系统管道宜采用蒸汽吹净后再进行油清洗。油清洗是润滑油管道清洗的最后一步。本题选 D。

二、设备安装辅助工程的施工技术 ⭐⭐

设备安装完成并组焊后，应对设备进行相应的试验来满足后期的交工和运行使用。试验内容一般包含液压试验、气压试验、气密性试验、充水试漏或煤油试漏等试验项目。

（一）一般规定

现场组焊的设备进行耐压试验前，应对下列条件进行确认：设备本体及与本体相焊的焊接和检验工作全部完成；需要进行焊后热处理的设备，热处理工作已完成；设备开孔补强圈焊缝用 0.4~0.5 MPa 的压缩空气检查焊接接头质量合格;已安装的设备找正、找平工作已完成;基础二次灌浆达到设计强度要求;施工质量资料完整;试压方案已经批准。

耐压试验应采用液压试验,若采用气压试验代替液压试验时,必须符合下列规定:

(1)压力容器的焊接接头进行 100% 射线或超声检测,执行标准和合格级别执行原设计文件的规定。

(2)非压力容器的焊接接头进行 25% 射线或超声检测,合格级别射线检测为Ⅲ级、超声检测为Ⅱ级。

(3)有本单位技术总负责人批准的安全措施。

(4)试压系统设置安全泄放装置。

温馨提示

耐压试验的目的是检验设备承压部件的强度,试验时有破裂的可能性。由于相同体积、相同压力的气体爆炸时所释放出的能量要比液体大得多,为减轻耐压试验时破裂所造成的危害,所以试验介质应选用液体。

真空设备和外压设备应以内压进行耐压试验,差压设备耐压试验时应检查压差,其值均不得超过设计文件的规定值。

试验压力应符合表 2-19 的规定。试验压力读数应以设备最高处的压力表为准。

表 2-19　设备耐压试验和气密性试验压力　　　　　　　　　　单位:MPa

设计压力	耐压试验压力		气密性试验压力	检验方法
	液压试验	气压试验		
$p \leqslant -0.02$	$1.25p$	$1.15p(1.25p)$	p	观察检查或查看"设备耐压和气密性试验报告"
$-0.02 < p < 0.1$	$1.25p \cdot [\sigma]/[\sigma]'$ 且不小于 0.1	$1.15p \cdot [\sigma]/[\sigma]'$ 且不小于 0.07	$p \cdot [\sigma]/[\sigma]'$	
$0.1 \leqslant p < 100$	$1.25p \cdot [\sigma]/[\sigma]'$	$1.15p \cdot [\sigma]/[\sigma]'$	p	

注:a. 表中 $[\sigma]$ 表示设备元件材料在试验温度下的许用应力(MPa);$[\sigma]'$ 表示设备元件材料在设计温度下的许用应力(MPa)。

　　b. 设备受压元件(圆筒、封头、接管、法兰及紧固件等)所用材料不同时,应取受压元件 $[\sigma]/[\sigma]'$ 比值中较小者。

　　c. 括号内的数值 $1.25p$ 仅适用于钢制真空塔式容器。

立式设备以卧置进行液压试验时,试验压力应为立置时的试验压力加液柱静压力,并应对设备顶部进行应力校核。

考题探究

【单选题】设备耐压试验应采用液压试验,若用气压试验代替液压试验,压力容器的对接焊缝检测要求(　　　)。

A. 25% 射线或超声波检测合格　　　B. 50% 射线或超声波检测合格

C. 75% 射线或超声波检测合格　　　D. 100% 射线或超声波检测合格

【细说考点】本题主要考查采用气压试验代替液压试验时需注意的要点。采用气压试验代替液压试验时,必须符合下列规定:(1)压力容器的焊接接头进行 100% 射线或超声检测,执行标准和合格级别执行原设计文件的规定。(2)非压力容器的焊接接头进行 25% 射线或超声检测,合格级别射线检测为Ⅲ级、超声检测为Ⅱ级。本题选 D。

（二）液压试验

试验介质宜采用工业用水。奥氏体不锈钢设备用水作介质时,水质氯离子含量不得超过 25 mg/L。试验介质也可采用不会导致发生危险的其他液体。

试验介质的温度应符合下列规定:

（1）碳素钢、Q345R、Q370R 制设备液压试验时,液体温度不得低于 5 ℃;其他低合金钢制设备液压试验时,液体温度不得低于 15 ℃。

（2）由于板厚等因素造成材料无延性转变温度升高及其他材料制设备液压试验时,液体的温度按设计文件规定执行。

液压试验时,设备外表面应保持干燥,当设备壁温与液体温度接近时,缓慢升压至设计压力;确认无泄漏后继续升压至规定的试验压力,保压时间不少于 30 min;然后将压力降至规定试验压力的 80% ,对所有焊接接头和连接部位进行全面检查,符合下列规定为合格:无渗漏,无可见的变形,试验过程无异常的响声。

对在基础上作液压试验且容积大于 100 m³ 的设备,液压试验的同时,在充液前、充液 1/3 时、充液 2/3 时、充满液后 24 h 时、放液后,应作基础沉降观测。基础沉降应均匀,不均匀沉降量应符合设计文件的规定。

（三）气压试验

气压试验所用气体应为干燥、洁净的空气、氮气或惰性气体。

气压试验时的气体温度应符合如下规定:

（1）碳素钢和低合金钢制设备,气压试验时气体温度不得低于 15 ℃。

（2）其他材料制设备,气压试验时气体温度按设计文件规定。

气压试验时,应按下列程序进行升压和检查:

（1）缓慢升压至规定试验压力的 10% ,且不超过 0.05 MPa,保压 5 min,对所有焊缝和连接部位进行初次泄漏检查。

（2）初次泄漏检查合格后,继续缓慢升压至规定试验压力的 50% ,观察有无异常现象。

（3）如无异常现象,继续按规定试验压力的 10% 逐级升压,直至达到试验压力止,保压时间不少于 30 min,然后将压力降至规定试验压力的 87% ,对所有焊接接头和连接部位进行全面检查。

（4）试验过程无异常响声,设备无可见的变形,焊缝和连接部位等用检漏液检查,无泄漏为合格。

（四）气密性试验

气密试验应在耐压试验合格后进行。对进行气压试验的设备,气密试验可在气压试验压力降到气密试验压力后一并进行。

气密试验时的气体温度应符合气压试验时的气体温度的规定。

气密试验时应将安全附件装配齐全。

气密试验时,压力应缓慢上升,达到试验压力后,保压时间不应少于 30 min,同时对焊缝和连接部位等用检漏液检查,无泄漏为合格。

（五）充水试漏或煤油试漏

充水试漏应符合下列规定:

（1）充水试漏前应将焊接接头的外表面清理干净,并使之干燥。

（2）试漏的持续时间应根据检查所需时间决定,但不得少于 1 h。

（3）焊接接头无渗漏为合格。

煤油试漏应符合下列规定：

（1）煤油试漏前应将焊接接头能够检查的一面清理干净，涂以白垩粉浆，晾干后，在焊接接头的另一面涂以煤油，使表面得到足够的浸润。

（2）30 min 后以白垩粉上没有油渍为合格。

> **知识拓展**
>
> 　　除上述内容外，辅助工程还包括钝化与预膜。
>
> 　　金属设备和管道经过化学清洗后，金属表面处于活化状态与氧接触很容易产生腐蚀。钝化即是利用钝化液使金属表面生成致密的氧化铁保护钝化膜从而起到保护作用，通常钝化液采用亚硝酸钠溶液。另外，一种活性金属或合金，其中化学活性大大降低，而成为贵金属状态的现象，也叫钝化。钝化结束后，要用偏碱的水冲洗以防止再次锈蚀。
>
> 　　预膜是指以预膜液循环通过设备、管道，使其金属表面形成均匀致密保护膜的过程。形成预膜的方法有电化学法和化学法。前者常称为阳极化，后者通过浸液法或喷液法根据所用的处理介质和所得的不同产物而各有称谓。预膜液的配方与操作条件应根据设备和管道的材质、水质、温度等因素由试验或相似条件的运行经验确定。使用完毕后的预膜液应按规定进行处理。

同步自测

答案详解 451

一、单项选择题（每题的备选项中，只有 1 个最符合题意）

1. 下列材料中，不可作为砂轮切割机砂轮片的结合剂的是（　　）。

 A. 纤维   B. 树脂

 C. 橡胶   D. 合金钢

2. 某火焰切割方法作业时，火焰温度高达 3 000 ℃，且火焰集中不发散，并具有无污染、安全性好、成本低等特点。该切割方法是（　　）。

 A. 氧 – 乙炔火焰切割   B. 氧 – 氢火焰切割

 C. 氧 – 丙烷火焰切割   D. 氧熔剂切割

3. 关于焊接材料的选用原则的说法，正确的是（　　）。

 A. 焊接母材刚性大、接头应力高，选用的焊条应比母材强度低一等级

 B. 在酸性焊条和碱性焊条都可以满足的地方，应尽量采用碱性焊条

 C. 因受条件限制而使某些焊接部位难以清理干净时，应考虑选用碱性焊条

 D. 焊接厚度大、刚性大、承受动荷载和冲击荷载的构件，应选用酸性焊条

4. 对于有色金属管，通常采用的坡口加工方式是（　　）。

 A. 手工锉坡口   B. 手提砂轮磨坡口

 C. 氧 – 乙炔切割坡口   D. 车床加工坡口

5. 将淬火后的工件加热至 250 ~ 500 ℃ 之间进行回火的是（　　）。

 A. 低温回火   B. 中温回火

 C. 高温回火   D. 高温正火

6. 绝热层采用喷涂施工时，要求分层喷涂，并应依次完成的保温材料是（　　）。

 A. 聚氯乙烯泡沫塑料   B. 聚氨酯泡沫塑料

 C. 聚乙烯泡沫塑料   D. 环氧树脂

7. 某金属管道的压力试验使用的介质为气体,则该管道的设计压力是(　　)MPa。

A. 0.6

B. 0.8

C. 1.0

D. 1.1

8. 忌油管道脱脂后应及时将脱脂件内部的残液排净,不可用作清除残液方法的是(　　)。

A. 氮气吹干

B. 空气吹干

C. 蒸汽吹干

D. 自然蒸发

二、多项选择题（每题的备选项中,有 2 个或 2 个以上符合题意,至少有 1 个错项）

1. 关于砖板衬里的说法,正确的有(　　)。

A. 不透性石墨板的导热好、易加工、耐磨,但价格贵、强度低

B. 铸石板的韧性和冲击性差,加工起来切割困难

C. 铸石板的硬度仅次于金刚石、刚玉

D. 耐酸陶、瓷砖板的耐腐蚀好、吸水率低、不易清理、常温下易氧化

2. 关于汽车起重机的说法,正确的有(　　)。

A. 吊装方式有单机吊装、双机抬吊、多机吊装

B. 吊重时可采用支腿或枕木支撑地面

C. 常用在使用地点固定的场所

D. 采用通用或专用汽车底盘

3. 关于管道吹扫与清洗的说法,正确的有(　　)。

A. 公称尺寸大于或等于 600 mm 的液体管道,宜采用机械清理

B. 非热力管道不得采用蒸汽吹扫

C. 吹扫与清洗的顺序应按支管、疏排管、主管依次进行

D. 空气吹扫宜利用工厂生产装置的大型空压机或大型储气罐进行间断性吹扫

4. 关于设备压力试验的说法,正确的有(　　)。

A. 碳素钢、Q345R、Q370R 制设备液压试验时,液体温度不得低于 15 ℃

B. 若采用气压试验代替液压试验时,非压力容器的焊接接头进行 25% 射线,合格级别射线检测为 Ⅲ 级

C. 气压试验所用气体应为干燥、洁净的空气、氮气或惰性气体

D. 气密试验时,压力应缓慢上升,达到试验压力后,保压时间不应少于 10 min

📖 **答案速查**

一、单项选择题

1. D　　2. B　　3. A　　4. A　　5. B　　6. B　　7. A　　8. D

二、多项选择题

1. ABC　　2. AD　　3. BD　　4. BC

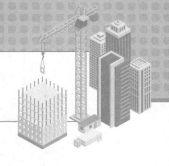

第三章　安装工程计量

 命题分析

　　本章在历年的考试中涉及分值为 5 分,是考试中所占分值最少的章节,主要是围绕《通用安装工程工程量计算规范》进行学习,需重点掌握安装工程工程量清单内容和编制。

	考点		考查频率
安装工程计量	建筑安装工程的编码体系		★★
	安装工程量清单内容和编制	《通用安装工程工程量计算规范》概况	★★★
		工程计量	★★
		分部分项工程量清单	★★★★
		措施项目清单	★★★★★

 考点精讲

第一节　建筑安装工程的编码体系 ★★

　　项目编码是指分部分项工程和措施项目清单名称的阿拉伯数字标识。

　　工程量清单的项目编码,应采用十二位阿拉伯数字表示,一至九位应按《通用安装工程工程量计算规范》附录的规定设置,十至十二位应根据拟建工程的工程量清单项目名称和项目特征设置,同一招标工程的项目编码不得有重码。

　　各位数字的含义是:

　　(1)一、二位为专业工程代码(01—房屋建筑与装饰工程;02—仿古建筑工程;03—通用安装工程;04—市政工程;05—园林绿化工程;06—矿山工程;07—构筑物工程;08—城市轨道交通工程;09—爆破工程;以后进入国标的专业工程代码以此类推)。

　　(2)三、四位为专业工程顺序码。

　　(3)五、六位为分部工程顺序码。

　　(4)七、八、九位为分项工程项目名称顺序码。

　　(5)十至十二位为清单项目名称顺序码。

　　工程量清单项目编码结构示意图,如图 3-1 所示。

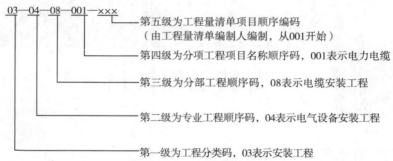

图 3-1　工程量清单项目编码结构示意图

当同一标段（或合同段）的一份工程量清单中含有多个单位工程且工程量清单是以单位工程为编制对象时，在编制工程量清单时应特别注意对项目编码十至十二位的设置不得有重码的规定。例如一个标段（或合同段）的工程量清单中含有三个单位工程，每一单位工程中都有项目特征相同的电梯，在工程量清单中又需反映三个不同单位工程的电梯工程量时，则第一个单位工程的电梯的项目编码应为030107001001，第二个单位工程的电梯的项目编码应为030107001002，第三个单位工程的电梯的项目编码应为030107001003。并分别列出各单位工程电梯的工程量。

编制工程量清单出现附录中未包括的项目，编制人应做补充，并报省级或行业工程造价管理机构备案，省级或行业工程造价管理机构应汇总报住房和城乡建设部标准定额研究所。补充项目的编码由《通用安装工程工程量计算规范》的代码03与B和三位阿拉伯数字组成，并应从03B001起顺序编制，同一招标工程的项目不得重码。补充的工程量清单需附有补充项目的名称、项目特征、计量单位、工程量计算规则、工程内容。不能计量的措施项目，需附有补充的项目的名称、工作内容及包含范围。

第二节　安装工程量清单内容和编制

安装工程量清单是表现拟建工程的分部分项工程项目、措施项目等名称和相应数量的明细清单，包括分部分项工程量清单、措施项目清单等。下面主要依据《通用安装工程工程量计算规范》对安装工程量清单内容和编制进行讲解。

一、《通用安装工程工程量计算规范》概况 ★★★

《通用安装工程工程量计算规范》的内容包括正文、附录、条文说明共三个部分。

正文部分包括总则、术语、工程计量、工程量清单编制（包括一般规定、分部分项工程、措施项目）四章，共计 26 项条款。

附录部分包括安装工程按专业、设备特征或工程类别的分类及项目编码、项目名称、项目特征、计量单位、工程量计算规则、工作内容等详细信息。包括：

（1）附录 A 机械设备安装工程（编码 0301）。

（2）附录 B 热力设备安装工程（编码 0302）。

（3）附录 C 静置设备与工艺金属结构制作安装工程（编码 0303）。

（4）附录 D 电气设备安装工程（编码 0304）。

（5）附录 E 建筑智能化工程（编码 0305）。

（6）附录 F 自动化控制仪表安装工程（编码 0306）。

（7）附录 G 通风空调工程（编码 0307）。

（8）附录 H 工业管道工程（编码 0308）。

（9）附录 J 消防工程（编码 0309）。

（10）附录 K 给排水、采暖、燃气工程（编码 0310）。

（11）附录 L 通信设备及线路工程（编码 0311）。

（12）附录 M 刷油、防腐蚀、绝热工程（编码 0312）。

（13）附录 N 措施项目（编码 0313）。

共计 13 部分 1 044 个项目。

《通用安装工程工程量计算规范》规范了通用安装工程造价计量行为，统一了通用安装工程工程量计算规则、工程量清单的编制方法。该规范适用于工业、民用、公共设施建设安装工程的计量和工程计量清单编制。通用安装工程计价，必须按该规范规定的工程量计算规则进行工程计量。

考题探究

【单选题】依据《通用安装工程工程量计算规范》规定，安装工程附录 K（0310）表示的是（　　）。

A. 给排水、采暖、燃气工程　　　　B. 消防工程

C. 电气设备安装工程　　　　　　　D. 工业管道工程

【细说考点】本题主要考查《通用安装工程工程量计算规范》中附录字母和编码的含义，此知识点在历年考试中经常考查。附录 K（0310）表示给排水、采暖、燃气工程。本题选 A。

二、相关术语

工程量计算是指建设工程项目以工程设计图纸、施工组织设计或施工方案及有关技术经济文件为依据，按照相关工程国家标准的计算规则、计量单位等规定，进行工程数量的计算活动，在工程建设中简称工程计量。

安装工程是指各种设备、装置的安装工程。通常包括工业、民用设备，电气、智能化控制设备，自动化控制仪表，通风空调，工业、消防、给排水、采暖、燃气管道以及通信设备安装等。

三、工程计量 ★★

工程量计算除依据《通用安装工程工程量计算规范》各项规定外，尚应依据以下文件：

（1）经审定通过的施工设计图纸及其说明。

（2）经审定通过的施工组织设计或施工方案。

（3）经审定通过的其他有关技术经济文件。

工程实施过程中的计量应按照现行国家标准《建设工程工程量清单计价规范》的相关规定执行。

工程计量时每一项目汇总的有效位数应遵守下列规定：

（1）以"t"为单位，应保留小数点后三位数字，第四位小数四舍五入。

（2）以"m""m²""m³""kg"为单位，应保留小数点后两位数字，第三位小数四舍五入。

（3）以"台""个""件""套""根""组""系统"等为单位，应取整数。

《通用安装工程工程量计算规范》对项目的工作内容进行了规定，除另有规定和说明外，应视为已经包括完成该项目的全部工作内容，未列内容或未发生，不应另行计算；附录工作内容列出了主要施工内容，施工过程中必然发生的机械移动、材料运输等辅助内容虽然未列出，也应包括；以成品考虑的项目，如采用现场预制的，应包括制作的工作内容。

工作内容主要取决于施工工艺和方法,如果某项目采用不同的施工工艺和方法,则其工作内容也不同,所以在编制工程量清单时无需描述工作内容。

《通用安装工程工程量计算规范》中的电气设备安装工程适用于电气 10 kV 以下的工程。

《通用安装工程工程量计算规范》与现行国家标准《市政工程工程量计算规范》相关内容在执行上的划分界线如下。

（1）电气设备安装工程与市政工程路灯工程的界定:厂区、住宅小区的道路路灯安装工程、庭院艺术喷泉等电气设备安装工程按通用安装工程"电气设备安装工程"相应项目执行;涉及市政道路、市政庭院等电气安装工程的项目,按市政工程中"路灯工程"的相应项目执行。

（2）工业管道与市政工程管网工程的界定:给水管道以厂区入口水表井为界;排水管道以厂区围墙外第一个污水井为界;热力和燃气以厂区入口第一个计量表(阀门)为界。

（3）给排水、采暖、燃气工程与市政工程管网工程的界定:室外给排水、采暖、燃气管道以市政管道碰头井为界;厂区、住宅小区的庭院喷灌及喷泉水设备安装按《通用安装工程工程量计算规范》中相应项目执行;公共庭院喷灌及喷泉水设备安装按现行国家标准《市政工程工程量计算规范》中管网工程的相应项目执行。

《通用安装工程工程量计算规范》涉及管沟、坑及井类的土方开挖、垫层、基础、砌筑、抹灰、地沟盖板预制安装、回填、运输、路面开挖及修复、管道支墩的项目,按现行国家标准《房屋建筑与装饰工程工程量计算规范》和《市政工程工程量计算规范》的相应项目执行。

四、一般规定

编制工程量清单应依据:

（1）《通用安装工程工程量计算规范》和现行国家标准《建设工程工程量清单计价规范》。

（2）国家或省级、行业建设主管部门颁发的计价依据和办法。

（3）建设工程设计文件。

（4）与建设工程项目有关的标准、规范、技术资料。

（5）拟定的招标文件。

（6）施工现场情况、工程特点及常规施工方案。

（7）其他相关资料。

其他项目、规费和税金项目清单应按照现行国家标准《建设工程工程量清单计价规范》的相关规定编制。其他项目清单包括暂列金额、暂估价、计日工、总承包服务费;规费项目清单包括社会保险费、住房公积金;税金项目清单包括增值税。

五、分部分项工程量清单 ★★★★

工程量清单应根据《通用安装工程工程量计算规范》附录规定的项目编码、项目名称、项目特征、计量单位和工程量计算规则进行编制。招标人编制工程量清单时必须遵守四统一,即统一项目编码、统一项目名称、统一计量单位、统一工程量计算规则。

项目编码、项目名称、项目特征、计量单位和工程量是构成一个分部分项工程量清单的五个要件,这五个要件在分部分项工程量清单的组成中缺一不可。

（一）项目编码

项目编码详见本章第一节内容。

（二）项目名称

工程量清单的项目名称应按《通用安装工程工程量计算规范》附录的项目名称结合拟建工程的实际确定。

特别是归并或综合较大的项目应区分项目名称，分别编码列项。例如：附录 K "给排水、采暖、燃气工程" K.4 "卫生器具"中，031004014"给、排水附（配）件"是指独立安装的水嘴、地漏、地面扫出口等。在列清单项目名称时，应结合拟建工程的实际确定其项目名称：水嘴或者地漏等。

（三）项目特征

工程量清单的项目特征是确定一个清单项目综合单价不可缺少的重要依据，在编制工程量清单时，必须对项目特征进行准确和全面的描述。但有些项目特征用文字往往难以准确和全面地描述清楚。因此，为达到规范、简洁、准确、全面描述项目特征的要求，在描述工程量清单项目特征时应按以下原则进行：

（1）项目特征描述的内容应按《通用安装工程工程量计算规范》附录中的规定，结合拟建工程的实际，能满足确定综合单价的需要。

（2）若采用标准图集或施工图纸能够全部或部分满足项目特征描述的要求，项目特征描述可直接采用详见××图集或××图号的方式；对不能满足项目特征描述要求的部分，仍应用文字描述。

项目安装高度若超过基本高度时，应在"项目特征"中描述。《通用安装工程工程量计算规范》安装工程各附录基本安装高度如表 3-1 所示。

表 3-1 基本安装高度

附录名称	基本安装高度/m
附录 A 机械设备安装工程	10
附录 D 电气设备安装工程	5
附录 E 建筑智能化工程	5
附录 G 通风空调工程	6
附录 J 消防工程	5
附录 K 给排水、采暖、燃气工程	3.6
附录 M 刷油、防腐蚀、绝热工程	6

知识助记

逐渐（建筑）（附录 E）消气（附录 J 和附录 D）是 5 m；防风（附录 M 和附录 G）是 6 m。

（四）计量单位

分部分项工程量清单的计算单位应按《通用安装工程工程量计算规范》附录中规定的计量单位确定。《通用安装工程工程量计算规范》附录中有两个或两个以上计量单位的，应结合拟建工程项目的实际情况，确定其中一个为计量单位。同一工程项目的计量单位应一致。

（五）工程量计算规则

分部分项工程工程量清单中所列工程量应按《通用安装工程工程量计算规范》附录中规定的工程量计算规则计算。每一个清单项目都有一个相应的工程量计算规则，工程量计算规则坚持统一、方便计量，规定严密，尽可能唯一原则。

【多选题】项目特征描述是工程量清单的重要组成部分，下列关于项目特征的作用描述，正确的有（　　）。

　　A.是合理编制综合单价的前提　　　　B.应描述项目名称的实质内容

　　C.项目名称命名的基础　　　　　　　D.影响工程实体的自身价值

【细说考点】本题主要考查项目特征的作用。工程量清单的项目特征直接影响工程实体的自身价值，是履行合同义务的基础，是用来表述项目名称的实质内容，是确定一个清单项目综合单价不可缺少的重要依据，在编制工程量清单时，必须对项目特征进行准确和全面的描述。本题选 ABD。

六、措施项目清单 ★★★★★

措施项目是指为完成工程项目施工，发生于该工程施工准备和施工过程中的技术、生活、安全、环境保护等方面的项目。

（一）措施项目的分类

措施项目划分为两类：

（1）可以计算工程量的措施项目。可以精确计量的项目，用分部分项工程量清单的方式采用综合单价，更有利于措施费的确定和调整。例如脚手架工程，混凝土模板及支架（撑），垂直运输，超高施工增加，大型机械设备进出场及安拆，施工排水、降水等，称为单价措施项目。

（2）难以计算工程量的措施项目。以"项"为计量单位进行编制；措施项目费用的发生与使用时间、施工方法或者两个以上的工序相关，与实际完成的实体工程量的大小关系不大。例如安全文明施工，夜间施工，非夜间施工照明，二次搬运，冬雨季施工，地上、地下设施，建筑物的临时保护设施，已完工程及设备保护等，称为总价措施项目。

（二）措施项目清单的编制规则

措施项目中列出了项目编码、项目名称、项目特征、计量单位、工程量计算规则的项目，编制工程量清单时，应按分部分项工程量清单的规定执行。

措施项目仅列出项目编码、项目名称，未列出项目特征、计量单位和工程量计算规则的项目，编制工程量清单时，应按《通用安装工程工程量计算规范》附录 N 措施项目规定的项目编码、项目名称确定。

（三）措施项目清单的主要项目

《通用安装工程工程量计算规范》附录 N 措施项目有两种，分别为专业措施项目和安全文明施工及其他措施项目。安全文明施工及其他措施项目一般均不能量化，故计量单位均为"项"。

1.专业措施项目

专业措施项目工程量清单项目设置、项目特征描述的内容、计量单位及工程量计算规则，应按表3-2 的规定执行。

表 3-2　专业措施项目（编码：031301）

项目编码	项目名称	工作内容及包含范围
031301001	吊装加固	（1）行车梁加固。 （2）桥式起重机加固及负荷试验。 （3）整体吊装临时加固件，加固设施拆除、清理

（续表）

项目编码	项目名称	工作内容及包含范围
031301002	金属抱杆安装、拆除、移位	（1）安装、拆除。 （2）位移。 （3）吊耳制作安装。 （4）拖拉坑挖埋
031301003	平台铺设、拆除	（1）场地平整。 （2）基础及支墩砌筑。 （3）支架型钢搭设。 （4）铺设。 （5）拆除、清理
031301004	顶升、提升装置	安装、拆除
031301005	大型设备专用机具	
031301006	焊接工艺评定	焊接、试验及结果评价
031301007	胎（模）具制作、安装、拆除	制作、安装、拆除
031301008	防护棚制作安装拆除	防护棚制作、安装、拆除
031301009	特殊地区施工增加	（1）高原、高寒施工防护。 （2）地震防护
031301010	安装与生产同时进行施工增加	（1）火灾防护。 （2）噪声防护
031301011	在有害身体健康环境中 施工增加	（1）有害化合物防护。 （2）粉尘防护。 （3）有害气体防护。 （4）高浓度氧气防护
031301012	工程系统检测、检验	（1）起重机、锅炉、高压容器等特种设备安装质量监督检验检测。 （2）由国家或地方检测部门进行的各类检测
031301013	设备、管道施工的安全、防冻 和焊接保护	保证工程施工正常进行的防冻和焊接保护
031301014	焦炉烘炉、热态工程	（1）烘炉安装、拆除、外运。 （2）热态作业劳保消耗
031301015	管道安拆后的充气保护	充气管道安装、拆除
031301016	隧道内施工的通风、供水、供气、 供电、照明及通信设施	通风、供水、供气、供电、照明及通信设施安装、拆除
031301017	脚手架搭拆	（1）场内、场外材料搬运。 （2）搭、拆脚手架。 （3）拆除脚手架后材料的堆放
031301018	其他措施	为保证工程施工正常进行所发生的费用

编制专业措施项目清单时应注意：

（1）由国家或地方检测部门进行的各类检测，指安装工程不包括的属经营服务性项目，如通电测试、防雷装置检测、安全、消防工程检测、室内空气质量检测等。

（2）脚手架按各附录分别列项。

（3）其他措施项目必须根据实际措施项目名称确定项目名称，明确描述工作内容及包含范围。

2. 安全文明施工及其他措施项目

安全文明施工及其他措施项目工程量清单项目设置、计量单位、工作内容及包含范围，应按表 3-3 的规定执行。

表 3-3　安全文明施工及其他措施项目（编码：031302）

项目编码	项目名称	工作内容及包含范围
031302001	安全文明施工	（1）环境保护：现场施工机械设备降低噪声、防扰民措施；水泥和其他易飞扬细颗粒建筑材料密闭存放或采取覆盖措施等；工程防扬尘洒水；土石方、建渣外运车辆保护措施等；现场污染源的控制、生活垃圾清理外运、场地排水排污措施；其他环境保护措施。 （2）文明施工："五牌一图"；现场围挡的墙面美化（包括内外粉刷、刷白、标语等）、压顶装饰；现场厕所便槽刷白、贴面砖，水泥砂浆地面或地砖，建筑物内临时便溺设施；其他施工现场临时设施的装饰装修、美化措施；现场生活卫生设施；符合卫生要求的饮水设备、淋浴、消毒等设施；生活用洁净燃料；防煤气中毒、防蚊虫叮咬等措施；施工现场操作场地的硬化；现场绿化、治安综合治理；现场配备医药保健器材、物品费用和急救人员培训；用于现场工人的防暑降温、电风扇、空调等设备及用电；其他文明施工措施。 （3）安全施工：安全资料、特殊作业专项方案的编制，安全施工标志的购置及安全宣传；"三宝"（安全帽、安全带、安全网）、"四口"（楼梯口、电梯井口、通道口、预留洞口）、"五临边"（阳台围边、楼板围边、屋面围边、槽坑围边、卸料平台两侧）、水平防护架，垂直防护架、外架封闭等防护措施；施工安全用电，包括配电箱三级配电、两级保护装置要求、外电防护措施；起重机、塔吊等起重设备（含井架、门架）及外用电梯的安全防护措施（含警示标志）及卸料平台的临边防护、层间安全门、防护棚等设施；建筑工地起重机械的检验检测；施工机具防护棚及其围栏的安全保护设施；施工安全防护通道；工人的安全防护用品、用具购置；消防设施与消防器材的配置；电气保护、安全照明设施；其他安全防护措施。 （4）临时设施：施工现场采用彩色、定型钢板，砖、混凝土砌块等围挡的安砌、维修、拆除；施工现场临时建筑物、构筑物的搭设、维修、拆除，如临时宿舍、办公室、食堂、厨房、厕所、诊疗所、临时文化福利用房、临时仓库、加工场、搅拌台、临时简易水塔、水池等；施工现场临时设施的搭设、维修、拆除，如临时供水管道、临时供电管线、小型临时设施等；施工现场规定范围内临时简易道路铺设，临时排水沟、排水设施安砌、维修、拆除；其他临时设施的搭设、维修、拆除
031302002	夜间施工增加	（1）夜间固定照明灯具和临时可移动照明灯具的设置、拆除。 （2）夜间施工时，施工现场交通标志、安全标牌、警示灯等的设置、移动、拆除。 （3）夜间照明设备及照明用电、施工人员夜班补助、夜间施工劳动效率降低等
031302003	非夜间施工增加	为保证工程施工正常进行，在地下（暗）室、设备及大口径管道内等特殊施工部位施工时所采用的照明设备的安拆、维护及照明用电、通风等；在地下（暗）室等施工引起的人工工效降低以及由于人工工效降低引起的机械降效

（续表）

项目编码	项目名称	工作内容及包含范围
031302004	二次搬运	由于施工场地条件限制而发生的材料、成品、半成品等一次运输不能到达堆放地点,必须进行二次或多次搬运
031302005	冬雨季施工增加	(1)冬雨(风)季施工时增加的临时设施(防寒保温、防雨、防风设施)的搭设、拆除。 (2)冬雨(风)季施工时,对砌体、混凝土等采用的特殊加温、保温和养护措施。 (3)冬雨(风)季施工时,施工现场的防滑处理、对影响施工的雨雪的清除。 (4)冬雨(风)季施工时增加的临时设施、施工人员的劳动保护用品、冬雨(风)季施工劳动效率降低等
031302006	已完工程及设备保护	对已完工程及设备采取的覆盖、包裹、封闭、隔离等必要保护措施
031302007	高层施工增加	(1)高层施工引起的人工工效降低以及由于人工工效降低引起的机械降效。 (2)通信联络设备的使用

编制安全文明施工及其他措施项目清单时应注意：

（1）上表所列项目应根据工程实际情况计算措施项目费用,需分摊的应合理计算摊销费用。

（2）施工排水是指为保证工程在正常条件下施工而采取的排水措施所发生的费用。

（3）施工降水是指为保证工程在正常条件下施工而采取的降低地下水位的措施所发生的费用。

（4）高层施工增加：

①单层建筑物檐口高度超过20 m,多层建筑物超过6层时,按各附录分别列项。

②突出主体建筑物顶的电梯机房、楼梯出口间、水箱间、瞭望塔、排烟机房等不计入檐口高度。计算层数时,地下室不计入层数。

考题探究

【多选题】依据《通用安装工程工程量计算规范》,措施项目清单中,关于高层施工增加的规定表述,正确的有（　　）。

A.单层建筑物檐口高度超过20 m应分别列项

B.多层建筑物超过8层时,应分别列项

C.突出主体建筑物顶的电梯房、水箱间、排烟机房等不计入檐口高度

D.计算层数时,地下室不计入层数

【细说考点】本题主要考查高层施工增加的规定,此知识点在近年基本每年都会考到。高层施工增加的工作内容及包含范围为:高层施工引起的人工工效降低以及由于人工工效降低引起的机械降效;通信联络设备的使用。其编制时应注意:(1)单层建筑物檐口高度超过20 m,多层建筑物超过6层时,按各附录分别列项。(2)突出主体建筑物顶的电梯机房、楼梯出口间、水箱间、瞭望塔、排烟机房等不计入檐口高度。计算层数时,地下室不计入层数。本题选ACD。

3. 相关问题及说明

工业炉烘炉、设备负荷试运转、联合试运转、生产准备试运转及安装工程设备场外运输应根据招标人提供的设备及安装主要材料堆放点按其他措施编码列项。

大型机械设备进出场及安拆，应按现行国家标准《房屋建筑与装饰工程工程量计算规范》相关项目编码列项。

鉴于工程建设施工特点和承包人组织施工生产的施工装备水平、施工方案及其管理水平的差异，同一工程、不同承包人组织施工采用的施工措施有时并不完全一致，因此，应根据拟建工程实际情况列出措施项目。安装工程的施工措施项目可采用单价措施项目编制和总价措施项目编制。凡可精确计量的措施项目应采用单价措施项目编制；不能精确计量的措施项目应采用总价措施项目编制，以"项"为计量单位，总价措施项目的清单费 = 措施项目计费基数 × 费率。具体内容如下：

（1）单价措施项目。例如，当拟建工程中有设备、管道冬雨季施工，有易燃易爆、有害环境施工，或设备、管道焊接质量要求较高时，措施项目清单可列项"设备、管道施工的安全防冻和焊接保护"；当拟建工程中存在易燃易爆、有害环境，可能对周围建筑或者施工场地产生一定的腐蚀及损害，措施项目清单可列项"在有害身体健康环境中施工增加"；当对拟建工程的洁净度、管道防腐要有一定的要求，存在易燃易爆、有害环境，可能对周围建筑或者施工场地产生一定的腐蚀及损害，措施项目清单可列项"管道安拆后的充气保护"；当对正在生产过程中的工业管道进行带压维修时，措施项目清单可列项"安装与生产同时进行施工增加"。

（2）总价措施项目。例如，当在已完工业厂房中进行安装维修施工时，措施项目清单可列项"已完工程及设备保护"。

同步自测

一、单项选择题（每题的备选项中，只有 1 个最符合题意）

1. 依据《通用安装工程工程量计算规范》，关于项目编码的说法，正确的是（　　）。

    A. 项目编码是指分部分项工程和措施项目清单名称的阿拉伯数字标识

    B. 项目编码的第五、六位为专业工程顺序码

    C. 一个标段的工程量清单中含有三个单位工程，当每一单位工程中都有项目特征相同的编制项目时，项目编码可以重复设置

    D. 补充项目的编码由代码01与B和三位阿拉伯数字组成

2. 依据《通用安装工程工程量计算规范》，安装工程附录 G（0307）表示的是（　　）。

    A. 建筑智能化工程   B. 通风空调工程

    C. 消防工程   D. 工业管道工程

3. 依据《通用安装工程工程量计算规范》，项目特征的描述应满足（　　）。

    A. 编制工程内容的需要   B. 编制计量单位的需要

    C. 工程计量的需要   D. 编制综合单价的需要

4. 依据《通用安装工程工程量计算规范》，电气设备安装工程的基本安装高度是（　　）m。

    A. 3.6   B. 5

    C. 6   D. 10

5. 依据《通用安装工程工程量计算规范》,关于安装工程中的管道工程与市政工程管网工程界定的说法,错误的是(　　)。

　　A. 室外给排水、采暖、燃气管道以市政管道碰头井为界

　　B. 工业管道中的给水管道以厂区入口水表井为界

　　C. 工业管道中的排水管道以厂区围墙外 1.5 m 为界

　　D. 工业管道中的热力和燃气管道以厂区入口第一个计量表(阀门)为界

6. 依据《通用安装工程工程量计算规范》,专业措施项目中,不属于在有害身体健康环境中施工增加的工作内容及包含范围的是(　　)。

　　A. 粉尘防护　　　　　　　　　　　　B. 噪声防护

　　C. 有害气体防护　　　　　　　　　　D. 高浓度氧气防护

7. 依据《通用安装工程工程量计算规范》,措施项目清单中,单层建筑物檐口高度超过(　　)m,多层建筑物超过 6 层时,高层施工增加按各附录分别列项。

　　A. 6　　　　　　　　　　　　　　　　B. 18

　　C. 20　　　　　　　　　　　　　　　D. 25

二、多项选择题(每题的备选项中,有 2 个或 2 个以上符合题意,至少有 1 个错项)

1. 依据《通用安装工程工程量计算规范》,以"项"为计量单位进行编制的措施项目有(　　)。

　　A. 二次搬运　　　　　　　　　　　　B. 脚手架工程

　　C. 垂直运输　　　　　　　　　　　　D. 安全文明施工

2. 依据《通用安装工程工程量计算规范》,属于安全文明施工的工作内容及包含范围的有(　　)。

　　A. 现场污染源的控制、生活垃圾清理外运、场地排水排污措施

　　B. 防护棚制作安装拆除

　　C. 施工现场规定范围内临时简易道路铺设

　　D. 冬雨(风)季施工时,施工现场的防滑处理、对影响施工的雨雪的清除

📖 **答案速查**

一、单项选择题

1. A　　2. B　　3. D　　4. B　　5. C　　6. B　　7. C

二、多项选择题

1. AD　　2. AC

第四章 通用设备安装工程技术与计量

 命题分析

本章在历年的考试中涉及分值为 30 分,机械设备工程安装技术与计量、电气照明及动力设备工程安装技术与计量是本章的核心考点,需要重点掌握。

考点			考查频率
通用设备安装工程技术与计量	机械设备工程安装技术与计量	机械设备的概念和范围	★★
		切削设备安装技术与计量	★
		锻压设备安装技术与计量	★
		铸造设备安装技术与计量	★
		起重设备安装技术与计量	★
		起重机轨道安装技术与计量	★
		输送设备安装技术与计量	★★★★★
		电梯安装技术与计量	★★★★
		风机安装技术与计量	★★★★★
		泵安装技术与计量	★★★★★
		压缩机安装技术与计量	★★★★★
		工业炉安装技术与计量	★★
		煤气发生设备安装技术与计量	★★★
		机械设备安装工程通用技术	★★★★★
		机械设备安装计量相关问题及说明	★
	热力设备工程安装技术与计量	热力设备工程安装技术	★★★★★
		热力设备工程安装计量	★★★★★
	消防工程安装技术与计量	水灭火系统安装技术与计量	★★★★★
		气体灭火系统安装技术与计量	★★★★★
		泡沫灭火系统安装技术与计量	★★
		火灾自动报警系统安装技术与计量	★★★★
		消防系统调试技术与计量	★
		消防工程安装计量相关问题及说明	★
		其他灭火系统安装技术	★★★★★
	电气照明及动力设备工程安装技术与计量	低压电器安装技术与计量	★★★★★
		电机安装技术与计量	★★★★★
		配管配线安装技术与计量	★★★★
		照明器具安装技术与计量	★★★★★

第一节 机械设备工程安装技术与计量

一、机械设备的概念和范围 ★★

机械设备是指人们利用机械原理制造的装置,以及将机械能转换为某种非机械能,或利用机械能来做一定工作的装备或器具。

机械设备安装工程是工程建设的重要组成部分,其范围相当广泛。根据《通用安装工程工程量计算规范》,机械设备的范围和种类如表4-1所示。

表4-1 机械设备的范围和种类

设备范围	设备种类
切削设备	台式及仪表机床、卧式车床、立式车床、钻床、镗床、磨床、铣床、齿轮加工机床、螺纹加工机床、刨床、插床、拉床、超声波加工机床、电加工机床、金属材料试验机械、数控机床、木工机械、其他机床、跑车带锯机
锻压设备	机械压力机、液压机、自动锻压机、锻锤、剪切机、弯曲校正机、锻造水压机
铸造设备	砂处理设备、造型设备、制芯设备、落砂设备、清理设备、金属型铸造设备、材料准备设备、抛丸清理室、铸铁平台
起重设备	桥式起重机、吊钩门式起重机、梁式起重机、电动壁行悬臂挂式起重机、旋臂壁式起重机、旋臂立柱式起重机、电动葫芦、单轨小车
起重机轨道	起重机轨道
输送设备	斗式提升机、刮板输送机、板(裙)式输送机、悬挂输送机、固定式胶带输送机、螺旋输送机、卸矿车、皮带秤
电梯	交流电梯、直流电梯、小型杂货电梯、观光电梯、液压电梯、自动扶梯、自动步行道、轮椅升降台
风机	离心式通风机、离心式引风机、轴流通风机、回转式鼓风机、离心式鼓风机、其他风机
泵	离心式泵、旋涡泵、电动往复泵、柱塞泵、蒸汽往复泵、计量泵、螺杆泵、齿轮油泵、真空泵、屏蔽泵、潜水泵、其他泵
压缩机	活塞式压缩机、回转式螺杆压缩机、离心式压缩机、透平式压缩机
工业炉	电弧炼钢炉、无芯工频感应电炉、电阻炉、真空炉、高频及中频感应炉、冲天炉、加热炉、热处理炉、解体结构井式热处理炉
煤气发生设备	煤气发生炉、洗涤塔、电气滤清器、竖管、附属设备
其他机械	冷水机组、热力机组、制冰设备、冷风机、润滑油处理设备、膨胀机、柴油机、柴油发电机组、电动机、电动发电机组、冷凝器、蒸发器、贮液器(排液桶)、分离器、过滤器、中间冷却器、冷却塔、集油器、紧急泄氨器、油视镜、储气罐、乙炔发生器、水压机蓄势罐、空气分离塔、小型制氧机附属设备、风力发电机

> **知识拓展**
>
> 　　机械设备按使用范围可分为通用机械设备和专用机械设备。通用机械设备的明显特征是通用性强、用途广泛，一般可以按照定型要求批量生产，例如锻压设备、铸造设备、风机、泵、压缩机等。专用机械设备的通用性差，主要是专门针对某一种或一类对象，实现一项或几项功能，例如过滤设备、工业炉、煤气发生设备等。此外，机械设备还可根据具体的作用分类，例如具有粉碎及筛分作用的球磨机、破碎机、振动筛；具有成型和包装作用的扒料机；具有搅拌与分离作用的脱水机、过滤机、离心机、搅拌机等。

考题探究

　　【单选题】下列机械中，属于粉碎及筛分机械的是（　　　）。

　　A. 压缩机　　　　　　　　　　B. 提升机

　　C. 球磨机　　　　　　　　　　D. 扒料机

　　【细说考点】本题主要考查粉碎及筛分机械的种类。具体内容详见上文。本题选 C。

二、切削设备安装技术与计量 ⭐

（一）切削设备安装技术

　　切削设备种类众多。切削设备中的卧式车床、立式车床、钻床、镗床、磨床、铣床、齿轮加工机床、螺纹加工机床、刨床、插床、拉床等可以统称为金属切削机床。以下主要简单介绍金属切削机床安装技术。

　　组装机床的部件和组件，应符合下列要求：

　　（1）组装的程序、方法和技术要求应符合随机技术文件的规定，出厂时已装配好的零件、部件，不宜再拆装。

　　（2）组装的环境应清洁；精度要求高的部件和组件的组装环境应符合随机技术文件的规定。

　　（3）零件、部件应清洗洁净，加工面不得被磕碰、划伤和产生锈蚀。

　　（4）机床的移动、转动部件组装后，其运动应平稳、灵活、轻便、无阻滞现象；变位机构应准确可靠地移动到规定位置。

　　（5）平衡重的升降距离应符合机床相关部件最大行程的要求，平衡重与钢丝绳或链条应连接牢固。

　　（6）组装重要和特别重要的固定结合面，应符合下列要求：重要固定结合面应在紧固后用塞尺进行检验；特别重要固定结合面，应在紧固前、后用塞尺进行检验，但与水平垂直的特别重要固定结合面应在紧固后检验。检验时，可 1～2 处插入，其插入深度应小于结合面宽度的 1/5，但不得大于 5 mm；插入部位的长度应小于或等于结合面长度的 1/5，但每处不应大于 100 mm。

　　（7）滑动、移置导轨应用 0.04 mm 塞尺检查，塞尺检验导轨、镶条、压板端部的滑动面间的插入深度，不应大于相关规定。

　　（8）滚动导轨面与所有滚动体应均匀接触，运动应轻便、灵活、无阻滞现象。

（二）切削设备安装计量

　　根据《通用安装工程工程量计算规范》，切削设备安装计量规则如表 4-2 所示。

表 4-2　切削设备安装计量规则

项目名称	项目特征	计量单位	工程量计算规则	工作内容
台式及仪表机床、卧式车床、立式车床、钻床、镗床、磨床、铣床、齿轮加工机床、螺纹加工机床、刨床、插床、拉床、超声波加工机床、电加工机床、金属材料试验机械、数控机床、木工机械、其他机床	略	台	按设计图示数量计算	略
跑车带锯机	略			略

> **温馨提示**
>
> 　　项目特征与工作内容考查频率较低,此处不做具体介绍,若有需要可参考《通用安装工程工程量计算规范》进行详细了解,下同。

三、锻压设备安装技术与计量 ★

(一)锻压设备安装技术

锻压设备组装前的清洗和检查应符合规范要求。

锻压设备的组装除应符合清洗和检查的要求外,尚应符合下列要求:

(1)装配的工艺规程和程序应符合随机技术文件的规定。

(2)装配图上未出现的垫片、套等零件不得安装。

(3)操纵装置、调节装置等传动机构中的空程量,不得超过该机构尺寸链中各零件的标准配合间隙值之和。

(4)锻压设备固定接合面应紧密结合。

(二)锻压设备安装计量

根据《通用安装工程工程量计算规范》,锻压设备安装计量规则如表 4-3 所示。

表 4-3　锻压设备安装计量规则

项目名称	项目特征	计量单位	工程量计算规则	工作内容
机械压力机、液压机、自动锻压机、锻锤、剪切机、弯曲校正机	略	台	按设计图示数量计算	略
锻造水压机	略			略

四、铸造设备安装技术与计量 ★

(一)铸造设备安装技术

铸造设备安装前,应按工程设计图对与设备安装相关的钢结构件、混凝土结构件及设备基础的尺寸进行复检。

铸造设备的清洗,应符合下列要求:

(1)整体出厂的设备,应进行表面清洗,不应拆卸和清洗设备的内部机件。

(2)解体出厂的设备,应将解体件表面清洗洁净。出厂已组装好的机件、精密件、密封件等,不得拆卸和清洗。

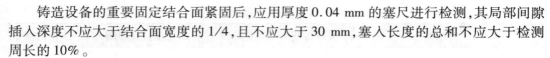

铸造设备的重要固定结合面紧固后,应用厚度 0.04 mm 的塞尺进行检测,其局部间隙插入深度不应大于结合面宽度的 1/4,且不应大于 30 mm,塞入长度的总和不应大于检测周长的 10%。

（二）铸造设备安装计量

根据《通用安装工程工程量计算规范》,铸造设备安装计量规则如表 4-4 所示。

表 4-4　铸造设备安装计量规则

项目名称	项目特征	计量单位	工程量计算规则	工作内容
砂处理设备、造型设备、制芯设备、落砂设备、清理设备、金属型铸造设备、材料准备设备	略	台（套）	按设计图示数量计算	略
抛丸清理室		室		略
铸铁平台	略	t	按设计图示尺寸以质量计算	略

五、起重设备安装技术与计量 ★

（一）起重设备安装技术

现场装配联轴器时,其端面间隙、径向位移和轴向倾斜应符合随机技术文件的规定;无规定时,应符合现行国家标准《机械设备安装工程施工及验收通用规范》的有关规定。

安装挠性提升构件时,必须符合下列规定:

(1)压板固定钢丝绳时,压板应无错位、无松动。

(2)楔块固定钢丝绳时,钢丝绳紧贴楔块的圆弧段应楔紧、无松动。

(3)钢丝绳在出、入导绳装置时,应无卡阻;放出的钢丝绳应无打旋、无碰触。

(4)吊钩在下限位置时,除固定绳尾的圈数外,卷筒上的钢丝绳不应少于 2 圈。

(5)起升用钢丝绳应无编接接长的接头;当采用其他方法接长时,接头的连接强度不应小于钢丝绳破断拉力的 90%。

(6)起重链条经过链轮或导链架时应自由、无卡链和爬链。

（二）起重设备安装计量

根据《通用安装工程工程量计算规范》,起重设备安装计量规则如表 4-5 所示。

表 4-5　起重设备安装计量规则

项目名称	项目特征	计量单位	工程量计算规则	工作内容
桥式起重机、吊钩门式起重机、梁式起重机、电动壁行悬臂挂式起重机、旋臂壁式起重机、旋臂立柱式起重机、电动葫芦、单轨小车	略	台	按设计图示数量计算	略

六、起重机轨道安装技术与计量 ★

（一）起重机轨道安装技术

轨道安装前对钢轨、螺栓、夹板等进行检查,如有裂纹腐蚀或不合规格的应立即更换。钢轨接头可做成直接头,也可以制成 45°角的斜接头。起重机轨道接头应保证起重机运行时平稳过渡、减小冲击。轨道线路的平直性、轨距、两条轨面的高低差等对起重机的运行性能有很大影响,须根据规范要求的精度进行安装。

轨道末端装设终止挡板,以防起重机从两端出轨。

(二)起重机轨道安装计量

根据《通用安装工程工程量计算规范》,起重机轨道安装计量规则如表4-6所示。

表4-6　起重机轨道安装计量规则

项目名称	项目特征	计量单位	工程量计算规则	工作内容
起重机轨道	略	m	按设计图示尺寸,以单根轨道长度计算	略

七、输送设备安装技术与计量 ★★★★★

(一)输送设备安装技术

《通用安装工程工程量计算规范》中涉及的输送设备是为了方便工程计量而进行的划分,以下主要从方便输送设备安装技术的理解的角度展开内容介绍。

输送设备是指可连续或间断地沿给定线路输送物料或物品的机械设备。输送设备是利用工作构件的旋转运动或往复运动,或利用介质在管道中的活动使物料向前输送。连续输送设备可按照有无牵引件(链、绳、带)分为具有挠性牵引件的输送设备和无挠性牵引件的输送设备。典型的具有挠性牵引件的输送设备有斗式提升输送机、链式输送机、带式输送机;典型的无挠性牵引件的输送设备有螺旋输送机、振动输送机等。

1. 具有挠性牵引件的输送设备

(1)斗式提升输送机。

可以连续输送的斗式提升输送机包括斗式输送机、斗式提升机。可以间断输送的斗式提升输送机主要是吊斗式提升机。各类型提升机的特点如下。

①斗式输送机。斗式输送机是一种具有特殊用途的设备,其特点是输送速度慢、输送能力低和投资费高,只有在其他标准型输送机不能满足要求时,才考虑采用。但斗式输送机输送形式灵活,可在垂直或者水平与垂直相结合的布置中输送物料,适用于冶金、化工行业等具有一定块度、温度的特殊物料的输送,特别适合输送含有块状、没有磨琢性的物料。

②斗式提升机。斗式提升机是一种利用固定在牵引件上的一系列料斗,在垂直方向或大倾角条件下输送粉状、粒状及块状物料的连续式输送机械,主要由机壳、牵引件(带或链)、料斗、驱动轮、改向轮、张紧装置、驱动装置等构件组成。斗式提升机广泛用于各散料输送行业,在港口主要用于散货码头筒仓系统内,也常用于其他输送环节的散料垂直提升。其主要优点是结构简单、维护方便、能耗低、体积小占地面积少(显著优点)、封闭输送、布置灵活及适用物料广泛等,可以在有限的场地内连续地将物料自低处垂直运送至高处。其主要缺点是对过载的敏感性较大;料斗和牵引构件易损坏,维护、维修不方便,且需经常停车检修;输送高度有一定的限制。

③吊斗式提升机。吊斗式提升机是以吊斗在垂直或倾斜轨道上运行,提升物料的高度较高的一种间断输送设备。它多用于输送焦炭、铸铁块、大块物料等。

> 🔔 **知识拓展**
>
> 　　斗式输送机、斗式提升机和吊斗式提升机都可以用来提升倾角大于20°的散装固体物料。

斗式提升机安装时先安装下部部件,固定地脚螺栓,然后安装中部机壳,最后安装上部机壳。斗式提升机机壳安装成功,校正垂直度,误差应符合要求。斗式提升机机壳安装好后,安装链条及料斗。斗式提升机链条及料斗安装好以后,进行适当张紧。给减速机添加适当的工业齿轮油以润滑,给轴承座添加适量的钙基或钠基黄油用以润滑。

斗式提升机安装应符合以下要求:

①料斗中心线与牵引胶带中心线的位置偏差不应大于 5 mm,料斗与牵引胶带的连接螺栓应锁紧。

②牵引胶带(皮带)接头可采用搭接和胶接连接。搭接接头应顺着胶带运行方向,搭接长度应跨 3 个料斗,其连接螺栓轴线与胶带端部的距离不应小于 50 mm。

③提升机的上部、中部区段应设置牢固的支架;机壳不得偏斜,且沿铅垂方向应能够自由伸缩。

(2)链式输送机。

典型的链式输送机有埋刮板输送机和刮板输送机。二者名称虽仅有一字之差,但表示的内容却有着明显的区别。

埋刮板输送机是指在封闭的料槽中靠刮板链条对物料的作用力以及物料的内摩擦力输送物料的输送机。埋刮板输送机具有全封闭式的机壳,被输送的物料在机壳内移动,不污染环境,能防止灰尘逸出,适用于输送粉尘状、小颗粒及小块状等物料。

刮板输送机是指物料在料槽中借助牵引构件上的刮板输送的输送机。刮板输送机采用敞开式料槽,适用于输送粒状和块状物料。

此外,还有鳞板式输送机。鳞板式输送机是指以连续重叠的鳞板作为承载构件的输送机。鳞板式输送机多用于输送重量大的散装固体。

链式输送机安装应符合以下要求:在安装链式输送机前,首先要在链式输送机的全长上拉引中心线,在安装各节机架时,必须对准中心线,同时也要搭架子找平。安装驱动装置时,必须留意使链式输送机的传动轴与链式输送机的中心线垂直,使驱动滚筒的宽度的中心与链式输送机的中心线重合,减速器的轴线与传动轴线平行,将机架固定在基础或楼板上,固定完成后,可装设给料和卸料装置。挂设输送带时,先将输送带带条铺在空载段的托辊上,围抱驱动滚筒之后,再敷在重载段的托辊上。链式输送机安装后,需要进行空负荷试运转。在空转试机中,要留意输送带运行中有无跑偏现象、驱动部件的运转温度、托辊运转中的流动情况。采用螺旋式拉紧装置,在负荷试运转时,还要对其松紧度再进行一次调整。

(3)带式输送机。

带式输送机是指利用安装在托辊上首尾相连的胶带通过驱动滚筒和张紧滚筒来输送物料的设备。带式输送机主要用于水平方向或坡度不大的倾斜方向(向下或向上均可)连续输送散粒货物,也可用于输送重量较轻的大宗成件货物。带式输送机由机架、滚筒(组装传动滚筒、改向滚筒和拉紧滚筒)、托辊、制动器、装载装置、卸料装置、逆止器、胶带等构成,其具有结构简单、维修方便、运输能力大、运输阻力小、耗电量低、运行平稳、在运输途中对物料的损伤小、在规定距离内每吨物料运费较其他设备低、经济性能好、操作安全可靠、使用寿命长等优点。

带式输送机按断面形式划分,可分为平型和槽型。前者主要用来输送箱装、包装、袋装成件物品及物料,也可以用来输送邮件和装配厂内的零部件;后者主要用来输送散装固体物料。

带式输送机按安装方式划分,可分为移动式和固定式。其中,固定式皮带输送机的输送带是最容易磨损的部件,当局部出现磨损严重的情况时,一般会考虑切断进行修补,当整条输送带都出现问题时,只能更换新的输送带。在更换输送带时为了方便,通常将输送带进行截取、环绕、连接。连接时使用最多的方法有两种,分别是机械接法和硫化接法,而硫化接法又分为热硫化和冷硫化。机械接法就是用金属卡子或金属铆钉将输送带连接起来,对输送带带芯损伤比较大,强度低,使用寿命短,在输送过程中,很容易和滚筒形成摩擦,损坏滚筒表面,同时,输送带运转过程中因金属物冲击上下托辊,使运转中产生噪音;但这种连接方法操作简单,工作时间短。机械接法主要使用在一些短距离输送的皮带输送机上。硫化接法的步骤比较多,工艺也比较复杂,但胜在其强度大。热硫化接头具有接头效率高,稳定性好,接头寿命长,工艺稳定,容易掌握等优点,但缺点是工艺繁琐、费用高、接头时间较长。冷硫化接头具有粘接强度高、操作简便、固化速度快等特点,接头过程中无需昂贵的设备,很适合生产急用的情况下,还可用于日常的输送带修补,但冷硫化接头不适用钢丝绳芯输送带。热硫化接头经实践证明是较为理想的连接方法。

带式输送机安装应符合以下要求:

①滚筒装配时,轴承和轴承座油腔中应充锂基润滑脂,轴承充锂基润滑脂的量不应少于轴承空隙的2/3,轴承座的油腔中应充满。

②带式逆止器的工作包角不应小于70°;滚柱逆止器的安装方向必须与滚柱逆止器一致,安装后减速器应运转灵活。

③空负荷试运转应在输送带接头强度达到要求后进行。空负荷试运转时,拉紧装置调整应灵活,当输送机启动和运行时,滚筒均不应打滑。输送带运行时,其边缘与托辊辊子外侧端缘的距离应大于30 mm。

④负荷试运转时,整机运行应平稳,应无不转动的辊子。清扫器清扫效果应良好,刮板式清扫器的刮板与输送带接触应均匀,应无异常振动。卸料装置不应产生颤抖和撒料现象。

2. 无挠性牵引件的输送设备

(1)螺旋输送机。

螺旋输送机是指借助旋转的螺旋叶片输送物料的输送机。螺旋输送机设计简单,造价低廉,输送块状、纤维状或黏性物料时被输送的固体物料有压结倾向。

螺旋输送机安装应符合以下要求:

①组装螺旋输送机时,相邻机壳法兰面的连接应平整,其间隙不应大于0.5 mm;机壳内表面接头处错位不应大于1.4 mm。机壳法兰之间宜采用石棉垫调整机壳和螺旋体长度之间的积累误差。螺旋输送机的吊轴承应可靠地固定在机壳吊耳上;相邻螺旋体连接后,螺旋体转动应平稳、灵活。

②进出料口的连接法兰不应强行连接,且连接后不应有间隙。

③螺旋输送机空负荷连续试运转2 h后,其轴承温升不应超过20 ℃。负荷试运转时,卸料应正常,无明显的阻料现象。

(2)振动输送机。

振动输送机是指以料槽振动而达到输送物料目的的输送机。振动输送机是一种无牵引构件的连续输送机械。它是利用机械共振原理来对松散颗粒物料进行中、短距离输送的输送机械,包括机械振动输送机和电磁振动输送机。振动输送机由输送槽、激振器、主振弹簧、导向杆、隔振弹簧、平衡底架进料装置、卸料装置等构成。振动输送机的购置价格较高,但后期运行维护费用和能耗费用较低,输送能力稍弱。除激振机构某些零部件外,相对转动部件很少,结构简单,工作安全可靠,操作维修方便且维护费用低。当制成封闭的槽体输送物料时,可改善工作环境,输送具有磨琢性、化学腐蚀性或有毒的散状固体物料、含泥固体物料及高温物料，也可在防尘条件、有气密性要求的条件或受压情况下进行物料输送，但输送能力有限，一般不宜输送黏性大、过于潮湿、易破损以及含气的物料，不能大角度向上倾斜输送物料。

考题探究

【单选题】某固体输送设备，初始价格较高，维护费用较低，可以输送具有磨琢性、化学腐蚀性或有毒的散状或含泥固体物料，甚至输送高温物料，可以在防尘、有气密要求或在有压力的情况下输送物料，但不能输送黏性强的物料、易破损的物料、含气的物料。该设备是（　　）。

A. 振动输送机　　　　　　　B. 链式输送机

C. 带式输送机　　　　　　　D. 螺旋输送机

【细说考点】本题主要考查振动输送机的特点。具体内容详见上文。本题选 A。

振动输送机安装应符合以下要求：

①输送槽法兰连接应紧密牢固，且与物料接触处的错位不应大于 0.5 mm。进料口、排料口的连接部分不得产生限制振动的现象。紧固螺栓应装设防松装置。

②负荷试运转时，振幅下降量不应大于额定振幅的 10%。物料在输送槽中应运动流畅，无明显阻料、跑偏、打旋和严重跳料。

（二）输送设备安装计量

根据《通用安装工程工程量计算规范》，输送设备安装计量规则如表 4-7 所示。

表 4-7　输送设备安装计量规则

项目名称	项目特征	计量单位	工程量计算规则	工作内容
斗式提升机	略	台	按设计图示数量计算	略
刮板输送机	略	组		
板（裙）式输送机	略	台		
悬挂输送机	略			
固定式胶带输送机	略			
螺旋输送机	略			
卸矿车	略			
皮带秤				

八、电梯安装技术与计量 ★★★★

（一）电梯安装技术

《通用安装工程工程量计算规范》中涉及的电梯种类是为了方便工程计量而进行的划分。以下主要从方便电梯安装技术的理解的角度展开内容介绍。在介绍电梯的安装技术前有必要对电梯的划分有一个基本的了解。

1. 电梯的划分

电梯是指动力驱动，利用沿刚性导轨运行的箱体或者沿固定线路运行的梯级（踏步），进行升降或者平行运送人、货物的机电设备，包括载人（货）电梯、自动扶梯、自动人行道等。

电梯有多种划分方式,具体如表4-8所示。

表4-8　电梯的种类划分

划分方式	类别
按用途划分	(1) Ⅰ类电梯:为运送乘客而设计的电梯。 (2) Ⅱ类电梯:主要为运送乘客,同时也可运送货物而设计的电梯(Ⅱ类电梯与Ⅰ、Ⅲ和Ⅵ类电梯的本质区别在于轿厢内的装饰)。 (3) Ⅲ类电梯:为运送病床(包括病人)及医疗设备而设计的电梯。 (4) Ⅳ类电梯:为运输通常由人伴随的货物而设计的电梯。 (5) Ⅴ类电梯:杂物电梯。 (6) Ⅵ类电梯:为适应大交通流量和频繁使用而特别设计的电梯,如速度为2.5 m/s以及更高速度的电梯
按驱动电动机类型划分	(1) 直流电动机电梯。 (2) 交流电动机电梯,可进一步划分为单速、双速及三速电梯,调速电梯,调压调速电梯和调频调压调速电梯。其中,调频调压调速电梯是将三相交流电源经整流变为直流,再经逆变器变换为所需的电压和频率以供给三相电动机,具有功率因数高、节流、平滑控制交流电动机、调速性能优越、节能效果明显等特点。调频调压调速电梯采用微机、PWM控制器等装置,以及速度电流等反馈系统,常用于超高层建筑物内
按驱动方式划分	曳引驱动电梯、强制驱动电梯、液压电梯等
按控制方式划分	手柄开关操纵电梯、按钮控制电梯、信号控制电梯、集选控制电梯、并联控制电梯、群控电梯等
按运行速度 v 划分	(1) 低速电梯: $v \leq 1.0$ m/s。 (2) 中速电梯: 1.0 m/s $< v \leq 2.0$ m/s。 (3) 高速电梯: 2.0 m/s $< v \leq 4.0$ m/s。 (4) 超高速电梯: $v > 4.0$ m/s

温馨提示

　　电梯无严格的速度分类,国内习惯上按上述速度等级分类。随着电梯速度系列的扩展和提高,区别超高、高、中、低速电梯的速度限值也在相应地提高。

考题探究

【单选题】按《电梯主参数及轿厢、井道、机房的型式与尺寸　第1部分:Ⅰ、Ⅱ、Ⅲ、Ⅵ类电梯》规定,电梯分为6类,其中Ⅲ类电梯指的是(　　)。

A.为运送病床(包括病人)及医疗设备设计的电梯

B.主要为运送通常由人伴随的货物而设计的电梯

C.为适应交通流量和频繁使用而特别设计的电梯

D.杂物电梯

【细说考点】本题主要考查电梯按用途划分的类别。具体内容详见上文。本题选A。

2. 曳引驱动电梯的安装技术

曳引驱动电梯性价比高、速度快，是目前最常用的电梯类型之一。曳引驱动电梯的主要组成如图4-1所示。

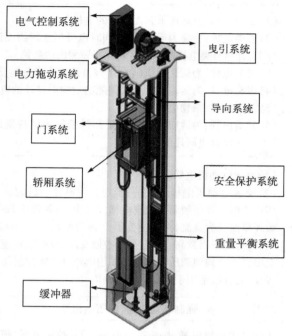

电气控制系统

曳引系统

电力拖动系统

导向系统

门系统

轿厢系统

安全保护系统

重量平衡系统

缓冲器

图4-1 曳引驱动电梯的主要组成

曳引驱动电梯从系统功能分，通常由曳引系统、导向系统、轿厢系统、门系统、重量平衡系统、驱动系统、控制系统、安全保护系统等组成。

通常将曳引系统、导向系统、轿厢系统、门系统、重量平衡系统、安全保护系统统称为电梯的机械系统。曳引系统由曳引机（含有减速器和无减速器两种曳引机及制动器）、导向轮（也称抗绳轮）或轿顶轮（含单、双轿顶轮）和对重轮、曳引钢丝绳和绳头组合（也称曳引绳锥套）等主要部件构成。导向系统也称引导系统。导向系统的作用是限定轿厢和对重装置在井道内的上下运行轨迹。因此，导向系统包括轿厢和对重装置两个导向系统。导向系统主要由导轨（也称轨导）、导轨固定架（也称导轨架）和导靴构成。机械安全保护系统由机械安全保护设施和机械安全防护设施构成。其中，机械安全保护设施主要由缓冲器、超速保护装置（限速器和安全钳装置、制动器）、层门锁装置等部件构成。

与机械系统相对应的是电梯的电气控制系统。电气控制系统由控制柜、操纵箱、指层灯箱、唤召箱、换速平层装置、两端站限位装置（包括两端站强迫减速装置、两端站楼面越位控制装置、两端站楼面越位极限装置）、轿顶检修箱、底坑检修箱等多个部件以及分散安装在相关机械部件中与相关机械部件配合完成电梯预定功能的电器零部件组成。电梯的电气控制系统与机械系统比较，具有选择范围大且灵活的特点。

电梯的机械系统和电气控制系统是构成电梯的两大系统。

根据曳引驱动电梯各系统的部件构成，曳引驱动电梯安装的基本顺序如图4-2所示。

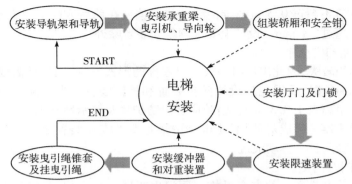

图 4-2 曳引驱动电梯安装的基本顺序

（1）安装导轨架和导轨。

导轨架作为导轨的支承件，被安装在井道内墙壁上。它固定了导轨的空间位置，并承受来自导轨的各种作用力。导轨架的安装方式有埋入式、焊接式、胀管螺栓固定式（预埋螺栓固定式）、对穿螺栓固定式。每根导轨上应设置不少于两个导轨架，导轨架在井道壁上的安装应固定可靠，两导轨架之间间隔应不超过 2.5 m。预埋件应符合土建布置图要求。固定导轨架的预埋件，直接进入墙的深度不宜小于 120 mm。锚栓（如胀管螺栓等）固定应在井道壁的混凝土构件上使用，其连接强度与承受振动的能力应满足电梯产品设计要求，混凝土构件的压缩强度应符合土建布置图要求。任何类别和长度的导轨架，其不水平度应不大于 5 mm。

作为保证电梯的轿厢和对重装置在预定位置做上下垂直运行的重要部件，导轨在每台电梯中用于轿厢和对重装置的两组应不少于四列。一般钢导轨，常采用机械加工方式或冷轧加工方式制作。常见的导轨横截面形状为 T 字形。

🔔 **知识拓展**

导靴：每台电梯的轿厢架和对重架的上下四个角各装一只导靴，它是确保轿厢和对重装置沿着轿厢导轨和对重导轨上下运行的重要机件，也是保持轿厢踏板与层门踏板、轿厢体与对重装置在井道内的相对位置处于恒定位置关系的装置。过去和现在生产的电梯产品采用的导靴有滑动导靴和滚轮导靴两种。

（2）安装承重梁、曳引机、导向轮。

承重梁是承载曳引机、轿厢和额定载荷、对重装置等总重量的机件。安装承重梁时，承重梁的规格、安装位置和相互之间的距离必须依照电梯的安装平面图进行。埋入墙的深度必须超过墙厚的中心 20 mm，且总长度不小于 75 mm。

曳引机是电梯产品的关键部件。曳引机加工、装配、安装的精度和质量直接关系电梯的运行性能。曳引机一般多位于井道上方的机房内，一般稳固安装在 2～3 根承重钢梁上。曳引机的安装方法受承重梁的安装形式影响。承重梁在楼板上时，可以通过螺栓把曳引机直接固定在承重梁上；承重梁在楼板下时，需制作混凝土台座，将曳引机安装在台座上面。曳引机固定在承重梁上后需调整，曳引轮的轴向水平度，从曳引轮轮缘上边下放一根铅垂线，与下边轮缘的最大间隙应小于 0.5 mm。制动器制动时，闸瓦与制动轮应紧密贴合，松闸时两侧闸瓦应同时离开制动轮表面，用厚薄量规测量，其间隙应均匀且不大于 0.7 mm。

曳引机安放固定好后，安装导向轮。曳引轮和导向轮轮缘端面相对水平面的垂直度在空载或满载工况下均不宜大于 4/1 000。曳引轮和导向轮的不平行度应不超过 1 mm；导

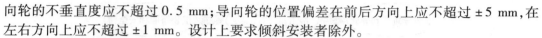

向轮的不垂直度应不超过 0.5 mm；导向轮的位置偏差在前后方向上应不超过 ± 5 mm，在左右方向上应不超过 ± 1 mm。设计上要求倾斜安装者除外。

（3）组装轿厢和安全钳。

轿厢一般体积较大，因此出厂时一般是以零件的形式发货，到货后需要对轿厢进行组装。当轿厢有反绳轮时，反绳轮应设置防护装置和挡绳装置。当轿顶外侧边缘至井道壁水平方向的自由距离大于 0.3 m 时，轿顶应装设防护栏及警示性标识。

安全钳与限速器一起成对使用，是电梯中最重要的安全装置之一。当安全钳可调节时，整定封记应完好，且无拆动痕迹。

（4）安装厅门及门锁。

厅门和门锁是电梯产品的安全设施。厅门也叫层门，手动开关门和自动开关门最为常见。层门强迫关门装置必须动作正常。

门扇挂完后应尽早安装门锁。门锁应保证任意一层楼的厅门妥善关闭后，在厅门外不能徒手扒开厅门。

（5）安装限速装置。

限速装置是电梯的重要安全设施。限速装置由限速器、张紧装置和钢丝绳组成。限速器一般安装在机房楼板上，也可以将它直接安装在承重梁上。限速器绳轮的垂直度，应不大于 0.5 mm；张紧装置对绳索的拉力，每分支应不小于 15 kg；当绳索伸长到预定限度或脱断时，限速器断绳开关应能断开控制电路的电源，强迫电梯停止运行。电梯正常运行时，限速装置的绳索不应触及装置的夹绳机件。限速器动作速度整定封记必须完好，且无拆动痕迹。限速器张紧装置与其限位开关相对位置安装应正确。

（6）安装缓冲器和对重装置。

缓冲器是电梯最后一道保护装置。其安装工作在井道底坑内进行，并安装在底坑槽钢或底坑地面上。缓冲器的作用是使运动着的轿厢和对重在一定的缓冲行程或时间内减速停止。轿厢在两端站平层位置时，轿厢、对重的缓冲器撞板与缓冲器顶面间的距离应符合土建布置图要求。轿厢、对重的缓冲器撞板中心与缓冲器中心的偏差不应大于 20 mm。液压缓冲器柱塞铅垂度不应大于 0.5%，充液量应正确。

对重装置由对重架及对重铁块组成，其作用在于减小电梯曳引机的输出功率；减小曳引轮与钢丝绳之间的摩擦曳引力，延长钢丝绳寿命；如果电梯在"冲顶"和"蹲底"时，使电梯失去曳引条件。当对重架有反绳轮，反绳轮应设置防护装置和挡绳装置。对重块应可靠固定。其安装工作在井道底坑内进行，在距离底坑地面 700 ~ 1 000 m 处组装，并安装在底坑内的对重导轨内。

（7）安装曳引绳锥套及挂曳引绳。

曳引绳锥套及曳引钢丝绳是连接轿厢和对重装置的机件。钢丝绳外形无打结、死弯、扭曲、断丝、松股、锈蚀等，洁净。锥套连接应符合安装工艺要求。各钢丝绳的弹簧压缩量应基本一致。

🔔 知识拓展

电梯的电气设备接地必须符合下列规定：

（1）所有电气设备及导管、线槽的外露可导电部分均必须可靠接地(PE)。

（2）接地支线应分别直接接至接地干线接线柱上，不得互相连接后再接地。

导体之间和导体对地之间的绝缘电阻必须大于 1 000 Ω/V，且其值不得小于：

（1）动力电路和电气安全装置电路，0.5 MΩ。

(2)其他电路(控制、照明、信号等),0.25 MΩ。

电梯整机安装验收时,必须检查以下安全装置或功能:

(1)断相、错相保护装置功能。当控制柜三相电源中任何一相断开或任何二相错接时,断相、错相保护装置或功能应使电梯不发生危险故障。当错相不影响电梯正常运行时可没有错相保护装置或功能。

(2)短路、过载保护装置。动力电路、控制电路、安全电路必须有与负载匹配的短路保护装置;动力电路必须有过载保护装置。

(3)限速器。限速器上的轿厢(对重、平衡重)下行标志必须与轿厢(对重、平衡重)的实际下行方向相符。限速器铭牌上的额定速度、动作速度必须与被检电梯相符。

(4)安全钳、缓冲器、门锁装置必须与其形式试验证书相符。

(5)上、下极限开关。上、下极限开关必须是安全触点,在端站位置进行动作试验时必须动作正常。在轿厢或对重(如果有)接触缓冲器之前必须动作,且缓冲器完全压缩时,保持动作状态。

(6)轿顶、机房(如果有)、滑轮间(如果有)、底坑停止装置位于轿顶、机房(如果有)、滑轮间(如果有)、底坑的停止的动作必须正常。

3.自动扶梯的安装技术

自动扶梯也是目前最常用的电梯类型之一。自动扶梯的组成示意图如图4-3所示。自动扶梯的组成部分主要有桁架、主机(工作制动器及附加制动器)、梯路导轨系统、栏杆(围裙板及围裙板防夹装置、内外盖板、护壁板)、扶手装置、梯级链条、梯级、梳齿及支撑板(前沿板)、检修盖板和楼层板(床盖板)等。

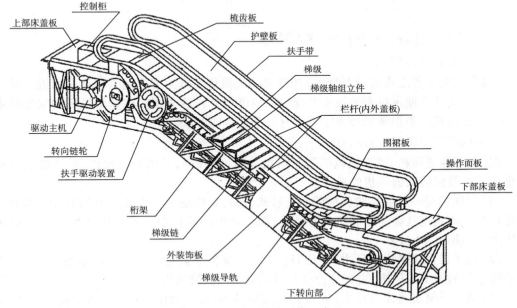

图4-3　自动扶梯的组成示意图

自动扶梯安装技术在考试中不涉及,此处不再介绍。

（二）电梯安装计量

根据《通用安装工程工程量计算规范》，电梯安装计量规则如表4-9所示。

表4-9　电梯安装计量规则

项目名称	项目特征	计量单位	工程量计算规则	工作内容
交流电梯、直流电梯、小型杂货电梯、观光电梯、液压电梯	名称,型号,用途,层数,站数,提升高度、速度,配线材质、规格、敷设方式,运转调试要求	部	按设计图示数量计算	本体安装,电梯电气安装、调试,辅助项目安装,单机试运转及调试,补刷(喷)油漆
自动扶梯	名称,型号,层高,扶手中心距,运行速度,配线材质、规格、敷设方式,运转调试要求			本体安装,自动扶梯电气安装、调试,单机试运转及调试,补刷(喷)油漆

考题探究

【多选题】依据《通用安装工程工程量计算规范》，下列关于电梯计量的要求，正确的有（　　　）。

A. 项目特征应描述配线材质、规格、敷设方式

B. 项目特征应描述电梯运转调试要求

C. 工作内容应包括电梯电气安装、调试

D. 电梯安装计量单位应以"座"计算

【细说考点】本题主要考查电梯计量的要求。具体内容详见上文。本题选ABC。

九、风机安装技术与计量 ★★★★

（一）风机安装技术

《通用安装工程工程量计算规范》中涉及的风机种类是为了方便工程计量而进行的划分。以下主要从方便风机安装技术的理解的角度展开内容介绍。在介绍风机的安装技术前有必要对风机的类型和型号表示方法有一个基本的了解。

1. 风机的类型和型号表示方法

根据《工业通风机、透平鼓风机和压缩机　名词术语》，风机是通风机、透平鼓风机和透平压缩机及回转式鼓风机的总称。

（1）通风机是一种能接收机械能的旋转式机械，它借助于一个或多个装有叶片的叶轮来保持空气或其他气体连续的流过通风机，而且其单位质量功一般不超过 25 kJ/kg，通风机压力将不超过 30 kPa。

（2）透平鼓风机是出口压力（表压）高于 30 kPa 但不超过 200 kPa，或压力比大于 1.3 但不超过 3 的透平式风机，主要分为离心鼓风机与轴流鼓风机。

（3）透平压缩机是出口压力（表压）高于 200 kPa，或压力比大于 3 的透平式风机，主要分为离心压缩机与轴流压缩机。

（4）回转式鼓风机即俗称的罗茨式鼓风机。

以上关于风机的内容来源于相关专业名词术语,实际应用与专业名词术语存在一定差异。在实际应用中,通风机的排出气体压力不超过 14.70 kPa,鼓风机的排出气体压力为 14.7~350 kPa,压缩机的排出气体压力在 350 kPa 以上。

以下主要介绍通风机。通风机按气流运动方向分类可分为离心通风机和轴流通风机。

(1)离心通风机。

离心通风机是空气沿轴向流入叶轮,并沿垂直于轴向流出叶轮的通风机,如图 4-4 所示。离心通风机为轴向进气、径向排气。

图 4-4　离心通风机

根据输送气体压力的大小,可以将离心通风机分为低、中、高压三种。低压离心通风机适用于输送压力不大于 0.98 kPa 的气体;中压离心通风机适用于输送压力在 0.98~2.94 kPa 间的气体;高压离心通风机适用于输送压力在 2.94~14.7 kPa 间的气体。

离心通风机系列产品一般用形式表示,产品型号由形式和规格组成。型号组成的顺序关系如表 4-10 所示。

表 4-10　离心通风机的型号

型号	
形式	规格
设计序号 叶轮级数 比转速 双吸入(单吸入可省略) 压力系数乘以5 用途代号	No □□ 传动形式 机号

应用表 4-10 时,应注意下列事项:

①用途代号按表 4-11 确定。

表 4-11　通风机产品用途代号

用途类别	代号	
	汉字	简写
工业冷却水通风	冷却	L
矿井主体通风	矿井	K
矿井局部通风	矿局	KJ

（续表）

用途类别	代号	
	汉字	简写
锅炉通风	锅通	G
锅炉引风	锅引	Y
高炉鼓风	高炉	GL
一般通用空气输送	通用	T

②压力系数乘以 5 四舍五入后取整数，一般采用 1 位整数。个别前向叶轮的压力系数大于 1.0 时，亦可用 2 位整数表示。

③双吸入形式用"2×"表示，单吸入形式可省略。

④比转速采用 2 位整数表示。若产品的形式中有重复代号或派生型时，则在比转速后加注序号来区分，采用罗马数字Ⅰ，Ⅱ等表示。

⑤叶轮级数用正整数表示，单级叶轮不标。

⑥设计序号用阿拉伯数字"1""2"等表示。供对该型产品有重大修改时用。若性能参数、外形尺寸、地基尺寸、易损件没有改动时，不应使用设计序号。

> **知识巩固**
>
> 通用离心通风机型号"4-72 No20A"表示一般通风换气用，压力系数为 0.8，比转速为 72，机号为 20 即叶轮直径 2 000 mm，传动形式为 A 型。通用离心通风机型号"4-2×72 No20A"表示叶轮是双吸入形式，比转速为单叶轮的 2 倍，其他参数同前述内容。

> **知识拓展**
>
> 一般锅炉引、送风机都是离心通风机。

（2）轴流通风机。

轴流通风机是气体沿着与通风机同轴的圆柱进入和离开叶轮的通风机，如图 4-5 所示。轴流通风机为轴向进气、轴向排气。

图 4-5　轴流通风机

根据输送气体压力的大小，可以将轴流通风机分为低、高压两种。低压轴流通风机适用于输送压力不大于 0.49 kPa 的气体；高压轴流通风机适用于输送压力为 0.49 ~ 4.90 kPa 的气体。

轴流通风机系列产品一般用形式表示，产品型号由形式和规格组成。型号组成的顺序关系如表 4-12 所示。

表 4-12 轴流通风机的型号

型号	
形式	**规格**

应用表 4-12 时，应注意下列事项：

①叶轮级数代号（指叶轮串联级数），单级叶轮可不表示，双级叶轮用"2"表示。

②用途代号确定方法同离心通风机。

③轮毂比为轮毂的外径与叶轮外径之比的百分数，取 2 位整数。

④转子位置代号卧式用"H"表示（可省略），立式用"V"表示。

⑤设计序号用阿拉伯数字"1""2"等表示。供对该型产品有重大修改时用。若性能参数、外形尺寸、地基尺寸、易损件没有改动时，不应使用设计序号。若产品的形式中有重复代号或派生型时，则在设计序号前加注序号来区分，采用罗马数字Ⅰ，Ⅱ等表示。

温馨提示

离心通风机和轴流通风机最主要的区别在于：离心通风机流量小，全压大；而轴流通风机流量大、全压小。

考题探究

【单选题】某矿井用轴流通风机型号为 K70B2-11NO18D，下列关于该通风机型号的说法，正确的是（ ）。

A. 轮毂比为 70

B. 机翼型扭曲叶片

C. 叶轮直径为 180 mm

D. 采用悬臂支承联轴器传动

【细说考点】本题主要考查轴流通风机型号表示方法。轴流通风机型号 K70B2-11NO18D 表示的含义如下："70"代表轮毂比为 0.7，"B"代表通风机叶片为机翼型非扭曲叶片，"2"代表第 2 次设计，"-1"代表叶轮为一级，"1"代表第 1 次结构设计，"NO18"代表叶轮直径为 1 800 mm，"D"代表采用悬臂支承联轴器传动，无进、出风口位置。本题选 D。

2. 风机的安装技术

风机的安装技术，如表 4-13 所示。

表 4-13 风机的安装技术

项目	内容
基本规定	（1）风机的进气、排气系统的管路、大型阀件、调节装置、冷却装置和润滑油系统等管路，应有单独的支承，并应与基础或其他建筑物连接牢固，与风机机壳相连时不得将外力施加在风机机壳上。连接后应复测机组的安装水平和主要间隙，并应符合随机技术文件的规定。

（续表）

项目	内容
基本规定	（2）风机机壳剖分法兰结合面间应涂抹一层密封胶；螺栓的螺纹部分应涂防咬合剂，并应按规定的力矩或螺母转动角度将螺栓拧紧。 （3）风机的润滑、密封、液压控制系统应清洗洁净；组装后风机的润滑、密封、液压控制、冷却和气路系统的受压部分，应以其最大工作压力进行严密性试验，且应保压 10 min 后无泄漏；其风机的冷却系统试验压力不应低于 0.4 MPa。 （4）风机试运转前，应符合下列要求： ①轴承箱和油箱应经清洗洁净、检查合格后，加注润滑油；加注润滑油的规格、数量应符合随机技术文件的规定。 ②电动机、汽轮机和尾气透平机等驱动机器的转向应符合随机技术文件的要求。 ③盘动风机转子，不得有摩擦和碰刮。 ④润滑系统和液压控制系统工作应正常。 ⑤冷却水系统供水应正常。 ⑥风机的安全和连锁报警与停机控制系统应经模拟试验，并应符合相关规定要求
离心通风机	（1）整体安装轴承箱的安装水平，应在轴承箱中分面上进行检测，其纵向安装水平亦可在主轴上进行检测，纵、横向安装水平偏差均不应大于 0.10/1 000。 （2）离心通风机机壳组装时，应以转子轴线为基准找正机壳的位置；机壳进风口或密封圈与叶轮进口圈的轴向重叠长度和径向间隙，应调整到随机技术文件规定的范围内，并应使机壳后侧板轴孔与主轴同轴，并不得碰刮；无规定时，轴向重叠长度应为叶轮外径的 0.8% ~1.2%；径向间隙沿圆周均匀，其单侧间隙值应为叶轮外径的 0.15% ~0.4%。 （3）离心通风机试运转应符合下列要求：启动前应关闭进气调节门；点动电动机，各部位应无异常现象和摩擦声响；风机启动达到正常转速后，应在调节门开度为 0°~5°时进行小负荷运转；小负荷运转正常后，应逐渐开大调节门，但电动机电流不得超过额定值，直至规定的负荷，轴承达到稳定温度后，连续运转时间不应少于 20 min；具有滑动轴承的大型风机，负荷试运转 2 h 后应停机检查轴承，轴承应无异常现象，当合金表面有局部研伤时应进行修整，再连续运转不应少于 6 h；高温离心通风机进行高温试运转时，其升温速率不应大于 50 ℃/h，进行冷态试运转时，其电机不得超负荷运转；试运转中，在轴承表面测得的温度不得高于环境温度 40 ℃，轴承振动速度有效值不得超过 6.3 mm/s；矿井用离心通风机振动速度有效值不得超过 4.6 mm/s
轴流通风机	（1）整体出厂的轴流通风机的安装，应符合下列要求：机组的安装水平和铅垂度应在底座和机壳上进行检测，其安装水平偏差和铅垂度偏差均不应大于 1/1 000；通风机的安装面应平整，与基础或平台应接触良好。 （2）具有中间传动轴的轴流通风机机组找正时，驱动机为转子穿心电动机时，应确定磁力中心位置，并应计算且留出中间轴的热膨胀量和联轴器的轴向间隙后，再确定两轴之间的距离。 （3）轴流通风机试运转应符合下列要求：启动时各部位应无异常现象；启动在小负荷运转正常后，应逐渐增加风机的负荷，在规定的转速和最大出口压力下，直至轴承达到稳定温度后，连续运转时间不应少于 20 min；轴流通风机启动后调节叶片时，电流不得大于电动机的额定电流值；轴流通风机运行时，严禁停留于喘振工况内；试运转中，一般用途轴流风机在轴承表面测得的温度不得高于环境温度 40 ℃；电站式轴流通风机和矿井式轴流通风机，滚动轴承正常工作温度不应超过 70 ℃，瞬时最高温度不应超过 95 ℃，温升不应超过 60 ℃；滑动轴承的正常工作温度不应超过 75 ℃；应检查管道的密封性，停机后应检查叶顶间隙

风机运转的其他要求以考题探究的形式进行讲解。

考题探究

【多选题】风机运转时应符合相关规范要求,下列表述正确的有(　　)。

A. 风机试运转时,以电动机带动的风机均应经一次启动立即停止运转的试验

B. 风机启动后,转速不得在临界转速附近停留

C. 风机运转中,轴承的进油温度应高于40 ℃

D. 风机的润滑油冷却系统中的冷却压力必须低于油压

【细说考点】本题主要考查风机运转相关要求。风机运转过程中,轴承的进油温度一般应在40 ℃以下,不应高于40 ℃。风机停止运转后,待轴承回油温度降到小于45 ℃后,才能停止油泵工作。风机运转达到额定转速后,应将风机调理到最小负荷(罗茨、叶氏鼓风机除外)。本题选 ABD。

(二)风机安装计量

根据《通用安装工程工程量计算规范》,风机安装计量规则如表4-14所示。

表4-14　风机安装计量规则

项目名称	项目特征	计量单位	工程量计算规则	工作内容
离心式通风机、离心式引风机、轴流通风机、回转式鼓风机、离心式鼓风机、其他风机	名称,型号,规格,质量,材质,减振底座形式,数量,灌浆配合比,单机试运转要求	台	按设计图示数量计算	本体安装,拆装检查,减振台座制作、安装,二次灌浆,单机试运转,补刷(喷)油漆

温馨提示

直联式风机的质量包括本体及电动机、底座的总质量;风机支架应按《通用安装工程工程量计算规范》中静置设备与工艺金属结构制作安装工程相关项目编码列项。

十、泵安装技术与计量 ★★★★★

(一)泵安装技术

《通用安装工程工程量计算规范》中涉及的泵的种类是为了方便工程计量而进行的划分。以下主要从方便泵安装技术的理解的角度展开内容介绍。在介绍泵的安装技术前有必要对泵的分类和性能有一个基本的了解。

1. 泵的分类和性能

泵按其作用原理可分为以下三类。

(1)叶片式泵(动力式泵)。

叶片式泵对液体的输送是靠装有叶片的叶轮高速旋转而完成的。属于叶片式泵的有离心泵、旋涡泵、轴流泵、混流泵。

①离心泵。离心泵是依靠叶轮高速旋转时产生的离心力把能量传递给液体,叶轮出口液流方向基本与泵轴垂直的回转动力式泵。离心泵的优点:转速高,体积小,重量轻,效率高,流量大,结构简单,性能平稳,容易操作和维修。缺点:起动前泵内要灌满液体,液体精度对泵性能影响大,只能用于精度近似于水的液体。

离心泵的分类如下:按压水室形式分为蜗壳泵和导叶泵;按泵轴方向分为卧式泵、立式泵和斜式泵;按级数分为单级泵和多级泵;按吸入形式分为单吸泵和双吸泵;按驱动方

式分为直接连接式泵、齿轮传动式泵、液力耦合器传动式泵、皮带传动式泵和共轴式泵；按特殊结构分为液下式泵、筒式泵、双壁壳式泵、地坑筒式泵、抽出式泵、自吸式泵、潜液式泵、屏蔽电泵和磁力驱动泵；按工作用途分为锅炉给水泵、凝结水泵、循环水泵、水力采煤泵、矿山排水泵、煤水泵、除鳞泵、压舱泵、倾斜平衡泵、杂质泵、砂泵、渣浆泵、泥浆泵、污水泵、消防泵、流程泵、纸浆泵、液化石油气泵、液化天然气泵、增压泵和耐腐蚀泵。

蜗壳式多级离心泵排出压力可高达 18 MPa，主要用于流量较大、扬程较高的城市给水、矿山排水和输油管线。

深井潜水泵主要用于从深井中抽吸输送地下水，供城镇、工矿企业给水和农田灌溉。泵的扬程高，需较长的出水管。泵的工作部分为立式单吸多级导流式离心泵，泵与电动机直接连接制成一体。和一般深井泵比较，潜水泵在井下水中工作，无须很长的传动轴。

🔔 **知识拓展**

离心式深井泵用于深井中抽水，多属于立式单吸分段式多级离心泵。离心式深井泵与离心式深井潜水泵的共同特点有泵的扬程高，需较长的出水管，均为多级离心泵。

屏蔽泵也称无填料泵，既适用于输送腐蚀性、易燃、易爆、剧毒及贵重液体，也适用于输送高温、高压、高熔点液体，广泛用于石化及国防工业。

离心式冷凝水泵是电厂的专用泵，多用于输送冷凝器内聚集的凝结水，其主要特点是有较高的气蚀性。

②旋涡泵是依靠叶轮高速旋转时在叶片和泵体流道中产生的旋涡运动把能量传递给液体的动力式泵。旋涡泵在能量传递过程中，由于液体的多次撞击，能量损失较大，泵的效率较低，比转数通常为 6～50。旋涡泵只适用于要求小流量（1～40 m^3/h）、高扬程（可达 250 m）的场合，如消防泵、飞机加油车上的汽油泵、小锅炉给水泵等。旋涡泵可以输送高挥发性和含有气体的液体，但不应用来输送黏度大于 7 Pa·s 的较稠液体和含有固体颗粒的不洁净液体。

③轴流泵是叶轮中的液体沿着与主轴同心的圆筒内排出的泵。轴流泵的进水口一般为喇叭形进水。当排出口公称直径大于 1 000 mm 时，可根据需要设计成其他形式的进水口。泵排出口一般为 60°出水弯管。轴流泵的结构形式可为立式、卧式，也可为斜式。轴流泵的特点是结构简单，流量大，扬程低；多数轴流泵的叶片安装角度可以改变，因而特性参数可以变化，运转的范围宽，使用效率高。其主要适用于低扬程、大流量的场合，如灌溉、排涝、船坞排水、运河船闸的水位调节，或用作电厂大型循环水泵。扬程较高的轴流泵（必要时制成双级）可供浅水船舶的喷水推进之用。

轴流泵的具体应用以考题探究的形式进行介绍。

考题探究

【单选题】某排水工程需选用一台流量为 1 000 m^3/h、扬程 5 mH_2O 的水泵，最合适的水泵为（　　）。

A. 旋涡泵　　　　　　　　　　B. 轴流泵

C. 螺杆泵　　　　　　　　　　D. 回转泵

【细说考点】本题主要考查轴流泵。轴流泵的结构形式可为立式、卧式，也可为斜式。卧式轴流泵的流量为 1 000 m^3/h，扬程在 8 mH_2O 以下。本题选 B。

④混流泵是叶轮中的液体沿着与主轴同心的锥面内排出的泵。混流泵从外形、结构

都是介于离心泵和轴流泵之间。混流泵的使用性能也是介于离心泵和轴流泵之间,它与离心泵比较,比转数高一些,扬程低一些,而流量大一些;它与轴流泵比较,比转数低一些,扬程高一些,而流量小一些。混流泵适用于城市排水、丘陵地区的农田灌溉等。

（2）容积式泵。

容积式泵对液体的输送是靠泵体工作室容积的改变来完成的。一般使工作室容积改变的方式有做往复运动和做旋转运动。

做往复运动的泵称为往复泵,例如活塞泵、隔膜泵等。往复泵效率高而且高效区宽;泵的压力取决于管路的特性,理论上能达到很高压力,压力变化几乎不影响流量,因而能提供恒定的流量;有良好的自吸性能;流量和压力有较大的脉动,但平均流量恒定;速度低,尺寸大,结构较离心泵复杂,制造成本和安装费用都较高;对液体的污染度不是很敏感,可输送液、气混合物,特殊设计的还能输送泥浆、混凝土等。

> **🔔 知识拓展**
>
> 计量泵是一种可以满足各种严格的工艺流程需要,流量可以在 0～100% 范围内无级调节,用来输送液体（特别是腐蚀性液体）的一种特殊容积泵,大多属于往复式。计量泵有多种类型,其中,隔膜计量泵具有绝对不泄露的优点,最适合输送和计量易燃易爆、强腐蚀、剧毒、有放射性和贵重液体。

做旋转运动的泵称为回转泵,例如转子泵、凸轮泵、齿轮泵、柱塞泵、螺杆泵、罗茨泵等。回转泵的转子做回转运动,没有冲击,转数可较高;结构紧凑,体积较往复泵小;排出压力较往复泵小,流量和效率较低,只适用于输送小量的液体。

（3）其他泵。

其他泵是指除叶片式泵和容积式泵以外的特殊泵。属于其他泵的有水锤泵、喷射泵、水环泵等。

水锤泵是利用流动中的水被突然制动时所产生的能量,将低水头能转换为高水头能的高级提水装置,适合于具有微小水力资源条件的贫困用水地区。

喷射泵是一种流体动力泵。流体动力泵没有机械传动和机械工作构件,它借助另一种工作流体的能量做动力源来输送低能量液体,用来抽吸易燃易爆的物料时,具有很好的安全性。喷射式真空泵是利用通过喷嘴的高速射流来抽除容器中的气体以获得真空的设备,又称射流真空泵。在化工生产中,常以产生真空为目的。喷射泵具有结构简单、不直接消耗机械能的特性,广泛应用于供热、渔业、电力、化工、消防、石油以及航空航天等领域。

水环泵通过水的高速运动,导致气体体积发生变化产生负压,主要用于抽吸空气或水,达到液固分离,也可用作压缩机。水环泵是一种性能优良的抽气设备,具有抽气量大、能量损耗小、汽水工质损失少、安全可靠、自动化程度高等优点,因而在石油、化工、机械、矿山、轻工、医药及食品等许多工业部门得到广泛应用。

2. 泵的安装技术

以下主要介绍离心泵的安装技术。

离心泵的清洗和检查,应符合下列要求:

（1）整体出厂的泵在防锈保证期内,其内部零件不宜拆卸,可只清洗外表。当超过防锈保证期或有明显缺陷需拆卸时,其拆卸、清洗和检查应符合随机技术文件的规定;无规定时,应符合下列要求:拆下叶轮部件应清洗洁净,叶轮应无损伤;冷却水管路应清洗洁净,并应保持畅通;管道泵和共轴式泵不宜拆卸。

（2）解体出厂的泵清洗和检查时,泵的主要零件、部件和附属设备、中分面和套装零件、部件的端面不得有擦伤和划痕;轴的表面不得有裂纹、压伤及其他缺陷。清洗洁净后应去除水分，并应将零件、部件和设备表面涂上润滑油，同时应按装配顺序分类放置；泵壳垂直中分面不宜拆卸和清洗。

离心泵的找正应符合下列要求：

（1）驱动机轴与泵轴、驱动机轴与变速器轴以联轴器连接时，两半联轴器的径向位移、端面间隙、轴线倾斜，应符合随机技术文件的规定。

（2）驱动机轴与泵轴以皮带连接时，两轴的平行度、两轮的偏移，应符合现行国家标准《机械设备安装工程施工及验收通用规范》的有关规定。

🔔 **知识拓展**

> 离心泵的找正（坐标位置调整）、找平（水平度的调整）是一个综合调整的过程。离心泵的找平应符合泵找平的基本规定。泵找平的基本规定如下：整体安装的泵安装水平，应在泵的进、出口法兰面或其他水平面上进行检测，纵向安装水平偏差不应大于0.10/1 000，横向安装水平偏差不应大于0.20/1 000；解体安装的泵的安装水平，应在水平中分面、轴的外露部分，底座的水平加工面上纵、横向放置水平仪进行检测，其偏差均不应大于0.05/1 000。

解体出厂的泵安装时，密封环应牢固地固定在泵体或叶轮上；密封环间的运转间隙应符合随机技术文件的规定。

离心泵启动时，应打开吸入管路阀门，并应关闭排出管路阀门；高温泵和低温泵应符合随机技术文件的规定；泵的平衡盘冷却水管路应畅通；吸入管路应充满输送液体，并应排尽空气，不得在无液体情况下启动；泵启动后应快速通过喘振区；转速正常后应打开出口管路的阀门，出口管路阀门的开启不宜超过3 min，并应将泵调节到设计工况，不得在性能曲线驼峰处运转。

离心泵试运转时除应符合泵试运转的基本规定外，尚应符合下列要求：

（1）机械密封的泄漏量不应大于5 mL/h，高压锅炉给水泵机械密封的泄漏量不应大于10 mL/h；杂质泵及输送有毒、有害、易燃、易爆等介质的泵，密封的泄漏量不应大于设计的规定值。

（2）低温泵不得在节流情况下运转。

（3）泵的振动值的检测及其限值，应符合随机技术文件的规定；无规定时，应符合规范规定。

🔔 **知识拓展**

> 泵试运转的基本规定如下：试运转的介质宜采用清水；当泵输送介质不是清水时，应按介质的密度、比重折算为清水进行试运转，流量不应小于额定值的20%；电流不得超过电动机的额定电流；润滑油不得有渗漏和雾状喷油；轴承、轴承箱和油池润滑油的温升不应超过环境温度40 ℃，滑动轴承的温度不应大于70 ℃；滚动轴承的温度不应大于80 ℃；泵试运转时，各固定连接部位不应有松动；各运动部件运转应正常，无异常声响和摩擦；附属系统的运转应正常；管道连接应牢固、无渗漏；轴承的振动速度有效值应在额定转速、最高排出压力和无气蚀条件下检测，检测及其限值应符合随机技术文件的规定；泵的静密封应无泄漏；填料函和轴密封的泄漏量不应超过随机技术文件的规定；润滑、液压、加热和冷却系统的工作应无异常现象；泵的安全保护和电控装置及各部分仪表应灵敏、正确、可靠。

（二）泵安装计量

根据《通用安装工程工程量计算规范》，泵安装计量规则如表4-15所示。

表 4-15　泵安装计量规则

项目名称	项目特征	计量单位	工程量计算规则	工作内容
离心式泵、旋涡泵、电动往复泵、柱塞泵、蒸汽往复泵、计量泵、螺杆泵、齿轮油泵、真空泵、屏蔽泵、潜水泵、其他泵	名称,型号,规格,质量,材质,减振装置形式、数量,灌浆配合比,单机试运转要求	台	按设计图示数量计算	本体安装、泵拆装检查、电动机安装、二次灌浆、单机试运转、补刷(喷)油漆

温馨提示

　　直联式泵的质量包括本体、电动机及底座的总质量;非直联式的不包括电动机质量;深井泵的质量包括本体、电动机、底座及设备扬水管的总质量。

考题探究

　　【单选题】离心泵安装工程量计算时,需另行计算工程量的是(　　　)。
　　A. 泵拆装检查　　　　　　　　　　B. 直联式泵的电动机安装
　　C. 泵软管接头安装　　　　　　　　D. 泵基础二次浇灌
　　【细说考点】本题主要考查离心泵安装工程量计算。泵软管接头安装未包括在泵安装工作内容内,故需另行计算工程量。本题选 C。

十一、压缩机安装技术与计量 ★★★★★

(一)压缩机安装技术

　　《通用安装工程工程量计算规范》中涉及的压缩机的种类是为了方便工程计量而进行的划分。以下主要从方便压缩机安装技术的理解的角度展开内容介绍。在介绍压缩机的安装技术前有必要对压缩机的特性有一个基本的了解。

1. 压缩机的特性

　　压缩机是用来提高气体压力和输送气体的机械,属于将原动机的动力能转变为气体压力能的工作机。压缩机的种类多、用途广,有"通用机械"之称。不同类型压缩机的特性存在一定差异。压缩机的总分类如图 4-6 所示。

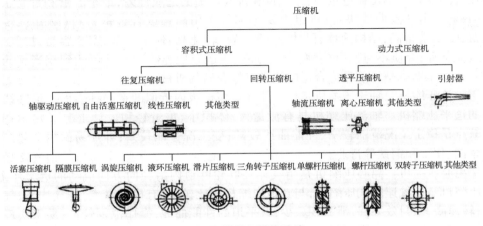

图 4-6　压缩机的总分类

知识拓展

容积式压缩机是通过改变工作腔容积的大小，来提高气体压力的压缩机。动力式压缩机是通过提高气体运动速度，将其动能转换为压力能来提高气体压力的压缩机。

压缩机的技术参数主要有：

（1）性能参数，表征压缩机主要性能的参数有压力（包括吸气压力和排气压力）、流量、容量、工作效率及噪声等。

（2）结构参数，表征压缩机结构特点的参数有活塞力、行程、转速、列数、各级缸径、外形尺寸等。

常用压缩机的特性如下：

（1）往复压缩机。目前活塞压缩机是应用最广泛的一种往复压缩机，以下主要介绍活塞压缩机的相关内容。活塞压缩机是指通过活塞在气缸中做往复运动来压缩气体的轴驱动压缩机。其具有适用压力范围广，不论流量大小，均能达到所需压力；热效率高，单位耗电量少；气流损失小；适应性强，即排气范围较广，且不受压力高低影响，能适应较广阔的压力范围和制冷量要求；可维修性强；对材料要求低，多用普通金属材料，加工较容易，造价也较低廉；技术上较为成熟，生产使用上积累了丰富的经验；装置系统比较简单等优点。缺点是机器大而重，转速不高；结构复杂，易损件多，维修量大；气流速度低；排气不连续，造成气流脉动，气体常混有润滑油；运转时有较大的震动。

温馨提示

此知识点在历年中经常考查。

（2）回转压缩机。回转压缩机是指通过一个或几个转子在气缸内做回转运动使工作容积产生周期性变化，从而实现气体压缩的容积式压缩机。其具有机器小而轻；强制排气，变工况性能好；压力脉动小，输气均匀且适应性强等优点。缺点是机器有形状不规则的、长度较大的密封边缘，一般只能靠较高的制造精度来保证密封；所能达到的压力受密封效果的限制，仅适用中低压场合；噪声较大。

（3）透平压缩机。透平压缩机是指具有回转叶片、轮盘或叶轮的动力式压缩机，例如轴流压缩机、离心压缩机等。其与活塞压缩机相比只适用于小流量的环境，在超高压范围不适用；热效率低，单位耗电量高；排气量和排气压力的适应性差，最小流量和最高压力不能同时满足，由性能曲线决定；机组主要零部件多用高强度合金钢材料（例如旋转零部件），加工难，造价高；结构简单、尺寸小、重量轻；转速高、便于调节、安装容易；排气平稳，没有气流脉动；介质不与油质接触、安全可靠、压送介质连续均匀并可达到相当高的排出压力。透平压缩机是目前最为合适的压送气体介质的机械。

①轴流压缩机。轴流压缩机是指气体在压缩机级内近似的在圆柱表面上沿轴线方向流动的透平压缩机。轴流压缩机具有流量大、体积小、重量轻和设计工况下效率高等优点。缺点是稳定工况范围较窄、性能曲线较陡；变工况性能较差；叶片易磨损。其广泛应用于炼油、化工和钢铁等行业。

②离心压缩机。离心压缩机是指气体在叶轮叶道内沿径向方向流动的透平压缩机。离心压缩机是一种速度式压缩机，与其他压缩机相比较，具有排气量大、排气均匀、气流无脉冲；转速高、密封效果好，泄露现象少；有平坦的性能曲线，操作范围较广；易于实现自动化和大型化；易损件少、维修量少、运转周期长等优点。缺点是在机组开车、运行中，负荷

变化大;气流速度大,流道内的零部件有较大的摩擦损失;有喘振现象,对机器的危害极大。其适用于大中流量、中低压力的场合。

考题探究

【多选题】与透平式压缩机相比,活塞式压缩机具有的特性有(　　　)。

A. 气流速度高,损失大　　　　　　B. 适用性强,压力范围广

C. 结构复杂,易损件多　　　　　　D. 排气脉动性大,气体常混有润滑油

【细说考点】本题主要考查活塞压缩机的特性。活塞压缩机气流速度低,损失小。透平压缩机气流速度高,损失大。具体内容详见上文。本题选BCD。

2. 压缩机的安装技术

压缩机内部严禁使用明火查看。压缩机和其附属设备的管路应以最大工作压力进行严密性试验,且应保压 10 min 后无泄漏。大型压缩机的机身油池应用煤油进行渗漏试验,试验时间不应少于 4 h,且应无渗漏。

安全阀应安装在不易受振动等干扰的位置,其全流量的排放压力不应超过最大工作压力的 1.1 倍。当额定压力小于或等于 10 MPa 时,整定压力应为额定压力的 1.1 倍;额定压力大于 10 MPa 时,整定压力应为额定压力的 1.05 ~ 1.10 倍。氧气压缩机每级安全阀或连锁保险装置,应确保级间压力不超过其公称值的 25%,末级压力不超过公称值的 10%。

压缩机空负荷试运转,应符合下列要求:应将各级吸、排气阀拆下;应启动冷却系统、润滑系统,其运转应正常;应检查盘车装置,应处于压缩机启动所要求的位置;点动压缩机应在检查各部位无异常现象后,依次运转 5 min、30 min 和 2 h 以上,每次启动运转前,应检查压缩机润滑情况且应正常;运转中润滑油压不得小于 0.10 MPa,曲轴箱或机身内润滑油的温度不应高于 70 ℃;各级冷却水排水温度应符合随机技术文件的规定;无规定时,各级冷却水排水温度不应高于 45 ℃;运转中各运动部件应无异常声响,各紧固件应无松动。

压缩机空气负荷试运转,应符合下列要求:空气负荷试运转前,应先装上空气滤清器,并应逐级装上吸、排气阀,再启动压缩机进行吹扫;应从一级开始,逐级连通吹扫,每级吹扫不应小于 30 min,直至排出的空气清洁为止;吹扫后,应拆下各级吸、排气阀清洗洁净,且应随即装上复原;升压运转的程序、压力和运转时间应符合随机技术文件的规定;无规定,且排气压力为额定压力的 1/4 时,应连续运转 1 h;排气压力为额定压力的 1/2 时,应连续运转 2 h;排气压力为额定压力的 3/4 时,应连续运转 2 h;在额定压力下连续运转不应小于 3 h;升压运转过程中,应在前一级压力下运转无异常现象后再将压力逐渐升高;压缩介质不是空气的压缩机,当采用空气进行负荷试运转时,其最高排气压力应符合随机技术文件的规定;一级吸气压力、各级排气温度和末级排气压力应符合随机技术文件的规定;运转中润滑油压不得低于 0.10 MPa;曲轴箱或机身内润滑油的温度,氧气压缩机不应高于 60 ℃,其他压缩机不应高于 70 ℃;各级冷却水排水温度应符合随机技术文件的规定;无规定时,各级冷却水排水温度不应高于 45 ℃;压缩机运转时的振动速度有效值或峰 – 峰值应符合随机技术文件的规定。

温馨提示

此知识点在历年考试中考查次数很少,仅做了解即可。

(二)压缩机安装计量

根据《通用安装工程工程量计算规范》,压缩机安装计量规则如表4-16 所示。

表4-16　压缩机安装计量规则

项目名称	项目特征	计量单位	工程量计算规则	工作内容
活塞式压缩机、回转式螺杆压缩机、离心式压缩机、透平式压缩机	名称、型号、质量、结构形式、驱动方式、灌浆配合比、单机试运转要求	台	按设计图示数量计算	本体安装、拆装检查、二次灌浆、单机试运转、补刷(喷)油漆

温馨提示

　　设备质量包括同一底座上主机、电动机、仪表盘及附件、底座等的总质量,但立式及L型压缩机、螺杆式压缩机、离心式压缩机不包括电动机等动力机械的质量。

　　活塞式D,M,H型对称平衡压缩机的质量包括主机、电动机及随主机到货的附属设备的质量,但其安装不包括附属设备的安装。

十二、工业炉安装技术与计量 ★★

(一)工业炉安装技术

　　《通用安装工程工程量计算规范》中涉及的工业炉的种类是为了方便工程计量而进行的划分。以下主要从方便工业炉安装技术的理解的角度展开内容介绍。在介绍工业炉的安装技术前有必要对常见工业炉有一个基本的了解。

1.常见工业炉

　　工业炉是指在工业生产中利用燃料燃烧所产生的热量或电能转化的热量将物料或工件在其中进行加热或熔炼、烧结、热处理、保温、干燥等热加工的设备。在工业生产中利用燃料燃烧所产生的热量或电能转换的热量将非金属材料进行烧成、熔融或烘焙等的工业炉,通常称为窑。

　　常见工业炉包括:

　　(1)燃料炉,是指以燃料燃烧产生的热量为热能来源的工业炉。

　　(2)火焰炉,是指在炉膛空间内利用燃料燃烧形成的火焰及高温炉气释放的热量直接对物料或工件进行加热的工业炉。

　　(3)竖炉,是指炉身直立,炉内大部装满物料,热交换在料层内进行的工业炉。

　　(4)电炉,是指利用电能转化成热能对物料或工件进行热加工的工业炉。

　　(5)直接加热炉,是指火焰或炉气直接接触物料的工业炉。

　　(6)间接加热炉,是指火焰或炉气不直接接触物料的工业炉,如马弗炉、辐射管炉、热油炉等。

　　(7)间歇式炉,是指物料分批加入炉内,实行周期式加热,炉温随工艺要求而定的工业炉,又称周期式炉,如室式炉、均热炉、台车式炉、井式炉、倒焰窑等。

　　(8)连续式炉,是指物料连续进出,炉内按工艺要求分区,加热过程中各区炉温基本不变的工业炉,如推钢式连续加热炉、环形炉、振底式炉、步进式炉、隧道窑等。

考题探究

　　【单选题】根据工业炉热工制度分类,下列工业炉中属间断式炉的是(　　　)。

　　A.步进式炉　　　　　　　　B.振底式炉

　　C.环形炉　　　　　　　　　D.室式炉

　　【细说考点】本题主要考查间断式炉的种类。步进式炉、振底式炉、环形炉均属于连续式炉。本题选D。

2. 工业炉的安装技术

炉壳及框架等钢结构的垫铁安装宜采用斜垫铁法。垫铁放置前基础表面应铲出麻面。放置斜垫铁处的基础表面应找平,垫铁应与基础接触良好。

锚固件在焊接前应清除炉壳上的浮锈和油污,锚固件与炉壳焊接牢固并保持垂直,垂直度允许偏差为 ±2 mm。焊后应清除焊渣,并应逐个检查焊缝的饱满程度,并用0.5 kg 小锤轻击,不得有脱落或焊缝开裂现象。

燃烧器内各通道必须畅通无阻,连接部位应严密、无泄漏,调节机构应转动灵活。

人孔门、防爆门及观察孔安装后,应开关灵活,门与门框及孔与孔盖之间应接触严密,重力式防爆门门盖的质量应符合设计文件规定。

> **温馨提示**
>
> 此知识点在历年考试中考查次数很少,仅做了解即可。

（二）工业炉安装计量

根据《通用安装工程工程量计算规范》,工业炉安装计量规则如表4-17 所示。

表4-17　工业炉安装计量规则

项目名称	项目特征	计量单位	工程量计算规则	工作内容
电弧炼钢炉、无芯工频感应电炉	略	台	按设计图示数量计算	略
电阻炉、真空炉、高频及中频感应炉	略			
冲天炉	略			略
加热炉、热处理炉	名称、型号、质量、结构形式、内衬砌筑要求			略
解体结构井式热处理炉	略			略

十三、煤气发生设备安装技术与计量 ★★★

（一）煤气发生设备安装技术

在介绍煤气发生设备的安装技术前有必要对煤气发生设备的组成和特性有一个基本的了解。

1. 煤气发生设备的组成和特性

根据《通用安装工程工程量计算规范》,煤气发生设备由煤气发生炉、洗涤塔、电气滤清器、竖管、附属设备五部分组成。从设计的角度考虑,更多的是将煤气发生设备分为煤气发生炉和煤气净化设备两部分组成。

（1）煤气发生炉。

在一般的煤气发生炉中,煤是由上而下、气化剂则是由下而上地进行逆流运动,它们之间发生化学反应和热量交换。这样在煤气发生炉中形成了几个区域,一般我们称为"层"。按照煤气发生炉内气化过程进行的程序,可以将发生炉内部分为灰渣层、氧化层（又称火层）、还原层、干馏层、干燥层、空层六层。氧化层和还原层又统称为反应层,干馏层和干燥层又统称为煤料准备层。

最早出现的是一段式煤气发生炉,也称为单段煤气发生炉。一段式煤气发生炉结构简单,煤炭的气化和干馏在一个炉内进行,煤气携灰较多,从而造成资源浪费,并造成煤气管道堵塞;产生的焦油质量较差,单段式煤气发生炉干馏产生黏度较高、流动性较差的高温裂解焦油,这部分焦油不易处理和利用,而且很容易和煤气携出的煤粉胶黏在一起,堵塞煤气管道;煤气输送距离短;煤气中的焦油和煤粉在煤气管道中沉积,经常会堵塞管道,致使煤气输送阻力加大,煤气输送距离受到限制。一段式煤气发生炉主要应用于化工加热、热处理炉、锅炉煤气化改造、耐火材料行业。

在一段式煤气炉的基础上加上一个适当高度及结构的干馏段,就形成两段式煤气发生炉,也称为双段煤气发生炉。两段式煤气发生炉的煤在干馏段内被徐徐加热,进行低温干馏,所产生的焦油不会发生裂解,焦油黏度低、流动性好,热煤气长距离输送时,不易堵塞管道。两段式煤气发生炉有上下两个煤气出口。两段式煤气发生炉的煤气热值高且稳定,操作弹性大,自动化程度高,劳动强度低,适用性强,不污染环境,节水显著,占地面积小,输送距离长,长期运行成本低。两段式煤气发生炉不管是从环保性能,还是从产品质量上,都较传统的一段式煤气发生炉有很大的进步,故应用范围广泛。

借鉴两段式煤气发生炉发展起来的是干馏式煤气发生炉。干馏式煤气发生炉与两段式煤气发生炉的不同之处在于干馏式煤气发生炉去掉了下段煤气出口,炉内产生的所有煤气全部从炉顶煤气出口导出炉外。与一段式煤气发生炉和两段式煤气发生炉相比,干馏式煤气发生炉在煤气热值、副产焦油的质量、炭资源的节约利用和设备操作与维护等方面存在诸多优势,而且干馏式煤气发生炉特别适合于气化水分高、挥发高和灰分高的烟煤或褐煤。

（2）煤气净化设备。

煤气净化设备是竖管、旋风除尘器、电气滤清器、洗涤塔、间接冷却器、除滴器等的总称。

煤气洗涤塔是一种煤气净化处理设备。由于其工作原理类似洗涤过程,故名洗涤塔。洗涤塔由塔体、塔板、再沸器和冷凝器组成,利用气体与正飞灰质量不同则有不同惯性的特点,将其分离达到对粗合成气初步净化的目的,故所使用的塔板数量不会超过十级。

温馨提示

旋风除尘器、间接冷却器、除滴器等均属于煤气发生设备的附属设备。

考题探究

【单选题】它是煤气发生设备的一部分,用于含有少量粉尘的煤气混合气体的分离,该设备为（　　）。

A. 焦油分离机　　　　　　B. 电气滤清器

C. 煤气洗涤塔　　　　　　D. 旋风除尘器

【细说考点】本题主要考查煤气洗涤塔的用途。具体内容详见上文。本题选 C。

2. 煤气发生设备的安装技术

煤气净化设备和煤气余热锅炉,应设放散管和吹扫管接头;其装设的位置应能使设备内的介质吹净;当煤气净化设备相连处无隔断装置时,应在较高的设备上或设备之间的煤气管道上装设放散管。

煤气发生炉、煤气净化设备和煤气排送机与煤气管道之间,应设置可隔断煤气的装置;当设置盲板时,应设便于装卸盲板的撑铁。

温馨提示

　　此知识点在历年考试中考查次数很少,仅做了解即可。

(二)煤气发生设备安装计量

根据《通用安装工程工程量计算规范》,煤气发生设备安装计量规则如表 4-18 所示。

表 4-18　煤气发生设备安装计量规则

项目名称	项目特征	计量单位	工程量计算规则	工作内容
煤气发生炉	略	台	按设计图示数量计算	略
洗涤塔	略			略
电气滤清器	略			略
竖管	略			
附属设备	略			略

知识巩固

　　根据各类机械设备安装工程计量规则,机械设备安装工程量中以"台"为计量单位的有切削设备安装,锻压设备安装,铸造设备中的砂处理设备、造型设备、制芯设备、落砂设备、清理设备、金属型铸造设备、材料准备设备等设备安装,起重设备安装,输送设备中的斗式提升机、板(裙)式输送机、悬挂输送机、固定式胶带输送机、螺旋输送机、卸矿车、皮带秤等设备安装,风机安装,泵安装,压缩机安装,工业炉安装,煤气发生设备安装。

十四、机械设备安装工程通用技术 ⭐⭐⭐⭐⭐

上文介绍的各类机械设备安装工程技术主要是各自专用的要求,此外,还有一些通用的适用于各类机械设备安装的技术要求,在此部分予以介绍。

机械设备安装工程应从设备开箱起至设备空负荷试运转为止的施工及验收,对必须带负荷才能进行试运转的机械设备,可至负荷试运转。

(一)施工条件准备

机械设备安装工程施工前,应具备相关的工程设计图样和技术文件。

机械设备应开箱进行检查。机械设备安装前,其基础、地坪、相关建筑结构、施工现场环境及条件,应满足设备安装需要。

对大型、复杂的机械设备安装工程,施工前应编制安装工程的施工组织设计或施工方案。

(二)放线、就位、找正和调平

机械设备就位前,应按施工图和相关建筑物的轴线、边缘线、标高线,划定安装的基准线。

机械设备找正、调平的定位基准的面、线或点确定后,其找正、调平应在确定的测量位置上进行检验,且应做好标记,复检时应在原来的测量位置。

（三）安装地脚螺栓、垫铁和灌浆

1.安装地脚螺栓

安装"T"形头地脚螺栓,应符合下列要求:"T"形头地脚螺栓应与"T"形头地脚螺栓用锚板配套使用。埋设"T"形头地脚螺栓用锚板应牢固、平正;螺栓安装前,应加设临时盖板保护,并应防止油、水、杂物掉入孔内;护管与锚板应进行密封焊接;地脚螺栓光杆部分和锚板应涂防锈漆。

> **知识拓展**
>
> "T"形头地脚螺栓属于活动地脚螺栓。活动地脚螺栓可拆卸,螺栓比较长,一般都是双头螺纹或一头螺纹、另一头T字形的形式,适用于有强烈震动和冲击的重型设备固定。活动地脚螺栓示意图如图4-7所示。

图4-7 活动地脚螺栓示意图

> 与活动地脚螺栓相反,固定地脚螺栓主要用来固定没有强烈震动和冲击的设备。固定地脚螺栓与基础浇灌在一起,不可拆卸,螺栓比较短。

安装胀锚螺栓,应符合下列要求:

（1）胀锚螺栓的中心线至基础或构件边缘的距离不应小于胀锚螺栓的公称直径的7倍;胀锚螺栓的底端至基础底面的距离不应小于胀锚螺栓的公称直径的3倍,且不应小于30 mm;相邻两胀锚螺栓的中心距不应小于胀锚螺栓的公称直径的10倍。

（2）胀锚螺栓的钻孔直径和深度,应符合选用的胀锚螺栓的要求,且应防止与基础或构件中的钢筋、预埋管和电缆等埋设物相碰。

（3）胀锚螺栓不应采用预留孔。

（4）安装胀锚螺栓的基础混凝土的抗压强度不应小于10 MPa。

（5）混凝土或钢筋混凝土结构有裂缝的部位和容易产生裂缝的部位不应使用胀锚螺栓。

> **知识拓展**
>
> 胀锚螺栓适用于固定静置的简单设备或辅助设备。
>
> 除了活动地脚螺栓、固定地脚螺栓、胀锚螺栓外,近些年常用的地脚螺栓还有粘接地脚螺栓。粘接地脚螺栓的安装、使用方法和要求与胀锚螺栓基本相同。但粘接时注意把孔内杂物吹净,并不得受潮。

地脚螺栓常见质量通病:地脚螺栓中心位置超差;地脚螺栓标高超差(包括偏高和偏低);地脚螺栓在基础内松动;地脚螺栓与水平面的垂直度超差。以上因素都会影响设备的正确固定。

考题探究

【单选题】用于固定具有强烈震动和冲击的重型设备,宜选用的地脚螺栓为(　　)。

A. 活动地脚螺栓 　　　　　　　B. 胀锚固定地脚螺栓

C. 固定地脚螺栓 　　　　　　　D. 粘接地脚螺栓

【细说考点】本题主要考查地脚螺栓的适用范围。具体内容详见上文。本题选 A。

2. 配置合适的垫铁

在设备底座和基础表面间放置垫铁,利用调整垫铁的高度(厚度),找正设备标高、水平,使之达到所要求的标高、水平,使设备的全部负荷力(设备自重、工作荷载、螺栓紧固力等)能通过垫铁均匀地传递到基础上。

当机械设备的载荷由垫铁组承受时,垫铁组的安放应符合下列要求:

(1)每个地脚螺栓的旁边应至少有一组垫铁。

(2)垫铁组在能放稳和不影响灌浆的条件下,应放在靠近地脚螺栓和底座主要受力部位下方。

(3)相邻两垫铁组间的距离,宜为 500～1 000 mm。

(4)设备底座有接缝处的两侧,应各安放一组垫铁。

(5)每一垫铁组的面积,应符合规范要求。

垫铁组的使用,应符合下列要求:

(1)承受载荷的垫铁组,应使用成对斜垫铁。

(2)承受重负荷或有连续振动的设备,宜使用平垫铁。

(3)每一垫铁组的块数不宜超过 5 块。

(4)放置平铁垫时,厚的宜放在下面,薄的宜放在中间。

(5)垫铁的厚度不宜小于 2 mm。

(6)除铸铁垫铁外,各垫铁相互间应用定位焊焊牢。

知识拓展

根据垫铁安装在设备底座下起减震、支撑作用的要求,斜垫铁应安放在垫铁组最上面。

3. 灌浆

预留地脚螺栓孔灌浆前,灌浆处应清洗洁净;灌浆宜采用细碎石混凝土,其强度应比基础或地坪的混凝土强度高一级;灌浆时应捣实,不应使地脚螺栓歪斜和影响机械设备的安装精度。

灌浆层厚度不应小于 25 mm。但用于固定垫铁或防止油、水进入的灌浆层,其厚度可小于 25 mm。

(四)装配

1. 基本规定

机械设备装配前,应对需要装配的零部件配合尺寸、相关精度、配合面、滑动面进行复查和清洗洁净,并应按照标记及装配顺序进行装配。

当机械设备及零、部件表面有锈蚀时,应进行除锈处理;其除锈方法宜按表 4-19 规定的方法确定。

表 4-19　金属表面的除锈方法

金属表面粗糙度/μm	除锈方法
>50	用砂轮、钢丝刷、刮具、砂布、喷砂、喷丸抛丸、酸洗除锈、高压水喷射
6.3～50	用非金属刮具，油石或粒度 150 号的砂布沾机械油，擦拭或进行酸洗除锈
1.6～3.2	用细油石或粒度为 150～180 号的砂布，沾机械油擦拭或进行酸洗除锈
0.2～0.8	先用粒度 180 号或 240 号的砂布沾机械油擦拭，然后用干净的绒布沾机械油和细研磨膏的混合剂进行磨光

注：表面粗糙度值为轮廓算术平均偏差。

装配件表面锈蚀、污垢和油脂的清洗工艺流程宜采用：机械或人工将表面黏附的污垢去除的预清洗→去油脱脂→酸洗除锈→碱性中和残留的酸洗液→水漂洗或冲洗→干燥清洗的机械设备和管线→防锈处理。

清洗机械设备及装配件表面的防锈油脂时，其清洗方式可按下列规定确定：

（1）机械设备及大、中型部件的局部清洗，宜采用擦洗和刷洗。

（2）中、小型形状较复杂的装配件，宜采用多步清洗或浸、刷结合清洗；浸洗时间宜为 2～20 min；采用加热浸洗时，应控制清洗液温度，被清洗件不得接触容器壁。

（3）形状复杂、污垢黏附严重的装配件，宜采用清洗液、蒸汽和热空气进行喷洗；精密零件、滚动轴承不得使用喷洗。

温馨提示

适用的清洗液包括溶剂油、金属清洗剂、三氯乙烯清洗液。

（4）对形状复杂、油垢黏附严重、清洗要求高的装配件，宜采用浸、喷联合清洗。

（5）对装配件进行最后清洗时，宜采用清洗液进行超声波清洗。

机械设备加工装配表面上的防锈漆，应采用相应的稀释剂或脱漆剂等溶剂进行清洗。

知识拓展

金属装配件表面除锈及污垢清除，宜采用的清洗方法为碱性清洗液清洗和乳化除油液清洗。

在禁油条件下工作的零、部件及管路应进行脱脂，脱脂后应将残留的脱脂剂清除干净。

机械设备零、部件经清洗后，应立即进行干燥处理，并应采取防锈措施。

机械设备和零、部件清洗后，其清洁度应符合下列要求：

（1）采用目测法时，在室内白天或在 15～20 W 日光灯下，肉眼观察表面应无任何残留污物。

（2）采用擦拭法时，应用清洁的白布或黑布擦拭清洗的检验部位，布的表面应无异物污染。

（3）采用溶剂法时，应用新溶液洗涤，观察或分析洗涤溶剂中应无污物、悬浮或沉淀物。

（4）采用蒸馏水局部润湿清洗后的金属表面，应用 pH 试纸测定残留酸碱度，并应符合其机械设备技术要求。

2. 联接与紧固

机械设备的联接与紧固，应符合下列要求：

（1）螺栓紧固时,宜采用呆扳手,不得使用打击法和超过螺栓的许用应力。螺栓与螺母拧紧后,螺栓应露出螺母2～3个螺距,其支承面应与被紧固零件贴合。

（2）安装高强度螺栓时,不得强行穿入螺栓孔;当不能自由穿入时,该孔应用铰刀修整,铰孔前应将四周螺栓全部拧紧,修整后孔的最大直径应小于螺栓直径的1.2倍;高强度螺栓的初拧、复拧和终拧应在同一天内完成。不得用高强度螺栓兼做临时螺栓。

（3）大六角头高强度螺栓的拧紧应分为初拧和终拧;对于大型节点应分为初拧、复拧和终拧;初拧扭矩应为终拧扭矩值的50%,复拧扭矩应等于初拧扭矩,初拧或复拧后的高强度螺栓应在螺母上涂上标记,然后按终拧扭矩值进行终拧,终拧后的螺栓应用另一种颜色在螺母上涂上标记。

🔔 知识拓展

螺栓连接具有自锁性,当工作温度稳定时,性能可靠,能承受静荷载。当承受冲击、振动和交变荷载时,自锁性降低,为保证其正常工作,螺栓连接要增加防松装置。防松装置包括摩擦力防松装置、机械防松装置、冲击防松装置和粘接防松装置。其中,机械防松装置包括开口销、圆螺母带翘片、槽形螺母和止动片。

（4）平键装配时,键的两端不得翘起。平键与固定键的键槽两侧面应紧密接触,其配合面不得有间隙;导向键和半圆键,两个侧面与键槽应紧密接触,与轮毂键槽底面应有间隙;花键装配时,同时接触的齿数不应少于2/3,接触率在键齿的长度和高度方向不应低于50%。

3. 联轴器装配

联轴器装配时,两轴心径向位移和两轴线倾斜的测量与计算,应符合规定。当测量联轴器端面间隙时,应使两轴的轴向窜动至端面间隙为最小的位置上,再测量其端面间隙值。凸缘联轴器装配,应使两个半联轴器的端面紧密接触,两轴心的径向和轴向位移不应大于0.03 mm。

4. 链条和齿轮装配

链条与链轮装配前应清洗洁净。主动链轮与被动链轮的轮齿几何中心线应重合,其偏差不应大于两链轮中心距的0.2%。链条工作边拉紧时,其非工作边的弛垂度应符合随机技术文件的规定。无规定时,宜按两链轮中心距的1%～5%调整。

齿轮和蜗轮装配时,其基准面端面与轴肩或定位套端面应靠紧贴合,且用0.05 mm塞尺检查不应塞入;基准端面与轴线的垂直度应符合传动要求。

5. 密封件装配

机械密封的装配,应符合下列要求:密封零件的组装顺序、位置、距离和间隙等,应符合随机技术文件及图样的规定,不应随意改变或更换。石墨环、填充聚四氟乙烯环和静止环出厂未做水压试验时,应在组装前做水压试验,试验压力应为工作压力的1.25倍,持续10 min不应有渗漏现象。弹簧尺寸的工作变形量,不应大于其极限变形量的60%。

（五）设备润滑要求

设备良好的运行状态与润滑密不可分。设备润滑是指使用润滑剂将零部件两个摩擦面隔离开,减少相互间的摩擦力,从而降低零部件的磨损。

润滑剂主要起到润滑、冷却、洗涤和防腐作用。机械设备常用的润滑剂分为润滑油和润滑脂。

（1）润滑油包括机械油和齿轮油等。润滑油具有应用范围广、价格便宜等优点,常用于散热要求高、密封好、需要润滑剂起冲刷作用的机械设备。

（2）润滑脂又称黄油，包括钙基脂、钠基脂、锂基脂等。相比于润滑油，润滑脂的优点有：具有较低的蒸发速度，使用温度更广，在高温和长周期运行环境下具有更好的润滑特性；相对于可比黏度润滑油，具有更高的承载能力和更好的阻尼减震能力，并能适用于苛刻条件，基础油爬行倾向小；更利于在潮湿和多尘环境中使用；黏附性好，不易流失，能在倾斜甚至垂直表面上不流失，且能牢固地黏附在润滑表面上，再启动仍可保持润滑状态，简化润滑系统的设计与维护；润滑周期长，用量少，减少润滑剂消耗。缺点有：启动力矩大，内摩擦阻力大，流动性差，冷却散热性不好，供脂、换脂不方便，供脂量难调整，不能从润滑表面清除杂质，对高转速不适用。润滑脂多用于散热要求和密封要求不高的机械设备，垂直位置的机械设备，中低速运转、震动负荷、重负荷、经常间歇或往复运动的轴承。如轴承、齿轮和连接部位的润滑。

温馨提示

滚动轴承一般使用钙基脂，滑动轴承使用机械油，橡胶轴承用水润滑。

更换润滑脂或润滑油，必须将油箱、轴承内的油清理干净，并清洗风干；必须按原用牌号或按照厂家要求选用更换新润滑脂或润滑油；润滑脂应填充轴承容积的 2/3；润滑油应加至油杯标线，防止油滴溅在绕组上。

设备润滑的方式一般有分散润滑和集中润滑两种。分散润滑常用于润滑分散的或个别部件的润滑点。集中润滑使用成套供油装置同时对许多润滑点供油，常用于变速箱、进给箱、整台或成套机械设备以及自动化生产线的润滑。

（六）试运转

设备试运转过程是安装工程由静态至动态的过渡阶段，它综合、系统地体现各专业的完善、协调程度。试运转前，应编写试运转方案，并应经审批后再进行试运转。

试运转前应进行设备的检验与调整，检验的目的是考查是否正确装配安装，是否符合相关技术规范要求。设备的检验贯穿于安装整个过程，应做到随时检验随时调整。

设备试运转的步骤：安装后的调试→单体试运转→系统空负荷联动试运转→负荷联动试运转。安装后的调试主要包括电气和操作控制系统调试，润滑系统调试，液压系统调试，气动、冷却系统调试，加热系统调试，机械设备动作试验。

（七）工程验收

工程验收时，应具备下列资料：

（1）竣工图或按实际完成情况注明修改部分的施工图。

（2）设计修改的有关文件。

（3）主要材料、加工件和成品的出厂合格证，检验记录或试验资料。

（4）重要焊接工作的焊接质量评定书，检验记录，焊工考试合格证复印件。

（5）隐蔽工程质量检查及验收记录。

（6）地脚螺栓、无垫铁安装和垫铁灌浆所用混凝土的配合比和强度试验记录。

（7）试运转各项检查记录。

（8）质量问题及其处理的有关文件和记录。

（9）其他有关资料。

机械设备安装工程试运转合格、且具备上述资料后，应及时办理工程交工验收手续。

十五、机械设备安装计量相关问题及说明 ☆

钢结构及支架制作、安装,应按《通用安装工程工程量计算规范》中的静置设备与工艺金属结构制作安装工程相关项目编码列项。

电气系统(起重设备和电梯除外)、仪表系统、通风系统、设备本体第一个法兰以外的管道系统等的安装、调试,应分别按《通用安装工程工程量计算规范》中的电气设备安装工程、自动化控制仪表安装工程、通风空调工程、工业管道工程相关项目编码列项。

工业炉烘炉、设备负荷试运转、联合试运转、生产准备试运转,应按《通用安装工程工程量计算规范》中的措施项目相关项目编码列项。

设备的除锈、刷漆(补刷漆除外)、保温及保护层安装,应按《通用安装工程工程量计算规范》中的刷油、防腐蚀、绝热工程相关项目编码列项。

大型设备安装所需的专用机具、专用垫铁、特殊垫铁和地脚螺栓应在清单项目特征中描述,组成完整的工程实体。

第二节 热力设备工程安装技术与计量

一、热力设备工程安装技术 ★★★★★

热力设备,泛指在热量传递或热量转换为机械动力时所需的各种机械和器具,如热交换器、锅炉、汽轮发电机等。由于锅炉设备消耗材料多、体积大、辅助设备多,因此锅炉设备的安装在热力设备的安装工程中工程量最大;《通用安装工程工程量计算规范》中关于热力设备工程安装计量也主要集中在锅炉部分,因此以下主要介绍锅炉安装技术。在介绍锅炉安装技术前有必要对锅炉的分类和产品型号编制方法、锅炉系统简要工作过程及组成等有一个基本的了解。

(一)锅炉的分类和产品型号编制方法

锅炉是指利用燃料燃烧释放的热能或其他热能加热水或其他工质,以生产规定参数(温度,压力)和品质的蒸汽、热水或其他工质的设备。

锅炉根据出口工质压力分类如下:

(1)超临界压力锅炉是指出口蒸汽压力超过临界压力的锅炉。

> **温馨提示**
>
> 水蒸气的临界压力为 22.1 MPa。

(2)亚临界压力锅炉是指出口蒸汽压力低于但接近于临界压力,一般为 15.7 ~ 19.6 MPa 的锅炉。

(3)超高压锅炉是指蒸汽出口压力一般为 11.8 ~ 14.7 MPa 的锅炉。

(4)高压锅炉是指出口蒸汽压力一般为 7.84 ~ 10.8 MPa 的锅炉。

(5)中压锅炉是指出口蒸汽压力一般为 2.45 ~ 4.90 MPa 的锅炉。

(6)低压锅炉是指出口蒸汽压力一般不大于 2.45 MPa 的锅炉。

> **温馨提示**
>
> 按我国电站锅炉现行的蒸汽参数系列,亚临界压力锅炉出口蒸汽压力规定为 16.7 MPa,超高压锅炉出口主蒸汽压力规定为 13.7 MPa,高压锅炉出口蒸汽压力规定为 9.81 MPa,中压锅炉出口蒸汽压力规定为 3.83 MPa。

锅炉按其用途可以分为电站锅炉、工业锅炉、船用锅炉和机车锅炉等四类。前两类又称为固定式锅炉，因为是安装在固定基础上而不可移动的。后两类则称为移动式锅炉。

1. 电站锅炉

电站锅炉是指生产的蒸汽（水蒸气）主要用于发电的锅炉。电站锅炉的主要技术参数包括锅炉容量、蒸汽压力、蒸汽温度和给水温度。主要有：

（1）锅炉容量系列（t/h），包括额定蒸发量、最大连续蒸发量等。

（2）蒸汽压力系列（MPa），包括过热器出口蒸汽压力、再热器进口蒸汽压力、再热器出口蒸汽压力等。

（3）蒸汽温度系列（℃），包括过热器出口蒸汽温度、再热器进口蒸汽温度、再热器出口蒸汽温度等。

（4）锅炉给水温度（℃）。

（5）锅炉热效率（%）。

📢 知识拓展

能够表明锅炉经济性的指标是锅炉热效率。此外，锅炉受热面蒸发率、受热面发热率常作为反映锅炉工作强度的指标计入锅炉性能参数中。

电站锅炉的产品型号由三部分组成，各部分之间用短横线相连，形式如图4-8所示。

（1）产品型号第一部分：A 为锅炉制造单位代号，由若干字母表示。

（2）产品型号第二部分由 B，C 和 D 三部分组成，中间用斜线（"/"）分开，其中：B 为锅炉额定蒸发量（或最大连续蒸发量），用阿拉伯数字表示（整数），单位为吨每小时（t/h）；C 为锅炉额定（或最大连续蒸发量时）蒸汽压力（表压），用阿拉伯数字表示（保留 1 位小数点），单位为兆帕（MPa）；D 为锅炉额定蒸汽温度（可选项），用阿拉伯数字表示，单位为摄氏度（℃），如有再热，其温度值在额定蒸汽温度后用斜线（"/"）分隔并标出。

（3）产品型号第三部分由 E 和 F 两部分组成，其中：

①E 为锅炉设计燃料代号，用汉语拼音字母表示，按下列规定：燃"煤"炉，用"M"表示；燃"油"炉，用"Y"表示；燃"气"炉，用"Q"表示；燃"其他燃料"炉，用"T"表示。对于原设计已考虑可燃用两种燃料的锅炉，可用两种燃料代号并列。如可燃"煤"和"油"锅炉，用"MY"表示；可燃"油"和"气"锅炉，用"YQ"表示。

②F 为锅炉设计顺序号，一般用阿拉伯数字或字母表示，具体由各单位自行确定。

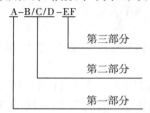

图4-8 电站锅炉产品型号编制形式

✍ 知识巩固

电站锅炉产品型号编制示例：某单位制造的最大连续蒸发量 3 000 t/h，额定蒸汽压力 29.3 MPa 的电站锅炉，额定蒸汽温度 600 ℃，一次再热蒸汽温度 600 ℃，二次再热蒸汽温度 620 ℃，设计燃料为煤，设计顺序号003，其型号为 ×× － 3 000/29.3/600/600/620 － M003。

2. 工业锅炉

工业锅炉是指生产的蒸汽或热水主要用于工业生产和(或)民用的锅炉。具体来说，生产的蒸汽或热水(热载体)主要用于生产和(或)民用，符合下列任何一项要求的固定式锅炉为工业锅炉：

(1)蒸汽压力大于或等于 0.1 MPa，但小于 3.8 MPa，设计正常水位水容积大于或等于 30 L 的蒸汽锅炉。

(2)额定出水压力大于或等于 0.1 MPa，额定热功率大于或等于 0.1 MW 的热水锅炉。

(3)额定热功率大于或等于 0.1 MW 的有机热载体锅炉。

温馨提示

上述工业锅炉的范围规定与《特种设备目录》中锅炉的范围规定较为相似，注意区分。根据《特种设备目录》，锅炉范围规定为设计正常水位容积大于或者等于 30 L，且额定蒸汽压力大于或者等于 0.1 MPa(表压)的承压蒸汽锅炉；出口水压大于或者等于 0.1 MPa(表压)，且额定功率大于或者等于 0.1 MW 的承压热水锅炉；额定功率大于或者等于 0.1 MW 的有机热载体锅炉(包括有机热载体气相炉、有机热载体液相炉)。

工业锅炉按本体结构形式可分为：

(1)火管锅炉，是指燃烧器产生的高温烟气流过被水包围的螺纹烟管，对烟管壁外的水、汽或汽水混合物进行加热，产生蒸汽或热水的锅炉。火管锅炉由于受到其结构条件特点的限制，效率较低，一般用于容量不大的用户，具有水质要求低、结构简单、维修使用方便等特点。

(2)水管锅炉，是指烟气在受热面管子外部流动，工质在管子内部流动的锅炉。水管锅炉由于管内横断面比管外小，因此汽水流速大大增加，受热面上产生的蒸汽立即被冲走，这就提高了锅水吸热率，具有热效率高、金属耗量低、安全性能高，但结构相对来说复杂，维修使用繁琐且水质要求高等特点。

不同类型工业锅炉的产品型号编制方法有所不同。以下主要介绍使用燃料的工业蒸汽锅炉和热水锅炉产品型号编制方法。

使用燃料的工业蒸汽锅炉和热水锅炉，产品型号由三部分组成，各部分之间用短横线"－"相连，如图 4-9 所示(△为汉字汉语拼音首字母对应的大写英文字母，×为阿拉伯数字)：

(1)型号的第一部分表示锅炉本体型式和燃烧设备型式或燃烧方式及锅炉容量，共分三段，各段连续书写。第一段用两个汉语拼音对应的大写英文字母代表锅炉本体型式(如表 4-20 所示)，冷凝锅炉在锅炉本体型式代号最前部加字母"N"；第二段用一个汉语拼音对应的大写英文字母代表燃烧设备型式或燃烧方式(如表 4-21 所示)；第三段用阿拉伯数字表示蒸汽锅炉额定蒸发量为若干 t/h 或热水锅炉额定热功率为若干 MW。

(2)型号的第二部分表示介质参数，各段间用斜线相连。对蒸汽锅炉，第一段用阿拉伯数字表示额定蒸汽压力为若干 MPa，第二段用阿拉伯数字表示过热蒸汽温度为若干 ℃，无第三段，如蒸汽温度为饱和温度，则仅需第一段；对热水锅炉分三段，第一段用阿拉伯数字表示额定出水压力为若干 MPa；第二段和第三段分别用阿拉伯数字表示额定出水温度和额定进(回)水温度为若干 ℃。

(3)型号的第三部分表示燃料种类。用汉语拼音对应的大写英文字母代表燃料品种，同时用罗马数字代表同一燃料品种的不同类别与其并列(如表 4-22 所示)。如可使用几种燃料，主要燃料放在前面，其余以"( )"隔开。

锅炉本体型式、燃烧设备型式或燃烧方式、燃料种类超出表4-20、表4-21和表4-22的规定时,企业可参照上述规则自行编制产品型号。

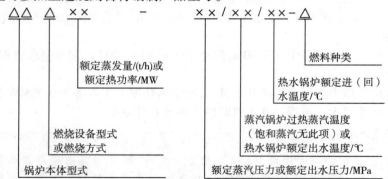

图4-9　使用燃料的工业蒸汽锅炉和热水锅炉产品型号编制格式

表4-20　锅炉本体型式代号

锅炉本体型式	代号
立式水管	LS
立式火管	LH
立式无管	LW
卧式外燃	WW
卧式内燃	WN
单锅筒纵置式	DZ
单锅筒横置式	DH
双锅筒纵置式	SZ
双锅筒横置式	SH
管架式	GJ
盘管式	PG

注:卧式水火管锅炉本体型式代号为DZ。

表4-21　燃烧设备型式或燃烧方式代号

燃烧设备型式或燃烧方式		代号
燃烧设备型式	固定炉排	G
	固定双层炉排	C
	下饲炉排	A
	链条炉排	L
	往复炉排	W
	倒转炉排	D
	振动炉排	Z
燃烧方式	流化床(循环流化床)燃烧	F(X)
	悬浮燃烧(室燃)	S

表 4-22 燃料种类代号

燃料种类		代号
Ⅱ类无烟煤		WⅡ
Ⅲ类无烟煤		WⅢ
Ⅰ类烟煤		AⅠ
Ⅱ类烟煤		AⅡ
Ⅲ类烟煤		AⅢ
褐煤		H
贫煤		P
水煤浆	Ⅰ级	JⅠ
	Ⅱ级	JⅡ
	Ⅲ级	JⅢ
煤粉		F
生物质成型燃料	Ⅰ级	SCⅠ
	Ⅱ级	SCⅡ
	Ⅲ级	SCⅢ
生物质散料		SS
油[柴(轻)油、重油]		Y
气(天然气、液化石油气、人工煤气)		Q

知识巩固

型号编制示例1：LSG0.5－0.4－SCⅢ表示立式水管固定炉排，额定蒸发量为0.5 t/h，额定蒸汽压力为0.4 MPa，蒸汽温度为饱和温度，燃用Ⅲ类生物质成型燃料的蒸汽锅炉。

型号编制示例2：DZL4－1.25－AⅢ表示单锅筒纵置式水管或卧式水火管链条炉排，额定蒸发量为4 t/h，额定蒸汽压力为1.25 MPa，蒸汽温度为饱和温度，燃用Ⅲ类烟煤的蒸汽锅炉。

型号编制示例3：SZL10.5－1.0/95/70－SCⅡ表示双锅筒纵置式链条炉排，额定热功率为10.5 MW，额定出水压力为1.0 MPa，额定出水温度为95 ℃，额定进(回)水温度为70 ℃，燃用Ⅱ类生物质成型燃料的热水锅炉。

船用锅炉和机车锅炉的内容在考试中不涉及，此处不再介绍。

（二）锅炉系统简要工作过程及组成

锅炉运行时，燃料中的可燃物质在适当的温度下，与通风系统输送给炉膛内的空气混合燃烧，释放出能量，通过各受热面传递给炉水，水温不断升高，产生汽化，这时为饱和蒸汽，经过汽水分离进入主汽阀输出使用。如果对蒸汽品质要求较高，可将饱和蒸汽进入过热器中再进行加热成为过热蒸汽输出使用。对于热水锅炉，锅水温度始终在沸点温度以下，与用户的采暖供热网连通进行循环。

锅炉系统一般由锅炉本体和辅助设备组成。

（1）锅炉本体。

锅炉本体是指由锅筒、受热面及其集箱和连接管道、炉膛、燃烧器和空气预热器（包括烟道和风道）、构架（包括平台和扶梯）、炉墙和除渣设备等所组成的整体。

①锅筒是指水管锅炉中用以进行蒸汽净化、组成水循环回路和蓄水的筒形压力容器，俗称汽包。锅筒按布置位置可分为上锅筒（既有汽空间又有水空间）和下锅筒（只有水空间）。

②受热面是指从炉膛及烟道内的放热介质中吸收热量并传递给工质的金属或非金属表面（管子或空气预热器波纹板等）。

③炉膛是指燃料及空气发生连续燃烧反应直至燃尽，并产生辐射传热过程的有限空间，是锅炉本体的一部分。现代电站锅炉炉膛形状多呈高大的长方体，由蒸发受热面管子（部分可能是过热器或再热器管子）组成的气密性炉壁构成。炉膛亦称燃烧室。

④燃烧器是指将燃料和空气，按所要求的比例、速度、湍流度和混合方式送入炉膛，并使燃料能在炉膛内稳定着火与燃烧的装置。

⑤空气预热器是指利用锅炉尾部烟气的热量加热燃料燃烧所需空气，改善燃料燃烧条件并提高锅炉效率的热交换装置。按传热方式，空气预热器可分为导热式和再生式两种。

⑥锅炉构架是指用以支承和固定锅炉的各个部件，并保持它们之间相对位置的构架。

⑦炉墙是指用耐火和保温材料等所砌筑或敷设的锅炉外墙。

⑧除渣设备是指收集由炉膛中或炉排上所落下的灰渣并将其排出的设备，有水力除渣、风冷及机械除渣设备等。

🔔 知识拓展

除上述提及的设备外，省煤器也是锅炉本体的一个重要组成部分。省煤器是指利用给水吸收锅炉尾部低温烟气的热量，降低烟气温度的对流受热面。

省煤器通常安装在锅炉尾部烟管中。锅炉中省煤器的作用包括：

①提高锅炉热效率，节省燃料消耗量。在尾部烟道装设省煤器后，利用给水吸收烟气热量，可降低锅炉排烟温度，减少排烟热损失，因而节省燃料。

②省锅炉造价。给水在进入蒸发受热面之前，先在省煤器内加热，可以代替造价较高的蒸发受热面的功能，也就节约了水冷壁，从而节省了锅炉造价。

③省汽包。采用省煤器可以改善汽包的工作条件，延长了汽包的使用寿命。

从另一个更简单的角度来说，锅炉本体分"锅"和"炉"两部分。"锅"是容纳水和蒸汽的受压部件，对水进行加热、汽化和汽水分离；"炉"是进行燃料燃烧或其他热能放热的场所，有燃烧设备和燃烧室（炉膛）及放热烟道等。锅与炉两者进行着热量转换过程，放热和吸热的分界面称为受热面，锅炉将水加热成蒸汽。除锅与炉外还有构架、平台、扶梯、燃烧、出渣、烟风道、管道、炉墙等辅助设备。

（2）锅炉辅助设备。

辅助设备是保证锅炉安全、经济和连续运行必不可少的组成部分，主要由燃料供应系统设备、送引风设备、水－汽系统设备、烟气净化设备、仪表和自动控制系统设备等组成。

①水－汽系统的作用是不断向锅炉供给符合质量要求的水（一般需要经软化、除氧等水处理设备进行水处理），将蒸汽或热水分别送到各个热用户。水由给水泵送入省煤器加热升温成为饱和水后进入汽包，经下降管进入炉膛水冷壁吸收热量汽化后回到汽包。锅

炉汽包产生的饱和蒸汽通过过热器升温再由减温器降温到所需温度后送出。

②烟气净化设备包括除尘设备、脱硫设备、脱硝设备等。除尘设备主要是指采用干法和湿法进行除尘的设备。其中，干法除尘设备有旋风除尘器，湿法除尘设备有麻石水膜除尘器和旋风水膜除尘器。

旋风除尘器主要由排灰管、进/排气管、圆锥体以及筒体等组成。在旋风除尘器工作的过程中，气流(含粉尘)在旋转时会形成较大离心力。因为粉尘惯性比空气大，所以粉尘会甩到器壁上。粉尘与除尘器的器壁接触后，会受入口速度的动量和自身重力的双重作用，顺着器壁面不断下落，同气相分离，将圆锥体底部粉尘排到集灰箱，即完成除尘操作。旋风除尘器具有结构简单、投资少、操作维修方便、没有运动部件、动力消耗不大且处理烟气量大等优点，能用于高温、高压及腐蚀性气体并可回收干颗粒物，烟气除尘率可达85%左右，是工业锅炉烟气净化中应用最广泛的除尘设备；但捕集小于 5 μm 颗粒的效率不高，粉尘浓度较高时一般用于多级除尘预除尘。

麻石水膜除尘器具有抗腐蚀强、耐磨性好、经久耐用、除尘效率高(除尘效率大于98%)、运行稳定、维护简单等优点。其缺点是烟气容易带水以及耗水量大。麻石水膜除尘器不仅适用于链条炉排、振动炉排、抛煤炉，也适用于煤粉炉、沸腾炉等工业锅炉及各种含尘场所。

旋风水膜除尘器作为较有效湿式除尘器与其他各类除尘器相比具有结构简单、造价低廉、占地面积小、操作及维修方便和净化效率高等优点，能够处理高温高湿的气流，将着火、爆炸的可能减至最低，但采用湿式除尘时要特别注意设备和管道腐蚀以及污水和污泥的处理等问题。旋风水膜除尘器在使用时，一般单独采用，但也可以安装在文丘里洗涤器(文丘里洗涤器是指由文丘里管凝聚器和除雾器组成的一种湿式除尘器)之后作为脱水器。旋风水膜除尘器适用于处理烟气量大和含尘浓度高的场合。旋风水膜除尘器示意图如图4-10所示。

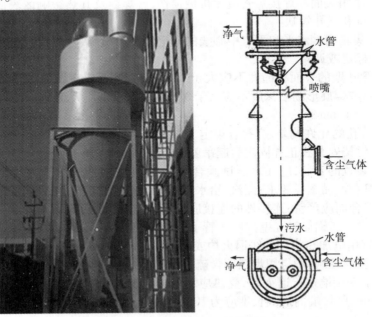

图 4-10　旋风水膜除尘器示意图

此知识点在历年中经常考查。

锅炉燃烧中产生的烟气除烟尘外，还含有 SO_2 等污染物质。燃烧前对燃料脱硫是防止 SO_2 对大气污染的重要途径之一，主要包括化学浸出法脱硫、细菌法脱硫、洗选法脱硫、微波法脱硫。

（三）锅炉安装技术

以下介绍的锅炉安装技术适用于工业、民用、区域供热额定工作压力小于或等于 3.82 MPa 的固定式蒸汽锅炉，额定出水压力大于 0.1 MPa 的固定式热水锅炉和有机热载体炉安装工程，不适用于铸铁锅炉、交通运输车用和船用锅炉、核能锅炉、电站锅炉。

1. 放线

锅炉安装前，应划定纵向、横向安装基准线和标高基准点。

锅炉基础放线，应符合下列规定：纵向和横向中心线，应互相垂直；相应两立柱定位中心线的间距允许偏差应为 ±2 mm；各组对称四根立柱定位中心点的两对角线长度之差应不大于 5 mm。

2. 钢架

安装钢架时，宜根据立柱上托架和柱头的标高在立柱上确定并划出 1 m 标高线。找正立柱时，应根据锅炉房运转层上的标高基准线，测定各立柱上的 1 m 标高线。立柱上的 1 m 标高线应作为安装锅炉各部组件、元件检测时的基准标高。

平台、撑架、扶梯、栏杆、柱和挡脚板等应在安装平直后，焊接牢固。栏杆、柱的间距应均匀，其接头焊缝处表面应光滑。平台板、扶梯、踏脚板应可靠防滑。

3. 锅筒、集箱和受热面管

吊装前，应对锅筒、集箱进行检查，并应符合下列规定：

（1）锅筒、集箱表面和焊接短管应无机械损伤，各焊缝及其热影响区表面应无裂纹、未熔合、夹渣、弧坑和气孔等缺陷。

（2）锅筒、集箱两端水平和垂直中心线的标记位置应正确，当需要调整时，应根据其管孔中心线重新标定或调整。

（3）胀接管孔壁的表面粗糙度不应大于 12.5 μm，且不应有凹痕、边缘毛刺和纵向刻痕；管孔的环向或螺旋形刻痕深度不应大于 0.5 mm，宽度不应大于 1 mm，刻痕至管孔边缘的距离不应小于 4 mm。

（4）胀接管孔的允许偏差，应符合规定。

锅筒应在钢架安装找正并固定后起吊就位。

锅筒内部装置的安装，应在水压试验合格后进行，安装应符合下列规定：锅筒内零部件的安装，应符合产品图样要求；蒸汽、给水连接隔板的连接应严密不泄漏，焊缝应无漏焊和裂纹；法兰接合面应严密；连接件的连接应牢固，并应有防松装置。

硬度大于或等于锅筒管孔壁的胀接管子，其管端应进行退火，退火应符合下列规定：

（1）退火宜用电加热式红外线退火炉或纯度不低于 99.9% 的铅熔化后进行，并应用温度显示仪进行温度控制；不得用烟煤等含硫、磷较高的燃料直接加热管子进行退火。

（2）对管子胀接端进行退火时，受热应均匀，退火温度应为 600~650 ℃，退火时间应保持 10~15 min，胀接端的退火长度应为 100~150 mm。退火后的管端应有缓慢冷却的保温措施。

胀接工作完成后，应进行水压试验，并应检查胀口的严密性和确定需补胀的胀口。补胀应在放水后立即进行，补胀次数不宜超过 2 次。

管子一端为焊接,另一端为胀接时,应先焊后胀。有机热载体炉受热面管对接焊缝应采用气体保护焊接。管子上所有的附属焊接件,应在水压试验前焊接完毕。管排的排列应整齐,不应影响砌砖和挂砖。

考题探究

【单选题】下列关于锅炉受热面管道(对流管束)安装的要求,正确的是( )。

A. 对流管束必须采用胀接连接

B. 硬度小于锅筒管孔壁的胀接管管端应进行退火

C. 水冷壁与对流管束管道,一端为焊接,另一端为胀接时,应先焊后胀

D. 管道上的全部附件应在水压试验合格后再安装

【细说考点】本题主要考查锅炉受热面管道(对流管束)的安装要求。对流管束可以采用胀接连接,也可以采用焊接连接。硬度大于或等于锅筒管孔壁的胀接管子,其管端应进行退火。管子上所有的附属焊接件,应在水压试验前焊接完毕。本题选 C。

铸铁省煤器安装前,宜逐根、逐组进行水压试验。受热面管的防磨片安装时,应只点焊一端。

钢管式空气预热器的伸缩节的连接应良好,不应有泄漏现象。波形伸缩节安装前,应按随机技术文件规定数值进行冷拉。插入式防磨套管安装时与管孔配合应紧密适当,宜稍加用力即可插入,露出高度应符合设计规定。对接式防磨套管应与管板平面垂直,点焊不得少于两点,焊接应牢固。在温度高于 100 ℃区域内的螺栓、螺母上,应涂上二硫化钼油脂、石墨机油或石墨粉。

知识拓展

对流式过热器安装的部位应为垂直悬挂于锅炉尾部。

4. 压力试验

锅炉的汽、水压力系统及其附属装置安装完毕后,应进行水压试验。锅炉的主汽阀、出水阀、排污阀和给水截止阀应与锅炉本体一起进行水压试验。安全阀应单独进行试验,锅炉本体水压试验时应将安全阀隔离开。

锅炉水压试验前应做检查,并应符合下列规定:

(1)锅筒、集箱等受压元部件内部和表面应清理干净。

(2)水冷壁、对流管束及其他管子应畅通。

(3)受热面管上的附件应焊接完成。

(4)试压系统的压力表不应少于 2 只;额定工作压力大于或等于 2.5 MPa 的锅炉,压力表的精度等级不应低于 1.6 级;额定工作压力小于 2.5 MPa 的锅炉,压力表的精度等级不应低于 2.5 级;压力表应经过校验并合格,其表盘量程应为试验压力的 1.5~3 倍。

(5)系统的最低处应装设排水管道,系统的最高处应装设放空阀。

锅炉水压试验的试验压力,应符合表 4-23 和表 4-24 的规定。

表 4-23 锅炉本体水压试验的试验压力

锅筒工作压力/MPa	试验压力/MPa
<0.8	锅筒工作压力的 1.5 倍,且不小于 0.2
0.8~1.6	锅筒工作压力加 0.4
>1.6	锅筒工作压力的 1.25 倍

温馨提示

试验压力应以上锅筒或过热器出口集箱的压力表为准。

表 4-24　锅炉部件水压试验的试验压力

部件名称	试验压力／MPa
过热器	与本体试验压力相同
铸铁省煤器	省煤器工作压力的 1.5 倍
钢管省煤器	锅筒工作压力的 1.5 倍

水压试验时,应符合下列规定:

(1)水压试验的环境温度不宜低于 5 ℃,当环境温度低于 5 ℃时,应采取防冻措施。

(2)水压试验用水应干净,水温应高于周围露点温度且不应高于 70 ℃。合金钢受压元件的水压试验,水温应高于所用钢种的韧脆转变温度。

(3)锅炉应充满水,并应在空气排尽后关闭放空阀。

(4)经初步检查应无漏水后,再缓慢升压;当升压到 0.3 ~ 0.4 MPa 时应检查有无渗漏,有渗漏时应复紧人孔、手孔和法兰等的连接螺栓。

(5)压力升到额定工作压力时应暂停升压,应检查各部位,并应在无漏水或变形等异常现象时关闭就地水位计,继续升到试验压力,锅炉在试验压力下应保持 20 min;保压期间,压力下降应符合规定。

有机热载体炉在本体安装完成后,应以额定工作压力的 1.5 倍进行液压试验,试验介质采用有机热载体时,液压试验前应当先进行气密性试验。试验介质采用水时,水压试验完成后应当将设备中的水排净,并应使用压缩空气将内部吹干。

5. 取源部件、仪表、阀门

压力管道和设备上的取源部件及一次仪表的安装,应符合下列规定:在压力管道和设备上开孔宜采用机械加工方法;取源部件的材质、结构尺寸和安装位置,应符合设计文件要求;取源部件的开孔和焊接,应在防腐和压力试验前进行。

温度取源部件与压力取源部件安装在同一管段上时,压力取源部件应安装在温度取源部件的上游,间距不宜小于 200 mm。

压力测量取源部件的安装,应符合下列规定:压力测点应选在管道的直线段介质流束稳定的地方,取压装置端部不应伸入管道内壁。当检测带有粉尘、固体颗粒或沉淀物等混浊物料的压力时,在垂直和倾斜的设备和管道上,取源部件应倾斜向上安装,在水平管道上宜顺物料流束成锐角安装。

压力表的安装,应符合下列规定:

(1)就地安装的压力表不应固定在有强烈振动的设备和管道上。

(2)压力表或变送器的安装高度宜与取压点的高度一致。

(3)锅筒压力表表盘上应划出表示锅筒额定工作压力的红线。

(4)压力表与存液弯管之间应装设三通旋塞或针形阀。压力表应安装在便于观察和吹扫的位置。

🔔 **知识拓展**

对于《特种设备目录》范围内的锅炉,锅炉的以下部位应当装设压力表:蒸汽锅炉锅筒(锅壳)的蒸汽空间;给水调节阀前;省煤器出口;过热器出口和主汽阀之间;再热器出口、进口;直流蒸汽锅炉的启动(汽水)分离器或其出口管道上;直流蒸汽锅炉省煤器进口、储水箱和循环泵出口;直流蒸汽锅炉蒸发受热面出口截止阀前(如果装有截止阀);热水锅炉的锅筒(壳)上;热水锅炉的进水阀出口和出水阀进口;热水锅炉循环水泵的出口、进口;燃油锅炉、燃煤锅炉的点火油系统的油泵进口(回油)及出口;燃气锅炉、燃煤锅炉的点火气系统的气源进口及燃气阀组稳压阀(调压阀)后。

关于压力表的安装,还会考查下列内容:测量低压的压力表或变送器的安装高度,宜与取压点的高度一致;测量高压的压力表安装在操作岗位附近时,宜距地面1.8 m以上,或在仪表正面加保护罩。

液位检测仪表的安装,应符合下列规定:

(1)玻璃管、板式水位表的标高与锅筒正常水位线允许偏差应为±2 mm,在水位表上应标明"最高水位""最低水位"和"正常水位"。

(2)内浮筒液位计和浮球液位计的导向管或其他导向装置应垂直安装,并应使导向管内的液体流动通畅,法兰短管连接应保证浮球能在全程范围内自由活动。

🔔 **知识拓展**

水位计与汽包之间的汽-水连接管上不能安装阀门。

对于《特种设备目录》范围内的锅炉,水位表还应符合下列要求。

每台蒸汽锅炉锅筒(壳)应当装设至少两个彼此独立的直读式水位表,符合下列条件之一的锅炉可以只装设一个直读式水位表:

(1)额定蒸发量小于或者等于0.5 t/h的锅炉。

(2)额定蒸发量小于或者等于2 t/h,并且装有一套可靠的水位示控装置的锅炉。

(3)装设两套各自独立的远程水位测量装置的锅炉。

(4)电加热锅炉。

(5)有可靠壁温联锁保护装置的贯流式工业锅炉。

多压力等级余热锅炉每个压力等级的锅筒应当装设两个彼此独立的直读式水位表;直流蒸汽锅炉启动系统中储水箱和启动(汽水)分离器应当装设远程水位测量装置。

水位表的结构、装置要求如下:

(1)水位表应当有指示最高、最低安全水位和正常水位的明显标志,水位表的下部可见边缘应当比最高火界至少高50 mm,并且应当比最低安全水位至少低25 mm,水位表的上部可见边缘应当比最高安全水位至少高25 mm。

(2)玻璃管式水位表应当有防护装置,并且不应当妨碍观察真实水位,玻璃管的内径应当不小于8 mm。

(3)锅炉运行中能够吹洗和更换玻璃板(管)、云母片。

(4)用2个以上(含2个)玻璃板或者云母片组成的一组水位表,能够连续指示水位。

(5)水位表或者水表柱和锅筒(锅壳)之间阀门的流道直径应当不小于8 mm,汽水连接管内径应当不小于18 mm,连接管长度大于500 mm或者有弯曲时,内径应当适当放大,以保证水位表灵敏准确。

（6）连接管应当尽可能地短，如果连接管不是水平布置时，汽连管中的凝结水能够流向水位表，水连管中的水能够自行流向锅筒（壳）。

（7）水位表应当有放水阀门和接到安全地点的放水管。

（8）水位表或者水表柱和锅筒（壳）之间的汽水连接管上应当装设阀门，锅炉运行时，阀门应当处于全开位置；对于额定蒸发量小于 0.5 t/h 的锅炉，水位表与锅筒（壳）之间的汽水连管上可以不装设阀门。

水位表的安装要求：水位表应当安装在便于观察的地方，水位表距离操作地面高于 6 000 mm 时，应当加装远程水位测量装置或者水位视频监视系统。用远程水位测量装置监视锅炉水位时，其信号应当各自独立取出；在锅炉控制室内应当有两个可靠的远程水位测量装置，同时运行中应当保证有一个直读式水位表正常工作。

阀门应逐个在其公称压力的 1.25 倍下进行严密性试验，且阀瓣与阀座密封面不应漏水。安全阀安装前应逐个进行严密性试验。

蒸汽锅炉安全阀应铅垂安装，排汽管管径应与安全阀排出口径一致，管路应畅通，并应直通至安全地点，排汽管底部应装有疏水管。省煤器的安全阀应装排水管。在排水管、排汽管和疏水管上，不得装设阀门。应将排汽管支撑固定，不得使排汽管的外力施加到安全阀上，两个独立的安全阀的排汽管不应相连。

🔔 **知识拓展**

每台锅炉至少应当装设两个安全阀（包括锅筒和过热器安全阀）。符合下列规定之一的，可以只装设一个安全阀：额定蒸发量小于或者等于 0.5 t/h 的蒸汽锅炉；额定蒸发量小于 4 t/h 并且装设有可靠的超压联锁保护装置的蒸汽锅炉；额定热功率小于或者等于 2.8 MW 的热水锅炉。

蒸汽锅炉安全阀的整定压力应符合表 4-25 的规定。锅炉上必须有一个安全阀按表 4-25 中较低的整定压力进行调整。过热器上的安全阀必须按表 4-25 中较低的整定压力进行调整。

表 4-25　蒸汽锅炉安全阀的整定压力

额定工作压力/MPa	整定压力/MPa
≤0.8	工作压力加 0.03
	工作压力加 0.05
>0.8～3.82	工作压力的 1.04 倍
	工作压力的 1.06 倍

注：省煤器安全阀整定压力应为装设地点的工作压力的 1.1 倍。表中的工作压力，对于脉冲式安全阀系指冲量接出地点的工作压力，对于其他类型的安全阀系指安全阀装设地点的工作压力。

热水锅炉安全阀的整定压力应符合表 4-26 的规定。锅炉上必须有一个安全阀按表 4-26 中较低的整定压力进行调整。

表 4-26　热水锅炉安全阀的整定压力

整定压力/MPa	工作压力的 1.10 倍，且不应小于工作压力加 0.07
	工作压力的 1.12 倍，且不应小于工作压力加 0.10

6. 燃烧设备

炉排片组装不宜过紧或过松,装好后用手扳动时,转动应灵活。炉排冷态试运转宜在筑炉前进行,并应符合下列规定:

(1)冷态试运转运行时间,链条炉排不应少于 8 h;往复炉排不应少于 4 h;链条炉排试运转速度不应少于两级,在由低速到高速的调整阶段,应检查传动装置的保护机构动作。

(2)炉排转动应平稳,且无异常声响、卡阻、抖动和跑偏等现象;炉排片应翻转自如,且无凸起现象;滚柱转动应灵活,与链轮啮合应平稳,且无卡住现象。

(3)炉排拉紧装置应有调节余量。

各种燃烧装置安装时,不应妨碍受热面自由膨胀,并应防止燃烧器喷口将煤粉气流直接冲刷受热面管。

7. 炉墙砌筑和绝热层

炉墙砌筑应在锅炉水压试验以及砌入墙内的零部件、水管和炉顶支、吊架等装置的安装质量符合随机技术文件规定后进行。

当砖的尺寸无法满足砖缝要求时,应进行砖的加工或选砖。砖砌体应拉线砌筑,上下层砖应错缝,砖缝应横平竖直,且泥浆饱满。外墙的砖缝宜为 8 ~ 10 mm。炉墙砌筑时,砌体内表面与各受热面之间的间隙,应符合随机技术文件规定。

绝热层施工时,阀门、法兰盘、人孔及其他可拆件的边缘应留出空隙,绝热层断面应封闭严密。支托架处的绝热层不得影响活动面的自由膨胀。

8. 漏风试验、烘炉、煮炉、严密性试验和试运行

漏风试验是锅炉投运前的一项重要工作,进行漏风试验前应制订漏风试验方案,具备条件方可进行。炉体密封不严会严重影响锅炉的正常使用。整装锅炉可不做此项试验。

漏风试验发现的漏风缺陷,应在漏风处做好标记,并应做好记录;漏风缺陷应按下列方法处理:

(1)当焊缝处漏风时,用磨光机或扁铲除去缺陷后,应重新补焊。

(2)当法兰处漏风时,松开螺栓填塞耐火纤维毡后,应重新紧固。

(3)当炉门、孔处漏风时,应将接合处修磨平整,并应在密封槽内装好密封材料。

(4)当炉墙漏风时,应将漏风部分拆除后重新砌筑,并应按设计规定控制砖缝,应用耐火灰浆将砖缝填实,并用耐火纤维填料将膨胀缝填塞紧密。

(5)当钢结构处漏风时,应用耐火纤维毡等耐火密封填料填塞严密。

烘炉可采用火焰或蒸汽。有水冷壁的锅炉宜采用蒸汽烘炉。链条炉排烘炉的燃料,不应有铁钉等金属杂物。火焰烘炉应符合下列规定:

(1)火焰应集中在炉膛中央;烘炉初期宜采用文火烘焙;初期以后的火势应均匀,并应逐日缓慢加大。

(2)炉排在烘炉过程中应定期转动。

(3)烘炉烟气温升应在过热器后或相当位置进行测定,温升应符合下列规定:重型炉墙第一天温升不宜大于 50 ℃,以后温升不宜大于 20 ℃/d,后期烟温不应大于 220 ℃;砖砌轻型炉墙温升不应大于 80 ℃/d,后期烟温不应大于 160 ℃;耐火浇注料炉墙温升不应大于 10 ℃/ h,后期烟温不应大于 160 ℃,在最高温度范围内的持续时间不应小于 24 h。

(4)当炉墙特别潮湿时,应适当减慢温升速度,并应延长烘炉时间。

全耐火陶瓷纤维保温的轻型炉墙,可不烘炉,黏接剂采用热硬性黏接料时,锅炉投入运行前应按规定进行加热。

在烘炉末期,当外墙砖灰浆含水率降到10%时,或达到规定温度时,可进行煮炉。加药时,炉水应在低水位。煮炉时,药液不得进入过热器内。煮炉时间宜为 48~72 h,煮炉的最后 24 h 宜使压力保持在额定工作压力的 75%,当在较低压力下煮炉时,应延长煮炉时间。煮炉至取样炉水的水质变清澈时应停止煮炉。煮炉期间,应定期从锅筒和水冷壁下集箱取水样进行水质分析,当炉水碱度低于 45 mmol/L 时,应补充加药。

锅炉经烘炉和煮炉后应进行严密性试验,并应符合下列规定:

(1)当锅炉压力升至 0.3~0.4 MPa 时,应对锅炉本体内的法兰、人孔、手孔和其他连接螺栓进行一次热态下的紧固。

(2)当锅炉压力升至额定工作压力时,各人孔、手孔、阀门、法兰和填料等处应无泄漏现象。

(3)锅筒、集箱、管路和支架等的热膨胀应无异常。

有过热器的蒸汽锅炉,应采用蒸汽吹洗过热器。吹洗时,锅炉压力宜保持在额定工作压力的 75%,吹洗时间不应小于 15 min。

安全阀经最终调整后,现场组装的锅炉应带负荷正常连续试运行 48 h,整体出厂的锅炉应带负荷正常连续试运行 4~24 h,并应做好试运行记录。

二、热力设备工程安装计量 ★★★★★

根据《通用安装工程工程量计算规范》,热力设备安装工程的计量规则如下。

（一）中压锅炉本体设备安装计量

中压锅炉本体设备安装计量规则如表 4-27 所示。

表 4-27　中压锅炉本体设备安装计量规则

项目名称	项目特征	计量单位	工程量计算规则	工作内容
钢炉架	略	t	按制造厂的设备安装图示质量计算	略
汽包	略	台	按设计图示数量计算	略
水冷系统	略	t	按制造厂的设备安装图示质量计算	略
过热系统				略
省煤器				略
管式空气预热器	略			略
回转式空气预热器	略	台	按设计图示数量计算	
旋风分离器（循环流化床锅炉）	略		按制造厂的设备安装图示质量计算	略
本体管路系统		t		略
锅炉本体金属结构				略
锅炉本体平台扶梯	略			略
炉排及燃烧装置		套	按设计图示数量计算	略
除渣装置		t	按制造厂的设备安装图示质量计算	略

（二）中压锅炉分部试验及试运计量

中压锅炉分部试验及试运计量规则如表4-28所示。

表4-28 中压锅炉分部试验及试运计量规则

项目名称	项目特征	计量单位	工程量计算规则	工作内容
锅炉清洗及试验	略	台	按整套锅炉计量	略

注：中压锅炉分部试验及试运包括锅炉清洗、锅炉水压试验、风压试验、锅炉的烘炉、碱煮炉以及蒸汽严密性试验和安全门调整。

（三）中压锅炉风机安装计量

中压锅炉风机安装计量规则如表4-29所示。

表4-29 中压锅炉风机安装计量规则

项目名称	项目特征	计量单位	工程量计算规则	工作内容
送、引风机	略	台	按设计图示数量计算	略

（四）中压锅炉除尘装置安装计量

中压锅炉除尘装置安装计量规则如表4-30所示。

表4-30 中压锅炉除尘装置安装计量规则

项目名称	项目特征	计量单位	工程量计算规则	工作内容
除尘器	略	台	按设计图示数量计算	略

（五）中压锅炉制粉系统安装计量

中压锅炉制粉系统安装计量规则如表4-31所示。

表4-31 中压锅炉制粉系统安装计量规则

项目名称	项目特征	计量单位	工程量计算规则	工作内容
磨煤机、给煤机、叶轮给粉机、螺旋输粉机	略	台	按设计图示数量计算	略

（六）中压锅炉烟、风、煤管道安装计量

中压锅炉烟、风、煤管道安装计量规则如表4-32所示。

表4-32 中压锅炉烟、风、煤管道安装计量规则

项目名称	项目特征	计量单位	工程量计算规则	工作内容
烟道、热风道、冷风道、制粉管道、送粉管道、原煤管道	管道形状、管道断面尺寸、管壁厚度	t	按设计图示质量计算	略

（七）中压锅炉其他辅助设备安装计量

中压锅炉其他辅助设备安装计量规则如表4-33所示。

表 4-33　中压锅炉其他辅助设备安装计量规则

项目名称	项目特征	计量单位	工程量计算规则	工作内容
扩容器		台		略
消音器	略			略
暖风器		只	按设计图示数量计算	略
测粉装置	略	套		略
煤粉分离器	略	只		略

（八）中压锅炉炉墙砌筑计量

中压锅炉炉墙砌筑计量规则如表 4-34 所示。

表 4-34　中压锅炉炉墙砌筑计量规则

项目名称	项目特征	计量单位	工程量计算规则	工作内容
敷管式及膜式水冷壁炉墙和框架式炉墙砌筑				略
循环流化床锅炉旋风分离器内衬砌筑	略	m³	按设计图示的设备表面尺寸以体积计算	略
炉墙耐火砖砌筑				略

（九）汽轮发电机本体安装计量

汽轮发电机本体安装计量规则如表 4-35 所示。

表 4-35　汽车发电机本体安装计量规则

项目名称	项目特征	计量单位	工程量计算规则	工作内容
汽轮机	略		按设计图示数量计算	略
发电机、励磁机	略	台		略
汽轮发电机组空负荷试运	略		按设计系统计算	略

注：汽轮发电机组空负荷试运包括危急保安器试运、给水泵组试运、润滑油系统和真空系统试运、汽轮机汽封系统试运、调速系统试运、发电机水冷系统试运、低压缸喷水的试运、其他相关项目试运。

（十）汽轮发电机辅助设备安装计量

汽轮发电机辅助设备安装计量规则如表 4-36 所示。

表 4-36　汽车发电机辅助设备安装计量规则

项目名称	项目特征	计量单位	工程量计算规则	工作内容
凝汽器	略			略
加热器	略			略
抽气器	略	台	按设计图示数量计算	略
油箱和油系统设备	略			略

（十一）汽轮发电机附属设备安装计量

汽轮发电机附属设备安装计量规则如表 4-37 所示。

表 4-37　汽车发电机附属设备安装计量规则

项目名称	项目特征	计量单位	工程量计算规则	工作内容
除氧器及水箱	略			略
电动给水泵、循环水泵、凝结水泵、机械真空泵	略	台	按设计图示数量计算	略
循环水泵房入口设备	略			略

（十二）卸煤设备安装计量

卸煤设备安装计量规则如表 4-38 所示。

表 4-38　卸煤设备安装计量规则

项目名称	项目特征	计量单位	工程量计算规则	工作内容
抓斗	略	台	按设计图示数量计算	略
斗链式卸煤机	略			略

（十三）煤场机械设备安装计量

煤场机械设备安装计量规则如表 4-39 所示。

表 4-39　煤场机械设备安装计量规则

项目名称	项目特征	计量单位	工程量计算规则	工作内容
斗轮堆取料机	略	台	按设计图示数量计算	略
门式滚轮堆取料机				略

（十四）碎煤设备安装计量

碎煤设备安装计量规则如表 4-40 所示。

表 4-40　碎煤设备安装计量规则

项目名称	项目特征	计量单位	工程量计算规则	工作内容
反击式碎煤机、锤击式破碎机	略	台	按设计图示数量计算	略
筛分设备	略			略

（十五）上煤设备安装计量

上煤设备安装计量规则如表 4-41 所示。

表 4-41　上煤设备安装计量规则

项目名称	项目特征	计量单位	工程量计算规则	工作内容
皮带机	略	台,m	以台计量,按设计图示数量计算；以米计量,按设计图示长度计算	略
配仓皮带机				略

（续表）

项目名称	项目特征	计量单位	工程量计算规则	工作内容
输煤转运站落煤设备	略	套	按设计图示数量计算	略
皮带秤	略	台		略
机械采样装置及除木器				略
电动犁式卸料器	略	台		略
电动卸料车	略			略
电磁分离器	略			略

（十六）水力冲渣、冲灰设备安装计量

水力冲渣、冲灰设备安装计量规则如表 4-42 所示。

表 4-42　水力冲渣、冲灰设备安装计量规则

项目名称	项目特征	计量单位	工程量计算规则	工作内容
捞渣机、碎渣机	略	台	按设计图示数量计算	略
渣仓	略	t	按设计图示设备质量计算	略
水力喷射器、箱式冲灰器	略	台	按设计图示数量计算	略
砾石过滤器	略			
空气斜槽	略			略
灰渣沟插板门、电动灰斗闸板门、电动三通门	略	套		略
锁气器	略	台		

（十七）气力除灰设备安装计量

气力除灰设备安装计量规则如表 4-43 所示。

表 4-43　气力除灰设备安装计量规则

项目名称	项目特征	计量单位	工程量计算规则	工作内容
负压风机、灰斗气化风机（包括气化板）	略	台	按设计图示数量计算	略
布袋收尘器、袋式排气过滤器	略			略
加热器	略			略
回转式给料机	略			略

（十八）化学水预处理系统设备安装计量

化学水预处理系统设备安装计量规则如表 4-44 所示。

表4-44 化学水预处理系统设备安装计量规则

项目名称	项目特征	计量单位	工程量计算规则	工作内容
反渗透处理系统	略	套	按设计图示数量计算	略
凝聚澄清过滤系统	略			略

注:凝聚澄清过滤系统设备安装包括澄清器、过滤器、混合器、水箱、水泵、溶液泵、计量箱和计量装置、加热器安装。

(十九)锅炉补给水除盐系统设备安装计量

锅炉补给水除盐系统设备安装计量规则如表4-45所示。

表4-45 锅炉补给水除盐系统设备安装计量规则

项目名称	项目特征	计量单位	工程量计算规则	工作内容
机械过滤系统、除盐加混床设备	略	套	按设计图示数量计算	略
除二氧化碳和离子交换设备	略			

温馨提示

机械过滤系统安装包括机械过滤器、水箱、水泵和鼓风机安装。

除盐加混床设备安装包括水箱、水泵、计量箱、计量装置和喷射器安装。

除二氧化碳和离子交换设备安装包括除二氧化碳器、混合器、阴阳离子交换器、再生罐和树脂贮存罐安装。

(二十)凝结水处理系统设备安装计量

凝结水处理系统设备安装计量规则如表4-46所示。

表4-46 凝结水处理系统设备安装计量规则

项目名称	项目特征	计量单位	工程量计算规则	工作内容
凝结水处理设备	略	套	按设计图示数量计算	略

注:凝结水处理设备包括离子交换器、再生器、过滤器、树脂贮存罐、树脂捕捉器、树脂喷射器、酸碱贮存罐、计量箱、喷射器和水泵的安装。

(二十一)循环水处理系统设备安装计量

循环水处理系统设备安装计量规则如表4-47所示。

表4-47 循环水处理系统设备安装计量规则

项目名称	项目特征	计量单位	工程量计算规则	工作内容
循环水处理及加药设备	略	套	按设计图示数量计算	略

注:循环水处理及加药设备包括钠离子软化器、食盐溶解过滤器、加药设备、凝汽器铜管镀膜设备、空压机和起重设备安装。

(二十二)给水、炉水校正处理系统设备安装计量

给水、炉水校正处理系统设备安装计量规则如表4-48所示。

表 4-48　给水、炉水校正处理系统设备安装计量规则

项目名称	项目特征	计量单位	工程量计算规则	工作内容
给水、炉水校正处理设备	略	套	按设计图示数量计算	略

注：给水、炉水校正处理设备包括汽水取样设备、炉内水处理装置、药液的制备、计量设备和输送泵的安装。

（二十三）脱硫设备安装计量

脱硫设备安装计量规则如表 4-49 所示。

表 4-49　脱硫设备安装计量规则

项目名称	项目特征	计量单位	工程量计算规则	工作内容
石粉仓	略	t	按设计图示设备质量计算	略
吸收塔	略			略
脱硫附属机械及辅助设备	略	套	按设计图示数量计算	略

注：脱硫附属机械及辅助设备包括增压风机、烟气换热器（GGH）、真空皮带脱水机、旋流器和循环浆液泵的安装。

（二十四）低压锅炉本体设备安装计量

低压锅炉本体设备安装计量规则如表 4-50 所示。

表 4-50　低压锅炉本体设备安装计量规则

项目名称	项目特征	计量单位	工程量计算规则	工作内容
成套整装锅炉	略	台	按设计图示数量计算	略
散装和组装锅炉	略	台,t	以台计量，按设计图示数量计算；以吨计量，按设计图示设备质量计算	略

注：散装和组装锅炉，不包括设备的包装材料、加固件的重量。按供货状态确定计量单位：组装锅炉按"台"，散装锅炉按"t"。

（二十五）低压锅炉附属及辅助设备安装计量

低压锅炉附属及辅助设备安装计量规则如表 4-51 所示。

表 4-51　低压锅炉附属及辅助设备安装计量规则

项目名称	项目特征	计量单位	工程量计算规则	工作内容
除尘器	略		按设计图示数量计算	略
水处理设备	略		按系统设计清单和设备制造厂供货范围计量	略
换热器	略	台		略
输煤设备（上煤机）	略		按设计图示数量计算	略
除渣机	略			略
齿轮式破碎机	略			略

（二十六）相关问题及说明

热力设备安装工程适用于 130 t/h 以下的锅炉和 2.5 万 kW（25 MW）以下的汽轮发电

机组的设备安装工程及其配套的辅机、燃料、除灰和水处理设备安装工程。

中、低压锅炉的划分：蒸发量为 35 t/h 的链条炉，蒸发量为 75 t/h 及 130 t/h 的煤粉炉和循环流化床锅炉为中压锅炉；蒸发量为 20 t/h 及以下的燃煤、燃油（气）锅炉为低压锅炉。

考题探究

【单选题】依据《通用安装工程工程量计算规范》，按蒸发量划分，属于中压锅炉的是（　　）。

A. 20 t/h 链条炉　　　　　　　　B. 35 t/h 链条炉

C. 75 t/h 链条炉　　　　　　　　D. 130 t/h 链条炉

【细说考点】本题主要考查按蒸发量划分的锅炉种类。具体内容详见上文。本题选 B。

下列通用性机械应按《通用安装工程工程量计算规范》中的机械设备安装工程相关项目编码列项：

（1）锅炉风机安装项目中，除了中压锅炉送、引风机以外的其他风机安装。

（2）系统的泵类安装项目中，除了电动给水泵、循环水泵、凝结水泵、机械真空泵以外的其他泵的安装。

（3）起重机械设备安装，包括汽机房桥式起重机等。

（4）柴油发电机和压缩空气机安装。

各系统的管道安装，除了由设备成套供应的管道和包括在设备安装工作内容中的润滑系统管道以外，应按《通用安装工程工程量计算规范》中的工业管道工程相关项目编码列项。

热力系统设备的防腐和刷漆，除了已包括在设备安装工作内容中的非保温设备表面底漆修补以外，应按《通用安装工程工程量计算规范》中的刷油、防腐蚀、绝热工程相关项目编码列项。

热力系统设备和系统管道的保温，除了锅炉炉墙砌筑以外，应按《通用安装工程工程量计算规范》中的刷油、防腐蚀、绝热工程相关项目编码列项。

烟、风、煤管道制作应按《通用安装工程工程量计算规范》中的静置设备与工艺金属结构制作安装工程相关项目编码列项。

以下工作内容包括在相应的安装项目中：

（1）汽轮机、凝汽器等大型设备的拖运、组合平台的搭、拆。

（2）除炉墙砌筑脚手架外的施工脚手架和一般安全设施。

（3）设备的单体试转和分系统调试试运配合。

（4）设备基础二次灌浆的配合。

设备支架和应由设备制造厂配套供货的平台、护梯及围栏的制作不包括在安装项目中。需要加工、配制的，可按业主单位委托施工单位另行处理。

第三节　消防工程安装技术与计量

消防工程安装技术即消防设施的施工技术。根据《消防设施通用规范》，消防设施包括消防给水与消火栓系统、自动喷水灭火系统、泡沫灭火系统、水喷雾和细水雾灭火系统、固定消防泡和自动跟踪定位射流灭火系统、气体灭火系统、干粉灭火系统、灭火器、防烟与排烟系统、火灾自动报警系统。根据《通用安装工程工程量计算规范》，消防工程安装计量主要包括水灭火系统、气体灭火系统、泡沫灭火系统、火灾自动报警系统、消防系统调试五部分。结合前述两种分类，本节主要从水灭火系统安装技术与计量、气体灭火系统安装技术与计量、泡沫灭火系统安装技术与计量、火灾自动报警系统安装技术与计量、消防系统调试技术与计量、消防工程安装计量相关问题及说明、其他灭火系统安装技术等方面展开介绍。其中，水灭火系统涵盖消防给水与消火栓系统、自动喷水灭火系统、水喷雾和细水雾灭火系统；其他灭火系统包括固定消防泡和自动跟踪定位射流灭火系统、干粉灭火系统。

一、水灭火系统安装技术与计量 ★★★★★

（一）消防给水与消火栓系统安装技术

消防给水与消火栓系统示意图如图 4-11 所示。消火栓系统是由供水设施、消火栓、配水管网和阀门等组成的系统。

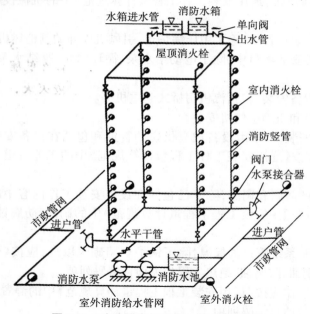

图 4-11　消防给水与消火栓系统示意图

1. 消防水源与给水系统

消防水源包括市政给水、消防水池、高位消防水池和天然水源等。消防水源水质应满足水灭火设施的功能要求。

消防水池是指人工建造的供固定或移动消防水泵吸水的储水设施。符合下列规定之一时，应设置消防水池：

（1）当生产、生活用水量达到最大时，市政给水管网或入户引入管不能满足室内、室外消防给水设计流量。

（2）当采用一路消防供水或只有一条入户引入管，且室外消火栓设计流量大于 20 L/s 或建筑高度大于 50 m。

（3）市政消防给水设计流量小于建筑室内外消防给水设计流量。

消防水池应符合下列规定：消防水池的有效容积应满足设计持续供水时间内的消防用水量要求；消防用水与其他用水共用的水池，应采取保证水池中的消防用水量不作他用的技术措施;消防水池应设置溢流水管和排水设施,并应采用间接排水。

消防给水系统应根据建筑的用途功能、体积、高度、耐火等级、火灾危险性、重要性、次生灾害、商务连续性、水源条件等因素综合确定其可靠性和供水方式,并应满足水灭火系统所需流量和压力的要求。

> **知识拓展**
>
> 火灾危险性与可燃物的类型和燃烧特性密切相关。根据可燃物的类型和燃烧特性将火灾定义为六个不同的类别。
>
> (1)A类火灾:固体物质火灾。这种物质通常具有有机物性质,一般在燃烧时能产生灼热的余烬。
>
> (2)B类火灾:液体或可熔化的固体物质火灾。
>
> (3)C类火灾:气体火灾。
>
> (4)D类火灾:金属火灾。
>
> (5)E类火灾:带电火灾。物体带电燃烧的火灾。
>
> (6)F类火灾:烹饪器具内的烹饪物(如动植物油脂)火灾。
>
> 例如,某储存汽车轮胎仓库着火,属于A类火灾。

2. 供水设施

供水设施包括消防水泵、高位消防水箱、稳压泵、消防水泵接合器、消防水泵房。

(1)消防水泵。

消防水泵是通过叶轮的旋转将能量传递给水,从而增加水的动能、压力能,并将其输送到灭火设备处,以满足各种灭火设备的水量、水压要求。

消防水泵宜根据可靠性、安装场所、消防水源、消防给水设计流量和扬程等综合因素确定水泵的形式,水泵驱动器宜采用电动机或柴油机直接传动,消防水泵不应采用双电动机或基于柴油机等组成的双动力驱动水泵。单台消防水泵的最小额定流量不应小于10 L/s,最大额定流量不宜大于320 L/s。

消防水泵应设置备用泵,其性能应与工作泵性能一致,但下列建筑除外:建筑高度小于54 m的住宅和室外消防给水设计流量小于等于25 L/s的建筑;室内消防给水设计流量小于等于10 L/s的建筑。

离心式消防水泵吸水管、出水管和阀门等,应符合下列规定:

①消防水泵的吸水管上应设置明杆闸阀或带自锁装置的蝶阀,但当设置暗杆阀门时应设有开启刻度和标志;当管径超过DN300时,宜设置电动阀门。

②消防水泵的出水管上应设止回阀、明杆闸阀;当采用蝶阀时,应带有自锁装置;当管径大于DN300时,宜设置电动阀门。

(2)高位消防水箱。

高位消防水箱是设置在高处直接向水灭火设施重力供应初期火灾消防用水量的储水设施。

高位消防水箱作为消防水泵启动前为各类水灭火系统提供消防用水的重要设施,水量、水压、水位、防冻和供水的可持续性等技术要求尤为重要。高位消防水箱应符合下列规定:

①室内临时高压消防给水系统的高位消防水箱有效容积和压力应能保证初期灭火所需水量。

②屋顶露天高位消防水箱的人孔和进出水管的阀门等应采取防止被随意关闭的保护措施。

③设置高位水箱间时，水箱间内的环境温度或水温不应低于 5 ℃。

④高位消防水箱的最低有效水位应能防止出水管进气。

临时高压消防给水系统的高位消防水箱的有效容积应满足初期火灾消防用水量的要求，并应符合下列规定：

①一类高层公共建筑，不应小于 36 m³，但当建筑高度大于 100 m 时，不应小于 50 m³，当建筑高度大于 150 m 时，不应小于 100 m³。

②多层公共建筑、二类高层公共建筑和一类高层住宅，不应小于 18 m³，当一类高层住宅建筑高度超过 100 m 时，不应小于 36 m³。

③二类高层住宅，不应小于 12 m³。

④建筑高度大于 21 m 的多层住宅，不应小于 6 m³。

⑤工业建筑室内消防给水设计流量当小于或等于 25 L/s 时，不应小于 12 m³，大于 25 L/s 时，不应小于 18 m³。

⑥总建筑面积大于 10 000 m² 且小于 30 000 m² 的商店建筑，不应小于 36 m³，总建筑面积大于 30 000 m² 的商店，不应小于 50 m³，当与上述第①款规定不一致时应取其较大值。

> **温馨提示**
>
> 注意区分高位消防水箱与高位消防水池。高位消防水池是设置在高处直接向水灭火设施重力供水的储水设施。

（3）稳压泵。

稳压泵宜采用单吸单级或单吸多级离心泵；泵外壳和叶轮等主要部件的材质宜采用不锈钢。稳压泵的公称流量不应小于消防给水系统管网的正常泄漏量，且应小于系统自动启动流量，公称压力应满足系统自动启动和管网充满水的要求。

（4）消防水泵接合器。

消防水泵接合器是固定设置在建筑物外，用于消防车或机动泵向建筑物内消防给水系统输送消防用水和其他液体灭火剂的连接器具。水泵接合器应设在室外便于消防车使用的地点，且距室外消火栓或消防水池的距离不宜小于 15 m，并不宜大于 40 m。

墙壁消防水泵接合器的安装高度距地面宜为 0.70 m；与墙面上的门、窗、孔、洞的净距离不应小于 2.0 m，且不应安装在玻璃幕墙下方；地下消防水泵接合器的安装，应使进水口与井盖底面的距离不大于 0.40 m，且不应小于井盖的半径。

应设置消防水泵接合器的室内消火栓给水系统如图 4-12 所示。

图 4-12　应设置消防水泵接合器的室内消火栓给水系统

（5）消防水泵房。

当采用柴油机消防水泵时宜设置独立消防水泵房,并应设置满足柴油机运行的通风、排烟和阻火设施。消防水泵房应采取防水淹没的技术措施。

3. 消火栓系统

消火栓系统分为市政消火栓系统、室外消火栓系统和室内消火栓系统。

（1）市政消火栓系统。

市政消火栓宜采用地上式室外消火栓;在严寒、寒冷等冬季结冰地区宜采用干式地上式室外消火栓,严寒地区宜增设消防水鹤。当采用地下式室外消火栓,地下消火栓井的直径不宜小于 1.5 m,且当地下式室外消火栓的取水口在冰冻线以上时,应采取保温措施。

（2）室外消火栓系统。

室外消火栓按其安装场合可分为地上式、地下式和折叠式。地上消火栓是指与供水管路连接,由阀、出水口和栓体等组成,且阀、出水口以及部分壳体露出地面的消防供水（或泡沫混合液）装置,如图4-13 所示。地下消火栓是指与供水管路连接,由阀、出水口和栓体等组成,且安装在地下的消防供水（或泡沫混合液）装置,如图4-14 所示。折叠式消火栓是指一种平时以折叠或升缩形式安装于地面以下,使用时能移升至地面以上的消火栓。

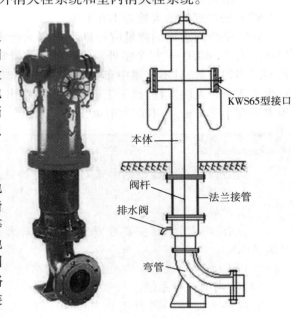

图 4-13　地上式室外消火栓

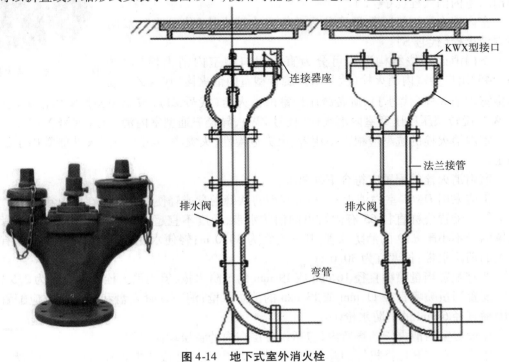

图 4-14　地下式室外消火栓

室外消火栓按其进水口连接形式可分为法兰式和承插式。

室外消火栓按其用途分为普通型和特殊型,特殊型分为泡沫型、防撞型、调压型、减压稳压型等。

室外消火栓按其进水口的公称通径可分为 100 mm 和 150 mm 两种。

室外消火栓的公称压力可分为 1.0 MPa 和 1.6 MPa 两种,其中承插式的消火栓为 1.0 MPa、法兰式的消火栓为 1.6 MPa。

建筑室外消火栓的数量应根据室外消火栓设计流量和保护半径经计算确定,保护半径不应大于 150.0 m,每个室外消火栓的出流量宜按 10 ~ 15 L/s 计算。室外消火栓宜沿建筑周围均匀布置,且不宜集中布置在建筑一侧;建筑消防扑救面一侧的室外消火栓数量不宜少于 2 个。人防工程、地下工程等建筑应在出入口附近设置室外消火栓,且距出入口的距离不宜小于 5 m,并不宜大于 40 m。

考题探究

【多选题】消火栓根据形式划分,室外特殊消火栓有(　　　)。

A. 调压型　　　　　　　　　　　B. 泡沫型

C. 防爆型　　　　　　　　　　　D. 防撞型

【细说考点】本题主要考查室外特殊消火栓的类型。具体内容详见上文。本题选 ABD。

（3）室内消火栓系统。

室内消火栓是一种具有内扣式接口的球阀式龙头,如图 4-15 所示。

室内消火栓按出水口形式可分为单出口室内消火栓(代号略)、双出口室内消火栓(代号 S)。

室内消火栓按栓阀数量可分为单阀室内消火栓(代号略)、双阀室内消火栓(代号 S)。

图 4-15　室内消火栓

室内消火栓按结构形式可分为直角出口型室内消火栓(代号略)、45°出口型室内消火栓(代号 A)、旋转型室内消火栓(代号 Z)、减压型室内消火栓(代号 J)、旋转减压型室内消火栓(代号 ZJ)、减压稳压型室内消火栓(代号 W)、旋转减压稳压型室内消火栓(代号 ZW)、异径三通型室内消火栓(代号 Y)。

室内消火栓的选型应根据使用者、火灾危险性、火灾类型和不同灭火功能等因素综合确定。

室内消火栓的配置应符合下列要求:

①应采用 DN65 室内消火栓,并可与消防软管卷盘或轻便水龙设置在同一箱体内。

②应配置公称直径 65 有内衬里的消防水带,长度不宜超过 25.0 m;消防软管卷盘应配置内径不小于 φ19 的消防软管,其长度宜为 30.0 m;轻便水龙应配置公称直径 25 有内衬里的消防水带,长度宜为 30.0 m。

③宜配置当量喷嘴直径 16 mm 或 19 mm 的消防水枪,但当消火栓设计流量为 2.5 L/s 时宜配置当量喷嘴直径 11 mm 或 13 mm 的消防水枪;消防软管卷盘和轻便水龙应配置当量喷嘴直径 6 mm 的消防水枪。

在设置室内消火栓的场所内,包括设备层在内的各层均应设置消火栓。

屋顶设有直升机停机坪的建筑,应在停机坪出入口处或非电器设备机房处设置消火栓,且距停机坪机位边缘的距离不应小于5.0 m。

消防电梯前室应设置室内消火栓,并应计入消火栓使用数量。

室内消火栓的布置应满足同一平面有2支消防水枪的2股充实水柱同时达到任何部位的要求,但建筑高度小于或等于24.0 m且体积小于或等于5 000 m³的多层仓库、建筑高度小于或等于54 m且每单元设置一部疏散楼梯的住宅,以及《消防给水及消火栓系统技术规范》中规定的可采用一支消防水枪的场所,可采用一支消防水枪的一股充实水柱到达室内任何部位。

建筑室内消火栓的设置位置应满足火灾扑救要求,并应符合下列规定:

①室内消火栓应设置在楼梯间及其休息平台和前室、走道等明显易于取用,以及便于火灾扑救的位置。

②住宅的室内消火栓宜设置在楼梯间及其休息平台。

③汽车库内消火栓的设置不应影响汽车的通行和车位的设置,并应确保消火栓的开启。

④同一楼梯间及其附近不同层设置的消火栓,其平面位置宜相同。

⑤冷库的室内消火栓应设置在常温穿堂或楼梯间内。

建筑室内消火栓栓口的安装高度应便于消防水龙带的连接和使用,其距地面高度宜为1.1 m;其出水方向应便于消防水带的敷设,并宜与设置消火栓的墙面成90°角或向下。

室内消火栓宜按直线距离计算其布置间距,并应符合下列规定:

①消火栓按两支消防水枪的两股充实水柱布置的建筑物,消火栓的布置间距不应大于30.0 m。

②消火栓按一支消防水枪的一股充实水柱布置的建筑物,消火栓的布置间距不应大于50.0 m。

4. 配水管网和阀门

下列消防给水应采用环状给水管网:

(1)向两栋或两座及以上建筑供水时。

(2)向两种及以上水灭火系统供水时。

(3)采用设有高位消防水箱的临时高压消防给水系统时。

(4)向两个及以上报警阀控制的自动水灭火系统供水时。

向室外、室内环状消防给水管网供水的输水干管不应少于两条,当其中一条发生故障时,其余的输水干管应仍能满足消防给水设计流量。

室外消防给水管网应符合下列规定:

(1)室外消防给水采用两路消防供水时应采用环状管网,但当采用一路消防供水时可采用枝状管网。

(2)管道的直径应根据流量、流速和压力要求经计算确定,但不应小于DN100。

(3)消防给水管道应采用阀门分成若干独立段,每段内室外消火栓的数量不宜超过5个。

室内消防给水管网应符合下列规定:

(1)室内消火栓系统管网应布置成环状,当室外消火栓设计流量不大于20 L/s,且室内消火栓不超过10个时,可布置成枝状。

(2)当由室外生产生活消防合用系统直接供水时,合用系统除应满足室外消防给水设计流量以及生产和生活最大小时设计流量的要求外,还应满足室内消防给水系统的设计流量和压力要求。

（3）室内消防管道管径应根据系统设计流量、流速和压力要求经计算确定；室内消火栓竖管管径应根据竖管最低流量经计算确定，但不应小于 $DN100$。

室内消火栓环状给水管道检修时应符合下列规定：

（1）室内消火栓竖管应保证检修管道时关闭停用的竖管不超过一根，当竖管超过四根时，可关闭不相邻的 2 根。

（2）每根竖管与供水横干管相接处应设置阀门。

室内消火栓给水管网宜与自动喷水等其他水灭火系统的管网分开设置；当合用消防泵时，供水管路沿水流方向应在报警阀前分开设置。

消防给水系统的阀门选择应符合下列规定：

（1）埋地管道的阀门宜采用带启闭刻度的暗杆闸阀，当设置在阀门井内时可采用耐腐蚀的明杆闸阀。

（2）室内架空管道的阀门宜采用蝶阀、明杆闸阀或带启闭刻度的暗杆闸阀等。

（3）室外架空管道宜采用带启闭刻度的暗杆闸阀或耐腐蚀的明杆闸阀。

（4）埋地管道的阀门应采用球墨铸铁阀门，室内架空管道的阀门应采用球墨铸铁或不锈钢阀门，室外架空管道的阀门应采用球墨铸铁阀门或不锈钢阀门。

消防给水系统管道的最高点处宜设置自动排气阀。

消防水泵出水管上的止回阀宜采用水锤消除止回阀，当消防水泵供水高度超过 24 m 时，应采用水锤消除器。当消防水泵出水管上设有囊式气压水罐时，可不设水锤消除设施。

（二）自动喷水灭火系统安装技术

自动喷水灭火系统是由洒水喷头、报警阀组、水流报警装置（水流指示器或压力开关）等组件，以及管道、供水设施等组成，能在发生火灾时喷水的自动灭火系统。在学习自动喷水灭火系统安装技术前有必要对自动喷水灭火系统的类型和系统选型有一个基本的了解。

1. 自动喷水灭火系统的类型

自动喷水灭火系统可分为闭式系统、开式系统。闭式系统又可分为湿式系统、干式系统、预作用系统（包括重复启闭预作用系统）、防护冷却系统；开式系统包括雨淋系统、水幕系统（包括防火分隔水幕、防护冷却水幕）。

闭式系统是指采用闭式洒水喷头的自动喷水灭火系统。

开式系统是指采用开式洒水喷头的自动喷水灭火系统。

湿式系统是指准工作状态时配水管道内充满用于启动系统的有压水的闭式系统。

干式系统是指准工作状态时配水管道内充满用于启动系统的有压气体的闭式系统。

预作用系统是指准工作状态时配水管道内不充水，发生火灾时由火灾自动报警系统、充气管道上的压力开关联锁控制预作用装置和启动消防水泵，向配水管道供水的闭式系统。

重复启闭预作用系统是指能在扑灭火灾后自动关阀、复燃时再次开阀喷水的预作用系统。

防护冷却系统是指由闭式洒水喷头、湿式报警阀组等组成，发生火灾时用于冷却防火卷帘、防火玻璃墙等防火分隔设施的闭式系统。

雨淋系统是指由开式洒水喷头、雨淋报警阀组等组成，发生火灾时由火灾自动报警系统或传动管控制，自动开启雨淋报警阀组和启动消防水泵，用于灭火的开式系统。

温馨提示

自动喷水雨淋式灭火系统包括管道系统、雨淋阀、火灾探测器以及开式喷头。

水幕系统是指由开式洒水喷头或水幕喷头、雨淋报警阀组或感温雨淋报警阀等组成，用于防火分隔或防护冷却的开式系统。

知识拓展

水幕系统不具备直接灭火能力，一般情况下与防火卷帘或防火幕配合使用，起到防止火灾蔓延的作用。

防火分隔水幕是指由开式洒水喷头或水幕喷头、雨淋报警阀组或感温雨淋报警阀等组成，发生火灾时密集喷洒形成水墙或水帘的水幕系统。

防护冷却水幕是指由水幕喷头、雨淋报警阀组或感温雨淋报警阀等组成，发生火灾时用于冷却防火卷帘、防火玻璃墙等防火分隔设施的水幕系统。

2. 自动喷水灭火系统选型

自动喷水灭火系统选型应根据设置场所的建筑特征、环境条件和火灾特点等选择相应的开式或闭式系统。露天场所不宜采用闭式系统。

自动喷水灭火系统的选型应符合下列规定：

（1）设置早期抑制快速响应喷头的仓库及类似场所、环境温度高于或等于 4 ℃ 且低于或等于 70 ℃ 的场所，应采用湿式系统。

（2）环境温度低于 4 ℃ 或高于 70 ℃ 的场所，应采用干式系统。

（3）替代干式系统的场所，或系统处于准工作状态时严禁误喷或严禁管道充水的场所，应采用预作用系统。

（4）具有下列情况之一的场所或部位应采用雨淋系统：

①火灾蔓延速度快、闭式喷头的开启不能及时使喷水有效覆盖着火区域的场所或部位。

②室内净空高度超过闭式系统应用高度，且必须迅速扑救初期火灾的场所或部位。

③严重危险级Ⅱ级场所。

知识拓展

湿式系统不适用于寒冷地区。

干式系统与湿式系统的区别在于干式系统采用干式报警阀组，准工作状态时配水管道内充以压缩空气等有压气体。为保持气压，需要配套设置补气设施。闭式喷头开放后，配水管道有一个排气充水过程。系统开始喷水的时间将因排气充水过程而产生滞后，因此削弱了系统的灭火能力，这一点是干式系统的固有缺陷。干式系统的灭火效率小于湿式系统，投资较大。

预作用系统既兼有湿式、干式系统的优点，又避免了湿式、干式系统的缺点，火灾发生时作用时间快、不延迟，适用于建筑装饰要求高、不允许有水渍损失的建筑物、构筑物。

温馨提示

此知识点在历年考试中经常考查。

3. 自动喷水灭火系统安装技术

采用临时高压给水系统的自动喷水灭火系统，宜设置独立的消防水泵，并应按一用一备或二用一备，及最大一台消防水泵的工作性能设置备用泵。当与消火栓系统合用消防水泵时，系统管道应在报警阀前分开。

消防水泵的出水管上应安装止回阀、控制阀和压力表，或安装控制阀、多功能水泵控制阀和压力表；系统的总出水管上还应安装压力表；安装压力表时应加设缓冲装置。缓冲装置的前面应安装旋塞；压力表量程应为工作压力的 2.0 ~ 2.5 倍。止回阀或多功能水泵控制阀的安装方向应与水流方向一致。

组装式消防水泵接合器的安装，应按接口、本体、联接管、止回阀、安全阀、放空管、控制阀的顺序进行，止回阀的安装方向应使消防用水能从消防水泵接合器进入系统；整体式消防水泵接合器的安装，按其使用安装说明书进行。

供水管道在安装后应进行强度试验、严密性试验和冲洗。

（三）水喷雾和细水雾灭火系统安装技术

1. 水喷雾灭火系统

水喷雾灭火系统是由水源、供水设备、管道、雨淋报警阀（或电动控制阀、气动控制阀）、过滤器和水雾喷头等组成，向保护对象喷射水雾进行灭火或防护冷却的系统。

> **知识拓展**
>
> 水喷雾灭火系统的水压高、水量大并具有冷却、窒息、乳化、稀释作用，不仅可用于灭火还可用于控制火势及防护冷却，使用中受一定限制，主要用于保护火灾危险性大、扑救难度大的专用设备或设施。

水喷雾灭火系统的水雾喷头用于电气火灾场所时，应为离心雾化型水雾喷头。室内粉尘场所设置的水雾喷头应带防尘帽，室外设置的水雾喷头宜带防尘帽；离心雾化型水雾喷头应带柱状过滤网。

给水管道应符合下列规定：

（1）管道工作压力不应大于 1.6 MPa。

（2）应在管道的低处设置放水阀或排污口。

雨淋报警阀组的安装应在供水管网试压、冲洗合格后进行。安装时应先安装水源控制阀、雨淋报警阀，再进行雨淋报警阀辅助管道的连接。水源控制阀、雨淋报警阀与配水干管的连接应使水流方向一致。雨淋报警阀组的安装位置应符合设计要求。

2. 细水雾灭火系统

细水雾灭火系统是由供水装置、过滤装置、控制阀、细水雾喷头等组件和供水管道组成，能自动和人工启动并喷放细水雾进行灭火或控火的固定灭火系统。

细水雾灭火系统适用于扑救相对封闭空间内的可燃固体表面火灾、可燃液体火灾和带电设备的火灾。细水雾灭火系统不适用于扑救下列火灾：

（1）可燃固体的深位火灾。

（2）能与水发生剧烈反应或产生大量有害物质的活泼金属及其化合物的火灾。

（3）可燃气体火灾。

喷头的安装应在管道试压、吹扫合格后进行，并应符合下列规定：

（1）应根据设计文件逐个核对其生产厂标志、型号、规格和喷孔方向，不得对喷头进行拆装、改动。

（2）应采用专用扳手安装。

（3）喷头安装高度、间距,与吊顶、门、窗、洞口、墙或障碍物的距离应符合设计要求。

（4）不带装饰罩的喷头,其连接管管端螺纹不应露出吊顶;带装饰罩的喷头应紧贴吊顶;带有外置式过滤网的喷头,其过滤网不应伸入支干管内。

（5）喷头与管道的连接宜采用端面密封或 O 型圈密封,不应采用聚四氟乙烯、麻丝、黏结剂等作密封材料。

（四）水灭火系统安装计量

根据《通用安装工程工程量计算规范》,水灭火系统安装计量规则如表4-52 所示。

表 4-52　水灭火系统安装计量规则

项目名称	项目特征	计量单位	工程量计算规则	工作内容
水喷淋钢管、消火栓钢管	略	m	按设计图示管道中心线以长度计算	略
水喷淋（雾）喷头	略	个	按设计图示数量计算	略
报警装置	略	组		略
温感式水幕装置	略			
水流指示器	略	个		
减压孔板	略			
末端试水装置	略	组		
集热板制作安装	略	个		略
室内消火栓	略	套		略
室外消火栓				略
消防水泵接合器	略			略
灭火器	略	具(组)		略
消防水炮	略	台		略

在应用表4-52 时应注意下列事项:

（1）水灭火管道工程量计算,不扣除阀门、管件及各种组件所占长度以延长米计算。

（2）水喷淋（雾）喷头安装部位应区分有吊顶、无吊顶。

（3）报警装置适用于湿式报警装置、干湿两用报警装置、电动雨淋报警装置、预作用报警装置等报警装置安装。报警装置安装包括装配管（除水力警铃进水管）的安装,水力警铃进水管并入消防管道工程量。其中:

①湿式报警装置包括内容为湿式阀、蝶阀、装配管、供水压力表、装置压力表、试验阀、泄放试验阀、泄放试验管、试验管流量计、过滤器、延时器、水力警铃、报警截止阀、漏斗、压力开关等。

②干湿两用报警装置包括内容为两用阀、蝶阀、装配管、加速器、加速器压力表、供水压力表、试验阀、泄放试验阀（湿式、干式）、挠性接头、泄放试验管、试验管流量计、排气阀、截止阀、漏斗、过滤器、延时器、水力警铃、压力开关等。

③电动雨淋报警装置包括内容为雨淋阀、蝶阀、装配管、压力表、泄放试验阀、流量表、截止阀、注水阀、止回阀、电磁阀、排水阀、手动应急球阀、报警试验阀、漏斗、压力开关、过滤器、水力警铃等。

④预作用报警装置包括内容为报警阀、控制蝶阀、压力表、流量表、截止阀、排放阀、注水阀、止回阀、泄放阀、报警试验阀、液压切断阀、装配管、供水检验管、气压开关、试压电磁阀、空压机、应急手动试压器、漏斗、过滤器、水力警铃等。

（4）温感式水幕装置，包括给水三通至喷头、阀门间的管道、管件、阀门、喷头等全部内容的安装。

（5）末端试水装置，包括压力表、控制阀等附件安装。末端试水装置安装中不含连接管及排水管安装，其工程量并入消防管道。

（6）室内消火栓，包括消火栓箱、消火栓、水枪、水龙头、水龙带接扣、自救卷盘、挂架、消防按钮；落地消火栓箱包括箱内手提灭火器。

（7）室外消火栓，安装方式分地上式、地下式；地上式消火栓安装包括地上式消火栓、法兰接管、弯管底座；地下式消火栓安装包括地下式消火栓、法兰接管、弯管底座或消火栓三通。

（8）消防水泵接合器，包括法兰接管及弯头安装，接合器井内阀门、弯管底座、标牌等附件安装。

（9）减压孔板若在法兰盘内安装，其法兰计入组价中。

（10）消防水炮，分普通手动水炮、智能控制水炮。

知识巩固

消防工程工程量计量时，以"组"为单位的有报警装置、温感式水幕装置、末端试水装置、灭火器。

考题探究

【多选题】根据《通用安装工程工程量计算规范》，水灭火系统工程计量正确的有（　　）。

A.喷淋系统管道应扣除阀门所占的长度
B.报警装置安装包括装配管的安装
C.水力警铃进水管并入消防管道系统
D.末端试水装置包含连接管和排水管

【细说考点】本题主要考查水灭火系统工程计量规则。具体内容详见上文。本题选 BC。

二、气体灭火系统安装技术与计量 ★★★★★

（一）气体灭火系统安装技术

在介绍气体灭火系统安装技术前有必要对气体灭火系统的类型有一个基本的了解。

1.气体灭火系统的类型

常见气体灭火系统可按照所用灭火剂种类、灭火方式、防护区数量以及存储装置压力等进行划分。

气体灭火系统按灭火剂种类划分为二氧化碳灭火系统、七氟丙烷灭火系统、IG541 混合气体灭火系统以及热气溶胶预制灭火系统，不同系统的特点不同。

（1）二氧化碳的灭火作用主要是相对地减少空气中的氧气含量，降低燃烧物的温度，使火焰熄灭。二氧化碳是一种惰性气体,对绝大多数物质没有破坏作用,灭火后能很快散逸,不留痕迹,又没有毒害,可以扑救 A(表面火)、B、C 类和电气火灾,但不能用于经常有人的场所。

(2)七氟丙烷具有不导电、不破坏臭氧层、灭火后无残留物等特点,可以扑救 A(表面火)、B、C 类和电气火灾,可用于保护经常有人的场所,但其系统管路长度不宜太长。

(3)IG-541 为氮气、氩气、二氧化碳三种气体的混合物,不破坏臭氧层,不导电、灭火后不留痕迹,可以扑救 A(表面火)、B、C 类和电气火灾,可以用于保护经常有人的场所,为很多用户青睐。IG541 混合气体灭火系统由火灾探测器、报警器、自控装置、灭火装置及管网、喷嘴等组成且为高压系统,对制造、安装要求非常严格。

(4)热气溶胶是指由固体化学混合物(热气溶胶发生剂)经化学反应生成的具有灭火性质的气溶胶,包括 S 型热气溶胶、K 型热气溶胶和其他型热气溶胶。其中,S 型热气溶胶灭火系统从生产到使用过程中无毒,无公害,无污染,无腐蚀,无残留,属于无管网灭火系统。气溶胶灭火后有残留物,可用于扑救 A(表面火)类、部分 B 类、电气火灾,但不能用于经常有人、易燃易爆的场所。

气体灭火系统按灭火方式划分为全淹没灭火系统与局部应用灭火系统两种。

气体灭火系统按防护区数量划分为组合分配系统与单元独立系统。

气体灭火系统按存储装置压力划分为高压系统与低压系统两种。

气体灭火系统适用于扑救下列火灾:

(1)电气火灾。

(2)固体表面火灾。

(3)液体火灾。

(4)灭火前能切断气源的气体火灾。

温馨提示

除电缆隧道(夹层、井)及自备发电机房外,K 型和其他型热气溶胶预制灭火系统不得用于其他电气火灾。

气体灭火系统不适用于扑救下列火灾:

(1)硝化纤维、硝酸钠等氧化剂或含氧化剂的化学制品火灾。

(2)钾、镁、钠、钛、锆、铀等活泼金属火灾。

(3)氢化钾、氢化钠等金属氢化物火灾。

(4)过氧化氢、联胺等能自行分解的化学物质火灾。

(5)可燃固体物质的深位火灾。

气体灭火系统主要应用在数据机房、档案馆、图书馆等重要高价值场所,其具有灭火效能高、灭火后无残留物、无二次污染损害等优点,但气体灭火系统同时具备灭火剂贮存压力高、技术复杂、对人员操作要求高等使用难点。

2. 气体灭火系统安装技术

灭火系统的灭火剂储存量,应为防护区的灭火设计用量、储存容器内的灭火剂剩余量和管网内的灭火剂剩余量之和。

储存装置应符合下列规定:

(1)管网系统的储存装置应由储存容器、容器阀和集流管等组成;七氟丙烷和 IG541 预制灭火系统的储存装置,应由储存容器、容器阀等组成;热气溶胶预制灭火系统的储存装置应由发生剂罐、引发器和保护箱(壳)体等组成。

（2）容器阀和集流管之间应采用挠性连接。储存容器和集流管应采用支架固定。

（3）储存装置上应设耐久的固定铭牌，并应标明每个容器的编号、容积、皮重、灭火剂名称、充装量、充装日期和充压压力等。

（4）管网灭火系统的储存装置宜设在专用储瓶间内。储瓶间宜靠近防护区，并应符合建筑物耐火等级不低于二级的有关规定及有关压力容器存放的规定，且应有直接通向室外或疏散走道的出口。储瓶间和设置预制灭火系统的防护区的环境温度应为 −10 ~ 50 ℃。

（5）储存装置的布置，应便于操作、维修及避免阳光照射。操作面距墙面或两操作面之间的距离，不宜小于 1.0 m，且不应小于储存容器外径的 1.5 倍。

气体灭火系统的管道和组件、灭火剂的储存容器及其他组件的公称压力，不应小于系统运行时需承受的最大工作压力。灭火剂的储存容器或容器阀应具有安全泄压和压力显示的功能，管网系统中的封闭管段上应具有安全泄压装置。安全泄压装置应能在设定压力下正常工作，泄压方向不应朝向操作面或人员疏散通道。低压二氧化碳灭火系统的安全泄压装置应通过专用泄压管将泄压气体直接排至室外。高压二氧化碳储存容器应设置二氧化碳泄漏监测装置。

管道及管道附件应符合下列规定：

（1）输送气体灭火剂的管道应采用无缝钢管。无缝钢管内外应进行防腐处理，防腐处理宜采用符合环保要求的方式。

（2）输送气体灭火剂的管道安装在腐蚀性较大的环境里，宜采用不锈钢管。

（3）输送启动气体的管道，宜采用铜管。

（4）管道的连接，当公称直径小于或等于 80 mm 时，宜采用螺纹连接；大于 80 mm 时，宜采用法兰连接。钢制管道附件应内外防腐处理，防腐处理宜采用符合环保要求的方式。使用在腐蚀性较大的环境里，应采用不锈钢的管道附件。

（二）气体灭火系统安装计量

根据《通用安装工程工程量计算规范》，气体灭火系统安装计量规则如表 4-53 所示。

表 4-53　气体灭火系统安装计量规则

项目名称	项目特征	计量单位	工程量计算规则	工作内容
无缝钢管	略	m	按设计图示管道中心线以长度计算	略
不锈钢管	略			略
不锈钢管管件	略	个	按设计图示数量计算	略
气体驱动装置管道	略	m	按设计图示管道中心线以长度计算	略
选择阀	略	个	按设计图示数量计算	略
气体喷头				略
贮存装置	略	套		略
称重检漏装置	略			略
无管网气体灭火装置	略			

在应用表 4-53 时应注意下列事项：

（1）气体灭火管道工程量计算，不扣除阀门、管件及各种组件所占长度以延长米计算。

（2）气体灭火介质，包括七氟丙烷灭火系统、IG541 灭火系统、二氧化碳灭火系统等。

（3）气体驱动装置管道安装，包括卡、套连接件。

（4）贮存装置安装，包括灭火剂存储器、驱动气瓶、支框架、集流阀、容器阀、单向阀、高压软管和安全阀等贮存装置和阀驱动装置、减压装置、压力指示仪等。

（5）无管网气体灭火系统由柜式预制灭火装置、火灾探测器、火灾自动报警灭火控制器等组成，具有自动控制和手动控制两种启动方式。无管网气体灭火装置安装，包括气瓶柜装置（内设气瓶、电磁阀、喷头）和自动报警控制装置（包括控制器，烟、温感，声光报警器，手动报警器，手/自动控制按钮）等。

三、泡沫灭火系统安装技术与计量 ★★

（一）泡沫灭火系统安装技术

在学习泡沫灭火系统安装技术前有必要对泡沫灭火系统的类型有一个基本的了解。

1. 泡沫灭火系统的类型

常见的泡沫灭火系统的类型如下。

（1）按发泡倍数分类（发泡倍数是指泡沫体积与形成该泡沫的泡沫混合液体积的比值）。

①低倍数泡沫灭火系统。低倍数泡沫是指发泡倍数低于 20 的灭火泡沫。低倍数泡沫主要通过泡沫的遮断作用，将燃烧液体与空气隔离实现灭火。低倍数泡沫灭火系统被广泛用于生产、加工、储存、运输和使用甲、乙、丙类液体的场所。甲、乙、丙类可燃液体储罐主要采用泡沫灭火系统保护。

②中倍数泡沫灭火系统。中倍数泡沫是指发泡倍数介于 20～200 之间的灭火泡沫。中倍数泡沫灭火取决于泡沫的发泡倍数和使用方式，当以较低的倍数用于扑救甲、乙、丙类液体流淌火时，灭火机理与低倍数泡沫相同；当以较高的倍数用于全淹没方式灭火时，其灭火机理与高倍数泡沫相同。中倍数泡沫灭火系统可用于保护小型油罐和其他一些类似场所。

③高倍数泡沫灭火系统。高倍数泡沫是指发泡倍数高于 200 的灭火泡沫。高倍数泡沫主要通过密集状态的大量高倍数泡沫封闭区域，阻断新空气的流入实现窒息灭火。高倍数泡沫灭火系统可用于大空间和人员进入有危险以及用水难以灭火或灭火后水渍损失大的场所，如大型易燃液体仓库、橡胶轮胎库、纸张和卷烟仓库、电缆沟及地下建筑（汽车库）等。

> 🔔 **知识拓展**
>
> 空气泡沫的主要灭火机理是窒息，即用空气泡沫将可燃液体表面完全覆盖，使其与空气隔绝，也就切断了氧化剂的来源，使燃烧停止，这一过程是相当迅速的。对于扑灭储罐火灾，低倍数空气泡沫灭火系统具有操作简单，管理方便，造价低，灭火迅速等优点，因此，对于油品、化工品储罐的火灾应当首选低倍数泡沫灭火系统。
>
> 不应选用泡沫灭火系统的场所：含有硝化纤维、炸药等在无空气的环境中仍能迅速氧化的化学物质和强氧化剂的场所；含有钾、钠、烷基铝、五氧化二磷等遇水发生危险化学反应的活泼金属和化学物质的场所。

（2）按使用特点分类。

泡沫灭火系统按泡沫灭火剂的使用特点，分为抗溶性泡沫灭火剂、非水溶性泡沫灭火剂、A 类泡沫灭火剂、B 类泡沫灭火剂。

（3）按系统方式分类。

①固定式系统。它是指由固定的泡沫消防水泵、泡沫比例混合器（装置）、泡沫产生器

（或喷头）和管道等组成的灭火系统。

②半固定式系统。它是指由固定的泡沫产生器与部分连接管道,泡沫消防车或机动消防泵与泡沫比例混合器,用水带连接组成的灭火系统。

③移动式系统。它是指由消防车、机动消防泵或有压水源,泡沫比例混合器,泡沫枪、泡沫炮或移动式泡沫产生器,用水带等连接组成的灭火系统。

2. 泡沫灭火系统安装技术

泡沫灭火系统包含泡沫液、泡沫消防水泵、泡沫液泵、泡沫比例混合器（装置）、压力容器（盛装 100% 型水成膜泡沫液的压力储罐、动力瓶组、驱动气体瓶组）、泡沫产生装置（泡沫产生器、泡沫枪、泡沫炮、泡沫喷头等）、火灾探测与启动控制装置、阀门、管道等。

工程中常用的泡沫液有氟蛋白泡沫液、水成膜泡沫液、抗溶氟蛋白泡沫液等。保护场所中所用泡沫液应与灭火系统的类型、扑救的可燃物性质、供水水质等相适应,并应符合下列规定:

（1）用于扑救非水溶性可燃液体储罐火灾的固定式低倍数泡沫灭火系统,应使用氟蛋白或水成膜泡沫液。

（2）用于扑救水溶性和对普通泡沫有破坏作用的可燃液体火灾的低倍数泡沫灭火系统,应使用抗溶水成膜、抗溶氟蛋白或低黏度抗溶氟蛋白泡沫液。

（3）采用非吸气型喷射装置扑救非水溶性可燃液体火灾的泡沫－水喷淋系统、泡沫枪系统、泡沫炮系统,应使用 3% 型水成膜泡沫液。

（4）当采用海水作为系统水源时,应使用适用于海水的泡沫液。

> 🔔 **知识拓展**
>
> 吸气型泡沫产生装置是指利用文丘里管原理,将空气吸入泡沫混合液中并混合产生泡沫,然后将泡沫以特定模式喷出的装置,如泡沫产生器、泡沫枪、泡沫炮、泡沫喷头等。非吸气型喷射装置是指无空气吸入口,使用水成膜等泡沫混合液,其喷射模式类似于喷水的装置,如水枪、水炮、洒水喷头等。

盛装泡沫液的储罐应采用耐腐蚀材料制作,且与泡沫液直接接触的内壁或衬里不应对泡沫液的性能产生不利影响。囊式压力比例混合装置的储罐上应标明泡沫液剩余量。常压泡沫液储罐应符合下列规定:

（1）储罐内应留有泡沫液热膨胀空间和泡沫液沉降损失部分所占空间。

（2）储罐出液口的设置应保障泡沫液泵进口为正压,且出液口不应高于泡沫液储罐最低液面 0.5 m。

（3）储罐泡沫液管道吸液口应朝下,并应设置在沉降层之上,且当采用蛋白类泡沫液时,吸液口距泡沫液储罐底面不应小于 0.15 m。

（4）储罐宜设计成锥形或拱形顶,且上部应设呼吸阀或用弯管通向大气。

（5）储罐上应设出液口、液位计、进料孔、排渣孔、人孔、取样口。

考题探究

【单选题】非吸气型泡沫喷头可采用的泡沫液是（　　　）。

　A. 蛋白泡沫液　　　　　　　　　B. 氟蛋白泡沫液

　C. 水成膜泡沫液　　　　　　　　D. 抗溶性泡沫液

【细说考点】本题主要考查非吸气型泡沫喷头可采用的泡沫液类型。具体内容详见上文。本题选 C。

（二）泡沫灭火系统安装计量

根据《通用安装工程工程量计算规范》，泡沫灭火系统安装计量规则如表4-54所示。

表4-54　泡沫灭火系统安装计量规则

项目名称	项目特征	计量单位	工程量计算规则	工作内容
碳钢管	略			略
不锈钢管	略	m	按设计图示管道中心线以长度计算	略
铜管	略			略
不锈钢管管件	略	个		略
铜管管件	略			略
泡沫发生器	略			略
泡沫比例混合器		台	按设计图示数量计算	
泡沫液贮罐	略			

温馨提示

泡沫灭火管道工程量计算，不扣除阀门、管件及各种组件所占长度以延长米计算。

泡沫发生器、泡沫比例混合器安装，包括整体安装、焊法兰、单体调试及配合管道试压时隔离本体所消耗的工料。

泡沫液贮罐内如需充装泡沫液，应明确描述泡沫灭火剂品种、规格。

四、火灾自动报警系统安装技术与计量 ★★★★

（一）火灾自动报警系统安装技术

火灾自动报警系统是火灾探测报警与消防联动控制系统的简称，是指探测火灾早期特征、发出火灾报警信号，为人员疏散、防止火灾蔓延和启动自动灭火设备提供控制与指示的消防系统。火灾自动报警系统可用于人员居住和经常有人滞留的场所、存放重要物资或燃烧后产生严重污染需要及时报警的场所。

1. 火灾自动报警系统形式的选择和设计要求

火灾自动报警系统形式的选择和设计要求与保护对象及消防安全目标的设立直接相关，具体如表4-55所示。

表4-55　火灾自动报警系统形式的选择和设计要求

系统形式	适用范围	设计要求
区域报警系统	仅需要报警，不需要联动自动消防设备的保护对象宜采用区域报警系统	系统应由火灾探测器、手动火灾报警按钮、火灾声光警报器及火灾报警控制器等组成，系统中可包括消防控制室图形显示装置和指示楼层的区域显示器
集中报警系统	不仅需要报警，同时需要联动自动消防设备，且只设置一台具有集中控制功能的火灾报警控制器和消防联动控制器的保护对象，应采用集中报警系统，并应设置一个消防控制室	系统应由火灾探测器、手动火灾报警按钮、火灾声光警报器、消防应急广播、消防专用电话、消防控制室图形显示装置、火灾报警控制器、消防联动控制器等组成

（续表）

系统形式	适用范围	设计要求
控制中心报警系统	设置两个及以上消防控制室的保护对象，或已设置两个及以上集中报警系统的保护对象，应采用控制中心报警系统	有两个及以上消防控制室时，应确定一个主消防控制室。主消防控制室应能显示所有火灾报警信号和联动控制状态信号，并应能控制重要的消防设备；各分消防控制室内消防设备之间可互相传输、显示状态信息，但不应互相控制

2. 消防联动控制设计

消防联动控制应符合下列规定：

（1）需要火灾自动报警系统联动控制的消防设备，其联动触发信号应为两个独立的报警触发装置报警信号的"与"逻辑组合。

（2）消防联动控制器应能按设定的控制逻辑向各相关受控设备发出联动控制信号，并接受其联动反馈信号。

（3）受控设备接口的特性参数应与消防联动控制器发出的联动控制信号匹配。

3. 火灾探测器的选择与设置

（1）火灾探测器的类型。

火灾探测器作为火灾自动报警系统的一个组成部分，使用至少一种传感器持续或间断监视与火灾相关的至少一种物理和（或）化学现象，并向控制器提供至少一种火灾探测信号。常见的火灾探测器有感烟火灾探测器、感温火灾探测器、点型火灾探测器（包括点型离子感烟火灾探测器、点型光电感烟火灾探测器、点型感温火灾探测器）、线型火灾探测器（包括线型感温火灾探测器）、线型光束感烟火灾探测器、图像型火灾探测器、一氧化碳火灾探测器、可燃气体探测器、火焰探测器（包括紫外火焰探测器、红外火焰探测器）、电气火灾监控探测器。以下重点介绍感烟火灾探测器、感温火灾探测器、点型火灾探测器、线型火灾探测器、可燃气体探测器以及火焰探测器。

①感烟火灾探测器。感烟火灾探测器是指探测悬浮在大气中的燃烧和（或）热解产生的固体或液体微粒的火灾探测器。

②感温火灾探测器。感温火灾探测器是指对温度和（或）温度变化响应的火灾探测器。一般说来，感温火灾探测器对火灾的探测不如感烟火灾探测器灵敏，它们对阴燃火不可能响应，只有当火焰达到一定程度时，感温火灾探测器才能响应。

③点型火灾探测器。点型火灾探测器是指由一个或多个小型传感器组成的、探测同一部位火灾参数的火灾探测器。

④线型火灾探测器。线型火灾探测器是指连续探测某一路线周围火灾参数的火灾探测器。

⑤可燃气体探测器。可燃气体探测器由气敏传感器、电路和外壳等组成，用于探测可燃气体并向可燃气体报警控制器提供可燃气体探测信号。可燃气体探测器按工作原理可分为催化燃烧式气体探测器、半导体式气体探测器、红外气体探测器、光离子气体探测器和电化学式气体探测器。其中，半导体式气体探测器结构简单，价格低廉，广泛应用于可燃气体探测报警，但由于其选择性差和稳定性不理想，目前在民用级别使用。

⑥火焰探测器。火焰探测器是指对火焰光辐射响应的火灾探测器。

（2）火灾探测器选择的一般规定。

火灾探测器的选择应符合下列规定：

①对火灾初期有阴燃阶段，产生大量的烟和少量的热，很少或没有火焰辐射的场所，应选择感烟火灾探测器。

②对火灾发展迅速,可产生大量热、烟和火焰辐射的场所,可选择感温火灾探测器、感烟火灾探测器、火焰探测器或其组合。

③对火灾发展迅速,有强烈的火焰辐射和少量烟、热的场所,应选择火焰探测器。

④对火灾初期有阴燃阶段,且需要早期探测的场所,宜增设一氧化碳火灾探测器。

⑤对使用、生产可燃气体或可燃蒸气的场所,应选择可燃气体探测器。

⑥应根据保护场所可能发生火灾的部位和燃烧材料的分析,以及火灾探测器的类型、灵敏度和响应时间等选择相应的火灾探测器,对火灾形成特征不可预料的场所,可根据模拟试验的结果选择火灾探测器。

⑦同一探测区域内设置多个火灾探测器时,可选择具有复合判断火灾功能的火灾探测器和火灾报警控制器。

(3)点型火灾探测器的选择与设置。

宜选择点型感烟火灾探测器的场所:饭店、旅馆、教学楼、办公楼的厅堂、卧室、办公室、商场、列车载客车厢等;计算机房、通信机房、电影或电视放映室等;楼梯、走道、电梯机房、车库等;书库、档案库等。

宜选择点型感温火灾探测器的场所(且应根据使用场所的典型应用温度和最高应用温度选择适当类别的感温火灾探测器):相对湿度经常大于95%;可能发生无烟火灾;有大量粉尘;吸烟室等在正常情况下有烟或蒸气滞留的场所;厨房、锅炉房、发电机房、烘干车间等不宜安装感烟火灾探测器的场所;需要联动熄灭"安全出口"标志灯的安全出口内侧;其他无人滞留且不适合安装感烟火灾探测器,但发生火灾时需要及时报警的场所。

可能产生阴燃火或发生火灾不及时报警将造成重大损失的场所,不宜选择点型感温火灾探测器;温度在0℃以下的场所,不宜选择定温探测器;温度变化较大的场所,不宜选择具有差温特性的探测器。

温馨提示

　　感温火灾探测器根据温度差异可分为定温火灾探测器、差温火灾探测器、差定温火灾探测器。

宜选择点型火焰探测器或图像型火焰探测器的场所:火灾时有强烈的火焰辐射;可能发生液体燃烧等无阴燃阶段的火灾;需要对火焰做出快速反应。

不宜选择点型火焰探测器和图像型火焰探测器的场所:在火焰出现前有浓烟扩散;探测器的镜头易被污染;探测器的"视线"易被油雾、烟雾、水雾和冰雪遮挡;探测区域内的可燃物是金属和无机物;探测器易受阳光、白炽灯等光源直接或间接照射。

知识拓展

　　火焰探测器只要有火焰的辐射就能响应,对明火的响应也比感温火灾探测器和感烟火灾探测器快得多,所以火焰探测器特别适用于大型油罐储区、石化作业区等易发生明火燃烧的场所或者明火的蔓延可能造成重大危险等场所的火灾探测。从火焰探测器到被探测区域必须有一个清楚的视野,火灾可能有一个初期阴燃阶段,在此阶段有浓烟扩散时不宜选择火焰探测器。在空气相对湿度大、空气中悬浮颗粒物多的场所,探测器的镜头易被污染,不宜选择火焰探测器。光传播的主要抑制因素为油雾或膜、浓烟、碳氢化合物蒸气、水膜或冰。在冷藏库、洗车房、喷漆车间等场所易出现的油雾、烟雾、水雾等能显著降低光信号的强度,这些场所不宜选择火焰探测器。

宜选择可燃气体探测器的场所:使用可燃气体的场所;燃气站和燃气表房以及存储液化石油气罐的场所;其他散发可燃气体和可燃蒸气的场所。

点型火灾探测器的设置应符合下列规定:

①探测区域的每个房间应至少设置一只火灾探测器。感烟火灾探测器和感温火灾探测器的保护面积和保护半径应符合规定。

②在有梁的顶棚上设置点型感烟火灾探测器、感温火灾探测器时，应符合下列规定：当梁突出顶棚的高度小于 200 mm 时，可不计梁对探测器保护面积的影响。当梁突出顶棚的高度超过 600 mm 时，被梁隔断的每个梁间区域应至少设置一只探测器。当梁间净距小于 1 m 时，可不计梁对探测器保护面积的影响。

③在宽度小于 3 m 的内走道顶棚上设置点型探测器时，宜居中布置。感温火灾探测器的安装间距不应超过 10 m；感烟火灾探测器的安装间距不应超过 15 m；探测器至端墙的距离，不应大于探测器安装间距的 1/2。点型探测器至墙壁、梁边的水平距离，不应小于 0.5 m。点型探测器周围 0.5 m 内，不应有遮挡物。

④点型探测器宜水平安装。当倾斜安装时，倾斜角不应大于 45°。

（4）线型火灾探测器的选择与设置。

无遮挡的大空间或有特殊要求的房间，宜选择线型光束感烟火灾探测器。线型定温火灾探测器的选择，应保证其不动作温度符合设置场所的最高环境温度的要求。

不宜选择线型光束感烟火灾探测器的场所：有大量粉尘、水雾滞留；可能产生蒸气和油雾；在正常情况下有烟滞留；固定探测器的建筑结构由于振动等原因会产生较大位移的场所。

宜选择缆式线型感温火灾探测器的场所或部位：电缆隧道、电缆竖井、电缆夹层、电缆桥架；不易安装点型探测器的夹层、闷顶；各种皮带输送装置；其他环境恶劣不适合点型探测器安装的场所。

线型光束感烟火灾探测器的设置应符合下列规定：探测器的光束轴线至顶棚的垂直距离宜为 0.3 ~ 1.0 m，距地高度不宜超过 20 m。相邻两组探测器的水平距离不应大于 14 m，探测器至侧墙水平距离不应大于 7 m，且不应小于 0.5 m，探测器的发射器和接收器之间的距离不宜超过 100 m。探测器应设置在固定结构上。探测器的设置应保证其接收端避开日光和人工光源直接照射。选择反射式探测器时，应保证在反射板与探测器间任何部位进行模拟试验时，探测器均能正确响应。

线型感温火灾探测器的设置应符合下列规定：探测器在保护电缆、堆垛等类似保护对象时，应采用接触式布置；在各种皮带输送装置上设置时，宜设置在装置的过热点附近。设置在顶棚下方的线型感温火灾探测器，至顶棚的距离宜为 0.1 m。探测器的保护半径应符合点型感温火灾探测器的保护半径要求；探测器至墙壁的距离宜为 1 ~ 1.5 m。光栅光纤感温火灾探测器每个光栅的保护面积和保护半径，应符合点型感温火灾探测器的保护面积和保护半径要求。设置线型感温火灾探测器的场所有联动要求时，宜采用两只不同火灾探测器的报警信号组合。与线型感温火灾探测器连接的模块不宜设置在长期潮湿或温度变化较大的场所。

4. 系统设备（火灾探测器除外）及其设置

（1）火灾报警控制器和消防联动控制器及其设置。

火灾报警控制器是指作为火灾自动报警系统的控制中心，能够接收并发出火灾报警信号和故障信号，同时完成相应的显示和控制功能的设备

消防联动控制器是指接收火灾报警控制器或其他火灾触发器件发出的火灾报警信号，根据设定的控制逻辑发出控制信号，控制各类消防设备实现相应功能的控制设备，如消防应急广播设备、消防电话等。

火灾报警控制器和消防联动控制器，应设置在消防控制室内或有人值班的房间和场所。

火灾报警控制器和消防联动控制器安装在墙上时，其主显示屏高度宜为 1.5 ~ 1.8 m，其靠近门轴的侧面距墙不应小于 0.5 m，正面操作距离不应小于 1.2 m。

（2）手动火灾报警按钮及其设置。

手动火灾报警按钮是指通过手动启动器件发出火灾报警信号的装置。

手动报警按钮的设置应满足人员快速报警的要求,每个防火分区或楼层应至少设置一个手动火灾报警按钮。

手动火灾报警按钮应设置在明显和便于操作的部位,其底边距地(楼)面的高度宜为 1.3~1.5 m,且应设置明显的永久性标识。

(3)火灾警报器及其设置。

火灾警报装置是指与火灾报警控制器分开设置,火灾情况下能够发出声、光火灾警报信号的装置,又称火灾声、光警报器。

火灾声警报装置宜在报警区域内均匀安装。火灾光警报装置应安装在楼梯口、消防电梯前室、建筑内部拐角等处的明显部位,且不宜与消防应急疏散指示标志灯具安装在同一面墙上,确需安装在同一面墙上时,距离不应小于 1 m;采用壁挂方式安装时,底边距地面高度应大于 2.2 m。

火灾自动报警系统应设置火灾声、光警报器,火灾声、光警报器应符合下列规定:

①火灾声、光警报器的设置应满足人员及时接受火警信号的要求,每个报警区域内的火灾警报器的声压级应高于背景噪声 15 dB,且不应低于 60 dB。

②在确认火灾后,系统应能启动所有火灾声、光警报器。

③系统应同时启动、停止所有火灾声警报器工作。

④具有语音提示功能的火灾声警报器应具有语音同步的功能。

🔔 **知识拓展**

除了手动火灾报警按钮和火灾声、光警报器外,警笛、警铃也属于具有报警功能的装置。三者统称为火灾现场报警装置。

(二)火灾自动报警系统安装计量

根据《通用安装工程工程量计算规范》,火灾自动报警系统安装计量规则如表 4-56 所示。

表 4-56 火灾自动报警系统安装计量规则

项目名称	项目特征	计量单位	工程量计算规则	工作内容
点型探测器	略	个	按设计图示数量计算	略
线型探测器	略	m	按设计图示长度计算	略
按钮、消防警铃、声光报警器	略	个	按设计图示数量计算	略
消防报警电话插孔(电话)	略	个(部)		
消防广播(扬声器)	略	个		
模块(模块箱)	略	个(台)		
区域报警控制箱、联动控制箱	略	台		略
远程控制箱(柜)	略			
火灾报警系统控制主机、联动控制主机、消防广播及对讲电话主机(柜)	略			略
火灾报警控制微机(CRT)	略			略
备用电源及电池主机(柜)	略	套		略
报警联动一体机	略	台		略

> **温馨提示**
>
> 消防报警系统配管、配线、接线盒均应按《通用安装工程工程量计算规范》中的电气设备安装工程相关项目编码列项。
>
> 消防广播及对讲电话主机包括功放、录音机、分配器、控制柜等设备。
>
> 点型探测器包括火焰、烟感、温感、红外光束、可燃气体探测器等。

五、消防系统调试技术与计量 ★

（一）消防系统调试技术

消防给水及消火栓系统调试应在系统施工完成后进行，并应具备规定的条件。系统调试应包括下列内容：水源调试和测试；消防水泵调试；稳压泵或稳压设施调试；减压阀调试；消火栓调试；自动控制探测器调试；干式消火栓系统的报警阀等快速启闭装置调试，并应包含报警阀的附件电动或电磁阀等阀门的调试；排水设施调试；联锁控制试验。

自动喷水灭火系统调试应在系统施工完成后进行。系统调试的内容：水源测试、消防水泵调试、稳压泵调试、报警阀调试、排水设施调试、联动试验。

水喷雾灭火系统调试应在系统施工结束和与系统有关的火灾自动报警装置及联动控制设备调试合格后进行。

气体灭火系统的调试应在系统安装完毕，并宜在相关的火灾报警系统和开口自动关闭装置、通风机械和防火阀等联动设备的调试完成后进行。

泡沫灭火系统调试应在系统施工结束和与系统有关的火灾自动报警装置及联动控制设备调试合格后进行。

火灾自动报警系统调试应包括系统部件功能调试和分系统的联动控制功能调试。相关系统的联动控制调试，应在各分系统功能调试合格后进行。

（二）消防系统调试计量

根据《通用安装工程工程量计算规范》，消防系统调试计量规则如表4-57所示。

表4-57　消防系统调试计量规则

项目名称	项目特征	计量单位	工程量计算规则	工作内容
自动报警系统调试	略	系统	按系统计算	略
水灭火控制装置调试	略	点	按控制装置的点数计算	略
防火控制装置调试	略	个（部）	按设计图示数量计算	
气体灭火系统装置调试	略	点	按调试、检验和验收所消耗的试验容器总数计算	略

在应用表4-57时应注意下列事项：

（1）自动报警系统，包括各种探测器、报警器、报警按钮、报警控制器、消防广播、消防电话等组成的报警系统；按不同点数以系统计算。

（2）水灭火控制装置，自动喷洒系统按水流指示器数量以点（支路）计算；消火栓系统按消火栓启泵按钮数量以点计算；消防水炮系统按水炮数量以点计算。

（3）防火控制装置，包括电动防火门、防火卷帘门、正压送风阀、排烟阀、防火控制阀、消防电梯等防火控制装置；电动防火门、防火卷帘门、正压送风阀、排烟阀、防火控制阀等调试以个计算，消防电梯以部计算。

（4）气体灭火系统调试,是由七氟丙烷、IG541、二氧化碳等组成的灭火系统;按气体灭火系统装置的瓶头阀以点计算。

六、消防工程安装计量相关问题及说明 ⭐

管道界限的划分:

（1）喷淋系统水灭火管道:室内外界限应以建筑物外墙皮1.5 m为界,入口处设阀门者应以阀门为界;设在高层建筑物内的消防泵间管道应以泵间外墙皮为界。

（2）消火栓管道:给水管道室内外界限划分应以外墙皮1.5 m为界,入口处设阀门者应以阀门为界。

（3）与市政给水管道的界限:以与市政给水管道碰头点（井）为界。

消防管道如需进行探伤,应按《通用安装工程工程量计算规范》中的工业管道工程相关项目编码列项。

消防管道上的阀门、管道及设备支架、套管制作安装,应按《通用安装工程工程量计算规范》中的给排水、采暖、燃气工程相关项目编码列项。

消防管道及设备除锈、刷油、保温除注明者外,均应按《通用安装工程工程量计算规范》中的刷油、防腐蚀、绝热工程相关项目编码列项。

消防工程措施项目,应按《通用安装工程工程量计算规范》中的措施项目相关项目编码列项。

七、其他灭火系统安装技术 ⭐⭐⭐⭐⭐

（一）固定消防泡和自动跟踪定位射流灭火系统

1. 固定消防泡灭火系统

固定消防炮灭火系统是指由固定消防炮和相应配置的系统组件组成的固定灭火系统。

固定消防炮灭火系统选用的灭火剂应和保护对象相适应,并应符合下列规定:

（1）泡沫炮系统适用于甲、乙、丙类液体、固体可燃物火灾场所。

（2）干粉炮系统适用于液化石油气、天然气等可燃气体火灾场所。

（3）水炮系统适用于一般固体可燃物火灾场所。

（4）水炮系统和泡沫炮系统不得用于扑救遇水发生化学反应而引起燃烧、爆炸等物质的火灾。

> **温馨提示**
>
> 消防炮系统按喷射介质可分为水炮系统、泡沫炮系统和干粉炮系统。

设置在下列场所的固定消防炮灭火系统宜选用远控炮系统:

（1）有爆炸危险性的场所。

（2）有大量有毒气体产生的场所。

（3）燃烧猛烈,产生强烈辐射热的场所。

（4）火灾蔓延面积较大,且损失严重的场所。

（5）高度超过8 m,且火灾危险性较大的室内场所。

（6）发生火灾时,灭火人员难以及时接近或撤离固定消防炮位的场所。

2. 自动跟踪定位射流灭火系统

自动跟踪定位射流灭火系统是近年来由我国自主研发的一种新型自动灭火系统。该系统以水为喷射介质,利用红外线、紫外线、数字图像或其他火灾探测装置对烟、温度、火焰等的探测,对早期火灾自动跟踪定位,并运用自动控制方式实施射流灭火。自动跟踪定位射流灭火系统全天候实时监测保护场所,对现场的火灾信号进行采集和分析。当有疑似火灾发生时,探测装置捕获相关信息并对信息进行处理,如果发现火源,则对火源进行自动跟踪定位,准备定点(或定区域)射流(或喷洒)灭火,同时发出声光警报和联动控制命令,自动启动消防水泵、开启相应的控制阀门,对应的灭火装置射流灭火。该系统是将红外、紫外传感技术,烟雾传感技术,计算机技术,机电一体化技术有机融合,实现火灾监控和自动灭火为一体的固定消防系统,尤其适用于空间高度高、容积大、火场温升较慢、难以设置闭式自动喷水灭火系统的高大空间场所。

（二）干粉灭火系统

干粉灭火系统的内容以考题探究的形式进行介绍。

考题探究

【单选题】干粉灭火系统由干粉灭火设备和自动控制两大部分组成,关于其特点和适用范围,下列表述正确的是(　　)。

A. 占地面积小,但造价高　　　　B. 适用于硝酸纤维等化学物质的火灾

C. 适用于灭火前未切断气源的气体火灾 D. 不冻结,尤其适合无水及寒冷地区

【细说考点】本题主要考查干粉灭火系统的特点和适用范围。干粉灭火剂具有灭火效率高、灭火速度快、绝缘性能好、腐蚀性小、造价低、占地小,不会冻结,不会对生态环境产生危害等一系列优点,特别适宜北方寒冷和无水的环境。干粉灭火系统可用于扑救下列火灾:(1)灭火前可切断气源的气体火灾。(2)易燃、可燃液体和可熔化固体火灾。(3)可燃固体表面火灾。(4)带电设备火灾。干粉灭火系统不得用于扑救下列物质的火灾:(1)硝化纤维、炸药等无空气仍能迅速氧化的化学物质与强氧化剂。(2)钾、钠、镁、钛、锆等活泼金属及其氢化物。本题选 D。

第四节　电气照明及动力设备工程安装技术与计量

考虑通用性的要求,本节主要从低压电器安装技术与计量、电机安装技术与计量、配管配线安装技术与计量、照明器具安装技术与计量四方面展开介绍。

一、低压电器安装技术与计量 ★★★★★

（一）低压电器安装技术

低压电器有很多种,以下主要介绍控制开关、低压熔断器、位置开关、接触器、磁力启动器、继电器、风扇、照明开关与插座。

1. 控制开关

常用的控制开关包括自动空气开关、刀型开关、铁壳开关、转换开关、漏电保护开关等。

（1）自动空气开关。自动空气开关是低压配电网络和电力拖动系统中非常重要的一

种电器,集控制和多种保护功能于一身。自动空气开关除了在电路中作接通、分断和承载额定工作电流外,还能对电路或电气设备发生的短路、严重过载及欠电压等进行保护,同时也可以用于不频繁地启动电动机。自动空气开关具有操作安全、使用方便、工作可靠、安装简单、动作后(如短路故障排除后)不需要更换元件(如熔体)等优点,在工业、家庭住宅等方面有较为广泛的应用。

(2)刀型开关。刀型开关俗称闸刀开关,也称为开启式负荷开关。闸刀开关除了能接通、断开电源外,其内部一般会安装熔丝,因此还能起到过流保护作用。由于闸刀开关没有灭电弧装置(闸刀接通或断开时产生的电火花称为电弧),因此不能用作大容量负载的通断控制。闸刀开关一般用在照明电路中,也可以用作非频繁启动或停止的小容量电动机控制。

(3)铁壳开关。铁壳开关也称为封闭式负荷开关,是在闸刀开关的基础上进行改进而来的,安全性能优于闸刀开关。铁壳开关常用在农村和工矿的电力照明、电力排灌等配电设备中,与闸刀开关一样,铁壳开关也不能用作频繁的通断控制。

(4)转换开关。转换开关是由一个或多个开关设备构成的电器,该电器用于从一路电源断开负载电路并连接至另外一路电源上,一般包括手动操作转换开关、远程操作转换开关和自动转换开关。转换开关安装后,其手柄位置指示应与其对应接触片的位置一致;定位机构应可靠;所有的触头在任何接通位置上应接触良好。

(5)漏电保护开关。漏电保护开关又称漏电保护器,是在规定条件下,当漏电电流达到或超过规定值时能自动断开电路的一种保护电器,从而对低压配电网中的漏电和接地故障进行安全防护,防止发生人身触电事故和因接地电弧引发的火灾,是防止间接接触电击的技术措施。

2. 低压熔断器

在现场低压情况,凡是有电气设备的地方,一般都有低压熔断器的存在。低压熔断器是指当电流超过规定值足够长的时间,通过熔断一个或几个成比例的特殊设计的熔体分断此电流,由此断开其所接入的电路的装置。

低压熔断器按结构的不同可分为无填料封闭管式熔断器、有填料封闭管式熔断器、螺旋式熔断器、瓷插式熔断器等;按用途的不同可分为一般工业用熔断器、半导体器件保护用的快速熔断器以及特殊熔断器(如具有两段保护特性的快慢动作熔断器、自复熔断器,以及具有高分析能力的 NT 系列熔断器等)。

(1)无填料封闭管式熔断器。无填料封闭管式熔断器是由熔管、熔体、夹座、黄铜管、触刀等组成。当短路电流通过熔片时,首先在狭窄处熔断。钢纸管在电弧高温作用下,能分解出大量气体,使管内压力增大,很快使电弧熄灭。这种熔断器,因具有断流、息弧能力强、保护特性好、更换熔断器方便、运行可靠等优点,适用于低压电力网络、容量较大的负载(大容量能达到 1 kA)和成套配电装置的短路保护及连续过载保护。其缺点是造价偏高。

(2)有填料封闭管式熔断器。有填料封闭管式熔断器具有限流作用及较高的极限分断能力、保护特性好、使用安全,带有明显的熔断指示等优点,可用于具有高短路电流电力网络或配电装置中,作为电缆、导线、电动机、高压器以及其他电气设备的短路保护和电缆、导线的过载保护。其缺点是熔体不能更换,熔体熔断后要更换熔管,经济性能差。

(3)螺旋式熔断器。螺旋式熔断器体积小、更换方便、安全可靠、断流能力强,广泛应用于照明线路、配电柜和中小型电机、电器设备的主回路、控制回路中。当线路或设备发生短路性故障时,熔断器内的熔丝迅速熔断,以保护设备,防止故障扩大。螺旋式熔断器熔管内的熔丝一旦熔断，原则上应用和原规格、参数相同的新熔管更换。

（4）瓷插式熔断器。瓷插式熔断器以其结构简单、价格低廉、使用方便等优点，成为建筑工地常用的保护电器。这种熔断器用在低压配电网络中，一旦过负荷会导致短路故障，熔丝将被短路电流熔断，从而起到短路保护的作用。熔丝安装在瓷插盖上，在检查维修时拔掉瓷插盖，网络上形成一个明显的断开点，电工作业十分便利安全。

（5）快速熔断器。快速熔断器的特点是灵敏度高，动作快，一般作为半导体整流元件保护。

（6）自复熔断器。自复熔断器是一种采用新结构新原理的熔断器，它利用金属钠作熔体，不需更换熔丝，有显著的限流效应，与自动开关组合后能分断特大的短路电流。

知识拓展

保险丝也是熔断器的一种。常见的保险丝是由合金制成，在电路过流或短路时保险丝迅速熔断从而保护了电路的安全。这种保险丝的缺点是一次性使用，烧断了就需更换。自恢复保险丝是由具有正温度系数特性的导电高分子材料制成，正常情况下，呈低阻状态，保证电路能正常工作；一旦电路短路过载，这种保险丝的电阻会迅速增加把电流限制到足够小，起到过流保护作用。当电路正常后，这种保险丝能很快自动恢复低阻的导通状态而不用更换，因此被称为自恢复保险丝。

低压熔断器的安装应符合下列规定：

（1）三相四线系统安装熔断器时，必须安装在相线上，中性线（N线）、保护中性线（PEN线）严禁安装熔断器。

（2）熔断器安装位置及相互间距离应符合设计要求，并应便于拆卸、更换熔体。

（3）安装时应保证熔体和触刀以及触刀和刀座接触良好。熔体不应受到机械损伤。

（4）瓷质熔断器在金属底板上安装时，其底座应垫软绝缘衬垫。

（5）有熔断指示器的熔断器，指示器应保持正常状态，并应装在便于观察的一侧。

（6）安装两个以上不同规格的熔断器，应在底座旁标明规格。

（7）有触及带电部分危险的熔断器应配备绝缘抓手。

（8）带有接线标志的熔断器，电源线应按标志进行接线。

3. 位置开关

常用的位置开关包括接近开关和行程开关等。

（1）接近开关。

接近开关是指与（机器的）运动部件无机械接触而能操作的位置开关，是当运动的物体靠近开关到一定位置时，开关发出信号，达到行程控制及计数自动控制的开关。接近开关是一种新型集成化的开关，是理想的电子开关量传感器。它除了具有体积小、频率响应快、电压范围宽、抗干扰能力强、复定位精度高、操作频率高、工作可靠、寿命长、功耗低、耐腐蚀、耐振动以及能适应恶劣的工作环境等特点外，还有使用过程中无摩擦、不会增加各被感应元件的力矩等优点。接近开关中，能够对接近它的物件有"感知"能力的元件称为位移传感器。因为位移传感器可以根据不同的原理和不同的方法做成，而不同的位移传感器对物体的"感知"方法也不同，所以常见的接近开关有以下几种：

①电感式接近开关（涡流接近开关）。电感式接近开关（涡流接近开关）属于一种有开关量输出的位置传感器，它由LC高频振荡器、信号触发器和开关放大器组成。振荡电路的线圈产生高频交流磁场，该磁场经由传感器的感应面释放出来。当有金属物体接近这个能产生电磁场的振荡感应头时，就会使该金属物体内部产生涡流，这个涡流反作用于接

近开关,使接近开关振荡能力衰减,内部电路的参数发生变化,当信号触发器探测到这一衰减现象时,便把它转换成开关电信号。由此识别出有无金属物体接近开关,进而控制开关的通或断。这种接近开关所能检测的物体必须是金属物体。

②电容式接近开关。电容式接近开关亦属于一种具有开关量输出的位置传感器。它的测量头通常是构成电容器的一个极板,而另一个极板是物体的本身,当物体移向接近开关时,物体和接近开关的介电常数发生变化,等效电容跟着变化,从而使得和测量头相连的电路状态也随之发生变化,由此便可控制开关的接通和关断。这种接近开关的被检测物体,并不限于金属导体,也可以是绝缘的液体或粉状物体,在检测较低介电常数的物体时,可以顺时针调节多圈电位器(位于开关后部)来增加感应灵敏度。

③霍尔接近开关。霍尔接近开关是磁性接近开关中的一种,具有无触电、低功耗、长使用寿命、响应频率高等特点。霍尔接近开关中的霍尔元件是一种磁敏元件,由此识别附近有磁性物体存在,进而控制开关的通或断。

④无源接近开关。这种开关不需要电源,通过磁力感应控制开关的闭合状态。当磁质或者铁质触发器靠近开关磁场时,由开关内部磁力作用控制闭合。特点:不需要电源,非接触式、免维护、环保。

⑤光电式接近开关。利用光电效应做成的开关叫光电开关。将发光器件与光电器件按一定方向装在同一个检测头内。当有被检测物体的反光面接近时,光电器件接收到反射光后便在信号端输出,由此便可"感知"有物体接近。

⑥热释电式接近开关。用能感知温度变化的元件做成的开关叫热释电式接近开关。这种开关是将热释电器件安装在开关的检测面上,当有与环境温度不同的物体接近时,热释电器件的输出便变化,由此即可检测出有物体接近。

⑦其他形式的接近开关。当观察者或系统对波源的距离发生改变时,接近到的波的频率会发生偏移,这种现象称为多普勒效应。声呐和雷达就是利用这个效应的原理制成的。利用多普勒效应可制成超声波接近开关、微波接近开关等。当有物体移近时,接近开关接收到的反射信号会产生多普勒频移,由此可以识别出有无物体接近。

(2)行程开关。

行程开关靠移动物体碰撞开关的操作头而使行程的触头接通或分断,从而达到控制运动方向和行程的目的。运动机械采用该类开关,可在一定程度上使运动机械按一定位置或行程自动停止或做其他运动,以实现自动化运行。

行程开关的安装、调整应符合下列规定:

①安装位置应能使开关正确动作,且不妨碍机械部件的运动。

②碰块或撞杆应安装在开关滚轮或推杆的动作轴线上,对电子式行程开关应按产品技术文件要求调整可动设备的间距。

③碰块或撞杆对开关的作用力及开关的动作行程均不应大于允许值。

④限位用的行程开关应与机械装置配合调整,应在确认动作可靠后接入电路使用。

4. 接触器

接触器分为直流接触器(电压 DC)和交流接触器(电压 AC),应用于电力、配电与用电设备。接触器广义上是指利用电流流过线圈产生的磁场,使触头吸合,以达控制负载的器件。接触器使用在主电路用于接通和分断较大的电流信号,驱动功率设备等,主触头来控制电路,一般是常开接点,用辅助接点来导通控制回路,接点由银钨合金制成,具有良好的导电性和耐高温烧蚀性,承载电流容量大。交流接触器作为工业最基础的低压电器控制元件之一,被大量应用于电力线路或高端装备、新能源等行业的自动控制系统中,是供远距离接通和分断的开关电器。

> **知识巩固**
>
> 简单来说,接触器主要用于频繁接通、分断交、直流电路,控制容量大,其主要控制对象是电动机,广泛用于自动控制电路。

接触器安装前的检查应符合下列规定:

(1)衔铁表面应无锈斑、油垢,接触面应平整、清洁,可动部分应灵活无卡阻。

(2)触头的接触应紧密,固定主触头的触头杆应固定可靠。

(3)当带有常闭触头的接触器闭合时,应先断开常闭触头,后接通主触头;当断开时应先断开主触头,后接通常闭触头,且三相主触头的动作应一致。

接触器安装完毕后应进行下列检查:

(1)接线应符合产品技术文件的要求。

(2)在主触头不带电的情况下,接触器线圈做通、断电试验,其操作频率不应大于产品技术文件的要求,主触头应动作正常,衔铁吸合后应无异常响声。

5. 磁力启动器

磁力启动器又称电磁启动器,主要由交流接触器、热继电器和控制按钮 3 个元件组成,是一种组合电器。磁力启动器按照防护形式可分为开启式和保护式两种;按照所控制电动机的运行方式可分为可逆式和不可逆式两种。

磁力启动器主要用于就地或远距离频繁控制三相笼型感应电动机的直接启动、停止和可逆转换,并且具有过载、断相及失压保护功能。当熔断器与磁力启动器串接使用时,还具有短路保护功能。

6. 继电器

(电气式)继电器是指当控制电器的电气激励量(输入量)在电路中的变化达到规定要求时,在电器的一个或多个电气输出电路中,使被控量发生预定的阶跃变化的开关电器。继电器实际上是用小电流去控制大电流运作的一种"自动开关"。继电器在电气安装工程中,有着广泛的应用,起着自动控制、调节、检测和保护的作用。以下简要介绍几种常用的继电器。

(1)热继电器。现阶段,我们普遍使用热继电器对电动机进行过载保护。热继电器制成原理主要是通过电流效应,本质上属于电流继电器的一种。它主要是通过电流形成热量,使相关金属片发生形态变化,当这种形变到达一定距离时,就会形成连杆动作,断开控制电路,导致交流接触器失去电流,同时断开主电路,从而实现电动机过载保护。热继电器包括两极型热继电器和三级型热继电器,三级型热继电器又包含不带断相和带断相保护结构。热继电器在电动机过载保护中有着重要作用。

(2)电磁继电器。电磁继电器是指由电磁力产生预定响应的机电继电器。电磁继电器根据输入信号不同可分为直流继电器(控制信号为直流)和交流继电器(控制信号为交流)两类。在实际使用中应根据输入信号的不同分别选用。此外,电磁继电器根据线圈输入信号可分为电压型继电器及电流型继电器。电磁继电器根据用途不同可分为通用继电器、灵敏继电器、磁保持继电器、延时继电器等。由于电磁继电器具有体积小、功耗小、使用方便等优点,使其得以广泛应用于航空、航天、通信等军、民用电子设备中。

（3）固体继电器（静态继电器）。固体继电器（静态继电器）是指由电子、磁性、光学或其他元器件产生预定响应而无机械运动的电气继电器。

（4）时间继电器。时间继电器是一种利用电磁原理或机械原理实现延时控制的自动开关装置。时间继电器按结构形式可分为空气阻尼式、晶体管式、电动式、电磁式；按延时方式分为通电延时型和断电延时型。空气阻尼式时间继电器延时范围大，延时精确度低，价格较低；晶体管式时间继电器延时时间较短，延时精确度高；电动式时间继电器延时时间调整范围较大，延时精确度较高，价格较高；电磁式时间继电器延时时间较短，价格较低。时间继电器示意图如图 4-16 所示。

图 4-16　时间继电器示意图

（5）中间继电器。中间继电器的主要组成部分包括电磁结构、触点系统和传动机构。中间继电器在自动控制系统中起着控制设备状态和对执行部件的隔离作用，用来增加触点的数量和容量。中间继电器是将一个输入信号变成一个或多个输出信号的继电器，它的输入信号是通电和断电，它的输出信号是接点的接通或断开，用于控制各个电路。

（6）电流继电器。电流继电器是电力系统继电保护中最常用的元件。电流继电器的检测对象是电路或主要电器部件电流的变化情况，当电流超过（或低于）某一整定值时，继电器动作，完成继电器控制及保护作用。电流继电器具有接线简单、动作迅速可靠、维护方便、使用寿命长等优点，作为保护元件广泛应用于电动机、变压器和输电线路的过载和短路的继电保护线路中。

（7）电压继电器。电压继电器是一种电子控制器件，它具有控制系统（又称输入回路）和被控制系统（又称输出回路），在电路中起着自动调节、安全保护、转换电路等作用，主要用于发电机、变压器和输电线的继电保护装置中，作为过电压保护或低电压闭锁的启动元件。

（8）速度继电器。电动机停车反接制动需要速度继电器控制，在反接制动过程中，电动机的转速接近零时，如果不及时切断电动机的三相交流电源，电动机会继续反向旋转。所以当电动机的转速接近零时，需要及时切断电动机的三相交流电源。通常用速度继电器与电动机同轴相连，速度继电器在电动机转速接近零时，其动合触点断开，从而控制制动过程结束。由于可逆运行有两个方向，速度继电器不仅可以控制转向，而且可以控制转速，所以目前传统可逆运行反接制动控制电路基本上是用速度继电器控制，通过速度继电器在控制电路中控制制动过程的结束。采用速度继电器控制制动过程的结束，该控制形式的优点是不接触，控制噪声小。但是速度继电器与三相异步电动机同轴安装工艺要求高，速度继电器价格较贵，可逆运行反接制动速度继电器控制电路复杂。

（9）加速度继电器。加速度继电器（过载开关）是感受加速度并完成制动的一类开关器件，它以加速度值的大小作为输入控制信号，输出开关信号。采用全固态化设计的电子式加速度继电器无常规机械运动部件，具有灵敏度高、性能稳定、环境适应性强等优点，已经成为新的发展趋势。

（10）温度继电器。温度继电器是一种常用的继电器，它在外界温度达到给定值时动作，可以实现温度控制、火灾报警、自动点火、电器热保护等功能。

温馨提示

此知识点在历年中经常考查。

考题探究

【多选题】有保护功能的继电器有(　　　)。

A. 时间继电器　　　　　　　　　B. 中间继电器

C. 热继电器　　　　　　　　　　D. 电压继电器

【细说考点】本题主要考查具有保护功能的继电器类型。具体内容详见上文。本题选 CD。

7. 风扇

风扇是指用电驱动产生气流的装置。电气照明及动力设备安装工程中，常用的风扇包括吊扇、壁扇、换气扇等。

吊扇安装应符合的规定如图 4-17 所示。

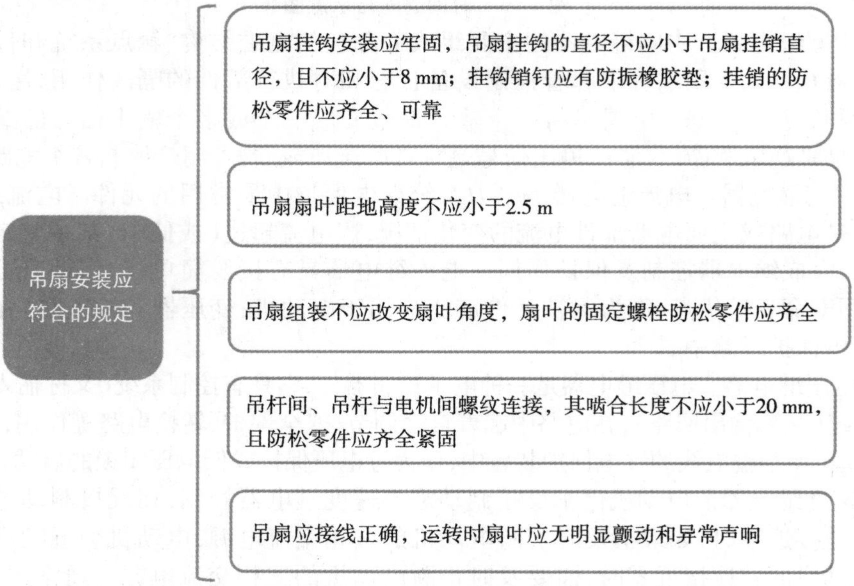

吊扇安装应符合的规定

- 吊扇挂钩安装应牢固，吊扇挂钩的直径不应小于吊扇挂销直径，且不应小于8 mm；挂钩销钉应有防振橡胶垫；挂销的防松零件应齐全、可靠

- 吊扇扇叶距地高度不应小于2.5 m

- 吊扇组装不应改变扇叶角度，扇叶的固定螺栓防松零件应齐全

- 吊杆间、吊杆与电机间螺纹连接，其啮合长度不应小于20 mm，且防松零件应齐全紧固

- 吊扇应接线正确，运转时扇叶应无明显颤动和异常声响

图 4-17　吊扇安装应符合的规定

知识拓展

上述内容属于吊扇安装的主控项目。此外，吊扇安装还应符合下列一般项目规定：

(1)吊扇涂层应完整、表面无划痕、无污染，吊杆上、下扣碗安装应牢固到位。

(2)同一室内并列安装的吊扇开关高度宜一致，并应控制有序、不错位。

壁扇安装应符合下列规定：

(1)壁扇底座应采用膨胀螺栓或焊接固定，固定应牢固可靠；膨胀螺栓的数量不应少于 3 个，且直径不应小于 8 mm。

(2)防护罩应扣紧、固定可靠，当运转时扇叶和防护罩应无明显颤动和异常声响。

> **知识拓展**
>
> 　　上述内容属于壁扇安装的主控项目。此外,壁扇安装还应符合下列一般项目规定:壁扇安装高度应符合设计要求;涂层应完整、表面无划痕、无污染,防护罩应无变形。

　　换气扇安装应紧贴饰面、固定可靠。无专人管理场所的换气扇宜设置定时开关。

8.照明开关与插座

　　照明开关是用来接通和断开照明线路的电源的一种低压电器。

　　插座是指预期为一般人员频繁使用,具有用于与插头的插销插合的插套,并且装有用于连接线缆的端子或端头的电器附件。常见插座包括固定式插座、移动式插座、多位插座、器具插座等。

　　照明开关安装应符合下列规定:

　　(1)同一建(构)筑物的开关宜采用同一系列的产品,单控开关的通断位置应一致,且应操作灵活、接触可靠。

　　(2)相线应经开关控制。

　　(3)紫外线杀菌灯的开关应有明显标识,并应与普通照明开关的位置分开。

> **知识拓展**
>
> 　　上述内容属于照明开关安装的主控项目。此外,照明开关安装还应符合下列一般项目规定:
>
> 　　(1)照明开关安装高度应符合设计要求。
>
> 　　(2)开关安装位置应便于操作,开关边缘距门框边缘的距离宜为 0.15~0.20 m。
>
> 　　(3)相同型号并列安装高度宜一致,并列安装的拉线开关的相邻间距不宜小于 20 mm。

　　电源插座及开关安装应符合下列规定:

　　(1)电源插座接线应正确。

　　(2)同一场所的三相电源插座,其接线的相序应一致。

　　(3)保护接地导体(PE)在电源插座之间不应串联连接。

　　(4)相线与中性导体(N)不得利用电源插座本体的接线端子转接供电。

　　(5)暗装的电源插座面板或开关面板应紧贴墙面或装饰面,导线不得裸露在装饰层内。

> **知识拓展**
>
> 　　电源插座接线的一般要求如下:
>
> 　　(1)对于单相两孔插座,面对插座的右孔或上孔应与相线连接,左孔或下孔应与中性导体(N)连接;对于单相三孔插座,面对插座的右孔应与相线连接,左孔应与中性导体(N)连接。
>
> 　　(2)单相三孔、三相四孔及三相五孔插座的保护接地导体(PE)应接在上孔;插座的保护接地导体端子不得与中性导体端子连接。

　　当交流、直流或不同电压等级的插座安装在同一场所时,应有明显的区别,插座不得互换;配套的插头应按交流、直流或不同电压等级区别使用。

不间断电源插座及应急电源插座应设置标识。

暗装的插座盒或开关盒应与饰面平齐,盒内干净整洁,无锈蚀,绝缘导线不得裸露在装饰层内;面板应紧贴饰面、四周无缝隙、安装牢固,表面光滑、无碎裂、划伤,装饰帽（板）齐全。

插座安装高度应符合设计要求,同一室内相同规格并列安装的插座高度宜一致;地面插座应紧贴饰面,盖板应固定牢固、密封良好。

考题探究

【单选题】关于插座接线,下列表述正确的是（　　　）。

A.同一场所的三相插座,其接线的相序应一致

B.保护接地导体在插座之间应串联连接

C.相线与中性导体应利用插座本体的接线端子转接供电

D.对于单相三孔插座,面对插座的左孔与相线连接,右孔应与中性导体连接

【细说考点】本题主要考查插座接线的要求。具体内容详见上文。本题选 A。

（二）低压电器安装计量

根据《通用安装工程工程量计算规范》,低压电器安装计量规则如表4-58 所示。

表4-58　低压电器安装计量规则

项目名称	项目特征	计量单位	工程量计算规则	工作内容
控制开关	名称,型号,规格,接线端子材质、规格,额定电流（A）	个	按设计图示数量计算	本体安装,焊、压接线端子,接线
低压熔断器	名称,型号,规格,接线端子材质、规格	台		
接触器、磁力启动器		台		
小电器		个（套、台）		
风扇	名称、型号、规格、安装方式	台		本体安装、调速开关安装
照明开关、插座	名称、材质、规格、安装方式	个		本体安装、接线

温馨提示

继电器计入小电器项目。

二、电机安装技术与计量 ★★★★★

电机包括发电机、调相机和电动机,考试中仅涉及电动机,因此以下主要介绍电动机安装技术与计量。

（一）电动机安装技术

电动机是依靠电磁感应原理运行的旋转电磁机械,用于实现电能向机械能的转换,运行时从电系统吸收电功率,向机械系统输出机械功率。在介绍电动机的安装技术前有必要对常用电动机的分类、常用电动机的性能、电动机产品型号编制方法有一个基本的了解。

1. 常用电动机的分类

电动机按工作电源种类划分如图 4-18 所示。

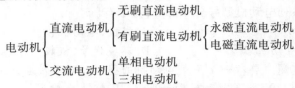

图 4-18　电动机按工作电源种类划分

电动机按结构和工作原理划分如图 4-19 所示。

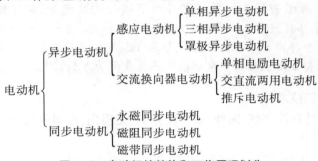

图 4-19　电动机按结构和工作原理划分

2. 常用电动机的性能

以下主要介绍直流电动机、单相异步电动机、三相异步电动机的性能。

直流电动机是依靠直流工作电压运行的电动机，广泛应用于收录机、录像机、影碟机、电动剃须刀、电吹风、电子表、电动玩具等。直流电动机具有良好的启动特性和调速特性，调速范围广且平滑，过载能力较强，受电磁干扰影响小；转矩比较大；维修比较便宜。其缺点是直流电动机制造比较贵，有碳刷；与异步电动机比较，直流电动机结构复杂，使用维护不方便，而且要用直流电源。

单相异步电动机由定子、转子、轴承、机壳、端盖等构成。单相异步电动机由于只需要单相交流电，故使用方便、应用广泛，并且有结构简单、成本低廉、噪声小、对无线电系统干扰小等优点，因而常用在功率不大的家用电器和小型动力机械中，如电风扇、洗衣机、电冰箱、空调、抽油烟机、电钻、医疗器械、小型风机及家用水泵等。

与单相异步电动机相比，三相异步电动机运行性能好，并可节省各种材料。按转子结构的不同，三相异步电动机可分为笼式和绕线式两种。笼式转子的异步电动机结构简单、运行可靠、重量轻、价格便宜，得到了广泛的应用，其主要缺点是调速困难。绕线式三相异步电动机的转子和定子一样也设置了三相绕组并通过滑环、电刷与外部变阻器连接。调节变阻器电阻可以改善电动机的启动性能和调节电动机的转速。

> **📢 知识拓展**
>
> 额定功率是电动机的性能参数之一。电动机铭牌标出的额定功率是指电动机轴输出的机械功率。正确选择电动机功率的原则：应在电动机能够胜任生产机械负载要求（启动、调速、制动等）的前提下，尽量使电动机在额定功率下满载运行。若功率选得过大，设备投资增大，造成浪费，且电动机经常欠载运行，效率及功率因数较低；反之，若功率选得过小，电动机将过载运行，造成电动机过早损坏。

3. 电动机产品型号编制方法

不同类型电动机的产品型号编制方法有所不同，以下主要以考题探究的形式进行介绍。

考题探究

【单选题】Y 系列电动机型号分 6 部分,其中有(　　)。

A. 极数,额定功率　　　　　　　　B. 极数,电动机容量

C. 环境代号,电动机容量　　　　　D. 环境代号,极数

【细说考点】本题主要考查 Y 系列电动机的型号。Y 系列是全封闭自扇冷式鼠笼型三相异步电动机。Y 系列电动机型号组成:从前往后排列,第一部分表示产品代号;第二部分表示机座中心高(mm);第三部分表示机座长度代号(S 表示短机座、M 表示中机座、L 表示长机座);第四部分表示铁心长度代号;第五部分表示电机极数;第六部分表示环境代号。Y 系列电动机产品中,绕线转子三相异步电动机的产品代号为 YR,隔爆型异步电动机的产品代号为 YB,变极多速三相异步电动机的产品代号为 YD,冶金及起重用三相异步电动机的产品代号为 YZ,YZR。本题选 D。

4. 电动机的安装技术

电动机安装前外观应完好,附件、备件应齐全、无损伤,绕组绝缘电阻值应满足产品技术文件要求。

知识拓展

长期停用或可能受潮的电动机,使用前应测量绕组间和绕组对地的绝缘电阻,绝缘电阻值应大于 0.5 MΩ,绕线转子电动机还应检查转子绕组及滑环对地绝缘电阻。如绝缘电阻达不到规范要求,应进行干燥处理,干燥方法有外部干燥法和通电干燥法。外部干燥法包括自然空转风冷法或通热风干燥法、灯泡干燥法、电阻器加盐干燥法;通电干燥法包括直流电干燥法、交流电干燥法、磁铁感应干燥法、外壳铁损干燥法。电动机干燥工作,应由有经验的电工进行,在干燥前应根据电动机受潮情况制定烘干方法及有关技术措施。

控制、保护和启动设备安装应符合下列要求:

(1)电动机的控制和保护设备安装前应检查是否与电动机容量相符。

(2)控制和保护设备的安装应按设计要求进行,一般应装在电动机附近。每台电机均应安装控制和保护设备。

(3)电动机、控制设备和所拖动的设备应对应编号。

(4)直流电动机、同步电机与调节电阻回路及励磁回路的连接,应采用铜导线。导线不应有接头。调节电阻器应接触良好,调节均匀。

(5)电动机应装设过流和短路保护装置,并应根据设备需要装设相序断相和低电压保护装置。

(6)电动机保护元件的选择:

①采用热元件时,热元件一般按电动机额定电流的 1.1 ~ 1.25 倍来选。

②采用熔丝(片)时,熔丝(片)一般按电动机额定电流的 1.5 ~ 2.5 倍来选。

电动机安装在设计位置后,应进行电源的接线。电动机接线方式与启动方法密切相关,以下以三相异步电动机为例进行介绍。

(1)直接启动是三相异步电动机最简单方便的一种启动方式,也就是通过电源开关将电动机直接接入电网的方式。直接启动操作非常简单,而且启动的时间比较短,可以实现

快速启动,启动过程比较可靠,而且不需要接入复杂的设备,因此满足一定的经济性。然而直接启动也有其缺点,即启动电流比较大。启动电流过大,对电动机会产生一定的危害,比如使得绕组发热,绝缘老化,影响电动机的使用寿命。因此,直接启动通常用于容量比较小的电动机。通常 7.5 kW 以下的电动机采用直接启动的方式。采用直接启动方法时,一般的接线方式有星形(Y)接法和三角形(△)接法两种,如图 4-20 所示。

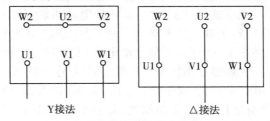

图 4-20　直接启动电动机接线方式

(2)降压启动也就是把三相异步电动机的输入电压降低到额定电压以下进行启动,目的就是使三相异步电动机的启动电流得到降低。典型的降压启动有自耦降压启动控制柜(箱)降压启动、星 – 三角启动(Y – △降压启动)、软启动器启动、绕线式转子启动以及变频器变频启动。

①自耦降压启动控制柜(箱)降压启动。自耦降压启动是一种最常见的电动机启动方式,应用较普遍。一般自耦降压启动柜采用热继电器作为电机的过载、短路、断相保护,但存在保护可靠性较低,且启动过程中无保护,不能很好地起到保护作用的缺点。

②星 – 三角启动法(Y – △降压启动)。由于电动机的启动过程中,同步转速决定于电源频率,而转子转速在静止状态,在感应力和负载的共同作用下加速,导致电动机电流由堵转电流逐步减少,为了限制堵转电流的负面影响,常用星 – 三角启动方式。当电动机未完全启动完成时,电动机的连接方式是星形连接,启动后立刻改为三角形连接运行。在大功率电动机启动方法中,星 – 三角启动是一种结构简单,价格便宜,可靠性高的降压启动方式,目前被广泛采用。

③软启动器启动。软启动器是指集电动机软启动、软停车、轻载节能和多种保护功能于一体的电机控制装置。在三相电源与电动机间串入三相并联晶闸管,利用晶闸管的移相控制原理,改变晶闸管的触发角,启动时电动机端电压随晶闸管的导通角从零逐渐上升,电动机逐渐加速,直到晶闸管全导通,电动机工作在额定电压的机械特性上,实现平滑启动,降低启动电流,避免启动过流跳闸。待电动机达到额定转数时,启动过程结束,软启动器自动用旁路接触器取代已完成任务的晶闸管,为电动机正常运转提供额定电压。此外软启动器还可以实现软停车,停车时先切断旁路接触器,然后由软启动器内晶闸管导通角由大逐渐减小,使三相供电电压逐渐减小,电动机转速由大逐渐减小到零,停车过程完成。

软启动器不仅实现在整个启动过程中,无冲击而平滑的启动电动机,而且可根据电动机负载的特性来调节启动过程中的参数,如限流值、启动时间等。此外,它还具有性能优良、体积小、重量轻,可靠性好、智能控制(采用控制面板进行控制,参数设置简单,面板上能够显示各种数值,例如斜坡电压设定值等)、维护量小以及多种电动机保护功能(例如超高温、过电流、失相保护等),这就从根本上解决了传统的降压启动设备的诸多弊端。

软启动适用于大容量的电动机。软启动控制柜具有直接启动和软启动两种方式。软启动结束后，其旁路接触器会随之闭合使得软启动器退出电机的运行，这样可延长软启动器的使用时间。软启动具有避免电网受到谐波污染的功能。

④绕线式转子启动。绕线式转子是在三相异步电动机转子槽中安放绕组，三相绕组一端短路，另一端分别连接转子轴上的滑环，滑环通过电刷连接外电路并可以短接。这样即可以在绕线式转子回路中串入电阻，降低启动电流，实现降压启动。

⑤变频器变频启动。变频器是指将工频电源变换为另一频率的电能控制装置。变频器本身具有完备的保护电机的功能，如过流、过压、欠压、过载等，所以不需要再安装电动机保护开关，但是变频自身结构复杂，价格昂贵，需要专业人员的维护。

电动机安装完成后应进行电动机试运行。

交流电动机应先进行空载试运行，空载试运时间宜为 2 h 以上直至电动机轴承温度稳定为止；直流电动机空载运转时间不宜小于 30 min。

交流电动机带负荷启动次数应满足产品技术文件要求；当无要求时，应符合下列规定：

（1）冷态可启动 2 次，每次间隔时间不得小于 5 min。

（2）热态可启动 1 次。当处理事故或启动时间不超过 3 s 时，可再启动 1 次。

单机试运行中应对电动机进行下列检查：

（1）电动机、风扇的旋转方向及运行声音。

（2）换向器、集电环及电刷的运行状况。

（3）启动电流、启动时间、空载电流。

（4）电动机各部温度。

（5）电动机振动。

（6）轴承状况及润滑脂量。

（二）电动机安装计量

《通用安装工程工程量计算规范》中关于电动机安装计量主要集中检查接线及调试方面。根据《通用安装工程工程量计算规范》，电动机检查接线及调试计量规则如表 4-59 所示。

表 4-59　电动机检查接线及调试计量规则

项目名称	项目特征	计量单位	工程量计算规则	工作内容
普通小型直流电动机	名称，型号，容量（kW），接线端子材质、规格，干燥要求	台	按设计图示数量计算	检查接线、接地、干燥、调试
普通交流同步电动机	名称，型号，容量（kW），启动方式，电压等级（kV），接线端子材质、规格，干燥要求			

三、配管配线安装技术与计量 ★★★★★

（一）配管配线安装技术

电气照明及动力设备安装工程中，配管配线是必不可少的部分，将导线穿在管中，然后再明敷或暗敷在建筑物的各个位置，此种做法具有较高的安全可靠性。使用不同的配线形式和不同的管材,可以适用于各种场所。在介绍配管配线的安装技术前有必要对配管的类型和配置形式、配线的类型和形式、配管配线选择有一个基本的了解。

1. 配管的类型和配置形式

配管的类型及其适用范围如下。

(1)电线管:管壁较薄,适用于干燥场所的明、暗配。

(2)焊接钢管:管壁较厚,适用于潮湿、有机械外力、有轻微腐蚀气体场所的明、暗配。

(3)硬质聚氯乙烯管:耐腐蚀性较好,易变形老化,机械强度次于钢管,适用于腐蚀性较大的场所的明、暗管;但不得在高温和易受机械损伤的场所敷设。

(4)半硬质阻燃管:刚柔结合,易于施工,劳动强度较低,质轻,运输较为方便,适用于一般民用建筑的照明工程暗配敷设,不得在高温场所和顶棚内敷设。半硬质阻燃管是聚氯乙烯管,采用套接法连接。

(5)刚性阻燃管:无增塑刚性阻燃 PVC 管,具有抗压力强、耐腐蚀、防虫害、阻燃、绝缘,与钢管相比,重量轻、运输方便、易截易弯,适用于建筑场所的明、暗配管。

(6)可挠性塑料管:适用于 1 kV 以下照明,动力线路明敷或暗敷,但不得在高温和易受机械损伤的场所敷设以及高层建筑中作竖向电源引线配管。

(7)可挠性金属管:是指普利卡金属套管(PULLKA),它是由镀锌钢带(Fe,Zn),钢带(Fe)及电工纸(P)构成双层金属制成的可挠性电线、电缆保护套管,主要用于混凝土内埋设及低压室外电气配线方面。

(8)套接紧定式镀锌钢导管(JDG):针对厚壁钢导管在电线管路敷设中存在施工复杂状况而研制的。所采用的施工技术是吸收国外同类施工技术后的改进型。由钢导管、连接套管及其金属附件采用螺钉紧定连接技术组成的电线管路,是敷设电压 1 kV 以下绝缘电线专用保护管路的一种形式。

(9)套接扣压式薄壁钢导管(KBG 管):KBG 管适用于低压布线工程绝缘电线保护管,具有重量轻、价格便宜、施工简便、安全施工的优点。

配管配置形式包括明配、暗配、吊顶内、钢结构支架、钢索配管、埋地敷设、水下敷设、砌筑沟内敷设等。

2. 配线的类型和形式

配线类型包括管内穿线、瓷夹板配线、塑料夹板配线、绝缘子配线、槽板配线、塑料护套配线、线槽配线、车间带形母线等。

配线形式包括照明线路,动力线路,木结构,顶棚内,砖、混凝土结构,沿支架、钢索、屋架、梁、柱、墙,以及跨屋架、梁、柱。

常见线路敷设方式及其代号如表 4-60 所示。

表 4-60　常见线路敷设方式及其代号

线路敷设方式	代号	线路敷设方式	代号
穿热浸镀锌焊接金属管敷设	SC	沿墙面敷设	WE
穿电线管敷设	MT(TC)	沿顶棚面或顶板面敷设	CE
穿套接紧定式镀锌钢管敷设	JDG	暗敷设在墙内	WC
穿聚氯乙烯硬质管敷设	PC	暗敷设在地面内	FC
穿聚氯乙烯半硬质管敷设	FPC	暗敷设在顶板内	CC

3. 配管配线选择

BV,NH-BV,BV-105,BXY 型绝缘导体穿 SC/MT/JDG/PC 导管最小管径选择如表 4-61 所示。

表 4-61　BV,NH－BV,BV－105,BXY 型绝缘导体穿 SC/MT/JDG/PC 导管最小管径选择表

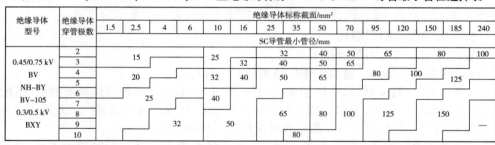

绝缘导体型号	绝缘导体穿管极数	绝缘导体标称截面/mm²														
		1.5	2.5	4	6	10	16	25	35	50	70	95	120	150	185	240
		SC导管最小管径/mm														
0.45/0.75 kV BV NH-BY BV-105 0.3/0.5 kV BXY	2		15			25		32		40	50	65		80		100
	3						32		40		50	65				
	4		20			32		40		50	65		80	100		125
	5															
	7		25			40										
	8							65		80	100		125		150	
	9		32			50										
	10						80									

绝缘导体型号	绝缘导体穿管极数	绝缘导体标称截面/mm²											
		1.5	2.5	4	6	10	16	25	35	50	70	95	120
		MT/JDG/PC导管最小管径/mm											
0.45/0.75 kV BV NH-BY BV-105 0.3/0.5 kV BXY	2		16	20（19）			25		32	40（38）		50（51）	63（64）
	3	20（19）			25			32	40（38）		63（64）		
	4			25			40（38）			50（51）	63（68）		（76）
	5								50（51）				
	6									63（64）			
	7												
	8		32								（76）		
	9							63（64）					
	10			40（38）			63（64）						

注:NH－BV 型绝缘导体标称截面无 1.5 mm² 规格。BV－105 型绝缘导体标称截面无 10 mm² 及以上规格。MT 导管标称(公称)直径与 JDG,PC 导管规格不同的部分标注于表中括号内。JDG 导管无直径大于 40 mm 规格。BXY 为铜芯橡胶绝缘聚氯乙烯护套电线。

4. 配管的安装技术

管道的材质及管径选好后,具体的敷设施工称为导管敷设。

金属导管应与保护导体可靠连接,并应符合下列规定:

(1)镀锌钢导管、可弯曲金属导管和金属柔性导管不得熔焊连接。

(2)当非镀锌钢导管采用螺纹连接时,连接处的两端应熔焊焊接保护联结导体。

(3)镀锌钢导管、可弯曲金属导管和金属柔性导管连接处的两端宜采用专用接地卡固定保护联结导体。

(4)机械连接的金属导管,管与管、管与盒(箱)体的连接配件应选用配套部件,其连接应符合产品技术文件要求,当连接处的接触电阻值符合相关要求时,连接处可不设置保护联结导体,但导管不应作为保护导体的接续导体。

(5)金属导管与金属梯架、托盘连接时,镀锌材质的连接端宜用专用接地卡固定保护联结导体,非镀锌材质的连接处应熔焊焊接保护联结导体。

(6)以专用接地卡固定的保护联结导体应为铜芯软导线,截面积不应小于 4 mm²;以熔焊焊接的保护联结导体宜为圆钢,直径不应小于 6 mm,其搭接长度应为圆钢直径的 6 倍。

钢导管不得采用对口熔焊连接;镀锌钢导管或壁厚小于或等于 2 mm 的钢导管,不得采用套管熔焊连接。

当塑料导管在砌体上剔槽埋设时,应采用强度等级不小于 M10 的水泥砂浆抹面保护,保护层厚度不应小于 15 mm。

导管穿越密闭或防护密闭隔墙时,应设置预埋套管,预埋套管的制作和安装应符合设计要求,套管两端伸出墙面的长度宜为 30～50 mm,导管穿越密闭穿墙套管的两侧应设置过线盒,并应做好封堵。

导管的弯曲半径应符合下列规定:

(1)明配导管的弯曲半径不宜小于管外径的 6 倍,当两个接线盒间只有一个弯曲时,其弯曲半径不宜小于管外径的 4 倍。

（2）埋设于混凝土内的导管的弯曲半径不宜小于管外径的 6 倍,当直埋于地下时,其弯曲半径不宜小于管外径的 10 倍。

（3）电缆导管的弯曲半径不应小于电缆最小允许弯曲半径,电缆最小允许弯曲半径应符合规范规定。

导管支架安装应符合下列规定:

（1）除设计要求外,承力建筑钢结构构件上不得熔焊导管支架,且不得热加工开孔。

（2）当导管采用金属吊架固定时,圆钢直径不得小于 8 mm,并应设置防晃支架,在距离盒（箱）、分支处或端部 0.3~0.5 m 处应设置固定支架。

（3）金属支架应进行防腐,位于室外及潮湿场所的应按设计要求做处理。

（4）导管支架应安装牢固、无明显扭曲。

除设计要求外,对于暗配的导管,导管表面埋设深度与建筑物、构筑物表面的距离不应小于 15 mm。

进入配电（控制）柜、台、箱内的导管管口,当箱底无封板时,管口应高出柜、台、箱、盘的基础面 50~80 mm。

室外导管敷设应符合下列规定:

（1）对于埋地敷设的钢导管,埋设深度应符合设计要求,钢导管的壁厚应大于 2 mm。

（2）导管的管口不应敞口垂直向上,导管管口应在盒、箱内或导管端部设置防水弯。

（3）由箱式变电所或落地式配电箱引向建筑物的导管,建筑物一侧的导管管口应设在建筑物内。

（4）导管的管口在穿入绝缘导线、电缆后应做密封处理。

明配的电气导管应符合下列规定:

（1）导管应排列整齐、固定点间距均匀、安装牢固。

（2）在距终端、弯头中点或柜、台、箱、盘等边缘 150~500 mm 范围内应设有固定管卡,中间直线段固定管卡间的最大距离应符合表 4-62 的规定。

（3）明配管采用的接线或过渡盒（箱）应选用明装盒（箱）。

表 4-62 管卡间的最大距离

敷设方式	导管种类	导管直径/mm			
		15~20	25~32	40~50	65 以上
		管卡间最大距离/m			
支架或沿墙明敷	壁厚>2 mm 刚性钢导管	1.5	2.0	2.5	3.5
	壁厚≤2 mm 刚性钢导管	1.0	1.5	2.0	—
	刚性塑料导管	1.0	1.5	2.0	2.0

塑料导管敷设应符合下列规定:

（1）管口应平整光滑,管与管、管与盒（箱）等器件采用插入法连接时,连接处结合面应涂专用胶合剂,接口应牢固密封。

（2）直埋于地下或楼板内的刚性塑料导管,在穿出地面或楼板易受机械损伤的一段应采取保护措施。

（3）当设计无要求时,埋设在墙内或混凝土内的塑料导管应采用中型及以上的导管。

（4）沿建筑物、构筑物表面和在支架上敷设的刚性塑料导管,应按设计要求装设温度补偿装置。

可弯曲金属导管及柔性导管敷设应符合下列规定:

（1）刚性导管经柔性导管与电气设备、器具连接时，柔性导管的长度在动力工程中不宜大于 0.8 m，在照明工程中不宜大于 1.2 m。

（2）可弯曲金属导管或柔性导管与刚性导管或电气设备、器具间的连接应采用专用接头；防液型可弯曲金属导管或柔性导管的连接处应密封良好，防液覆盖层应完整无损。

（3）当可弯曲金属导管有可能受重物压力或明显机械撞击时，应采取保护措施。

（4）明配的金属、非金属柔性导管固定点间距应均匀，不应大于 1 m，管卡与设备、器具、弯头中点、管端等边缘的距离应小于 0.3 m。

（5）可弯曲金属导管和金属柔性导管不应做保护导体的接续导体。

导管敷设应符合下列规定：

（1）导管穿越外墙时应设置防水套管，且应做好防水处理。

（2）钢导管或刚性塑料导管跨越建筑物变形缝处应设置补偿装置。

（3）除埋设于混凝土内的钢导管内壁应防腐处理，外壁可不防腐处理外，其余场所敷设的钢导管内、外壁均应做防腐处理。

（4）导管与热水管、蒸汽管平行敷设时，宜敷设在热水管、蒸气管的下面，当有困难时，可敷设在其上面；相互间的最小距离宜符合表 4-63 的规定。

表 4-63　导管或配线槽盒与热水管、蒸汽管间的最小距离

导管或配线槽盒的敷设位置	管道种类	
	热水	蒸汽
在热水、蒸汽管道上面平行敷设	300 mm	1 000 mm
在热水、蒸汽管道下面或水平平行敷设	200 mm	500 mm
在热水、蒸汽管道交叉敷设	不小于其平行的净距	

注：对有保温措施的热水管、蒸汽管，其最小距离不宜小于 200 mm；导管或配线槽盒与不含可燃及易燃易爆气体的其他管道的距离，平行或交叉敷设不应小于 100 mm；导管或配线槽盒与可燃及易燃易爆气体不宜平行敷设，交叉敷设处不应小于 100 mm；达不到规定距离时应采取可靠有效的隔离保护措施。

🔔 知识拓展

关于导管敷设，还会考查下列内容：

（1）在有可燃物闷顶和吊顶内敷设电力线缆时，应采用不燃材料的导管或电缆槽盒保护。在有可燃物的闷顶和吊顶内敷设的电力线缆和照明线缆应采用金属导管或金属槽盒布线。如果采用的电力线缆本身自带不燃材料的护套，可不采用金属导管或金属槽盒保护。

（2）当导管敷设遇下列情况时，中间宜增设接线盒或拉线盒，且盒子的位置应便于穿线：

①导管长度每大于 40 m，无弯曲。

②导管长度每大于 30 m，有 1 个弯曲。

③导管长度每大于 20 m，有 2 个弯曲。

④导管长度每大于 10 m，有 3 个弯曲。

（3）垂直敷设的导管遇下列情况时，应设置固定电线用的拉线盒：

①管内电线截面面积为 50 mm² 及以下，长度每大于 30 m。

②管内电线截面面积为 70 ~ 95 mm²，长度每大于 20 m。

③管内电线截面面积为 120 ~ 240 mm²，长度每大于 18 m。

5. 配线的安装技术

配线安装包括导线敷设和导线连接。实际电气照明及动力设备工程中,导线敷设采用较多的方式是导管内穿线和槽盒内敷线、塑料护套线直敷布线。

(1)导线敷设。

导线敷设应符合表4-64的规定。

表4-64　导线敷设

导线敷设方式	导线敷设要求
导管内穿线和槽盒内敷线	①同一交流回路的电线应敷设于同一金属电缆槽盒或金属导管内。 ②除设计要求以外,不同回路、不同电压等级和交流与直流线路的绝缘导线不应穿于同一导管内。 ③绝缘导线接头应设置在专用接线盒(箱)或器具内,不得设置在导管和槽盒内,盒(箱)的设置位置应便于检修。 ④除塑料护套线外,绝缘导线应采取导管或槽盒保护,不可外露明敷。 ⑤绝缘导线穿管前,应清除管内杂物和积水,绝缘导线穿入导管的管口在穿线前应装设护线口。 ⑥与槽盒连接的接线盒(箱)应选用明装盒(箱);配线工程完成后,盒(箱)盖板应齐全、完好。 ⑦槽盒内敷线应符合下列规定:同一槽盒内不宜同时敷设绝缘导线和电缆。同一路径无防干扰要求的线路,可敷设于同一槽盒内;槽盒内的绝缘导线总截面积(包括外护套)不应超过槽盒内截面积的40%,且载流导体不宜超过30根。当控制和信号等非电力线路敷设于同一槽盒内时,绝缘导线的总截面积不应超过槽盒内截面积的50%。分支接头处绝缘导线的总截面面积(包括外护层)不应大于该点盒(箱)内截面面积的75%。绝缘导线在槽盒内应留有一定余量,并应按回路分段绑扎,绑扎点间距不应大于1.5 m;当垂直或大于45°倾斜敷设时,应将绝缘导线分段固定在槽盒内的专用部件上,每段至少应有一个固定点;当直线段长度大于3.2 m时,其固定点间距不应大于1.6 m;槽盒内导线排列应整齐、有序。敷线完成后,槽盒盖板应复位,盖板应齐全、平整、牢固
塑料护套线直敷布线	①塑料护套线严禁直接敷设在建筑物顶棚内、墙体内、抹灰层内、保温层内、装饰面内或可燃物表面。塑料护套线与保护导体或不发热管道等紧贴和交叉处及穿梁、墙、楼板处等易受机械损伤的部位,应采取保护措施。塑料护套线在室内沿建筑物表面水平敷设高度距地面不应小于2.5 m,垂直敷设时距地面高度1.8 m以下的部分应采取保护措施。 ②当塑料护套线侧弯或平弯时,其弯曲处护套和导线绝缘层均应完整无损伤,侧弯和平弯弯曲半径应分别不小于护套线宽度和厚度的3倍。 ③塑料护套线进入盒(箱)或与设备、器具连接,其护套层应进入盒(箱)或设备、器具内,护套层与盒(箱)入口处应密封。 ④多根塑料护套线平行敷设的间距应一致,分支和弯头处应整齐,弯头应一致。 ⑤塑料护套线的固定应符合下列规定:固定应顺直、不松弛、不扭绞。护套线应采用线卡固定,固定点间距应均匀、不松动,固定点间距宜为150~200 mm。在终端、转弯和进入盒(箱)、设备或器具等处,均应装设线卡固定,线卡距终端、转弯中点、盒(箱)、设备或器具边缘的距离宜为50~100 mm。塑料护套线的接头应设在明装盒(箱)或器具内,多尘场所应采用IP5X等级的密闭式盒(箱),潮湿场所应采用IPX5等级的密闭式盒(箱),盒(箱)的配件应齐全,固定应可靠

知识拓展

　　绝缘导线外护层的颜色要有区别，是为识别其不同功能或相位而规定的，既有利于施工又方便日后检修。PE 和 N 的颜色是国际统一认同的，其他绝缘导线的颜色国际上并未强制要求统一，且我国电力供电线路和大量国内电气产品的绝缘导线外护层颜色尚未采用国际上建议采用的颜色（即相线 L1、L2、L3 用黑色、棕色、灰色），一直沿用相线 L1、L2、L3 采用黄色、绿色、红色的标准。要求同一建筑物、构筑物内其不同功能的导线绝缘层颜色能区分又保持一致是提高施工服务质量的体现。

考题探究

　　【多选题】根据《建筑电气工程施工质量验收规范》，下列关于槽盒内敷线的说法，正确的有（　　）。

　　A. 同一槽盒不宜同时敷设绝缘导线和电缆

　　B. 绝缘导线在槽盒内，可不按回路分段绑扎

　　C. 同一回路无防干扰要求的线路，可敷设于同一槽盒内

　　D. 与槽盒连接的接线盒应采用暗装接线盒

　　【细说考点】本题主要考查槽盒内敷线的要求。具体内容详见上文。本题选 AC。

　　（2）导线连接。

　　导线与设备或器具的连接应符合下列规定：

　　①截面积在 10 mm^2 及以下的单股铜芯线和单股铝或铝合金芯线可直接与设备或器具的端子连接。

　　②截面积在 2.5 mm^2 及以下的多芯铜芯线应接续端子或拧紧搪锡后再与设备或器具的端子连接。

　　③截面积大于 2.5 mm^2 的多芯铜芯线，除设备自带插接式端子外，应接续端子后与设备或器具的端子连接；多芯铜芯线与插接式端子连接前，端部应拧紧搪锡。

　　④多芯铝芯线应接续端子后与设备、器具的端子连接，多芯铝芯线接续端子前应去除氧化层并涂抗氧化剂，连接完成后应清洁干净。

　　⑤每个设备或器具的端子接线不多于 2 根导线或 2 个导线端子。

　　截面积 6 mm^2 及以下铜芯导线间的连接应采用导线连接器或缠绕搪锡连接，并应符合下列规定：

　　①导线连接器应符合下列规定：导线连接器应与导线截面相匹配。单芯导线与多芯软导线连接时，多芯软导线宜搪锡处理。与导线连接后不应明露线芯。采用机械压紧方式制作导线接头时，应使用确保压接力的专用工具。多尘场所的导线连接应选用 IP5X 及以上的防护等级连接器；潮湿场所的导线连接应选用 IPX5 及以上的防护等级连接器。

　　②导线采用缠绕搪锡连接时，连接头缠绕搪锡后应采取可靠绝缘措施。

　　铝或铝合金电缆头及端子压接应符合下列规定：铝或铝合金电缆的联锁铠装不应作为保护接地导体（PE）使用，联锁铠装应与保护接地导体（PE）连接；线芯压接面应去除氧化层并涂抗氧化剂，压接完成后应清洁表面；线芯压接工具及模具应与附件相匹配。

　　当采用螺纹型接线端子与导线连接时，其拧紧力矩值应符合产品技术文件的要求。

绝缘导线、电缆的线芯连接金具(连接管和端子),其规格应与线芯的规格适配,且不得采用开口端子,其性能应符合国家现行有关产品标准的规定。

当接线端子规格与电气器具规格不配套时,不应采取降容的转接措施。

电气照明导线连接方式以考题探究的形式进行介绍。

考题探究

【多选题】电气照明导线连接方式除铰接外还包括(　　)。

A. 压接　　　　　　　　　　　　B. 螺栓连接

C. 焊接　　　　　　　　　　　　D. 粘接

【细说考点】本题主要考查电气照明导线的连接方式。电气照明导线连接方式有铰接、焊接、压接和螺栓连接等。各种连接方式适用于不同的导线和工作地点,在实际操作中应综合考虑。本题选 ABC。

(二)配管配线安装计量

根据《通用安装工程工程量计算规范》,配管配线计量规则如表 4-65 所示。

表 4-65　配管配线计量规则

项目名称	项目特征	计量单位	工程量计算规则	工作内容
配管	名称,材质,规格,配置形式,接地要求,钢索材质、规格	m	按设计图示尺寸以长度计算	电线管路敷设、钢索架设(拉紧装置安装)、预留沟槽、接地
线槽	名称、材质、规格			本体安装、补刷(喷)油漆
桥架	名称、型号、规格、材质、类型、接地方式			本体安装、接地
配线	名称,配线形式,型号,规格,材质,配线部位,配线线制,钢索材质、规格		按设计图示尺寸以单线长度计算(含预留长度)	配线,钢索架设(拉紧装置安装),支持体(夹板、绝缘子、槽板等)安装
接线箱、接线盒	名称、材质、规格、安装形式	个	按设计图示数量计算	本体安装

在应用表 4-65 时应注意下列事项:

(1)配管、线槽安装不扣除管路中间的接线箱(盒)、灯头盒、开关盒所占长度。

(2)配管安装中不包括凿槽、刨沟。

(3)配线进入箱、柜、板的预留长度如表 4-66 所示。

表 4-66　配线进入箱、柜、板的预留长度　　　　　　　　　　　　　　单位:m/根

序号	项目	预留长度/m	说明
1	各种开关箱、柜、板	高 + 宽	盘面尺寸
2	单独安装(无箱、盘)的铁壳开关、闸刀开关、启动器、线槽进出线盒等	0.3	从安装对象中心算起

（续表）

序号	项目	预留长度/m	说明
3	由地面管子出口引至动力接线箱	1.0	从管口计算
4	电源与管内导线连接（管内穿线与软、硬母线接点）	1.5	从管口计算
5	出户线	1.5	从管口计算

四、照明器具安装技术与计量 ★★★★★

（一）照明器具安装技术

照明器具是由电光源、照明灯具及其附件共同组成的。在介绍照明器具的安装技术前有必要对电光源的分类、照明灯具的分类、照明方式和种类、电光源的性能与选择、照明灯具的选择、照明控制有一个基本的了解。

1. 电光源的分类

电光源是指将电能转换成光学辐射能的器件的总称。根据发光原理的不同，电光源包含以下几种类型：

（1）热辐射光源。热辐射光源是指炽热物体发出的伴随大量热辐射的可见光光源。热辐射光源主要有白炽灯和卤钨灯两种。热辐射光源具有体积小、构造简单、价格便宜等优点，缺点是散热量大、发光效率低、寿命短。

（2）气体放电光源。气体放电光源是指电流流经气体或金属蒸气，使之产生气体放电而发光的光源。放电有低气压、高气压和超高气压之分。荧光灯、低压钠灯等属低气压放电灯；高压汞灯、高压钠灯、金属卤化物灯等属高气压放电灯；超高压汞灯等属超高气压气体放电灯。而碳弧灯、氙灯等属放电气压跨度较大的气体放电灯。简单来说，气体放电光源包括荧光灯、钠灯、汞灯、金属卤化物灯、氙灯等。

> **知识助记**
>
> 恭（汞）迎（荧）那（钠）金仙（氙）。

（3）固态光源。固态光源主要有发光二极管（LED）和场致发光器件（OLED）两类。固态光源具有低电压驱动、小型轻便、响应速度快、耐振动、寿命长、节电等性能，正因为固态光源的种种优势，使得它一出现就成了众人瞩目的未来之星。

电光源的附件包括灯头、灯座、启动器、触发器、镇流器、调光器等。

> **考题探究**
>
> 【多选题】下列照明光源中，属于气体放电的电光源有（　　）。
>
> A. 白炽灯　　　　　　　　　　B. 汞灯
>
> C. 钠灯　　　　　　　　　　　D. 氙灯
>
> 【细说考点】本题主要考查气体放电光源的类别。具体内容详见上文。本题选BCD。

2. 照明灯具的分类

照明灯具是指能透光、分配和改变光源光分布的器具，包括除光源外所有用于固定和保护光源的全部零、部件以及与电源连接所必需的线路附件。

照明灯具按用途分为普通灯具和专用灯具,还可以按图4-21分类。

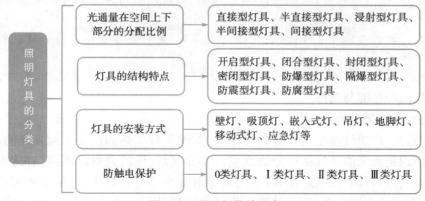

图 4-21　照明灯具的分类

> **🔔 知识拓展**
>
> Ⅰ类灯具是指灯具的防触电保护不仅依靠基本绝缘,而且还包括附加的安全措施,即把易触及的导电部件连接到设施固定布线中的保护(接地)导体上,使易触及的导电部件在万一基本绝缘失效时不致带电。
>
> Ⅱ类灯具是指灯具的防触电保护不仅依靠基本绝缘,而且具有附加安全措施,例如双重绝缘或加强绝缘,但没有保护接地或依赖安装条件的措施。
>
> Ⅲ类灯具是指灯具的防触电保护依靠电源电压为安全特低电压(SELV),并且其内部不会产生高于 SELV 电压的灯具。

照明灯具的附件包括折射器、反射器、遮光格栅、保护玻璃、灯具保护网等。

3. 照明方式和种类

在照明设计时应根据视觉要求、作业性质和环境条件,通过对光源、灯具的选择和配置,使工作区或空间具备合理的照度、显色性和适宜的亮度分布以及舒适的视觉环境。

照明方式可分为一般照明、局部照明、混合照明和重点照明。照明方式的确定应符合下列规定:

(1)工作场所应设置一般照明。

(2)当同一场所内的不同区域有不同照度要求时,应采用分区一般照明。

(3)对于作业面照度要求较高,只采用一般照明不合理的场所,宜采用混合照明。

(4)在一个工作场所内不应只采用局部照明。

(5)当需要提高特定区域或目标的照度时,宜采用重点照明。

照明种类的确定应符合下列规定:

(1)室内工作及相关辅助场所,均应设置正常照明。

(2)当下列场所正常照明电源失效时,应设置应急照明。需确保正常工作或活动继续进行的场所,应设置备用照明;需确保处于潜在危险之中的人员安全的场所,应设置安全照明;需确保人员安全疏散的出口和通道,应设置疏散照明。

(3)需在夜间非工作时间值守或巡视的场所应设置值班照明。

(4)需警戒的场所,应根据警戒范围的要求设置警卫照明。

(5)在危及航行安全的建筑物、构筑物上,应根据相关部门的规定设置障碍照明。

> **知识拓展**
>
> 　　正常照明、应急照明、值班照明、警卫照明、障碍照明均为一般建筑工程中的组成部分。近年来景观照明发展较快，且多作为独立于建筑工程之外的单项工程进行设计和施工。城市中的标志性建筑、大型商业建筑、具有重要社会影响的构筑物等，宜设置景观照明。

4. 电光源的性能与选择

（1）热辐射光源的性能。

①白炽灯。白炽灯是指用通电的方法，将灯丝元件加热到白炽态而发光的光源。白炽灯按灯泡内是否充惰性气体可分为真空灯和充气灯；按玻壳材料不同，有透明灯泡，也有磨砂灯泡、乳白灯泡、涂白灯泡等；按光束分散分为反射型灯泡、封闭型光束灯泡、聚光灯泡等；玻壳制成不同颜色的，有装饰灯泡。白炽灯具有色温低、显色性好、外形美观、启动性能好、体积小、成本低等优点，但是其易碎易炸、安全性差、光效低、寿命短、维护次数多。

②卤钨灯。卤钨灯是指充有卤族元素或卤素化合物的钨丝灯。充入卤族元素，并保持某个温度和采取一定的设计条件后，可形成卤钨循环。卤钨灯性能优于普通白炽灯，它具有光效高、功率集中、显色性能好、节省电能等优点，宜用在照度要求较高、显色性较好或要求调光的场所，例如体育馆、大会堂、宴会厅等，在用于建筑物夜景投光照明上，更彰显其独到的优势。由于卤钨灯功率大且温度高，易发生爆炸，故卤钨灯不应直接安装在可燃装修材料或可燃构件上。

（2）气体放电光源的性能。

①荧光灯。荧光灯是指由汞蒸气放电产生的紫外辐射激发荧光粉涂层而发光的低压放电灯。荧光灯包含多种形式和品种，按启动方式可分为预热启动式、快速启动式、瞬时启动式；按使用的荧光粉可分为普通卤粉荧光灯和三基色荧光灯；按灯管形状可分为直管形、环形、紧凑型等。荧光灯由灯管、镇流器和启辉器三个主要部件组成。荧光灯的结构适宜于大批量生产，因而价格较低廉，加之光效高，显色性好（三基色荧光灯），具有多种光色，从而是使用最广泛的光源。荧光灯一般适用于进行较精细的工作，需要正确识别色彩，照度要求较高或进行长时间紧张视力工作的场所。荧光灯在开关频繁的场所不宜采用，对环境温度过高或过低的室内外场所也不适于采用。

②低压钠灯。低压钠灯是指由分压为 $0.7 \sim 1.5$ Pa 的钠蒸气放电而发光的放电灯。它是电光源中光效最高（光效达 200 lm/W）的一种光源，也是太阳能路灯照明系统的最佳光源。它视见分辨率高，对比度好，寿命也最长，具有不眩目的特点，特别适用于高速公路、市政道路、公园、庭院等照明场所。

③高压汞灯。高压汞灯是指直接或间接由分压超过 100 kPa 的汞蒸气放电而发光的高强度气体放电灯。高压汞灯具有较高的光效、较长的寿命和较好的防振性能等优点。但也存在辨色率较低、点燃时间长和电源电压跌落时会出现自熄等不足之处。高压汞灯广泛应用于环境温度为 $-20 \sim 40$ ℃ 的街道、广场、高大建筑物、交通运输、仓库和公共建筑等场所作为室内外照明光源。高压汞灯根据构造的不同可分为外镇流式高压汞灯和自镇流高压汞灯。

④高压钠灯。高压钠灯是指由分压为 10 kPa 数量级的钠蒸气放电而发光的高强度气体放电灯。高压钠灯与低压钠灯不同,它的光谱不再是单色的黄光,而是展布在相当宽的频率范围内。通过谱线的放宽,高压钠灯发出金白色的光,这就可进行颜色的区别。由于高压钠灯具有光效高、寿命长,可接受的显色性以及不诱虫,紫外线少,不易使被照物褪色等特点,这就使高压钠灯被广泛地应用于普通照明的各个角落,以逐步地取代相对而言耗能大的荧光高压汞灯。

⑤金属卤化物灯。金属卤化物灯是指由金属蒸气、金属卤化物和其分解物的混合气体放电而发光的放电灯。充金属卤化物用来提高灯的光效和显色性,发光的颜色由添加的金属元素决定,一般以添加碘化物为主。金属卤化物灯具有高光通量,高发光效率,高发光强度,高显色性,多色调,多品种,长寿命等特点,但金属卤化物灯的制造工艺较复杂,对原材料及配套件的要求高,使制灯成本和一次性投入的使用成本高。

⑥超高压汞灯。超高压汞灯是指利用汞放电时产生的超高压(1 MPa 以上)汞蒸气获得可见光的电光源。该灯从长波紫外到可见光都有很强的辐射,电弧亮度极高。汞工作蒸气压愈高,可见光部分愈丰富,电弧亮度也愈高。

⑦碳弧灯。碳弧灯所发出的也是连续光谱,光的色温比钨丝灯高,因此光色比较白,但仍达不到白光要求。碳弧灯的优点是亮度极高,发光面积小近似点光源,这特别适合于要求高亮度的工作。碳弧灯的较大缺点是光强不稳定,体积大,燃点时有声并可能有烟,故目前已渐被其他光源代替。

⑧氙灯。氙灯是指由氙气放电而发光的放电灯。氙灯能发射连续光谱,其光色接近太阳光,其光效不很高,约 20 ~ 50 lm/W,其控制装置大而重,成本高,故使用较少。氙灯在工作中辐射的紫外线较多,产生很强的白光,有"小太阳"美称。

考题探究

【单选题】在常用的照明电源中,平均使用寿命最长的是(　　　)。

A. 白炽灯　　　　　　　　　　B. 荧光灯

C. 卤钨灯　　　　　　　　　　D. 高压钠灯

【细说考点】本题主要考查常用照明电源的平均使用寿命。常用的照明电源中,白炽灯平均使用寿命为 1 000 ~ 2 000 h;荧光灯平均使用寿命为 8 000 ~ 15 000 h;卤钨灯平均使用寿命为 1 500 ~ 2 000 h;高压钠灯平均使用寿命为 12 000 ~ 24 000 h。故选项中平均使用寿命最长的是高压钠灯。本题选 D。

(3)固态光源的性能。

①发光二极管(LED)。发光二极管(LED)是指由电致固体发光的一种半导体器件。发光二极管(LED)根据所用半导体材料的不同,发出的光的颜色不同,其效率也不同,是一种具有多种彩色和白色的新型光源。与白炽灯、荧光灯、高强度气体放电灯相比,LED灯具备较多的应用特点与优势:LED 灯属于直流电源驱动,功率低、耗电量小,节能;LED灯具备发光效率高的特征;单珠 LED 体积较小,使用寿命长,基本可以满足智能照明要求;LED 灯显色性极高且无闪烁,热辐射较低;环保,耐冲击。

②场致发光器件(OLED)。OLED 即"有机发光二极管",是指有机半导体材料和有机发光材料在电场的驱动下,通过载流子注入和复合导致发光的技术。OLED 不是点光源,

而是分布式（散布式）平面固体光源，不同于钨丝灯和LED的点光源或荧光灯的线光源，具有光线分布均匀柔和的天然优势。OLED可实现单（双）面发光，能效高、寿命长，没有灯丝断裂而且耐用，环保，无污染，不发热，仅有少量紫外与红外辐射。

> **知识拓展**
>
> 　　近年来发展起来一种新型的高科技照明方式——光纤照明，光纤照明通过光纤导管的传输，将光源传输到任何需要的空间中。光纤俗称光导纤维，它的传输过程是通过光的全反射原理实现的。光纤照明的应用形式有光纤灯、太阳能光纤照明系统两种。

（4）电光源的选择。

当选择光源时，应满足显色性、启动时间等要求，并应根据光源、灯具及镇流器等的效率或效能、寿命等在进行综合技术经济分析比较后确定。

照明设计应按下列条件选择光源：

①灯具安装高度较低的房间宜采用细管直管形三基色荧光灯。

②商店营业厅的一般照明宜采用细管直管形三基色荧光灯、小功率陶瓷金属卤化物灯；重点照明宜采用小功率陶瓷金属卤化物灯、发光二极管灯。

③灯具安装高度较高的场所，应按使用要求，采用金属卤化物灯、高压钠灯或高频大功率细管直管荧光灯。

④旅馆建筑的客房宜采用发光二极管灯或紧凑型荧光灯。

⑤照明设计不应采用普通照明白炽灯，对电磁干扰有严格要求，且其他光源无法满足的特殊场所除外。

> **知识拓展**
>
> 　　上述内容是选择光源的一般原则。根据电气照明的节能设计要求，光源的选择应符合下列规定：
>
> 　　①民用建筑不应选用白炽灯和自镇流荧光高压汞灯，一般照明的场所不应选用荧光高压汞灯。
>
> 　　②一般照明在满足照度均匀度的前提下，宜选择单灯功率较大、光效较高的光源；在满足识别颜色要求的前提下，宜选择适宜色度参数的光源。
>
> 　　③高大空间和室外场所的光源选择应与其安装高度相适应；灯具安装高度不超过8 m的场所，宜采用单灯功率较大的直管荧光灯，或采用陶瓷金属卤化物灯以及LED灯；灯具安装高度超过8 m的室内场所宜采用金属卤化物灯或LED灯；灯具安装高度超过8 m的室外场所宜采用金属卤化物灯、高压钠灯或LED灯。
>
> 　　④走道、楼梯间、卫生间和车库等无人长期逗留的场所宜选用三基色直管荧光灯、单端荧光灯或LED灯。
>
> 　　⑤疏散指示标志灯应采用LED灯，其他应急照明、重点照明、夜景照明、商业及娱乐等场所的装饰照明等，宜选用LED灯。
>
> 　　⑥办公室、卧室、营业厅等有人长期停留的场所，当选用LED灯时，其相关色温不应高于4 000 K。

5. 照明灯具的选择

在满足眩光限制和配光要求条件下,应选用效率或效能高的灯具。

灯具选择应符合下列规定:

(1)特别潮湿场所,应采用相应防护措施的灯具。

(2)有腐蚀性气体或蒸汽场所,应采用相应防腐蚀要求的灯具。

(3)高温场所,宜采用散热性能好、耐高温的灯具。

(4)多尘埃的场所,应采用防护等级不低于 IP5X 的灯具。

(5)在室外的场所,应采用防护等级不低于 IP54 的灯具。

(6)装有锻锤、大型桥式吊车等震动、摆动较大场所应有防震和防脱落措施。

> **知识拓展**
>
> 　常用电光源的耐震性能:高压汞灯,好;金属卤化物灯,好;荧光灯,较好;高压钠灯,较好;卤钨灯,较差。

(7)易受机械损伤、光源自行脱落可能造成人员伤害或财物损失场所应有防护措施。

(8)有爆炸或火灾危险场所应符合国家现行有关标准的规定。

(9)有洁净度要求的场所,应采用不易积尘、易于擦拭的洁净灯具,并应满足洁净场所的相关要求。

(10)需防止紫外线照射的场所,应采用隔紫外线灯具或无紫外线光源。

6. 照明控制

照明控制应符合下列规定:

(1)应结合建筑使用情况及天然采光状况,进行分区、分组控制。

(2)天然采光良好的场所,宜按该场所照度要求、营运时间等自动开关灯或调光。

(3)旅馆客房应设置节电控制型总开关,门厅、电梯厅、大堂和客房层走廊等场所,除疏散照明外宜采用夜间降低照度的自动控制装置。

(4)功能性照明宜每盏灯具单独设置控制开关;当有困难时,每个开关所控的灯具数不宜多于 6 盏。

(5)走廊、楼梯间、门厅、电梯厅、卫生间、停车库等公共场所的照明,宜采用集中开关控制或自动控制。

(6)大空间室内场所照明,宜采用智能照明控制系统。

(7)道路照明、夜景照明应集中控制。

(8)设置电动遮阳的场所,宜设照度控制与其联动。

建筑景观照明应符合下列规定:建筑景观照明应至少有三种照明控制模式,平日应运行在节能模式;建筑景观照明应设置深夜减光或关灯的节能控制。

7. 照明器具的安装技术

电光源的安装技术考试中不涉及,以下主要介绍照明灯具的安装技术,从灯具安装的强制性规定、普通灯具安装和专用灯具安装三个角度展开内容介绍。

(1)灯具安装的强制性规定。

灯具的安装应符合下列规定:

①灯具的固定应牢固可靠,在砌体和混凝土结构上严禁使用木楔、尼龙塞和塑料塞固定。

②Ⅰ类灯具的外露可导电部分必须与保护接地导体可靠连接,连接处应设置接地标识。

③接线盒引至嵌入式灯具或槽灯的电线应采用金属柔性导管保护,不得裸露;柔性导管与灯具壳体应采用专用接头连接。

④从接线盒引至灯具的电线截面面积应与灯具要求相匹配且不应小于 1 mm^2。

⑤埋地灯具、水下灯具及室外灯具的接线盒,其防护等级应与灯具的防护等级相同,且盒内导线接头应做防水绝缘处理。

⑥安装在人员密集场所的灯具玻璃罩,应有防止其向下溅落的措施。

⑦在人行道等人员来往密集场所安装的落地式景观照明灯,当采用表面温度大于 60 ℃ 的灯具且无围栏防护时,灯具距地面高度应大于 2.5 m,灯具的金属构架及金属保护管应分别与保护导体采用焊接或螺栓连接,连接处应设置接地标识。

⑧灯具表面及其附件的高温部位靠近可燃物时,应采取隔热、散热防火保护措施。

质量大于 10 kg 的灯具,固定装置和悬吊装置应按灯具质量的 5 倍恒定均布荷载做强度试验,且不得大于固定点的设计最大荷载,持续时间不得少于 15 min。

（2）普通灯具安装。

悬吊式灯具安装应符合下列规定:

①带升降器的软线吊灯在吊线展开后,灯具下沿应高于工作台面 0.3 m。

②质量大于 0.5 kg 的软线吊灯,灯具的电源线不应受力。

③质量大于 3 kg 的悬吊灯具,固定在螺栓或预埋吊钩上,螺栓或预埋吊钩的直径不应小于灯具挂销直径,且不应小于 6 mm。

④当采用钢管作灯具吊杆时,其内径不应小于 10 mm,壁厚不应小于 1.5 mm。

⑤灯具与固定装置及灯具连接件之间采用螺纹连接的,螺纹啮合扣数不应少于 5 扣。

吸顶或墙面上安装的灯具,其固定用的螺栓或螺钉不应少于 2 个,灯具应紧贴饰面。

除采用安全电压以外,当设计无要求时,敞开式灯具的灯头对地面距离应大于 2.5 m。

埋地灯安装应符合下列规定:

①埋地灯的防护等级应符合设计要求。

②埋地灯的接线盒应采用防护等级为 IPX7 的防水接线盒,盒内绝缘导线接头应做防水绝缘处理。

庭院灯、建筑物附属路灯安装应符合下列规定:

①灯具与基础固定应可靠,地脚螺栓备帽应齐全;灯具接线盒应采用防护等级不小于 IPX5 的防水接线盒,盒盖防水密封垫应齐全、完整。

②灯具的电器保护装置应齐全,规格应与灯具适配。

③灯杆的检修门应采取防水措施,且闭锁防盗装置完好。

④灯具的自动通、断电源控制装置应动作准确。

⑤灯具应固定可靠、灯位正确,紧固件应齐全、拧紧。

LED 灯具安装应符合下列规定:

①灯具安装应牢固可靠,饰面不应使用胶类粘贴。

②灯具安装位置应有较好的散热条件,且不宜安装在潮湿场所。

③灯具用的金属防水接头密封圈应齐全、完好。

④灯具的驱动电源、电子控制装置室外安装时,应置于金属箱（盒）内;金属箱（盒）的 IP 防护等级和散热应符合设计要求,驱动电源的极性标记应清晰、完整。

⑤室外灯具配线管路应按明配管敷设,且应具备防雨功能,IP 防护等级应符合设计要求。

灯具的外形、灯头及其接线应符合下列规定:

①灯具及其配件应齐全,不应有机械损伤、变形、涂层剥落和灯罩破裂等缺陷。

②软线吊灯的软线两端应做保护扣,两端线芯应搪锡;当装升降器时,应采用安全灯头。

③除敞开式灯具外,其他各类容量在 100 W 及以上的灯具,引入线应采用瓷管、矿棉等不燃材料作隔热保护。

④连接灯具的软线应盘扣、搪锡压线,当采用螺口灯头时,相线应接于螺口灯头中间的端子上。

⑤灯座的绝缘外壳不应破损和漏电;带有开关的灯座,开关手柄应无裸露的金属部分。

高低压配电设备、裸母线及电梯曳引机的正上方不应安装灯具。

投光灯的底座及支架应牢固,枢轴应沿需要的光轴方向拧紧固定。

聚光灯和类似灯具出光口面与被照物体的最短距离应符合产品技术文件要求。

导轨灯的灯具功率和载荷应与导轨额定载流量和最大允许载荷相适配。

露天安装的灯具应有泄水孔,且泄水孔应设置在灯具腔体的底部。灯具及其附件、紧固件、底座和与其相连的导管、接线盒等应有防腐蚀和防水措施。

安装于槽盒底部的荧光灯具应紧贴槽盒底部,并应固定牢固。

(3)专用灯具安装。

专用灯具安装应符合表 4-67 的规定。

表 4-67　专用灯具安装

项目	内容
专用灯具安装主控项目	①手术台无影灯安装应符合下列规定:固定灯座的螺栓数量不应少于灯具法兰底座上的固定孔数,且螺栓直径应与底座孔径相适配;螺栓应采用双螺母锁固。 ②应急灯具安装应符合下列规定:消防应急照明回路的设置除应符合设计要求外,尚应符合防火分区设置的要求,穿越不同防火分区时应采取防火隔堵措施。对于应急灯具、运行中温度大于 60 ℃ 的灯具,当靠近可燃物时,应采取隔热、散热等防火措施。EPS 供电的应急灯具安装完毕后,应检验 EPS 供电运行的最少持续供电时间,并应符合设计要求。安全出口指示标志灯设置应符合设计要求。疏散指示标志灯安装高度及设置部位应符合设计要求。疏散指示标志灯的设置不应影响正常通行,且不应在其周围设置容易混同疏散标志灯的其他标志牌等。疏散指示标志灯工作应正常,并应符合设计要求。消防应急照明线路在非燃烧体内穿钢导管暗敷时,暗敷钢导管保护层厚度不应小于 30 mm。 ③霓虹灯安装应符合下列规定:霓虹灯管应完好、无破裂。灯管应采用专用的绝缘支架固定,且牢固可靠;灯管固定后,与建(构)筑物表面的距离不宜小于 20 mm。霓虹灯专用变压器应为双绕组式,所供灯管长度不应大于允许负载长度,露天安装的应采取防雨措施。霓虹灯专用变压器的二次侧和灯管间的连接线应采用额定电压大于 15 kV 的高压绝缘导线,导线连接应牢固,防护措施应完好;高压绝缘导线与附着物表面的距离不应小于 20 mm。 ④高压钠灯、金属卤化物灯安装应符合下列规定:光源及附件应与镇流器、触发器和限流器配套使用,触发器与灯具本体的距离应符合产品技术文件的要求。电源线应经接线柱连接,不应使电源线靠近灯具表面。

（续表）

项目	内容
专用灯具安装主控项目	⑤航空障碍标志灯安装应符合下列规定：灯具安装应牢固可靠，且应有维修和更换光源的措施。当灯具在烟囱顶上装设时，应安装在低于烟囱口 1.5～3 m 的部位且应呈正三角形水平排列。对于安装在屋面接闪器保护范围以外的灯具，当需设置接闪器时，其接闪器应与屋面接闪器可靠连接。 ⑥太阳能灯具安装应符合下列规定：太阳能灯具与基础固定应可靠，地脚螺栓有防松措施，灯具接线盒盖的防水密封垫应齐全、完整。灯具表面应平整光洁、色泽均匀，不应有明显的裂纹、划痕、缺损、锈蚀及变形等缺陷。 ⑦洁净场所灯具嵌入安装时，灯具与顶棚之间的间隙应用密封胶条和衬垫密封，密封胶条和衬垫应平整，不得扭曲、折叠。 ⑧游泳池和类似场所灯具（水下灯及防水灯具）安装应符合下列规定：当引入灯具的电源采用导管保护时，应采用塑料导管。固定在水池构筑物上的所有金属部件应与保护联结导体可靠连接，并应设置标识
专用灯具安装一般项目	①手术台无影灯安装应符合下列规定：底座应紧贴顶板、四周无缝隙。表面应保持整洁、无污染，灯具镀、涂层应完整无划伤。 ②当应急电源或镇流器与灯具分离安装时，应固定可靠，应急电源或镇流器与灯具本体之间的连接绝缘导线应用金属柔性导管保护，导线不得外露。 ③霓虹灯安装应符合下列规定：明装的霓虹灯变压器安装高度低于 3.5 m 时应采取防护措施；室外安装距离晒台、窗口、架空线等不应小于 1 m，并应有防雨措施。霓虹灯变压器应固定可靠，安装位置宜方便检修，且应隐蔽在不易被非检修人触及的场所。当橱窗内装有霓虹灯时，橱窗门与霓虹灯变压器一次侧开关应有联锁装置，开门时不得接通霓虹灯变压器的电源。霓虹灯变压器二次侧的绝缘导线应采用高绝缘材料的支持物固定，对于支持点的距离，水平线段不应大于 0.5 m，垂直线段不应大于 0.75 m。霓虹灯管附着基面及其托架应采用金属或不燃材料制作，并应固定可靠，室外安装应耐风压。 ④高压钠灯、金属卤化物灯安装应符合下列规定：灯具的额定电压、支架形式和安装方式应符合设计要求；光源的安装朝向应符合产品技术文件的要求。 ⑤建筑物景观照明灯具构架应固定可靠、地脚螺栓拧紧、备帽齐全；灯具的螺栓应紧固、无遗漏。灯具外露的绝缘导线或电缆应有金属柔性导管保护。 ⑥航空障碍标志灯安装位置应符合设计要求，灯具的自动通、断电源控制装置应动作准确。 ⑦太阳能灯具的电池板朝向和仰角调整应符合地区纬度，迎光面上应无遮挡物，电池板上方应无直射光源。电池组件与支架连接应牢固可靠，组件的输出线不应裸露，并应用扎带绑扎固定

🔔 **知识拓展**

疏散指示标志灯在顶棚安装时，不应采用嵌入式安装方式。安全出口标志灯，应安装在疏散口的内侧上方，底边距地不宜低于 2.0 m；疏散走道的疏散指示标志灯具，应在走道及转角处离地面 1.0 m 以下墙面上、柱上或地面上设置，采用顶装方式时，底边距地宜为 2.0～2.5 m。

考题探究

【多选题】根据《建筑电气工程施工质量验收规范》，关于太阳能灯具安装的规定，正确的有(　　)。

A.不宜安装在潮湿场所

B.灯具表面应光洁，色泽均匀

C.电池组件的输出线应裸露，且用绑扎带固定

D.灯具与基础固定应可靠，地脚螺栓有防松措施

【细说考点】本题主要考查太阳能灯具安装的规定。具体内容详见上文。本题选 BD。

（二）照明器具安装计量

根据《通用安装工程工程量计算规范》，照明器具安装计量规则如表4-68 所示。

表4-68　照明器具安装计量规则

项目名称	项目特征	计量单位	工程量计算规则	工作内容
普通灯具	名称、型号、规格、类型			
工厂灯	名称、型号、规格、安装形式			
高度标志（障碍）灯	略			本体安装
装饰灯、荧光灯	名称、型号、规格、安装形式			
医疗专用灯	略	套	按设计图示数量计算	
一般路灯	略			略
中杆灯	略			略
高杆灯	略			略
桥栏杆灯、地道涵洞灯	略			略

温馨提示

普通灯具包括圆球吸顶灯、半圆球吸顶灯、方形吸顶灯、软线吊灯、座灯头、吊链灯、防水吊灯、壁灯等。工厂灯包括工厂罩灯、防水灯、防尘灯、碘钨灯、投光灯、泛光灯、混光灯、密闭灯等。装饰灯包括吊式艺术装饰灯、吸顶式艺术装饰灯、荧光艺术装饰灯、几何型组合艺术装饰灯、标志灯、诱导装饰灯、水下（上）艺术装饰灯、点光源艺术灯、歌舞厅灯具、草坪灯具等。

 **同步自测**

 答案详解 452—454

一、单项选择题（每题的备选项中，只有 1 个最符合题意）

1. 振动输送机是一种常用的固体输送设备,常用来输送的物料是（　　）。

A. 易破损的物料
B. 含气的物料
C. 黏性大的物料
D. 有毒的散状固体物料

2. 关于电梯安装的说法,正确的是（　　）。

A. 接地支线应互相连接后再接地,不得直接接至接地干线接线柱上
B. 动力和电气安全装置的导体之间绝缘电阻不得大于 0.4 MΩ
C. 控制电路必须有过载保护装置
D. 安全电路必须有与负载匹配的短路保护装置

3. 某泵是一种小流量、高扬程的泵,比转数通常为 6 ~ 50。则该泵是（　　）。

A. 旋涡泵
B. 往复泵
C. 轴流泵
D. 水环泵

4. 根据《通用安装工程工程量计算规范》,关于机械设备安装工程计量的说法,正确的是（　　）。

A. 电梯安装以台为计量单位
B. 直联式风机的质量不包括电动机总质量
C. 非直联式泵的质量包括电动机质量
D. 电梯的项目特征包括运转调试要求

5. 下列工业炉中,属于连续式炉的是（　　）。

A. 室式炉
B. 环形炉
C. 台车式炉
D. 井式炉

6. 某机械设备的金属表面粗糙度为 1.6 ~ 3.2 μm,可选用的除锈方法是（　　）。

A. 用非金属刮具擦拭
B. 用钢丝刷刷洗
C. 用细油石或粒度为 150 ~ 180 号的砂布沾机械油擦拭
D. 喷砂除锈

7. 工业锅炉最常用的干法除尘设备是（　　）。

A. 麻石水膜除尘器
B. 旋风水膜除尘器
C. 旋风除尘器
D. 文丘里除尘器

8. 钢管省煤器水压试验的试验压力应为（　　）。

A. 与本体试验压力相同
B. 锅筒工作压力的 1.5 倍
C. 锅筒工作压力的 2.0 倍
D. 锅筒工作压力的 1.5 倍,且不小于 0.2 MPa

9. 根据《通用安装工程工程量计算规范》,下列热力设备中,计量单位为"t"的是（　　）。

A. 组装锅炉
B. 散装锅炉
C. 成套整装锅炉
D. 除尘器

10. 某一类高层住宅,建筑高度为 90 m,则该住宅临时高压消防给水系统的高位消防水箱的有效容积应符合的要求是(　　　)。
    A. 不应小于 18 m³
    B. 不应小于 36 m³
    C. 不应小于 50 m³
    D. 不应小于 100 m³

11. 根据《通用安装工程工程量计算规范》,湿式报警装置不包括(　　　)。
    A. 加速器
    B. 供水压力表
    C. 蝶阀
    D. 延时器

12. 采用气体灭火系统时,输送启动气体的管道,宜采用(　　　)。
    A. 铜管
    B. 无缝钢管
    C. 不锈钢管
    D. 镀锌管

13. 关于点型火灾探测器设置的说法,正确的是(　　　)。
    A. 探测区域的每个房间应至少设置一只火灾探测器
    B. 点型探测器周围 1 m 内,不应有遮挡物
    C. 在宽度小于 3 m 的内走道顶棚上设置点型探测器时,宜两端布置
    D. 感温火灾探测器的安装间距不应超过 15 m

14. 下列接近开关中,不需要电源,通过磁力感应控制开关的闭合状态,具有免维护、环保特点的是(　　　)。
    A. 霍尔接近开关
    B. 涡流接近开关
    C. 无源接近开关
    D. 电容式接近开关

15. 下列继电器中,由电子、磁性、光学或其他元器件产生预定响应而无机械运动的是(　　　)。
    A. 时间继电器
    B. 固体继电器
    C. 电压继电器
    D. 速度继电器

16. 电气配管配线工程中,常用于腐蚀性较大场所的管材是(　　　)。
    A. 刚性阻燃管
    B. 硬质聚氯乙烯管
    C. 半硬质阻燃管
    D. 可挠性金属管

17. 电气配管配线工程中,刚性导管经柔性导管与电气设备、器具连接时,柔性导管的长度在动力工程中不宜大于(　　　)m。
    A. 0.8
    B. 1.0
    C. 1.2
    D. 1.5

18. 关于导线与设备或器具连接的说法,正确的是(　　　)。
    A. 当接线端子规格与电气器具规格不配套时,不应采取增容的转接措施
    B. 截面积大于 3.5 mm² 的多芯铜芯线,应接续端子后与设备或器具的端子连接
    C. 每个设备或器具的端子接线不多于 2 根导线或 2 个导线端子
    D. 多芯铝芯线接续端子后应去除氧化层并涂抗氧化剂

19. 被称为"小太阳"且工作中辐射的紫外线较多的光源是(　　　)。
    A. 高压汞灯
    B. 高压钠灯
    C. 金属卤化物灯
    D. 氙灯

20. 航空障碍标志灯在烟囱顶上装设时,应安装在低于烟囱口 1.5～3 m 的部位且应排列的形式是(　　　)。
    A. 一字形
    B. 圆形
    C. 正三角形
    D. 长方形

二、多项选择题（每题的备选项中，有 2 个或 2 个以上符合题意，至少有 1 个错项）

1. 当机械设备的载荷由垫铁组承受时，垫铁组的安放和使用应符合的要求有（   ）。

A. 每个地脚螺栓的旁边应至少有一组垫铁

B. 相邻两垫铁组间的距离，宜为 500～1 000 mm

C. 承受重负荷或有连续振动的设备，宜使用斜垫铁

D. 放置平铁垫时，薄的宜放在下面，厚的宜放在中间

2. 关于锅炉安全附件安装技术的说法，正确的有（   ）。

A. 水位表和锅筒（锅壳）之间的汽水连接管内径应当不小于 18 mm

B. 安全阀安装前应逐个进行严密性试验

C. 测量高压的压力表或变送器的安装高度，宜与取压点的高度一致

D. 省煤器安全阀整定压力应为装设地点的工作压力的 1.04 倍

3. 七氟丙烷灭火系统，不得用于扑救的火灾有（   ）。

A. 活泼金属火灾

B. 含氧化剂的化学制品火灾

C. 能自行分解的化学物质火灾

D. 电气火灾

4. 关于插座接线的说法，正确的有（   ）。

A. 同一场所的三相电源插座，其接线的相序不应一致

B. 对于单相三孔插座，面对插座的左孔应与相线连接，右孔应与中性导体（N）连接

C. 单相三孔、三相四孔及三相五孔插座的保护接地导体（PE）应接在上孔

D. 保护接地导体（PE）在电源插座之间不应串联连接

5. 下列照明光源中，属于气体放电光源的有（   ）。

A. 荧光灯　　　　　　　　　　　　B. 白炽灯

C. 氙灯　　　　　　　　　　　　　D. 汞灯

📖 **答案速查**

一、单项选择题

1. D	2. D	3. A	4. D	5. B	6. C	7. C	8. B	9. B	10. A
11. A	12. A	13. A	14. C	15. B	16. B	17. A	18. C	19. D	20. C

二、多项选择题

1. AB　　2. AB　　3. ABC　4. CD　　5. ACD

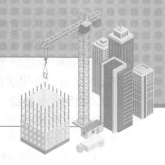

第五章 管道和设备安装工程技术与计量

 命题分析

本章在历年考试中涉及分值为 20 分,给排水、采暖和燃气工程安装技术、工业管道工程安装技术、通风空调工程安装技术为本章的核心考点,均需要重点掌握。

	考点		考查频率
管道和设备安装工程技术与质量	给排水、采暖和燃气工程安装技术与计量	给排水工程安装技术	★★★★★
		采暖工程安装技术	★★★★★
		燃气工程安装技术	★★★★
		给排水、采暖和燃气工程计量	★★★
	工业管道工程安装技术与计量	工业管道组成与分类	★★★
		工业管道工程安装技术	★★★★
		常见的工业管道系统	★★★★
		工业管道工程计量	★★★
	通风空调工程安装技术与计量	建筑通风系统	★★★★
		建筑空调系统	★★★★
		通风与空调系统试运行与调试	★★
		通风空调工程计量	★★★
	静置设备与工艺金属结构安装技术与计量	静置设备与工艺金属结构类型	★★★★
		静置设备与工艺金属结构安装技术	★★★★
		静置设备与工艺金属结构无损检测	★★
		静置设备与工艺金属结构安装计量	★★

 考点精讲

第一节 给排水、采暖和燃气工程安装技术与计量

一、给排水工程安装技术 ★★★★★

给水排水系统是为人们的生活、生产和消防提供用水和排除废水的设施总称。

（一）室内外给水系统的组成

室内外给水系统的任务是选择适用、经济、合理、安全、先进、最佳的给水系统将水从室外给水管网输送到卫生器具的给水配件、生产工艺的用水设备和消防给水系统的灭火设施，并向用户提供水质符合标准、水量满足要求、水压保证足够的生活、生产和消防用水。

1. 室内给水系统

室内给水系统是指居住建筑和工业厂房内部生活、生产用的冷、热水供应的工程设施。

（1）室内给水系统的组成。

室内给水系统一般由引入管、水表节点、管道系统、配水装置和给水附件等部分组成。

①引入管（或称进户管）。将室外给水管引入建筑物或由城镇给水管道引入小区的给水管网的管段。

②水表节点。安装在引入管上的水表及其前后设置的阀门和泄水装置的总称。

③管道系统。由用于向用户配水的水平干管、垂直干管、立管等组成。

④配水装置。如各类配水龙头和配水阀等。

⑤给水附件。管道系统中调节和控制水量的各类阀门。

（2）室内给水系统的选择。

室内给水系统应按分区供水的方式进行选择，分区供水的方式要根据建筑物用途、建筑高度、材料设备性能等因素综合确定。以下主要讲解常用的几种供水方式。

①直接供水方式。直接供水方式是水经由引入管、给水干管、给水立管，由下向上直接供给到各用水或配水设备，中间无任何增压、储水设备，水的上行完全是在室外给水管网的压力下工作。这种供水方式的优点是构造简单、经济、维修方便、水质不易被二次污染；缺点是对供水管网的水压要求较高，而且由于自身重力的作用，不同楼层的出水水压也不同，一旦外网停水，室内立即断水。适用水量、水压在一天内均能满足用水要求的单层或多层建筑。

②设水箱的供水方式。当室外管网压力大于室内管网所需压力时，则由室外管网直接向室内管网供水，并向水箱充水，以储备一定水量。当室外管网压力不足，不能满足室内管网所需压力时，则由水箱向室内系统补充供水。该供水方式的优点是供水可靠、系统简单、投资省、可充分利用外网水压，节省电耗，系统具有一定的储备水量，供水的安全可靠性较好。缺点是增加了建筑物的荷载，容易产生二次污染。适用于室外管网水压周期性不足，一般是一天内大部分时间能满足供水要求，只在用水高峰时刻，由于用水量增加，室外管网水压降低而不能保证建筑的上层用水，并且允许设置水箱的建筑物。

③水泵－水箱联合供水方式。水泵向高位水箱供水，水箱的水靠重力提供给下面楼层用水。水箱采用液位自动控制，可实现水泵启停自动化，即当水箱中水用完时，水泵启动供水；水箱充满后，水泵停止运行。这种供水方式的优点是供水可靠，水泵能及时向水箱供水，可缩小水箱容积；同时在水箱的调节下，水泵工作稳定，能经常高效率工作，节省电耗。缺点是系统投资较大，且水泵工作时会带来一定的噪声干扰；安装和维修都比较复杂，增加了建筑物的荷载，容易产生二次污染。通常在室外给水管网水压低于或经常不能满足建筑内部给水管网所需水压，且室内水压不均时的单层或多层建筑中使用。

🔔 知识拓展

高位水箱也称屋顶水箱，通常依靠重力方式向用户供水，因此其设置高度需按最高层用户最不利点的用水水压要求确定。屋顶水箱的设置高度一旦无法满足要求时，常为顶部不能满足用水水压要求的楼层设置局部增压的措施。

④贮水池－水泵供水方式。室外管网将水供至贮水池,利用水泵将贮水池中的水抽升至室内管网各个用水设备。水泵有恒速水泵和变频调速水泵,分别适用于室内用水量均匀和用水量不均匀的情况。这种供水方式的优点是安全可靠,外网水压不足时,可延时供水;没有高位水箱,不增加建筑物的荷载。缺点是外网的水压仅部分被利用。通常在水量满足用水要求,但水压不能长时间满足的单层或多层建筑中使用。

⑤设气压给水装置的供水方式。气压给水装置是利用密闭储罐内空气的压缩或膨胀使水压上升或下降的来储存、调节和压送水量的给水装置,其作用相当于高位水箱和水塔。水泵从贮水池吸水经加压后送至给水系统和气压水罐内,停泵时,再由气压水罐向室内给水系统供水,并由气压水罐调节、储存水量及控制水泵运行。这种供水方式的优点是气压给水设备可以设在建筑物的低处,也可设在高处;安装方便,具有较大的灵活性,水质不易受污染,投资小,建设周期短,便于实现自动化等。缺点是给水压力波动较大,管理及运行费用较高,且调节能力小;供水安全性较差。适用于外网水压不能满足所需水压,用水不均匀,且不易安装水箱的单层或多层建筑;特别适用于新建建筑的施工现场的供水。

⑥高位水箱供水方式。高位水箱供水是应用较为普遍的一种高层建筑供水方式,给水系统主要由贮水池、加压水泵、高位水箱和配水管网组成。在给水系统中的作用主要是贮水、调节水量和稳定水压。其供水方式又可分为并联供水方式、串联供水方式、减压水箱供水方式、减压阀供水方式、气压水箱供水方式等。

a. 并联供水方式。该供水方式各分区独立设置水箱和水泵,水泵集中布置在建筑底层或地下室,分别向各区进行无塔供水。这种供水方式的优点是由于各区是独立的供水系统,供水安全可靠;水箱分散设置,各区水箱容积小,有利于结构设计,运行动力费用经济;水泵集中布置,便于维护管理。缺点是水泵台数多,供水高压管路长,投资费用高,水箱占用上层建筑的面积较多等。适用于可以分区设置水箱的建筑。

🔔知识拓展

由于并联供水系统供水安全可靠,运行费用较经济,因此国内外高层建筑广泛采用这种方式。对于超高层(高度大于 100 m)建筑,受水泵扬程、管材配件承压的限制和水锤噪音的影响,不宜盲目采用。

b. 串联供水方式。该供水方式的水泵和水箱分散设置于各区的楼层中,低区水箱兼作上一区的水池,水泵由下区水箱抽水送至上区水箱,再由水箱向各区供水。这种供水方式的优点是水泵压力较均衡,所需扬程小,不需要高压水泵,能耗合理,投资较省,运行费用经济,供水高压管路短。缺点是设备布置分散,占用面积大,管理不便;水泵设在楼层,对防震、隔噪音要求高;上区供水受到下区限制,供水可靠性差等。适用于可以分区设置水箱、水泵的建筑,多用于高层工业建筑。

c. 减压水箱供水方式。该供水方式将整个高层建筑用水量全部由设置于底层的水泵提升至屋顶水箱,然后再通过各区减压装置减压后将水送至各个区给水系统的供水方式。这种供水方式的优点是水泵台数及类型少,所需泵房面积小,投资少;设备集中,便于维护管理。缺点是建筑内全部用水均要经水泵提升至屋面水箱,致使水泵输送量大、工作时间长、运转费用高;屋顶水箱容积大,加大建筑荷载,提高了对建筑结构设计和抗震要求;供水的安全可靠性差。适用于可以分区设置水箱,电力供应好且电价低的建筑。

d. 减压阀供水方式。减压阀供水方式的供水原理同减压水箱供水方式一样,只是在分区给水系统中用减压阀代替减压水箱。该供水方式的优点是减压阀不占用楼层面积,可使建筑面积得到更好的利用,不设置水箱,减小建筑的荷载,也避免水被二次污染。缺点是水泵运行动力费用高,同时为保证供水系统的安全可靠性,应保证减压阀质量,否则会增加日常维护管理工作量，并影响安全供水。适用于电力供应好且电价低的建筑。

⑦气压水箱供水方式。该供水方式分为气压水箱并列供水方式和气压水箱减压阀供水方式。气压水箱并列供水方式是将气压给水设备集中设于建筑物地下室或设定的某一场所，通过并联的主干管分别向各区管网供水的方式；气压水箱减压阀供水方式是将气压水箱设于建筑底层或地下室集中加压，在下部分区供水管路上设减压阀减压，以免下部分区管网内压力过大，而造成管路、用水器具和设备的损坏。这种供水方式的优点是没有高位水箱，不占用建筑面积。缺点是运行费用较高，气压水箱体积小，贮存量小，水泵开启关闭频繁，造成水压不均匀，变化大。适用于不能设置高位水箱的建筑。

考题探究

【不定项】优点是管线较短，无须高压水泵，投资较省，运行费用经济，缺点是不易管理维护，占用建筑面积大。该供水方式为（　　　　）。

A. 高位水箱串联供水　　　　　　B. 高位水箱并联供水
C. 减压水箱供水　　　　　　　　D. 气压水箱供水

【细说考点】本题主要考查高位水箱串联供水方式的特点，需掌握高位水箱其他供水方式的特点及适用情形，重点关注高位水箱串联供水方式和减压水箱供水方式的特点及适用情形。本题选 **A**。

2. 室外给水系统

室外给水系统是指向民用和工业生产部门提供用水而建造的构筑物和输配水管网等工程设施。室外给水系统主要由以下部分组成。

（1）取水构筑物。取水构筑物是指为取集原水而设置的构筑物的总称，一般可分为固定式取水构筑物和移动式取水构筑物。

（2）水处理构筑物。水处理构筑物是指对原水（污水）进行水质处理、污泥处置而设置的各种构筑物的总称。

（3）泵站。泵站是指泵房和配套设施的总称。

（4）输水管（渠）和配水管网。输水管（渠）是指从水源地到水厂（原水输水）或当水厂距供水区较远时从水厂到配水管网（净水输水）的管（渠）；配水管网是指用以向用户配水的管道系统。

（5）调节构筑物。调节构筑物主要包括清水池、高位水池及水塔，其位置和形式应根据地形和地质条件、供水规模、用户点分布和管理条件等通过技术经济比较确定。

（二）室内外排水系统的组成

室内外排水系统的任务是把室内的生活污水、工业废水和屋面雨水、雪水等，及时排至室外排水管网或处理构筑物，从而为人们提供良好的生活、生产、工作和学习环境。室内外排水系统包含：生活污水管道系统，包括粪便污水，盥洗、洗涤废水等；工业废水管道系统，包括生产污水和生产废水；屋面雨水管道系统，包括屋面雨水、雪水系统。

1. 室内排水系统

室内排水系统一般由卫生器具、排水横支管、立管、排出管、通气管、清通设备等部分组成。

（1）卫生器具。卫生器具是室内排水系统的起点，接纳各种污水后排入管网系统。存水弯是卫生器具内部或器具排水管上设置的一种内有水封的配件。

（2）横支管。横支管是指把各卫生器具排水管流来的污水排至立管，应具有一定的坡度。

（3）立管。立管是指接受各横支管流来的污水，然后再排至排出管。

（4）排出管。排出管是指室内排水立管与室外排水检查井之间的连接管段。

（5）通气管。通气管为使排水系统内空气流通、压力稳定、防止水封破坏而设置的气体流通管道。对于层数不多的建筑，采取将排水立管上部延伸出屋顶的通气措施，排水立管上部延伸部分称为通气管；对于层数较多及高层建筑，除了采取伸顶通气管外，还应设环形通气管、专用通气管、安全通气管等。

（6）清通设备。清通设备包括检查口、清扫口和检查井，其主要起到疏通排水管道的作用。检查口设在排水立管上及较长的水平管段上。清扫口是指排水横管上用于清通排水管的配件。在生产废水（或污水）排水管道转弯处、变径处和坡度改变处及连接支管处，应设置检查井。

2. 室外排水系统

室外排水系统由排水管道系统和污水处理系统组成。其中，排水管道系统是收集和输送废水的设施，包括排水总（干）管、支管、检查井、雨水口等工程设施。污水处理系统是处理和利用废水的设施，包括城市及工业企业污水处理厂（站）中的各种处理构筑物等工程设施。

（三）室内热水供应系统的组成与分类

室内热水供应系统是指水的加热、储存和输配的总称。其主要用途是供给生产、生活用户洗涤及盥洗用热水，并保证用户随时可以得到符合要求的水量、水温和水质。

1. 室内热水供应系统的组成

室内热水供应系统主要由以下部分组成。

（1）热源。应首先利用工业余热、废热、地热和太阳热，若无以上热源，应优先采用能保证全年供热的城市热力管网或区域性锅炉房供热。

（2）加热设备。加热设备作为热水供应系统的核心部分，对热水供应系统是否满足用户需求、建筑功能要求及系统能否长期正常运转起着至关重要的作用。因此，加热设备的选择合适与否极其重要。一般常用的加热设备有容积式热交换器、管式换热器、板式换热器、燃气热水器、太阳能热水器等。

（3）热水贮水箱（罐）。一种专门调节热水量的容器，可在用水不均匀的热水供应系统中设置，以调节水量、稳定出水温度。

（4）自动调温装置。可分为直接式自动温度调节装置和间接式自动温度调节装置，通常安装在换热设备的进热媒管道上。

（5）减压阀。将蒸汽压力降到需要值，保证设备使用安全。

（6）疏水阀。保证蒸汽凝结水及时排放，同时又防止蒸汽泄漏，通常安装在蒸汽管道的末端。

（7）自动排气阀。为了排除上行下给式管网中热水汽化产生的气体，保证管内热水通畅，应在管道最高处安装自动排气阀。

（8）自然补偿管道和伸缩器。热水系统中管道因受热膨胀而伸长，为保证管网的使用安全而采取的补偿管道温度伸缩的设施。当直线管段较长，无法利用自然补偿时，应设置伸缩器。

（9）管道系统。包含冷水供应管道和热水供应管道。

2. 室内热水供应系统的分类

建筑内的热水供应系统按照热水供应范围不同，可分为集中热水供应系统、局部热水供应系统和区域热水供应系统。

（1）集中热水供应系统。该供应系统是指在锅炉房或热交换站将水集中加热后，通过热水管网输送到整幢楼或几幢建筑的热水供应系统。该系统的优点是设备集中便于管理，加热设备热效率较高，热水成本较低。缺点是设备、系统较复杂，建筑投资较大，需有专门的维护管理人员。适用于使用要求高，耗热量大，用水点多且分布较密集的建筑，如宾馆、公共浴室、游泳池、医院、养老院等。

（2）局部热水供应系统。该供应系统是指采用小型加热器在用水场所就地加热，供局部范围内一个或几个配水点使用的热水系统。该系统的优点是热水管路短、热损失小、造价低、设施简单、维护管理方便灵活。缺点是供水范围小、热水分散制备、热效率低、制备热水成本高、使用不够方便舒适，每个用水场所均需设置加热装置，占用的建筑面积较大。适用于热水用量较少且较分散的建筑，如单元式住宅，小型饮食店、理发馆、诊所等公共建筑和车间卫生间等热水点分散的建筑。

（3）区域热水供应系统。该供应系统是指在热电厂或区域性锅炉房将水集中加热后，通过城市热力管网输送到居住小区、街坊、企事业单位等的热水供应系统。该系统的优点是便于热能的综合利用和集中维护管理，有利于减少环境污染，可提高热效率和自动程度，热水成本低，占地面积小，使用方便舒适，供水范围大，安全性高。缺点是热水在区域锅炉房中的热交换站制备，管网杂热损失大，设备较多，一次性投资大。适用于建筑布置集中，热水用量较大的城镇住宅区和工业企业园区。

建筑内的热水供应系统按照管网压力工况不同，可分为开式供应系统、闭式供应系统。

（1）开式供应系统。该供应系统是指热水管系与大气相通的热水供应系统。该系统是在管网顶部设水箱，管网与大气相通，系统水压决定于水箱的设置高度，而不受室外给水管网水压的波动影响。在室外水压变化较大，且用户要求水压稳定时采用，一般适用于公共建筑。

（2）闭式供应系统。该供应系统是指热水管系不与大气相通的热水供应系统。该系统是冷水直接进入加热器，管路简单，水质不易受污染，但供水水压稳定性差，安全可靠性差。适用于屋顶不设水箱且对供水压力要求不太严格的建筑。

🔔 **知识拓展**

开式供应系统，可不用安装安全阀；闭式供应系统为保证系统安全应安装安全阀或膨胀罐。

建筑内的热水供应系统按照热水加热方式不同，可分为直接加热（一次换热）供应系统、间接加热（二次换热）供应系统。

（1）直接加热（一次换热）供应系统。该供应系统是热水锅炉将冷水直接加热到所需的温度，或将蒸汽直接通入冷水混合制备热水。前者热效率高，节能；后者设备简单，热效率高，不需凝水管，但噪音高，运行费用高。适用于具有合格的蒸汽热媒，且对噪音无严格要求的公共浴室、洗衣房、工矿企业等。

（2）间接加热（二次换热）供应系统。该供应系统是将热媒通过水加热器把热量传递给冷却水达到加热冷水的目的，在加热过程中热媒和冷水不接触。该方式冷凝水可重复使用，运行费用低，不产生噪音，供水稳定。适用于要求供水稳定、安全、噪音要求低的旅馆、住宅、医院、办公楼等。

建筑内的热水供应系统按照热水管网循环方式不同，可分为全循环供应系统、半循环供应系统、不循环供应系统。

（1）全循环供应系统。该供应系统是指热水干管、立管及支管均能保持热水的循环，各配水龙头随时打开都能提供符合设计水温要求的热水。适用于有特殊要求的高标准建筑中,如高级宾馆、饭店、住宅等。

(2)半循环供应系统。该供应系统又分为立管和干管循环供应系统。前者是热水干管和立管均能保持热水的循环;后者是仅保持热水干管的热水循环。适用于一般干管和支管较短、对水温要求不严且需要集中供水的建筑。

(3)不循环供应系统。该供应系统没有循环管道,冷水经加热设备加热后,只能单向经管道流至用水器具,故投资较小。适用于热水供应系统较小,使用要求不高的定时供应系统,如公共浴室、洗衣房等。

建筑内的热水供应系统按照热水管网循环动力的不同,可分为自然循环系统、机械循环系统。

(1)自然循环系统。该循环系统利用热水管网中配水管和回水管内的温度差所形成的自然循环作用水头,使管网维持一定的循环流量,以补偿热损失,保持一定的供水温度。其管路简单且水平干管短。适用于用水量小的热水供应系统。

(2)机械循环系统。该循环系统利用水泵强制热水在管网中循环,以补偿热损失,保持一定的供水温度。适用于一般公共建筑。

建筑内的热水供应系统按照热水管网运行方式的不同,可分为全日循环热水供应系统、定时循环热水供应系统。

(1)全日循环热水供应系统。该供应系统是指在全日、工作班或营业时间内不间断供应热水的系统。适用于宾馆、饭店等。

(2)定时循环热水供应系统。该供应系统是指在全日、工作班或营业时间内某一时段供应热水的系统。适用于定时开放的公共浴室等。

> **温馨提示**
>
> 　　选用何种供应系统应根据建筑物的用途、热源的供给情况、热水用水量和卫生器具的布置情况等进行技术和经济比较后确定。

(四)给排水工程安装技术要求

1. 室内给水系统安装技术要求

(1)给水管材的选用与连接。

室内的给水管道,应选用耐腐蚀和安装连接方便可靠的管材,可采用不锈钢管、铜管、塑料给水管和金属塑料复合管及经防腐处理的钢管。高层建筑给水立管不宜采用塑料管。

①镀锌钢管。镀锌钢管是指低压流体输送用镀锌焊接钢管。即普通焊接钢管内外表面经热浸镀锌而成的焊接钢管,其耐腐蚀性较好。管径小于或等于100 mm的镀锌钢管应采用螺纹连接,套丝扣时破坏的镀锌层表面及外露螺纹部分应做防腐处理;管径大于100 mm的镀锌钢管应采用法兰或卡套式专用管件连接,镀锌钢管与法兰的焊接处应二次镀锌。

> **知识拓展**
>
> 　　公称直径(DN)小于或等于150 mm的镀锌钢管适用于一般民用建筑室内冷热水管和室外地上冷水管;公称直径(DN)小于或等于65 mm的镀锌钢管适用于室外地下冷水管。

②无缝钢管。无缝钢管是指用碳素结构钢或低合金高强度结构钢钢锭或钢坯经热轧或冷拔(冷轧)成型、精整制成,或用铸造方法生产的不带焊缝钢管。无缝钢管可采用焊接连接和法兰连接。镀锌无缝钢管的焊接连接方式焊缝处应二次镀锌。

公称直径（*DN*）大于或等于150 mm的镀锌无缝钢管适用于一般民用建筑室内冷水管。

③铜管。用工业纯铜经拉制、挤制或轧制成型的无缝有色金属管，又称紫铜管。铜管连接可采用专用接头或焊接，当管径小于22 mm时宜采用承插或套管焊接，承口应迎介质流向安装；当管径大于或等于22 mm时宜采用对口焊接。

公称直径（*DN*）小于或等于150 mm的薄壁铜管适用于高级和高层民用建筑室内冷热水管、高级民用建筑室内饮用水管。

④薄壁不锈钢管。薄壁不锈钢管是指壁厚与外径之比不大于6%的不锈钢管。其强度高，抗腐蚀性能强、韧性好，抗振动冲击和抗震性能优，低温不变脆，输水过程中可确保输水水质的纯净。

公称直径（*DN*）小于或等于150 mm的薄壁不锈钢管适用于高级民用建筑室内饮用水管。

⑤给水铸铁管。给水铸铁管又称生铁管，耐腐蚀性较好、经久耐用、价廉，但质脆、承受振动和弯折能力较差、自重较大、管长较短、管壁厚、施工安装不便。室内给水铸铁管管道应采用水泥捻口或橡胶圈接口方式进行连接。公称直径（*DN*）≥75 mm的给水铸铁管适宜作埋地管道，通常采用承插法和法兰两种连接方式。采用承插连接时，其接口方式有胶圈接口、青铅接口（振动较大的地段使用）、膨胀水泥接口、石棉水泥接口。

公称直径（*DN*）大于或等于80 mm的给水铸铁管适用于室外地下冷水管。

⑥球墨铸铁管。球墨铸铁管是指用含球形石墨的铸铁（QT）铸造成型的铸铁管，又称高强度铸铁管。其耐腐蚀性较好、经久耐用、价廉，与灰口铸铁管相比机械强度高（接近钢管），管壁薄、耐振动和冲击性能较好，可进行焊接和热处理。多用于室内给水系统的总立管。球墨铸铁管可采用刚性连接、承插式柔性（胶圈）连接、承插式柔性（机械）连接，也可采用法兰连接或插合自锁卡簧式连接。

公称直径（*DN*）大于或等于150 mm的球墨铸铁管（总立管）适用于高级和高层民用建筑室内冷水管；公称直径（*DN*）大于或等于80 mm的球墨铸铁管适用于室外地下冷水管。

⑦硬聚氯乙烯给水管（PVC－U）。适用于系统工作压力不大于0.6 MPa，输送温度不大于45 ℃的冷水系统。PVC－U的连接方式分为基本连接和过渡连接。其中，基本连接分承插式连接和承插式弹性橡胶密封圈柔性连接；过渡连接分法兰连接和丝扣（螺纹）连接。管道外径（D_e）小于63 mm时，采用承插式连接；管道外径（D_e）大于63 mm时，由于承插式连接不容易保证施工质量，故在连接时应采用承插式弹性橡胶密封圈柔性连接。过渡连接用于其他管材的管道连接或与阀门及附件连接。

🔔 **知识拓展**

管道外径(D_e)小于或等于 160 mm 的 PVC－U 管适用于一般民用建筑室内冷水管;管道外径(D_e)介于 20～630 mm 的 PVC－U 管适用于室外地下冷水管。

⑧聚丙烯(PP)给水管。适用于工作压力小于等于 0.6 MPa,输送温度小于等于 70 ℃ 的给水系统。PP 管在明敷和非直埋管道宜采用热熔连接,条件不允许时可采用电熔连接;直埋管道不得采用丝扣(螺纹)或法兰连接;与金属管或用水器具连接应采用丝扣(螺纹)或法兰连接;不得与水加热器、开水器或家用热水炉直接连接,应有不小于 0.4 m 的金属管段过渡。PP 管在规定条件下的使用寿命长达 50 年,且具有不易导热、耐腐蚀和耐磨损、重量轻、弹性好、不结垢、内壁光滑,阻力小等优点。给水增压水泵房不宜采用建筑给水聚丙烯管道。

🔔 **知识拓展**

管道外径(D_e)小于或等于 63 mm 的 PP 管适用于一般或高级民用建筑室内冷水管及高级民用建筑的室内热水管和饮用水管。

⑨复合管。复合管是指采用两种或两种以上的材料,经复合工艺而制成为整体的圆管。给水管中常用的复合管有 PVC 衬里钢管、PE 衬里钢管和铝塑复合管。复合管同时具有金属管材和塑料管材的优点,应用范围较广,可用于输送自来水和生活热水。

🔔 **知识拓展**

管道外径(D_e)小于或等于 63 mm 的衬塑铝合金管适用于一般或高级民用建筑室内冷水管及高级民用建筑的室内热水管和饮用水管。

🔔 **知识拓展**

给水塑料管和复合管可以采用橡胶圈接口、粘接接口、热熔连接、专用管件连接及法兰连接等形式。塑料管和复合管与金属管件、阀门等的连接应使用专用管件连接,不得在塑料管上套丝。

考题探究

【不定项】高层建筑不宜采用的给水管是(　　　)。
A. 聚丙烯管　　　　　　　　　　　　B. 硬聚氯乙烯管
C. 镀锌钢管　　　　　　　　　　　　D. 铝塑管
【细说考点】本题主要考查室内给水管道的适用范围。具体内容详见上文。本题选 B。

(2)给水管道的布置形式。

室内给水管道可按以下三种形式布置:

①上行下给式。室内给水管道采用上行下给的布置方式时,其供水干管设置在该分区的上部技术夹层或者顶层天花板下吊顶内,上部连接到屋顶的水箱或者分区水箱,下部连接各个给水干管,由上向下供水。该布置形式的优点是最高层配水点流出水头较高,故外网水压较高。缺点是由于敷设在吊顶内,漏水不易被发现,可能会对材料不防水的吊顶和墙面造成损坏。主要适用于设置高位水箱的高层住宅、公共建筑物以及地下管线较多的工业厂房。

②下行上给式。室内给水管道采用下行上给的布置方式时，其供水干管设置在该分区的下部技术夹层、室内管沟、地下室顶棚或者该分区的底层下的吊顶内，由下向上供水。该布置形式的优点是施工图式较为简单。缺点是敷设在地沟内，维修工序较多，最高层配水点流出水头较低。为便于安装和维修，多采用明敷的形式。多适用于利用室外给水管网水压直接供水的工业与民用建筑。直接从室内外管网供水时，大都采用下行上给式。

③环状式。水平供水干管或者配水立管设置互相连接成环故称为环状式。该布置形式的优点是当任一管段发生事故时，可在不中断供水的情况下用阀门关闭事故段，能够保证非事故段的水流畅通、水头损失小、水质不易变质。缺点是造价相对较高。主要适用于一些供水要求严格的高层建筑和高层建筑消防管网。

考题探究

【不定项】当任何一段管网发生事故时，可用阀门关闭事故段而不中断供水，但管网造价高，这种供水布置形式是（　　）。

A. 上行下给式　　　　　　　B. 下行上给式

C. 枝状管网式　　　　　　　D. 环形管网式

【细说考点】本题主要考查室内给水管道的布置形式，需熟记各种布置形式的特点。具体内容详见上文。本题选 D。

（3）给水管道的安装与防护。

建筑内部给水管道的敷设，根据建筑对卫生、美观方面要求不同，分为明装和暗装两类。明装管道沿墙面、梁面、柱面、顶棚下、地板旁暴露敷设。其优点是造价低、施工安装、维护修理均较方便；缺点是由于管道表面积灰、产生凝水等影响环境卫生，而且明装有碍永恒美观。暗装管道一般在地下室顶棚下或吊顶内，或在管道井、管槽、管道设备层和公共楼层内隐蔽敷设。其优点是卫生条件好、房间美观；缺点是造价高，施工维护很不便。给水水平干管宜敷设在地下室的技术层、吊顶或管沟内；立管和支管可设在管道井或管槽内。在标准较高的办公楼、宾馆等均采用暗装。

给水立管和装有 3 个或 3 个以上配水点的支管始端，均应安装可拆卸的连接件。

冷、热水管道同时安装时，上、下平行安装时热水管应在冷水管上方；垂直平行安装时热水管应在冷水管左侧。

室内给水管道的水压试验必须符合设计要求。当设计未注明时，各种材质的给水管道系统试验压力均为工作压力的 1.5 倍，但不得小于 0.6 MPa。给水系统交付使用前必须进行通水试验并做好记录。

生产给水系统管道在交付使用前必须冲洗和消毒，并经有关部门取样检验，符合国家《生活饮用水标准》方可使用。

室内直埋给水管道（塑料管道和复合管道除外）应做防腐处理。埋地管道防腐层材质和结构应符合设计要求。

给水引入管与排水排出管的水平净距不得小于 1 m。室内给水与排水管道平行敷设时，两管间的最小水平净距不得小于 0.5 m；交叉铺设时，垂直净距不得小于 0.15 m。给水管应铺在排水管上面，若给水管必须铺在排水管的下面时，给水管应加套管，其长度不得小于排水管管径的 3 倍。

温馨提示

给水管与其他管道共架或同沟敷设时，给水管应敷设在排水管、冷冻水管上面或热水管、蒸汽管下面。

管道及管件焊接的焊缝表面质量应符合下列要求：

①焊缝外形尺寸应符合图纸和工艺文件的规定，焊缝高度不得低于母材表面，焊缝与母材应圆滑过渡。

②焊缝及热影响区表面应无裂纹、未熔合、未焊透、夹渣、弧坑和气孔等缺陷。

给水水平管道应有0.2%~0.5%的坡度坡向泄水装置。

管道支、吊、托架的安装，应符合下列规定：

①位置正确，埋设应平整牢固。

②固定支架与管道接触应紧密，固定应牢靠。

③滑动支架应灵活，滑托与滑槽两侧间应留有3~5 mm的间隙，纵向移动量应符合设计要求。

④无热伸长管道的吊架、吊杆应垂直安装。

⑤有热伸长管道的吊架、吊杆应向热膨胀的反方向偏移。

⑥固定在建筑结构上的管道支、吊架不得影响结构的安全。

管道安装完成后应及时防护，如保温、防冻和防结露。设置在室内温度低于0 ℃的给水管道，应考虑防冻、防结露问题。在管道安装完毕，经水压试验合格后，应采取绝热措施。管道绝热主要由绝热层和保护层组成。管道外常使用聚氨酯、岩棉、毛毡等绝热材料对管道进行填充，然后再外包玻璃丝布作为保护层。

（4）给水设施的设置与安装。

①水箱。水箱可采用热浸锌镀锌钢板、钢筋混凝土、不锈钢板等建造。目前市场上较多的为成品水箱，材质包括不锈钢板、防腐钢板、搪瓷钢板、喷塑钢板、镀锌钢板、玻璃纤维增强塑料（SMC）模压板等。

水箱设置的高度应能使最低水位的标高满足最不利配水点或消火栓的流出水头要求。水箱安装有组装水箱安装和整体水箱安装两种方式。相比于整体水箱，组装水箱容量较大，但其容易漏水和导致二次污染。

知识拓展

水池（箱）等构筑物应设置进水管、出水管、溢流管、泄水管、通气管和信号装置等。

②贮水池。建筑的给水系统应能安全可靠地保证生活用水和消防贮备水。为此，在其外部水源不能满足所需水量要求或不允许水泵直接从室外管网抽水时，需设贮水池这样的供水设备。贮水池有效容积与水源地供水能力及用水要求有关。生活、消防合用的贮水池的有效容积应根据建筑生活调节水量、消防贮备水量和安全用水量确定。

生活用水低位贮水池的有效容积应按进水量与用水量变化曲线经计算确定；当资料不足时，宜按建筑物最高日用水量的20%~25%确定。

③水泵。给水系统中最常用的水泵为离心泵。供水设备水泵装置的抽水方式分为水泵直接从室外给水管网抽水和水泵从贮水池抽水两种。其中，供水设备直接抽水方式是指将水泵的吸水管直接接到室外给水管网上，水泵直接从室外给水管网中抽水。主要适用于在抽水量相对较小、对城市管网水压影响不大的情况（保证室外给水管网压力不小于0.1 MPa）。

温馨提示

水泵直接从室外给水管网吸水时，应在吸水管上装设阀门和压力表，并应绕水泵设置旁通管，旁通管上应装设阀门和止回阀。

水泵装置宜采用自灌式吸水,当无法做到时,则采用吸入式。每台水泵的出水管上应设置阀门、止回阀和压力表,并应采取防水锤措施。每组消防水泵的出水管应不少于两条且与环状网连接,并应装设试验和检查用的放水阀门(一般为 DN65)。

④气压给水设备。生活给水系统采用气压给水设备供水时,应符合下列规定:

a. 气压水罐内的最低工作压力,应满足管网最不利处的配水点所需水压。

b. 气压水罐内的最高工作压力,不得使管网最大水压处配水点的水压大于 0.55 MPa。

c. 水泵(或泵组)的流量(以气压水罐内的平均压力计,其对应的水泵扬程的流量),不应小于给水系统最大小时用水量的 1.2 倍。

> **知识拓展**
>
> 气压给水设备是一种利用密封储罐内空气的可压缩性进行储存、调节和加压送水量的装置。气压给水设备宜采用变压式,当供水压力有恒定要求,应采用定压式。另外还有气水接触式和隔膜式等形式。

⑤消毒设备。水池(箱)中的贮水直接与空气接触,最易受污染。为确保供水水质符合国家生活饮用水卫生标准,应从严要求,设置消毒设备。

消毒设备可选择臭氧发生器、紫外线消毒器和水箱自洁消毒器等,其设计、安装和使用应符合国家现行有关标准的规定。臭氧发生器应设置尾气消除装置。紫外线消毒器应具备对紫外线照射强度的在线检测,并宜有自动清洗功能。水箱自洁消毒器宜外置。

(5)给水管道附件的设置与安装。

①倒流防止器。倒流防止器设置位置应符合下列规定:应安装在水平位置,便于维护和不会结冻的场所;不应装在有腐蚀性和污染的环境;具有排水功能的倒流防止器不得安装在泄水阀排水口可能被淹没的场所;排水口不得直接接至排水管,应采用间接排水。

> **知识拓展**
>
> 倒流防止器是指由前后二级止回阀和中间腔的自动排水器组成,能够有效防止水系统回流污染的水利控制组合装置。其分为减压型倒流防止器和低阻力倒流防止器等形式。

②真空破坏器。真空破坏器设置位置应符合下列规定:不应装在有腐蚀性和污染的环境;大气型真空破坏器应直接安装于配水支管的最高点;真空破坏器的进气口应向下进气口下沿的位置高出最高用水点或最高溢流水位的垂直高度,压力型不得小于 300 mm;大气型不得小于 150 mm。

③水表。水表应安装在便于检修,不受曝晒、污染和冻结的地方。安装螺翼式水表,表前与阀门应有不小于 8 倍水表接口直径的直线管段。表外壳距墙表面净距为 10～30 mm;水表进水口中心标高按设计要求,允许偏差为 ±10 mm。住宅的分户水表宜相对集中读数,且宜设置于户外;对设在户内的水表,宜采用远传水表或 IC 卡水表等智能化水表。水表应装设在观察方便、不被任何液体及杂质所淹没和不易受损处。

④阀门。给水管道阀门材质应根据耐腐蚀、管径、压力等级、使用温度等因素确定,可采用全铜、全不锈钢、铁壳铜芯和全塑阀门等。阀门的公称压力不得小于管材及管件的公称压力。

室内给水管道的下列部位应设置阀门:从给水干管上接出的支管起端;入户管、水表前和各分支立管;室内给水管道向住户、公用卫生间等接出的配水管起端;水池(箱)、加压泵房、水加热器、减压阀、倒流防止器等处应按安装要求配置。

给水管道阀门选型应根据使用要求按下列原则确定：

a. 公称直径（*DN*）小于或等于 50 mm 时，宜采用闸阀或球阀；公称直径（*DN*）大于 50 mm 时，宜采用闸阀或蝶阀。

b. 双向流动和经常启闭的管段上，应采用闸阀或蝶阀。

c. 不经常启闭而又需快速启闭的阀门，应采用快开阀。

d. 安装空间小的场所，宜采用蝶阀、球阀。

e. 口径大于或等于 *DN*150 的水泵，出水管上可采用多功能水泵控制阀。

止回阀选型应根据止回阀安装部位、阀前水压、关闭后的密闭性能要求和关闭时引发的水锤等因素确定，并应符合下列规定：

a. 阀前水压小时，宜采用阻力低的球式和梭式止回阀。

b. 关闭后密闭性能要求严密时，宜选用有关闭弹簧的软密封止回阀。

c. 要求削弱关闭水锤时，宜选用弹簧复位的速闭止回阀或后阶段有缓闭功能的止回阀。

d. 止回阀安装方向和位置，应能保证阀瓣在重力或弹簧力作用下自行关闭。

e. 管网最小压力或水箱最低水位应满足开启止回阀压力，可选用旋启式止回阀等开启压力低的止回阀。

在消防系统的室内给水管网上止回阀应装在：消防水泵接合器的引入管；水箱消防出水管；水泵出水管和升压给水方式的水泵旁通管；生产设备可能产生的水压高于室内给水管网水压的配水支管等。

> **温馨提示**
>
> 相互连通的 2 条或 2 条以上的和室内连通的每条引入管；利用室外管网压力进水的水箱，其进水管和出水管合并为一条的出水管道均应装设止回阀。

减压阀的设置应符合下列规定：

a. 减压阀具备减静压和减动压的功能，具有较好的减压效果，可使出流量大为降低。

b. 减压阀的公称直径宜与其相连管道管径一致。

c. 减压阀前应设阀门和过滤器；需要拆卸阀体才能检修的减压阀，应设管道伸缩器或软接头，支管减压阀可设置管道活接头；检修时阀后水会倒流时，阀后应设阀门。

d. 比例式减压阀、立式可调式减压阀宜垂直安装，其他可调式减压阀应水平安装。

e. 每一供水分区应设不少于两组比例式减压阀，一组备用；比例式减压阀节点处的前后应装设压力表和阀门，过滤器应装设到阀前。

f. 消防给水系统中比例式减压阀不宜设置旁通管，同时应在阀后装设泄水龙头，定期排水。比例式减压阀后一般宜设置可曲挠橡胶接头，以便于减压阀安装拆卸，亦可起到伸缩节作用。

2. 室外给水系统安装技术要求

给水管网的布置形式有树状网和环状网。树状管网干管和支管分明，形成树枝状，供水可靠性较差，但是成本低。环状管网管道纵横相互接通，形成环状，供水可靠性好，由城镇管网直接供水的小区室外给水管网应布置成环状网，或与城镇给水管连接成环状网。环状给水管网与城镇给水管的连接管不应少于 2 条。环状管网适用于要求供水可靠性高且不允许供水中断的用户供水。

输送生活给水的管道应采用塑料管、复合管、镀锌钢管或给水铸铁管。塑料管、复合管或给水铸铁管的管材、配件，应是同一厂家的配套产品。输配水管道材质的选择应根据管径、内压、外部荷载和管道敷设区的地形、地质、管材供应，按运行安全、耐久、减少漏损、施工和维护方便、经济合理以及清水管道防止二次污染的原则，对钢管（SP）、球墨铸铁管（DIP）、预应力钢筒混凝土管（PCCP）、化学建材管等经技术、经济、安全等综合分析确定。金属管道应考虑防腐措施。金属管道内防腐宜采用水泥砂浆衬里。金属管道外防腐宜采用环氧煤沥青、胶粘带等涂料。

架空或在地沟内敷设的室外给水管道其安装要求按室内给水管道的安装要求执行。塑料管道不得露天架空铺设，必须露天架空铺设时应有保温和防晒等措施。

给水管道在埋地敷设时，应在当地的冰冻线以下，如必须在冰冻线以上铺设时，应做可靠的保温防潮措施。在无冰冻地区埋地敷设时，管顶的覆土埋深不得小于 500 mm，穿越道路部位的埋深不得小于 700 mm。

给水系统各种井室内的管道安装，如设计无要求，井壁距法兰或承口的距离：管径小于或等于 450 mm 时，不得小于 250 mm；管径大于 450 mm 时，不得小于 350 mm。

管网必须进行水压试验，试验压力为工作压力的 1.5 倍，但不得小于 0.6 MPa。

给水管道在竣工后，必须对管道进行冲洗，饮用水管道还要在冲洗后进行消毒，满足饮用水卫生要求。

温馨提示

给水管道不得直接穿越污水井、化粪池、公共厕所等污染源。

管道连接应符合工艺要求，阀门、水表等安装位置应正确。塑料给水管道上的水表、阀门等设施其重量或启闭装置的扭矩不得作用于管道上，当管径大于或等于 50 mm 时必须设独立的支承装置。

给水管道与污水管道在不同标高平行敷设，其垂直间距在 500 mm 以内时，给水管管径小于或等于 200 mm 的，管壁水平间距不得小于 1.5 m；管径大于 200 mm 的，不得小于 3 m。

3. 室内排水系统安装技术要求

室内排水系统主要由卫生器具、排水管道系统、通气管道系统和清通设备等部分组成。

（1）排水管道的选用。

生活污水管道应使用塑料管、铸铁管或混凝土管（由成组洗脸盆或饮用喷水器到共用水封之间的排水管和连接卫生器具的排水短管，可使用钢管）。雨水管道宜使用塑料管、铸铁管、镀锌和非镀锌钢管或混凝土管等。悬吊式雨水管道应选用钢管、铸铁管或塑料管。易受振动的雨水管道（如锻造车间等）应使用钢管。

①硬聚氯乙烯排水管（PVC - U）。PVC - U 管材是以聚氯乙烯树脂为主要原料，加入必需的助剂，经挤出成型工艺制成的管材。其具有较高的硬度、刚度和许用应力，且抗老化能力好，经久耐用。

②铸铁管。铸铁管是用铸铁浇铸成型的管子。与其他金属管材和塑料管材相比，铸铁管具有一些独特的优点，主要体现在强度高、噪音低、寿命长、阻燃防火、柔性抗震、无二次污染、可再生循环利用等方面。

温馨提示

因为铸铁中的石墨对振动能起缓冲作用，阻止晶粒间的振动能的传递，并将振动能量转变为热能，所以铸铁管材具有很好的减震降噪性。

从接口形式上，铸铁管可以分为柔性接口和刚性接口两大类。刚性接口排水铸铁管已遭淘汰，其主要原因是它的生产工艺落后，质量无法保证，材质脆弱，管道易破损等。柔性接口排水铸铁管深受设计、施工、使用单位的好评,其原因是它采用了先进的离心铸造或连续铸造工艺,规模化生产,能保证管材的质量,外形也很美观。

柔性接口排水铸铁管及管件的接口形式总体分两大类,即无承口 W 型(俗称卡箍式)、法兰机械式 A 型。

> **温馨提示**
>
> A 型与 W 型两种管材可搭配使用,效果较好。既可以满足施工质量、使用功能的需要,又可以节约材料、降低成本。无承口 W 型多用于排水立管和支管;法兰机械式 A 型多用于排水横干管和首层出户管。

③混凝土管。混凝土管是指用混凝土或钢筋混凝土制作的管子,用于输送水、油、气等流体。其可分为素混凝土管、普通钢筋混凝土管、自应力钢筋混凝土管和预应力混凝土管四种。混凝土管具有优良的耐久性能、较大的抗压强度、价格便宜;相比于钢管,可以大量节约钢材,延长使用寿命,且建厂投资少,铺设安装方便 。

> **知识拓展**
>
> 管子按连接方式分为柔性接头管和刚性接头管。柔性接头管按接头型式分为承插口管、钢承口管、企口管、双插口管和钢承插口管。刚性接头管按接头型式分为平口管、承插口管和企口管。

④排水塑料管。排水塑料管采用高分子材料制成,具有重量轻、卫生安全、水流阻力小、节能、节材、改善生活环境、使用寿命长、安全方便等特点,受到管道工程界的青睐。

排水塑料管必须按设计要求及位置装设伸缩节。如设计无要求时,伸缩节间距不得大于 4 m。

敷设在高层建筑室内的塑料排水管道,当管径大于等于 110 mm 时,应在下列位置设置阻火圈:明敷立管穿越楼层的贯穿部位;横管穿越防火分区的隔墙和防火墙的两侧;横管穿越管道井井壁或管窿围护墙体的贯穿部位外侧。

> **温馨提示**
>
> 高层建筑中明设排水塑料管道应按设计要求设置阻火圈或防火套管。

> **知识拓展**
>
> 排水管穿越地下室外墙或地下构筑物的墙壁处,应采取防水措施。排水管道不得穿越下列场所:卧室、客房、病房和宿舍等人员居住的房间;生活饮用水池(箱)上方;遇水会引起燃烧、爆炸的原料、产品和设备的上面;食堂厨房和饮食业厨房的主副食操作、烹调和备餐的上方。

⑤钢管。室内排水管道钢管通常采用镀锌钢管或焊接钢管,主要用于成组洗脸盆或饮用水喷水器到共用水封之间的排水管和连接卫生器具的排水短管。

(2)排水管道的连接。

室内排水管道的连接应符合下列规定:

①卫生器具排水管与排水横支管垂直连接,宜采用90°斜三通。

②横支管与立管连接,宜采用顺水三通或顺水四通和45°斜三通或45°斜四通;在特殊单立管系统中横支管与立管连接可采用特殊配件。

③排水立管与排出管端部的连接,宜采用两个 45°弯头、弯曲半径不小于 4 倍管径的 90°弯头或 90°变径弯头。

④排水立管应避免在轴线偏置;当受条件限制时,宜用乙字管或两个 45°弯头连接。

⑤当排水支管、排水立管接入横干管时,应在横干管管顶或其两侧 45°范围内采用 45°斜三通接入。

⑥横支管、横干管的管道变径处应管顶平接。

> **知识拓展**
>
> 当卫生间的排水支管要求不穿越楼板进入下层用户时,应设置成同层排水。同层排水形式应根据卫生间空间、卫生器具布置、室外环境气温等因素,经技术经济比较确定。住宅卫生间宜采用不降板同层排水。

（3）排水管道的安装。

在生活污水管道上设置的检查口或清扫口,当设计无要求时应符合下列规定:

①在立管上应每隔一层设置一个检查口,但在最底层和有卫生器具的最高层必须设置。如为两层建筑时,可仅在底层设置立管检查口;如有乙字弯管时,则在该层乙字弯管的上部设置检查口。检查口中心高度距操作地面一般为 1 m,允许偏差 ±20 mm;检查口的朝向应便于检修。暗装立管,在检查口处应安装检修门。

②在连接 2 个及 2 个以上大便器或 3 个及 3 个以上卫生器具的污水横管上应设置清扫口。当污水管在楼板下悬吊敷设时,可将清扫口设在上一层楼地面上,污水管起点的清扫口与管道相垂直的墙面距离不得小于 200 mm;若污水管起点设置堵头代替清扫口时,与墙面距离不得小于 400 mm。

③在转角小于 135°的污水横管上,应设置检查口或清扫口。

④污水横管的直线管段,应按设计要求的距离设置检查口或清扫口。

> **知识拓展**
>
> 除特殊情况可用检查口替代清扫口外,立管上应设检查口,横管上应设清扫口。立管检查口具有双向清通功能,地面及楼板下清扫口只能单向清通其后续管道。

金属排水管道上的吊钩或卡箍应固定在承重结构上。固定件间距:横管不大于 2 m;立管不大于 3 m。楼层高度小于或等于 4 m,立管可安装 1 个固定件。立管底部的弯管处应设支墩或采取固定措施。

排水通气管不得与风道或烟道连接,且应符合下列规定:

①通气管应高出屋面 300 mm,但必须大于最大积雪厚度。

②在通气管出口 4 m 以内有门、窗时,通气管应高出门、窗顶 600 mm 或引向无门、窗一侧。

③在经常有人停留的平屋顶上,通气管应高出屋面 2 m,并应根据防雷要求设置防雷装置。

④屋顶有隔热层应从隔热层板面算起。

用于室内排水的水平管道与水平管道、水平管道与立管的连接,应采用 45°三通或 45°四通和 90°斜三通或 90°斜四通。立管与排出管端部的连接,应采用两个 45°弯头或曲率半径不小于 4 倍管径的 90°弯头。

隐蔽或埋地的排水管道在隐蔽前必须做灌水试验,其灌水高度应不低于底层卫生器具的上边缘或底层地面高度。检验方法为满水 15 min 水面下降后,再灌满观察 5 min,液面不降,管道及接口无渗漏为合格。排水主立管及水平干管管道均应做通球试验,通球球径不小于排水管道管径的 2/3,通球率必须达到 100%。

　　(4)卫生器具的安装。

　　卫生器具主要包括室内污水盆、洗涤盆、洗脸(手)盆、盥洗槽、浴盆、淋浴器、大便器、小便器、小便槽、大便冲洗槽、妇女卫生盆、化验盆、排水栓、地漏、加热器、煮沸消毒器和饮水器等。

　　卫生器具的安装应采用预埋螺栓或膨胀螺栓安装固定。卫生器具安装高度如设计无要求时,应符合表 5-1 的规定。

表 5-1　卫生器具的安装高度

项次	卫生器具名称		卫生器具安装高度/mm		备注
			居住和公共建筑	幼儿园	
1	污水盆(池)	架空式	800	800	自地面至器具上边缘
		落地式	500	500	
2	洗涤盆(池)		800	800	
3	洗脸盆、洗手盆(有塞、无塞)		800	500	
4	盥洗槽		800	500	
5	浴盆		≤520	—	
6	蹲式大便器	高水箱	1 800	1 800	自台阶面至高水箱底
		低水箱	900	900	自台阶面至低水箱底
7	坐式大便器	高水箱	1 800	1 800	自地面至高水箱底 自地面至低水箱底
		低水箱 外露排水管式	510	370	
		虹吸喷射式	470		
8	小便器	挂式	600	450	自地面至下边缘
9	小便槽		200	150	自地面至台阶面
10	大便槽冲洗水箱		≥2 000	—	自台阶面至水箱底
11	妇女卫生盆		360		自地面至器具上边缘
12	化验盆		800		

　　装设在幼儿园内的洗手盆、洗脸盆和盥洗槽水嘴中心离地面安装高度应为 700 mm,其他卫生器具给水配件的安装高度,应按卫生器具实际尺寸相应减少。

温馨提示

卫生器具交工前应做满水试验和通水试验。

有饰面的浴盆,应留有通向浴盆排水口的检修门。小便槽冲洗管,应采用镀锌钢管或硬质塑料管。冲洗孔应斜向下方安装,冲洗水流同墙面成45°角。镀锌钢管钻孔后应进行二次镀锌。卫生器具的支、托架必须防腐良好,安装平整、牢固,与器具接触紧密、平稳。

考题探究

【不定项】排水管道安装完毕后应做灌水试验和通球试验,下列关于灌水试验和通球试验的说法中,正确的有(　　)。

　A.埋地管道隐蔽前应做灌水试验

　B.灌水试验应在底层卫生器具上边缘或地面以上

　C.排水立、干、支管应做通球试验

　D.通球试验应大于排水管径2/3,通过率大于90%

【细说考点】本题主要考查灌水试验和通球试验的规定。具体内容详见上文。本题选AB。

(5)地漏的安装。

地漏是指连接排水管道系统与室内地面的重要接口,作为住宅中排水系统的重要部件,它的性能好坏直接影响室内空气的质量。因此,地漏的安装对卫浴间的异味控制非常重要。

地漏应设置在有设备和地面排水的下列场所:

①卫生间、盥洗室、淋浴间、开水间。

②在洗衣机、直饮水设备、开水器等设备的附近。

③食堂、餐饮业厨房间。

地漏的选择应符合下列规定:

①食堂、厨房和公共浴室等排水宜设置网筐式地漏。

②不经常排水的场所设置地漏时,应采用密闭地漏。

③事故排水地漏不宜设水封,连接地漏的排水管道应采用间接排水。

④设备排水应采用直通式地漏。

⑤地下车库如有消防排水时,宜设置大流量专用地漏。

地漏应设置在易溅水的器具或冲洗水嘴附近,且应在地面的最低处。

温馨提示

地漏的安装应平正、牢固,低于排水表面,周边无渗漏。地漏水封高度不得小于50 mm。

4.室外排水系统安装技术要求

室外排水系统主要包括各类雨水进水口、雨污水管道、排水井、检查井、排水泵站及其附属设施。

室外排水管道应采用混凝土管、钢筋混凝土管、排水铸铁管或塑料管。其规格及质量必须符合现行国家标准及设计要求。

各种排水井、池应按设计给定的标准图施工,各种排水井和化粪池均应用混凝土做底板(雨水井除外),厚度不小于100 mm。

在管道交汇处、转弯处、管径或坡度改变处、跌水处及直线管段上每隔一定距离处应设置检查井。检查井在直线管段的最大间距应根据疏通方法等具体情况确定，在不影响街坊接户管的前提下，应按表 5-2 的规定取值。无法实施机械养护的区域，检查井的间距不宜大于 40 m。

表 5-2　检查井在直线段的最大间距

管径/mm	300 ~ 600	700 ~ 1 000	1 100 ~ 1 500	1 600 ~ 2 000
最大间距/mm	75	100	150	200

排水管道的坡度必须符合设计要求，严禁无坡或倒坡。管道埋设前必须做灌水试验和通水试验，排水应畅通，无堵塞，管接口无渗漏。

5. 室内热水供应系统安装技术要求

（1）一般规定。

热水系统采用的管材和管件，应符合国家现行标准的有关规定。管道的工作压力和工作温度不得大于国家现行标准规定的许用工作压力和工作温度。

> **温馨提示**
>
> 　　热水管网一般可采用热水管道热浸镀锌钢管或塑钢管、铝塑管、聚丁烯管、聚丙烯管、交联聚乙烯管等。

热水管道因受热膨胀会产生伸长，如管道无自由伸缩的余地，则使管道内承受超过管道所许可的内应力，致使管道弯曲甚至破裂，并对管道两端固定支架产生很大推力。为了减释管道在膨胀时的内应力，设计时应尽量利用管道的自然转弯，当直线管段较长（超过40 m）不能依靠自然补偿来解决膨胀伸长量时，应设置 L 型和 Z 型自然补偿器。

为了使热水供应系统能正常运行，应在热水管道积聚空气的地方装自动放气阀，一般设置在上行横干管最高处或干管向上抬高管段最高处。在热水系统的最低点或向下凹的管段设泄水装置是为了放空系统中的水，以便维修。如在系统的最低处有配水点时，则可利用最低配水点泄水而不另设泄水装置。

热水管网应在下列管段上装设阀门：与配水、回水干管连接的分干管；配水立管和回水立管；从立管接出的支管；室内热水管道向住户、公用卫生间等接出的配水管的起端；水加热设备，水处理设备的进、出水管及系统用于温度、流量、压力等控制阀件连接处的管段上按其安装要求配置阀门。

水加热设备的出水温度应根据其贮热调节容积大小分别采用不同温级精度要求的自动温度控制装置。当采用汽水换热的水加热设备时，应在热媒管上增设切断汽源的电动阀。

水加热设备的上部、热媒进出口管、贮热水罐、冷热水混合器上和恒温混合阀的本体或连接管上应装温度计、压力表；热水循环泵的进水管上应装温度计及控制循环水泵开停的温度传感器；热水箱应装温度计、水位计；压力容器设备应装安全阀，安全阀的接管直径应经计算确定，并应符合锅炉及压力容器的有关规定，安全阀前后不得设阀门，其泄水管应引至安全处。

水加热设备的冷水供水干管上应装冷水表，用于计量系统热水总用量。设有集中热水供应系统的住宅应装分户热水水表。洗衣房、厨房、游乐设施、公共浴池等需要单独计量的，应在配水支管上装热水水表，其设有回水管者应在回水管上装热水水表。

用蒸汽作热媒间接加热的水加热器应在每台开水器凝结水回水管上单独设疏水器，蒸汽立管最低处、蒸汽管下凹处的下部应设疏水器。疏水器口径应经计算确定，疏水器前应装过滤器，旁边不宜附设旁通阀。

温馨提示

　　疏水器主要是用于排除凝结水。

　　（2）立管安装技术要求。

　　立管安装应符合下列要求：

　　①立管安装前，应先进行吊洞处理，使各层楼板孔洞的中心位置在一条直线上，如遇上层墙体减薄时，可适当调整孔洞位置，安装时采用乙字弯或用弯头调整，使立管中心距墙的尺寸一致。安装前应根据立管位置及支架结构形式，确定支架位置，合理安装预制好的支架并进行牢固固定，即可进行管道安装。

　　②明装立管：将预制好的立管进行编号并分层排开，按顺序连接安装，并进行调直、校核，丝扣连接的管道，其外露丝扣和管道外保护层破损处应补刷防锈漆，支管甩口处，均应做好临时封堵，立管阀门朝向应便于操作和维修，明装立管管外皮距建筑装饰面的间距可参照表5-3的相关规定。

表 5-3　立管管外皮距建筑装饰面的间距

管径/mm	25 以下	32～50	65～125	125～150
间距/mm	25～30	35～50	55	60

　　③暗装立管：安装在墙内的立管应在结构施工中预留管槽，立管安装后，吊直、找正，并用安装立管卡件固定，支管的甩口应露明，并做好临时丝堵。

　　④立管穿楼板处应设套管。

🔔 知识拓展

　　冷热水管平行安装时，热水管应在冷水管的上面；当垂直安装时，热水管应在冷水管的左侧。两水管中心间距不小于 80 mm。

　　（3）支管安装技术要求。

　　明装支管安装应符合下列要求：

　　①将预制好的支管从立管甩口依次逐段进行安装。有阀门处若阀杆碍事，应将阀门压盖卸下，将阀体安装好后再安装阀盖；根据管道长度，可适当做好临时固定卡，核定不同卫生器具、用水点的预留口高度和方向，找平、找正后安装支架，去掉临时固定管卡，并及时对管口进行封堵，支管上水表及阀门安装好后应做好产品保护措施，以防损坏及丢失。

　　②给水支管穿墙处，应按规范要求做好套管。

　　③冷热水管并排安装时，应下冷上热，左热右冷。

　　暗装支管安装应符合下列要求：

　　①管道嵌墙、直埋敷设时，宜提前在砌墙时预留管槽。管槽表面应平整、不应有尖角等突出物，将预制好的支管敷在管槽内，找平、找正定位后，用勾钉固定。卫生器具的给水预留口应明敷并做好封堵，管道经试压合格后，用 M75 级水泥砂浆填补密实。

　　②管道在楼地面层内直埋时宜提前预留管槽。管道安装、固定、试压合格后，用与地坪相同等级的水泥砂浆填补密实。

　　（4）管道水压试验。

　　管道试压前，应检查支架的牢固性，接头需明露，且支管不宜连通卫生洁具等配水件。暗装及保温的给水管道在隐蔽前，应做好单项水压试验，管道系统安装完毕后，再进行系统水压试验，冬季进行水压试压时，应采取防冻措施，试压完成后应及时泄水，测压用的压力表宜设在管道系统的最低点。

　　(5)管道冲洗。

　　管道试压完,即可冲洗。冲洗应用生活饮用水连续进行,冲洗水的排放应接入可靠的排水井或排水沟中,并保持通畅和安全。排放管的截面积,不应小于被冲洗管截面积的60%。冲洗水的流速不应小于1.5 m/s;当设计无要求时,以出口的水色和透明度与入口处目测一致为合格。

　　系统冲洗完毕,应进行通水试验,按给水系统的1/3配水点同时开放,各排水点通畅,接口无渗漏,为合格。

　　(6)管道消毒。

　　管道冲洗、通水后,将管道内的水放空,连接各配水点,进行管道消毒。管道消毒完后,打开进水阀向管道供水,打开配水点龙头适当放水,在管网最远点取水样,经卫生监督部门检验合格后,方可交付使用。

二、采暖工程安装技术 ⭐⭐⭐⭐⭐

　　采暖工程的任务就是将热源所产生的热量通过室外供热管网输送到室内。采暖系统工作时,低温热媒在热源中被加热,吸收热量后,变为高温热媒(主要形式是高温水或蒸汽),经热媒输送管道送往住宅室内,通过散热设备放出热量,使室内的温度升高;散热后温度降低,变成低温热媒(低温水),再通过回收管道返回热源,进行循环使用。如此不断循环,从而不断将热量从热源送到室内,补充室内的热量损耗,使室内保持一定的温度。

(一)采暖系统的分类

　　采暖系统的分类方法有很多种,具体分类如下。

1.按供暖区域范围分类

　　(1)集中采暖系统。热源和散热设备分别设置,用热媒管道相连接,以锅炉房为热源作用于一栋或几栋建筑物的采暖系统。

　　(2)局部采暖系统。热源、热网和散热设备在构造上合为一体的就地采暖系统。例如火炉、火炕和火墙、煤气采暖和电热采暖等。

　　(3)区域采暖系统。对一定区域内的建筑物群,由一个或多个能源站集中制取热媒,通过区域管网提供给最终用户,实现用户制热要求的系统。

考题探究

　　【不定项】热源和散热设备分开设置,由管网将它们连接,以锅炉房为热源作用于一栋或几栋建筑物的采暖系统为(　　　)。

　　A.局部采暖系统　　　　　　　　B.分散采暖系统

　　C.集中采暖系统　　　　　　　　D.区域采暖系统

　　【细说考点】本题主要考查集中采暖系统的特点,需注意区分不同采暖系统的特点。具体内容详见上文。本题选C。

2. 按热媒种类分类

（1）热水采暖系统。该系统是以热水作热媒的采暖系统，是目前广泛使用的一种采暖方式。其形式有很多，具体如下：

①按热媒温度的不同，可分为低温热水采暖系统和高温热水采暖系统。水温低于 100 ℃ 的热水，称为低温热水；水温超过 100 ℃ 的热水，称为高温热水。室内热水采暖系统，大多采用低温热水作为热媒。高温热水采暖系统一般宜用于生产厂房中。

②按干管位置的不同，可分为上供下回式、上供上回式、下供上回式、下供下回式、中供式等不同的系统形式。

③按系统循环动力的不同，可分为重力（自然）循环系统和机械循环系统。依靠供回水的温度不同产生的密度差为动力进行循环的系统，称为重力循环系统。靠机械力（水泵压力）进行强制循环的系统，称为机械循环系统。

🔔 **知识拓展**

常见的热水采暖系统主要有重力循环单管上供下回式、重力循环双管上供下回式、机械循环双管上供下回式、机械循环双管下供下回式、机械循环双管中供式、机械循环单－双管式和机械循环水平串联单管式。机械循环双管中供式热水采暖系统不会出现供水干管挡窗的问题，且对楼层、扩建有利，也不会出现上供下回式的垂直比例失调的情况，但不便于排气。

④按供、回水方式的不同，可分为单管系统和双管系统。热水经一根供水管顺序流过多组散热器，并在各散热器中依次冷却的系统，称为单管系统。热水经两根供水管平行地分配给多组散热器，冷却后的回水自每个散热器直接沿回水管流回热源的系统，称为双管系统。

⑤按系统管道敷设方式的不同，可分为垂直式系统和水平式系统。

⑥按循环环路的长度是否相同，可分为同程式系统和异程式系统。热水采暖系统中各循环环路的热水流程长短基本相等，称为同程式系统。热水流程不同时，称为异程式系统。

🔔 **知识拓展**

在异程式系统中，环路阻力不易平衡，近端阻力小，流量会加大，远端流量则会相应不足。因此，在较大的建筑物内宜采用同程式系统。

（2）蒸汽采暖系统。该系统是指以蒸汽作热媒的采暖系统。水在锅炉中被加热成具有一定压力和温度的蒸汽，蒸汽靠自身压力作用通过管道流入散热器内，在散热器内放出热量后，蒸汽变成凝结水，凝结水靠重力经疏水器（阻汽疏水）后沿凝结水管道返回凝结水箱内，再由凝结水泵送入锅炉重新被加热变成蒸汽。

蒸汽采暖系统按照供汽压力的大小，可分为高压蒸汽采暖系统、低压蒸汽采暖系统和真空蒸汽采暖系统。高压蒸汽采暖系统的供汽表压力高于 70 kPa，适用于工业建筑。低压蒸汽采暖系统的供汽表压力等于或低于 70 kPa，适用于要求较低的民用建筑及工业建筑。真空蒸汽采暖系统中的压力低于大气压，因需要使用真空泵装置，系统复杂，在我国很少使用。

与低压蒸汽系统相比,高压蒸汽采暖系统的管径和散热器片数更少。由于蒸汽压力和流速大,其系统作用的半径高于低压蒸汽系统。散热器表面温度高,易烫伤人和烧焦落在散热器上的有机尘,卫生和安全条件较差。但是凝结水温度高,在它通过疏水器减压后,会重新汽化,易产生二次蒸发,可设置二次蒸发箱对凝水管道中蒸汽进行二次利用。

(3)热风采暖系统。该系统是指以热空气作为传热载体的采暖系统,一般指用暖风机、空气加热器将室内循环空气或从室外吸入的空气加热的采暖系统。

热风采暖系统适用于耗热量大、既需通风换气又需供暖的建筑物;间歇使用的房间和有防火、防爆要求的车间。热风采暖系统是比较经济的采暖方式之一,具有热惰性小、升温快、室内温度分布均匀、温度梯度较小、设备简单、投资较小、分户计量和分室调温的特点,一般也不占用室内空间。其根据送风方式的不同,分为集中送风、管道送风、悬挂式或落地式暖风机送风等形式;根据管道敷设形式的不同,分为平行排管、蛇形排管、蛇形盘管等形式。但对于空气中含有病原体、极难闻气味的物质的车间以及产生具有燃烧危险的粉尘、易燃易爆或有害气体的生产厂房,不得采用再循环空气。

(4)低温热水地板辐射采暖系统。低温热水地板辐射采暖系统是一种卫生条件和舒适标准都比较高的供暖形式。与对流采暖相比,该系统的特点:节能;不需要在室内布置散热器,不占用室内建筑面积,也便于布置家具;由于减少了对流散热量,室内空气的流动速度也降低了,避免室内尘土的飞扬,有利于改善卫生条件;采取分户计量和分室调温。但初投资比对流采暖系统高,且埋管与建筑结构结合在一起,增加了结构厚度和荷载,减小了室内净空,同时对施工的要求高,维护检查也不太方便。

民用建筑中常用的辐射采暖形式为低温热水地板辐射采暖系统,该系统以温度不高于60 ℃的热水为热媒,通过地面以辐射和对流的传热方式向室内供暖。低温热水地板辐射采暖系统的采暖辐射形式包括平行排管、蛇形排管、蛇形盘管。

(5)分户热计量采暖系统。分户热计量采暖系统是指以住宅建筑的户(套)为单位,计量集中供暖热用户实际消耗热量的采暖方式。其目的是提高用户的热舒适性,根据需要对室温进行自主调节计量。

采暖工程中,分户热计量采暖系统包括分户水平单管系统、分户水平双管系统、分户水平单双管系统、分户水平放射式系统。

(6)太阳能采暖系统。太阳能采暖系统是指将太阳能转换成热能,满足建筑物冬季一定的采暖需求,或供给建筑物冬季采暖和全年其他用热的一种采暖形式。其分为太阳能供热采暖系统和被动式太阳能采暖两种形式。太阳能供热采暖系统是指设置太阳能集热器等专用设备,通过循环管路提供建筑物冬季采暖和全年其他用热。被动式太阳能采暖系统是通过对建筑朝向和周围环境布置、建筑内外空间布局、建筑材料、围护结构的合理选择和处理,使建筑物本身可具有在冬季集取、贮存和分配太阳热能,在夏季遮蔽太阳辐射、散逸室内热量的功能。

（二）采暖系统的组成

采暖系统主要由热网、热源和散热设备三大部分组成。

1.热网

（1）供热管网概述。

供热管网是指由热源向热用户输送和分配供热介质（热媒）的管道系统,包括一级管网、二级管网等。其中,一级管网是指在设置一级换热站的供热系统中,由热源至换热站的供热管网;二级管网是指在设置一级换热站的供热系统中,由换热站至热用户的供热管网。

> **知识拓展**
>
> 供热管网除了管道系统之外,还包括安装在其上的附件,主要有管件（三通、弯头等）、阀门、补偿器、支座和器具（放气、放水、疏水、除污等装置）等。这些附件是保证热网正常运行的重要部分。

（2）供热管网的布置形式与原则。

管网的布置形式有环状、枝状和辐射状三种形式。环状管网是指一种配水管网的布置形式,管道纵横相互接通,形成环状。枝状管网是指一种配水管网的布置形式,干管和支管分明,形成树枝状。辐射状管网是指从热源内的集配器上分别引出多根管道将热媒送往各用户的管网。

> **温馨提示**
>
> 枝状管网简单、投资少,但不便于控制和调节。环状管网的主要优点是供气可靠性高、压力稳定。辐射状管网便于集中调节和控制,压降和漏损小,但管网投资大。在实际工程中,多采用枝状管网形式。因为枝状管网只要设计合理,妥善安装,正确操作,一般都能无故障地运行。

管网的布置原则如下:管网主干线尽可能通过热负荷中心;管网力求线路短直;管网敷设应力求施工方便,工程量少;在满足安全运行、维修简便的前提下,应节约用地;街区或小区干线一般应敷设在道路路面以外,在城市规划部门同意下可以将热网管线敷设在道路下面和人行道下面。

（3）供热管网的连接。

热水管网与用户供暖系统的连接方式应按下列原则确定:

①有下列情况之一时,用户供暖系统应采用间接连接:建筑物供暖系统高度高于管网水压图供水压力线或静水压线;供暖系统承压能力低于供热管网回水压力或静水压力;管网资用压头低于用户供暖系统阻力,且不宜采用加压泵;管网的温度低于用户供暖系统的温度;直接连接时管网失水率过大及安全可靠性不能保证。

②当热水管网水力工况能保证用户内部系统不汽化、不超过用户内部系统的允许压力、管网资用压头大于用户系统阻力时,用户系统可采用直接连接。当采用直接连接,且用户供暖系统设计供水温度低于管网设计供水温度时,应采用有混水降温装置的直接连接。

知识拓展

　　直接连接就是热网的水力工况和供热工况与热用户密切联系。二者热媒相同,温度也相同。直接连接包括无混合装置的直接连接、装水喷射器的直接连接、装混合水泵的直接连接。间接连接就是热网的水力工况与热用户无关。二者热媒和温度均不相同。热网系统与供暖系统由换热器隔离。

2. 热源

　　热源是制取具有压力、温度等参数的热煤(蒸汽或热水)的设备。集中供暖系统的热源一般是供暖锅炉,由锅炉本体、热力系统、烟风系统、运煤除灰系统等部分构成。

温馨提示

　　目前常用的热源有区域锅炉房、热电厂、工业与城市余热、核能、地热等。

　　(1)热媒概述。

　　热媒是供暖系统中热的载体,供暖系统的热媒,应根据安全、卫生、经济、建筑性质和地区供暖条件等因素综合考虑决定。一般情况下,民用建筑和公共建筑选择的热媒应以安全、卫生条件为主,所以原则上优先选择热水,其次是低压蒸汽;而工业建筑由于用热要求在时间上往往比较集中,且有工业用气要求,往往首选蒸汽。

　　采暖系统用热水作为热媒进行采暖时,热媒温度较低,室内卫生条件较好,系统水容大,室温波动较小,人有舒适感,不燥热;系统不易泄漏,无效热损失少,燃料消耗量较低;热水系统是靠水泵来克服系统阻力而循环的,因系统水容量大,因此循环水泵的功率大,耗电量多,增加运行费用,且由于水热惰性大,故升温降温都较慢。

　　采暖系统用蒸汽作为热媒进行采暖时,由于蒸汽供热系统热惰性小,供热速度较快,蒸汽供暖只能采用间歇调节。用蒸汽作热媒时,散热器和管道表面温度高于100 ℃,表面有机灰尘的分解和升华,影响室内空气质量。蒸汽供暖系统的管道(特别是凝结水管)和设备氧腐蚀严重。

　　(2)民用及公共建筑热媒选择。

　　民用及公共建筑热媒选择应符合下列规定:

　　①住宅、医院、托儿所、幼儿园宜采用低温热水采暖,热水温度不宜超过95 ℃。幼儿用房的散热器必须采取防护措施。

　　②学校、写字楼、展览馆等宜采用低温热水采暖或低压蒸汽,热水温度不宜超过95 ℃。

　　③食堂、商业建筑、车站等宜采用高温热水采暖,热水温度不宜超过110 ℃。在不违反卫生、技术和节能要求的前提下,允许采用低压蒸汽作热媒。

　　④俱乐部、电影院等宜采用高温热水采暖或低压蒸汽,热水温度不宜超过110 ℃(条件允许的情况下,热水温度不宜超过130 ℃)。

　　(3)工业建筑热媒选择。

　　工业建筑热媒选择应符合下列规定:

　　①厂区内设在单独建筑的门诊所、药房、托儿所及保健站等宜采用低温热水采暖,热水温度不宜超过95 ℃。

　　②不散发粉尘或散发非燃烧性和非爆炸粉尘的厂房内宜采用低压蒸汽、高压蒸汽、热风、高温热水采暖,热水温度不宜超过110 ℃(条件允许的情况下,热水温度不宜超过130 ℃)。

　　③散发非燃烧性和非爆炸性有机无毒升华粉尘的厂房内宜采用低压蒸汽、热风、高温热水采暖,热水温度不宜超过110 ℃(条件允许的情况下,热水温度不宜超过130 ℃)。

　　④散发非燃烧性和非爆炸性的易升华有毒粉尘、气体及蒸汽的厂房以及散发燃烧性

或爆炸性有毒气体、蒸汽及粉尘的厂房应按照相关规定采用热媒。

⑤任何容积的辅助建筑采用的热媒宜与主体建筑保持一致。

3. 散热设备

散热设备是指将热量传至所需空间的设备，如各种散热器、地暖等设备。

（三）采暖系统的主要设备

1. 锅炉

锅炉及锅炉房设备的任务是保证安全可靠、经济有效地把燃料的化学能转化为热能，进而将热能传递给水，以产生热水或蒸汽，而后通过热力管道输送至用户，满足生产工艺或生活采暖等方面的需要。

2. 地源热泵

地源热泵是一种采用循环流动于共同管路中的水（江河水、湖泊水、水库水、海水、污水），或在地下盘管中循环流动的水作为冷（热）源，制取冷（热）风或冷（热）水的设备。

3. 阀门

采暖系统中常用的阀门有减压阀、关断阀、调解阀、平衡阀、自动排气阀和冷风阀等。其中，减压阀是指蒸汽系统中，在一定的压差范围内，使出口侧压力降低至要求值的阀门。调解阀是指通过改变阀门的开度来调节或限制供热介质参数的流量的阀门。平衡阀是指用于进行系统阻力平衡或流量平衡的阀门。

4. 水泵

采暖系统中常用的水泵有循环水泵、补水泵、凝结水泵、中继泵、混水泵等。其中，循环水泵一般设在热力管网的回水干管上，其扬程不应小于设计流量条件下热源、热网、最不利用户环路压力损失之和。

> **温馨提示**
>
> 循环水泵是指使水在供暖或其他水系统中循环流动的水泵。

5. 集水器、集气罐、补偿器

集水器是指水系统中，用于汇集各个分支系统回水的截面较大的集水装置。

集气罐是指用以聚集和排除水系统中空气的装置。

补偿器是指系统中用于补偿管道热胀冷缩的装置，有方形补偿器、套筒补偿器和球形补偿器等，也称伸缩器。

6. 膨胀水箱

膨胀水箱是指热水或冷水系统中对水体积的膨胀和收缩起调剂补偿等作用的水箱。膨胀水箱的作用是容纳膨胀水体积、排气和定压。在重力循环上供下回式热水供暖系统中，膨胀水箱连接在供水总立管的最高处，具有排除系统内空气的作用；在机械循环热水供暖系统中，膨胀水箱连接在回水干管循环水泵入口前，可以恒定循环水泵入口压力，保证供暖系统压力稳定。膨胀水箱有圆形和矩形两种形式，一般是由薄钢板焊接而成，箱上连有信号管、泄水管、溢流管、膨胀管、循环管等。

> **温馨提示**
>
> 室内采暖系统中，膨胀水箱连接管上不应装阀门的为膨胀管、循环管、溢流管。

7. 减压器

采暖系统中减压器的主要作用是将高压气体降为低压气体，并保持输出气体的压力和流量稳定不变。

8. 除污器

除污器又称过滤器,有卧式和立式两种。其作用是截留过滤,并定期清除系统中的杂质和污物,以保证水质清洁,减少阻力,防止管路系统和设备堵塞。

除污器一般安装在用户入口的供水管道上或循环水泵之前的回水总管上,除污器后应装阀门并设有旁通管道,以便定期清洗检修。

9. 疏水器

疏水器是指能从蒸汽系统中排除凝结水同时又能阻止蒸汽通过的装置。高压蒸汽供暖系统,疏水器前的凝结水管不应向上抬升;疏水器后的凝结水管向上抬升的高度应经计算确定。当疏水器本身无止回功能时,应在疏水器后的凝结水管上设置止回阀。疏水器至回水箱或二次蒸发箱之间的蒸汽凝结水管应按汽水乳状体进行计算。

10. 支座

支座分为活动支座和固定支座。活动支座能直接承受管道的重量,并使管道在温度的作用下能自由伸缩移动,一般分为滑动支座、滚动支座及悬吊支座。固定支座一般设置在补偿器的两端管道上,其目的是限制管道轴向位移,分配补偿器间管道的伸缩量,保证补偿器的均匀工作。

11. 散热器

散热器是安装在采暖房间的散热设备,它把热媒的部分热量通过器壁以对流和辐射方式传给室内空气,使室内维持所需温度,达到采暖目的。

(1)散热器的类型。

常用的散热器有铸铁散热器、钢制散热器、铝制散热器和复合型散热器。其中,复合型散热器是指由两种或两种以上材料复合而成的供暖散热器,包括铜铝复合散热器、钢铝复合散热器、不锈钢铝复合散热器。

散热器的制造材质有铸铁、钢、铝、铜以及塑料、陶土、混凝土、复合材料等,常用的材质为铸铁、钢及铝。

铸铁散热器结构简单,防腐性好,使用寿命长且热稳定性好。但其金属耗量大,金属热强度低于钢制散热器。

钢制散热器金属耗量少,传热系数高,耐压强度高,适用于高层建筑供暖和高温水供暖系统,且外形美观整洁,占地小,便于布置。但其耐腐蚀性差,使用寿命比铸铁散热器短。在蒸汽供暖系统中不宜采用钢制散热器,对具有腐蚀性气体的生产厂房或相对湿度较大的房间,也不宜设置钢制散热器。

> **知识拓展**
>
> 根据结构形式不同,常见的散热器可分为柱形散热器、翼形散热器、柱翼形散热器、钢制板式散热器、钢制柱形散热器、钢管散热器、钢管对流散热器、钢制卫浴型散热器、扁管形散热器、钢制翅片管对流散热器和光排管散热器。其中,光排管散热器一般使用优质焊接钢管焊接成型,也可采用无缝钢管为原料焊接成型,其构造简单,制作方便,使用年限长,散热面积大,适用范围广,易于清洁,较笨重,耗钢材,占地面积大。

(2)散热器的布置。

布置散热器时,应符合下列规定:

①散热器宜安装在外墙窗台下,当安装或布置管道有困难时,也可靠内墙安装。

②两道外门之间的门斗内,不应设置散热器。

③楼梯间的散热器,应分配在底层或按一定比例分配在下部各层。

知识拓展

采暖设备安装时，汽车库内的散热器不宜高位安装，散热器落地安装时宜设置防冻设施。楼梯间散热器应尽量布置在底层。有外窗的房间，散热器宜布置在窗下。铸铁柱形散热器每组片数不宜超过 25 片。

（3）散热器的选择。

选择散热器时，应符合下列规定：

①应根据供暖系统的压力要求确定散热器的工作压力，并符合国家现行有关产品标准的规定。

②具有腐蚀性气体的工业建筑或相对湿度较大的房间应采用耐腐蚀的散热器；放散粉尘或防尘要求较高的工业建筑应采用易于清扫的散热器。

③采用钢制散热器时，应满足产品对水质（pH 为 10～12）的要求，在非供暖季节供暖系统应充水保养。

④采用铝制散热器时，应选用内防腐型，并满足产品对水质（pH 为 5～8.5）的要求。

⑤采用铜质散热器时，应满足产品对水质（pH 为 7.5～10）的要求。

⑥安装热量表和恒温阀的热水供暖系统不宜采用水流通道内含有粘砂的铸铁散热器。

⑦高大空间供暖不宜单独采用对流型散热器。

⑧蒸汽供暖系统不应采用板型和扁管型散热器，并不应采用薄钢板加工的钢制柱形散热器。

考题探究

【不定项】散热器的选用应考虑水质的影响，水的 pH 值在 5～8.5 时，宜选用（　　）。

A. 钢制散热器　　　　　　　　B. 铜制散热器

C. 铝制散热器　　　　　　　　D. 铸铁散热器

【细说考点】本题主要考查散热器的选用，应根据水质来选择具体的散热器。具体内容详见上文。本题选 C。

12. 管道

（1）管道的连接。

采暖系统所用管道有无缝钢管、钢板卷焊管、焊接钢管和镀锌钢管。其中，对焊接钢管的连接，当管径小于或等于 32 mm 时，应采用螺纹连接；当管径大于 32 mm 时，应采用焊接。

温馨提示

钢管的连接方式主要有焊接、法兰连接和丝扣（螺纹）连接。

（2）管道的安装。

管道安装坡度，当设计未注明时，应符合下列规定：

①气、水同向流动的热水采暖管道和汽、水同向流动的蒸汽管道及凝结水管道，坡度应为 0.3%，不得小于 0.2%。

②气、水逆向流动的热水采暖管道和汽、水逆向流动的蒸汽管道，坡度不应小于 0.5%。

③散热器支管的坡度应为 1%，坡向应利于排气和泄水。

散热器支管长度超过 1.5 m 时，应在支管上安装管卡。

上供下回式系统的热水干管变径应顶平偏心连接，蒸汽干管变径应底平偏心连接。

在管道干管上焊接垂直或水平分支管道时,干管开孔所产生的钢渣及管壁等废弃物不得残留管内,且分支管道在焊接时不得插入干管内。

膨胀水箱的膨胀管及循环管上不得安装阀门。

当采暖热媒为 110~130 ℃的高温水时,管道可拆卸件应使用法兰,不得使用长丝和活接头。法兰垫料应使用耐热橡胶板。

焊接钢管管径大于 32 mm 的管道转弯,在作为自然补偿时应使用煨弯。塑料管及复合管除必须使用直角弯头的场合外应使用管道直接弯曲转弯。

> **🔔 知识拓展**
>
> 低温热水地板辐射采暖系统的地面下敷设的盘管埋地部分不应有接头。盘管隐蔽前必须进行水压试验,试验压力为工作压力的 1.5 倍,但不小于 0.6 MPa,其检验方法为稳压 1 h 内压力降不大于 0.05 MPa 且不渗不漏。加热盘管弯曲部分不得出现硬折弯现象,塑料管曲率半径不应小于管道外径的 8 倍,复合管曲率半径不应小于管道外径的 5 倍。

(四)采暖系统的供热计量

目前供热计量主要采取用户热量分摊计量方式。用户热量分摊计量方式是在楼栋热力入口处(或换热机房)安装热量表计量总热量,再通过设置在住宅户内的测量记录装置,确定每个独立核算用户的用热量占总热量的比例,进而计算出用户的分摊热量,实现分户热计量。

用户热分摊方法有散热器热分配计法、流量温度法、通断时间面积法和户用热量表法。应根据建筑类别、室内供暖系统形式、经济发展水平,结合当地实践经验及供热管理方式,合理地选择计量方法,实施分户热计量。分户热计量可采用楼栋计量用户热分摊的方法,对按户分环的室内供暖系统也可采用户用热量表直接计量的方法。同一个热量结算点计量范围内,用户热分摊方式应统一,仪表的种类和型号应一致。

(五)采暖系统的水压试验及调试

采暖系统安装完毕,管道保温之前应进行水压试验。试验压力应符合设计要求。当设计未注明时,应符合下列规定:

(1)蒸汽、热水采暖系统,应以系统顶点工作压力加 0.1 MPa 作水压试验,同时在系统顶点的试验压力不小于 0.3 MPa。

(2)高温热水采暖系统,试验压力应为系统顶点工作压力加 0.4 MPa。

(3)使用塑料管及复合管的热水采暖系统;应以系统顶点工作压力加 0.2 MPa 作水压试验,同时在系统顶点的试验压力不小于 0.4 MPa。

> **🏠 温馨提示**
>
> 水压试验的检验方法:使用钢管及复合管的采暖系统应在试验压力下 10 min 内压力降不大于0.02 MPa,降至工作压力后检查,不渗、不漏;使用塑料管的采暖系统应在试验压力下 1 h 内压力降不大于 0.05 MPa,然后降压至工作压力的 1.15 倍,稳压 2 h,压力降不大于 0.03 MPa,同时各连接处不渗、不漏。

系统试压合格后,应对系统进行冲洗并清扫过滤器及除污器。

系统冲洗完毕应充水、加热,进行试运行和调试。

三、燃气工程安装技术 ⭐⭐⭐⭐⭐

燃气工程是指燃气的生产、储存、输配和应用等工程的总称，包括天然气、人工煤气、液化石油等。

> **知识拓展**
>
> 燃气供应系统主要由气源、输配系统和用户三部分组成。其中，燃气输配系统是一个综合设施，承担向用户输送燃气的使命，主要由燃气输配管网、储配站、调压计量站、运行监控系统、数据采集系统等组成。

（一）用气负荷

城镇燃气用气负荷按用户类型，可分为居民生活用气负荷、商业用气负荷、工业生产用气负荷、采暖通风及空调用气负荷、燃气汽车及船舶用气负荷、燃气冷热电联供系统用气负荷、燃气发电用气负荷、其他用气负荷及不可预见用气负荷等。

城镇燃气用气负荷按负荷分布特点，可分为集中负荷和分散负荷。

城镇燃气用气负荷按用户用气特点，可分为可中断用户和不可中断用户。

（二）燃气气源

燃气气源选择应遵循国家能源政策，坚持降低能耗、高效利用的原则；应与本地区的能源、资源条件相适应，满足资源节约、环境友好、安全可靠的要求。

燃气气源宜优先选择天然气、液化石油气和其他清洁燃料。当选择人工煤气作为气源时，应综合考虑原料运输、水资源因素及环境保护、节能减排要求。

燃气包括天然气、液化天然气、人工煤气、液化石油气、煤层气、沼气等。

（1）天然气。蕴藏在地层中的可燃气体，组分以甲烷为主。按开采方式及蕴藏位置的不同，分为纯气田天然气、石油伴生气、凝析气田气及煤层气。

> **知识拓展**
>
> 天然气是清洁能源，通常为无色无味，使用时需加入有易察觉的臭味气体，如乙硫醇。

（2）液化天然气。天然气经加压、降温得到的液态产物，组分以甲烷为主。

（3）人工煤气。以煤或液体燃料为原料经热加工制得的可燃气体，简称煤气。包括煤制气、油制气。

（4）液化石油气。常温、常压下的石油系烃类气体，经加压、或降温得到的液态产物。组分以丙烷和丁烷为主。

（5）煤层气。与煤伴生、吸附于煤层内的烃类气体，组分以甲烷为主。

（6）沼气。有机物质在一定温度、湿度、酸碱度和隔绝空气的条件下，经过微生物作用而产生的可燃气体，组分以甲烷为主。

（三）燃气输配设施

燃气输配设施主要有储配站、调压装置和附属设施等。

1. 储配站

燃气储配站是接受气源来气并进行净化，加臭，储存，控制供气压力，气量分配，计量和气质检测的设施，即城市燃气输配系统中储存和分配燃气的设施。燃气储配站由压送设备、储存装量、燃气管道和控制仪表以及消防设施等辅助设施组成。

2. 调压装置

燃气调压装置是指将较高燃气压力降至所需的较低压力调压单元总称，包括调压器及其附属设备。

（1）调压箱。调压箱是指设有调压装置的专用箱体，用于调节用气压力的整装设备。其分为楼栋调压箱和直燃式调压箱。楼栋调压箱广泛用于住宅小区、学校餐厅等单位供气，属于低压小流量燃气调压的设备。直燃式调压箱适用于直燃设备（燃气锅炉、燃气空调、燃烧机）供气。

（2）燃气调压站。调压站是指设有调压系统和计量装置的建（构）筑物及附属安全装置的总称，具有调压或调压计量功能。

> **温馨提示**
>
> 燃气调压站包括调压器、过滤器、阀门、安全设施、旁通管、测量仪表等设备。

（3）调压柜。将调压装置放置于专用箱体，设于用气建筑物附近，承担用气压力的调节，包括调压装置和箱体。相当于将燃气调压站功能集成。悬挂式箱和地下式箱称为调压箱，落地式箱称为调压柜。适用于住宅、酒店、工厂、学校等单位供气。

3. 附属设施

燃气系统附属设施主要有阀门、凝水缸、补偿器、过滤器、排水器、放散管等。以下介绍常用的几种。

（1）凝水缸。凝水缸又称凝水器，是指设置在输气管线上，用以收集、排除燃气的凝水。其按构造分为封闭式和开启式两种，封闭式凝水器的密封性好，安装简单，由于没有开启盖，在清理凝水器内的杂物时较为麻烦；开启式凝水器有开启盖，故密封性稍差，但是凝水器内的杂物清理较为方便。凝水器常用的材质有铸铁和钢板。

（2）补偿器。补偿器是指可吸收因温度变化或建筑物沉降引起的管道伸缩、变形的装置，一般设在架空管或桥管上。常用的补偿器有波形管补偿器、套筒式补偿器等。波形管补偿器和套筒式补偿器是燃气管网常用的补偿器，一般埋地铺设的聚乙烯管道上设置套筒式补偿器。

（3）过滤器。过滤器是指分离燃气气流夹带的杂物（灰尘、铁锈和其他杂物），保护下游管道设备免受损坏、污染、堵塞的组件。过滤器可以根据要求配备差压计来显示过滤芯的阻塞情况，便于用户了解滤芯是否该清洗。滤芯采用的材质有不锈钢网、尼龙网等。过滤器一般安装在阀门、调压器、压送机的进口处。

（4）阀门。阀门是用于启闭管道通路或调节管道介质流量的设备。安装前应做严密性试验，不渗漏为合格，不合格者不得安装。

> **知识拓展**
>
> 阀门、凝水缸及补偿器等在正式安装前，应按其产品标准要求单独进行强度和严密性试验，经试验合格的设备、附件应做好标记，并应填写试验记录。试验使用的压力表必须经校验合格，且在有效期内，量程宜为试验压力的 1.5～2.0 倍，阀门试验用压力表的精度等级不得低于 1.5 级。

（四）燃气输配管网

燃气输配管网的作用是将接收站（门站）的燃气输送至各储气点、调压室、燃气用户，并保证沿途输气安全可靠。

> **知识拓展**
>
> 接收站（门站）负责接收气源厂、矿（包括煤制气厂，天然气等）输入城镇使用的燃气，并进行计量、质量检测，按城镇供气的输配要求，控制与调节向城镇供应的燃气流量与压力，必要时还需对燃气进行净化。

1. 输配管道压力分级

输配管道应根据最高工作压力进行分级，并应符合表 5-4 的规定。

表 5-4 输配管道压力分级

名称		最高工作压力/MPa
超高压		$P > 4.0$
高压	A	$2.5 < P \leqslant 4.0$
	B	$1.6 < P \leqslant 2.5$
次高压	A	$0.8 < P \leqslant 1.6$
	B	$0.4 < P \leqslant 0.8$
中压	A	$0.2 < P \leqslant 0.4$
	B	$0.01 < P \leqslant 0.2$
低压		$P \leqslant 0.01$

2. 室内燃气管道

（1）管道的选取与连接。

燃气室内工程使用的管道组成件应按设计文件选用；当设计文件无明确规定时，应符合现行国家标准的有关规定，并应符合下列规定：

①当管子公称尺寸小于或等于 DN50，且管道设计压力为低压时，宜采用热镀锌钢管和镀锌管件。

②当管子公称尺寸大于 DN50 时，宜采用无缝钢管或焊接钢管。

③铜管宜采用牌号为 TP2 的铜管及铜管件；当采用暗埋形式敷设时，应采用塑覆铜管或包有绝缘保护材料的铜管。

④当采用薄壁不锈钢管时，其厚度不应小于 0.6 mm。

⑤不锈钢波纹软管的管材及管件的材质应符合国家现行相关标准的规定。

⑥薄壁不锈钢管和不锈钢波纹软管用于暗埋形式敷设或穿墙时，应具有外包覆层。

⑦当工作压力小于 10 kPa，且环境温度不高于 60 ℃时，可在户内计量装置后使用燃气用铝塑复合管及专用管件。

室内燃气管道的连接应符合下列要求：

①公称尺寸不大于 DN50 的镀锌钢管应采用螺纹连接；当必须采用其他连接形式时，应采取相应的措施。

②无缝钢管或焊接钢管应采用焊接或法兰连接。

③铜管应采用承插式硬钎焊连接，不得采用对接钎焊和软钎焊。

④薄壁不锈钢管应采用承插氩弧焊式管件连接或卡套式、卡压式、环压式等管件机械连接。

⑤不锈钢波纹软管及非金属软管应采用专用管件连接。

⑥燃气用铝塑复合管应采用专用的卡套式、卡压式连接方式。

（2）管道的安装。

室内燃气管道穿过承重墙、地板或楼板时必须加钢套管，套管内管道不得有接头，套管与承重墙、地板或楼板之间的间隙应填实，套管与燃气管道之间的间隙应采用柔性防腐、防水材料密封。

当室内燃气管道穿过楼板、楼梯平台、墙壁和隔墙时,必须安装在套管中,套管内不得有接头,穿墙套管的长度与墙的两侧平齐。穿楼板套管上部应高出楼板 30～50 mm,下部与楼板平齐。

在有人行走的地方,燃气管道敷设高度(从地面到管道底部)不应小于 2.2 m;在有车通行的地方,燃气管道敷设高度(从地面到管道底部)不应小于 4.5 m。

燃气引入管敷设位置应符合下列规定:

①燃气引入管、立管、水平干管不应设置在卫生间内。

②住宅燃气引入管宜设在厨房、外走廊、与厨房相连的阳台内(寒冷地区输送湿燃气时阳台应封闭)等便于检修的非居住房间内。当确有困难,可从楼梯间引入(高层建筑除外),但应采用金属管道且引入管阀门宜设在室外。

③商业和工业企业的燃气引入管宜设在使用燃气的房间或燃气表间内。

④燃气引入管宜沿外墙地面上穿墙引入。室外露明管段的上端弯曲处应加不小于 $DN15$ 清扫用三通和丝堵,并做防腐处理。寒冷地区输送湿燃气时应保温。引入管可埋地穿过建筑物外墙或基础引入室内。当引入管穿过墙或基础进入建筑物后应在短距离内出室内地面,不得在室内地面下水平敷设。

3. 室外燃气管道

能用于输送天然气的管材种类很多,因此必须根据天然气的性质、系统压力及施工要求来选用,并满足机械强度、抗腐蚀、抗震及气密性等各项基本要求。例如高压、中压管道常用钢管;中压、低压管道常用钢管、铸铁管。

(1)钢管。

常用的钢管有普通无缝钢管和螺旋缝埋弧焊接钢管等。钢管具有承载应力大、可塑性好、便于焊接的优点。但与其他管材相比,其耐腐蚀性较差,必须采取可靠的防腐措施。

> **🔔 知识拓展**
>
> 管材防腐宜统一在防腐车间(场、站)进行(管道接口处现场防腐)。钢管一般采用 3PE 防腐技术,3PE 防腐一般由 3 层结构组成:第一层环氧粉末;第二层胶黏剂;第三层聚乙烯。

(2)球墨铸铁管。

球墨铸铁管具有优越的抗腐蚀性能和耐久性能、使用寿命长、塑性好、加工(切断、钻孔)方便等优点,已逐渐取代大口径钢管普遍应用。但相比于钢管,球墨铸铁管重量较大、易断裂且金属消耗多。适用于设计压力为中压 A 级及以下级别的燃气(如人工煤气、天然气、液化石油气等)的输送。

> **🔔 知识拓展**
>
> 球墨铸铁管的接口普遍采用承插口等插入方式连接,采用橡胶圈的柔性接头球墨铸铁管,不但施工简便,缩短了施工工期,且接口严密、柔性好、抵抗变形能力强。球墨铸铁管使用橡胶密封圈密封时,其性能必须符合燃气输送介质的使用要求。橡胶圈应光滑、轮廓清晰,不得有影响接口密封的缺陷。连接时所用的螺栓宜采用可锻铸铁,当采用钢质螺栓时,必须采取防腐措施。

考题探究

【不定项】某输送燃气管道,其塑性好,切断、钻孔方便,抗腐蚀性好,使用寿命长,但其重量大、金属消耗多,易断裂,接口形式常采用柔性接口和法兰接口,此管材为(　　)。

A.球墨铸铁管　　　　　　　　B.耐蚀铸铁管

C.耐磨铸铁管　　　　　　　　D.双面螺旋缝焊钢管

【细说考点】本题主要考查球墨铸铁管的特点。具体内容详见上文。本题选A。

（3）PE 管。

PE 管即为聚乙烯塑料管,具有耐腐蚀、不结垢,管件连接牢固,管材质量轻,使用寿命长,管内局部阻力系数小,塑性、韧性好等优点,但缺点是不耐高温。可用于燃气管道和输送水温不超过 40 ℃的给水管道。

PE 管与金属管不同,它受持续应力及环境温度变化的影响较敏感,故其设计应力应根据长期强度来确定。另外,PE 管对紫外线敏感,长期暴露在空气中会缩短其使用寿命,因此只能用于工作压力小于或等于 0.4 MPa 的埋地管使用。

知识拓展

PE 管根据壁厚分为 SDR11 和 SDR17.6 系列。前者适用于输送气态的人工煤气、天然气、液化石油气,后者主要用于输送天然气。

聚乙烯燃气管道的连接应符合下列规定:

①聚乙烯管材与管件、阀门的连接应采用热熔对接或电熔连接方式,不得采用螺纹连接或粘接。公称外径不大于 90 mm 的聚乙烯管道宜采用电熔连接;公称外径不小于 110 mm 的聚乙烯管道宜采用热熔连接。

②PE 管与金属管道或金属附件连接时,应采用钢塑转换管件连接或法兰连接,当采用法兰连接时,宜设置检查井。

知识拓展

热熔连接是指利用专用加热工具加热聚乙烯管连接部位,使其熔融后,施压连接成一体的管道连接方式,包括热熔承插连接、热熔对接连接、热熔鞍形连接等方式。电熔连接是指利用内埋电阻丝的专用电熔管件,通过专用设备,控制通过内埋于管件中的电阻丝的电压、电流及通电时间,使其达到熔接聚乙烯管道的连接方法,包括电熔承插连接、电熔鞍形连接等方式。

4.管道吹扫与试验

管道安装完毕后应依次进行管道吹扫、强度试验和严密性试验。

（1）管道吹扫。

管道吹扫应符合下列要求:

①吹扫范围内的管道安装工程除补口、涂漆外,已按设计图纸全部完成。

②管道安装检验合格后,应由施工单位负责组织吹扫工作,并应在吹扫前编制吹扫方案。

③应按主管、支管、庭院管的顺序进行吹扫,吹扫出的脏物不得进入已合格的管道。

④吹扫管段内的调压器、阀门、孔板、过滤网、燃气表等设备不应参与吹扫,待吹扫合格后再安装复位。

⑤吹扫口应设在开阔地段并加固,吹扫时应设安全区域,吹扫出口前严禁站人。

⑥吹扫压力不得大于管道的设计压力,且不应大于 0.3 MPa。

⑦吹扫介质宜采用压缩空气,严禁采用氧气和可燃性气体。

⑧吹扫合格设备复位后,不得再进行影响管内清洁的其他作业。

(2)强度试验。

室内燃气管道强度试验的范围应符合下列规定:

①明管敷设时,居民用户应为引入管阀门至燃气计量装置前阀门之间的管道系统;暗埋或暗封敷设时,居民用户应为引入管阀门至燃具接入管阀门(含阀门)之间的管道。

②商业用户及工业企业用户应为引入管阀门至燃具接入管阀门(含阀门)之间的管道(含暗埋或暗封的燃气管道)。

> **温馨提示**
>
> 强度试验压力应为设计压力的 1.5 倍且不得低于 0.1 MPa。

(3)严密性试验。

严密性试验范围应为引入管阀门至燃具前阀门之间的管道。通气前还应对燃具前阀门至燃具之间的管道进行检查。

室内燃气系统的严密性试验应在强度试验合格之后进行。

5.燃气表的分类与安装

(1)燃气表的分类。

市场上燃气表主流有两种,一种为传统式的机械式膜式燃气表;另一种为预付费膜式燃气表。机械式燃气表优点在于计量可靠,质量稳定,缺点在于抄表麻烦,多用在管网或区域总干管。预付费膜式燃气表是在传统机械式基础上进行改进得来的,在原来基础上增加电子计量方式、预付费及显示功能,可以显示当前燃气表的工作状态等,常用于用户末端。实现先买气后用气的预付费方式,大大降低燃气公司及人工成本。

(2)燃气表的安装。

燃气用户应单独设置燃气表。燃气表应根据燃气的工作压力、温度、流量和允许的压力降(阻力损失)等条件选择。

用户燃气表的安装位置,应符合下列要求:

①宜安装在不燃或难燃结构的室内通风良好和便于查表、检修的地方。

②燃气表的环境温度,当使用人工煤气和天然气时,应高于 0 ℃;当使用液化石油气时,应高于其露点 5 ℃以上。

③住宅内燃气表可安装在厨房内,当有条件时也可设置在户门外。住宅内高位安装燃气表时,表底距地面不宜小于 1.4 m;当燃气表装在燃气灶具上方时,燃气表与燃气灶的水平净距不得小于 30 cm;低位安装时,表底距地面不得小于 10 cm。

④商业和工业企业的燃气表宜集中布置在单独房间内,当设有专用调压室时可与调压器同室布置。

四、给排水、采暖和燃气工程计量 ★★★

根据《通用安装工程工程量计算规范》,给排水、采暖、燃气工程的计量规则如下。

(一)给排水、采暖、燃气管道

给排水、采暖、燃气管道工程量的计量规则如表 5-5 所示。

表 5-5　给排水、采暖、燃气管道

项目名称	项目特征	计量单位	工程量计算规则	工作内容
镀锌钢管	略	m	按设计图示管道中心线以长度计算	略
钢管				
不锈钢管				
铜管				
铸铁管	略			略
塑料管	略			略
复合管	略			略
直埋式预制保温管	略			略
承插陶瓷缸瓦管	略			略
承插水泥管				
室外管道碰头	略	处	按设计图示以处计算	略

注：a. 安装部位，指管道安装在室内、室外。

　　b. 输送介质包括给水、排水、中水、雨水、热媒体、燃气、空调水等。

　　c. 方形补偿器制作安装应含在管道安装综合单价中。

　　d. 铸铁管安装适用于承插铸铁管、球墨铸铁管、柔性抗震铸铁管等。

　　e. 塑料管安装适用于 UPVC、PVC、PP－C、PP－R、PE、PB 管等塑料管材。

　　f. 复合管安装适用于钢塑复合管、铝塑复合管、钢骨架复合管等复合型管道安装。

　　g. 直埋保温管包括直埋保温管件安装及接口保温。

　　h. 排水管道安装包括立管检查口、透气帽。

　　i. 室外管道碰头：适用于新建或扩建工程热源、水源、气源管道与原(旧)有管道碰头；室外管道碰头包括挖工作坑、土方回填或暖气沟局部拆除及修复；带介质管道碰头包括开关闸、临时放水管线铺设等费用；热源管道碰头每处包括供、回水两个接口；碰头形式指带介质碰头、不带介质碰头。

　　j. 管道工程量计算不扣除阀门、管件(包括减压器、疏水器、水表、伸缩器等组成安装)及附属构筑物所占长度；方形补偿器以其所占长度列入管道安装工程量。

　　k. 压力试验按设计要求描述试验方法，如水压试验、气压试验、泄漏性试验、闭水试验、通球试验、真空试验等。

　　l. 吹、洗按设计要求描述吹扫、冲洗方法，如水冲洗、消毒冲洗、空气吹扫等。

考题探究

【不定项】下列关于室外管道碰头的说法中，正确的为(　　　)。

A. 不包括工作坑，土方回填

B. 带介质管道不包括开关闸，临时放水管线

C. 适用于新建或扩建工程热源、水源、气源与原(旧)有管道碰头

D. 热源管道碰头供、回水接头分别计算

【细说考点】本题主要考查室外管道碰头的规定，需熟记相关考点内容。室外管道碰头的工作内容应当包括工作坑的开挖、土方回填等项目，并予以计量。带介质的管道碰头应当包括开头闸、临时放水管线等内容。热源管道碰头处一处供、回水两个接头，一并计算。具体内容详见上文。本题选 C。

（二）支架及其他

支架及其他的计量规则如表 5-6 所示。

表 5-6　支架及其他

项目名称	项目特征	计量单位	工程量计算规则	工作内容
管道支架	略	kg 或套	以千克计量，按设计图示质量计算； 以套计量，按设计图示数量计算	略
设备支架	略			
套管	略	个	按设计图示数量计算	略

注：a. 单件支架质量 100 kg 以上的管道支吊架执行设备支吊架制作安装。

　　b. 成品支架安装执行相应管道支架或设备支架项目，不再计取制作费，支架本身价值含在综合单价中。

　　c. 套管制作安装，适用于穿基础、墙、楼板等部位的防水套管、填料套管、无填料套管及防火套管等，应分别列项。

（三）管道附件

管道附件的计量规则如表 5-7 所示。

表 5-7　管道附件

项目名称	项目特征	计量单位	工程量计算规则	工作内容
螺纹阀门	略	个	按设计图示数量计算	略
螺纹法兰阀门				
焊接法兰阀门				
带短管甲乙阀门	略			
塑料阀门	略			略
减压器	略	组		略
疏水器				
除污器（过滤器）	略			
补偿器	略	个		
软接头（软管）	略	个（组）		略
法兰	略	副（片）		
倒流防止器	略	套		
水表	略	组（个）		略
热量表	略	块		
塑料排水管消声器	略	个		略
浮标液面计		组		
浮漂水位标尺	略	套		

注：a. 法兰阀门安装包括法兰连接，不得另计。阀门安装如仅为一侧法兰连接时，应在项目特征中描述。

　　b. 塑料阀门连接形式需注明热熔连接、粘接、热风焊接等方式。

　　c. 减压器规格按高压侧管道规格描述。

　　d. 减压器、疏水器、倒流防止器等项目包括组成与安装工作内容，项目特征应根据设计要求描述附件配置情况，或根据××图集或××施工图做法描述。

（四）卫生器具

卫生器具的计量规则如表5-8所示。

表5-8　卫生器具

项目名称	项目特征	计量单位	工程量计算规则	工作内容
浴缸	略	组	按设计图示数量计算	略
净身盆				
洗脸盆				
洗涤盆				
化验盆				
大便器				
小便器				
其他成品卫生器具				
烘手器	略	个	按设计图示数量计算	略
淋浴器	略	套		略
淋浴间				
桑拿浴房				
大、小便槽自动冲洗水箱	略			略
给、排水附（配）件	略	个（组）		略
小便槽冲洗管	略	m	按设计图示长度计算	
蒸汽－水加热器	略	套	按设计图示数量计算	略
冷热水混合器				
饮水器				略
隔油器	略			

注：a. 成品卫生器具项目中的附件安装，主要指给水附件包括水嘴、阀门、喷头等，排水配件包括存水弯、排水栓、下水口等以及配备的连接管。

　　b. 浴缸支座和浴缸周边的砌砖、瓷砖粘贴，应按现行国家标准《房屋建筑与装饰工程工程量计算规范》相关项目编码列项；功能性浴缸不含电机接线和调试，应按《通用安装工程工程量计算规范》电气设备安装工程相关项目编码列项。

　　c. 洗脸盆适用于洗脸盆、洗发盆、洗手盆安装。

　　d. 器具安装中若采用混凝土或砖基础，应按现行国家标准《房屋建筑与装饰工程工程量计算规范》相关项目编码列项。

　　e. 给、排水附（配）件是指独立安装的水嘴、地漏、地面扫出口等。

（五）供暖器具

供暖器具的计量规则如表5-9所示。

表 5-9 供暖器具

项目名称	项目特征	计量单位	工程量计算规则	工作内容
铸铁散热器	略	组(片)	按设计图示数量计算	略
钢制散热器	略	片(组)		略
其他成品散热器	略			
光排管散热器	略	m	按设计图示排管长度计算	略
暖风机	略	台	按设计图示数量计算	略
地板辐射采暖	略	m² 或 m	以平方米计量,按设计图示采暖房间净面积计算;以米计量,按设计图示管道长度计算	略
热媒集配装置	略	台	按设计图示数量计算	略
集气罐	略	个		略

注:a. 铸铁散热器,包括拉条制作安装。

b. 钢制散热器结构形式,包括钢制闭式、板式、壁板式、扁管式及柱式散热器等,应分别列项计算。

c. 光排管散热器,包括联管制作安装。

d. 地板辐射采暖,包括与分集水器连接和配合地面浇注用工。

(六)采暖、给排水设备

采暖、给排水设备的计量规则如表 5-10 所示。

表 5-10 采暖、给排水设备

项目名称	项目特征	计量单位	工程量计算规则	工作内容
变频给水设备	略	套	按设计图示数量计算	略
稳压给水设备				
无负压给水设备				
气压罐	略	台		略
太阳能集热装置	略	套		略
地源(水源、气源)热泵机组	略	组		略
除砂器	略	台		略
水处理器				
超声波灭藻设备	略			
水质净化器				
紫外线杀菌设备	略			
热水器、开水炉	略			略
消毒器、消毒锅	略			略
直饮水设备	略	套		略
水箱	略	台		略

注:a. 变频给水设备、稳压给水设备、无负压给水设备安装,说明:压力容器包括气压罐、稳压罐、无负压罐;水泵包括主泵及备用泵,应注明数量;附件包括给水装置中配备的阀门、仪表、软接头,应注明数量,含设备、附件之间管路连接;泵组底座安装,不包括基础砌(浇)筑,应按现行国家标

准《房屋建筑与装饰工程工程量计算规范》相关项目编码列项；控制柜安装及电气接线、调试应按《通用安装工程工程量计算规范》电气设备安装工程相关项目编码列项。

b. 地源热泵机组，接管以及接管上的阀门、软接头、减震装置和基础另行计算，应按相关项目编码列项。

（七）燃气器具及其他

燃气器具及其他的计量规则如表 5-11 所示。

表 5-11　燃气器具及其他

项目名称	项目特征	计量单位	工程量计算规则	工作内容
燃气开水炉	略	台	按设计图示数量计算	略
燃气采暖炉				
燃气沸水器、消毒器	略			
燃气热水器				
燃气表	略	块（台）		略
燃气灶具	略	台		略
气嘴	略	个		
调压器	略	台		
燃气抽水缸	略	个		略
燃气管道调长器	略			
调压箱、调压装置	略	台		
引入口砌筑	略	处		略

注：a. 沸水器、消毒器适用于容积式沸水器、自动沸水器、燃气消毒器等。

　　b. 燃气灶具适用于人工煤气灶具、液化石油气灶具、天然气燃气灶具等，用途应描述民用或公用，类型应描述所采用气源。

　　c. 调压箱、调压装置安装部位应区分室内、室外。

　　d. 引入口砌筑形式，应注明地上、地下。

（八）医疗气体设备及附件

医疗气体设备及附件的计量规则如表 5-12 所示。

表 5-12　医疗气体设备及附件

项目名称	项目特征	计量单位	工程量计算规则	工作内容
制氧机	略	台	按设计图示数量计算	略
液氧罐				
二级稳压箱				
气体汇流排		组		
集污罐		个		略
刷手池	略	组		略

（续表）

项目名称	项目特征	计量单位	工程量计算规则	工作内容
医用真空罐	略	台	按设计图示数量计算	略
气水分离器	略			略
干燥机	略			略
储气罐				
空气过滤器		个		
集水器		台		
医疗设备带	略	m	按设计图示长度计算	
气体终端	略	个	按设计图示数量计算	

注：a.气体汇流排适用于氧气、二氧化碳、氮气、笑气、氩气、压缩空气等医用气体汇流排安装。

b.空气过滤器适用于医用气体预过滤器、精过滤器、超精过滤器等安装。

（九）采暖、空调水工程系统调试

采暖、空调水工程系统调试的计量规则如表 5-13 所示。

表 5-13　采暖、空调水工程系统调试

项目名称	项目特征	计量单位	工程量计算规则	工作内容
采暖工程系统调试	略	系统	按采暖工程系统计算	略
空调水工程系统调试			按空调水工程系统计算	

注：a.由采暖管道、阀门及供暖器具组成采暖工程系统。

b.由空调水管道、阀门及冷水机组组成空调水工程系统。

c.当采暖工程系统、空调水工程系统中管道工程量发生变化时，系统调试费用应做相应调整。

（十）相关问题及说明

管道界限的划分：

（1）给水管道室内外界限划分：以建筑物外墙皮 1.5 m 为界，入口处设阀门者以阀门为界。

（2）排水管道室内外界限划分：以出户第一个排水检查井为界。

（3）采暖管道室内外界限划分：以建筑物外墙皮 1.5 m 为界，入口处设阀门者以阀门为界。

（4）燃气管道室内外界限划分：地下引入室内的管道以室内第一个阀门为界，地上引入室内的管道以墙外三通为界。

管道热处理、无损探伤，应按《通用安装工程工程量计算规范》附录 H 工业管道工程相关项目编码列项。

医疗气体管道及附件，应按《通用安装工程工程量计算规范》附录 H 工业管道工程相关项目编码列项。

管道、设备及支架除锈、刷油、保温除注明者外，应按《通用安装工程工程量计算规范》附录 M 刷油、防腐蚀、绝热工程相关项目编码列项。

凿槽（沟）、打洞项目，应按《通用安装工程工程量计算规范》附录 D 电气设备安装工程相关项目编码列项。

考题探究

【不定项】根据《通用安装工程工程量计算规范》，给排水、采暖管道室内外界限划分，正确的有（   ）。

A.给水管以建筑物外墙皮1.5 m为界，入口处设阀门者以阀门为界

B.排水管以建筑物外墙皮3 m为界，有化粪池时以化粪池为界

C.采暖管地下引入室内以室内第一个阀门为界，地上引入室内以墙外三通为界

D.采暖管以建筑物外墙皮1.5 m为界，入口处设阀门者以阀门为界

【细说考点】本题主要考查给排水、采暖管道室内外界限划分的原则。具体内容详见上文。本题选AD。

第二节　工业管道工程安装技术与计量

一、工业管道组成与分类 ★★★

工业管道是指用管子、管子连接件和阀门等连接成的用于输送气体、液体或带固体颗粒的流体的装置。通常，流体经鼓风机、压缩机、泵和锅炉等增压后，从管道的高压处流向低压处，也可利用流体自身的压力或重力输送。管道的用途很广泛，主要用在给水、排水、供热、供煤气、长距离输送石油和天然气、农业灌溉、水利工程和各种工业装置中。

知识拓展

工业管道属于压力管道的一种，压力管道是指所有承受内压或外压的管道。压力管道可分为长输管道（GA）、公用管道（GB）、工业管道（GC）。其中，公用管道是指城市或乡镇范围内的用于公用事业或民用的燃气管道和热力管道，划分为GB1级（城镇燃气管道）和GB2级（城镇热力管道）。

（一）工业管道的组成

工业管道是指由管道元件连接或装配而成，在生产装置中用于输送工艺介质的工艺管道、公用工程管道及其他辅助管道。

管道元件是指连接或装配成管道系统的各种零部件的总称，包括管道组成件和管道支承件。

管道组成件是指用于连接或装配管道的管道元件，包括管子、管件、法兰、密封件、紧固件、阀门、安全保护装置以及诸如膨胀节、挠性接头、耐压软管、疏水器、过滤器、管路中的节流装置和分离器等。

管道支承件是指将管道的自重、输送流体的重量、由于操作压力和温差所造成的荷载以及振动、风力、地震、雪载、冲击和位移应变引起的荷载等传递到管架结构上去的管道元件，包括吊杆、弹簧支吊架、恒力支吊架、斜拉杆、平衡锤、松紧螺栓、支撑杆、链条、导轨、锚固件、鞍座、垫板、滚柱、托座、滑动支座、管吊、吊耳、卡环、管夹、U形夹和夹板等。

管子是指用于管道中输送各种流体的零件。

以下主要讲解常用的管子。

1.夹套管

夹套管是指具有双层套管结构的管路，由内管（主管）和外管组成。内管运行工艺介质流体，内外管间的夹套运行换热流体，外管运行的介质为蒸汽、热水、冷媒或联苯热载

体,类似于简易的热交换器。这种管路适用于非常黏稠和一些对局部过热比较敏感的流体。夹套管具有伴热均匀、效率高、温度调节迅速等优点,是其他伴热方法所不能替代的,在石油化工、化纤等装置中应用较为广泛。

知识拓展

夹套管的材质一般采用碳钢或不锈钢,其适用的工作压力一般不大于 25 MPa,工作温度为 −20 ~350 ℃。

常见的夹套管形式有以下两种:

(1)内管焊缝外露式。夹套管内管所有焊缝均在外部可见,没有外夹套管层,维修、检查方便;但所有内管焊缝周边无保温或保冷介质,对工艺介质温度保持稳定具有一定影响,仅用于夹套管的某些特定部位。

(2)内管焊缝隐蔽式。夹套管内管所有焊缝均被夹套管外层遮盖,无法从外观看见,维修、检查不便,但能够保证内管的工艺介质温度稳定。

夹套管的类别不同,其制作、安装要求也不同。夹套管的等级应按内管和外观进行分类,具体分类如表 5-14 所示。

表 5-14 夹套管的等级分类

类别		设计压力/MPa	工作温度/℃	工作介质	射线检查合格标准
内管	Ⅰ 高压管道	$P \geqslant 10$	−20 ~350	工艺介质	Ⅱ级
	Ⅱ 中压管道	$1.6 \leqslant P < 10$	−20 ~350	工艺介质	Ⅱ级
	Ⅲ 低压管道	$0 \leqslant P < 1.6$	−20 ~350	工艺介质	Ⅱ级
	Ⅱ 真空管道	$P < 0$	−20 ~350	工艺介质	Ⅱ级
外管	Ⅰ 中压管道	$1.6 \leqslant P < 10$	250 ~280	热媒	Ⅲ级
			20 ~250	蒸汽、热水	—
			20 ~250	冷媒	Ⅲ级
	Ⅱ 低压管道	$0 \leqslant P < 1.6$	<350	热媒(联苯热载体)	Ⅱ级

2. 合金钢管

合金钢管是指采用优质碳素钢,合金结构钢和不锈耐热钢做材质,经热轧(挤、扩)或冷轧(拔)而成的钢管。

合金钢管适用的工作压力在 32 MPa 以下,温度为 −50 ~570 ℃范围以内。管道所用的合金钢管钢号为 15Mn、15MnV、16Mn、16Mo、12CrMo、15CrMo、12CrMoV 等。适用于除强腐蚀介质以外的中、低压工业管道工程。

锅炉用高压无缝管有优质碳素钢(20 号钢)、普通低合金钢管(16Mn、15MnV、12MnMoV、12MoVWBSiRE)和合金结构钢(15CrMo、12Cr1MoV、12Cr2MoMVB、12Cr3MoVSiTiB)。管道主要用于输送高压高温汽水介质或高压高温含氢介质。

化肥用高压无缝钢管中的普通低合金钢钢管,适用于公称压力为 22 MPa、32 MPa,工作温度为 −40 ~400 ℃,输送介质为合成氨原料气(碳酸气、氢气等)、氨甲醇、尿素等。

3. 不锈钢管

不锈钢钢管是一种不易生锈的中空长条圆形钢材,广泛用于石油、化工、医疗、食品、轻工、机械仪表等工业输送管道以及机械结构部件等。另外,在折弯、抗扭强度相同时,其重量较轻,所以也广泛用于制造机械零件和工程结构;也常用于家具、厨具等。

不锈钢具有高度化学稳定性、抵抗腐蚀。不锈钢按照金相组织的不同，一般可以分为马氏体类不锈钢、铁素体类不锈钢、奥氏体类不锈钢等；也可按其性能的不同分类，如能够抵抗大气腐蚀的称为耐大气腐蚀不锈钢；能耐弱酸碱腐蚀介质的称为耐酸碱腐蚀不锈钢；耐高温环境的称为耐高温不锈钢。

4. 钛及钛合金管

钛及钛合金管是近年来新出现的一种管材，由于其具有重量轻、强度高、耐腐蚀性强和耐低温等特点，常被用于其他管材无法胜任的工艺部位。

钛管是由 TA1、TA2、TC1、TC2 等工业纯钛制造，适用温度范围为 $-60 \sim 250$ ℃，当温度超过 250 ℃时，其机械性能下降。

纯钛的强度低、熔点高，但比强度高，塑性及低温韧性好，耐腐蚀性好（与不锈钢差不多），容易加工成型。纯钛在大气和海水中有优良的耐腐蚀性，在浓度较低的硫酸、盐酸、磷酸、过氧化氢和王水、硝酸、氢氧化钠等介质中都很稳定，但在浓度较高的盐酸、硫酸、氢氟酸等介质中耐腐蚀性较差。随着钛的纯度降低，强度升高，塑性大大降低。钛管虽然具有很多优点，但因价格昂贵，焊接难度较大，尚未被广泛采用。

考题探究

【不定项】在海水及大气中具有良好的腐蚀性，但不耐浓盐酸、浓硫酸的是（　　）。

A. 不锈钢管　　　　　　　　　　B. 铜及铜合金管

C. 铝及铝合金管　　　　　　　　D. 钛及钛合金管

【细说考点】本题主要考查钛及钛合金管的特点。具体内容详见上文。本题选 D。

5. 铝及铝合金管

铝具有良好的导热性和较高的可塑性，但机械强度较低，切削加工性差。常用铝及铝合金管有：纯铝 12、13、14 等制造的铝管；防锈铝合金 LF2、LF3、LF5、LF11、LF21 等制造的铝合金管。

铝及铝合金管一般用于压力不超过 0.6 MPa，工作温度不超过 150 ℃的管道工程，其中 LF3、LF5、LF11 的最高使用温度为 66 ℃。

铝的耐腐性好，其纯度越高，耐腐蚀性越强。在铝中加入少量铜、镁、锰、锌等元素，就构成铝合金，其强度增加，但耐腐蚀性能降低。铝随着温度升高，力学性能明显降低，故铝管的最高使用温度不得超过 200 ℃；对于有压力的管道，使用温度不得超过 160 ℃。在低温（小于 -150 ℃）深冷工程的管道中较多选用铝及铝合金管。

6. 铜及铜合金管

铜管分紫铜管和黄铜管两种。制造紫铜管所用的材料牌号有 T2、T3、T4 和 TUP 等，含铜量较高，占 99.7％以上；制造黄铜管的所用的材料牌号有 H62、H68 等，都是锌和铜的合金。

铜及铜合金管导热性好，低温强度高，抗腐蚀性能强，不易氧化，且与一些液态物质不易发生化学反应，容易煨弯造型。在深冷工程和化工管道中，一般用作仪表测压管线或传送有压液体管线。但当温度大于 250 ℃且有压力的情况下不宜使用。

7. 铸铁管

铸铁管是指用铸铁浇铸成型的管子。铸铁管用于给水、排水和煤气输送管线，包括铸铁直管和管件。

铸铁管的分类方法有很多,按铸造方法不同,分为连续铸铁管、砂型离心承插直管、砂型铁管;按材质不同,分为灰口铸铁管、球墨铸铁管、高硅铁管;按接口形式不同,分为柔性接口、法兰接口、自锚式接口、刚性接口等。

8. 塑料管

常用的塑料管有硬聚氯乙烯管、聚乙烯管、改性聚丙烯管和工程塑料管等。塑料管具有质量轻、加工容易和施工方便等特点。

9. 衬胶管

衬胶管道是一种外部以钢或者硬质结构为管道骨架,内衬耐磨、防腐以及耐高温的橡胶作为衬里层的管道,通过橡胶自身物理和化学性能从而降低了管路输送介质对外部结构的作用如冲击力、腐蚀等,其由于橡胶的缓冲作用,大大延长了管路的使用寿命,降低使用者的成本。衬胶管因其特性广泛应用于酸、碱、盐输送系统。

衬胶管道的衬里层通常为耐磨、防腐以及耐高温的橡胶。衬里橡胶可选用硬橡胶、半硬橡胶和软橡胶。其中,衬里用橡胶一般不单独使用软橡胶,一般采用几种橡胶共同复合衬里,如硬橡胶(或半硬橡胶)与软橡胶的复合衬里。

> 🔔 **知识拓展**
>
> 衬胶管的使用压力小于或等于 0.6 MPa(表压);真空度小于或等于 0.08 MPa。硬橡胶板使用温度应大于或等于 0 ℃,小于或等于 85 ℃;当真空度小于 0.08 MPa 时,使用温度大于或等于 0 ℃,小于或等于 65 ℃。半硬橡胶板、软橡胶板及硬橡胶复合衬里使用温度应大于或等于 −25 ℃,小于或等于 75 ℃,但软橡胶板短时间可允许加热至 100 ℃。

(二)工业管道的等级和分类

1. 工业管道的等级

工业管道按照设计压力、设计温度、介质毒性程度、腐蚀性和火灾危险性划分为 GC1、GC2、GC3 三个等级。

工业管道级别及介质毒性程度、腐蚀性和火灾危险性的划分具体如下:

(1)GC1 级。符合下列条件之一的工业管道,为 GC1 级:

①输送毒性程度为极度危害介质,高度危害气体介质和工作温度高于其标准沸点的高度危害的液体介质的管道。

②输送火灾危险性为甲、乙类可燃气体或者甲类可燃液体(包括液化烃)的管道,并且设计压力大于或者等于 4.0 MPa 的管道。

③输送除前两项介质的流体介质并且设计压力大于或者等于 10.0 MPa,或者设计压力大于或者等于 4.0 MPa,并且设计温度高于或者等于 400 ℃的管道。

(2)GC2 级。除规定的 GC3 级管道外,介质毒性程度、火灾危险性(可燃性)、设计压力和设计温度低于规定的 GC1 级的管道。

(3)GC3 级。输送无毒、非可燃流体介质,设计压力小于或者等于 1.0 MPa,并且设计温度高于 −20 ℃但是不高于 185 ℃的管道。

2. 工业管道的分类

工业管道按管道的材质分类,可分为金属管道和非金属管道。常见的工业管道大部分为金属管道,如碳钢管、碳钢伴热管、不锈钢管、合金钢管、钛及钛合金管、镍及镍合金管、锆及锆合金管、铝及铝合金管、铜及铜合金管、铸铁管等。非金属管道包括塑料管、玻璃钢管、预应力混凝土管等。

工业管道按管道的压力分类,可分为低压管道、中压管道和高压管道。工业管道压力具体等级划分如下：

（1）低压，$0 < P \leqslant 1.6$ MPa。

（2）中压，$1.6 < P \leqslant 10$ MPa。

（3）高压，$10 < P \leqslant 42$ MPa。

（4）蒸汽管道，$P \geqslant 9$ MPa；工作温度$\geqslant 500$ ℃。

> 🔔 **知识拓展**
>
> 工业管道工程适用于新建、扩建项目中厂区范围内的车间、装置、站、罐区及其相互之间各种生产用介质输送管道，厂区第一个连接点以内的生产用（包括生产与生活共用）给水、排水、蒸汽、煤气输送管道的安装工程。其中，给水以入口水表井为界；排水以厂区围墙外第一个污水井为界；蒸汽和煤气以入口第一个计量表（阀门）为界；锅炉房、水泵房以墙皮为界。

二、工业管道工程安装技术 ⭐⭐⭐⭐⭐

（一）夹套管安装技术

1. 一般规定

夹套管制造所用的管道、管件及其材料应具有制造厂的质量证明文件，其特性数据应符合国家现行有关标准和设计文件的规定。

夹套管制造单位应根据设计文件，在减少焊缝数量的原则下合理确定管道分段范围。外管宜预留调整管段，调节裕量宜为 50～100 mm。

2. 阀门的检验

阀门应进行壳体试验和密封试验，除波纹管密封阀门外，具有上密封结构的阀门还应进行上密封试验，不合格者不得使用。

阀门的壳体试验压力应为阀门在 20 ℃时最大允许工作压力的 1.5 倍，密封试验压力应为阀门在 20 ℃时最大允许工作压力的 1.1 倍；当阀门铭牌标示对最大工作压差或阀门配带的操作机构不适宜进行高压密封试验时，试验压力应为阀门铭牌标示的最大工作压差的 1.1 倍；阀门的上密封试验压力应为阀门在 20 ℃时最大允许工作压力的 1.1 倍。

夹套阀门的夹套部分应采用设计压力的 1.5 倍进行压力试验。

阀门在试验压力下的持续时间不得少于 5 min。无特殊规定时，试验介质温度应为 5～40 ℃，当低于 5 ℃时，应采取升温措施。

阀门壳体压力试验以壳体填料无渗透为合格。阀门密封试验和上密封试验应以密封面不漏为合格。

3. 夹套管的预制

夹套管预制过程中应确保内管的焊缝裸露可见。在内管检验合格前不得进行外管封闭焊接。夹套管预制时，外管应比相应内管短 50～100 mm，外管封焊由调整半管实测尺寸补偿。夹套管异径管宜采用标准管件。夹套管异径管对接时，内、外异径管大口径端面应错开，错开距离宜为 50 mm，外管异径管进行纵向剖切可作调整半管使用。夹套弯管的外管组焊应在内管预制完毕并经无损检测合格后进行。

定位板材质应与夹套管的内管材质相同，并应与内管焊接牢固。定位板与外管内壁间隙宜大于 1.5 mm，几何尺寸应按设计文件规定。定位板安装宜均匀布置，且不应影响环隙介质的流动和管道的热位移。定位板的焊缝应满焊，且不宜在管道焊缝处。

导流板的材质应与夹套管内管材质相同。导流板安装应符合设计文件规定，间距应均匀。导流板应与内管的外壁紧贴，宜采用点焊的形式进行固定，焊接应牢固可靠。

4. 夹套管的焊接

不锈钢管宜采用氩弧焊或氩电联合焊,碳钢管根据工艺要求可采用氩电联合焊。经检查合格的不锈钢焊缝及其热影响区,应用酸洗、钝化膏(或液)及时进行酸洗、钝化处理。

5. 夹套管及附件的安装

夹套管安装应在建筑物或构筑物施工基本完成,与配管有关的设备及支、吊架已就位、固定、找平后进行。夹套管宜先于邻近有关的单线管安装。

> **知识拓展**
>
> 夹套管安装前,应对预制的管段按照图纸核对编号,应检查各管段质量及施工记录,再对内管进行清理检查,并应在合格后再进行封闭连接及安装就位。夹套管安装使用的阀门、夹套法兰、仪表件等,安装前应按国家现行有关标准进行检查、清洗和检验。夹套管的连通管安装,应符合设计文件的规定。当设计无规定时,连通管不得存液。夹套管的支承块不得妨碍管内介质的流动。支承块在同一位置处应设置 3 块,管道水平安装时,其中 2 块支承块应对地面跨中布置,夹角应为 110°~120°;管道垂直安装时,3 块支承块应按 120°夹角均匀布置。

法兰、焊缝及其他连接件的设置应便于检修,并不得紧贴墙壁、楼板或管架。

夹套管安装时,其重量不应作用在转动设备上。不得强行组对或改变垫片厚度补偿安装误差。安装工作如间断进行,应及时封闭敞开管道和阀门端口。

夹套管穿越墙壁、平台、楼板时,宜装设套管或防水套管。夹套管附属的连接件应与夹套管预制同时施工完毕。

高温夹套管使用的螺栓、螺母应涂以二硫化钼、石墨机油等"防烧结剂",垫片应涂密封膏。高温夹套管的螺栓、螺母在试运行时应按设计规定进行热紧。

夹套管焊缝位置布局应符合下列规定:

(1)两环向焊缝间距,内管不宜小于 200 mm,外管不宜小于 100 mm。

(2)环向焊缝距管架不宜小于 100 mm,且不得留在过墙或楼板处。

(3)夹套管外管剖切的纵向焊缝应置于易检修的部位。

(4)在内管焊缝上,不得开孔或连接支管。外管焊缝上不宜开孔或连接支管。

6. 夹套管系统的试验

内管加工完毕,焊接部位应裸露进行压力试验。现场条件不允许进行管道液压和气压试验时,应经建设单位和设计单位同意,可采取无损检测、管道系统柔性分析和泄漏试验替代压力试验。所有环向、纵向对接焊缝和螺旋焊焊缝应进行 100% 的射线检测或 100% 超声波检测。

> **温馨提示**
>
> 夹套管的内管有焊缝时,该焊缝应进行射线检测,并应经试压合格后,再封入外管。焊缝质量合格标准不应低于现行行业标准规定的 Ⅱ 级。

> **知识拓展**
>
> 夹套管内管的试验压力应按内部或外部设计压力的最高值确定。液压试验应缓慢升压,待达到试验压力后,稳压 10 min,再将试验压力降至设计压力,稳压 30 min,应检查压力表无压降、管道所有部位无渗漏。真空系统在压力试验合格后,还应按设计文件规定进行 24 h 的真空度试验,增压率不应大于 5%。

7. 夹套管系统的吹扫和清洗

夹套管道系统在安装完成并已进行试压合格后，应进行系统的吹扫和清洗工作，设计文件中有特殊规定的除外。

夹套管系统应按内、外管分别进行吹扫。吹扫前，应先根据系统操作工况要求、工作介质特性和工艺系统设计文件的要求制订具体的、有针对性的吹扫方案和安全防护措施，划定吹扫警戒区域。

🔔 **知识拓展**

> 蒸汽吹扫前，应先进行暖管，并应及时疏水。暖管时，应检查管道的热位移，当有异常时，应及时进行处理。

管道吹扫与清洗方法应根据管道的使用要求、工作介质、系统回路、现场条件及管道内表面脏污程度确定，并应符合下列规定：

（1）吹扫介质如无特殊要求，宜采用压缩空气，压缩空气应干燥洁净。

（2）蒸汽管道应采用低压蒸汽吹扫，非热力管道不应采用蒸汽吹扫。

（3）高温非蒸汽和非高温水的管道，应采用压缩空气吹扫，或按照设计文件要求执行。

（4）压缩空气设计吹扫气速不应小于 20 m/s，蒸汽吹扫气速不得小于 30 m/s。

（5）夹套管系统有特殊要求的，应按照设计文件的特殊要求制订相应的吹扫方案。

（6）内管公称管径大于或等于 600 mm 的管道，可以采用人工清理；内管公称管径小于 600 mm 的液体管道宜采用水冲洗；内管公称管径小于 600 mm 的气体管道宜采用压缩空气吹扫。

不能参与吹扫的设备、管道、仪表、阀门、孔板等应暂时拆除，并应以模拟体或临时短管替代，待管道系统吹洗合格后应重新复位。对以焊接形式连接的上述阀门、仪表等部件，应采用流经旁路或卸掉阀头及阀座加保护套等保护措施后再进行吹扫与清洗。

📖 **温馨提示**

> 管道吹扫顺序应为先内管，再外管；先主管，再支管，最后进入夹套管的环隙。

考题探究

【不定项】蒸汽夹套管系统安装完毕后，应用低压蒸汽吹扫，正确的吹扫顺序应为（　　　）。

A. 主管→支管→夹套管环隙　　　　B. 支管→主管→夹套管环隙

C. 主管→夹套管环隙→支管　　　　D. 支管→夹套管环隙→主管

【细说考点】本题主要考查夹套管的安装技术。具体内容详见上文。本题选 A。

（二）合金钢管安装技术

合金钢管进行局部弯度矫正时，加热温度应为临界温度以下。

合金钢管道切割时应符合下列规定：

（1）管道组成件应保存材料的原始标记，当切割、加工不可避免地破坏原始标记时，应采用移植方法重新进行材料标识，或对管道进行统一编号。

（2）管道切割宜采用机械加工方法。

（3）管道切口表面应平整，无裂纹、重皮、毛刺、凸凹、缩口、熔渣、氧化物、铁屑等，切口端面倾斜偏差不应大于管道外径的 1%，且不得大于 3 mm。

合金钢管道焊接时应符合下列规定：

（1）在合金钢管道上不应焊接临时支撑物。

（2）合金钢管道应采用氩弧焊封底、手工电弧焊盖面的焊接方法或全部采用氩弧焊接。每条焊缝施焊时，应1次完成。所用氩气纯度应在99.96%以上，含水量应小于20 mg/L。

> **温馨提示**
>
> 合金钢管道焊接时，底层应采用的焊接方式为手工氩弧焊。

合金钢管道焊前预热及焊后热处理应符合下列规定：

（1）焊前预热及焊后热处理应根据钢材的淬硬性、焊件厚度、结构刚性、焊接方法、焊接环境及使用条件等因素综合确定。焊前预热及焊后热处理要求应在焊接工艺文件中规定，并应经焊接工艺评定验证。

（2）要求焊前预热的焊件，其道间温度应在规定的预热温度范围内。合金钢管道的最高预热温度和道间温度不宜大于250 ℃。

（3）焊前预热及焊后热处理过程中，焊件内外壁温度应均匀。管道后热及焊后热处理宜采用电加热法。

（4）焊后应立即进行焊后热处理。当不能立即进行焊后热处理时，应在焊后立即均匀加热至300~350 ℃，并进行保温缓冷。保温时间应根据后热温度和焊缝金属的厚度确定，不应小于30 min。其加热范围不应小于焊前预热的范围。

合金钢管道系统安装完毕后，应检查材质标记，当发现无标记时，应采用光谱分析或其他方法对材质进行复查。

（三）不锈钢管安装技术

1. 切割

不锈钢管应采用机械或等离子弧方法切割；当采用砂轮切割或修磨时，应使用专用砂轮片，使用时与其他材质切割分开，不得使用切割碳钢管的砂轮片，以免这些材料受铁离子或其他有害物质的污染。管道切口应采用半圆锉刀或手砂轮对管口内、外壁清除毛刺。不锈钢管道的坡口加工宜采用机械方法，当采用热加工方法时，宜采用等离子切割方法。采用热加工方法加工坡口后，必须除去坡口表面的氧化皮、熔渣及影响接头质量的表面层，应将坡口打磨平整。

> **知识拓展**
>
> 不锈钢焊件坡口两侧各100 mm范围内，在施焊前应采取防止焊接飞溅物沾污焊件表面的措施。防护措施可以用白垩粉调成的糊剂或采用非金属片遮挡。安装不锈钢管道时，不得用铁质工具敲击。

2. 连接

不锈钢管的焊接宜采用手工电弧焊或自动氩弧焊，焊接接头应为全焊透结构，管道内壁应光滑。焊接前焊缝处油污应处理干净，焊接后焊接接头表面应进行钝化处理。

> **温馨提示**
>
> 不锈钢管焊接时，通常是选择与母材化学成分相近且能够保证焊缝金属性能和晶间腐蚀性能不低于母材的焊接材料。

薄壁不锈钢管不应采用焊接连接。当必须采用时，应采用可靠的氩气保护焊，焊接工艺应有防止晶间腐蚀、应力腐蚀、焊接区脆化和裂纹的措施。薄壁不锈钢的选择和应用应避免潜在的氯离子腐蚀和应力腐蚀危险。

不锈钢管连接也可采用法兰连接，如焊环活套法兰、凹凸法兰、焊接法兰、翻边活套法兰等连接方式。法兰应采用不锈钢材质，其表面应平整光滑，厚度应均匀。法兰之间可采用不锈钢螺栓或镀锌螺栓连接，螺栓孔宜采用椭圆长孔。

> **知识拓展**
>
> 用于不锈钢管道法兰的非金属垫片，其氯离子含量不得超过 25×10^{-6}（25 ppm）。组成件与碳钢管道支承件之间，应垫入不锈钢或氯离子含量不超过 25×10^{-6}（25 ppm）的非金属垫片。要求进行酸洗、钝化处理的焊缝或管道组成件，酸洗后的表面不得有残留酸洗液和颜色不均匀的斑痕。钝化后应用洁净水冲洗，呈中性后应擦干水迹。

3. 安装

不锈钢管道安装时，表面不得出现机械损伤。使用钢丝绳、卡扣搬运或吊装时，钢丝绳、卡扣等不得与管道直接接触，应采用对管道无害的橡胶或木板等软材料进行隔离。

安装不锈钢管道时，应采取防止管道污染的措施。安装工具应保持清洁，不得使用造成铁污染的黑色金属工具。不锈钢等管道安装后，应防止其他管道切割、焊接时的飞溅物对其造成污染。

不锈钢管穿过墙壁或楼板时，均应加装套管，并在空隙里面填加绝缘物，绝缘物内不得含铁屑、铁锈等物，绝缘物一般采用石棉绳。

不锈钢管组对前，密封圈位置应正确，管口组对卡具应采用硬度低于管材的不锈钢材料制作，采用螺栓连接形式。碳素钢工卡具不应与不锈钢管接触及焊接；需要接触及焊接时，应在卡具上焊上不锈钢隔离垫板。

（四）钛及钛合金管安装技术

钛及钛合金管道元件存放和运输时，不应与铁质材料直接接触。管子使用前，应进行外观质量检查，表面应光滑、整洁，应无针孔、裂纹、重皮和折叠等缺陷，表面局部缺陷应予以清除，清除后的壁厚不得小于管子公称壁厚的 90%。

管子加工应采用专用加工工具，加工时应采取防止管子破损、变形、变质及降低材料使用性能的措施。不应使用铁质工具直接接触管道。

钛及钛合金管子切割前，应进行标记移植。管子不得使用硬印标识。当采用色印标识时，色印不应含有对管子材料产生损害的物质元素。

钛及钛合金管子切割宜采用机械方法。当采用热切割时，应采用机械方法除去切割热影响区域。采用砂轮切割、修磨管子时，应采用专用砂轮片及专用装置，不得采用火焰切割。

钛及钛合金管子切割及坡口质量应符合下列规定：

（1）管子切口表面应平整，并应无裂纹、毛刺、凸口、缩口、金属屑等现象。

（2）管子切口尺寸端面倾斜偏差不应大于管子外径的 0~1%，且不得大于 3 mm。坡口表面应呈银白色金属光泽。

> **温馨提示**
>
> 钛及钛合金管道坡口加工应采用机械加工的方法。

钛及钛合金管道焊接应符合下列规定：

（1）选择焊接材料时，焊丝的化学成分应与母材相当。当对焊缝有较高塑性要求时，应采用纯度比母材高的焊丝。不同牌号的钛材焊接时，应按耐蚀性能较好或强度级别较低的母材选择焊丝。

（2）管道焊接宜采用惰性气体保护焊或真空焊；当采用钨极惰性气体保护焊时，应选直流电源、正接法。管道焊接位置宜采用水平转动平焊。

> **温馨提示**
>
> 管道采用氩气作为保护气体焊接时,对焊接熔池及焊接接头内外表面温度高于400 ℃的区域均采用氩气保护。

钛及钛合金管道不宜与其他金属管道直接焊接连接。当需要进行连接时,可采用活套法兰连接。采用活套法兰连接时,应在钢法兰与钛焊环之间加设非金属垫片,或在碳钢法兰接触面上涂刷绝缘漆。

安装钛及钛合金管道时,应采取防止管道污染的措施。安装工具应保持清洁,不得使用造成铁污染的黑色金属工具。管道安装后,应防止其他管道切割、焊接时的飞溅物对其造成污染。

钛及钛合金管道穿越墙体、楼板或构筑物时,应加设保护套管,套管与管道间应使用对管道无害的阻燃材料填塞。管道组成件与黑色金属管道支承件之间,不得直接接触,应采用与管道同材质或对管道组成件无损害的非金属隔离垫等材料进行隔离,如软塑料板或橡胶板。

考题探究

【不定项】钛及钛合金管切割时,宜采用的切割方法是( )。

A. 弓锯床切割 B. 砂轮切割

C. 氧 – 乙炔火焰切割 D. 氧 – 丙烷火焰切割

【细说考点】本题主要考查钛及钛合金管切割方法的选择。具体内容详见上文。本题选 AB。

(五)铝及铝合金管安装技术

铝合金材料的表面不应有皱纹、起皮、腐蚀斑点、气泡、电灼伤、流痕、发黏以及膜(涂)层脱落等缺陷存在;铝合金材料端边或断口处不应有缩尾、分层、夹渣等缺陷。当铝合金材料与铁、不锈钢、铜等金属材料或含酸性、碱性的非金属材料接触、连接时,应采取隔离措施。

铝及铝合金管的切割加工有剪切和锯切两种方式。应按其厚度、形状、加工工艺、设计要求,选择最适合的方法进行。不宜采用火焰切割,因为可能对铝合金构件材料性能产生不利影响。

> **知识拓展**
>
> 铝及铝合金管的调直应逐段进行,宜在管内充砂,不得用铁锤敲打,可采用木制等材质较软的工具。调直后,管内应清理干净。

几乎各种焊接方法都可以用于焊接铝及铝合金,但是铝及铝合金对各种焊接方法的适应性不同,各种焊接方法有其各自的应用场合。常用的焊接方法有手工钨极氩弧焊、氧 – 乙炔焊、熔化极半自动氩弧焊。熔化极氩弧焊采用直流电源反接法施焊,而不采用交流电源或直流电源正接法,手工钨极氩弧焊应采用交流电。当采用钨极惰性气体保护电弧焊方法焊接厚度大于 10 mm 的焊件,以及采用熔化极惰性气体保护电弧焊方法焊接厚度大于 15 mm 的焊件时,焊前宜对焊件进行预热,预热温度宜为 100 ~ 150 ℃。

> **知识拓展**
>
> 氧 – 乙炔焊的设备简单、操作方便,但焊件变形大、生产率低,可用于对焊接质量要求不高的纯铝、铸造铝合金、铝锰合金、含镁较低的铝镁合金的补焊。焊前宜对焊件进行预热,预热温度宜为 200 ℃ 以内。

铝及铝合金管道保温时，应选用中性的保温材料（如牛毛毡、聚苯乙烯泡沫料等），不得使用石棉绳、石棉板、玻璃棉等带有碱性的材料。

（六）铜及铜合金管安装技术

铜及铜合金管的连接方式有焊接、法兰连接、螺纹连接等。以下主要讲解铜及铜合金管在焊接时的相关要求。

铜及铜合金焊件组对和施焊前，坡口及两侧不小于 20 mm 范围内的表面及焊丝，应采用丙酮等有机溶剂除去油污，并应采用机械方法或化学方法清除氧化膜等污物，使之露出金属光泽；当采用化学方法时，可用 30% 硝酸溶液浸蚀 2 ~ 3 min，用水洗净并干燥。

铜及铜合金管道焊接应符合下列规定：

（1）纯铜及黄铜宜采用气体保护焊。钨极气体保护焊焊接电源应采用直流正接，熔化极气体保护焊焊接电源应采用直流反接。

（2）铜及铜合金管道焊接，壁厚大于 4 mm 时，焊接前应对管道坡口两侧 100 ~ 150 mm 范围内的母材进行均匀预热，纯铜预热温度宜为 300 ~ 500 ℃，黄铜预热温度宜为 100 ~ 300 ℃，预热后应清除焊件表面的氧化层。

黄铜采用氧乙炔焊接时，应符合下列规定：

（1）宜采用微氧化焰和左焊法施焊。

（2）施焊前应对坡口两侧 150 mm 范围内进行均匀预热。当板厚为 5 ~ 15 mm 时，预热温度应为 400 ~ 500 ℃；当板厚大于 15 mm 时，预热温度应为 500 ~ 550 ℃。

（3）焊前应将焊剂用无水酒精调成糊状涂敷在坡口或焊丝表面；也可在施焊前将焊丝加热后蘸上焊剂。

（4）宜采用单层单道焊。当采用多层多道焊时，底层焊道应采用细焊丝，其他各层宜采用较粗焊丝。各层焊道表面熔渣应清除干净，接头应错开。

（5）异种黄铜焊接时，火焰应偏向熔点较高的母材侧。

温馨提示

黄铜采用氧乙炔焊接时，预热宽度以焊口中心为基准，每侧为 150 mm。

黄铜焊后热处理应符合下列规定：

（1）黄铜焊后应进行热处理，热处理前应对焊件采取防变形的措施。热处理加热范围以焊缝中心为基准，每侧不应小于焊缝宽度的 3 倍。

（2）热处理温度应符合设计文件的规定。当设计无规定时，可按下列热处理温度进行：

①消除焊接应力热处理温度应为 400 ~ 450 ℃。

②退火热处理温度应为 500 ~ 600 ℃。

（3）对热处理后进行返修的焊缝，返修后应更新进行热处理。

知识拓展

铜及铜合金管切割，宜采用的切割方式有手工钢锯、砂轮切管机。

（七）铸铁管安装技术

铸铁管及管件安装前，应清除承口内部和插口端部的油污、飞刺、铸砂及铸瘤，并应烤去承插部位的沥青涂层。柔性接口铸铁管及管件承口的内工作面、插口的外工作面应修整光滑，不得有影响接口密封性的缺陷；有裂纹的铸铁管及管件不得使用。

铸铁管道沿直线安装时，宜选用管径公差组合最小的管节组对连接，承插接口的环向间隙应均匀，承插白间的轴向间隙不应小于 3 mm。

在昼夜温差较大或负温下施工时,管子中部两侧应填土夯实,顶部应填土覆盖。

采用滑入式或机械式柔性接口时,橡胶圈的材质、质量、性能、尺寸等应符合设计文件和国家现行有关铸铁管及管件标准的规定,每个橡胶圈的接头不得超过 2 个。

安装滑入式橡胶圈接口时,推入深度应达到标记环,并应复查与其相邻已安装好的第一至第二个接口推入深度。

安装机械式柔性接口时,应使插口与承口法兰压盖的轴线相重合。紧固法兰螺栓时,螺栓安装方向应一致,并应均匀、对称紧固。

采用刚性接口时,应符合下列规定:

(1)油麻填料应清洁,填塞后应捻实,其深度应为承口总深度的 1/3,且不应超过承口三角凹槽的内边。

(2)橡胶圈装填应平展、压实,不得有松动、扭曲、断裂等现象,橡胶圈应填打到插口小台或距插口端 10 mm。

(3)接口水泥应密实饱满,其接口水泥面凹入承口边缘的深度不得大于 2 mm,并应及时进行湿养护。水泥强度应符合设计文件的规定。

工作介质为酸、碱的铸铁管道,在泄漏性试验合格后,应及时安装法兰处的安全保护设施。

(八)塑料管安装技术

塑料管安装时,塑料管材的管身及管口不得变形,管孔内外壁均应光滑,色泽应均匀,不得有气泡、凹陷、凸起及杂质,两端切口应平整、无裂口毛刺,并应与中心线垂直。

塑料管切割时应采用机械方法切割,连接时可以采用黏接、焊接、电熔合连接、法兰连接、螺纹连接等形式。

塑料管连接方法的具体适用范围如下:

(1)黏接法被广泛应用于排水系统,主要用于连接硬 PVC 管、ABS 管。塑料管黏接必须采用承插口的形式。

🔔 **知识拓展**

聚氯乙烯管道黏接时,不宜采用的黏接剂为酚醛树脂漆、环氧 – 酚醛漆、呋喃树脂漆,可以采用的黏接剂为过氯乙烯清漆、聚氯乙烯胶。聚丙烯管道黏接前必须先做表面活化处理。硬 PVC 管、ABS 管在排水系统中常用黏接法进行连接。

(2)电熔合连接是目前家装给水系统应用最广的连接方式,主要应用于 PP – R 管、PB 管、PE – RT 管、金属复合管等新型管材与管件连接。

(3)法兰连接适用于 DN15 ~ DN2 000 甚至以上的工业管道、城市热力管道等的连接。

🔔 **知识拓展**

法兰连接可采用焊接法兰、螺纹法兰、松套法兰。管道与设备、阀门、仪表之间宜采用法兰连接。

(4)DN50 及以下管道的连接,或者仪表的表头与表座之间的连接、仪表布线所走的穿线管等压力等级不高场合主要采用螺纹连接。采用螺纹连接时,应确保连接强度和严密性。

🔔 **知识拓展**

螺纹连接是指拧紧相邻管端阴阳螺纹,使其连接牢固的方法,包括套筒式螺纹连接和插入式螺纹连接两种,属于刚性接头。

(5)塑料管焊接主要用于聚烯烃管。

知识拓展

塑料管接口一般采用承插口形式，当直径小于200 mm的管道应采用承插口焊接，插口深度宜大于管径的15~30 mm，黏接处应严密和牢固。压力较高的管道，外口还需焊条焊接补强。当直径大于200 mm时，宜采用对口焊接，并加套管。连接管的对口应在套管中心，焊口应焊接牢固严密。套管长度为连接管径的2.25~2.3倍。

考题探究

【不定项】硬PVC管、ABS管广泛应用于排水系统中，其常用的连接方式为（　　）。

A. 焊接　　　　　　　　　　　　B. 黏接

C. 螺纹连接　　　　　　　　　　D. 法兰连接

【细说考点】本题主要考查硬PVC管、ABS管常用的连接方式。具体内容详见上文。本题选B。

（九）衬胶管安装技术

搬运和堆放衬里管段及管件时，应轻搬轻放，不得强烈振动或碰撞。

衬里管道安装前，应全面检查衬里层的完好情况，当有损坏时，应进行修补或更换，并应保持管内清洁。

采用橡胶、塑料、纤维增强塑料、涂料等衬里的管道组成件，应存放在温度为5~40 ℃的室内，并应避免阳光和热源的辐射。

衬里管道的安装应采用软质或半硬质垫片。当需要调整安装长度误差时，宜采用更换同材质垫片厚度的方法进行。

衬里管道安装时，不应进行施焊、加热、碰撞或敲打。

衬里钢管安装应按预制加工时的编号依次进行，不得混淆或颠倒。

知识拓展

衬里管道的机械加工、焊接、热处理、无损检测、试压及预组装、编号等工作，应在衬里层作业前完成。

三、常见的工业管道系统 ▨▨▨▨

（一）热力管道系统

热力管道是指在生产过程中不作原料使用，但与生产过程相关的介质的输送管道，包括蒸汽、凝结水、采暖热水、软化水、脱盐水、除氧水、氮气、仪表空气和工厂空气等管道。

1. 管网的布置

热力管网系统的布置形式有枝状和环状两种形式。枝状管网布置简单，供热管道直径随与热源距离的增大而逐渐减小，且金属耗量小，基建投资小，运行管理简单，但枝状管网不具后备供热性能。环状管网的输配干线呈环状支干线，从环状管网分出，再到各热力站，具有很高的供热后备能力，当管网故障后，可以切断故障点，通过环状管网另一方向保证供热，但其投资较大且钢材耗量大，运行管理复杂，需要有较高的自动控制措施。

知识拓展

多热源枝状管网（复线枝状管网）是指采用两条供热管道，一旦其中一条发生故障，可以采用另一条供热，常用于不允许中断供热的厂矿。在设计管道时，可以按照最大用气量的50%~75%设计；也可按照一条管道使用、一条管道备用进行管道设计。

2. 管网的敷设

供热管网的敷设方式有架空敷设和地下敷设两类。

（1）架空敷设。架空敷设是将供热管道设在地面上的独立支架或带绷梁的桁架及建筑物的墙壁上。架空敷设不受地下水位的影响,运行时维修检查方便。同时,只有支承结构基础的土方工程,施工土方量小,因此架空敷设是一种比较经济的敷设方式,但占地面积较大、管道热损失大、在某些场合不够美观。

知识拓展

架空敷设方式一般适用于地下水位较高,年降雨较大,地质土为湿陷性黄土或腐蚀性土壤,或地下敷设时需进行大量土石方工程的地区。在市区范围内,架空敷设多用于工厂区内部或对市容要求不高的地段。在厂区内,架空管道应尽量利用建筑物的外墙或其他永久性的构筑物。在地震活动区,应采用独立支架或在沟敷设方式比较可靠。

热力管道采用架空敷设时可根据支架高度的不同分别采用低、中、高支架敷设。在不妨碍交通的地段采用低支架敷设,既可节约支架费用,又便于管理维修,管道保温结构下表面距地面的净距不小于0.3 m。通过人行通道地段宜采用中支架敷设,管道保温结构下表面距地面的净距为2.5~4.0 m。在车辆或火车通行地段应采用高支架敷设,管道保温结构下表面距地面的净距为4.5~6.0 m。

温馨提示

低支架可以采用毛石砌筑或混凝土浇筑,中、高支架可以采用钢筋混凝土现浇或钢结构。

（2）地下敷设。在城市中,当要求不能采用架空敷设时,或在厂区架空敷设困难时,就需要采用地下敷设。地下敷设分为有沟和无沟两种敷设方式,有沟敷设又分为通行地沟、半通行地沟和不通行地沟三种。

知识拓展

有沟敷设时,地沟应能保护管道不受外力和水的侵袭,允许管道自由伸缩。沟底一般采用混凝土结构;沟壁采用砖或毛石砌筑;盖板为钢筋混凝土结构。

有沟敷设的要求及适用范围如表5-15所示。

表5-15　有沟敷设的要求及适用范围

敷设方式	敷设要求	适用范围
通行地沟敷设	沟内过道净宽不宜小于0.7 m,净高不宜小于1.8 m。对于长的管沟应设安全出入口,每隔100 m应设有人孔及直梯,必要时设安装孔	适用于在管道通过铁路线或主要交通要道等地面不允许开挖的地段处;管道数量多或管径大的情况;管道垂直排列宽度超过1.5 m的情况
半通行地沟敷设	沟内过道净宽0.5~0.6 m,净高1.2~1.4 m。对于长的管沟应设检修出入口,每隔60 m应设出入口	适用于供热干管及不允许开挖的路段;管道数量较多的情况
不通行地沟敷设	净空尺寸仅能满足敷设管道的起码要求,不必保证人员能进入的管沟。不通行管沟的横截面较小,只需保证管道施工安装的必要尺寸。通常使用单排水平敷设方式敷设内管道	适用于热力管道数量少、管径较小、维修量不大、敷设距离比较短的情况

地沟内的管道安装位置，其净距（保温层外表面）应符合相关规定：与沟壁净距 100～150 mm；与沟底净距 100～200 mm；与沟顶（不通行地沟）净距 50～100 mm；与沟顶（半通行和通行地沟）净距 200～300 mm。当地下敷设热力管道的分支点装有阀门、仪表、放气、排水、疏水等附件时，应设置检查井；检查井和井内管道及附件的布置应满足安装、操作和维修的要求。热力管道严禁与输送易挥发、易爆、有毒、有腐蚀性介质的管道和输送易燃液体、可燃气体、惰性气体的管道敷设在同一地沟内。

无沟敷设也称直接埋地敷设。直埋敷设管道应采用钢管、保温层、保护外壳结合成一体的预制保温管道。直埋敷设工作钢管可采用无缝钢管、螺旋焊钢管、直缝焊钢管。

直接埋地敷设可合理利用地下的空间，节省基建投资、施工简便，但各管线间距大、占地多、维护和检修麻烦，且管道易被腐蚀。采用直埋方式敷设时，敷设于地下水位以下的直埋管应有防水措施，穿越交通干道的管道应加设套管。由于土壤摩擦力的影响，管道预热的热应力，不能完全被管道的转角所补偿，因此需设补偿器。并且补偿器必须在预热后焊死以形成一体，补偿器之间的距离不得大于最大安装长度的 2 倍，并需在直管段两端设固定点，以防止管道弯头破坏。补偿器和自然转弯处应设不通行地沟，沟两端设导向支架，能够自由位移。阀门处应设检查井，并应重点解决好检查井的防水排水问题。

考题探究

【不定项】热力管道有多种形式，下列关于敷设方式特点的说法中，正确的有（　　）。

A. 架空敷设方便施工操作检修，但占地面积大，管道热损失大

B. 埋地敷设可充分利用地下空间，方便检查维修，但费用高，需设排水管

C. 为节省空间，地沟内可合理敷设易燃易爆、易挥发、有毒气体管道

D. 直接埋地敷设可利用地下空间，但管道易被腐蚀，检查维修困难

【细说考点】本题主要考查热力管道不同敷设方式的特点。具体内容详见上文。本题选 AD。

3. 管道的安装技术

管道安装坡度应符合下列规定：

（1）汽、水同向流动热水采暖管道和汽、水同向流动的蒸汽管道及凝结水管道，坡度宜为 0.2%～0.3%。

（2）汽、水逆向流动热水采暖管道和汽、水逆向流动的蒸汽管道及凝结水管道，坡度不应小于 0.5%。

（3）散热器的支管坡度应为 1%，坡向应有利于排气和泄水。

输送液体介质的管道，支管宜从主管下方或侧面接出；输送气体介质的管道，支管宜从主管上方或侧面接出。

供热管道，如设计无规定时，蒸汽管和热水管应敷设在载热介质前进方向的右侧；凝结水管和回水管为左侧。

热力管道的安装，水平管道变径时应采用偏心异径管连接，当输送介质为蒸汽时，取管底平，以利排水；当输送介质为热水时，取管顶平，以利排气。

管道穿过墙壁、楼板处应安装套管。穿墙套管长度应与墙厚相等，穿楼板套管长度应高出地板 50 mm。管道与套管间的空隙应采用防火封堵材料填塞密实。当管道穿越建筑物的变形缝时，应设置柔性管段。

直埋地管道穿越铁路、道路时,敷设深度应根据地面荷载决定,并应符合下列规定:

(1)管顶至铁路轨面的净距不应小于1.2 m。

(2)管顶至道路路面结构底层的垂直净距不应小于0.7 m。

(3)当不能满足上述要求时,应采用防护套管或管沟,其两端应伸出铁路路肩或路堤坡脚外,且不得小于1.0 m,当铁路路基或路边有排水沟时,套管应伸出排水沟沟边1.0 m。

(4)穿过铁路和道路时,其交叉角不宜小于45°。

补偿器应与管道保持同轴。安装操作时不得损伤补偿器,不得采用使补偿器变形的方法来调整管道的安装偏差。补偿器安装完毕后应拆除固定装置,并应调整限位装置。补偿器应进行防腐和保温,采用的防腐和保温材料不得腐蚀补偿器。

方形补偿器的安装应符合下列规定:

(1)方形补偿器安装前,应按设计文件的规定进行预拉伸或预压缩,预伸缩量的允许偏差应为预伸缩量的10%,且不应大于10 mm。

(2)预拉伸或预压缩应在两个固定支架之间的管道安装完成后进行,并应与固定支架连接牢固后进行。

(3)预拉伸或预压缩的焊缝位置与膨胀弯管的起弯点距离应大于2 m。

(4)方形补偿器水平安装时,水平臂应与管道坡度相同;垂直安装时,最高点应设置排气装置,最低点应设置泄液装置。

🔔 知识拓展

方形补偿器两侧直管段的适当部位应设置导向支架,以防止管道有较大的侧向位移。设置在方形补偿器两侧的第一个支架形式应为滑动支架,位置应设置在距补偿器弯头起弯点0.5~1.0 m处。

填料式补偿器的安装,应符合下列规定:

(1)填料式补偿器应与管道保持同心,不得歪斜。

(2)两侧的导向支座应保证运行时自由伸缩,不得偏离中心。

(3)应按设计文件规定的安装长度及温度变化,留有剩余的收缩量。剩余收缩量允许偏差为5 mm。

(4)单向填料式补偿器的安装方向,其插管端应安装在介质流入端。

🗄 温馨提示

管道补偿器又称伸缩器或伸缩节、膨胀节,主要用于补偿管道受温度变化而产生的热胀冷缩。作为管道工程的一个重要组成部分,补偿器在保证管道长期正常运行方面发挥着重要的作用。

🔔 知识拓展

减压阀是通过调节,将进口压力减至某一需要的出口压力,并依靠介质本身的能量,使出口压力自动保持稳定的阀门。管道安装时,为了操作和维护方便,减压阀应在水平管道上垂直安装。安装高度宜为距操作地面1.2 m,当减压阀中心离操作地面超过3 m时,宜设置永久操作平台。安装完成后,根据使用压力进行调试。

(二)压缩空气管道系统

空气具有可压缩性,经空气压缩机做机械功使本身体积缩小、压力提高后的空气叫压缩空气。压缩空气是一种重要的动力源。

1. 压缩空气站的设备组成

压缩空气站是指由空气压缩机、贮气罐（分为一级、二级贮气罐）、空气过滤器、后冷却器、油水分离器、空气干燥器等组成。

（1）空气压缩机。空气压缩机是指将原动机的机械能转换为空气压力能的装置。常用的空气压缩机有活塞空气压缩机、隔膜空气压缩机、螺杆空气压缩机、离心式空气压缩机、轴流式空气压缩机。对同一空气净化等级、压力的供气系统，空气压缩机的型号不宜超过三种。

> **温馨提示**
>
> 活塞式空气压缩机应用最为广泛；离心式或轴流式空气压缩机一般应用于较大的压缩空气站。

（2）贮气罐。贮气罐是能贮存一定量气体的容器，其能减弱压缩机排气的周期性脉动，稳定管网压力，又能进一步分离空气中的油和水分。贮气罐为圆筒形结构，高度为直径的 2~3 倍，容积宜为每分钟总排气量的体积，由筒体、封头、接管等部分组成，多用于碳钢制造。常见的贮气罐有立式和卧式。

> **知识拓展**
>
> 活塞空气压缩机、隔膜空气压缩机应设置贮气罐，其排气口与贮气罐之间应设置后冷却器；活塞空气压缩机或隔膜空气压缩机不应共用后冷却器和贮气罐。

> **考题探究**
>
> 【不定项】某压缩空气站设备，能减弱压缩机排气的周期性脉动，稳定管网压力，又能进一步分离空气中的油和水分，该设备是（   ）。
>
> A. 贮气罐　　　　　　　　　B. 空气过滤器
>
> C. 后冷却器　　　　　　　　D. 空气燃烧器
>
> 【细说考点】本题主要考查贮气罐的特点。具体内容详见上文。本题选 A。

（3）空气过滤器。空气过滤器是指在压缩空气系统中，用来除去空气中的杂质微粒、水分和油分的装置。常用的空气过滤器有金属网空气过滤器、自动浸油空气过滤器、填充纤维空气过滤器、袋式过滤器等。空气过滤器按效率级别分为粗效过滤器、中效过滤器、高中效过滤器和亚高效过滤器。空气过滤器用密封胶应能保证过滤器在最大运行风量或终阻力条件下，运行时不开裂，不脱胶，有弹性，其耐温耐湿性能应与所用滤料相同。

（4）后冷却器。一般情况下，因为压缩机末端排气温度达 140~170 ℃，为了保证安全的降低室内温度和除去部分水分，在机组末端应装设后冷却器。装设后冷却器既能清除部分油水，又能降低压缩空气的温度，对减少油垢和油在高温下形成积炭也有积极作用。常用的后冷却器主要有列管式、散热片式、套管式、板片式。

（5）油水分离器。压缩空气管道在用气建筑物入口处装设油水分离器可以减少压缩空气中的油水含量，提高气体净化等级，对用气设备的正常工作有积极作用。常用的油水分离器主要有撞击折回式、环形回转式、离心旋转式。

（6）空气干燥器。空气干燥器是指利用冷冻或吸附原理将水从压缩空气中析出的装置，主要分为冷冻式干燥器和吸附式干燥器。冷冻式干燥器是指运用物理原理，将压缩空气中的水分冷冻至露点以下，使之从空气中析出的压缩空气干燥机。吸附式干燥器是指利用吸附剂吸附水分的特性来降低压缩空气中水分含量的压缩空气干燥机。

2. 压缩空气管道

压缩空气管道应满足用户对压缩空气流量、压力及净化等级的要求,并应考虑近期发展的需要。

压缩空气管道由空气管路、冷却水管路、油水吹除管路、负荷调节管路以及放散管路等组成。其中,空气管路是从空气压缩机进气管到贮气罐后的输气总管。

压缩空气管道及附件材料的选用,应符合下列规定:

(1)压缩空气固体颗粒等级或湿度等级不高于5级的管道,可采用碳钢管。

(2)压缩空气固体颗粒等级或湿度等级高于5级、不高于3级的干燥和净化压缩空气管道,可采用热镀锌钢管或不锈钢管。

(3)压缩空气固体颗粒等级或湿度等级高于3级的干燥和净化压缩空气管道,应采用不锈钢管或铜管。

(4)管道附件的强度、密封、耐磨、抗腐蚀性能应与管材相匹配。

知识拓展

压缩空气管道上设置的阀门,应方便操作和维修。压缩空气管道的连接,除设备、阀门等处用法兰或螺纹连接外,其他宜采用焊接。一般压缩空气管道公称通径大于50 mm 时,宜采用焊接方式进行连接;公称通径小于50 mm 时,可采用螺纹连接。

压缩空气管道一般应采用架空敷设,北方地区架空管道应有防寒措施。埋地的饱和压缩空气管道应敷设在冰冻线以下。不允许将压缩空气管道敷设在下水沟内。埋地敷设的管道,应做好防腐处理。

饱和压缩空气管道应设置合理坡度,其坡度不宜小于0.002,并在管道最低点设有排放管道内积存油水的装置。

压缩空气管道安装形成系统后应按设计要求以水为介质进行强度试验和严密性试验。系统最低点压力升至试验压力后,应稳压20 min,然后应将系统压力降至工作压力进行气密性试验,外观检查无渗漏为合格。管道强度试验和严密性试验合格后,应以压缩空气或无油压缩空气为介质进行气密性试验,试验压力应为工作压力的1.05倍,试验压力缓慢上升,达到标准后应保压24 h以上,以平均每小时的泄漏率小于或等于1%时判定为合格。

(三)高压管道系统

工业管道中的高压管道是指工作压力大于10 MPa 且小于或等于42 MPa 的管道。高压管道要有足够的机械强度、良好的耐高温性能和耐腐蚀性能,同时又要求有高度的严密性,防止管道泄漏。

温馨提示

对于工作压力不小于9 MPa 且工作温度不小于500 ℃的蒸汽管道也可视为高压管道。常用的高压管道的压力等级为16 MPa、20 MPa、32 MPa。

1. 高压钢管检验

高压钢管必须按国家或部颁标准验收。验收应分批进行。每批钢管应是同规格、同炉号、同热处理条件。

高压钢管应具有制造厂的合格证明书,在证明书上应注明:供方名称或代号;需方名称或代号;合同号;钢号;炉罐号、批号和重量;品种名称和尺寸;化学成分;试验结果(包括参考性指标);标准编号。

外径大于35 mm 的高压钢管,应有代表钢种的油漆颜色和钢号、炉罐号、标准编号及制造厂的印记。外径小于或等于 35 mm 成捆供货的高压钢管,应有标牌,标明制造厂名称、技术监督部门的印记、钢管的规格、钢号、根数、重量、炉罐号、批号及标准编号。

高压钢管验收时,如有下列情况之一,则应进行校验性检查:证明书与到货钢管的钢号或炉罐号不符;钢管或标牌上无钢号、炉罐号。

高压钢管校验性检查应按下列规定进行:

(1)全部钢管逐根编号,并检查硬度。

(2)从每批钢管中选出硬度最高和最低的各一根,每根制备五个试样。其中,拉力试验两个,冲击试验两个,压扁或冷弯试验一个。拉力试验按规定进行(当壁厚不能制取标准试样时,可用完整管代替)。冲击试验按规定进行(当壁厚小于 12 mm 时,可免做)。压扁或冷弯试验应符合下列规定:

①外径大于或等于 35 mm 时做压扁试验。试验用的管环宽度为 30 ~ 50 mm,锐角应倒圆。压扁试验值,应符合现行标准规定。

②外径小于 35 mm 时做冷弯试验。弯芯半径为管子外径的 4 倍,弯曲 90°;不得有裂纹、折断、起层等缺陷。

(3)从做机械性能试验的钢管或试样上取样做化学分析。化学成分和机械性能应符合规范规定或供货技术条件的要求。

高压钢管在校验性检查中,如有不合格项目,须以加倍数量的试样复查。复查只进行原来不合格的项目。复查的试样要在原来不合格的钢管和与该管硬度最接近的另一钢管上截取。当复查结果仍有一个项目不合格时,则应对该批管子逐根检查,不合格者不得使用。

高压钢管应按下列规定进行无损探伤:

(1)无制造厂探伤合格证时,应逐根进行探伤。

(2)虽有探伤合格证,但经外观检查发现缺陷时,应抽 10% 进行探伤,如仍有不合格者,则应逐根进行探伤。

高压钢管外表面按下列方法探伤:

(1)公称直径大于 6 mm 的磁性高压钢管采用磁力法。

(2)非磁性高压钢管,一般采用荧光法或着色法。

经过磁力、荧光、着色等方法探伤的公称直径大于 6 mm 的高压钢管,还应按规定要求,进行内部及内表面的探伤。

高压钢管经探伤发现的缺陷应逐步修磨,直至消失为止。除去缺陷后的实际壁厚应不小于钢管公称壁厚的 90% 且不小于设计计算壁厚。

高压钢管经探伤不合格的部分应予切除。经过验收和检查合格的高压钢管应及时填写《高压钢管检查验收(校验性)记录》。

合格的高压钢管应按材质、规格分别放置,妥善保管,防止锈蚀。不合格的高压钢管应有明显标记,并单独存放。

2. 阀门检验

高压阀门均应逐个进行强度和严密性试验。严密性试验不合格的阀门,须解体检查,并重新试验。高压阀门每批取 10% 且不少于一个,进行解体检查内部零件,如有不合格则需逐个检查。解体检查的阀门,质量应符合下列要求:

(1)阀座与阀体结合牢固。

(2)阀芯与阀座的接合良好,并无缺陷。

(3)阀杆与阀芯的连接灵活、可靠。

(4)阀杆无弯曲、锈蚀,阀杆与填料压盖配合合适,螺纹无缺陷。

（5）阀盖与阀体的接合良好。

（6）垫片、填料、螺栓等齐全，无缺陷。

试验合格的阀门，应及时排尽内部积水。密封面应涂防锈油（需脱脂的阀门除外），关闭阀门，封闭出入口。高压阀门应填写《高压阀门试验记录》。

3. 高压管道附件检验

高压管件应核对制造厂的合格证明书，并确认下列项目符合国家或部颁的技术标准：化学成分；热处理后的机械性能；高压管件的无损探伤结果。

高压螺栓、螺母的检查应按下列规定进行：

（1）螺栓、螺母应每批各取两根（个）进行硬度检查。若有不合格，须加倍检查，如仍有不合格则应逐根（个）检查。当直径大于或等于 M30 且工作温度高于或等于 500 ℃时，则应逐根（个）进行硬度检查。

（2）螺母硬度不合格者不得使用。

（3）硬度不合格的螺栓应取该批中硬度值最高、最低各一根，校验机械性能。若有不合格，再取其硬度最接近的螺栓加倍校验，如仍有不合格，则该批螺栓不得使用。

4. 高压管道加工

（1）管子切割。高压钢管宜用机械方法切割，如用氧乙炔焰切割，必须将切割表面的热影响区除去，其厚度一般不小于 0.5 mm。切断后应及时标上原有标记。

（2）弯管制作。高压合金钢管热弯时不得浇水，热弯后应在 5 ℃ 以上静止空气中缓慢冷却。高压钢管在弯制后，应进行无损探伤，需热处理的应在热处理后进行。如有缺陷，允许修磨，修磨后的壁厚不应小于管子公称壁厚的 90%，且不小于设计计算壁厚。高压弯管加工合格后，应填写《高压弯管加工记录》。

> **温馨提示**
>
> 为避免产生渗碳事故，不锈钢管热弯时应使用木炭作为燃料。

> **知识拓展**
>
> 高压管道上的三通、弯头、异径管等管件制作方法为焊制、弯制和缩制。

5. 高压管道螺纹及密封面加工

高压管道螺纹及密封面加工过程中，车削管子螺纹时，以内圆定心，并应保证螺纹尺寸。

螺纹表面不得有裂纹、凹陷、毛刺等缺陷。有轻微机械损伤或断面不完整的螺纹，全长累计不应大于 1/3 圈。螺纹牙高减少不应大于其高度的 1/5。

管端螺纹加工质量，应用螺纹量规检查，也允许用合格的法兰单配，徒手拧入不应松动。管端锥角密封面不得有划痕、刮伤、凹陷、啃刀等缺陷，锥角误差不应大于 ±0.5°，须用样板做透光检查。车完每种规格的第一个密封面时，要用标准透镜边作色印检查，接触线不得间断或偏位。平垫密封的管端面与管子中心线应垂直。

加工后的高压管管段长度允许偏差：自由管段为 ±5 mm；封闭管段为 ±3 mm。

弯管工作如在螺纹加工后进行，应对螺纹及密封面采取保护措施。

加工完毕的管端密封面应沉入法兰内 3~5 mm。如管子暂不安装，应在加工面上涂油防锈，封闭管口，妥善保管。并填写《高压管螺纹加工记录》。

6. 高压管道焊接

为降低或消除焊接接头的残余应力，防止产生裂纹，改善焊缝和热影响区的金属组织与性能，应根据钢材的淬硬性、焊件厚度及使用条件等综合考虑，进行焊前预热和焊后热处理。

> **温馨提示**
>
> 为保证焊缝质量,高压管道宜在焊接前进行预热,在焊接后进行热处理。

管道焊后必须对焊缝进行外观检查,检查后应将妨碍检查的渣皮、飞溅物清理干净。外观检查应在无损探伤、强度试验及严密性试验之前进行。

> **知识拓展**
>
> 焊缝采用超声波探伤时,应进行 100% 检查。

7. 高压管道安装

高压管道安装前应将内部清理干净,用白布检查,达到无铁锈、脏物、水分等为合格。

螺纹部分应清洗干净,进行外观检查,不得有缺陷,并涂以二硫化钼(有脱脂要求除外)。

密封面及密封垫的光洁度应符合要求,不得有影响密封性能的划痕、斑点等缺陷,并应涂以机油或白凡士林(有脱脂要求除外)。

管道支、吊架应按设计规定或工作温度的要求,加置木块、软金属片、橡胶石棉板、绝热垫木等垫层,并预先将支、吊架涂漆防腐。

螺纹法兰拧入管端时,应使管端螺纹倒角外露,软金属垫片应准确地放入密封座内。

合金钢管进行局部弯度校正时,加热温度应控制在临界温度以下。

合金钢管道系统安装完毕后,应检查材质标记,发现无标记时须复查钢号。

安装高压阀门前,必须复核产品合格证和试验记录。

> **知识拓展**
>
> 当高压管道壁厚小于 16 mm 时,焊缝坡口可采用 V 形坡口;壁厚为 7~34 mm 时,焊缝坡口采用 V 形或 U 形坡口。

8. 高压管道系统试验

高压管道系统试验前应对下列资料进行审查:

(1)制造厂的管子、管道附件的合格证明书。

(2)管子校验性检查或试验记录。

(3)管道加工记录。

(4)阀门试验记录。

(5)焊接检验及热处理记录。

(6)设计修改及材料代用文件。

四、工业管道工程计量 ★★★

根据《通用安装工程工程量计算规范》,工业管道工程的计量规则如下。

> **温馨提示**
>
> 本节包含低压、中压、高压管道安装以及低压、中压、高压管道的管件、阀门、法兰安装等。因计算规则基本一致,下面仅列举部分低压管道以及低压管道的管件、阀门、法兰安装的计算规则。

(一)低压管道

低压管道的计量规则(部分)如表 5-16 所示。

表 5-16　低压管道（部分）

项目名称	项目特征	计量单位	工程量计算规则	工作内容
低压碳钢管	略			略
低压碳钢伴热管	略			略
低压不锈钢伴热管	略			略
低压不锈钢管	略			略
低压钛及钛合金管	略	m	按设计图示管道中心线以长度计算	略
低压铝及铝合金管				
低压铜及铜合金管	略			略
低压塑料管	略			
低压铸铁管	略			略
低压预应力混凝土管				

注：a. 管道工程量计算不扣除阀门、管件所占长度；室外埋设管道不扣除附属构筑物（井）所占长度；方形补偿器以其所占长度列入管道安装工程量。

　　b. 衬里钢管预制安装包括直管、管件及法兰的预安装及拆除。

　　c. 压力试验按设计要求描述试验方法，如水压试验、气压试验、泄漏性试验、真空试验等。

　　d. 吹扫与清洗按设计要求描述吹扫与清洗方法和介质，如水冲洗、空气吹扫、蒸汽吹扫、化学清洗、油清洗等。

　　e. 脱脂按设计要求描述脱脂介质种类，如二氯乙烷、三氯乙烯、四氯化碳、动力苯、丙酮或酒精等。

（二）低压管件

低压管件的计量规则（部分）如表 5-17 所示。

表 5-17　低压管件（部分）

项目名称	项目特征	计量单位	工程量计算规则	工作内容
低压碳钢管件	略			略
低压碳钢板卷管件				
低压不锈钢管件	略			略
低压不锈钢板卷管件		个	按设计图示数量计算	
低压合金钢管件				
低压塑料管件	略			略
金属骨架复合管件				
低压玻璃钢管件	略			
低压铸铁管件				
低压预应力混凝土转换件				

注：a. 管件包括弯头、三通、四通、异径管、管接头、管帽、方形补偿器弯头、管道上仪表一次部件、仪表温度计扩大管制作安装等。

　　b. 管件压力试验、吹扫、清洗、脱脂均包括在管道安装中。

　　c. 在主管上挖眼接管的三通和摔制异径管，均以主管径按管件安装工程量计算，不另计制作费和主材费；挖眼接管的三通支线管径小于主管径 1/2 时，不计算管件安装工程量；在主管上挖眼接管的焊接接头、凸台等配件，按配件管径计算管件工程量。

  d. 三通、四通、异径管均按大管径计算。

  e. 管件用法兰连接时执行法兰安装项目，管件本身不再计算安装。

  f. 半加热外套管摔口后焊接在内套管上，每处焊口按一个管件计算；外套碳钢管如焊接不锈钢内套管上时，焊口间需加不锈钢短管衬垫，每处焊口按两个管件计算。

（三）低压阀门

低压阀门的计量规则如表 5-18 所示。

表 5-18 低压阀门

项目名称	项目特征	计量单位	工程量计算规则	工作内容
低压螺纹阀门	略	个	按设计图示数量计算	略
低压焊接阀门				
低压法兰阀门				
低压齿轮、液压传动、电动阀门				略
低压安全阀门				
低压调节阀门	略			略

  注：a. 减压阀直径按高压侧计算。

   b. 电动阀门包括电动机安装。

   c. 操纵装置安装按规范或设计技术要求计算。

（四）低压法兰

低压法兰的计量规则（部分）如表 5-19 所示。

表 5-19 低压法兰（部分）

项目名称	项目特征	计量单位	工程量计算规则	工作内容
低压碳钢螺纹法兰	略	副（片）	按设计图示数量计算	略
低压碳钢焊接法兰	略			
低压铜及铜合金法兰				
低压不锈钢法兰	略			
低压合金钢法兰				
低压铝及铝合金法兰	略			
低压钛及钛合金法兰				
钢骨架复合塑料法兰	略			略

  注：a. 法兰焊接时，要在项目特征中描述法兰的连接形式（平焊法兰、对焊法兰、翻边活动法兰及焊环活动法兰等），不同连接形式应分别列项。

   b. 配法兰的盲板不计安装工程量。

   c. 焊接盲板（封头）按管件连接计算工程量。

（五）板卷管制作

板卷管制作的计量规则如表 5-20 所示。

表 5-20 板卷管制作

项目名称	项目特征	计量单位	工程量计算规则	工作内容
碳钢板直管制作	略			略
不锈钢板直管制作	略	t	按设计图示质量计算	略
铝及铝合金板直管制作	略			

（六）管件制作

管件制作的计量规则（部分）如表 5-21 所示。

表 5-21 管件制作（部分）

项目名称	项目特征	计量单位	工程量计算规则	工作内容
碳钢板管件制作	略	t	按设计图示质量计算	略
不锈钢板管件制作	略			略
管道机械煨弯	略	个	按设计图示数量计算	略
管道中频煨弯				

注：管件包括弯头、三通、异径管；异径管按大头口径计算，三通按主管口径计算。

（七）管架制作安装

管架制作安装的计量规则如表 5-22 所示。

表 5-22 管架制作安装

项目名称	项目特征	计量单位	工程量计算规则	工作内容
管架制作安装	略	kg	按设计图示质量计算	略

注：a. 单件支架质量有 100 kg 以下和 100 kg 以上时，应分别列项。

b. 支架衬垫需注明采用何种衬垫，如防腐木垫、不锈钢衬垫、铝衬垫等。

c. 采用弹簧减震器时需注明是否做相应试验。

（八）无损探伤与热处理

无损探伤与热处理的计量规则如表 5-23 所示。

表 5-23 无损探伤与热处理

项目名称	项目特征	计量单位	工程量计算规则	工作内容
管材表面超声波探伤	略	m 或 m²	以米计量，按管材无损探伤长度计算；以平方米计量，按管材表面探伤检测面积计算	略
管材表面磁粉探伤				
焊缝 X 射线探伤	略	张（口）		
焊缝 γ 射线探伤			按规范或设计技术要求计算	
焊缝超声波探伤	略			略
焊缝磁粉探伤	略	口		略
焊缝渗透探伤				
焊前预热和后热处理	略			略
焊口热处理				

注：探伤项目包括固定探伤仪支架的制作、安装。

（九）其他项目制作安装

其他项目制作安装的计量规则（部分）如表 5-24 所示。

表 5-24　其他项目制作安装（部分）

项目名称	项目特征	计量单位	工程量计算规则	工作内容
冷排管制作安装	略	m	按设计图示以长度计算	略
空气分气筒制作安装	略	组	按设计图示数量计算	略
钢制排水漏斗制作安装	略	个		略
套管制作安装	略	台		略

注：a. 冷排管制作安装项目中包括钢带退火，加氨，冲，套翅片，按设计要求计算。
　　b. 钢制排水漏斗制作安装，其口径规格按下口公称直径描述。
　　c. 套管制作安装，适用于穿基础、墙、楼板等部位的防水套管一般钢套管及防火套管等，应分别列项。

（十）相关问题及说明

工业管道工程适用于厂区范围内的车间、装置、站、罐区及其相互之间各种生产用介质输送管道和厂区第一个连接点以内生产、生活共用的输送给水、排水、蒸汽、燃气的管道安装工程。

厂区范围内的生活用给水、排水、蒸汽、燃气的管道安装工程执行《通用安装工程工程量计算规范》附录 K 给排水、采暖、燃气工程相应项目。

工业管道压力等级划分：

（1）低压，$0 < P \leqslant 1.6$ MPa。

（2）中压，$1.6 < P \leqslant 10$ MPa。

（3）高压，$10 < P \leqslant 42$ MPa。

（4）蒸汽管道，$P \geqslant 9$ MPa，工作温度 $\geqslant 500$ ℃。

仪表流量计，应按《通用安装工程工程量计算规范》附录 F 自动化控制仪表安装工程相关项目编码列项。

管道、设备和支架除锈、刷油及保温等内容，除注明者外均应按《通用安装工程工程量计算规范》附录 M 刷油、防腐蚀、绝热工程相关项目编码列项。

组装平台搭拆、管道防冻和焊接保护、特殊管道充气保护、高压管道检验、地下管道穿越建筑物保护等措施项目，应按《安装工程计算规范》附录 N 措施项目相关项目编码列项。

第三节　通风空调工程安装技术与计量

通风空调系统是公共建筑中最为重要的组成系统之一，其运行效果的优劣直接关系到建筑的工作状态和使用品质。通风空调的主要功能是对室内的空气加以置换，使室内始终存有新鲜的空气。室内长时间不通风极易凝聚污浊空气，或存有诸多污染物、异味等问题，通风空调能够为人类生存提供充足的氧气，把污染物、余热和余湿都排除干净，让室内环境变得清新舒适。

一、建筑通风系统 ★★★★★

通风工程是送风、排风、防排烟、除尘、净化、气力输送、空气幕系统工程的总称。

（一）通风系统

1.通风的组成

建筑通风包括把室内被污染的空气排出室外和把室外的新鲜空气送入室内两个过程，前者称为排风，后者称为送风。为实现排风和送风所采用的一系列设备的总体称为通风系统。通风系统由于设置的场所不同，其系统组成也各不相同。通风系统包括送风系统和排风系统，送风系统由进风百叶窗、通风机、风道以及风口等组成；排风系统由排风口、风道、过滤器、风机、风帽等组成。

2.通风的分类

通风按照空气流动的作用动力可分为自然通风和机械通风两种；按照系统作用的范围可分为全面通风、局部通风、事故通风。

（1）自然通风。

自然通风是指不用通风机械，在室内外空气温差、密度差造成的压强差和风压作用下实现室内换气的通风方式。自然通风不消耗机械动力，比较经济，使用管理方便，但易受室外气象条件的影响，特别是风力的作用很不稳定。对于产生大量余热的车间，利用自然通风可以获得较大的换气量。

（2）机械通风。

机械通风是指利用通风机械实现换气的通风方式。机械通风的特点有：送入车间或工作房间内的空气可以经过加热或冷却，加湿或减湿处理；从车间排除的空气，可以进行净化除尘，保证工厂附近的空气不被污染等。

机械通风系统是指为实现通风换气而设置的由通风机和通风管道等组成的系统。主要包括以下两个部分：

①机械送风系统。机械送风系统是指将室外清洁空气或经过处理的空气送入室内的机械通风系统。送风系统是靠风机（也称新风机或送风机）的压力向房间送入空气。室外空气从可挡住室外杂物的百叶窗进入进气室，进气室为处理空气的专用房间。空气经保温阀至过滤器，由过滤器除去空气中的灰尘，再由空气加热器将空气加热到所需温度，为调节送入空气的温度可装旁通阀；空气经启动阀，被吸入通风机，经风管，由出风口（也称新风口）送入室内。

> **知识拓展**
>
> 室外新风口（室外空气入口）的设置应符合下列规定：新风口应采取有效的防雨措施（如设置百叶窗）；新风口处应安装防鼠、防昆虫、阻挡绒毛等的保护网，且应易于拆装；新风口应高于室外地面 2.5 m 以上，同时应远离污染源。

②机械排风系统。机械排风系统是指从局部地点或整个房间把含有余热、余湿或有害物质的污染空气排至室外的机械通风系统。机械排风系统由风机、风管、阀门、风口、排风口等组成。风机提供空气流动的动力，风机压力应克服从空气入口到房间排风口的阻力及房间内的压力值。风管及阀门用于空气的输送与分配，风管通常用钢板制造。风口是收集室内空气的地方，为提高全面通风的稀释效果，风口宜设在污染物浓度较大的地方；污染物密度比空气小时，风口宜设在上方，而密度较大时，宜设在下方；在房间不大时，也可以只设一个风口。排风口是排风的室外出口，能防止雨、雪等进入系统，并使出口动压降低，以减少出口阻力；在屋顶上方用风帽，墙或窗上用百叶窗。

知识拓展

通风（空调）工程中使用最广泛的是铝合金风口。

排风系统风管材料应符合下列规定：排除有爆炸性气体或余热宜采用镀锌钢板风管；排除酸性、碱性废气宜采用难燃型耐腐蚀玻璃钢风管或阻燃型塑料风管；排除有机废气宜采用不锈钢风管；排除含有粉尘的空气宜采用碳钢风管；排除潮湿空气时宜采用玻璃钢板或聚氯乙烯板。

洁净区的排风系统风管采取防止倒灌的措施，主要是为防止风机停止运行时，室外空气倒流进洁净室，引起污染或积尘。工程中常采用的防止倒灌的措施包括在风机出口管上装设电动密闭阀、采用自动控制装置与风机联动等。采暖地区也应采取同样的防止倒灌的措施。

知识拓展

空调系统停止运行时，新风进风口如果不能严密关闭，夏季热湿空气会浸入，造成金属表面和室内结露现象的发生；冬季冷空气会侵入，造成室温降低，甚至使加热排管冻结现象的发生。所以在新风进风口处设有严密关闭的风阀，在寒冷和严寒地区可采取设置保温风阀等措施。

考题探究

【不定项】下列关于风口的说法中，正确的有（　　　）。

A. 室外空气入口又称新风口，新风口设有百叶窗，以遮挡雨、雪、昆虫等

B. 通风（空调）工程中使用最广泛的是铝合金风口

C. 污染物密度比空气大时，风口宜设在上方

D. 洁净车间防止风机停止时含尘空气进入房间，在风机出口管上装电动密闭阀

【细说考点】本题主要考查通风系统中风口的特点。具体内容详见上文。本题选 ABD。

（3）全面通风。

全面通风是指采用自然或机械方法对整个房间或厂房进行换气的通风方式。

全面通风又称稀释通风，原理是向某一房间送入清洁新鲜空气，稀释室内空气中的污染物的浓度，同时把含污染物的空气排到室外，从而使室内空气中污染物的浓度达到卫生标准的要求。

全面通风按作用机理不同，可分为稀释通风、置换通风、单向流通风和均匀流通风。

知识拓展

稀释通风需要的全面通风量大，控制效果差，故很少采用。

置换通风是基于空气的密度差而形成热气流上升、冷气流下降的原理实现通风换气，送风气流与室内气流掺混量最小，且能够保持分层的流态。

单向流通风通过有组织的气流流动，控制有害物的扩散和转移，保证操作人员呼吸区内的空气达到卫生标准，具有通风量小、控制效果好的优点。

均匀流通风主要应用于对气流、温度控制要求高的场所。

（4）局部通风。

局部通风是指为改善室内局部空间的空气环境，向该区域送入或从该区域排出空气的通风方式，包括局部送风和局部排风。其中，局部送风是指采用送风装置将空气送到指

定区域的通风方式,包括空气淋浴和空气幕等;局部排风是指在散发有害物质的局部地点设置排风罩捕集有害物质并将其排至室外的通风方式,简称 LEV。

知识巩固

局部排风常用于有害物质集中在某一地点发生的场所。

（5）事故通风。

事故通风是指用于排除或稀释整个房间或厂房内发生事故时突然散发的大量有害物质、有爆炸危险的气体或蒸气的通风方式。事故排风的室外排风口应符合下列规定:

①不应布置在人员经常停留或经常通行的地点以及邻近窗户、天窗、室门等设施的位置。

②排风口与机械送风系统的进风口的水平距离不应小于 20 m;当水平距离不足 20 m 时,排风口应高出进风口,并不宜小于 6 m。

③当排气中含有可燃气体时,事故通风系统排风口应远离火源 30 m 以上,距可能火花溅落地点应大于 20 m。

④排风口不应朝向室外空气动力阴影区,不宜朝向空气正压区。

知识拓展

室内排风口应设置在有毒气体或爆炸危险物质散发量最大的位置。

（二）防排烟系统

建筑防排烟系统分为防烟系统和排烟系统两种形式。

1. 防烟系统

防烟系统是指通过采用自然通风方式,防止火灾烟气在楼梯间、前室、避难层（间）等空间内积聚,或通过采用机械加压送风方式阻止火灾烟气侵入楼梯间、前室、避难层（间）等空间的系统,防烟系统分为自然通风系统和机械加压送风系统。

2. 排烟系统

排烟系统是指采用自然排烟或机械排烟的方式,将房间、走道等空间的火灾烟气排至建筑物外的系统,分为自然排烟系统和机械排烟系统。

自然排烟是指利用火灾热烟气流的浮力和外部风压作用,通过建筑开口将建筑内的烟气直接排至室外的排烟方式。其优点是投资小、设施简单、操作容易且维护工作少;缺点是排烟不稳定,受诸多因素影响,应用有一定的限制。采用自然排烟系统的场所应设置自然排烟窗（口）。自然排烟一般采用可开启外窗以及专门设置的排烟口进行自然排烟或者利用竖井排烟。

温馨提示

除建筑高度超过 50 m 的一类公共建筑和建筑高度超过 100 m 的居住建筑外,靠外墙的防烟楼梯间及其前室、消防电梯间前室和合用前室,宜采用自然排烟方式。

机械排烟是指火灾发生时,利用风机做动力向室外排烟的排烟方式。机械排烟系统实质上就是一个排风系统。其优点是工作可靠不受外界条件影响、排烟效果好;缺点是投资大、需经常保养维修、需要有备用电源,防止火灾发生时正常供电系统被破坏而导致排烟系统不能运行。

温馨提示

多层建筑优先采用自然排烟方式，高层建筑一般采用机械排烟方式。

知识拓展

在同一个防烟分区内不应同时采用自然排烟方式和机械排烟方式，主要是考虑到两种方式相互之间对气流的干扰，影响排烟效果。尤其是在排烟时，自然排烟口还可能会在机械排烟系统动作后变成进风口，使其失去排烟作用。

3. 防烟分区及防火分区

设置排烟系统的场所或部位应采用挡烟垂壁、结构梁及隔墙等划分防烟分区。防烟分区不应跨越防火分区。

公共建筑、工业建筑防烟分区的最大允许面积及其长边最大允许长度应符合表5-25的规定，当工业建筑采用自然排烟系统时，其防烟分区的长边长度尚不应大于建筑内空间净高的8倍。

表5-25 公共建筑、工业建筑防烟分区的最大允许面积及其长边最大允许长度

空间净高 H/m	最大允许面积/m^2	长边最大允许长度/m
$H \leqslant 3.0$	500	24
$3.0 < H \leqslant 6.0$	1 000	36
$H > 6.0$	2 000	60 m;具有自然对流条件时,不应大于75 m

注：a. 公共建筑、工业建筑中的走道宽度不大于2.5 m时，其防烟分区的长边长度不应大于60 m。

　　b. 当空间净高大于9 m时，防烟分区之间可不设置挡烟设施。

　　c. 汽车库防烟分区的划分及其排烟量应符合现行国家规范《汽车库、修车库、停车场设计防火规范》的相关规定。

不同耐火等级建筑的允许建筑高度或层数、防火分区最大允许建筑面积应符合表5-26的规定。

表5-26 不同耐火等级建筑的允许建筑高度或层数、防火分区最大允许建筑面积

名称	耐火等级	允许建筑高度或层数	防火分区的最大允许建筑面积/m^2	备注
高层民用建筑	一、二级	按《建筑设计防火规范》的规定确定	1 500	对于体育馆、剧场的观众厅，防火分区的最大允许建筑面积可适当增加
单、多层民用建筑	一、二级	按《建筑设计防火规范》的规定确定	2 500	——
	三级	5 层	1 200	
	四级	2 层	600	
地下或半地下建筑（室）	一级	—	500	设备用房的防火分区最大允许建筑面积不应大于1 000 m^2

注：a. 表中规定的防火分区最大允许建筑面积，当建筑内设置自动灭火系统时，可按本表的规定增加1.0倍；局部设置时，防火分区的增加面积可按该局部面积的1.0倍计算。

　　b. 裙房与高层建筑主体之间设置防火墙时，裙房的防火分区可按单、多层建筑的要求确定。

（三）除尘净化系统

除尘系统是指由局部排风罩、风管、通风机和除尘器等组成的用以捕集、输送和净化含尘空气的机械排风系统。除尘方法按其控制的范围可分为就地除尘、分散除尘、集中除尘。

净化系统是指对环境污染物有一定程度自净消纳能力的系统。净化主要是针对空气中的有害气体，有害气体是指对人和生态环境有害的气体和蒸气，如二氧化硫、氮氧化物、一氧化碳、汞蒸气、苯蒸气和硫化氢等。

有害气体净化应根据有害气体的物理及化学性质，并应经技术经济比较，选择吸收、吸附、冷凝、催化燃烧、袋滤法、静电法、生化法、电子束照射法和光触媒法等方法。废气净化最终产物应以回收有害物质、生成其他产品或无害化物质为处理目标。具体内容如表5-27所示。

表5-27　有害气体的净化方法

净化方法	定义	特点及适用范围
气体吸收法	采用适当的液体吸收剂清除气体混合物中某种有害组分的方法	优点是高效、设备简单、一次性投资费用低、净化的同时能够除尘。缺点是需对吸收后的液体进行处理，设备易受腐蚀，净化效率不能100%。适用于气态污染量大的场合
气体吸附法	采用适当的固体吸附剂清除气体混合物中有害组分的方法	优点是可达到100%的净化效率，可与其他净化方法（吸收、冷凝、燃烧等）联合使用。缺点是处理设备体积大，流程复杂，当废气中有胶粒物质或其他杂质时，吸附剂容易失效。可应用于大多数废气的净化，适用于低浓度有毒有害气体和各种有机溶剂蒸汽的净化
气体洗涤法	利用液体吸收剂通过沉降、降温、聚凝、洗净、中和、吸收和脱水等物理化学反应，使有害气体混合物净化的方法	在工业上已经得到广泛的应用
气体燃烧法	通过燃烧清除气体中有害组分的方法，主要分为直接燃烧法、热力燃烧法和催化燃烧法	适用于有机溶剂蒸气、碳氢化合物的净化，也可除臭
气体冷凝法	通过冷却使有害蒸气冷凝并从气体中分离的方法	往往与吸附、燃烧等其他净化手段联合使用，以回收有价值的产品。该方法净化效率较低，适用于浓度高、冷凝温度高的有害蒸气

> **知识拓展**
>
> 吸附过程是由于气相分子和吸附剂表面分子之间的吸引力使气相分子吸附在吸附剂表面的。用作吸附剂的物质都是松散的多孔状结构，具有巨大的表面积。吸附过程分为物理吸附和化学吸附两种。吸附法净化有害气体宜选用活性炭、硅胶、活性氧化铝、分子筛等作为吸附剂。

> **温馨提示**
>
> 在通风排气时，气体吸收法和气体吸附法是净化低浓度有害气体的较好方法。

【不定项】广泛应用于低浓度有害气体的净化,特别是有机溶剂蒸汽的净化,净化效率能达到100%的方法是(　　)。

A.吸收法　　　　　　　　　　B.吸附法

C.冷凝法　　　　　　　　　　D.洗涤法

【细说考点】本题主要考查吸附法的特点。具体内容详见上文。本题选B。

（四）气力输送系统

气力输送系统是指将除尘器、冷却设备与烟道中收集的粉尘输送到储存装置,再通过运输车辆运送到粉尘回收处理单元。

温馨提示

气力输送系统宜选用负压运行。

采用气力输送装置时,应符合下列规定:

（1）输送具有爆炸危险性的粉尘时,气力输送系统应采取防爆措施。

（2）气力输送设备前宜设置中间储灰仓,中间仓的容积应按1~2 d储灰量设计。

（3）气力输送管路易磨构件宜采取耐磨措施。

（4）输送大量的磨琢性强的粉尘时,宜设置备用的仓式泵输灰系统。

（5）管道中的弯管曲率半径不宜小于8倍公称直径。

气力输送系统具体内容如表5-28所示。

表5-28　气体输送系统

输送方式	输送原理	特点及适用范围
压送式（正压输送）	风机将压缩空气输入供料器内,使物料与气体混合,混合的气料经输送管道进入分离器。在分离器内,物料和气体分离,物料由分离器底部卸出,气体经除尘器除尘后排放到大气中	优点是输送距离较远,可同时把物料输送到几处。缺点是供料器较复杂,只能同时由一处供料。适用于输送管路内气体压力高于大气压时
吸送式（负压输送）	当风机启动后,管道内达到一定的真空度时,大气中的空气便携带着物料由吸嘴进入管道,并沿管道被输送到卸料端的分离器。在分离器内,物料和空气分离,分离出的物料由分离器底部卸出,而空气通过除尘器除尘后经风机排放到大气中	优点是供料装置简单,能同时从几处吸取物料,而且不受卸料场地空间大小和位置限制。缺点是因管道内的真空度有限,故输送距离有限;装置的密封性要求很高;当通过风机的气体没有很好除尘时,将加速风机磨损。适用于集中式输送及输送管道内气体压力低于大气压力时
混合式（正压和负压输送）	由吸送式和压送式联合组成的。在吸送部分,输送管道内为负压,物料由吸嘴吸入,经管道进入分离器分离。在压送部分,输送管道内为正压,将由分离器底部卸出的物料压送到分离器进行分离。管道内的负压和管道内的正压都是由同一台风机造成的	优点是可以从几处吸取物料,又可把物料同时输送到几处,且输送距离较远。缺点是含料气体通过风机,使风机磨损加速;整个装置设备较复杂

（五）空气幕系统

空气幕是利用条状喷口送出一定速度、一定温度和一定厚度的幕状气流,用于隔断另一气流。空气幕通常由空气处理设备、通风机、风管系统及空气分布器组成。空气幕是局部送风的另一种形式,目的是产生空气隔层,以减少和阻隔室内外空气的对流,或改变污染空气气流的方向,具有隔热、防虫、防尘、保鲜和负离子等功能。

空气幕按配用风机形式分为贯流式空气幕、离心式空气幕、轴流式空气幕;按送出气流的处理状态分为非加热空气幕、热空气幕;按送风方向分为上送式空气幕、侧送式空气幕、下送式空气幕。

> **🔔 知识拓展**
>
> 上送式空气幕具有安装简便、不占建筑面积、不影响建筑美观、送风气流的卫生条件较好的特点,适用于一般的公共建筑。

（六）通风系统安装技术

1. 风管安装技术

（1）风管的分类。

风管是指采用金属、非金属薄板或其他材料制作而成,用于空气流通的管道。非金属风管是指采用硬聚氯乙烯、玻璃钢等非金属材料制成的风管。复合材料风管是指采用不燃材料面层,复合难燃级及以上绝热材料制成的风管。防火风管是指采用不燃和耐火绝热材料组合制成,能满足一定耐火极限时间的风管。

风管系统按其工作压力可分为微压、低压、中压与高压四个类别,并应采用相应类别的风管。风管类别如表5-29所示。

表5-29　风管类别

类别	风管系统工作压力 P/Pa		密封要求
	管内正压	管内负压	
微压	$P \leqslant 125$	$P \geqslant -125$	接缝及接管连接处应严密
低压	$125 < P \leqslant 500$	$-500 \leqslant P < -125$	接缝及接管连接处应严密,密封面宜设在风管的正压侧
中压	$500 < P \leqslant 1\,500$	$-1\,000 \leqslant P < -500$	接缝及接管连接处应加设密封措施
高压	$1\,500 < P \leqslant 2\,500$	$-2\,000 \leqslant P < -1\,000$	所有的拼接缝及接管连接处均应采取密封措施

风管按材质分类为金属、非金属及复合材料,其构成如表5-30所示。

表5-30　风管材质分类表

名称	材质种类	板材构成	适应压力系统
金属风管	钢板	镀锌钢板、冷轧钢板	高压、中压、低压系统
	不锈钢板	不锈钢板	中压、低压系统
	铝板	铝板	
非金属风管	无机玻璃钢	镁水泥、玻璃纤维布	高压、中压、低压系统
	有机玻璃钢	环氧树脂、玻璃纤维布	
	硬聚氯乙烯、聚丙烯（PP）	硬聚氯乙烯、聚丙烯	中压、低压系统
	织物布风管	织物纤维	低压系统

（续表）

名称	材质种类	板材构成	适应压力
复合材料风管	酚醛（或聚氨酯）板复合材料	酚醛（或聚氨酯）板、双面铝箔单面彩钢（或镀锌钢板）、酚醛（或聚氨酯）板、铝箔双面彩钢（或镀锌钢板）、酚醛（或聚氨酯）板	工作压力≤2 000 Pa 系统
	玻璃纤维板复合材料	玻璃纤维板、铝箔（或玻璃纤维布）单面彩钢（或镀锌钢板）、玻璃纤维板、铝箔（或玻璃纤维布）双面彩钢（或镀锌钢板）、玻璃纤维板	工作压力≤1 000 Pa 系统
	机制玻镁复合材料	镁水泥、玻璃纤维布及植物纤维，或中间层隔热材料	
	钢板内衬玻璃纤维隔热材料风管	钢板、玻璃纤维板（毡）	

（2）风管板材的拼接。

风管板材的拼接方法可按表5-31确定。

表5-31　风管板材的拼接方法

板厚/mm	镀锌钢板（有保护层的钢板）	普通钢板	不锈钢板	铝板
$\delta \leqslant 1.0$	咬口连接	咬口连接	咬口连接	咬口连接
$1.0 < \delta \leqslant 1.2$			氩弧焊或电焊	
$1.2 < \delta \leqslant 1.5$	咬口连接或铆接	电焊		铆接
$\delta > 1.5$	焊接			气焊或氩弧焊

🔔 **知识拓展**

风管板材拼接的咬口缝应错开，不应形成十字形交叉缝。风管板材拼接采用铆接连接时，应根据风管板材的材质选择铆钉。

（3）风管的连接。

风管连接包括法兰连接和无法兰连接两种形式。法兰连接具有拆卸方便、强度高、密封性能好等特点，通常在风管与风管，或风管与部件、配件间使用，可以起到加强风管的作用。矩形风管无法兰连接可采用的连接方式有插条连接、立咬口连接及薄钢材法兰弹簧夹连接；圆形风管无法兰连接可采用的连接方式有承插连接、抱箍连接和芯管连接。

🔔 **知识拓展**

风管按断面形状分为圆形、矩形两种。在同样的断面积下，圆形风管与矩形风管相比具有管道周长最短、耗钢量小的优点，故圆形风管较矩形风管应用更广泛，矩形风管常用作空调风管。

（4）风管的密封。

风管的密封应以板材连接的密封为主，也可采用密封胶嵌缝与其他方法。密封胶的性能应符合使用环境的要求，密封面宜设在风管的正压侧。

（5）风管的安装。

风管安装应符合下列规定：

①按设计要求确定风管的规格尺寸及安装位置。

②风管及部件连接接口距墙面、楼板的距离不应影响操作,连接阀部件的接口严禁安装在墙内或楼板内。

③风管采用法兰连接时,其螺母应在同一侧;法兰垫片不应凸入风管内壁,也不应凸出法兰外。

④风管与风道连接时,应采取风道预埋法兰或安装连接件的形式接口,结合缝应填耐火密封填料,风道接口应牢固。

⑤风管内严禁穿越和敷设各种管线。

⑥固定室外立管的拉索,严禁与避雷针或避雷网相连。

⑦输送含有易燃、易爆气体或安装在易燃、易爆环境的风管系统应有良好的接地措施,通过生活区或其他辅助生产房间时,不应设置接口,并应具有严密不漏风措施。

⑧输送产生凝结水或含蒸汽的潮湿空气风管,其底部不应设置拼接缝,并应在风管最低处设排液装置。

⑨风管测定孔应设置在不产生涡流区且便于测量和观察的部位;吊顶内的风管测定孔部位,应留有活动吊顶板或检查口。

(6)风管强度及严密性测试。

风管应根据设计和规范的要求,进行风管强度及严密性的测试。

风管强度应满足微压和低压风管在1.5倍的工作压力,中压风管在1.2倍的工作压力且不低于750 Pa,高压风管在1.2倍的工作压力下,保持5 min及以上,接缝处无开裂,整体结构无永久性的变形及损伤为合格。

风管完成安装连接后,应在刷油、绝热前进行严密性试验和漏风量检测。漏风量检测应为在规定工作压力下,对风管系统漏风量的测定和验证,漏风量不大于规定值应为合格。系统风管漏风量的检测,应以总管和干管为主,宜采用分段检测,汇总综合分析的方法。检验样本风管宜为3节及以上组成,且总表面积不应少于15 m²。

2. 风管部件安装技术

风管部件是指风管系统中的各类风口、风阀、排风罩、风帽、消声器、检查门和测定孔等功能件。

🔔 **知识拓展**

风管配件是风管系统中的弯头、三通、四通、各类变径及异形管、导流叶片和法兰等。

(1)风口。

风口是指装在通风管道侧面或支管末端用于送风、排风和回风的孔口或装置的统称。其作用是按照一定的流速,将一定数量的空气送到用气的场所,或从排气点排出。

常用的风口有百叶风口(单层百叶风口、双层百叶风口、带过滤网的百叶风口)、孔板风口、条缝形风口、网板风口、格栅风口、散流器、专用风口等。

风口的制作应符合下列规定:

①成品风口应结构牢固,外表面平整,叶片分布均匀,颜色一致,无划痕和变形,符合产品技术标准的规定。表面应经过防腐处理,并应满足设计及使用要求。风口的转动调节部分应灵活、可靠,定位后应无松动现象。

②百叶风口叶片两端轴的中心应在同一直线上,叶片平直,与边框无碰擦。

③散流器的扩散环和调节环应同轴,轴向环片间距应分布均匀。

④孔板风口的孔口不应有毛刺,孔径一致,孔距均匀,并应符合设计要求。

⑤旋转式风口活动件应轻便灵活,与固定框接合严密,叶片角度调节范围应符合设计要求。

⑥球形风口内外球面间的配合应松紧适度、转动自如、定位后无松动。

风口的安装应符合下列规定:

①风管与风口连接宜采用法兰连接,也可采用槽形或工形插接连接。

②风口不应直接安装在主风管上,风口与主风管间应通过短管连接。

③风口安装位置应正确,调节装置定位后应无明显自由松动。室内安装的同类型风口应规整,与装饰面应贴合严密。

④吊顶风口可直接固定在装饰龙骨上,当有特殊要求或风口较重时,应设置独立的支、吊架。

（2）风阀。

风阀主要用于启动风机,关闭风道、风口,调节管道内空气量,平衡阻力等。风阀可分为只具有控制功能的风阀,如止回阀、防火阀、排烟阀等;同时具有控制和调节功能的风阀,如蝶式调节阀、插板阀、平行式多叶调节阀、对开式多叶调节阀、复式多叶调节阀、菱形多叶调节阀、三通调节阀等。

> **知识拓展**
>
> 三通调节阀和复式多叶调节阀兼具有调节和控制两种功能,其主要用于管网分流、合流、旁通处的各支路风量调节。
>
> 可用于大断面风管的风阀主要有菱形多叶调节阀、平行式多叶调节阀、对开式多叶调节阀;可用于小断面风管的风阀主要有蝶式调节阀、菱形单叶调节阀和插板阀。

> **考题探究**
>
> 【不定项】风阀是空气输配管网的控制、调节机构,只具有控制功能的风阀有（　　）。
>
> A. 插板阀　　　　　　　　　　B. 止回阀
>
> C. 防火阀　　　　　　　　　　D. 排烟阀
>
> 【细说考点】本题主要考查风阀的种类。具体内容详见上文。本题选 BCD。

（3）排风罩。

排风罩是局部排风系统中捕集污染物的设备,其作用是排除污染物。设计排风罩的目的是捕集烟气、毒气、粉尘等有害物,是通风除尘系统设计的关键环节之一。排风罩首先应能有效捕集污染源散发的有害物,用较小的排风量达到最好的污染物控制效果;其次,排风罩的设置应不影响操作者的使用,避免干扰气流对吸气气流的影响。

排风罩主要包括密闭罩、半密闭罩、柜式通风罩、外部吸气罩、接受式排气罩、吹吸罩。

> **知识拓展**
>
> 吹吸罩是指利用吹风口吹出的射流和吸风口前汇流的联合作用捕集有害物的排风罩。吹吸罩是利用射流能量的密集,速度衰弱慢,而吸气气流衰减快的特点,有效控制有害物,进而排入排风管道系统。

（4）风帽。

风帽是利用自然界的自然风速推动风机的涡轮旋转及室内外空气对流的原理,将任何平行方向的空气流动,加速并转变为由下而上垂直的空气流动,以提高室内通风换气效果的一种装置。它不用电、无噪音、可长期运转,排除室内的热气、湿气和秽气,根据空气自然规律和气流流动原理,合理化设置在屋面的顶部,能迅速排出室内的热气和污浊气体,改善室内环境。

(5)消声器。

消声器是指利用声的吸收、反射、干涉等原理,降低通风与空调系统中气流噪声的装置。消声器种类有很多,按其消声机理可分为六种,即阻性消声器、抗性消声器、阻抗复合式消声器、微穿孔板消声器、小孔消声器和有源消声器。

阻性消声器是指利用吸声材料的吸声作用,使沿管道传播的噪声,在其中不断被吸收和逐渐衰减的消声装置。

温馨提示

阻性消声器是利用敷设在气流通道内的多孔吸声材料来吸收声能,一般有管式、片式、蜂窝式、折板式、小室式、矿棉管式、聚酯泡沫管式、卡普隆纤维管式、消声弯头等。阻性消声器对消除高、中频噪声效果显著,对低频噪声的消除则不是很有效。

抗性消声器是指内部不装任何吸声材料,仅依靠管道截面积的改变或旁接共振腔等,在声传播过程中引起声阻抗的改变,产生声能的反射与消耗,从而达到消声目的的消声装置。

阻抗复合式消声器是指既具有吸声材料,又有共振腔、扩张室、穿孔板等滤波元件的消声装置。

微穿孔板消声器是指利用微穿孔板吸声结构制成的,具有阻抗复合式消声器的特点,有较宽消声频带的消声装置。

(6)通风机。

通风机是依靠输入的机械能,提高气体压力并排送气体的机械,是一种从动的流体机械。通风机的主要构成部件有电动机、进风口、出风口、叶轮、机壳等。

①通风机的分类。

通风机按其用途分类,可分为一般用途通风机、排尘通风机、高温通风机、防爆通风机、耐腐蚀通风机、防排烟通风机、屋顶通风机、射流通风机;按其作用原理分类,可分为离心式通风机、轴流式通风机、贯流式通风机(横流式通风机)。

防爆通风机是指其叶片或叶轮等转动件采用有色金属制作,遇摩擦碰撞不致产生火花的通风机。防爆通风机适用于输送易燃、易爆气体,其输送介质最高温度不超过 80 ℃,含尘量和其他固体杂质的含量不大于 100 mg/m³,直径不大于 1 mm。防爆通风机叶轮用铝合金材料时,进气室、机壳必须采用碳钢材料。当防爆等级较高时,叶轮、进气室、机壳均需采用铝合金材料,且机壳和轴之间增设密封装置。

射流通风机是一种特殊的轴流风机,能提供较大的通风量和较高的风压,并且具有可逆转的特性,反转后风机特性只降低 5%。该风机主要用于公路、铁路及地铁等隧道的纵向通风系统中,起诱导气流或排烟等作用。

②通风机的安装。

风机的开箱检查,应符合下列要求:

a. 应按设备装箱单清点风机的零件、部件、配套件和随机技术文件。

b. 应按设计图样核对叶轮、机壳和其他部位的主要安装尺寸。

c. 风机型号、输送介质、进出口方向(或角度)和压力,应与工程设计要求相符;叶轮旋转方向、定子导流叶片和整流叶片的角度及方向,应符合随机技术文件的规定。

d. 风机外露部分各加工面应无锈蚀;转子的叶轮和轴颈、齿轮的齿面和齿轮轴的轴颈等主要零件、部件应无碰伤和明显的变形。

e. 风机的防锈包装应完好无损；整体出厂的风机，进气口和排气口应有盖板遮盖，且不应有尘土和杂物进入。

f. 外露测振部位表面检查后，应采取保护措施。

风机的搬运和吊装，应符合下列要求：

a. 整体出厂的风机搬运和吊装时，绳索不得捆缚在转子和机壳上盖及轴承上盖的吊耳上。

b. 解体出厂的风机搬运和吊装时，绳索的捆缚不得损伤机件表面；转子和齿轮的轴颈、测量振动部位，不得作为捆缚部位；转子和机壳的吊装应保持水平。

c. 输送特殊介质的风机转子和机壳内涂有的保护层应妥善保护，不得损伤。

d. 转子和齿轮不应直接放在地上滚动或移动。

风机的进气、排气系统的管路、大型阀件、调节装置、冷却装置和润滑油系统等管路，应有单独的支承，并应与基础或其他建筑物连接牢固，与风机机壳相连时不得将外力施加在风机机壳上。连接后应复测机组的安装水平和主要间隙，并应符合随机技术文件的规定。与风机进气口和排气口法兰相连的直管段上，不得有阻碍热胀冷缩的固定支撑。各管路与风机连接时，法兰面应对中并平行。

风机的润滑、密封、液压控制系统应清洗洁净；组装后风机的润滑、密封、液压控制、冷却和气路系统的受压部分，应以其最大工作压力进行严密性试验，且应保压 10 min 后无泄漏；其风机的冷却系统试验压力不应低于 0.4 MPa。

> **知识拓展**
>
> 通风机传动装置的外露部位以及直通大气的进、出风口，必须装设防护罩、防护网或采取其他安全防护措施。

（7）除尘器。

除尘器是指用于捕集、分离悬浮于空气或气体中粉尘粒子的设备，也称收尘器。除尘器种类繁多，构造各异，由于其除尘机理不同，各自具有不同的特点，因此，其技术性能和适用范围也就有所不同。除尘器主要分为静电除尘器、重力除尘器、惯性除尘器、旋风除尘器、湿式除尘器、过滤式除尘器等。

> **知识拓展**
>
> 评定除尘器工作性能的指标主要有除尘效率、压力损失、处理气体量、负荷适应性。

静电除尘器是指由电晕极和集尘极及其他构件组成，在高压静电场作用下，使含尘气流中的粒子荷电并被吸引、捕集到集尘极上的除尘器。静电除尘器捕集细小尘粒及雾滴的功能强大，尤其是对脱硫后的气溶胶、微细、黏性或高比电阻粉尘、细小的金属颗粒、酸雾、水雾等有理想的捕集效果。

> **知识拓展**
>
> 静电除尘器具有耗能小、气流阻力小、压力损失小等特点，但一次性投资较大，制造安装精度较高。按电机清灰方式分为干式电除尘器、湿式电除尘器、半干半湿电除尘器；按照电除尘器内气流运动方向分为立式电除尘器和卧式电除尘器；按集尘极的形式分为管式电除尘器和板式电除尘器；按集尘极和电晕极配置方法分为单区电除尘器和双区电除尘器。

　　重力除尘器是指利用重力作用使粉尘自然沉降的一种除尘装置。这种装置具有构造简单、造价低、耗能小、便于维护管理的特点,但其只适用于净化密度大、颗粒粗的粉尘。

　　惯性除尘器是指借助各种形式的挡板,迫使气流方向改变,利用尘粒的惯性使其和挡板发生碰撞而将尘粒分离和捕集的除尘器。

> **知识拓展**
>
> 　　惯性除尘器适用于净化粒径大于 $20~\mu m$ 的非纤维性粉尘,主要类型有气流折转式、重力挡板式、百叶板式、组合式等。由于净化效率低,常用作多级除尘中的初级除尘。其压力损失依类型而定,一般为 $100 \sim 400~Pa$。

　　旋风除尘器也称为离心式除尘器,是指含尘气流沿切线方向进入筒体作螺旋形旋转运动,在离心力作用下将尘粒分离和捕集的除尘器。

> **知识拓展**
>
> 　　依靠惯性、重力和离心力机械原理除去气流中尘粒的除尘器,统称为机械除尘器。

　　除尘器的安装应符合下列规定:
　　①产品的性能、技术参数、进出口方向应符合设计要求。
　　②现场组装的除尘器壳体应进行漏风量检测,在设计工作压力下允许漏风量应小于5%,其中离心式除尘器应小于3%。
　　③布袋除尘器、静电除尘器的壳体及辅助设备接地应可靠。
　　④湿式除尘器与淋洗塔外壳不应渗漏,内侧的水幕、水膜或泡沫层成形应稳定。
　　(8)空气净化装置。
　　通风系统用空气净化装置是指对通风系统空气中的空气污染物具有一定去除能力的装置。空气净化装置主要有吸收设备和吸附设备,吸收设备包括湍流塔、喷淋塔和填料塔;吸附设备包括固定床、移动床、流动床。

> **温馨提示**
>
> 　　填料塔结构简单、阻力中等,适用性较广,但不适用于吸收含尘的有害气体。

> **知识拓展**
>
> 　　喷淋塔是指筒体内设有几层筛板,气体自下而上穿过筛板上的液层,通过气体的鼓泡使有害物质被吸收的净化设备。其具有阻力小、结构简单、塔内无运动部件。由于吸收率不高,适用于处理浓度低且量小的有害气体(同时可除尘)。
> 　　湍流塔塔内设有筛板,其开孔率较大,将一定数量的轻质小球放置在筛板上,相互碰撞,吸收剂自上向下喷淋,加湿小球表面,进行吸收。气、液、固三相接触,小球相互碰撞且表面液膜不断更新,从而实现对气体杂质的高效吸收。

二、建筑空调系统 ★★★★★

　　建筑空调工程是指舒适性空调、恒温恒湿空调和洁净室空气净化及空气调节系统工程的总称。

（一）空调系统的组成

空调系统包括空调风系统、空调水系统等。

> **温馨提示**
>
> 与通风工程重复部分，本小节就不再讲解，请参照通风系统部分。

1. 空调风系统

空调风系统主要由空气处理部分、空气输送部分、空气分配部分和辅助系统部分组成。

（1）空气处理部分。

空气处理部分是一个包括各种空气处理设备在内的空气处理室，其组成主要有空气过滤器、喷水室、空气加湿器、空气减湿器、表面换热器、加热器等。用这些空气处理设备对空气进行净化过滤和热湿处理，可将送入空调房间的空气处理到所需的送风状态点。

空气过滤器是指用过滤、黏附等方法去除空气中微粒的设备。空气过滤器按效率级别分为粗效过滤器、中效过滤器、高中效过滤器和亚高效过滤器。各种过滤器的特点如表 5-32 所示。

表 5-32　空气过滤器

形式	特点
粗效过滤器	过滤效率为 20% ~80%，初阻力不大于 50 Pa，以过滤 5 μm 以上的微粒为主，滤速为 1 ~2 m/s；过滤材料采用无纺布；常见的形式有板式、折叠式、袋式、卷绕式
中效过滤器	过滤效率为 20% ~70%，初阻力不大于 80 Pa，以过滤 1 μm 以上的微粒具有中等程度捕集效率为主的空气过滤器，滤速为 0.2 ~1.0 m/s；过滤材料采用可清洗或一次性使用的无纺布；常见的形式有袋式、折叠式和楔形组合式
高中效过滤器	过滤效率为 70% ~99%，初阻力不大于 100 Pa。对粒径大于或等于 0.5 μm 的微粒的过滤效率为 70% ~95%，初阻力不大于 100 Pa，对 1 μm 以上的微粒具有较高捕集效率；过滤材料采用一次性使用的无纺布、丙纶滤布；常见的形式多为袋式
亚高效过滤器	过滤效率不小于 95%，初阻力不大于 120 Pa，以过滤 0.5 μm 以上的微粒为主；过滤材料采用一次性使用的超细玻璃纤维滤纸、丙纶纤维滤纸；常见的形式有折叠式和管式

> **知识拓展**
>
> 随着技术水平的不断发展，又出现了高效空气过滤器（HEPA）和超高效空气过滤器（ULPA）。高效空气过滤器是指额定风量下未经消静电处理时的过滤效率及经消静电处理后的过滤效率均不低于 99.95% 的过滤器。超高效空气过滤器是指额定风量下未经消静电处理时的过滤效率及经消静电处理后的过滤效率不低于 99.999% 的过滤器。高效空气过滤器和超高效空气过滤器按过滤器滤芯结构可分为有隔板过滤器和无隔板过滤器；外框材料有木材、冷轧钢板、铝合金板、不锈钢板；过滤材料采用超细玻璃纤维滤纸。

喷水室是指用喷淋水与空气直接接触的热湿交换设备。喷水室是一种多功能的空气调节设备，可对空气进行加热、冷却、加湿及减湿等多种处理。喷水室由喷嘴、喷水排管、挡水板、底池和外壳等组成。喷水室有卧式和立式，单级和双级，低速和高速之分。

(2)空气输送部分。

空气输送部分主要包括送风机、回风机(系统较小时不用设置)、风管系统和必要的风量调节装置。送风系统的作用是不断将空气处理设备处理好的空气有效地输送到各空调房间;回风系统的作用是不断地排出室内回风,实现室内的通风换气,保证室内空气品质。

(3)空气分配部分。

空气分配部分主要包括设置在不同位置的送风口和回风口,其作用是合理地组织空调房间的空气流动,保证空调房间内工作区的空气温度和相对湿度均匀一致,空气流速不致过大,以免对室内的工作人员和生产形成不良的影响。

2.空调水系统

空调水系统包括空调冷热源和其辅助设备与管道及室内外管网。

(1)系统组成。

空调水系统是指空调设备中由冷冻水系统、热水系统、冷却水系统、冷凝水系统组成的水系统。其中,冷冻水系统或热水系统可分为开式和闭式系统、两管制和四管制系统、同程式和异程式系统、单级泵和多级泵系统、上分式和下分式系统、定流量式和变流量式系统等。

冷却水系统可分为直流供水系统和循环冷却水系统。直流供水系统比较简单,一般在水源的水量充足、水温适宜、排水方便的地区可优先考虑采用。循环冷却水系统的冷却用水经过水冷却、设备冷却后循环使用,只需补充少量水;适用于水源水量较少、水温较高的地区,但它需增设水冷却设备(或构筑物)。

冷凝水系统是指空调末端在夏季工况时用来排出冷凝水的管路系统。为确保冷凝水及时排走,冷凝水管的管径应按冷凝水的流量和管道坡度确定,凝水盘的泄水支管沿水流方向坡度不宜小于0.010;冷凝水干管坡度不宜小于0.005,不应小于0.003,且不允许有积水部位。考虑到冷凝水管长期存在的环境,冷凝水管道一般采用聚氯乙烯塑料管(可不加二次结露的保温层）或热镀锌钢管（应设置保温层），不宜使用焊接钢管。冷凝水水平干管始端应设置扫除口。

【不定项】空调冷凝水管宜采用（　　　）。

A. 聚氯乙烯管　　　　　　　　　　B. 橡胶管

C. 热镀锌钢管　　　　　　　　　　D. 焊接钢管

【细说考点】本题主要考查空调冷凝水管宜采用的材料类型。具体内容详见上文。本题选 AC。

（2）设备组成。

空调冷冻水系统的主要设备有冷冻水循环水泵、冷却水循环水泵、分（集）水器、除污器、过滤器、水处理设备、膨胀节、冷却塔、冷却水循环水箱及其系统连接管道等。以下主要讲解冷却塔和膨胀节的相关内容。

①冷却塔。

冷却塔是指把冷却水的热量传给大气的设备、装置或构筑物。常见的冷却塔形式有逆流式机械通风冷却塔和横流式机械通风冷却塔。

知识拓展

逆流式机械通风冷却塔是指在塔内填料中，水自上而下，空气自下而上，两者流向相反，并由电动机带动风机（抽风式）来加速热水与空气热交换的冷却装置。

横流式机械通风冷却塔是指水在冷却塔内自上而下经填料流下，空气由侧边横向进入塔内、向上排出，经由电动机带动风机（抽风式）来加速热水与冷空气交换的一种冷却装置。

冷却塔塔排布置与主导风向的关系宜符合下列规定：

a. 单侧进风的冷却塔，进风口宜面向夏季主导风向。

b. 双侧进风的冷却塔，塔排的长轴宜平行于夏季主导风向。

冷却塔的位置宜靠近主要用水装置，其布置应符合下列规定：

a. 应布置在厂区主要建筑物及露天配电装置的冬季主导风向的下风侧，并留有适当间距。

b. 应布置在贮煤场等粉尘影响源的全年主导风向的上风侧。

c. 应远离厂内露天热源。

d. 冷却塔进风口侧的建（构）筑物不应影响冷却塔的通风，塔排中间布置构筑物或大型设备时，进风口与构筑物或大型设备的距离不宜小于进风口高度的 2 倍。

e. 宜避免冷却塔的羽雾对周围环境及生产装置的影响。

f. 宜避免冷却塔的噪声对敏感区域的影响。

g. 应布置在爆炸危险区域以外，当不能避免时，驱动风机的电机应选用防爆电机，同时布置在防爆区域内的电气、仪表应采用防爆设备。

一般情况下,一台冷水机组配置一台冷却塔和一台冷却水泵。多台冷却塔并联运行时,各台冷却塔的进水管都应设调节阀,并用均压管(也称平衡管)将各台冷却塔的接水盘连接起来,均压管管径应与进水干管管径相同。为使各台冷却塔的出水量均衡,冷却塔出水干管宜采用比进水干管大两号的集管,并用45°的弯管与各台冷却塔的出水管连接。冷却塔接水盘应设浮球自动控制的补给水管、滋水管和排污管。

②膨胀节。

为了保证管道在热状态下的稳定和安全,减小管道热胀冷缩产生的应力,管道上每隔一定距离应装设固定支座和补偿装置。目前广泛使用的补偿装置是膨胀节。

在空调水系统中,膨胀节分约束膨胀节和无约束膨胀节,常见的约束膨胀节包括大拉杆横向型膨胀节和旁通轴向压力平衡型膨胀节,常见的无约束膨胀节包括通用型膨胀节、单式轴向型膨胀节、复式轴向型膨胀节、外压轴向型膨胀节、减振膨胀节和抗振型膨胀节。

随着建筑高度的不断增加,空调水系统工作压力也逐渐增大,为解决设备和管道系统高承压问题,在空调水系统设计时,应考虑空调水系统的分区。空调系统分区指的是在负荷分析基础上,根据空调负荷差异性,合理地将整个空调区域划分为若干个温度控制区。分区的目的在于使空调系统能有效地跟踪负荷变化,改善室内热环境和降低空调能耗。空调水系统可依据负荷特性、使用功能、建筑层数、空调基数和空调精度等划分成不同的系统。

(3)空调冷热源。

空调冷源为制冷装置,热源为蒸汽、热水以及电热。在需要同时供冷和供热的工况下,冷热源宜采用集中设置的直燃性冷热水机组、热泵机组等。

空调制冷系统的制冷设备包括制冷压缩机和制冷辅助设备。制冷压缩机是指制冷系统中用于提高制冷剂气体压力的设备。制冷辅助设备是指制冷系统中除制冷压缩机之外的设备总称,包括冷凝器、蒸发器、膨胀阀等。

空调制冷系统工作原理主要有压缩、冷凝、节流、蒸发四个流程。上述四个流程为制冷系统的一次完整循环流程,空调制冷时一直循环此过程,将室内热空气吸收转移到室外的过程。

常见的空调系统中的制冷制热装置主要有蒸汽压缩式制冷机组、吸收式制冷机组、热泵机组、蓄冷机组、空热源机组等。

蓄冷是指利用某些工程材料或工作介质的蓄冷特性,贮藏冷量并加以合理利用的一种贮能技术。蓄冷方式主要包括水蓄冷、冰盘管型蓄冰(内融冰、外融冰)、封装式(冰球、冰板式)蓄冰、冰片滑落式蓄冰、冰晶式蓄冰等。

蒸汽压缩式制冷机组即电制冷装置,其可以小型化,比如现在用的冰箱制冷系统、家用空调制冷系统等,具有工作效果显著、制冷效率相对较高等特点。一般包括冷水机组和风冷机组。

> **知识拓展**
>
> 冷水机组是指在某种动力驱动下,通过热力学逆循环连续地产生冷水的制冷设备。压缩式冷水机组是指以压缩式制冷循环来制取冷水的机组。按照所采用的压缩机形式不同,可分为离心式、活塞式、螺杆式、涡旋式和旋转式冷水机组。其中,离心式冷水机组广泛使用在大中型商业建筑空调系统中,其具有质量轻、制冷系数高、运行平稳、容量调节方便和噪声较低等优点,但小制冷量时机组能效比明显下降,负荷太低时可能发生喘振现象。活塞式冷水机组是民用建筑空调制冷工程中采用时间最长、使用数量最多的冷水机组。

吸收式制冷机组是指以吸收式制冷循环来制取冷水的机组。按照驱动能源的不同,可分为热水型、蒸汽型和直燃型冷水机组;按照驱动热源在发生器中的利用次数,可分为单效、双效和三效吸收式冷水机组。

> **知识拓展**
>
> 吸收式制冷以热量为驱动能量,以一种物质对另一种物质的吸收和发生效应为驱动力,利用制冷剂液体在气化时产生的吸热效应的制冷方式。吸收式制冷装置由蒸发器、冷凝器、吸收器、发生器组成。吸收式制冷由两个循环环路组成,分别为制冷剂循环(由蒸发器、冷凝器、膨胀阀组成)、吸收剂循环(由吸收器、发生器、溶液泵组成)。

热泵机组按照低温热源的特点,可分为空气源热泵和地源热泵。与常规制冷机组相比,热泵机组的制冷机带有四通转换阀,可以在机组内实现冷凝器和蒸发器的转换,完成制冷热工况的转换,实现夏季供冷、冬季供热。

> **知识拓展**
>
> 空调制热时,四通转换阀将制冷剂的流动方向与制冷时的流动方向相反流动。

> **考题探究**
>
> 【不定项】带有四通转换阀,可以在机组内实现冷凝器和蒸发器的转换,完成制冷热工况的转换,可以实现夏季供冷、冬季供热的机组为(　　　)。
>
> A. 离心冷水机组　　　　　　　　B. 活塞式冷风机组
>
> C. 吸收式冷水机组　　　　　　　D. 地源热泵
>
> 【细说考点】本题主要考查热泵机组的特点。具体内容详见上文。本题选 D。

(二)空调系统的分类

空调系统按照不同的分类方法可以分为多种类型,按空气处理设备的设置情况分类,可分为分散式系统、集中式系统和半集中式系统;按空调系统处理的空气来源分类,可分为直流式系统、封闭式系统、混合式系统;按负担室内空调负荷所用介质分类,可分为全空气系统、全水系统、空气 – 水系统、制冷剂系统。

直流式系统的运行原理是将来自室外新风,经处理后送入室内,吸收室内负荷后再全部排到室外。封闭式系统、一次回风系统、二次回风系统都是房间内空气循环后的再利用,即进入空调冷却器。其中,一次回风是指在集中空气处理设备中,与新风混合后通过热湿处理的部分室内空气。二次回风是指在集中空气处理设备中与热湿处理过的混合空气再次混合的部分室内空气。两者的区别在于二次回风利用回风节约一部分再热的能量。

> **🔔 知识拓展**
>
> 　　半集中式空调系统包括风机盘管加新风系统、多联机加新风系统、诱导器系统和冷辐射顶板加新风系统。诱导器系统由集中空气处理机组和室内诱导器末端组成,其能够在空调房间内就地回风,减少了需要处理和输送的空气量,因而风管断面小、空气处理室小、空调机房占地小、风机耗电少。风机盘管加新风系统是典型的半集中式系统。

三、通风与空调系统试运行与调试 ★★

(一)一般规定

通风与空调系统安装完毕投入使用前,必须进行系统的试运行与调试。包括设备单机试运转与调试、系统无生产负荷下的联合试运行与调试。

试运行与调试前应具备下列条件:

(1)通风与空调系统安装完毕,经检查合格;施工现场清理干净,机房门窗齐全,可以进行封闭。

(2)试运转所需用的水、电、蒸汽、燃油燃气、压缩空气等满足调试要求。

(3)测试仪器和仪表齐备,检定合格,并在有效期内;其量程范围、精度应能满足测试要求。

(4)调试方案已批准。调试人员已经过培训,掌握调试方法,熟悉调试内容。

(二)设备单机试运转与调试

设备单机试运转与调试应包括水泵试运转与调试、风机试运转与调试、空气处理机组试运转与调试、冷却塔试运转与调试、风机盘管机组试运转与调试、水环热泵机组试运转与调试、蒸汽压缩式制冷(热泵)机组试运转与调试、吸收式制冷机组试运转与调试、电动调节阀、电动防火阀、防排烟风阀(口)调试。

设备单机试运转及调试应符合下列规定:

(1)通风机、空气处理机组中的风机,叶轮旋转方向应正确、运转应平稳、应无异常振动与声响,电机运行功率应符合设备技术文件要求。在额定转速下连续运转 2 h 后,滑动轴承外壳最高温度不得大于 70 ℃,滚动轴承不得大于 80 ℃。

(2)水泵叶轮旋转方向应正确,应无异常振动和声响,紧固连接部位应无松动,电机运行功率应符合设备技术文件要求。水泵连续运转 2 h 滑动轴承外壳最高温度不得超过 70 ℃,滚动轴承不得超过 75 ℃。

(3)冷却塔风机与冷却水系统循环试运行不应小于 2 h,运行应无异常。冷却塔本体应稳固、无异常振动。冷却塔中风机的试运转尚应符合第(1)条的规定。

(4)电动调节阀、电动防火阀、防排烟风阀(口)的手动、电动操作应灵活可靠,信号输出应正确。

（三）系统无生产负荷下的联合试运行与调试

1. 联合试运转及调试内容

系统无生产负荷下的联合试运行与调试应包括下列内容：

（1）监测与控制系统的检验、调整与联动运行。

（2）系统风量的测定和调整。

（3）空调水系统的测定和调整。

（4）变制冷剂流量多联机系统联合试运行与调试。

（5）变风量（VAV）系统联合试运行与调试。

（6）室内空气参数的测定和调整。

（7）防排烟系统测定和调整。

2. 系统无生产负荷下的联合试运行与调试要求

系统非设计满负荷条件下的联合试运转及调试应符合下列规定：

（1）系统总风量调试结果与设计风量的允许偏差应为 $-5\% \sim +10\%$，建筑内各区域的压差应符合设计要求。

（2）变风量空调系统联合调试应符合下列规定：

①系统空气处理机组应在设计参数范围内对风机实现变频调速。

②空气处理机组在设计机外余压条件下，系统总风量应满足第（1）条的要求，新风量的允许偏差应为 $0 \sim +10\%$。

③变风量末端装置的最大风量调试结果与设计风量的允许偏差应为 $0 \sim +15\%$。

④改变各空调区域运行工况或室内温度设定参数时，该区域变风量末端装置的风阀（风机）动作（运行）应正确。

⑤改变室内温度设定参数或关闭部分房间空调末端装置时，空气处理机组应自动正确地改变风量。

⑥应正确显示系统的状态参数。

（3）空调冷（热）水系统、冷却水系统的总流量与设计流量的偏差不应大于 10%。

（4）制冷（热泵）机组进出口处的水温应符合设计要求。

（5）地源（水源）热泵换热器的水温与流量应符合设计要求。

（6）舒适空调与恒温、恒湿空调室内的空气温度、相对湿度及波动范围应符合或优于设计要求。

> **温馨提示**
>
> 通风与空调系统无生产负荷下的联合试运行与调试应在设备单机试运转与调试合格后进行。通风系统的连续试运行不应少于 2 h，空调系统带冷（热）源的连续试运行不应少于 8 h。联合试运行与调试不在制冷期或采暖期时，仅做不带冷（热）源的试运行与调试，并应在第一个制冷期或采暖期内补做。

四、通风空调工程计量 ★★★

根据《通用安装工程工程量计算规范》，通风空调工程的计量规则如下。

（一）通风及空调设备及部件制作安装

通风及空调设备及部件制作安装的计量规则（部分）如表 5-33 所示。

表 5-33　通风及空调设备及部件制作安装(部分)

项目名称	项目特征	计量单位	工程量计算规则	工作内容
空气加热器(冷却器)	略	台	按设计图示数量计算	略
除尘设备				
空调器	略	台(组)		略
风机盘管	略	台		略
密闭门	略	个		略
挡水板				
滤水器、溢水盘				
金属壳体				
过滤器	略	台或 m^2	以台计量,按设计图示数量计算;以面积计量,按设计图示尺寸以过滤面积计算	略

注:通风空调设备安装的地脚螺栓按设备自带考虑。

考题探究

【不定项】依据《通用安装工程工程量计算规范》,通风空调工程中过滤器的计量方式有(　　　)。

A. 以台计量,按设计图示数量计算

B. 以个计量,按设计图示数量计算

C. 以面积计量,按设计图示尺寸以过滤面积计算

D. 以面积计量,按设计图示尺寸计算

【细说考点】本题主要考查通风空调工程中过滤器计量方式的规定。具体内容详见上文。本题选 AC。

(二)通风管道制作安装

通风管道制作安装的计量规则如表 5-34 所示。

表 5-34　通风管道制作安装

项目名称	项目特征	计量单位	工程量计算规则	工作内容
碳钢通风管道	略	m^2	按设计图示内径尺寸以展开面积计算	略
净化通风管道				
不锈钢板通风管道	略			
铝板通风管道				
塑料通风管道				
玻璃钢通风管道	略		按设计图示外径尺寸以展开面积计算	略
复合型风管	略			
柔性软风管	略	m 或节	以米计量,按设计图示中心线以长度计算;以节计量,按设计图示数量计算	略

项目名称	项目特征	计量单位	工程量计算规则	工作内容
弯头导流叶片	略	m² 或组	以面积计量，按设计图示以展开面积计算；以组计量，按设计图示数量计算	略
风管检查孔	略	kg 或个	以千克计量，按风管检查孔质量计算；以个计量，按设计图示数量计算	略
温度、风量测定孔	略	个	按设计图示数量计算	略

注：a. 风管展开面积，不扣除检查孔、测定孔、送风口、吸风口等所占面积；风管长度一律以设计图示中心线长度为准（主管与支管以其中心线交点划分），包括弯头、三通、变径管、天圆地方等管件的长度，但不包括部件所占的长度。风管展开面积不包括风管、管口重叠部分面积。风管渐缩管：圆形风管按平均直径；矩形风管按平均周长。

b. 穿墙套管按展开面积计算，计入通风管道工程量中。

c. 通风管道的法兰垫料或封口材料，按图纸要求应在项目特征中描述。

d. 净化通风管的空气洁净度按 100 000 级标准编制，净化通风管使用的型钢材料如要求镀锌时，工作内容应注明支架镀锌。

e. 弯头导流叶片数量，按设计图纸或规范要求计算。

f. 风管检查孔、温度测定孔、风量测定孔数量，按设计图纸或规范要求计算。

（三）通风管道部件制作安装

通风管道部件制作安装的计量规则（部分）如表 5-35 所示。

表 5-35　通风管道部件制作安装（部分）

项目名称	项目特征	计量单位	工程量计算规则	工作内容
碳钢阀门	略	个	按设计图示数量计算	略
不锈钢风口、散流器、百叶窗	略			略
塑料风口、散流器、百叶窗	略			
碳钢风帽	略			略
不锈钢风帽	略			
塑料风帽	略			
碳钢罩类	略			略
塑料罩类	略			
柔性接口	略	m²	按设计图示尺寸以展开面积计算	略
消声器	略	个	按设计图示数量计算	略
静压箱	略	个 或 m²	以个计量，按设计图示数量计算；以平方米计量，按设计图示尺寸以展开面积计算	略

注：a. 碳钢阀门包括空气加热器上通阀、空气加热器旁通阀、圆形瓣式启动阀、风管蝶阀、风管止回阀、密闭式斜插板阀、矩形风管三通调节阀、对开多叶调节阀、风管防火阀、各型风罩调节阀等。

b. 塑料阀门包括塑料蝶阀、塑料插板阀、各型风罩塑料调节阀。

c. 碳钢风口、散流器、百叶窗包括百叶风口、矩形送风口、矩形空气分布器、风管插板风口、旋转吹风口、圆形散流器、方形散流器、流线型散流器、送吸风口、活动箅式风口、网式风口、钢百叶窗等。

d.碳钢罩类包括皮带防护罩、电动机防雨罩、侧吸罩、中小型零件焊接台排气罩、整体分组式槽边侧吸罩、吹吸式槽边通风罩、条缝槽边抽风罩、泥心烘炉排气罩、升降式回转排气罩、上下吸式圆形回转罩、升降式排气罩、手锻炉排气罩。

e.塑料罩类包括塑料槽边侧吸罩、塑料槽边风罩、塑料条缝槽边抽风罩。

f.柔性接口包括金属、非金属软接口及伸缩节。

g.消声器包括片式消声器、矿棉管式消声器、聚酯泡沫管式消声器、卡普隆纤维管式消声器、弧形声流式消声器、阻抗复合式消声器、微穿孔板消声器、消声弯头。

h.通风部件如图纸要求制作安装或用成品部件只安装不制作,这类特征在项目特征中应明确描述。

i.静压箱的面积计算:按设计图示尺寸以展开面积计算,不扣除开口的面积。

（四）通风工程检测、调试

通风工程检测、调试的计量规则如表5-36所示。

表5-36　通风工程检测、调试

项目名称	项目特征	计量单位	工程量计算规则	工作内容
通风工程检测、调试	略	系统	按通风系统计算	略
风管漏光试验、漏风试验	略	m²	按设计图纸或规范要求以展开面积计算	略

（五）相关问题及说明

通风空调工程适用于通风(空调)设备及部件、通风管道及部件的制作安装工程。

冷冻机组站内的设备安装、通风机安装及人防两用通风机安装,应按《安通用安装工程工程量计算规范》附录A机械设备安装工程相关项目编码列项。

冷冻机组站内的管道安装,应按《通用安装工程工程量计算规范》附录H工业管道工程相关项目编码列项。

冷冻站外墙皮以外通往通风空调设备的供热、供冷、供水等管道,应按《安装工程计算规范》附录K给排水、采暖、燃气工程相关项目编码列项。

设备和支架的除锈、刷漆、保温及保护层安装,应按《安装工程计算规范》附录M刷油、防腐蚀、绝热工程相关项目编码列项。

第四节　静置设备与工艺金属结构安装技术与计量

一、静置设备与工艺金属结构类型 ★★★★

根据《通用安装工程工程量计算规范》,静置设备是指不需动力带动,安装后处于静止状态的工艺设备,如塔器设备、金属储罐、球形储罐、金属气柜等。工艺金属结构在工业生产中用来支撑和传递工艺设备、工艺管道以及其他附加应力所引起的静、动荷载,或为了操作方便所设置的辅助设施,如联合平台、平台、梯子、栏杆、扶手、桁架、管廊、设备框架、单梁、设备支架、漏斗、料仓、烟筒、烟道、火炬及排气筒等。

（一）静置设备的类型

1.按设备的形状分类

(1)圆筒形容器。该容器基本构造为筒体封头、接管、人手孔、支座。其特点是制造过程简单、便于在内部设置工艺内件,且生产量和使用量都比球形容器、矩形容器大。

(2)球形容器。该容器壳体呈球形,具有制造过程复杂、技术要求复杂、安装内件难度大的特点,但承压能力大,常用作大中型的储气罐。

(3)矩形容器。该容器又称方形容器,具有制造过程简单、技术要求低的特点,但承压能力差,一般用于承载压力较小的气体或液体。

2. 按设备承压分类

（1）常压容器。常压容器是指与环境大气直接连通或工作（表）压力为零的容器。

（2）压力容器。压力容器是指压力作用下盛装流体介质的密闭容器。

温馨提示

"密闭"在这里是指以容器对外连接管口为界限的范围内能够形成一个独立的承压空间。

①压力容器的分类应当根据介质特征，按照以下要求选择分类图，再根据设计压力 p（单位为 MPa）和容积 V（单位为 m^3），标出坐标点，确定压力容器类别：

a. 第一组介质，毒性危害程度为极度、高度危害的化学介质，易爆介质，液化气体。压力容器分类如图 5-1 所示。

b. 第二组介质，除第一组以外的介质。压力容器分类如图 5-2 所示。

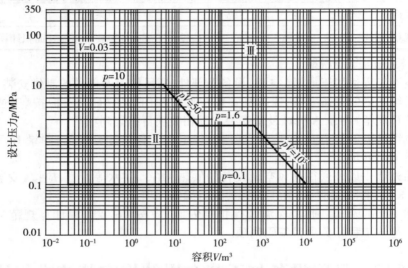

图 5-1　压力容器分类图——第一组介质

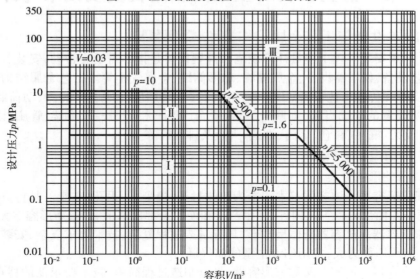

图 5-2　压力容器分类图——第二组介质

②压力容器的设计压力(p)划分为低压、中压、高压和超高压四个压力等级,如表 5-37 所示。

表 5-37　压力等级

等级	设计压力 p/MPa
低压(代号 L)	$0.1 \leqslant p < 1.6$
中压(代号 M)	$1.6 \leqslant p < 10.0$
高压(代号 H)	$10.0 \leqslant p < 100.0$
超高压(代号 U)	$p \geqslant 100.0$

🔔 知识拓展

　　高压容器的基本结构主要包括筒体、密封件、端盖和筒体端部,以及紧固连接件等。其内件按其工艺要求不同,形式多样。高压容器的筒体,按结构不同常分为两大类:整体式高压筒体,分为铸钢筒体、单层厚板焊接筒体(单层卷板式、单层瓦片式)、无缝钢管筒体和铸造筒体;组合式高压筒体,分为层板包扎筒体、绕板式筒体、错绕扁平钢带筒体、多层卷板式筒体、热套式筒体。这些结构繁多的高压筒体,制造工艺复杂,由制造厂完成设备制造后,整体运至现场安装。

③压力容器按照在生产工艺过程中的作用原理划分为反应压力容器、换热压力容器、分离压力容器、储存压力容器。在一种压力容器中,如同时具备两个以上的工艺作用原理时,应当按照工艺过程中的主要作用来划分。具体划分如表 5-38 所示。

表 5-38　压力容器按作用原理分类

类别	说明
反应压力容器(代号 R)	主要是用于完成介质的物理、化学反应的压力容器,例如各种反应器、反应釜、聚合釜、合成塔、变换炉、煤气发生炉等
换热压力容器(代号 E)	主要是用于完成介质的热量交换的压力容器,例如各种热交换器、冷却器、冷凝器、蒸发器等
分离压力容器(代号 S)	主要是用于完成介质的流体压力平衡缓冲和气体净化分离的压力容器,例如各种分离器、过滤器、集油器、洗涤器、吸收塔、铜洗塔、干燥塔、汽提塔、分汽缸、除氧器等
储存压力容器(代号 C,其中球罐代号 B)	主要是用于储存或者盛装气体、液体、液化气体等介质的压力容器,例如各种形式的储罐

🔔 知识拓展

　　反应压力容器中,反应釜也称为带搅拌容器。带搅拌容器是指在一定容积和一定压力与温度的容器中,借助于搅拌器搅拌功能向介质传递必要的能量进行化学反应,故称带搅拌反应器,习惯上称反应釜或称搅拌罐。带搅拌容器由以下三部分组成:

　　a. 搅拌装置。搅拌装置由传动装置、搅拌轴、搅拌器组成。搅拌器的形式主要有桨式、螺杆式、锚式、推进式、框式等。

　　b. 轴封。最常用的转轴密封形式有填料密封、机械密封、迷宫密封、浮动环密封等。虽然搅拌器轴封也属于转轴密封的范畴,但由于搅拌器轴封的作用是保证搅拌设备内处于一定的正压或真空条件，防止反应物料逸出和杂质的渗入，因此不是所有转轴密封形式都能用于搅拌设备。

c. 搅拌罐。搅拌罐常用的罐体是立式圆筒形容器，它有顶盖、筒体和罐底，通过支座安装在基础或平台上，罐体在规定的操作温度和操作压力下，为搅拌过程提供一定的空间。

3. 按设备在生产工艺过程中的作用分类

（1）反应容器。反应容器是用于完成介质化学反应的容器，可按结构形式、反应连续性、催化剂流动方式和反应过程中的换热状态进行分类。具体如表5-39所示。

表5-39　反应容器的分类原则

分类依据	类别	说明
按结构形式	管式反应容器	是由一种呈管状、长径比较大的空管或填充管构成。管式反应容器的结构可以是单管，也可以是多管并联；可以是空管，也可以是在管内填充催化剂的填充管
	釜式反应容器	是由长径比较小的圆筒形容器构成，容器内常设有搅拌（如机械搅拌、气流搅拌等）装置。在反应过程中物料需加热或冷却时，可在容器壁外设置夹套，或在容器内设置换热盘管，也可通过外循环进行换热
	塔式反应容器	是通过催化剂床层或内部构件实现反应过程的塔设备
	喷射反应容器	是利用喷射器进行混合来实现反应过程的设备
按反应连续性	间歇式反应容器	是将原料一次性加入，待反应达到定要求后，一次性卸出反应产物
	连续式反应容器	是连续加入原料，连续排出反应产物
	半连续式反应容器	也称为半间歇操作反应容器，介于间歇式和连续式两者之间，通常是将一种反应物一次加入，然后连续加入另一种反应物。反应达到一定要求后，停止操作并卸出反应产物
按催化剂流动方式	固定床反应器	也称填充床反应器，是在反应器内装填固体催化剂或固体反应物，可以实现多相反应过程的反应器
	流化床反应器	是利用气体或液体通过颗粒状固体层而使固体颗粒处于悬浮运动状态，并进行气固相反应过程或液固相反应过程的反应器
按反应过程的换热状况	等温反应容器	是反应物料温度处处相同的一种理想状态反应容器
	绝热反应容器	是反应区与环境无热量交换的一种理想状态反应容器
	非等温非绝热反应容器	是与外界有热量交换，但达不到等温条件的反应容器

（2）换热容器。换热容器是指用于完成介质的热量交换的容器。热传递是通过热传导、对流和热辐射三种方式来实现的，在实际的热传递过程中，这三种方式往往不是单独进行的。

①换热容器按传热原理分为直接接触式和间接接触式。

a. 直接接触式换热容器。其工作原理是两种介质经接触而相互传递热量，接触面积直接影响到传热量。

b. 间接接触式换热容器。其又可分为蓄能式和直接传递式。直接传递式主要包括板式、管式换热容器。

知识拓展

换热器按作用原理或传热方式也可分为间壁式、蓄热式、混合式(直接式)换热器。其中,间壁式换热器是指冷、热两流体被一层固体壁面(管或板)隔开,不相混合,通过间壁进行热交换的设备;蓄热式换热器是指内装固体填充物,用以贮蓄热量的设备;混合式换热器是指依靠冷、热流体直接接触而进行传热的设备。

②换热容器按传热元件的结构形式分为管式换热器和板式换热器。

a. 管式换热器可分为蛇管式换热器、管壳式换热器和套管式换热器,如表 5-40 所示。

表 5-40　管式换热器的分类

类别		说明
蛇管式换热器	沉浸式蛇管换热器	沉浸式蛇管换热器是用金属管子弯制成蛇形或制成适应容器要求的形状,并将其浸没在盛有液体的容器内。优点是结构简单,造价低廉,防腐蚀性好,操作敏感性较小,管子可承受较大的流体介质压力。但是,由于管外流体的流速很小,因而传热系数小,传热效率低,需要的传热面积大,设备显得笨重。沉浸式蛇管换热器常用于高压流体的冷却,以及反应器的传热元件
	喷淋式蛇管换热器	喷淋式蛇管换热器由一系列水平放置、上下排列在同一垂直面上的直管及连接这些直管的 U 形弯头所组成,并固定在钢支架上;在最上面的管子上方装有使冷却水均匀喷洒的装置,在换热毒的最下边设有水泥或钢制水槽。这种换热器大多放置在空气流通之处,冷却水的蒸发亦带走一部分热量,可起到降低冷却水温度,增大传热推动力的作用。因此与沉浸式相比,喷淋式换热器的传热效果大有改善
管壳式换热器(列管式换热器)	固定管板式换热器	对于具有补偿圈(或称膨胀节)的固定管板式换热器,当壳体与管束间有温差时,依靠补偿圈的弹性变形,来适应壳体与管束间的不同热膨胀。这种补偿结构一般适用于壳体与管束间的温度差低于 70 ℃,壳程压力小于600 kPa 的情况。这种换热器具有结构比较简单、造价低廉的优点;但其缺点是因管束不能抽出而使壳程清洗困难,因此要求壳程的流体应是较清洁且不易结垢的物料
	浮头式换热器	浮头式换热器两端管板中只有一端与壳体固定,另一端可相对壳体自由移动,称为浮头。浮头由浮动管板、钩圈和浮头端盖组成,是可拆连接的,管束可从壳体内抽出。管束与壳体的热变形互不约束,因而不会产生热应力。浮头式换热器优点是管间与管内清洗方便,不会产生热应力;但其结构复杂,造价比固定管板式换热器高,设备笨重,材料消耗量大,且浮头端小盖在操作中无法检查,制造时对密封要求较高。其适用于壳体和管束之间壁温差较大或壳程介质易结垢的场合
	U 形管式换热器	U 形管式换热器是指管束由弯管半径不等的 U 形管组成且管子两端都固定在同一管板上的管壳式换热器。由于每根 U 形管可自由伸缩,管束与壳体之间不会产生温差应力。U 形管式换热器的结构简单,只有一个管板,密封面少,运行可靠,造价低;管束可抽出,管间(壳程)清洗方便。质量轻,适用于高温和高压的场合。但是,管程清洗困难,管程流体必须是洁净和不易结垢的物料;由于管子需要一定的弯曲半径,故管板利用率低;管束最内层间距大,壳程易短路;内层管子不能更换,因而报废率高
	填料函式换热器	填料函式换热器是指管束一端与管板固定,另一端与壳体间采用外置填料函密封的管壳式换热器。由于管束可以自由伸缩,管束与壳体之间不会产生温差应力,因此该换热器具有结构简单,制造方便,易于检修清洗的优点,常用于温差较大、腐蚀性严重的场合

（续表）

类别	说明
套管式换热器	套管式换热器是由大小不同的直管制成的同心套管，并由 U 形弯头连接而成。每一段套管称为一程，每程有效长度约为 4～6 m，若管子过长，管中间会向下弯曲。在套管式换热器中，一种流体走管内，另一种流体走环隙。适当选择两管的管径，两流体均可得到较高的流速，且两流体可以为逆流，对传热有利。另外，套管式换热器构造较简单，能耐高压，传热面积可根据需要增减，应用方便。但是，其管间接头多，易泄漏，占地较大，单位传热面消耗的金属量大。因此其较适用于流量不大，所需传热面积不多而要求压强较高的场合

知识拓展

列管式换热器结构简单，传热面积大，传热效果好，操作弹性较大，制造的材料范围广，常应用于高温高压的大型装置上。

b. 板式换热容器可分为板框式换热器、螺旋板式换热器、板翅式换热器和板壳式换热器，如表 5-41 所示。

表 5-41 板式换热器的分类

类别	说明
板框式换热器	板框式换热器（通常习惯上称为板式换热器）主要由一组长方形的金属板平行排列、夹紧组装于支架上而构成。两相邻金属板的边缘衬有垫片，压紧后可达到密封的目的
螺旋板式换热器	螺旋板式换热器系由外壳、螺旋体、密封及进出口等四部分组成。螺旋体用两张平行的钢板卷制而成，形成两个使介质通过的矩形通道，冷、热介质分别进入两条通道
板翅式换热器	板翅式换热器基本结构是由两块平行的薄金属板间夹入波纹状的金属翅片，两边用侧条密封，组成一个单元体，根据要求将多个单元体固定在一起形成一个板束，将带有介质进、出口的集流箱焊到板束上，构成板翅式换热器
板壳式换热器	板壳式换热器系由壳体、管箱、板束、分布器和膨胀节等组成，与管壳式换热器所不同的是管束的传热管用波纹板片替代

知识拓展

除了上述换热器外，夹套式换热器也是常用换热器的一种。夹套式换热器是在容器外壁安装夹套制成，使夹套与器壁之间形成密闭的空间，成为一种流体的通道。夹套式换热器主要用于加热或冷却。该换热器的结构简单，但加热面受容器壁面限制，传热系数也不高，只适用于传热量不大的场合。为提高传热系数且使釜内液体受热均匀，可在釜内安装搅拌器；当夹套中通入冷却水或无相变的加热剂时，亦可在夹套中设置螺旋隔板或其他增加湍动的措施，以提高夹套一侧的给热系数。为补充传热面的不足，也可在釜内部安装蛇管。

（3）分离容器。分离容器是指用于完成介质的流体压力平衡缓冲和气体净化分离的容器，如分离器、过滤器、集油器、缓冲器、洗涤器、吸收塔、干燥塔和汽提塔等。

（4）储存容器。储存容器是用于储存或盛装气体、液体、液化气体和固体粒状松散物料等介质的容器，可分类为圆筒形容器、球形储罐、立式圆筒形储罐、气柜、料仓和矩形容器等。

4. 按设备工作壁温分类

（1）常温设备。常温设备是指设备工作壁温范围在 -20 ~ 60 ℃条件下工作的设备。

（2）高温设备。高温设备是指设备工作壁温达到或超过材料的蠕变温度条件下工作的设备；碳素钢和低合金钢设备温度超过 375 ℃、Cr - Mo 合金钢设备温度超过 475 ℃和奥氏体不锈钢设备温度过 425 ℃的情况均属此范围。

（3）中温设备。中温设备是指设备工作壁温范围介于常温和高温之间条件下工作的设备。

（4）低温设备。低温设备是指设备工作壁温低于 -20 ℃条件下工作的设备，具体的分类如下：

①设备工作壁温范围在 -40 ~ -20 ℃条件工作的设备属于浅冷设备。

②设备工作壁温小于或等于 -40 ℃条件下工作的设备属于深冷设备。

> **知识拓展**
>
> 　　静置设备使用的金属材料中，不锈钢、不锈复合钢板或铝制造设备适用于腐蚀严重或产品纯度要求高的场合；铜和铜合金适用于深冷操作；铸铁适用于不承压的塔节或容器。静置设备可使用非金属材料（如玻璃钢、橡胶、不透性石墨、硬聚氯乙烯、化工搪瓷、化工陶瓷等）用作设备的衬里以及独立构件。

5. 一般容器的分类

一般容器的分类，如表 5-42 所示。

表 5-42　一般容器的分类

容器形式	立式						卧式	
分类	平底平盖	平底锥盖	90°无折边锥形底平盖	无折边球形封头	90°折边锥形底椭圆形盖	椭圆形封头	无折边球形封头	椭圆形封头
示意图								

（二）塔器设备的类型

塔器设备的类型有很多，按照结构的不同可分为两大类，即板式塔和填料塔。

1. 板式塔

板式塔是一种用于气液或液液系统的分级接触传质设备，由圆筒形塔体和按一定间距水平装置在塔内的若干塔板（也称塔盘）组成。塔板是板式塔的主要构件，决定塔的性能。

气液传质发生在板式塔板上液层空间，两相的组成沿塔高呈阶梯式变化，在正常操作下，液相为连续相，气相为分散相。板式塔在每块塔板上气液两相必须保持密切而充分的接触，为传质过程提供足够大而且不断更新的相际接触表面，以减小传质阻力；在塔内应尽量使气液两相呈逆流流动，以提供较大的传质推动力。

（1）按结构不同，板式塔塔板可以分为泡罩塔板、筛孔塔板、浮阀塔板、舌形塔板、浮动喷射塔板等，如表 5-43 所示。

表 5-43　板式塔塔板按结构不同分类

类别	说明
泡罩塔板	泡罩塔板是工业上应用最早的塔板，主要由升气管和泡罩构成。泡罩安装在升气管的顶部，泡罩底缘开有若干齿缝浸入在板上液层中，升气管顶部应高于泡罩齿缝的上沿，以防止液体从中漏下。液体横向通过塔板经溢流堰流入降液管，气体沿升气管上升折流经泡罩齿缝分散进入液层，形成两相混合的鼓泡区。泡罩塔板的优点是塔板操作弹性大，塔效率也比较高，不易发生漏液，塔板不易堵。缺点是结构复杂，制造成本高，塔板压降大，塔板阻力大，且生产能力不大
筛孔塔板	筛孔塔板简称筛板。塔板上开有许多均匀的小孔，孔径 3～8 mm 筛孔在塔板上为正三角形排列。塔板上设置溢流堰，使板上能保持一定厚度的液层。操作时，气体经筛孔分散成小股气流，鼓泡通过液层，气液间密切接触而进行传热和传质。在正常的操作条件下，通过筛孔上升的气流，应能阻止液体经筛孔向下泄漏。筛孔塔板的优点是结构简单，造价低，塔板阻力小，板上液面差小，气体压降小，生产能力大。缺点是操作弹性小，筛孔小时容易堵塞
浮阀塔板	浮阀塔板最常用于蒸馏操作。浮阀塔盘是在带有降液管的塔盘上面开很多孔，然后在每个孔上面装一个浮阀，当没有上升气相时，浮阀闭合于塔板上，当有气相上升时，浮阀受气流冲击而向上启开，启开的高度随气相的量增加而增加，上升汽相穿过阀孔，在浮阀片的作用下向水平方向分散，通过液体层鼓泡而出，使气液两相充分接触，达到理想的传热传质效果。浮阀塔板的优点是结构简单，造价低，板上液面差小，气体压降小，生产能力和操作弹性大，板效率高，综合性能较优异。缺点是采用不锈钢，浮阀易脱落
舌形塔板	舌形塔板是一种喷射型塔板，在塔板上冲出若干按一定排列的舌形孔，舌片与板面成一定的角度，向塔板的溢流出口侧张开，舌孔按正三角形排列。塔板的液流出口处不设溢流堰只保留降液管，上升气流穿过舌孔后，以较高的速度（20～30 m/s）沿舌片的张角向斜上方喷出。液体流过每排舌孔时，即为喷出的气流强烈扰动而形成泡沫体，喷射的液流冲至降液管上方的塔壁后流入降液管中。舌形塔板的优点是舌形塔板的物料处理量大，生产能力大，压降小，结构简单，安装方便。缺点是张角固定，在气量较小时，经舌孔喷射的气速低，塔板泄漏严重；操作弹性小，塔板效率低；被气体喷射的液流在通过降液管时，会夹带气泡到下塔板，气相夹带现象严重
浮动喷射塔板	浮动喷射塔板是兼有浮阀塔板的可变气道截面及舌形塔板的并流喷射特点的新型塔板。塔板由支架及可在支架三角槽内自由转动的、张开角度最大可到25°的一系列平行条状浮动板所组成。浮动喷射塔板的优点是处理量大，生产能力大，压降小，雾沫夹带少，持液量小，操作弹性大等。缺点是在操作过程中浮舌易磨损，结构复杂，液体入口处易泄漏等

（2）按两相（气、液）流动的方式不同，板式塔塔板可以分为溢流式和逆流式两种，如表 5-44所示。

表5-44　板式塔塔板按两相流动的方式不同分类

类别	说明
溢流式塔板	溢流式塔板也称错流式塔板,塔板间有专供液体溢流的降液管(溢流管),横向流过塔板的流体与由下而上穿过塔板的气体呈错流或并流流动。板上液体的流径与液层的高度可通过适当安排降液管的位置及堰的高度给予控制,从而可获得较高的板效率,但降液管将占去塔板的传质有效面积,影响塔的生产能力
逆流式塔板	逆流式塔板也称穿流式塔板,塔板间没有降液管,气、液两相同时由塔板上的孔道或缝隙逆向穿流而过,板上液层高度靠气体速度维持。塔板结构简单,板上无液面差,板面充分利用,生产能力较大,但塔板效率及操作弹性不及错流式塔板

（3）按流体的路径不同,板式塔塔板可以分为单溢流型塔板和双溢流型塔板。

2. 填料塔

填料塔是以塔内的填料作为气液两相间接触构件的传质设备,具有吸收作用。例如应用于气体吸收时,液体由塔的上部通过分布器进入,沿填料表面下降;气体则由塔的下部通过填料孔隙逆流而上,与液体密切接触而相互作用。

塔内填充适当高度的填料,以增加两种流体间的接触表面。所选填料的好坏对填料塔的操作性能有着直接的影响。填料的种类很多,按照装填方式的不同,可分为散装填料和规整填料。具体如表5-45所示。

表5-45　填料的种类

名称	定义	种类
散装填料	散装填料是一个个具有一定几何形状和尺寸的颗粒体,一般以随机的方式堆积在塔内,又称为乱堆填料或颗粒填料	（1）环形填料:阶梯环填料、鲍尔环填料、拉西环填料。 （2）鞍形填料:矩鞍填料、弧鞍填料。 （3）环鞍形填料:纳特环填料、金属环矩鞍填料、共轭环填料。 （4）其他形填料:海尔环填料、麦勒环填料、球形填料
规整填料	规整填料是按一定的几何构形排列,整齐堆砌的填料	（1）波纹填料:垂直波纹填料(应用最广)、水平波纹填料。 （2）非波纹填料:板片填料、栅格填料

🔔 **知识拓展**

填料性能的优劣常根据比表面积、空隙率以及经济安全实用性进行评价。相同条件下,比表面积越大,气液分布越均匀,表面的润湿性能越优良,传质效率越高;空隙率越高,则操作弹性越大,气流阻力越小,气液通过能力越大。此外,填料应具有一定的力学强度,对两相介质(气、液)均有较好的化学稳定性,造价低,不易堵塞。

填料塔的优点是结构简单,阻力小,分离效果高,持液量小,操作弹性大,可采用耐腐蚀材料制造;尤其对于直径较小的塔,在处理有腐蚀性物料或减压蒸馏时,具有明显的优点。缺点是填料造价高,当液体负荷较小时不能有效地润湿填料表面,使传质效率降低;不能直接用于有悬浮物或容易聚合的物料;对侧线进料和出料等复杂精馏不太适合等。

（三）金属储罐的类型

金属储罐是用于储存生产用的原料、半成品及成品等物料的设备。

1. 按结构形式不同分类

（1）固定顶式储罐。固定顶式储罐是指罐顶周边与罐壁顶端固定连接的储罐，包括自支撑式锥顶罐、支撑式锥顶罐、自支撑式拱顶罐（也称拱顶罐）、自支撑式伞形储罐等形式。其中，拱顶罐的罐顶为球冠形结构，罐体为圆筒形，拱顶中间无支撑，荷载靠其周边支承于罐壁上。

（2）浮顶式储罐。浮顶式储罐简称为浮顶罐，其设计有一个能"贴浮"在油面上，并随储罐内油位升降的"浮顶装置"而区别于无该装置的普通固定顶式储罐。浮顶罐可分为以下两种：

①（外）浮顶储罐。（外）浮顶储罐有一个浮盘覆盖在油品的表面，并随油品液位升降。由于浮盘和油面之间几乎没有气体空间，因此可以大大降低所储存油品的蒸发损耗。

②内浮顶储罐。内浮顶储罐是指在固定顶式储罐内装有浮盘的储罐，示意图如图5-3所示。内浮顶储罐在浮顶之上还有一个固定的顶盖，可以使浮顶本身避免遭受风吹雨淋，确保浮顶下所储油料的品质。其优点是能有效地防止风、沙、雨、雪或灰尘的浸入，使液体无蒸气空间，减少液体蒸发损失，减少空气污染，减少罐壁罐顶腐蚀，增加使用寿命，并使着火爆炸的概率有效地降低等。缺点是用材耗量大，施工难度高且不宜维修。这种储罐主要用于储存轻质油，例如汽油、航空煤油等。

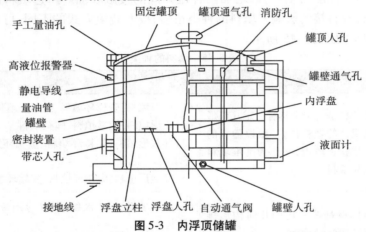

图5-3　内浮顶储罐

（3）无力矩顶储罐。无力矩顶储罐是指带有无力矩顶盖的盘立圆筒形储罐，主要由罐顶、伞形罩、中心柱、罐体和罐底组成。罐顶按悬链线理论设计并将钢板顶压成形，其中央部位支承在中心柱顶部的伞形罩上，周边支承在圆周焊有包边龟钢或刚性环的罐体上，断面形成一悬链曲线。罐顶的钢板仅受拉力，没有弯矩，所以钢材能得到充分利用。

2. 按储罐本体结构形式不同分类

（1）单层储罐。单层储罐的罐壁为单层。

（2）双层储罐。双层储罐为平底双壁圆柱形，内外壁为不同材质。

3. 按外观不同分类

（1）立式储罐。立式储罐由底板、弧形壁板、顶板及油罐附件构成，常在现场安装、焊接而成。

（2）卧式储罐。卧式储罐由端盖及卧式圆形或椭圆形罐壁和鞍座构成，通常用于生产环节或加油站。

（3）球形罐。球形罐由球罐本体、支座（或支柱）及附件构成。球罐本体为球壳板拼焊而成的圆球形容器，为球形罐的承压部分。

4.其他分类

（1）按储罐本体材质不同，金属储罐可分为非合金钢储罐、合金钢储罐、不锈钢储罐等。

（2）按储罐位置不同，金属储罐可分为地下储罐、地上储罐、半地下储罐。

（四）球形罐的类型

在我国石油、化工、冶金、城市煤气等工业部门，广泛采用钢质球形罐（以下简称球罐）来贮存液化石油气（如乙烯、丙烯、丁烷等）、液化天然气、液氧、液氮、液氨、氧气、氮气、天然气、城市煤气或其中间产品。球罐通常为大容量有压力的储存容器。

球罐与立式或卧式圆筒形容器相比，在相同容积和相同压力下，球罐的表面积最小，因而所需钢材最少；在相同直径和相同壁厚情况下，球罐壁内应力最小，只有圆筒形容器纵向应力的1/2，即在相同应力情况下，球罐的板厚只需圆筒形容器的一半。此外，球罐占地面积小，基础工程量小，可充分利用土地面积。

球形罐的类型，如表5-46所示。

表5-46　球形罐的类型

分类依据	类型
按组成球壳体的球壳板形状	（1）桔瓣式球形罐。组成球壳体的球壳板板片由经线和纬线分割而成，形状如同桔瓣。 （2）足球式球形罐。球壳体按足球分瓣的方法分成多块形状、尺寸相同的球壳板拼焊。 （3）混合式球形罐。为桔瓣式与足球式的结合
按球罐形状	（1）圆球形罐。圆球形罐一般采用单层球壳。 （2）椭球形罐。椭球形罐的重心较低但制造复杂，应用较少。椭球形罐可以防止罐内液体产生蒸发损失，特别适用于汽油和天然气的贮存
按壳体层数	（1）单层球罐。单层球罐是使用最多的一类球罐，一般用于常温高压和高温中压场合。 （2）双层球罐。双层球罐由外球和内球组成，由于在双层壳体间充填了优质隔热材料，所以隔热保冷性好，一般用于储存温度低的液化气，如液体乙烯。壳体材料的采用一般是内壳体为不锈钢，用于承受介质工作压力和低温工作条件；外壳体为碳钢，用于支承内壳体和介质的重量，同时可隔绝雨、雪对隔热材料的侵袭
按支承结构	（1）柱式支承球罐。柱式支承中以赤道正切柱式支承用得最多，我国应用较广。 （2）裙式支座球罐。裙式支座有圆筒裙式支承和锥形裙式支承，用于容积较小的球罐支承，但用得较少

🔔 **知识拓展**

球罐由本体、支柱及附件组成。

球罐本体是球罐结构的主体，是球罐贮存物料并承受物料工作压力和液体静压力的构件。球罐本体是由许多块球壳板拼焊而成的一个球形容器。

球罐支柱系用于支承球罐本体、附件、储存物料重量及承受风载、地震力等自然力的结构部件。球罐支柱多采用与球罐赤道板正切的柱式支座。球罐支柱一般用钢管制成，支柱数量通常为赤道板数量的一半。支柱间有拉杆，使其支承连成整体。支柱通过柱脚板用地脚螺栓固定在基础上。支座一般由柱式、裙式半埋入式、高架式三种结构。

球罐附件主要包含梯子平台、压力表、液面计、接管、人孔、喷淋装置、隔热和保冷装置等。

（五）金属气柜的类型

金属气柜是用于储存各种工业气体，同时也用于平衡气体需用量不均匀性的一种容器设备。金属气柜按储气压力的高低分为低压气柜、高压气柜,具体如表5-47所示。

表5-47　金属气柜的类型

类别		说明
低压气柜	低压湿式气柜	低压湿式气柜是设置水槽,用水密封的气柜,按升降方式不同分为直升式气柜(导轨为带外导架的直导轨)和螺旋式气柜(导轨为螺旋形),按活动塔节不同分为单节气柜和多节气柜
	低压干式气柜	相对于采用水为密封介质的低压湿式气柜而言,低压干式气柜的密封形式为非水密封,是具有活塞密封结构的储气设备。目前国内主要有多边稀油密封干式气柜、圆筒形稀油密封干式气柜和橡胶密封干式气柜等
高压气柜	高压卧式圆筒形气柜	多用于储存容量小于 120 m³ 的气体
	高压球形气柜	多用于储存容量大于 120 m³ 的气体

温馨提示

　　低压湿式气柜是最简单常用的一种气柜,其构造简单、施工方便,但使用寿命较短,气柜基础造价高,煤气压力波动大,检修时会产生大量污水。相比于低压湿式气柜,低压干式气柜使用寿命较长,气柜基础造价低,煤气压力稳定,检修时不会产生大量污水。

（六）工艺金属结构的类型

　　根据《建设工程分类标准》,工艺金属结构的类型主要有联合平台、平台、梯子、栏杆、扶手、桁架、管廊、设备框架、单梁、设备支架、漏斗、料仓、烟筒(烟囱)、烟道、火炬及排气筒等。

二、静置设备与工艺金属结构安装技术 ★★★★

（一）塔器设备安装技术

　　塔器设备是指使两流体介质间进行传热和传质的设备。塔器设备可以提供气、液两相充分接触的机会,使传质、传热过程能够迅速有效地进行,还要求使传质、传热过程之后的气、液两相能及时分开,互不夹带。

　　塔器设备运送至现场时,应按吊装方案要求的位置及方向、支撑点和支撑结构稳固放置。

　　高度大于 20 m 的立式设备安装宜采用整体组合吊装的方法,即将平台梯子、附塔管线、涂漆、隔热层、电气、仪表等工程施工完毕,然后随塔体一起吊装。吊装方法主要有机械化吊装(起重机吊装)、半机械化吊装、单抱杆吊装(适宜直径小且质量小于 350 t 的塔器设备)、双抱杆吊装(适宜直径大且质量为 350～700 t 的塔器设备)和塔群吊装。

　　塔盘安装应在塔体耐压试验合格并清扫干净后进行。塔内件表面不得有油污、挂渣、铁锈、泥沙及毛刺等杂物。塔盘构件的安装顺序:内部支撑件安装或复测→降液板安装→塔盘板安装→气液分布元件安装→清理杂物→最终检查→通道板安装→人孔封闭。

（二）金属储罐安装技术

1.储罐壁板安装技术

　　(1)正装法是先将罐底在基础上铺焊好后,将罐壁的第一圈板在罐底上组对焊接,再与底板施焊,然后用机械将第二圈壁板与第一圈壁板逐块组装,焊接第二圈壁板纵向焊缝,焊接第二圈壁板与第一圈壁板的环向焊缝;按此顺序依次向上,直至最后一圈壁板组焊完毕。大型浮顶罐一般采用正装法施工,壁板和底板的焊接可采用自动焊。

（2）倒装法的施工程序和正装法相反,倒装法的施工程序:施工准备→罐底板铺设→在铺好的罐底板上安装最上圈壁板→制作并安装罐顶→整体提升→安装下一圈壁板→整体提升→……直至最下一圈壁板,依次从上到下地进行安装。

（3）水浮法是利用水的浮力和浮船罐顶的构造特点来达到储罐组装的一种方法,是正装法的一种。

除了正装法（机械正装法、水浮正装法）和倒装法（充气顶升法、抱杆倒装法）外,罐体安装经常采用整体卷装法。

因不同类型的储罐,其特点和容量不同,所采取的安装方法也不相同,具体如下:

（1）拱顶储罐,容量为 $100 \sim 700 \ m^3$ 时采用抱杆倒装法,容量为 $1\ 000 \sim 20\ 000 \ m^3$ 时采用充气顶升法。

（2）（外）浮顶储罐,容量为 $3\ 000 \sim 50\ 000 \ m^3$ 时采用水浮正装法。

（3）内浮顶储罐,容量为 $100 \sim 700 \ m^3$ 时采用抱杆倒装法,容量为 $1\ 000 \sim 5\ 000 \ m^3$ 时采用充气顶升法。

（4）无力矩顶储罐,容量为 $100 \sim 700 \ m^3$ 时采用抱杆倒装法,容量为 $1\ 000 \sim 5\ 000 \ m^3$ 时采用充气顶升法。

（5）卧式储罐,各种容量均采用整体卷装法。

考题探究

【不定项】抱杆施工法适合于（　　　）。

A. 拱顶油罐容量为 $600 \ m^3$　　　　　B. 无力矩顶油罐容量为 $700 \ m^3$

C. 内浮顶油罐容量为 $1\ 000 \ m^3$　　　D. 浮顶油罐容量为 $3\ 500 \ m^3$

【细说考点】本题主要考查不同类型金属储罐所采用的安装方法。具体内容详见上文。本题选 **AB**。

2. 金属储罐焊接技术

储罐具有体积大、板薄、刚性差、焊缝数量多的特性,焊接中易产生较大的焊接变形,采用合理的焊接顺序,可以有效地减少和控制储罐的焊接变形。

以倒装法拱顶储罐的焊接顺序为例:中幅板焊缝→罐底边缘板对接焊缝靠边缘的 300 mm 部位→顶层壁板纵缝→包边角钢与顶层壁板角缝→罐顶板焊缝→罐顶板与包边角钢角缝→其他各圈壁板的纵缝和环缝→罐底与罐壁板连接的大角缝（在底圈壁板纵焊缝焊完后施焊）→边缘板剩余对接焊缝→边缘板与中幅板之间的收缩缝。

3. 金属储罐检查及试验

（1）焊缝的外观检查。

焊缝应进行外观检查,检查前应将熔渣、飞溅清理干净。焊缝表面及热影响区,不得有裂纹、气孔、夹渣、弧坑和未焊满等缺陷。

对接焊缝的咬边深度、咬边的连续长度、焊缝两侧咬边的总长度等应符合要求。

罐壁纵向对接焊缝不得有低于母材表面的凹陷;罐壁环向对接焊缝和罐底对接焊缝低于母材表面的凹陷深度应符合要求。

（2）焊缝无损检测及严密性试验。

罐壁钢板的最低标准屈服强度大于 390 MPa 时,焊接完毕后应至少经过 24 h 后再进行无损检测。

罐底的焊缝检查应符合下列规定：

①所有焊缝应进行严密性试验，试验负压值不得低于 53 kPa，无渗漏为合格。

储罐严密性试验方法有真空箱试验法、化学试验法、煤油试漏法、压缩空气试验法。

②最低标准屈服强度大于 390 MPa 的罐底边缘板的对接焊缝，在根部焊道焊接完毕后，应进行渗透检测；在最后一层焊接完毕后，应再次进行渗透检测或磁粉检测。

③厚度大于或等于 10 mm 的罐底边缘板，每条对接焊缝的外端 300 mm 应进行射线检测；厚度小于 10 mm 的罐底边缘板，每个焊工施焊的焊缝应按上述方法至少抽查一条。

④底板三层钢板重叠部分的搭接接头焊缝和对接罐底板的"T"字焊缝的根部焊道焊完后，在沿三个方向各 200 mm 范围内，应进行渗透检测；全部焊完后，应进行渗透检测或磁粉检测。

罐壁焊缝的无损检测应符合设计文件要求；设计无要求时，应按表 5-48 规定进行检测。

表 5-48　罐壁焊缝的无损检测

项目	内容
纵向焊缝的检查	①底圈壁板厚度小于或等于 10 mm 时，应从每条纵向焊缝中任取 300 mm 进行射线检测；板厚大于 10 mm 且小于 25 mm 时，应从每条纵向焊缝中任取 2 个 300 mm 进行射线检测，其中一个位置应靠近底板；板厚度大于或等于 25 mm 时，每条焊缝应进行 100% 射线检测。②其他各圈壁板，当板厚小于 25 mm 时，每一焊工焊接的每种板厚（板厚差不大于 1 mm 时可视为同等厚度），在最初焊接的 3 m 焊缝的任意部位取 300 mm 进行射线检测；以后不考虑焊工人数，对每种板厚在每 30 m 焊缝及其尾数内的任意部位取 300 mm 进行射线检测；当板厚大于或等于 25 mm 时，每条纵向焊缝应进行 100% 射线检测。③当板厚（以"T"字焊缝较薄板厚为准）小于或等于 10 mm 时，底圈壁板除第①项规定外，25% 的"T"字缝进行射线检测；其他各圈壁板，按第②项中射线检测部位的 25% 应位于"T"字缝处；当板厚度大于 10 mm 时，全部"T"字缝应进行射线检测
环向对接焊缝的检查	环向对接焊缝应在每种板厚（以较薄的板厚为准）最初焊接的 3 m 焊缝的任意部位取 300 mm 进行射线检测；以后对于每种板厚（以较薄的板厚为准）应在每 60 m 焊缝及其尾数内的任意部位取 300 mm 进行射线检测
罐壁"T"字焊缝的检查	罐壁"T"字焊缝检测位置应包括纵向和环向焊缝各 300 mm 的区域
其他	①齐平型清扫孔组合件所在罐壁板与相邻罐壁板的对接焊缝，应 100% 进行射线检测。②上述焊缝的无损检测位置，应由质量检验员在现场确定。③射线检测或超声检测不合格时，缺陷的位置距离底片端部或超声检测端部不足 75 mm 时，应在该端延伸 300 mm 做补充检测，延伸部位的检测结果仍不合格则应继续延伸检查

（3）充水试验。

储罐建造完毕后，应进行充水试验，并应检查相应内容，如图 5-4 所示。

◇罐底严密性　　　　　　　　　　◇罐壁强度及严密性

◇固定顶的强度、稳定性　　　　　　◇浮顶及内浮顶的升降
及严密性　　　　　　　　　　　　试验及严密性

◇浮顶排水管的严密性　　　　　　◇基础的沉降观测

图 5-4　充水试验检查的内容

储罐充水试验应符合设计文件要求，并应符合下列规定：

①充水试验前，所有附件及其他与罐体焊接的构件应全部完工，并检验合格。

②充水试验前，所有与严密性试验有关的焊缝均不得涂刷油漆。

③充水试验应采用淡水，罐壁采用普通碳素钢或 16 MnR 钢板时，水温不应低于 5 ℃。罐壁使用其他低合金钢时，水温不应低于 15 ℃。

④充水试验过程中应进行基础沉降观测。在充水试验中，当沉降观测值在圆周任何 10 m 范围内不均匀沉降超过 13 mm 或整体均匀沉降超过 50 mm 时，应立即停止充水进行评估，在采取有效处理措施后方可继续进行试验。

⑤充水和放水过程中，应打开透光孔，且不得使基础浸水。

罐底的严密性应以罐底无渗漏为合格。若发现渗漏，应将水放净，对罐底进行试漏，找出渗漏部位后，应按规定补焊。

罐壁的强度及严密性试验，充水到设计最高液位并保持至少 48 h，以罐壁无渗漏、无异常变形为合格。发现渗漏后应放水，使液面比渗漏处低 300 mm 左右后按规定进行焊接修补。

固定顶的强度及严密性试验，应在罐内水位设计最高液位下 1 m 时进行缓慢充水升压；当升至试验压力时，应以罐顶无异常变形，焊缝无渗漏可判为合格。试验后，应立即使储罐内部与大气相通，恢复到常压。温度剧烈变化的天气，不应做固定顶的强度及严密性试验。非密闭储罐的固定顶，应对焊缝外观进行目视检查，设计文件无要求时，可不做强度及严密性试验。

固定顶的稳定性试验，应充水到设计最高液位用放水方法进行。试验时应缓慢降压，达到试验负压时，以罐顶无异常变形为合格。试验后，应立即使储罐内部与大气相通，恢复到常压。温度剧烈变化的天气，不应做固定顶的稳定性试验。非密闭储罐的固定顶，设计文件无要求时，可不做稳定性试验。

浮顶及内浮顶在升降试验中应升降平稳，导向机构、密封装置及自动通气阀支柱应无卡涩现象，扶梯转动应灵活，浮顶及其附件与罐体上的其他附件应无干扰，浮顶与液面接触部分应无渗漏。

浮顶排水管的严密性试验应符合设计文件的规定，设计无要求时，应符合下列规定：

①储罐充水前，以 390 kPa 压力进行水压试验，持压 30 min 应无渗漏。

②在浮顶的升降过程中，浮顶排水管的出口应保持开启状态，以无泄漏为合格。采用旋转接头的浮顶排水管在储罐充水试验后，应重新按第①项要求进行水压试验。

基础的沉降观测应符合下列规定：

①在罐壁下部圆周每隔 10 m 左右设一个观测点，点数宜为 4 的整倍数，且不得少于 4 点。

②充水试验时，应按设计文件的要求对基础进行沉降观测；无规定时，可按相关规范的规定进行。

充水试验后的放水速度应符合设计要求，当设计无要求时，放水速度不宜大于 3 m/d。

（三）球形罐安装技术

1. 零部件的检查与验收

施工单位应对制造单位提供的产品质量证明书等技术、质量文件进行检查。

球壳的结构形式应符合设计图样要求。每块球壳板本身不得拼接。

制造单位提供的球壳板表面不应有裂纹、气泡、结疤、折叠、夹杂、分层等缺陷，当存在裂纹、气泡、结疤、折叠、夹杂、分层等缺陷时，应按规定进行修补。

球壳板厚度应进行抽查。厚度应符合图样要求。抽查数量不应少于球壳板总数的20%，且每带不应少于 2 块，上、下极各不应少于 1 块；每张球壳板的检测不应少于 5 点。抽查若有不合格，应加倍抽查；若仍有不合格，应对球壳板逐张检查。

球壳板周边 100 mm 范围内应进行全面积超声检测抽查，抽查数量不应少于球壳板总数的20%，且每带不应少于 2 块，上、下极各不应少于 1 块；对球壳板有超声检测要求的还应进行超声检测抽查，抽查数量应与周边抽查数量相同。检测方法应符合规定。若有不允许的缺陷，应加倍抽查；若仍有不允许的缺陷，应逐件检测。

2. 现场组装

（1）球罐分片法组装工艺。

球罐施工宜采用分片法组装。球罐组装时，球壳板的编号宜沿球罐0°向90°至270°方向进行编排，编号为1的球壳板宜排在0°或与紧靠0°向90°方向偏转的位置上。球罐组装可采用工卡具调整球壳板组对间隙和错边量，但不得进行强力组装。

以 5 带球形罐为例，球罐分片法组装工艺流程：支柱和赤道板组对→赤道带板组装→中心柱安装→下温带板组装→上温带板组装→中心柱拆除→下极板组装→上极板组装→内外脚手架搭设→调整及组装质量总体检查。

当前现场较多地采用了无中心柱组装施工工艺，在温（寒）带或极带组装中不需使用中心柱固定。因而上述有关中心柱的步骤可予以取消。

> 🔔 **知识拓展**
>
> 球罐分片法组装具有组装速度快，组装应力小，不需要很大的吊装机械和太大的施工场地的优点，适用任意大小球罐拼装。但高空作业量大，焊接条件差，焊接技术要求高，劳动强度大。

（2）球罐环带法组装工艺。

公称容积不大于 1 500 m³ 的球罐可采用环带法组装，环带法可按先安装下温带（包括极板）再组装赤道带的施工程序组装，也可按先安装赤道带再组装下温带的施工程序组装。采用环带法组装时，各环带均应在平台上进行组装。组装平台在施工过程中不得出现变形或偏沉。

以先安装赤道带再组装下温带为例，球罐环带法组装工艺为：平台上组装赤道带→赤道带纵缝焊接→平台上组装上、下温带→上、下温带纵缝焊接→平台上组装焊接上、下极板→上、下极板与上、下温带组焊—下温带（包括极板）吊装到基础中心→安装支柱→吊装赤道带、就位后找水平度→下温带与赤道带安装→上温带与赤道带安装→内、外脚手架搭设→组装后整体检查→赤道带与上、下温带环缝焊接及支柱与赤道带焊接→焊后总体检查。

> 🔔 **知识拓展**
>
> 球罐环带法组装具有组装精度高，组装速度快，组装约束力小，焊接质量好，高空作业量小的优点。但需要较大的施工场地和一定面积的临时钢平台，焊接后应力大，适用中、小球罐组装。

（3）其他方法组装工艺。

球罐组装时,常采用球罐分片法组装和球罐环带法组装,除了这两种方法外,还有分带分片混合法组装、拼大片法组装和拼半球法组装。其中,分带分片混合法组装适用中、小球罐组装;拼大片法组装是在分片法组装的基础上,采用自动焊焊接,且减少了高空作业量;拼半球法组装的组装速度快,高空作业量小,但需要较大的吊装机械,适用中、小球罐组装。

3. 焊接

根据《球形储罐施工规范》,从事球形储罐焊接的焊工,必须按有关安全技术规范的规定考核合格,并应取得相应项目的资格后,方可在有效期间内担任合格项目范围内的焊接工作。每台球罐应按施焊位置做横焊、立焊和平焊加仰焊位置的产品焊接试件各一块。球形储罐焊接前,施工单位必须有合格的焊接工艺评定报告。球形罐焊接施工应使用经过评定合格的焊接工艺规程或根据工艺评定报告编制的焊接作业指导书。

（1）焊接材料的现场管理。

①焊接材料应有专人负责保管、烘干和发放;焊材库房的设置与管理应符合现行行业标准规定。

②焊条应按产品说明书的要求烘干;无要求时,低氢型焊条应按 $350 \sim 400$ ℃恒温 1 h 以上的要求烘干;烘干后的焊条应保存在 $100 \sim 150$ ℃的恒温箱中随用随取,焊条表面药皮应无脱落和明显裂纹。

③焊条电弧焊时,焊条应存放在合格的保温筒内,且保存时间不应超过 4 h;当超过时,应按原烘干温度重新烘干;焊条重复烘干次数不应超过两次。

④焊丝在使用前应清除铁锈和油污等。

（2）焊接施工。

焊接前应检查坡口,并应在坡口表面和两侧至少 20 mm 范围内清除铁锈、水分、油污和灰尘。

预热和后热应符合的规定,如图 5-5 所示。

◆预热温度应按焊接工艺规程或焊接作业指导书执行。

◆要求焊前预热的焊缝,施焊时层间温度不得低于预热温度的下限值。

◆符合下列条件之一的焊缝,焊后应立即进行后热处理:厚度大于32mm且材料标准抗拉强度下限值大于或等于 540 N/mm^2;厚度大于 38 mm 的低合金钢;嵌入式接管与球壳的对接焊缝;焊接工艺规程或焊接作业指导书确定需要后热处理者;设计文件要求进行后热处理者。

◆后热处理应按设计文件、焊接工艺规程或焊接作业指导书执行,无要求时应符合下列规定:后热温度应为 $200 \sim 250$ ℃;后热时间应为 $0.5 \sim 1.0$ h。

◆预热和后热温度应均匀,在焊缝中心两侧、预热区和后热区的宽度应各为板厚的 3 倍,且不应小于 100 mm。

◆预热和后热及层间温度测量,应在距焊缝中心 50 mm 处对称测量,每条焊缝测量点数不应少于 3 对。

◆对不需要预热的焊缝,当焊件温度低于 0 ℃时,应在始焊处 100 mm 范围内加热至 15 ℃。

◆预热和后热可选用电加热法或火焰加热法,预热和后热宜在焊缝焊接侧的背面进行

图 5-5　预热和后热的规定

采用焊条电弧焊的双面对接焊缝，单侧焊接后应进行背面清根。当采用碳弧气刨清根时，清根后应采用砂轮修整刨槽和磨除渗碳层，并应采用目视、磁粉或渗透检测方法进行检查。标准抗拉强度下限值大于或等于 540 N/mm² 的钢材采用碳弧气刨清根时，应进行预热，预热温度与焊接预热应相同。

4. 焊缝检查

（1）一般规定。

根据《球形储罐施工规范》，焊接后应对焊缝进行外观检查，焊缝外观质量应符合下列规定：

①焊缝表面应无熔渣皮、飞溅等物。

②焊缝和热影响区表面不得有裂纹、气孔、未熔合、咬边、夹渣、凹坑、未焊满等缺陷。

③角焊缝的焊脚尺寸应符合设计图样要求，外形应圆滑过渡。

④焊缝的宽度应比坡口每边增宽 1~2 mm。

⑤按疲劳分析设计的球形储罐，对接焊缝表面应与母材表面平齐，不应保留余高。

（2）射线检测和超声检测。

符合下列条件之一的球形储罐球壳的对接焊缝或所规定的焊缝，必须按设计图样规定的检测方法进行 100% 的射线或超声检测：

①设计压力大于或等于 1.6 MPa、且划分为第Ⅲ类压力容器的球形储罐。

②按分析设计标准设计的球形储罐。

③采用气压或气液组合耐压试验的球形储罐。

④钢材标准抗拉强度下限值大于或等于 540 N/mm² 的球形储罐。

⑤设计图样规定应进行全部射线或者超声检测的球形储罐。

⑥嵌入式接管与球壳连接的对接焊缝。

⑦以开孔中心为圆心、开孔直径的 1.5 倍为半径的圆内包容的焊缝，以及公称直径大于 250 mm 的接管与长颈对焊法兰、接管与接管连接的焊缝。

⑧被补强圈和垫板所覆盖的焊缝。

球壳对接焊缝的局部检测方法应按设计文件执行，检查长度不得少于各焊缝长度的 20%，局部检测部位应包括所有的焊缝交叉部位及每个焊工所施焊的部分部位。

（3）表面无损检测。

球形储罐的下列部位应在耐压试验前进行磁粉检测或渗透检测，球形储罐需焊后整体热处理时，应在热处理前进行磁粉检测或渗透检测，宜优先采用磁粉检测：

①球壳对接焊缝内外表面，人孔、接管的凸缘与球壳板对接焊缝内、外表面。

②人孔及公称直径大于或等于 250 mm 接管的对接焊缝的内、外表面；公称直径小于 250 mm 接管的对接焊缝的外表面。

③人孔、接管与球壳板连接的角焊缝内、外表面。

④补强圈、垫板、支柱及其他角焊缝的外表面。

⑤工卡具焊迹打磨后及球壳缺陷焊接修补和打磨后的部位。

磁粉检测和渗透检测部位不应有任何裂纹和白点，其他缺陷应符合现行行业规范的规定。

考题探究

【不定项】焊接质量是保证球罐质量不可缺少的手段,对球罐对接焊缝进行内外表面质量检测的方法有(　　)。

　　A. 超声波检测　　　　　　　　B. 磁粉检测

　　C. 渗透检测　　　　　　　　　D. 射线检测

【细说考点】本题主要考查球罐表面无损检测的方法。具体内容详见上文。本题选 BC。

5. 焊后整体热处理

根据《球形储罐施工规范》,符合下列情况之一的球形储罐必须在耐压试验前进行焊后整体热处理:

(1)设计图样要求进行焊后整体热处理的球形储罐。

(2)盛装具有应力腐蚀及毒性程度为极度危害或高度危害介质的球形储罐。

(3)名义厚度大于 34 mm(当焊前预热 100 ℃ 及以上时,名义厚度大于 38 mm)的碳素钢制球形储罐和 07MnCrMoVR 钢制球形储罐。

(4)名义厚度大于 30 mm(当焊前预热 100 ℃ 及以上时,名义厚度大于 34 mm)的 Q345R 和 Q370R 钢制球形储罐。

(5)任意厚度的其他低合金钢球形储罐。

热处理时,最少恒温时间应按最厚球壳板对接焊缝厚度的每 25 mm 保持 1 h 计算,且不应少于 1 h。

热处理时应根据热处理温度和工艺、材料容重、导热系数合理选择保温材料和厚度。保温材料应保持干燥,不得受潮。保温层应紧贴球壳表面,局部间隙不宜大于 20 mm,接缝应严密。多层保温时,各层接缝应错开,在热处理过程中保温层不得松动脱落。

测温点应均匀的布置在球壳表面上,相邻两测温点的间距不宜大于 4.5 m,且应在距上、下人孔与球壳板环焊缝边缘 200 mm 范围内各设 1 个测温点,每个产品焊接试件应设 1 个测温点。

知识拓展

球罐整体热处理宜采用内燃法,也可采用电加热法。球罐内燃法热处理的装置主要由雾化器、燃料、空气供给系统等组成。电加热法热处理的加热装置主要由变压器、电源控制箱和远红外电热板及温度自动控制系统等组成。电热板的功率和数量应满足工艺要求,其最高使用温度应高于热处理温度 200 ℃ 以上。电热板的导线和金属支架应采取绝缘措施。

6. 耐压试验和泄漏试验

(1)耐压试验。

根据《球形储罐施工规范》,球形储罐必须按设计图样规定的试验方法进行耐压试验。耐压试验应包括液压试验、气压试验和气液组合试验。

球形储罐在耐压试验前应具备的条件,如图5-6所示。

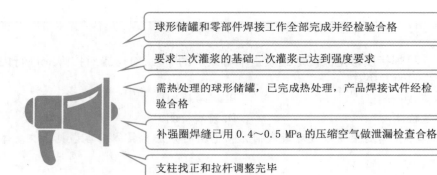

图 5-6　耐压试验前应具备的条件

进行耐压试验时,应在球形储罐顶部便于观察的位置安装 2 块量程相同并经校验合格的压力表。设计压力小于 1.6 MPa 的球形储罐,耐压试验用压力表的精确度不应低于 2.5 级;设计压力大于或等于 1.6 MPa 的球形储罐,耐压试验用压力表的精确度不应低于 1.6 级。压力表盘刻度极限值应为试验压力的 1.5 ~ 3 倍,压力表的直径不宜小于 150 mm。

耐压试验时,严禁碰撞和敲击球形储罐。

液压试验应符合下列规定:

①液压试验介质应采用清洁水。碳素钢、Q345R 钢制球罐试压用水不得低于 5 ℃,其他材质的钢制球罐试压用水不得低于 15 ℃。

②试验时,球壳温度应比球壳板无延性转变温度高 30 ℃,并应符合设计图样的规定。

③液压试验的试验压力应按设计图样规定,且不应小于球形储罐设计压力的 1.25 倍。试验压力读数应以球形储罐顶部的压力表为准。

水压试验应按图 5-7 所示的步骤和要求进行。

◆试验充水时,应将球罐内的空气排尽,试验过程中应保持球罐外表面干燥,当壁温与液体温度接近时,方可开始升压

◆升压时,压力应缓慢上升,当压力升至试验压力的 50% 时,应保持 15 min,对球罐的所有焊接接头和连接部位进行检查,确认无渗漏后继续升压

◆当压力升至试验压力的 90% 时,应保持 15 min,再次进行检查,确认无渗漏后再继续升压

◆当压力升至试验压力时,应保持 30 min,然后将压力降至试验压力 80%,并对所有焊接接头和连接部位进行检查,以无渗漏和无异常现象为合格

◆试验确认合格后,可排水降压,降压应缓慢进行,待顶部压力表指示值降至零后,打开放空口及顶部人孔盖,按施工技术文件要求排放试验用水,并将水排尽

图 5-7　水压试验的步骤和要求

球罐在充水、排水过程中应对基础的沉降进行观测,每个支柱基础均应测定沉降量。沉降观测应在下列阶段进行并应记录:充水前;充水到球罐内直径的 1/3 时;充水到球罐内直径的 2/3 时;充满水时;充满水后 24 h;排放水后。

气压试验应符合下列规定:

①气压试验应采取安全措施,并应经单位技术负责人批准。试验时本单位安全部门应进行现场监督检查;气压试验时应设置 2 个或 2 个以上安全阀和紧急放空阀。

②气压试验的试验压力应符合设计图样规定,且不应小于球形储罐设计压力的 1.1 倍。

③气压试验用气体应为干燥洁净的空气、氮气或其他惰性气体。

④试验时,球壳温度应当比球壳板无延性转变温度高 30 ℃,并应符合设计图样的规定。

气压试验应按下列步骤进行:

①试验时,压力应缓慢上升,当压力升至试验压力的 10% 时,保持足够的时间,对球形储罐的所有焊缝和连接部位进行检查,确认无渗漏后继续升压。

②压力升至试验压力的 50% 时,应保持足够的时间,再次进行检查,确认无渗漏后按规定试验压力的 10% 逐级开压。

③压力升至试验压力时,保压 10 min 后将压力降至设计压力进行检查。

④卸压应缓慢进行。

采用气液组合试验时,其充水重量和试验压力应符合设计图样规定,试验压力不应小于球形储罐设计压力的 1.1 倍。

（2）泄漏试验。

除设计图样规定外,泄漏试验应采用气密性试验。气密性试验应在液压试验合格后进行。进行氨检漏试验、卤素检漏试验和氦检漏试验时,应符合设计图样的要求。气密性试验介质应采用空气、氮气或其他惰性气体。

气密性试验应按下列步骤进行:

①压力升至试验压力的 50% 时,应保压足够时间,并应对球形储罐所有焊缝和连接部位进行检查,应在确认无泄漏后,再继续升压。

②压力升至试验压力时,保压 10 mim 后应对所连接部位进行检查,应以无泄漏为合格。当有泄漏时,应在处理后重新进行气密性试验。

③卸压应缓慢进行。

气密性试验时,应监测环境温度的变化和监视压力表读数,不得发生超压。气压试验的球形储罐,气密性试验可与气压试验同时进行。

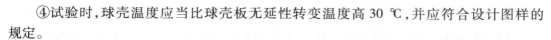

> **知识助记**
>
> 球罐安装完后,要进行相应的检验,以保证球罐的质量,正确的质检次序如图 5-8 所示。
>
> 焊缝检查　→　水压试验　→　气密性试验
>
> **图 5-8　球罐的质检次序**

（四）金属气柜安装技术

1. 基础验收和材料验收

根据《金属焊接结构湿式气柜施工及验收规范》,基础外形尺寸允许偏差应符合规范要求。基础的防水层不应有裂纹,基础边缘的排水沟和排水管应畅通,基础周围地坪应低于排水管出口。沉降观测点的位置和数量应符合设计文件的规定。

气柜所用的材料应符合设计文件的规定。材料应具有产品质量证明书原件或复印件,复印件上应有经销商质量检验专用印章;材料的标志应清晰。

2. 预制

预制前，应根据设计文件和钢材到货尺寸，绘制气柜底板、水槽壁、中节和钟罩的排版图。排版图应包括各部位、零件的名称、编号、视图方向、展开方式、方位标识和焊缝编号。金属气柜预制的要求，如表 5-49 所示。

表 5-49　金属气柜预制的要求

构件	预制要求
底板	底板应根据排版图逐块预制，弧形板应先放样再下料
水槽壁板	水槽壁板预制应根据排版图在每块板上画出切割线，并应将排版图上每块编号相应移植。壁板滚制后，垂直方向应采用直线样板检查，其间隙不得大于 2 mm；水平方向应采用弧形样板检查，其间隙不得大于 4 mm。当壁板需要开孔时，应在组装后进行
活动塔节	活动塔节预制应根据排版图在每块板上画出切割线，并应将排版图上每块编号相应移植。每根导轨之间的壁板、上极板和下极板应分别预制成整体，中间带板应以焊缝为界预制成整体
钟罩壁板	钟罩壁板预制时，上带板宜按正圆锥台下料，上口直径应比原设计直径加大 0.1%。钟罩上带板与顶板角接接头连接形式应采用过渡搭接
水封挂圈	(1)上、下水封及环形槽钢可分段预制，其环形板的弧度偏差应采用弦长不少于 2 m 的样板检查，其间隙不应大于 3 mm，立板接口与环形底板接口应错开 300 mm 以上。 (2)水封分段预制组装定位焊后，其上口直径应比设计值大 5~7 mm，并应采用型钢点固焊支撑。焊接时应将水封环形板垫平。分段接口处应预留不得焊接的 500~800 mm
导轨预制	(1)直升气柜的内、外导轨下料前应进行调直，内导轨预制后纵向弯曲全长允许偏差应为 ±3 mm，外导轨预制后纵向弯曲全长允许偏差应为 ±5 mm。 (2)螺旋导轨加工后的弧度应符合设计文件规定，且不得有裂纹、急弯和扭曲现象。其表面锤击疤痕深度不应大于 1.5 mm。 (3)螺旋导轨对接应采用对接接头，焊接所用的焊条应与导轨材料一致，焊后焊缝余高应磨平。 (4)螺旋导轨加工后弯曲弧度的允许偏差，径向应为 ±5 mm，周向应为 ±3 mm
角钢圈、槽钢圈、立柱和拱顶骨架	(1)气柜所用的角钢圈、槽钢圆的分段预制长度不应小于 5 m。当采用热煨或冷弯时，应按设计直径在平台上放样校正弧度，其径向允许偏差应为 ±3 mm，翘曲不得大于 5 mm。 (2)角钢圈或槽钢圈的接口与壁板、梁柱端部上的焊缝应错开 150 mm 以上。 (3)气柜各塔节立柱在下料前均应进行调直。预制好的立柱变形允许偏差断面翘曲不得大于 2 mm，纵向弯曲全长不得大于 3 mm。 (4)钟罩拱形骨架的径向主、次梁在预制后，其长度允许偏差应为 ±5 mm，全长翘曲不应大于 10 mm。 (5)搭接结构的钟罩盖板下料时，预留径向搭接宽度不应小于 25 mm。周向搭接宽度不应小于 35 mm；搭接焊缝与骨架各梁错开间距不应小于 50 mm

3. 组装

组装前，应根据排版图核实零部件的编号，并应按编号分类堆放。焊接接头的坡口和搭接部位应无铁锈、水分和污物。

气柜组装应采用倒装法或正装法。

采用倒装法施工时,应符合下列规定:

(1)钟罩和活动塔节组装前,应沿底板上标出的圆周线一侧均匀布置定位角钢。组装第一带板时应将其紧贴于定位角钢。

(2)带板纵向对接接头组装时,应采用定位焊固定。

(3)钟罩最上一带板组装定位焊固定后,应在纵向焊接接头上端先焊接 150~200 mm,再安装拱顶角钢圈。

(4)带板横向对接接头组装时,应沿圆周均匀设置若干个带板提升限位器。

(5)带板纵向对接接头组装时,应从与活口相隔 180°处开始,向两侧方向同时进行组装定位焊,活口带板周长应增加焊接周向收缩量 150~200 mm,待该圈带板纵向对接接头焊接完成,再切除活口带板余量,并应进行活口带板纵向对接接头的组装焊接。

(6)每带板组装的垂直度偏差不应大于 2 mm,各活动塔节的垂直度允许偏差不应大于全高的 0.1%。钟罩和活动塔节壁板局部凹凸度不应超过 30 mm。

> **知识拓展**
>
> 倒装法的安装顺序是由里向外、由上至下进行安装。所谓由里向外是指先安装钟罩壁,再安装中节壁,最后安装水槽壁。所谓由上至下是指先安装钟罩壁、中节壁、水槽壁的最上一圈带板,然后由上而下逐圈组装焊接,壁板全部组焊完后安装上水封、立柱、下水封,最后安装导轨。钟罩拱顶则在钟罩壁最上一圈带板组焊完后进行。

采用正装法施工时,应符合下列规定:

(1)水槽壁组装应在底板焊接完后进行。

(2)下水封与第一带板的组装应和水槽同心。应在下水封与带板组装焊接完后,将立柱按设计规定的位置与第一带板固定,立柱上端应沿径向向外倾斜,倾斜量不应大于其高度的 0.1%。

(3)上水封与上带板的组装应在立柱安装后和螺旋导轨安装前进行,可采取措施使其和立柱、螺旋导轨、大块壁板交错组装。

(4)钟罩、活动塔节的上带板与下带板组装的垂直度允许偏差不应大于 2 mm,水平度允许偏差不应大于 5 mm,直径允许偏差应为 ±10 mm。

(5)壁板上装配的螺栓施工完毕后,均应与壁板密封焊接。

> **知识拓展**
>
> 正装法的安装顺序是由外向里、由下至上进行安装。所谓由外向里是指先安装水槽壁,再安装中节壁,最后安装钟罩壁。所谓由下至上是指水槽壁的安装,由最下一圈带板开始组装直至最上一圈带板。中节壁、钟罩壁的安装,先将下水封及下带板组装焊接完后,再安装立柱、上带板、上水封或拱顶、螺旋导轨及垫片,最后安装菱形板。
>
> 水浮正装法仅适用于水槽壁的安装,当最下一圈壁板组焊完后,向水槽内注水,水将预先制作好并设置在水槽内的浮筒浮起,可作为内部操作平台,浮起的浮筒通过吊架,将吊篮悬空地吊在水槽外空间,可作为外部操作平台。凭借内外操作平台,由下至上组装焊接每一圈壁板。组焊完一圈壁板向水槽内注水一次,达到适合操作的高度,直至最上一圈壁板组焊完成。

底板的组装应先铺设中心板,再由中心板向两侧铺设中幅板及边缘板。铺设时应按中心线和搭接线找正,底板的铺设直径应比设计直径大 0.15% ~ 0.2%。水槽内径小于 12 m 时,底板结构不设环形边缘板;水槽内径大于等于 12 m 时,底板结构设有环形边缘板。

4. 焊接

底板焊接顺序应从中心向外,应先焊短焊缝,再焊长焊缝。

水槽壁板下底板的边缘板对接接头,焊后应将壁板连接部位的焊缝磨平。

当采用正装法时,水槽壁板焊接顺序应符合下列规定:

(1)应先对底圈带板纵向对接接头从底部向上焊接 300 ~ 500 mm,后焊接底圈带板与底板的 T 形角接接头,再组装第二圈带板与底圈带板,并应定位焊接。

(2)应先焊接底圈带板纵向对接接头和第二圈带板从下向上 300 ~ 500 mm,后焊接底圈带板和第二圈带板横向对接接头,直至焊接完各圈带板。

(3)最上方一圈带板与其下圈带板之间横向对接接头的焊接,应在水池平台吊装结束之后进行。

当采用倒装法时,水槽壁板焊接顺序应符合下列规定:

(1)应先焊接最上方一圈带板和其下圈带板纵向对接接头,后焊接其横向对接接头,直至焊接完各圈带板。

(2)最后焊接底圈带板与底板的 T 形角接接头。

5. 检查与验收

当水槽壁钢板厚度大于 8 mm 时,对接焊缝应进行射线检测,抽检数量为纵向焊缝不应少于 10%,横向焊缝不应少于 5%。当有不合格焊缝时,应在该焊工的不合格焊缝位置延伸方向加倍检测;仍不合格时,应对该焊工的焊缝进行 100% 射线检测。

底板的严密性试验应进行真空泄漏试验,当真空度达到 0.027 MPa 时,焊缝表面应无泄漏。底板、壁板的对接焊缝均应进行煤油渗漏试验,焊缝表面应无渗漏。被螺旋导轨及垫板所覆盖的壁板焊缝,应在导轨及垫板安装前进行煤油渗漏试验,焊缝表面应无渗漏。

水槽充水试验时,水槽应无渗漏和异常变形。下挂圈(下水封)的焊缝应进行注水试验,所有焊缝应无渗漏。

🔔 知识拓展

除了真空试漏法,底板的严密性试验也可采用氨气渗漏法。真空试漏法是在底板焊缝表面刷上肥皂水,将真空箱压在焊道上并用胶管接至真空泵,当真空高度达到一定数值时进行检查,以焊缝表面不产生气泡为合格。

采用氨气渗漏法时,沿底板周围用黏土或其他材料将底板与基础间隙封闭,但需对称地留出 4 ~ 6 个孔洞以检查氨气的分布情况;底板中心以及周围均匀地开 3 ~ 5 个直径 18 ~ 20 mm 的氨气通入孔;向底板下通入氨气。用试纸在底板周围留好的孔洞处检查,氨气分布均匀后即可在焊缝表面涂刷酚酞 – 酒精溶液进行检查,如焊缝表面呈现红色即表示有氨气漏出,应予以标志,待氨气放净后补焊。

6. 总体试验与交工

总体试验应在所有安装工作结束,单体验收合格,施工辅助构件拆除后进行。

总体试验前,应对气柜的防腐蚀涂装质量进行验收。

水槽注水前应清除下挂圈、底环和垫梁的临时定位焊缝,水槽和下挂圈内的杂物均应清理干净。

充气之前,气柜和管道系统的切断装置应关闭;应在罩顶人孔盖上安装一套 U 形管压力计;供气设备和管道供气压力应大于气柜额定操作压力。

充气后应使活动塔节(钟罩及中节)缓慢上升。在上升和下降过程中应沿四周观察导轮与导轨接触情况和导轮运转情况,并应做记录。

在充气过程中,应观察压力计的数值及各活动塔节的上升状况。当发现活动塔节在升降过程中压力突然升高时,应立即停止充气并检查,清除故障后方可继续试验。

当钟罩下水封立板靠近活动中节上水封立板时应减速上升。

活动塔节按设计规定升起后,当压力计数值与气柜设计压力一致时,应采用肥皂水涂抹钟罩顶盖的焊缝进行气密性检查,当有漏气时,应进行修补。

严密性试验合格后应进行快速升降试验 1~2 次,升降速度不应大于 1.5 m/min。当无条件进行快速上升时,可仅进行快速下降试验。

> **温馨提示**
>
> 气柜的气密性试验和快速升降试验的目的是检查:整体气柜密封性能;各中节、钟罩在升降时的性能;各导轮、导轨的配合及工作情况。

(五)工艺金属结构安装技术

金属构件的预制流程为:原材料(如钢材、焊材、连接用紧固件等)检验→排料、拼接→放样与号料→切割、下料→制孔→矫正和成型(如钢板和型钢平直)→构件装配→焊接→除锈(油漆)→构件编号、验收、出厂。

工艺金属结构的安装技术,如表 5-50 所示。

表 5-50　工艺金属结构的安装技术

类别	安装技术要求
联合平台	其位置可以在一个水平标高,也可以不在一个水平标高上
平台、梯子	可与设备本体整体吊装,也可在设备本体吊装后再进行安装
桁架	可灵活安装,可采用多边形、三角形、梯形等多种形式
管廊	可设置成单层或多层结构
烟囱	可采用整体吊装,也可采用分段分节吊装
火炬及排气筒	(1)钢板厚度大于 14 mm 时,要用超声波 100% 检查,其表面用磁粉探伤检查;钢板厚度不大于 12 mm 时,要按数量的 10% 进行磁粉探伤检查。 (2)火炬及排气筒的对接焊缝质量要用超声波 100% 检查,如有可疑点,要按焊缝总数的 25% 进行 X 射线探伤复查。 (3)塔架可采用整体吊装(人字抱杆扳倒法、双抱杆起吊法),也可采用分节分段吊装

火炬及排气筒的相关要求,下面以考题探究的形式进行讲解。

考题探究

【不定项】下列关于火炬及排气筒的说法中,错误的有( )。

A.尾气燃烧后成为无害气体,从排气筒排出

B.气液分离后,分离出的气再排向火炬

C.火炬点火嘴不得在地面点燃

D.火炬及排气筒塔架均为碳钢材料

【细说考点】本题主要考查火炬及排气筒的相关要求。尾气燃烧后成为无害气体,从排气筒排出,排放到大气中。故选项A正确。气液分离后,分离出的气再排向火炬,分离出的凝液泵送到不合格油罐内。故选项B正确。点火嘴没有位置要求,为点火方便,一般在火炬点火烧嘴上设有点火装置,使得火炬点火嘴可以在地面点燃。故选项C错误。火炬及排气筒塔架可采用型钢或钢管制作,均为碳钢材料。故选项D正确。本题选C。

三、静置设备与工艺金属结构无损检测 ★★

(一)无损检测的方法

根据《承压设备无损检测 第1部分:通用要求》,无损检测是指在不损坏检测对象的前提下,以物理或化学方法为手段,借助相应的设备器材,按照规定的技术要求,对检测对象的内部及表面的结构、性质或状态进行检查和测试,并对结果进行分析和评价。无损检测方法包括射线检测、超声检测、磁粉检测、渗透检测、涡流检测、泄漏检测、目视检测、声发射检测、衍射时差法超声检测、X射线数字成像检测、漏磁检测和脉冲涡流检测等。

1.射线检测

射线检测是指利用各种射线对材料的透射性能及不同材料对射线的吸收、衰减程度的不同,使底片感光成黑度不同的图像来观察的,是一种行之有效而又不可缺少的检测材料或零件内部缺陷的手段。

根据《承压设备无损检测 第2部分:射线检测》,射线检测适用于承压设备金属熔化焊焊接接头的检测,金属熔化焊焊接接头的金属包括钢、铜及铜合金、铝及铝合金、钛及钛合金、镍及镍合金。焊接接头的形式包括板及管的对接接头对接焊缝(简称"对接焊缝")、插入式和安放式接管角接接头对接焊缝(简称"管座角焊缝")和管子–管板角焊缝。

射线检测的能力范围:能检测出焊接接头中存在的未焊透、气孔、夹渣、裂纹和坡口未熔合等缺陷;能检测出铸件中存在的缩孔、夹杂、气孔和疏松等缺陷;能确定缺陷平面投影的位置、大小以及缺陷的性质;射线检测的穿透厚度,主要由射线能量确定。

射线检测的局限性:较难检测出厚锻件、管材和棒材中存在的缺陷;较难检测出T型焊接接头和堆焊层中存在的缺陷;较难检测出焊缝中存在的细小裂纹和层间未熔合;当承压设备直径较大采用γ射线源进行中心曝光法时较难检测出焊缝中存在的面状缺陷;较难确定缺陷的深度位置和自身高度。

射线检测时,可以使用两种射线源:由X射线机和加速器产生的X射线;由Co60、Ir192、Se75、Yb169和Tm170射线源产生的γ射线。

射线胶片系统按规定分为六类,即C1、C2、C3、C4、C5和C6类。C1为最高类别,C6为最低类别。

射线检测技术分为三级:A 级为低灵敏度技术;AB 级为中灵敏度技术;B 级为高灵敏度技术。承压设备焊接接头的射线检测,一般应采用 AB 级射线检测技术进行检测。对重要设备、结构、特殊材料和特殊焊接工艺制作的焊接接头,可采用 B 级技术进行检测。

A 级和 AB 级射线检测技术应采用 C5 类或更高类别的胶片,B 级射线检测技术应采用 C4 类或更高类别的胶片。采用 γ 射线和高能 X 射线进行射线检测时,以及对标准抗拉强度下限值 $R_m \geqslant 540$ MPa 高强度材料射线检测时,应采用 C4 类或更高类别的胶片。

γ 射线源和能量 1 MeV 以上 X 射线设备的透照厚度范围应符合表 5-51 的规定。

表 5-51　γ 射线源和能量 1 MeV 以上 X 射线设备的透照厚度范围(钢、铜、镍合金等)

射线源	透照厚度 W/mm	
	A 级、AB 级	B 级
Tm170	$\leqslant 5$	$\leqslant 5$
Yb169[a]	$\geqslant 1 \sim 15$	$\geqslant 2 \sim 12$
Se75[b]	$\geqslant 10 \sim 40$	$\geqslant 14 \sim 40$
Ir192	$\geqslant 20 \sim 100$	$\geqslant 20 \sim 90$
Co60	$\geqslant 40 \sim 200$	$\geqslant 60 \sim 150$
X 射线(1 ~ 4 MeV)	$\geqslant 30 \sim 200$	$\geqslant 50 \sim 180$
X 射线(>4 ~ 12 MeV)	$\geqslant 50$	$\geqslant 80$

注:a.[a] 对于铝和钛,A 级和 AB 级透照厚度为:$10 < W < 70$,B 级透照厚度为:$25 < W < 55$。

b.[b] 对于铝和钛,A 级和 AB 级透照厚度为:$35 < W < 120$。

2. 超声检测

超声检测是指利用超声波对金属构件内部缺陷进行检查的一种无损探伤方法。用发射探头向构件表面通过耦合剂发射超声波,超声波在构件内部传播时遇到不同界面将有不同的反射信号(回波)。利用不同反射信号传递到探头的时间差,可以检查到构件内部的缺陷。

根据《承压设备无损检测　第 3 部分:超声检测》,超声检测适用于金属材料制承压设备用原材料或零部件和焊接接头的超声检测,也适用于金属材料制在用承压设备的超声检测。

超声检测的能力范围:能检测出原材料(板材、复合板材、管材、锻件等)和零部件中存在的缺陷;能检测出焊接接头内存在的缺陷,面状缺陷检出率较高;超声波穿透能力强,可用于大厚度(100 mm 以上)原材料和焊接接头的检测;能确定缺陷的位置和相对尺寸。

超声检测的局限性:较难检测粗晶材料和焊接接头中存在的缺陷;缺陷位置、取向和形状对检测结果有一定的影响;A 型显示检测不直观,检测记录信息少;较难确定体积状缺陷或面状缺陷的具体性质。

3. 磁粉检测

磁粉检测是指通过磁粉在缺陷附近漏磁场中的堆积以检测铁磁性材料表面或近表面处缺陷的一种无损检测方法。

根据《承压设备无损检测　第 4 部分:磁粉检测》,磁粉检测适用于铁磁性材料制板材、复合板材、管材、管件和锻件等表面或近表面缺陷的检测,以及铁磁性材料对接接头、T型焊接接头和角接接头等表面或近表面缺陷的检测,不适用于非铁磁性材料的检测。

磁粉检测的能力范围:能检测出铁磁性材料中的表面开口缺陷和近表面缺陷。

磁粉检测的局限性：难以检测几何结构复杂的工件；不能检测非铁磁性材料工件。

4. 渗透检测

渗透检测是指利用液体的毛细管作用，将渗透液渗入固体材料表面开口缺陷处。再通过显像剂将渗入的渗透液析出到表面显示缺陷的存在。

根据《承压设备无损检测　第 5 部分：渗透检测》，渗透检测适用于非多孔性金属、非金属材料制承压设备在制造、安装及使用中产生的表面开口缺陷的检测。

渗透检测的能力范围：能检测出金属材料中的表面开口缺陷，如气孔、夹渣、裂纹、疏松等缺陷。

渗透检测的局限性：较难检测多孔材料。

5. 涡流检测

涡流检测是指利用电磁感应原理，通过测量被检工件内感生涡流的变化来无损地评定导电材料及其工件的某些性能，或发现缺陷的无损检测方法。

根据《承压设备无损检测　第 6 部分：涡流检测》，涡流检测适用于在制和在用承压设备用导电性金属材料管材、零部件、焊接接头表面及近表面缺陷的涡流检测，适用于金属基体表面覆盖层厚度的磁性法和涡流法测量。

涡流检测的能力范围：能检测出金属材料对接接头和母材表面、近表面存在的缺陷；能检测出带非金属涂层的金属材料表面、近表面存在的缺陷；能确定缺陷的位置，并给出表面开口缺陷或近表面缺陷埋深的参考值；涡流检测的灵敏度和检测深度，主要由涡流激发能量和频率确定。

涡流检测的局限性：较难检测出金属材料埋藏缺陷；较难检测出涂层厚度超过 3 mm 的金属材料表面、近表面的缺陷；较难检测出焊缝表面存在的微细裂纹；较难检测出缺陷的自身宽度和准确深度。

6. 泄漏检测

根据《承压设备无损检测　第 8 部分：泄漏检测》，泄漏检测适用于在制和在用承压设备的泄漏检测，可以用来确定泄漏部位和测量泄漏率。

泄漏检测的能力范围：能检测出压力管道、压力容器等密闭性设备的泄漏部位；能检测出压力管道、压力容器等密闭性设备的泄漏率；泄漏检测的准确度，主要由所采用的泄漏检测技术和检测人员视力确定。

泄漏检测的局限性：较难检测埋地管道的泄漏率；埋地管道的内外压差对泄漏检测部位和泄漏率的确定影响较大。

（二）无损检测的要求

从事设备安装、现场组焊和无损检测等施工单位应具有与所承担工作内容相应的专业资质。从事设备焊接的焊工、无损检测人员应按国家现行有关标准和规定考试取得合格证，且只能从事与资格相应的作业。

现场组焊设备焊接接头无损检测应在形状尺寸及外观检验合格后进行，有延迟裂纹倾向的材料应在焊接完成 24 h 后进行；有再热裂纹倾向的材料应在热处理后再增加 1 次，并符合下列规定：

（1）压力容器壁厚小于或等于 38 mm 时，其对接接头宜采用射线检测；当不能采用射线检测时，也可采用超声检测。

（2）压力容器壁厚大于 38 mm 或壁厚大于 20 mm 且材料标准抗拉强度下限值大于或

等于 540 MPa 的对接接头,当采用射线检测,每条焊缝还应附加进行20%的超声检测;当采用超声检测,每条焊缝还应附加进行20%的射线检测;附加局部检测应包括所有焊缝交叉部位。

（3）采用射线检测时,其检测技术等级不应低于国家现行标准《承压设备无损检测　第2部分:射线检测》规定的 AB 级;采用超声检测时,其检测技术等级不应低于国家现行标准《承压设备无损检测　第3部分:超声检测》的 B 级。

凡符合图 5-9 所示的条件之一的压力容器及受压元件,应对其 A 类和 B 类焊接接头进行 100% 射线或超声检测。

进行 100%射线或超声检测应符合的条件

◆钢材厚度 δ_s 大于 30 mm 的碳素钢、Q345R。
◆钢材厚度 δ_s 大于 25 mm 的 20MnMo 和奥氏体不锈钢。
◆钢材厚度 δ_s 大于 16 mm 的15CrMoR、15CrMo;其他任意厚度的铬钼钢。
◆标准抗拉强度下限值大于或等于 540 MPa 钢。
◆进行气压试验的容器。
◆盛装毒性为极度危害或高度危害介质的容器。
◆第三类压力容器。
◆第二类压力容器中易燃介质的反应压力容器和储存压力容器。
◆设计压力大于 5.0 MPa 的压力容器。
◆设计选用焊缝系数为 1.0 的压力容器。
◆符合下列条件之一的钛和钛合金、锆和锆合金、铝和铝合金制造的压力容器:介质为易燃或毒性程度为极度、高度、中度危害;设计压力大于或等于 1.6 MPa。
◆使用后无法进行内、外部检验或耐压试验的压力容器。
◆设计文件要求 100%射线或超声检测的容器

图 5-9　进行 100% 射线或超声检测应符合的条件

除上述"进行 100% 射线或超声检测"规定以外的压力容器,对其 A 类和 B 类焊接接头应进行局部射线或超声检测。检测方法按设计文件执行。检测长度不得少于各焊接接头长度的 20% ,且不小于 250 mm;铁素体钢制低温容器局部无损检测的比例应大于或等于 50% 。下列部位的焊接接头应全部检测,其检测长度可计入局部检测长度之内:

（1）焊缝交叉部位。

（2）被补强圈、支座、垫板、内件等覆盖的焊接接头。

（3）以开孔中心为圆心,1.5 倍开孔直径为半径的圆中所包容的焊接接头。

（4）嵌入式接管与圆筒或封头对接连接的焊接接头。

压力容器公称直径大于或等于 250 mm 或壁厚大于 28 mm 的接管与长颈法兰、接管与接管对接连接的 B 类焊接接头,其无损检测比例及合格级别应与压力容器壳体主体焊缝要求相同;公称直径小于 250 mm 且壁厚小于或等于 28 mm 的接管与长颈法兰、接管与接管对接连接的 B 类焊接接头,可进行磁粉检测或渗透检测。

凡符合下列条件之一的部位,应对其表面进行 100% 磁粉检测或渗透检测:

（1）堆焊表面。

（2）符合上述"进行 100% 射线或超声检测"规定中的第(3)(4)(6)(7)项压力容器上的 C 类和 D 类焊接接头表面。

（3）低温钢、标准抗拉强度下限值大于或等于 540 MPa 钢及铬钼钢制设备的缺陷修磨或补焊处的表面、卡具和拉肋等拆除处的焊痕表面。

球形储罐在耐压试验前应对现场焊接接头表面进行100%磁粉检测或渗透检测，耐压试验后进行20%磁粉检测或渗透检测复验。

非压力容器焊接接头内部质量检验应符合设计文件的要求。

无损检测应按国家现行标准《承压设备无损检测》的规定进行质量评定，并应符合下列规定：

（1）按上述"进行100%射线或超声检测"要求［第（8）（9）项除外］进行无损检测的压力容器，当采用射线检测时合格级别为Ⅱ级；当采用超声检测时合格级别为Ⅰ级。

（2）除第（1）项规定外的压力容器，当采用射线检测时合格级别为Ⅲ级；当采用超声检测时合格级别为Ⅱ级。

（3）磁粉检测和渗透检测的合格级别为Ⅰ级。

（4）钛和钛合金制设备、锆和锆合金制设备、铝和铝合金制设备合格级别按设计文件规定。

对焊接接头无损检测时发现的不允许缺陷，应清除干净后进行补焊，并对补焊处用原规定的方法进行检验，直至合格。对规定进行局部无损检测的压力容器焊接接头，当发现有不允许的缺陷时，应在该缺陷两端的延伸部位增加检查长度，增加的长度为该焊接接头长度的10%，且不小于250 mm。若仍有不允许的缺陷时，则对该焊接接头做100%检测。

四、静置设备与工艺金属结构安装计量 ★★

根据《通用安装工程工程量计算规范》，静置设备与工艺金属结构制作安装的计量规则如下。

（一）静置设备制作

静置设备制作工程量清单项目设置、项目特征描述的内容、计量单位及工程量计算规则，应按表5-52的规定执行。

表5-52　静置设备制作

项目名称	项目特征	计量单位	工程量计算规则	工作内容
容器制作	名称；构造形式；材质；容积；规格；质量；压力等级；附件种类、规格及数量、材质；本体梯子、栏杆、扶手类型、质量；焊接方式；焊缝热处理设计要求	台	按设计图示数量计算	本体制作；附件制作；容器本体平台、梯子、栏杆、扶手制作、安装；预热、后热、压力试验
塔器制作	名称；构造形式；材质；质量；压力等级；附件种类、规格及数量、材质；本体梯子、栏杆、扶手类型、质量；焊接方式；焊缝热处理设计要求			本体制作；附件制作；塔本体平台、梯子、栏杆、扶手制作、安装；预热、后热；压力试验
换热器制作	名称；构造形式；材质；质量；压力等级；附件种类、规格及数量、材质；焊接方式；焊缝热处理设计要求			换热器制作；接管制作与装配；附件制作；预热、后热；压力试验

（二）静置设备安装

静置设备安装（部分）工程量清单项目设置、项目特征描述的内容、计量单位及工程量计算规则，应按表5-53的规定执行。

表 5-53　静置设备安装（部分）

项目名称	项目特征	计量单位	工程量计算规则	工作内容
容器组装	名称；构造形式；到货状态；材质；质量；规格；内部构件名称；焊接方式；焊缝热处理设计要求	台	按设计图示数量计算	容器组装；内部构件组对；吊耳制作、安装；焊缝热处理；焊缝补漆
整体容器安装	名称；构造形式；质量；规格；压力试验设计要求；清洗地、脱脂、钝化设计要求；安装高度；灌浆配合比			安装；吊耳制作、安装；压力试验；清洗、脱脂、钝化；灌浆
塔器组装	名称；构造形式；到货状态；材质；规格；质量；塔内固定件材质；塔盘结构类型；填充材料种类；焊接方式；焊缝热处理设计要求			塔器组装；塔盘安装；塔内固定件组对；吊耳制作、安装；焊缝热处理；设备填充；焊缝补漆
整体塔器安装	名称；构造形式；质量；规格；安装高度；压力试验设计要求；清洗、脱脂、钝化设计要求；塔盘结构类型；填充材料种类；灌浆配合比			塔器安装；吊耳制作、安装；塔盘安装；设备填充；压力试验；清洗、脱脂、钝化；灌浆
热交换器类设备安装	名称；构造形式；质量；安装高度；抽芯设计要求；灌浆配合比			安装；地面抽芯检查；灌浆
空气冷却器安装	名称；管束质量；风机质量；构架质量；灌浆配合比			管束（翅片）安装；构架安装；风机安装；灌浆

（三）金属油罐制作安装

金属油罐制作安装（部分）工程量清单项目设置、项目特征描述的内容、计量单位及工程量计算规则，应按表 5-54 的规定执行。

表 5-54　金属油罐制作安装（部分）

项目名称	项目特征	计量单位	工程量计算规则	工作内容
拱顶罐制作安装	名称；构造形式；材质；容量；质量；本体梯子、平台、栏杆类型、质量；安装位置；型钢圈材质；临时加固件材质；附件种类、规格及数量、材质；压力试验设计要求	台	按设计图示数量计算	罐本体制作和安装；型钢圈煨制；充水试验；卷板平直；拱顶罐临时加固件制作、安装与拆除；本体梯子、平台、栏杆制作安装；附件制作、安装
浮顶罐制作安装	名称；构造形式；材质；容积；质量；本体梯子、平台、栏杆类型、质量；安装位置；型钢圈材质；附件种类、规格及数量、材质；压力试验设计要求			罐本体制作、安装；型钢圈煨制；内浮顶罐充水试验；浮顶罐升降试验；卷板平直；浮顶罐组装加固；附件制作、安装；本体梯子、平台、栏杆制作安装

（四）球形罐组对安装

球形罐组对安装工程量清单项目设置、项目特征描述的内容、计量单位及工程量计算规则，应按表 5-55 的规定执行。

表 5-55　球形罐组对安装

项目名称	项目特征	计量单位	工程量计算规则	工作内容
球形罐组对安装	名称;材质;球罐容量;球板厚度;本体质量;本体梯子、平台、栏杆类型、质量;焊接方式;焊缝热处理技术要求;压力试验设计要求;支柱耐火层材料;灌浆配合比	台	按设计图示数量计算	球形罐吊装、组对;产品试板试验;焊缝预热、后热;球形罐水压试验;球形罐气密性试验;基础灌浆;支柱耐火层施工;本体梯子、平台、栏杆制作安装

（五）气柜制作安装

气柜制作安装工程量清单项目设置、项目特征描述的内容、计量单位及工程量计算规则,应按表 5-56 的规定执行。

表 5-56　气柜制作安装

项目名称	项目特征	计量单位	工程量计算规则	工作内容
气柜制作安装	名称;构造形式;容量;质量;配重块材质、尺寸、质量;本体平台、梯子、栏杆类型、质量;附件种类、规格及数量、材质;充水、气密、快速升降试验设计要求;焊缝热处理设计要求;灌浆配合比	座	按设计图示数量计算	气柜本体制作、安装;焊缝热处理;型钢圈煨制;配重块安装;气柜充水、气密、快速升降试验;平台、梯子、栏杆制作安装;附件制作安装;二次灌浆

（六）工艺金属结构制作安装

工艺金属结构制作安装工程量清单项目设置、项目特征描述的内容、计量单位及工程量计算规则,应按表 5-57 的规定执行。

表 5-57　工艺金属结构制作安装

项目名称	项目特征	计量单位	工程量计算规则	工作内容
联合平台制作安装	名称;每组质量;平台板材质	t	按设计图示尺寸以质量计算	制作、安装
平台制作安装	名称;构造形式;每组质量;平台板材质			制作、安装
梯子、栏杆、扶手制作安装	名称;构造形式;踏步材质			
桁架、管廊、设备框架、单梁结构制作安装	名称;构造形式;桁架每组质量;管廊高度;设备框架跨度;灌浆配合比			制作、安装;钢板组合型钢制作;二次灌浆
设备支架制作安装	名称;材质;支架每组质量			制作、安装
漏斗、料仓制作安装	名称;材质;漏斗形状;每组质量;灌浆配合比			制作、安装;型钢圈煨制;二次灌浆
烟囱、烟道制作安装	名称;材质;烟囱直径;烟道构造形式;灌浆配合比			制作、安装;型钢圈煨制;二次灌浆;地锚埋设
火炬及排气筒制作安装	名称;构造形式;材质;质量;筒体直径;高度;灌浆配合比	座	按设计图示数量计算	筒体制作组对;塔架制作组装;火炬、塔架、筒体吊装;火炬头安装;二次灌浆

（七）无损检验

无损检验工程量清单项目设置、项目特征描述的内容、计量单位及工程量计算规则，应按表 5-58 的规定执行。

表 5-58 工艺金属结构制作安装

项目名称	项目特征	计量单位	工程量计算规则	工作内容
X 射线探伤	名称；板厚；底片规格	张	按规范或设计要求计算	无损检验
γ 射线探伤				
超声波探伤	名称；部位；板厚	m（m²）	金属板材对接焊缝、周边超声波探伤按长度计算；板面超声波探伤检测按面积计算	对接焊缝、板面、板材周边超声波探伤；对比试块制作
磁粉探伤	名称；部位		金属板材周边磁粉探伤按长度计算；板面磁粉探伤按面积计算	板材周边、板面磁粉探伤；被检工件退磁
渗透探伤	名称；方式	m	按设计图示数量以长度计算	渗透探伤
整体热处理	设备名称；设备质量；容积；加热方式	台	按设计图示数量计算	整体热处理；硬度测定

同步自测

答案详解
454—456

不定项选择题（试题由单选和多选组成）

1. 某室内供水方式的特点是没有高位水箱，不占用建筑面积，但存水量小，水泵开启关闭频繁，造成水压不均匀，变化大。则该供水方式是（   ）。
   A. 气压水箱供水
   B. 减压阀供水
   C. 减压水箱供水
   D. 贮水池 – 水泵供水

2. 热水供应系统中，为了排除上行下给式管网中热水汽化产生的气体，保证管内热水通畅，应在管道最高处安装（   ）。
   A. 自动排气阀
   B. 补偿器
   C. 疏水器
   D. 膨胀管

3. 室外给水管道在无冰冻地区埋地敷设时，穿越道路部位的埋深不得小于（   ）mm。
   A. 300
   B. 500
   C. 700
   D. 1 000

4. 室内给水管道采用管径 80 mm 的镀锌钢管敷设时，其连接方式是（   ）。
   A. 法兰连接
   B. 焊接
   C. 螺纹连接
   D. 专用管件连接

5. 某给水管网布置形式的优点是施工图式较为简单。缺点是如敷设在地沟内，维修工序较多，最高层配水点流出水头较低。则该给水管网的布置形式为（　　）。

  A. 下行上给式   B. 上行下给式

  C. 环状式   D. 树状式

6. 给水管网中的每台水泵的出水管上应设阀门、止回阀和（　　）。

  A. 底阀   B. 水环式真空泵

  C. 通气管   D. 压力表

7. 某高层建筑室内的塑料排水管道的管径为 110 mm，需要设置阻火圈的部位是（　　）。

  A. 管廊围护墙体的贯穿部位外侧   B. 管廊围护墙体的贯穿部位内侧

  C. 管廊围护墙体的贯穿部位内侧和外侧   D. 不用设置

8. 下列关于室内排水系统设置检查口和清扫口的说法中，正确的是（　　）。

  A. 在立管上应每隔两层设置一个检查口，但在最底层和有卫生器具的最低层必须设置

  B. 检查口中心高度距操作地面一般为 1 m，检查口的朝向应便于检修

  C. 在连接 2 个及 2 个以上大便器或 3 个及 3 个以上卫生器具的污水横管上应设置检查口

  D. 在转角小于 145° 的污水横管上，应设置检查口或清扫口

9. 采暖系统中，某水泵提供的扬程不应小于设计流量条件下热源、热网、最不利用户环路压力损失之和。则该水泵是（　　）。

  A. 中继泵   B. 循环水泵

  C. 补水泵   D. 混水泵

10. 燃气系统中，一般埋地铺设的聚乙烯管道上设置（　　）。

  A. 波形管补偿器   B. 填料式补偿器

  C. 套筒式补偿器   D. 球形补偿器

11. 工业管道工程中，最高使用温度不得超过 200 ℃，适用于在低温深冷工程的管材是（　　）。

  A. 铝及铝合金管   B. 铜及铜合金管

  C. 伴热管   D. 不锈钢管

12. 夹套管内管和外管焊缝间距的要求是（　　）。

  A. 内管不宜小于 100 mm，外管不宜小于 200 mm

  B. 内管不宜小于 200 mm，外管不宜小于 100 mm

  C. 内管和外管不宜小于 100 mm

  D. 内管和外管不宜小于 200 mm

13. 钛及钛合金管道与其他金属管道连接时，常用的连接方式是（　　）。

  A. 螺纹连接   B. 活套法兰连接

  C. 焊接法兰连接   D. 手工电弧焊连接

14. 压缩空气管道安装形成系统后，应按设计要求进行强度和严密性试验，试验介质是（　　）。

  A. 水   B. 氮气

  C. 压缩空气   D. 无油压缩空气

15. 下列关于高压钢管校验性检查的说法中,正确的是(　　)。

　　A. 每批钢管按照数量的50%检查硬度

　　B. 试样钢管应进行拉力试验两个,冲击试验两个,压扁或冷弯试验一个

　　C. 试样钢管外径大于或等于35 mm时做冷弯试验

　　D. 试样钢管如有不合格项目,应复查所有校验性检查项目

16. 根据《通用安装工程工程量计算规范》,关于工业管道安装工程无损探伤的说法,正确的是(　　)。

　　A. 管材表面超声波探伤、管材表面磁粉探伤计量单位为 m

　　B. 焊缝γ射线探伤计量单位为张(口)

　　C. 焊缝磁粉探伤的计量单位为张

　　D. 探伤项目不包括固定探伤仪支架的制作、安装

17. 某高层民用建筑,耐火等级为二级,该建筑防火分区的最大允许建筑面积是(　　)m^2。

　　A. 1 200　　　　　　　　　　　　　　B. 1 500

　　C. 2 000　　　　　　　　　　　　　　D. 2 500

18. 下列有害气体的净化方法中,适用于气态污染量大的场合,但净化率不能达到100%,废液还需要进行处理的是(　　)。

　　A. 气体洗涤法　　　　　　　　　　　B. 气体吸收法

　　C. 气体吸附法　　　　　　　　　　　D. 气体燃烧法

19. 具有控制、调节功能,适用于大断面风管的风阀是(　　)。

　　A. 蝶式调节阀　　　　　　　　　　　B. 菱形单叶调节阀

　　C. 平行式多叶调节阀　　　　　　　　D. 止回阀

20. 某空气净化设备具有阻力小、结构简单、内部无运动部件的特点,适用于处理浓度低的有害气体。该设备是(　　)。

　　A. 喷淋塔　　　　　　　　　　　　　B. 填料塔

　　C. 湍流塔　　　　　　　　　　　　　D. 流动床吸附设备

21. 下列关于空气过滤器的说法中,正确的是(　　)。

　　A. 粗效过滤器的过滤材料采用无纺布

　　B. 中效过滤器主要过滤 1 μm 以下的灰尘粒子

　　C. 高中效过滤器的结构形式多为折叠式

　　D. 亚高效过滤器的过滤材料采用一次性使用的无纺布、丙纶滤布

22. 静置设备的超声检测目的是确定缺陷的(　　)。

　　A. 位置和大小　　　　　　　　　　　B. 位置和相对尺寸

　　C. 大小和形状　　　　　　　　　　　D. 尺寸和形状

23. 某换热器构造简单、耐高压,但管间接头多,易泄漏,适用于所需传热面积不多而要求压强较高的场合。则该换热器是(　　)。

　　A. 列管式换热器　　　　　　　　　　B. 套管式换热器

　　C. 蛇管式换热器　　　　　　　　　　D. 夹套式换热器

24. 填料塔使用的散装填料的种类有很多种,属于鞍形填料的是( )。

A. 拉西环填料　　　　　　　　　B. 金属环矩鞍填料

C. 弧鞍填料　　　　　　　　　　D. 共轭环填料

25. 储罐充水试验宜采用淡水,罐壁采用普通碳素钢或 16MnR 钢板时,水温不应低于( )℃。

A. 5　　　　　　　　　　　　　　B. 10

C. 15　　　　　　　　　　　　　 D. 20

26. 湿式气柜所用的角钢圈、槽钢圆的分段预制长度不应小于( )m。

A. 1　　　　　　　　　　　　　　B. 3

C. 5　　　　　　　　　　　　　　D. 7

27. 根据《通用安装工程工程量计算规范》,气柜制作安装的计量单位为( )。

A. t　　　　　　　　　　　　　　B. 台

C. 座　　　　　　　　　　　　　 D. 个

28. 公称直径(DN)不超过 150 mm 的给水薄壁铜管,适用的建筑物有( )。

A. 高层民用建筑室内冷水管　　　　B. 高级民用建筑室内饮用水管

C. 一般民用建筑室外热水管　　　　D. 高级民用建筑室外冷水管

29. 下列关于给水管道阀门安装的说法中,正确的有( )。

A. 管径小于或等于 50 mm 时,宜采用闸阀或蝶阀

B. 双向流动和经常启闭的管段上,应采用闸阀或蝶阀

C. 比例式减压阀后一般宜设置可曲挠橡胶接头

D. 比例式减压阀节点处的前后应装设压力表,过滤器应装设到阀后

30. 下列关于采暖管道的说法中,错误的有( )。

A. 散热器支管长度超过 1.5 m 时,应在支管上安装管卡

B. 气、水逆向流动的热水采暖管道和气、水逆向流动的蒸汽管道,坡度应为 0.3% ,不得小于 0.2%

C. 低温热水地板辐射采暖系统中的复合管曲率半径不应小于管道外径的 3 倍

D. 管径小于或等于 32 mm 的焊接钢管,应采用焊接连接

31. 室外燃气管道采用聚乙烯管材连接时,连接方式有( )。

A. 螺纹连接　　　　　　　　　　 B. 热熔对接

C. 粘接　　　　　　　　　　　　 D. 电熔连接

32. 根据《通用安装工程计量规范》,给排水、采暖、燃气工程的管道工程量计算时,不应扣除的长度有( )。

A. 阀门　　　　　　　　　　　　 B. 水表

C. 方形补偿器　　　　　　　　　 D. 伸缩器

33. 空气干燥器的作用是进一步除去压缩空气中的水分,一般采用的压缩空气干燥方法有( )。

A. 机械分离法　　　　　　　　　 B. 过滤法

C. 吸附法　　　　　　　　　　　 D. 冷冻法

34. 当建筑通风采用机械排风的方式时,排除潮湿空气时宜采用的风管材质有(　　)。

　　A. 镀锌钢板　　　　　　　　　　B. 玻璃钢

　　C. 聚氯乙烯风管　　　　　　　　D. 不锈钢板

35. 属于惯性除尘器的有(　　)。

　　A. 气流折转式除尘器　　　　　　B. 重力挡板式除尘器

　　C. 百叶板式除尘器　　　　　　　D. 袋式除尘器

36. 主要是用于完成介质的流体压力平衡缓冲和气体净化分离的压力容器有(　　)。

　　A. 煤气发生炉　　　　　　　　　B. 吸收塔

　　C. 蒸发器　　　　　　　　　　　D. 除氧器

37. 球罐整体热处理宜采用的方法有(　　)。

　　A. 内燃法　　　　　　　　　　　B. 外燃法

　　C. 火焰加热法　　　　　　　　　D. 电加热法

📖 **答案速查**

不定项选择题

1. A	2. A	3. C	4. C	5. A	6. D	7. A	8. B
9. B	10. C	11. A	12. B	13. B	14. A	15. B	16. B
17. B	18. B	19. C	20. A	21. A	22. B	23. B	24. C
25. A	26. C	27. C	28. AB	29. BC	30. BCD	31. BD	32. ABD
33. CD	34. BC	35. ABC	36. BD	37. AD			

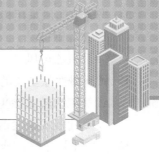

第六章 电气和自动化控制安装工程技术与计量

本章在历年的考试中涉及分值为30分，电气工程安装技术与计量是本章的核心考点，需要重点掌握。

考点			考查频率
电气和自动化控制安装工程技术与计量	电气工程安装技术与计量	变配电工程及其配套设备概述	★★★★★
		变压器安装技术与计量	★★
		配电装置安装技术与计量	★★★★★
		母线安装技术与计量	★★★★★
		控制设备安装技术与计量	★★
		电缆安装技术与计量	★★★★★
		防雷及接地装置安装技术与计量	★★★★★
		10 kV以下架空配电线路安装技术与计量	★★★★
		电气调整试验技术与计量	★★★
		电气工程安装计量相关问题及说明	★★
	自动化控制系统安装技术与计量	控制系统概述	★★★★★
		过程检测仪表安装技术与计量	★★★★★
		执行仪表安装技术与计量	★★★
		仪表回路模拟试验技术与计量	★★
		其他自动化控制仪表安装技术与计量	★
		自动化控制仪表安装计量相关问题及说明	★★
	通信设备和线路工程安装技术与计量	通信设备与传输介质	★★★★
		通信线路安装技术	★★★
		通信设备及线路工程计量	★
	建筑智能化工程安装技术与计量	建筑智能化工程概述	★★
		建筑自动化系统（BAS）	★★★★
		通信自动化系统（CAS）	★★
		办公自动化系统（OAS）	★
		综合布线系统（PDS）	★★★
		BIM技术	★★
		建筑智能化工程计量	★

第一节　电气工程安装技术与计量

电气工程总体来说包括变配电工程、用电工程、防雷及接地工程等,为了方便工程量计算,《通用安装工程工程量计算规则》将电气设备安装工程分为变压器安装、配电装置安装、母线安装、控制设备安装及低压电器安装、蓄电池安装、电机检查接线及调试、滑触线装置安装、电缆安装、防雷及接地装置、10 kV以下架空配电线路、配管配线、照明器具安装、附属工程、电气调整试验。低压电器安装、电机检查接线及调试、配管配线、照明器具安装在本书第四章有详细介绍。本节以变配电工程及其配套设备概述为切入点,主要介绍变压器安装技术与计量、配电装置安装技术与计量、母线安装技术与计量、控制设备安装技术与计量、电缆安装技术与计量、防雷及接地装置安装技术与计量、10 kV以下架空配电线路安装技术与计量、电气调整试验技术与计量、电气工程安装计量相关问题及说明等内容。

一、变配电工程及其配套设备概述 ★★★★★

变配电工程是变电、配电工程的总称,变电是指通过电力变压器的电能传递,配电是指在一个用电区域内向用户供电。变配电工程的核心场所为变配电站。

知识拓展

> 变电站由于需要变换电压,故需要配置电力变压器。而配电站不需要配置电力变压器。

变电站可以分为以下几种类别,具体如表6-1所示。

表6-1　变电站的类别

分类标准	名称	说明
按其在变配电工程中的作用	总降压变电站	总降压变电站通常是将35~110 kV的电源电压降至6~10 kV电压,再送至附近的车间变电站或某些6~10 kV的高压用电设备。通常情况下,大型用户和某些电源进线电压为35 kV及以上的中型用户设总降压变电站,中小型用户不设总降压变电站
	总升压变电站	总升压变电站是把低电压变为高电压的变电站,主要用于发电厂将发电机出口电压升高至系统电压
按其设置的位置	车间变电站	车间变电站按其变压器的安装位置不同,分为以下两类: (1)车间附设变电站。附设变电所的一面墙或几面墙与车间的墙共用,变压器的大门朝车间外开。 (2)车间内变电站。变压器室位于车间内单独房间内
	露天变电站	变压器安装在车间外面抬高的地面上,变压器上方没有任何遮蔽物的变电站称为露天变电站,要求将低压配电室靠近变压器

（续表）

分类标准	名称	说明
按其设置的位置	独立变电站	独立变电站一般在车间外的建筑物单独设置。设置独立变电站主要是因为相邻几个车间负荷大，将变电站建到某一车间不适宜，或者由于车间环境的限制、中小型企业负荷不太大，所以需建立一个全厂独立的变电站，向全厂各车间供电
	杆上变电站	杆上变电站最为简单经济，是指将变压器安装在室外电杆或专门的变压器基础上，一般用于容量在 315 kV·A 及以下的变压器，多用于生活区供电
	地下变电站	整个变电站设置在地下，通风散热条件较差，湿度较大，但相对安全，且不影响美观。有些高层建筑、地下工程和矿井采用此变电站
其他	建筑物及高层建筑物变电站	建筑物及高层建筑物变电站不宜采用油浸变压器，应采用干式变压器。干式变压器又有浇注式、开启式、充气式（SF_6）等。民用建筑中的变配电站，从防火安全角度考虑，一般应采用真空断路器或者六氟化硫（SF_6）断路器，一般不采用少油断路器

🔔 **知识拓展**

油浸变压器是一种多油电气设备，易因油温过高而着火或产生电弧使油剧烈气化，导致变压器外壳爆裂酿成火灾事故。实际运行中的变压器存在燃烧或爆裂的可能，需提高其建筑的防火要求。对于干式或非燃液体的变压器，因其火灾危险性小，不易发生爆炸。

配电站在城市电网中使用较为普遍，将接受的电能分为若干回路向各单独用户供电。

变配电站的功能用房一般根据其规模、设备选型、使用要求等设置。其中，高压配电室的主要作用是接受电力；控制室的主要作用是预告信号；电容器室的主要作用是提高功率因数；变压器室的主要作用是高压电转化低压电；低压配电室的主要作用是分配电力；值班室的主要作用是应对突发事件。

考题探究

【不定项】下列关于变配电工程的说法中，正确的为（   ）。

A. 高压配电室的作用是把高压电转换成低压电

B. 控制室的作用是提高功率因数

C. 露天变电所要求低压配电室远离变压器

D. 高层建筑物变压器一律采用干式变压器

【细说考点】本题主要考查变配电站功能用房的作用，需熟练掌握避免混淆。变配电工程中，高压配电室的主要作用是接受电力；控制室的主要作用是预告信号；露天变电所要求将低压配电室靠近变压器。本题选 D。

变配电工程配套设备大多数是成套的定型设备，可以分为以下两种类型：

（1）一次设备。一次设备是指直接用于生产、输送和分配电能的高压电设备，包括发电机、变压器、断路器、隔离开关、自动开关、接触器、刀开关、母线、输电线路、电力电缆、电抗器、电动机等。由一次设备相互连接，构成发电、输电、配电或进行其他生产的电气回路称为一次回路或一次接线系统。特点是设备的电压高或电流设备的功率大。

（2）二次设备。二次设备是指对一次设备的工作进行监测、控制、调节、保护以及为运行、维护人员提供运行工况或生产指挥信号所需的低压电气设备，如熔断器、控制开关、继电器、控制电缆等。由二次设备相互连接，构成对一次设备进行监测、控制、调节和保护的电气回路称为二次回路或二次接线系统。特点是设备的电压相对于一次设备来说要低、电流要小，设备的功率也小。

知识拓展

　　一次设备和二次设备一般安装在高、低压开关柜中。

二、变压器安装技术与计量 ★★

（一）变压器安装技术

变压器是一种静止的电气设备，指转移电能而不改变其交流电源频率的静止的电能转换器。其主要作用是用于交流电输送时的电压或电流变换。变压器的分类方式如下：

（1）按用途不同，变压器可分为电力变压器、特种变压器（电焊变压器、电炉变压器、整流变压器、仪用互感器、控制变压器、高压变压器、调压变压器、脉冲变压器、电抗器等）。

（2）按绕组构成不同，变压器可分为双绕组变压器、三绕组变压器、多绕组变压器和自耦变压器等。

（3）按电源相数不同，变压器可分为单相变压器、三相变压器、多相变压器。

以下主要介绍电力变压器的安装技术。

电力变压器是指具有两个或两个以上绕组的静止设备，为了传输电能，在同一频率下，通过电磁感应将一个系统的交流电压和电流转换为另一个系统的交流电压和电流，通常这些电流和电压的值是不同的。电力变压器有油浸式变压器和干式变压器之分。

变压器（即电力变压器，下同）在装卸和运输过程中，不应有严重冲击和振动。电压在220 kV 及以上且容量在150 MV·A 及以上的变压器应装设三维冲击记录仪。冲击允许值应符合制造厂及合同的规定。

设备到达现场后，应及时按下列规定进行外观检查：

（1）油箱及所有附件应齐全，无锈蚀及机械损伤，密封应良好。

（2）油箱箱盖或钟罩法兰及封板的连接螺栓应齐全，紧固良好，无渗漏；充油或充干燥气体运输的附件应密封无渗漏并装有监视压力表。

（3）套管包装应完好，无渗油、瓷体无损伤；运输方式应符合产品技术要求。

（4）充干燥气体运输的变压器，油箱内应为正压，其压力为 0.01～0.03 MPa，现场应办理交接签证并移交压力监视记录。

温馨提示

　　干燥气体可以是氮气。

（5）检查运输和装卸过程中设备受冲击情况，并应记录冲击值、办理交接签证手续。

充氮的变压器需吊罩检查时，必须让器身在空气中暴露 15 min 以上，待氮气充分扩散后进行。

变压器到达现场后,当满足下列条件之一时,可不进行器身检查:

(1)制造厂说明可不进行器身检查者。

(2)容量为1 000 kV·A及以下,运输过程中无异常情况者。

(3)就地生产仅作短途运输的变压器,当事先参加了制造厂的器身总装,质量符合要求,且在运输过程中进行了有效的监督,无紧急制动、剧烈振动、冲撞或严重颠簸等异常情况者。

变压器的内部安装、连接,应按照产品说明书及合同约定执行。内部安装、连接记录签证应完整。

变压器是否需要进行干燥,应根据规定的条件进行综合分析判断后确定。

带油运输的变压器应符合电气设备交接试验要求,并符合下列规定的不需干燥:

(1)绝缘油电气强度及含水量试验应合格。

(2)绝缘电阻及吸收比(或极化指数)应合格。

(3)介质损耗角正切值tgδ合格,电压等级在35 kV以下或容量在4 000 kV·A以下者不作要求。

充气运输的变压器应符合电气设备交接试验要求,并符合下列规定的不需干燥:

(1)器身内压力在出厂至安装前均应保持正压。

(2)残油中含水量不应大于30 ppm;残油电气强度试验在电压等级为330 kV及以下者不应低于30 kV,500 kV及以上者不应低于40 kV。

(3)变压器注入合格绝缘油后应符合下列规定:绝缘油电气强度及含水量应合格;绝缘电阻及吸收比(或极化指数)应合格;介质损耗角正切值tgδ应合格。

(4)当器身未能保持正压,而密封无明显破坏时,应根据安装及试验记录全面分析,按照电气设备交接试验的规定作综合判断,决定是否需要干燥。

设备进行干燥时,宜采用真空热油循环干燥法。带油干燥时,上层油温不得超过85 ℃。干式变压器进行干燥时,其绕组温度应根据其绝缘等级确定。

装有气体继电器的电力变压器,顶盖沿气体继电器的气流方向应有升高坡度,坡度宜为1.0% ~1.5%。

不同牌号的绝缘油或同牌号的新油与运行过的油混合使用前,必须做混油试验。

小容量变压器可选择室内安装方式。安装时,变压器的金属支架、金属外壳、中性点等均应可靠接地。

室外变压器的安装方式宜采用柱上台架式安装,并应符合下列规定:

(1)柱上台架应用槽钢制作,且做防腐处理,台架横担水平倾斜不应大于5 mm。

(2)变压器在台架平稳就位后,应采用直径4 mm镀锌铁线将变压器固定牢靠。

(3)柱上变压器应在明显位置悬挂警告牌。

(4)柱上变压器台架距地面不得小于2.5 m。

(5)保护配电变压器的避雷器其接地应与变压器外壳、中性点共用一组接地引下线接地装置。接地极每组为2~3根。

🔔 知识拓展

　　变压器采用室外安装时,室外安装的设备有变压器、电流互感器、电压互感器、隔离开关、断路器、避雷器;室内安装的设备有测量系统及保护系统的开关柜、盘、屏。

（二）变压器安装计量

根据《通用安装工程工程量计算规范》，变压器安装的计量规则如表6-2所示。

表6-2　变压器安装

项目名称	项目特征	计量单位	工程量计算规则	工作内容
油浸电力变压器	名称;型号;容量(k·VA);电压(kV);油过滤要求;干燥要求;基础型钢形式、规格;网门、保护门材质、规格;温控箱型号、规格	台	按设计图示数量计算	本体安装;基础型钢制作、安装;油过滤;干燥;接地;网门和保护门制作、安装;补刷(喷)油漆
干式变压器				略
整流变压器、自耦变压器、有载调压变压器	略			略
电炉变压器	略			略
消弧线圈	略			略

> **温馨提示**
>
> 　　变压器油如需试验、化验、色谱分析应按《通用安装工程工程量计算规范》措施项目相关项目编码列项。

三、配电装置安装技术与计量 ★★★★★

《通用安装工程工程量计算规范》中涉及的配电装置安装包括油断路器、真空断路器、SF_6断路器、真空接触器、隔离开关、负荷开关、互感器、高压熔断器、避雷器、干式电抗器、油浸电抗器、移相及串联电容器、集合式并联电容器、并联补偿电容器组架、交流滤波装置组架、高压成套配电柜、组合型成套箱式变电站。考试中主要涉及断路器、隔离开关、负荷开关、互感器、高压熔断器、避雷器、高压成套配电柜，因此下面主要介绍这几部分的内容。

（一）配电装置安装技术

1.断路器安装技术

（1）油断路器。

油断路器是指触头在绝缘油中分合的断路器，有多油断路器和少油断路器两种形式：

①多油断路器是指灭弧介质与对地、相间绝缘都用油的落地罐式油断路器。多油断路器的优点是结构简单、性能可靠，可以制成超高压等级，并可方便地带电流互感器，配套性强，户外使用时受大气条件的影响小。其缺点是在超高压等级时，体积庞大，消耗大量的钢材和变压器油，运输和安装均有较大困难，引起爆炸和火灾的危险性大。目前多油断路器已趋于淘汰。

②少油断路器是指仅在触头间的绝缘和灭弧介质用油，而对地绝缘采用固体绝缘件的油断路器。少油断路器的优点是体积小、重量轻、用油量少，能采用积木式组装成超高压少油断路器，并在电力系统中被广泛应用。其缺点是燃弧时间长，动作较慢，检修周期短，维修工作量大，受单元断口的电压限制，发展特高压等级有困难等。

温馨提示

多油断路器和少油断路器都要充油,其作用是灭弧、散热和绝缘。

油断路器在运输吊装过程中不得倒置、碰撞或受到剧烈的振动。多油断路器运输时应处于合闸状态。

油断路器运到现场后的检查应符合下列要求:断路器的所有部件、备件及专用工器具应齐全,无锈蚀或机械损伤,瓷铁件应黏合牢固;绝缘部件不应变形、受潮;油箱焊缝不应渗油,外部油漆应完整;充油运输的部件不应渗油。

油断路器应安装垂直,并固定牢靠;底座或支架与基础间的垫片不宜超过三片,各片间应焊接牢固。油断路器应按照产品的部件编号进行组装,不可混装。同相各支持瓷套的法兰面应在同一水平面上。定位连杆应固定牢固,受力均匀。

油断路器和操动机构连接时,其支撑应牢固,且受力均匀;机构应动作灵活,无卡阻现象。

（2）真空断路器。

真空断路器因其灭弧介质和灭弧后触头间隙的绝缘介质都是高真空而得名。其具有体积小、重量轻、可频繁操作、灭弧不用检修、寿命长、开断电容电流性能好等优点,在35 kV配电网中应用较为普遍。

真空断路器应按制造厂和设备包装箱要求运输、装卸,其过程中不得倒置、强烈振动和碰撞。真空灭弧室的运输应按易碎品的有关规定进行。真空断路器运到现场后,包装应完好,设备运输单所有部件应齐全。真空断路器的安装与调整,应符合产品技术文件的要求,安装应垂直,固定应牢固,相间支持瓷套应在同一水平面上;三相联动连杆的拐臂应在同一水平面上,拐臂角度应一致。

（3）SF_6断路器。

SF_6断路器是利用六氟化硫（SF_6）绝缘气体作为灭弧介质和绝缘介质的一种断路器。SF_6断路器的主要特点如下:结构紧凑,可减少设备的电气距离,操作功率小,噪声小;燃弧时间短,电流开断能力大,不存在触头氧化问题;无易燃易爆物质,在150 ℃以下时,化学性能相当稳定;燃弧后,装置内没有炭的沉淀物,可以消除电炭痕迹,不发生绝缘击穿现象;具有优良的电绝缘性能。SF_6断路器适用于频繁操作及有易燃易爆危险的场所,要求加工精度高,对其密封性能要求严的高压断路器。

温馨提示

SF_6是一种无色、无味、无毒、不可燃的惰性气体,并有优异的冷却电弧特性,特别是在开关设备有电弧高温的作用下产生较高的冷却效应,避免局部高温的可能性;但是SF_6在电弧高温的作用下会发生分解,产出具有腐蚀性和毒性的产物,如氟 F_2。

SF_6断路器在运输和装卸过程中,不得倒置、碰撞或受到剧烈振动。制造厂有特殊规定时,应按制造厂的规定装运。SF_6断路器的安装应在制造厂技术人员指导下进行,按制造厂的部件编号和规定顺序进行组装,不得混装;断路器的固定应符合产品技术文件要求且牢固可靠。

知识拓展

油断路器、真空断路器、SF_6断路器均属于高压断路器,是根据灭弧介质的不同进行的分类。高压断路器不仅可以切断或闭合高压电路中的空载电流和负荷电流,而且当系统发生故障时,通过继电保护装置的作用,切断过负荷电流和短路电流。它具有相当完善的灰弧结构和足够的断流能力,又称高压开关。

此外,还有低压断路器。低压断路器是指能接通、承载以及分断正常电路条件下的电流,也能在所规定的非正常电路下接通、承载和分断电流的一种机械开关电器。低压断路器种类很多,按结构形式不同,可分为塑料外壳式断路器和万能式断路器两大类。其中,万能式断路器敞开装设在金属框架上,其保护和操作方案较多,装设地点灵活,主要用作低压配电装置的主控制开关。

低压断路器安装后应进行下列检查:

(1)触头闭合、断开过程中,可动部分不应有卡阻现象。

(2)电动操作机构接线应正确;在合闸过程中,断路器不应跳跃;断路器合闸后,限制合闸电动机或电磁铁通电时间的联锁装置应及时动作;合闸电动机或电磁铁通电时间不应超过产品的规定值。

(3)断路器辅助接点动作应正确可靠,接触应良好。

2. 隔离开关、负荷开关和高压熔断器安装技术

配电装置中的隔离开关、负荷开关多是高压隔离开关、高压负荷开关。

高压隔离开关是指在分位置时,触头间有符合规定要求的绝缘距离和明显的断开标识;在合位置时,能承载正常回路条件下的电流及在规定时间内异常条件下的电流的开关设备。其主要功能是保证高压电器及装置在检修工作时的安全,起隔离电压的作用,不能用于切断、投入负荷电流和开断短路电流,仅可用于不产生强大电弧的某些切换操作,即不具有灭弧功能。高压隔离开关按安装地点不同分为屋内式和屋外式;按绝缘支柱数目不同分为单柱式、双柱式和三柱式。

高压负荷开关是指能够在正常回路条件(可能包括规定的过载操作条件)下关合、承载和开断电流,以及在规定的异常回路条件(如短路条件)下,在规定的时间内承载电流的开关装置。高压负荷开关是一种功能介于高压断路器和高压隔离开关之间的电器,具有明显的断开间隙和简单的灭电弧装置,能通断一定的负荷电流和过负荷电流,但不能断开短路电流,因此一般与高压熔断器串联使用,借助熔断器来进行短路保护。高压负荷开关主要分为六种:固体产气式、压气式、压缩空气式、SF_6式、油浸式、真空式。

考题探究

【不定项】10 kV 及以下变配电室经常设有高压负荷开关,其特点为( )。

A. 能够断开短路电流　　　　　　B. 能够切断工作电流

C. 没有明显的断开间隙　　　　　　D. 没有灭弧装置

【细说考点】本题主要考查高压负荷开关的特点,需熟记。高压负荷开关具有明显的断开间隙和简单的灭电弧装置,能通断一定的负荷电流和过负荷电流,但不能断开短路电流。本题选 B。

高压熔断器是指当电流超过规定值足够时间时,通过熔化一个或几个专门设计的成比例的组件开断电流以断开其接入回路的装置,包括了构成完整装置的所有部件。熔断器是最早使用的一种比较简单的保护电器,一般串接在电路中使用,主要用于线路及电力变压器等电气设备的短路及过载保护。高压熔断器由熔管、熔丝、触头、接触座、绝缘子、底架构成。熔管采用瓷质管,熔丝用镀银铜丝与石英砂紧密接触,熔丝中间焊有降低熔点的小锡球。高压熔断器示意图,如图6-1所示。

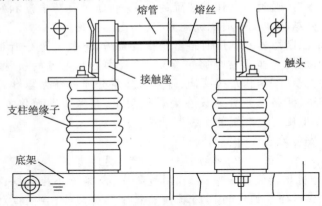

图6-1 高压熔断器示意图

高压隔离开关、高压负荷开关及高压熔断器的开箱检查,应符合下列要求:

(1)产品技术文件应齐全;到货设备、附件、备品备件应与装箱单一致;核对设备型号、规格应与设计图纸相符。

(2)设备应无损伤变形和锈蚀、漆层完好。

(3)镀锌设备支架应无变形、镀锌层完好、无锈蚀、无脱落、色泽一致。

(4)瓷件应无裂纹、破损;瓷瓶与金属法兰胶装部位应牢固密实,并应涂有性能良好的防水胶;法兰结合面应平整、无外伤或铸造砂眼;支柱瓷瓶外观不得有裂纹、损伤。

高压隔离开关、高压负荷开关合闸状态时触头间的相对位置、备用行程,分闸状态时触头间的净距或拉开角度,应符合产品技术文件要求。

三相联动的高压隔离开关,触头接触时,不同期数值应符合产品技术文件要求。当无规定时,最大值不得超过20 mm。

高压熔断器安装时,带钳口的熔断器,其熔丝管应紧密地插入钳口内;装有动作指示器的熔断器,应便于检查指示器的动作情况。

3. 互感器安装技术

互感器是旨在向测量仪器、仪表和保护或控制装置或者类似电器传送信息信号的变压器或装置。互感器又称为仪用变压器,是电流互感器和电压互感器的统称。电流互感器(符号CT)是指在正常使用条件下,其二次电流与一次电流实质上成正比,且其相位差在连接方法正确时接近于零的互感器。电压互感器(符号VT)是指在正常使用条件下,其二次电压与一次电压实质上成正比,且其相位差在连接方法正确时接近于零的互感器。

互感器的功能主要是将高电压或大电流按比例变换成标准低电压或标准小电流,以便实现测量仪表、保护设备及自动控制设备的标准化、小型化。同时互感器还可用来隔开高电压系统,以保证人身和设备的安全。

互感器安装时,下列各部位应可靠接地:

(1)分级绝缘的电压互感器,其一次绕组的接地引出端子;电容式电压互感器的接地应符合产品技术文件的要求。

(2)电容型绝缘的电流互感器,其一次绕组末屏的引出端子、铁芯引出接地端子。

(3)互感器的外壳。

（4）电流互感器的备用二次绕组端子应先短路后接地。

（5）倒装式电流互感器二次绕组的金属导管。

（6）应保证工作接地点有两根与主接地网不同地点连接的接地引下线。

电流互感器在接线中应注意以下内容：

（1）电流互感器的二次侧在使用时绝对不可开路。使用过程中拆卸仪表或继电器时，应事先将二次侧短路。安装时，接线应可靠，不允许二次侧安装熔丝。

（2）二次侧必须有一端接地。目的是防止一、二次侧绝缘损坏，高压窜入二次侧，危及人身和设备安全。

（3）一次侧串接在线路中，二次侧与继电器或测量仪表串接。

（4）接线时要注意其端子的极性。电流互感器一、二次侧的极性端子，都用字母表明极性。我国互感器和变压器的绕组端子，均采用"减极性"标号法。当一次侧电流从同名端流入，则二次侧电流从同名端流出。

使用电压互感器应注意以下事项：

（1）电压互感器的二次侧在工作时不能短路。在正常工作时，其二次侧近于开路状态，电流很小，当二次侧短路时，其电流很大（二次侧阻抗很小）将烧毁设备甚至危及人身安全。

（2）电压互感器送电时必须先合一次侧后合二次侧，停电时先停二次侧后停一次侧，防止反送电危及设备安全。

🔔 知识拓展

电流互感器由一次绕组、二次绕组、铁芯组成。其结构特征是一次绕组串联在电路中，匝数很少，而且一次绕组导体相当粗；其二次绕组匝数相当多，导体较细。

电压互感器由一次绕组、二次绕组、铁芯组成。其结构特征是一次绕组匝数较多，二次绕组匝数较少，一次绕组并联在线路上。

4. 避雷器安装技术

避雷器是一种过电压限制器。当过电压出现时，避雷器两端之间的电压不超过规定值，使电气设备免受过电压损坏；过电压作用后，又能使系统迅速恢复正常状态。避雷器又称过电压限制器。

避雷器的种类有很多，常用的是氧化锌避雷器，其具有良好的非线性、动作迅速、残压低、通流容量大、无续流、结构简单、可靠性高、耐污能力强等优点，是传统避雷器的更新换代产品，在电站及变电所中得到广泛应用。

避雷器在运输存放过程中应正置立放，不得倒置和受到冲击与碰撞，复合外套的避雷器，不得与酸碱等腐蚀性物品放在同一车厢内运输。

避雷器不得任意拆开、破坏密封。

避雷器组装时，其各节位置应符合产品出厂标识的编号。避雷器吊装，应符合产品技术文件要求。

避雷器的绝缘底座安装应水平。

避雷器各连接处的金属接触表面应洁净、没有氧化膜和油漆、导通良好。

并列安装的避雷器三相中心应在同一直线上，相间中心距离允许偏差为 10 mm；铭牌应位于易于观察的同一侧。

避雷器安装应垂直，其垂直度应符合制造厂的要求。

避雷器的排气通道应通畅，排气通道口不得朝向巡检通道，排出的气体不致引起相间或对地闪络，并不得喷及其他电气设备。

5.高压成套配电柜安装技术

高压成套配电柜又称高压开关柜，是指由高压断路器、负荷开关、接触器、高压熔断器、隔离开关、接地开关、互感器及站用电变压器，以及控制、测量、保护、调节装置，内部连接件、辅件、外壳和支持件等不同电气装置组成的成套配电装置，其内的空间以空气或复合绝缘材料作为介质，用作接受和分配电网的三相电能。

高压成套配电柜按断路器安装方式的不同，可分为移动式（手推车式）和固定式。

（1）移动式（手推车式）（用 Y 表示）：柜内主要电气元件（如断路器）安装在可拆卸手车上。由于手车柜具有良好的互换性，可以大大提高电源的可靠性。

（2）固定式（用 G 表示）：柜内所有电气元件（如断路器或负荷开关等）均为固定安装。固定式开关柜相对简单、经济。

开关柜的安装应符合产品技术文件要求，并应符合下列规定：

（1）手车或抽屉单元的推拉应灵活轻便、无卡阻、碰撞现象；具有相同额定值和结构的组件，应检验具有互换性。

（2）机械闭锁、电气闭锁应动作准确、可靠和灵活，具备防止电气误操作的"五防"功能，即防止误分、合断路器，防止带负荷分、合隔离开关，防止接地开关合上时（或带接地线）送电，防止带电合接地开关（挂接地线），防止误入带电间隔等功能。

（3）安全隔离板开启应灵活，并应随手车或抽屉的进出而相应动作。

（4）手车推入工作位置后，动触头顶部与静触头底部的间隙，应符合产品技术文件要求。

（5）动触头与静触头的中心线应一致，触头接触应紧密。

（6）手车与柜体间的接地触头应接触紧密，当手车推人柜内时，其接地触头应比主触头先接触，拉出时接地触头应比主触头后断开。

（7）手车或抽屉的二次回路连接插件（插头与插座）应接触良好，并应有锁紧措施；插头与开关设备应有可靠的机械连锁，当开关设备在工作位置时，插头应拔不出来。

（二）配电装置安装计量

根据《通用安装工程工程量计算规范》，配电装置安装的计量规则如表 6-3 所示。

表 6-3　配电装置安装

项目名称	项目特征	计量单位	工程量计算规则	工作内容
油断路器	略	台	按设计图示数量计算	略
真空断路器、SF_6 断路器				略
隔离开关、负荷开关	略	组		略
互感器	略	台		略
高压熔断器	略	组		略
避雷器	略			略
高压成套配电柜	略	台		略

温馨提示

空气断路器的储气罐及储气罐至断路器的管路应按《通用安装工程工程量计算规范》附录 H 工业管道工程相关项目编码列项。

干式电抗器项目适用于混凝土电抗器、铁芯干式电抗器、空心干式电抗器等。

设备安装未包括地脚螺栓、浇注（二次灌浆、抹面），如需安装应按现行国家标准《房屋建筑与装饰工程工程量计算规范》相关项目编码列项。

四、母线安装技术与计量 ★★★★★

（一）母线安装技术

母线是一种可以与几条电路分别连接的低阻抗导体。在电力系统中，母线将配电装置中的各个载流分支回路连接在一起，起着汇集、分配和传送电能的作用。母线主要有裸母线和封闭母线两大类。裸母线按结构分为硬母线和软母线。硬母线是指由金属管或金属型材组成的母线，按材质划分有钢母线、铜母线和铝母线；按截面形状划分有矩形截面、圆形截面、槽形截面、管形截面等。软母线是指由柔性导体组成的母线。

母线与设备接线端子连接时，不应使接线端子承受过大的侧向应力。

若为三相四线母线，除了A相、B相、C相外还有N线（黑色），应遵循下列排列顺序：

（1）垂直布置时上、中、下、最下的顺序依次是A、B、C、N。

（2）水平布置时内、中、外、最外的顺序依次是A、B、C、N。

（3）引下线布置时左、中、右、最右的顺序依次是A、B、C、N。

考题探究

【不定项】母线安装时，母线引下线从右至左排列，正确的相序为（　　　）。

A. N、C、B、A　　　　　　　　　B. N、A、B、C

C. A、B、C、N　　　　　　　　　D. C、B、A、N

【细说考点】本题主要考查母线相序排列。垂直布置时上、中、下、最下的顺序依次是A、B、C、N。水平布置时内、中、外、最外的顺序依次是A、B、C、N。引下线布置时左、中、右、最右的顺序依次是A、B、C、N。本题选A。

硬母线的连接应采用焊接、贯穿螺栓连接或夹板及夹持螺栓搭接。

软母线不得有扭结、松股、断股、严重腐蚀或其他明显的损伤；扩径导线不得有明显凹陷和变形。同一截面处损伤面积不得超过导电部分总截面积的5%。软母线与线夹连接应采用液压压接或螺栓连接。

干燥和无腐蚀性气体的屋内场所，可采用封闭式母线布线。封闭式母线敷设时，应符合下列规定：

（1）水平敷设时，除电气专用房间外，与地面的距离不应小于2.2 m；垂直敷设时，距地面1.8 m以下部分应采取防止母线机械损伤措施。母线终端无引出线和引入线时，端头应封闭。

（2）水平敷设时，宜按荷载曲线选取最佳跨距进行支撑，且支撑点间距宜为2~3 m。

（3）垂直敷设时，在通过楼板处应采用专用附件支撑，进线盒及末端悬空时，应采用支架固定。

（4）直线敷设长度超过制造厂给定的数值时，宜设置伸缩节。在封闭式母线水平跨越建筑物的伸缩缝或沉降缝处，应采取防止伸缩或沉降的措施。

知识拓展

一般情况下，当母线直线敷设长度超过80 m时，每50~60 m宜设置膨胀节。

（5）母线的插接分支点，应设在安全及安装维护方便的地方。

（6）母线的连接点不应再穿过楼板或墙壁处。

（7）母线在穿过防火墙及防火楼板时，应采取防火隔离措施。

🔔 **知识拓展**

除上述要求外，封闭母线安装还应符合下列要求：

（1）母线安装时，必须按分段图、相序、编号、方向和标志予以正确放置，不得随意互换。

（2）母线水平敷设的支持点间距不宜大于2 m。垂直敷设时，应在通过楼板处采用专用附件支承并以支架沿墙支持，支持点间距不宜大于2 m。

（2）封闭式母线的终端，当无引出线时，端部应有专用的封板进行封闭。

（3）当母线段与段连接时，两相邻段母线及外壳宜对准，相序应正确，连接后不应使母线及外壳受额外应力。

（二）母线安装计量

根据《通用安装工程工程量计算规范》，母线安装的计量规则如表6-4所示。

表6-4　母线安装

项目名称	项目特征	计量单位	工程量计算规则	工作内容
软母线、组合软母线	略	m	按设计图示尺寸以单相长度计算（含预留长度）	略
带形母线	略			略
槽形母线	略			略
共箱母线	略		按设计图示尺寸以中心线长度计算	略
低压封闭式插接母线槽	略			略
始端箱和分线箱	略	台	按设计图示数量计算	略
重型母线	略	t	按设计图示尺寸以质量计算	略

在应用表6-4时，应注意下列事项：

（1）软母线安装预留长度如表6-5所示。

表6-5　软母线安装预留长度　　　　　　　　　　　　　　　　单位：m/根

项目	耐张	跳线	引下线、设备连线
预留长度	2.5	0.8	0.6

（2）硬母线配置安装预留长度如表6-6所示。

表6-6　硬母线配置安装预留长度　　　　　　　　　　　　　　单位：m/根

序号	项目	预留长度	说明
1	带形、槽形母线终端	0.3	从最后一个支持点算起
2	带形、槽形母线与分支线连线	0.5	分支线预留
3	带形母线与设备连接	0.5	从设备端子接口算起
4	多片重型母线与设备连接	1.0	从设备端子接口算起
5	槽形母线与设备连接	0.5	从设备端子接口算起

五、控制设备安装技术与计量 ★★

以下主要介绍低压开关柜（屏）和配电箱的安装技术与计量。

（一）控制设备安装技术

低压开关柜是一种成套开关设备和控制设备，按一定的接线方案将有关低压一、二次设备组装起来，用于低压配电系统中动力、照明配电。低压开关柜分固定式、抽屉式、组合式三种。固定式低压开关柜又分靠墙安装和离墙安装两种，离墙安装固定式低压开关柜使用十分普遍。抽屉式低压开关柜具有馈电回路多、体积小、占地少、恢复供电迅速等优点。组合式低压开关柜具有一般采用标准化和通用性强的模数化组合结构，故柜体外观设计美观，安装灵活，但价格相对来说较高。低压开关柜作为动力中心和主配电装置，主要作用为输电、配电及电能转换。低压开关柜的体积一般比较大，常设置在变电站、配电室等处。

配电箱一般分为动力配电箱和照明配电箱。动力配电箱主要负责动力或动力与照明共同使用方面的供电。照明配电箱主要负责照明方面的供电，如普通的插座等负荷较小的用电设备。配电箱通常采用靠墙式、悬挂式、嵌入式进行安装，例如，家居配电箱一般采用嵌入式暗装。

> **温馨提示**
>
> 动力配电箱不仅对动力设备配电，也可向照明设备配电。

（二）控制设备安装计量

根据《通用安装工程工程量计算规范》，控制设备及低压电器安装（部分）的计量规则如表6-7所示。

表6-7 控制设备及低压电器安装（部分）

项目名称	项目特征	计量单位	工程量计算规则	工作内容
低压开关柜（屏）	名称、型号、规格、种类、基础型钢形式和规格、接线端子材质和规格、端子板外部接线材质和规格、小母线材质和规格、屏边规格	台	按设计图示数量计算	本体安装、基础型钢制作和安装、端子板安装、焊和压接线端子、盘柜配线和端子接线、屏边安装、补刷（喷）油漆、接地
配电箱	名称、型号、规格、基础形式和材质及规格、接线端子材质和规格、端子板外部接线材质和规格、安装方式			本体安装、基础型钢制作和安装、焊和压接线端子、补刷（喷）油漆、接地

应用表6-7时，应注意盘、箱、柜的外部进出电线预留长度如表6-8所示。

表6-8 盘、箱、柜的外部进出线预留长度

单位：m/根

序号	项目	预留长度	说明
1	各种箱、柜、盘、板、盒	高＋宽	盘面尺寸
2	单独安装的铁壳开关、自动开关、刀开关、启动器、箱式电阻器、变阻器	0.5	从安装对象中心算起
3	继电器、控制开关、信号灯、按钮、熔断器等小电器	0.3	从安装对象中心算起
4	分支接头	0.2	分支线预留

六、电缆安装技术与计量 ⭐⭐⭐⭐⭐

（一）电缆安装技术

电缆敷设前应按下列规定进行检查：

（1）电缆沟、电缆隧道、电缆导管、电缆井、交叉跨越管道及直埋电缆沟深度、宽度、弯曲半径等应符合设计要求，电缆通道应畅通，排水应良好，金属部分的防腐层应完整，隧道内照明、通风应符合设计要求。

（2）电缆额定电压、型号规格应符合设计要求。

（3）电缆外观应无损伤，当对电缆的外观和密封状态有怀疑时，应进行受潮判断；埋地电缆与水下电缆应试验并合格，外护套有导电层的电缆，应进行外护套绝缘电阻试验并合格。

（4）充油电缆的油压不宜低于 0.15 MPa；供油阀门应在开启位置，动作应灵活；压力表指示应无异常；所有管接头应无渗漏油；油样应试验合格。

（5）敷设前应按设计和实际路径计算每根电缆的长度，合理安排每盘电缆，减少电缆接头；中间接头位置应避免设置在倾斜处、转弯处、交叉路口、建筑物门口、与其他管线交叉处或通道狭窄处。

> **知识拓展**
>
> 除上述内容外，电缆敷设前还应进行下列试验：1 kV 以上的电缆要做直流耐压试验；1 kV 以下的电缆用 500 V 摇表测绝缘电阻。

电缆敷设时，不应损坏电缆沟、隧道、电缆井和人井的防水层。

三相四线制系统中应采用四芯电力电缆，不应采用三芯电缆另加一根单芯电缆或以导线、电缆金属护套作中性线。

并联使用的电力电缆其额定电压、型号规格和长度应相同。

电力电缆在终端头与接头附近宜留有备用长度。

电缆敷设时，电缆应从盘的上端引出，不应使电缆在支架上及地面摩擦拖拉。电缆上不得有铠装压扁、电缆绞拧、护层折裂等未消除的机械损伤。

直埋电缆敷设时，电缆埋置深度应符合下列规定：

（1）电缆表面距地面的距离不应小于 0.7 m，穿越农田或在车行道下敷设时不应小于 1 m，在引入建筑物、与地下建筑物交叉及绕过地下建筑物处可浅埋，但应采取保护措施。

（2）电缆应埋设于冻土层以下，当受条件限制时，应采取防止电缆受到损伤的措施。

直埋敷设的电缆，不得平行敷设于管道的正上方或正下方；高电压等级的电缆宜敷设在低电压等级电缆的下面。

直埋电缆上下部应铺不小于 100 mm 厚的软土砂层，并应加盖保护板，其覆盖宽度应超过电缆两侧各 50 mm，保护板可采用混凝土盖板或砖块。软土或砂子中不应有石块或其他硬质杂物。

直埋电缆在直线段每隔 50～100 m 处、电缆接头处、转弯处、进入建筑物等处，应设置明显的方位标志或标桩。

直埋电缆回填前，应经隐蔽工程验收合格，回填料应分层夯实。

考题探究

【不定项】下列符合电缆安装技术要求的有( )。

A. 电缆安装前,1 kV 以上的电缆要做直流耐压试验

B. 三相四线制系统,可采用三芯电缆另加一根单芯电缆作中性线进行安装

C. 并联运行的电力电缆应采用相同型号、规格及长度的电缆

D. 电缆在室外直接埋地敷设时,除设计另有规定外,埋设深度不应小于 0.5 m

【细说考点】本题主要考查电缆安装技术要求,需熟悉电缆安装技术要求的内容,对于重要的内容应加强记忆,做题时能够判断正误。三相四线制系统中应采用四芯电力电缆,不应采用三芯电缆另加一根单芯电缆或以导线、电缆金属护套作中性线。电缆表面距地面的距离不应小于 0.7 m,穿越农田或在车行道下敷设时不应小于 1 m,在引入建筑物、与地下建筑物交叉及绕过地下建筑物处可浅埋,但应采取保护措施。本题选 AC。

电缆导管内电缆敷设应符合下列规定:

(1)在易受机械损伤的地方和在受力较大处直埋电缆管时,应采用足够强度的管材。在可能受到机械损伤的地方,电缆应有足够机械强度的保护管或加装保护罩。

(2)电缆导管在敷设电缆前,应进行疏通,清除杂物。电缆敷设到位后应做好电缆固定和管口封堵,并应做好管口与电缆接触部分的保护措施。

(3)电缆穿管的位置及穿入管中电缆的数量应符合设计要求,交流单芯电缆不得单独穿入钢管内。

(4)在 10% 以上的斜坡排管中,应在标高较高一端的工作井内设置防止电缆因热伸缩和重力作用而滑落的构件。

(5)工作井中电缆管口应按设计要求做好防水措施。

知识拓展

电缆保护管的内径应为电缆外径的 1.5～2 倍,敷设电缆管时应有 0.1% 的排水坡度。

电缆构筑物中电缆敷设应符合下列规定:

(1)电力电缆和控制电缆不宜配置在同一层支架上。高低压电力电缆,强电、弱电控制电缆应按顺序分层配置,宜由上而下配置;但在含有 35 kV 以上高压电缆引入盘柜时,可由下而上配置。

(2)控制电缆在普通支架上,不宜超过两层;桥架上不宜超过三层。交流三芯电力电缆,在普通支吊架上不宜超过一层;桥架上不宜超过两层。

(3)交流单芯电力电缆,应布置在同侧支架上,并应限位、固定。当按紧贴品字形(三叶形)排列时,除固定位置外,其余应每隔一定的距离用电缆夹具、绑带扎牢,以免松散。

(二)电缆安装计量

根据《通用安装工程工程量计算规范》,电缆安装的计量规则如表 6-9 所示。

表6-9 电缆安装

项目名称	项目特征	计量单位	工程量计算规则	工作内容
电力电缆、控制电缆	名称、型号、规格、材质、敷设方式和部位、电压等级（kV）、地形	m	按设计图示尺寸以长度计算（含预留长度及附加长度）	电缆敷设、揭（盖）盖板
电缆保护管	略		按设计图示尺寸以长度计算	略
电缆槽盒	略			略
铺砂、盖保护板（砖）	略			略
电力电缆头	略	个	按设计图示数量计算	略
控制电缆头	略			略
防火堵洞		处	按设计图示数量计算	安装
防火隔板	略	m^2	按设计图示尺寸以面积计算	
防火涂料		kg	按设计图示尺寸以质量计算	
电缆分支箱	略	台	按设计图示数量计算	略

在应用表6-9时，应注意下列事项：

（1）电缆穿刺线夹按电缆头编码列项。

（2）电缆井、电缆排管、顶管，应按现行国家标准《市政工程工程量计算规范》相关项目编码列项。

（3）电缆敷设预留长度及附加长度如表6-10所示。

表6-10 电缆敷设预留及附加长度

序号	项目	预留（附加）长度	说明
1	电缆敷设弛度、波形弯度、交叉	2.5%	按电缆全长计算
2	电缆进入建筑物	2.0 m	规范规定最小值
3	电缆进入沟内或吊架时引上（下）预留	1.5 m	规范规定最小值
4	变电所进线、出线	1.5 m	规范规定最小值
5	电力电缆终端头	1.5 m	检修余量最小值
6	电缆中间接头盒	两端各留2.0 m	检修余量最小值
7	电缆进控制、保护屏及模拟盘、配电箱等	高+宽	按盘面尺寸
8	高压开关柜及低压配电盘、箱	2.0 m	盘下进出线
9	电缆至电动机	0.5 m	从电动机接线盒算起
10	厂用变压器	3.0 m	从地坪算起
11	电缆绕过梁柱等增加长度	按实计算	按被绕物的断面情况计算增加长度
12	电梯电缆与电缆架固定点	每处0.5 m	规范规定最小值

七、防雷及接地装置安装技术与计量 ★★★★★

（一）防雷及接地装置安装技术

防雷装置是指用于对建筑物进行雷电防护的整套装置，由外部防雷装置和内部防雷装置组成。外部防雷装置是指用于防护直击雷的防雷装置，由接闪器、引下线和接地装置组成。内部防雷装置是指用于减小雷电流在所需防护空间内产生的电磁效应的防雷装置，由屏蔽导体、等电位连接件和电涌保护器等组成。以下主要介绍外部防雷装置安装技术。

1. 接闪器安装技术

接闪器是指接受雷电闪击装置的总称，包括避雷针、避雷带、避雷线、避雷网以及金属屋面、金属构件等。

避雷针、避雷线、避雷带、避雷网的接地应符合下列规定：

（1）避雷针和避雷带与接地线之间的连接应可靠。

🔔 **知识拓展**

> 接闪器必须与防雷专设或专用引下线焊接或卡接器连接。

（2）避雷针和避雷带的接地线及接地装置使用的紧固件均应使用镀锌制品。当采用没有镀锌的地脚螺栓时应采取防腐措施。

（3）构筑物上的防雷设施接地线，应设置断接卡。

（4）装有避雷针的金属筒体，当其厚度不小于 4 mm 时，可作避雷针的接地线。筒体底部应至少有 2 处与接地极对称连接。

（5）独立避雷针及其接地装置与道路或建筑物的出入口等的距离应大于 3 m；当小于 3 m 时，应采取均压措施或铺设卵石或沥青地面。

（6）独立避雷针和避雷线应设置独立的集中接地装置，其与接地网的地中距离不应小于 3 m。当小于 3 m 时，在满足避雷针与主接地网的地下连接点至 35 kV 及以下设备与主接地网的地下连接点间沿接地极的长度不小于 15 m 的情况下，该接地装置可与接地网连接。

（7）发电厂、变电站配电装置的架构或屋顶上的避雷针及悬挂避雷线的构架应在其接地线处装设集中接地装置，并应与接地网连接。

生产用建（构）筑物上的避雷针或防雷金属网应和建（构）筑物顶部的其他金属物体连接成一个整体。

装有避雷针和避雷线的构架上的照明灯，其与电源线、低压配电装置或配电装置的接地网相连接的电源线，应采用带金属护层的电缆或穿入金属管的导线。电缆的金属护层或金属管应接地，埋入土壤中的长度不应小于 10 m。

发电厂和变电站的避雷线线档内不应有接头。

接闪器及其接地装置，应采取自下而上的施工程序，应先安装集中接地装置，再安装接地线，最后安装接闪器。

🔔 **知识拓展**

> 接闪器用于拦截直击雷。当建筑物高度超过 30 m 时，需要设计防侧击雷。高层建筑中，为防侧击雷而设计的环绕建筑物周边的水平避雷设施是均压环。

2. 引下线安装技术

引下线是指用于将雷电流从接闪器传导至接地装置的导体。

引下线的安装布置应符合现行国家标准《建筑物防雷设计规范》的有关规定,第一类、第二类和第三类防雷建筑物专设引下线不应少于 2 根,并应沿建筑物周围均匀布设,其平均间距分别不应大于 12 m、18 m 和 25 m。

🔔 **知识拓展**

建筑物应根据建筑物的重要性、使用性质、发生雷电事故的可能性和后果,按防雷要求分为三类。具体如表 6-11 所示。

表 6-11 建筑物的防雷分类

名称	说明
第一类防雷建筑物	(1)凡制造、使用或贮存火炸药及其制品的危险建筑物,因电火花而引起爆炸、爆轰,会造成巨大破坏和人身伤亡者。 (2)具有 0 区或 20 区爆炸危险场所的建筑物。 (3)具有 1 区或 21 区爆炸危险场所的建筑物,因电火花而引起爆炸,会造成巨大破坏和人身伤亡者。
第二类防雷建筑物	(1)国家级重点文物保护的建筑物。 (2)国家级的会堂、办公建筑物、大型展览和博览建筑物、大型火车站和飞机场(飞机场不含停放飞机的露天场所和跑道)、国宾馆,国家级档案馆、大型城市的重要给水泵房等特别重要的建筑物。 (3)国家级计算中心、国际通信枢纽等对国民经济有重要意义的建筑物。 (4)国家特级和甲级大型体育馆。 (5)制造、使用或贮存火炸药及其制品的危险建筑物,且电火花不易引起爆炸或不致造成巨大破坏和人身伤亡者。 (6)具有 1 区或 21 区爆炸危险场所的建筑物,且电火花不易引起爆炸或不致造成巨大破坏和人身伤亡者。 (7)具有 2 区或 22 区爆炸危险场所的建筑物。 (8)有爆炸危险的露天钢质封闭气罐。 (9)预计雷击次数大于 0.05 次/a 的部、省级办公建筑物和其他重要或人员密集的公共建筑物以及火灾危险场所。 (10)预计雷击次数大于 0.25 次/a 的住宅、办公楼等一般性民用建筑物或一般性工业建筑物
第三类防雷建筑物	(1)省级重点文物保护的建筑物及省级档案馆。 (2)预计雷击次数大于或等于 0.01 次/a,且小于或等于 0.05 次/a 的部、省级办公建筑物和其他重要或人员密集的公共建筑物,以及火灾危险场所。 (3)预计雷击次数大于或等于 0.05 次/a,且小于或等于 0.25 次/a 的住宅、办公楼等一般性民用建筑物或一般性工业建筑物。 (4)在平均雷暴日大于 15 d/a 的地区,高度在 15 m 及以上的烟囱、水塔等孤立的高耸建筑物;在平均雷暴日小于或等于 15 d/a 的地区,高度在 20 m 及以上的烟囱、水塔等孤立的高耸建筑物

建筑物防雷装置宜利用建筑物钢结构或结构柱的钢筋作为引下线。作为专用防雷引下线的钢筋应上端与接闪器、下端与防雷接地装置可靠连接,结构施工时做明显标记。

当专设引下线时,宜采用圆钢或扁钢。当采用圆钢时,直径不应小于 8 mm。当采用扁钢时,截面积不应小于 50 mm²,厚度不应小于 2.5 mm。对于装设在烟囱上的引下线,圆钢直径不应小于 12 mm,扁钢截面积不应小于 100 mm²,且扁钢厚度不应小于 4 mm。

除利用混凝土中钢筋作引下线外,引下线应热浸镀锌,焊接处应涂防腐漆。

建筑物的钢梁、钢柱、消防梯等金属构件,以及幕墙的金属立柱等宜作为引下线,其所有部件之间均应连成电气通路,各金属构件可覆有绝缘材料。

📋 知识巩固

引下线可以利用建筑物内的金属体,也可以单独设置。

采用专设引下线时,宜在各专设引下线距地面 0.3～1.8 m 处设置断接卡。当利用钢筋混凝土中的钢筋、钢柱作引下线并同时利用基础钢筋做接地网时,可不设断接卡。当利用钢筋做引下线时,应在室内外适当地点设置连接板,供测量接地、接人工接地体和等电位联结用。当仅利用钢筋混凝土中钢筋作引下线并采用埋于土壤中的人工接地体时,应在每根专用引下线的距地面不低于 0.5 m 处设接地体连接板。采用埋于土壤中的人工接地体时,应设断接卡,其上端应与连接板或钢柱焊接。连接板处应有明显标志。

3. 接地装置安装技术

接地装置是指接地极和接地线的总和,用于传导雷电流并将其流散入大地。接地极是指埋入地中并直接与大地接触的金属导体,分为水平接地极和垂直接地极。垂直接地极示意图,如图 6-2 所示。接地线是指从引下线断接卡或换线处至接地体的连接导体;或从接地端子、等电位连接带至接地体的连接导体。

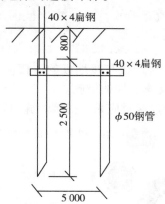

图 6-2 垂直接地极示意图(单位:mm)

除临时接地装置外,接地装置采用钢材时均应热镀锌,水平敷设的应采用热镀锌扁钢,垂直敷设的应采用热镀锌的角钢、钢管或圆钢。不应采用铝导体作为接地极或接地线。

🔔 知识拓展

在土壤条件极差的山石地区,接地极应水平敷设,接地装置全部采用镀锌扁钢。

接地网的埋设深度与间距应符合设计要求。当无具体规定时,接地极顶面埋设深度不宜小于 0.8 m;水平接地极的间距不宜小于 5 m,垂直接地极的间距不宜小于其长度的 2 倍。

接地线应采取防止发生机械损伤和化学腐蚀的措施。接地装置由多个分接地装置部分组成时,应按设计要求设置便于分开的断接卡。

接地装置的回填土应符合下列要求：

（1）回填土内不应夹有石块和建筑垃圾等，外取的土壤不应有较强的腐蚀性；在回填土时应分层夯实，室外接地沟回填宜有 100～300 mm 高度的防沉层。

（2）在山区石质地段或电阻率较高的土质区段的土沟中敷设接地极，回填不应少于 100 mm 厚的净土垫层，并应用净土分层夯实回填。

明敷接地线的安装应符合下列要求：

（1）接地线的安装位置应合理，便于检查，不应妨碍设备检修和运行巡视。

（2）接地线的连接应可靠，不应因加工造成接地线截面减小、强度减弱或锈蚀等问题。

（3）接地线支撑件间的距离，在水平直线部分宜为 0.5～1.5 m，垂直部分宜为 1.5～3 m，转弯部分宜为 0.3～0.5 m。

（4）接地线应水平或垂直敷设，或可与建筑物倾斜结构平行敷设；在直线段上，不应有高低起伏及弯曲等现象。

（5）接地线沿建筑物墙壁水平敷设时，离地面距离宜为 250～300 mm；接地线与建筑物墙壁间的间隙宜为 10～15 mm。

（6）在接地线跨越建筑物伸缩缝、沉降缝处时，应设置补偿器。补偿器可用接地线本身弯成弧状代替。

明敷接地线，在导体的全长度或区间段及每个连接部位附近的表面，应涂以 15～100 mm 宽度相等的绿色和黄色相间的条纹标识。当使用胶带时，应使用双色胶带。中性线宜涂淡蓝色标识。

> **🔔 知识拓展**
>
> 明敷接地线适用于户内接地母线。户外接地母线大部分采用扁钢埋地敷设，其应采用的焊接方式为搭接焊。

接地极的连接应采用焊接，接地线与接地极的连接应采用焊接。异种金属接地极之间连接时接头处应采取防止电化学腐蚀的措施。

接地线、接地极采用电弧焊连接时应采用搭接焊缝，其搭接长度应符合图 6-3 的规定。

扁钢应为其宽度的 2 倍且不得少于 3 个棱边焊接

圆钢应为其直径的 6 倍

接地线、接地极电弧焊搭接长度

圆钢与扁钢连接时，其长度应为圆钢直径的 6 倍

扁钢与钢管、扁钢与角钢焊接时，除应在其接触部位两侧进行焊接外，还应由钢带或钢带弯成的卡子与钢管或角钢焊接

图 6-3　接地线、接地极电弧焊搭接长度

在高土壤电阻率地区，可采用下列措施降低接地电阻：

（1）在接地网附近有较低电阻率的土壤时，可敷设引外接地网或向外延伸接地极。

（2）当地下较深处的土壤电阻率较低，或地下水较为丰富、水位较高时，可采用深/斜井接地极或深水井接地极；地下岩石较多时，可考虑采用深孔爆破接地技术。

（3）敷设水下接地网。水力发电厂等可在水库、上游围堰、施工导流隧洞、尾水渠、下游河道,或附近水源中的最低水位以下区域敷设人工接地极。

（4）填充电阻率较低的物质。

考题探究

【不定项】下列关于防雷接地的说法中,正确的是(　　)。

A. 接地极只能垂直敷设不能水平敷设

B. 所有防雷装置的各种金属件必须镀锌

C. 避雷针与引下线的连接不可以焊接

D. 引下线不可以利用建筑物内的金属体,必须单独设置

【细说考点】本题主要考查防雷及接地装置安装技术,需熟记,做题时能够判断正误。接地极可以垂直敷设也可以水平敷设。避雷针安装时,避雷针与引下线之间的连接应采用焊接或放热焊接。放热焊接是指利用金属氧化物与铝粉的化学反应热作为热源,通过化学反应还原出来的高温熔融金属,直接或间接加热工件,达到熔接目的的焊接方法。引下线可以利用建筑物内的金属体,也可以单独设置。本题选 B。

（二）防雷及接地装置安装计量

根据《通用安装工程工程量计算规范》,防雷及接地装置安装的计量规则如表 6-12 所示。

表 6-12　防雷及接地装置安装

项目名称	项目特征	计量单位	工程量计算规则	工作内容
接地极	名称、材质、规格、土质、基础接地形式	根（块）	按设计图示数量计算	略
接地母线	名称、材质、规格、安装部位、安装形式			略
避雷引下线	名称、材质、规格、安装部位、安装形式、断接卡子和箱材质及规格	m	按设计图示尺寸以长度计算（含附加长度）	略
均压环	名称、材质、规格、安装形式			略
避雷网	名称、材质、规格、安装形式、混凝土块标号			略
避雷针	名称、材质、规格、安装形式和高度	根		略
半导体少长针消雷装置	略	套	按设计图示数量计算	略
等电位端子箱、测试板	略	台（块）		略
绝缘垫		m²	按设计图示尺寸以展开面积计算	略
浪涌保护器	略	个	按设计图示数量计算	略
降阻剂	略	kg	按设计图示以质量计算	略

在应用表 6-12 时，应注意下列事项：

（1）利用桩基础作接地极，应描述桩台下桩的根数，每桩台下需焊接柱筋根数，其工程量按柱引下线计算；利用基础钢筋作接地极按均压环项目编码列项。

（2）利用柱筋作引下线的，需描述柱筋焊接根数。

（3）利用圈梁筋作均压环的，需描述圈梁筋焊接根数。

（4）使用电缆、电线作接地线，应按《通用安装工程工程量计算规范》相关项目编码列项。

（5）接地母线、引下线、避雷网附加长度如表 6-13 所示。

表 6-13　接地母线、引下线、避雷网附加长度

单位：m

项目	附加长度	说明
接地母线、引下线、避雷网附加长度	3.9%	按接地母线、引下线、避雷网全长计算

八、10 kV 以下架空配电线路安装技术与计量 ★★★★

（一）10 kV 以下架空配电线路安装技术

架空线路主要指架空明线，架设在地面之上，是用绝缘子将输电导线固定在直立于地面的杆塔上以传输电能的输电线路。架空线路主要由导线、杆塔、绝缘子、横担、避雷线、拉线和基础等组成。

架空线路相序排列应符合下列规定。

（1）动力、照明线在同一横担上架设时，导线相序排列是：面向负荷从左侧起依次为 L_1，N，L_2，L_3，PE。

（2）动力、照明线在二层横担上分别架设时，导线相序排列是：上层横担面向负荷从左侧起依次为 L_1，L_2，L_3；下层横担面向负荷从左侧起依次为 L_1（L_2，L_3），N，PE。

架空线路的档距不得大于 35 m。架空线路的线间距不得小于 0.3 m，靠近电杆的两导线的间距不得小于 0.5 m。

架空线路横担间的最小垂直距离不得小于表 6-14 所列数值；横担宜采用角钢或方木，方木横担截面应按 80 mm × 80 mm 选用；横担长度应按表 6-15 选用。

表 6-14　横担间的最小垂直距离

单位：m

排列方式	直线杆	分支或转角杆
高压与低压	1.2	1.0
低压与低压	0.6	0.3

表 6-15　横担长度选用

单位：m

二线	三线、四线	五线
0.7	1.5	1.8

电杆埋设深度宜为杆长的 1/10 加 0.6 m，回填土应分层夯实。在松软土质处宜加大埋入深度或采用卡盘等加固。

知识拓展

除上述要求外,架空线敷设还应符合下列要求:

(1)架空线敷设,主要用绝缘导线或裸导线。

(2)广播线、通信电缆与电力同杆架敷设时应在电力线下方,二者垂直距离不小于1.5 m。

(3)三相四线制低压架空线路在终端杆处应将保护线做重复接地,接地电阻不大于10 Ω。当与引入线处重复接地点的距离小于500 mm时,可以不做重复接地。

(4)郊区0.4 kV室外架空导线应用的导线为多芯铝绞绝缘线。

考题探究

【不定项】郊区0.4 kV室外架空导线应用的导线为(　　　)。

A. 钢芯铝绞线　　　　　　　　B. 铜芯铝绞线

C. 多芯铝绞绝缘线　　　　　　D. 铝绞线

【细说考点】本题主要考查架空绝缘导线的材质,需注意不同的环境条件适用于不同材质。架空线敷设主要用绝缘导线或裸导线。市区或居民区应采用绝缘线,可有效提高线路的绝缘强度。在繁华街道和人员密集地段、严重污秽地区、高层建筑周围以及供休闲、娱乐的广场、绿地都应采用架空绝缘线路。郊区0.4 kV室外架空导线应用的导线为多芯铝绞绝缘线。本题选C。

(二)10 kV以下架空配电线路安装计量

根据《通用安装工程工程量计算规范》,10 kV以下架空配电线路安装的计量规则如表6-16所示。

表6-16　10 kV以下架空配电线路安装

项目名称	项目特征	计量单位	工程量计算规则	工作内容
电杆组立	略	根(基)	按设计图示数量计算	略
横担组装	略	组		略
导线架设	名称、型号、规格、地形、跨越类型	km	按设计图示尺寸以单线长度计算(含预留长度)	略
杆上设备	略	台(组)	按设计图示数量计算	略

在应用表6-16时,应注意下列事项:

(1)杆上设备调试,应按《通用安装工程工程量计算规范》电气调整试验相关项目编码列项。

(2)架空导线预留长度如表6-17所示。

表6-17　架空导线预留长度　　　　　　　　　　　　　　　　单位:m/根

项目		预留长度
高压	转角	2.5
	分支、终端	2.0
低压	分支、终端	0.5
	交叉跳线转角	1.5
与设备连线		0.5
进户线		2.5

九、电气调整试验技术与计量 ★★★

（一）电气调整试验技术

电气调整试验是电气设备安装工作完毕后，投入生产运行前的一道工序。为了使设备能够安全、合理、正常的运行，避免发生意外事故造成经济损失和人员伤亡，必须进行调整试验工作。只有经过电气调整试验合格后，电气设备才能够投入运行。

电气调整主要是指电气设备调试，不仅包括设备本体的调试，还包括一个电气系统或整套电气设备的调试。

电气设备在运行中必须保持良好的绝缘，为此从设备的制造开始，要进行一系列绝缘测试。电气设备的绝缘预防性试验和交接试验是其中最重要的试验。

1. 电气设备绝缘预防性试验

电气设备绝缘预防性试验是确保设备安全运行的重要措施，通过试验掌握设备绝缘状况，及时发现绝缘内部隐藏的缺陷，并通过检修加以消除，严重者必须予以更换，以免设备在运行中发生绝缘击穿，造成停电或设备损坏等不可挽回的损失。绝缘预防性试验可分为非破坏性试验和破坏性试验两大类。

（1）非破坏性试验。

非破坏性试验，或称绝缘特性试验，是在较低的电压下或用其他不会损坏绝缘的办法来测量各种特性参数，主要包括测量绝缘电阻、泄漏电流、介质损耗角正切值、局部放电、接地电阻等，从而判断绝缘内部有无缺陷。实验证明，这类方法是行之有效的，但目前还不能只靠它来判断绝缘的耐电强度。

①测量绝缘电阻。测量绝缘电阻是电气设备绝缘预防性试验中应用最广泛，试验最方便的项目。测量绝缘电阻目的是检验系统内各设备绝缘电阻性能，通过测量绝缘电阻值的大小，反映绝缘的整体受潮、污秽以及严重过热老化等缺陷。常用的仪表是绝缘电阻测试仪（兆欧表）。

②测量泄漏电流。测量泄漏电流目的是检验系统内各类设备抗泄漏电流的能力。测量泄漏电流的原理与测量绝缘电阻的原理基本相同，绝缘电阻测量实际上也是一种泄漏电流测量，只不过是以电阻形式表示出来的。测量泄漏电流常用的仪表是微安表（比兆欧表精度更高）。测量时，其使用的试验电压较高，更容易发现缺陷，特别是能发现尚未贯通的集中性缺陷，有助于分析绝缘的缺陷类型。

③测量介质损耗角正切值。与绝缘电阻和泄漏电流的测量相比，测量介质损耗角正切值具有明显的优点，它与试验电压、试品尺寸等因素无关，更便于判断电气设备绝缘变化情况。因此介质损耗角正切值是反映绝缘性能的基本指标之一，反映的是绝缘损耗的特征参数。测量介质损耗角正切值可以灵敏有效地发现下列绝缘缺陷：受潮；穿透性导电通道；绝缘内含气泡的游离，绝缘分层、脱壳；绝缘有脏污、劣化老化；小体积设备贯通和未贯通的局部缺陷等。

④测量局部放电。在电气设备的绝缘系统中，各部位的电场强度往往是不相等的，当局部区域的电场强度达到电介质的击穿场强时，该区域就会出现放电，但这种放电并没有贯穿施加电压的两导体之间，即整个绝缘系统并没有击穿，仍然保持绝缘性能，这种现象称为局部放电。局部放电会逐渐腐蚀、损坏绝缘材料，使放电区域不断扩大，最终导致整个绝缘体击穿。故必须把局部放电限制在一定水平之下。高压绝缘设备把测量局部放电列为检查产品质量的重要指标，也为采取相应的预防措施提供可靠的依据。

⑤测量接地电阻。测量接地电阻的目的是检验系统及系统内各设备接地性能。当测量结果不能达到规定值时，应采取降低电阻措施后重新测量。

（2）破坏性试验。

破坏性试验，或称耐压试验，试验所加电压高于设备的工作电压，对绝缘考验非常严格，特别是揭露那些危险性较大的集中性缺陷，并能确保绝缘有一定的耐电强度，主要包括直流耐压试验、交流耐压试验、三倍频及工频感应耐压试验、冲击波试验等。耐压试验的缺点是会对绝缘造成一定的损伤。

①直流耐压试验。直流耐压试验能有效地发现绝缘受潮、脏污等整体缺陷，并能通过电流与泄漏电流的关系曲线发现绝缘的局部缺陷，一般和泄漏电流测量同时进行。由于直流电压下按绝缘电阻分压，所以，能比交流耐压试验更有效地发现端部绝缘缺陷。同时，因直流电压下绝缘基本上不产生介质损失，因此，直流耐压对绝缘的破坏性小。另外，由于直流耐压只需供给很小的泄漏电流，因而所需试验设备容量小，携带方便。

②交流耐压试验。交流耐压试验能有效地发现较危险的集中性缺陷，是鉴定电气设备绝缘强度最直接的方法，是绝缘预防性试验的一项重要内容。交流耐压试验有时会使绝缘中的一些弱点更加明显，因此在试验前必须对试品先进行绝缘电阻、泄漏电流和介质损耗角正切值等项目的测量，若测量结果合格方能进行交流耐压试验。否则，应及时处理，待各项指标合格后再进行交流耐压试验，以免造成不应有的绝缘损伤。

③三倍频及工频感应耐压试验。三倍频及工频感应耐压试验是指利用磁路的饱和特性，取出谐波中分量大的三次谐波电压，作为发生器的电源，对感应线圈式的电气产品作匝间、绕组间的倍频、倍压试验，以考核线圈的绝缘强度、耐压水平。能满足电力系统对变压器、电抗器等设备感应耐压的需要。

④冲击波试验。冲击波试验目的是检验系统内各设备的抗冲击性能，即系统中电气设备经受非多次重复性冲击，从而检测承受雷电压和操作电压的绝缘性能和保护性能。

2. 电气设备交接试验

电气设备交接试验是指除了部分绝缘预防性试验外其他一些特性试验，例如变压器直流电阻和变比测试、断路器回路电阻测试等。

（二）电气调整试验计量

根据《通用安装工程工程量计算规范》，电气调整试验的计量规则如表6-18所示。

表6-18　电气调整试验

项目名称	项目特征	计量单位	工程量计算规则	工作内容
电力变压器系统	略	系统	按设计图示系统计算	系统调试
送配电装置系统	略			
特殊保护装置	略	台（套）	按设计图示数量计算	调试
自动投入装置		系统（台、套）		
中央信号装置	略	系统（台）		
事故照明切换装置		系统	按设计图示系统计算	
不间断电源	略			
母线	略	段	按设计图示数量计算	
避雷器		组		
电容器				

（续表）

项目名称	项目特征	计量单位	工程量计算规则	工作内容
接地装置	略	系统或组	以系统计量，按设计图示系统计算；以组计量，按设计图示数量计算	接地电阻测试
电抗器、消弧线圈		台	按设计图示数量计算	调试
电除尘器	略	组		
硅整流设备、可控硅整流装置	略	系统	按设计图示系统计算	
电缆试验	略	次（根、点）	按设计图示数量计算	试验

> **温馨提示**
>
> 功率大于 10 kW 电动机及发电机的启动调试用的蒸汽、电力和其他动力能源消耗及变压器空载试运转的电力消耗及设备需烘干处理应说明。
>
> 配合机械设备及其他工艺的单体试车，应按《通用安装工程工程量计算规范》措施项目相关项目编码列项。
>
> 计算机系统调试应按《通用安装工程工程量计算规范》自动化控制仪表安装工程相关项目编码列项。

十、电气工程安装计量相关问题及说明 ★★

电气设备安装工程适用于 10 kV 以下变配电设备及线路的安装工程、车间动力电气设备及电气照明、防雷及接地装置安装、配管配线、电气调试等。

挖土、填土工程，应按现行国家标准《房屋建筑与装饰工程工程量计算规范》中相关项目编码列项。

开挖路面，应按现行国家标准《市政工程工程量计算规范》中相关项目编码列项。

过梁、墙、楼板的钢（塑料）套管，应按《通用安装工程工程量计算规范》中采暖、给排水、燃气工程相关项目编码列项。

除锈、刷漆（补刷漆除外）、保护层安装，应按《通用安装工程工程量计算规范》中刷油、防腐蚀、绝热工程相关项目编码列项。

由国家或地方检测验收部门进行的检测验收应按《通用安装工程工程量计算规范》中措施项目编码列项。

> **考题探究**
>
> 【不定项】以下可以作为"电气设备安装工程"列项的为（　　　）。
>
> A．电气设备地脚螺栓浇注　　　　B．过梁、墙、板套管安装
>
> C．动力、照明安装　　　　　　　　D．防雷接地安装
>
> 【细说考点】本题主要考查电气设备安装计量相关内容。电气设备安装工程适用于 10 kV 以下变配电设备及线路的安装工程、车间动力电气设备及电气照明、防雷及接地装置安装、配管配线、电气调试等。过梁、墙、楼板的钢（塑料）套管，应按《通用安装工程工程量计算规范》中采暖、给排水、燃气工程相关项目编码列项。配电装置的设备安装未包括地脚螺栓、浇注（二次灌浆、抹面），如需安装应按现行国家标准《房屋建筑与装饰工程工程量计算规范》中相关项目编码列项。本题选 CD。

第二节 自动化控制系统安装技术与计量

自动化控制系统中的主要设备包括各种检测仪表、控制仪表及相关仪表管路等。自动化控制系统安装技术侧重于自动化控制系统中的主要设备的安装技术。本节以控制系统概述为切入点,主要介绍过程检测仪表安装技术与计量、执行仪表安装技术与计量、仪表回路模拟试验技术与计量、其他自动化控制仪表安装技术与计量。

一、控制系统概述 ★★★★★

(一)自动控制系统

自动控制就是在没有人直接参与的情况下,利用控制装置(控制器),对机器、设备或生产过程(控制对象)的某个工作状态、工艺参数或目标要求等(被控量)进行自动的调节与控制,使之按照预定的方案达到要求的指标。

自动控制系统是指把被控对象与控制装置按照一定的方式连接起来,组成的一个有机整体。自动控制系统包括开环控制系统、闭环控制系统、复合控制系统。

1. 开环控制系统

开环控制系统是指系统的输出端与输入端不存在反馈回路,输出量对系统的控制作用不发生影响的系统,其结构示意图如图6-4所示。开环控制系统的特点是信号由给定值至被控量单向传递。优点是结构简单,成本低廉,工作稳定,在输入和扰动已知情况下效果良好。缺点是对象或控制装置受到干扰,或工作中特性参数发生变化,会直接影响被控量,而无法自动补偿。因此,系统的控制精度难以保证。

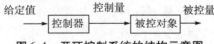

图6-4 开环控制系统的结构示意图

2. 闭环控制系统

闭环控制系统是指系统输出信号与输入端之间存在反馈回路的系统,也称反馈控制系统,典型闭环控制系统的结构示意图如图6-5所示。闭环控制系统的特点是无论是由于干扰造成,还是由于结构参数的变化引起被控量出现偏差,系统能利用偏差去纠正偏差,故这种控制方式为按偏差调节。优点是利用偏差来纠正偏差,使系统达到较高的控制精度。缺点是与开环控制系统相比,闭环控制系统的结构比较复杂,构造比较困难。

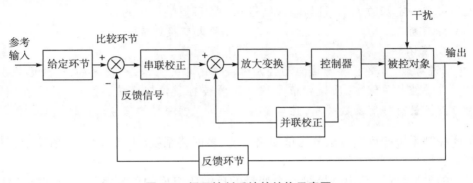

图6-5 闭环控制系统的结构示意图

图6-5中相关名词介绍如下：

（1）参考输入，又称输入信号、控制信号、控制量、给定信号、给定值，是指对系统的输出量有直接影响的外界输入信号，也包括扰动信号。扰动信号是指对系统输出有影响的信号。

（2）给定环节，是指控制系统中，产生给定输入信号的环节，有时给定环节还利用积分器逐渐增加作用信号。

（3）校正装置，是指控制系统中，为改善系统动态和静态特性而附加的装置。校正装置分为串联校正装置和并联校正装置（也称局部反馈校正）。

（4）放大变换，是指控制系统中，把接收到的偏差信号，通过分析其控制的形式、幅值、功率后，进行放大变换为适合控制器执行的信号的环节。

（5）控制器，是指控制系统中，将接收变换和放大后的偏差信号，转换为被控对象进行操作的控制信号的装置。

（6）被控对象，是指控制系统中，被控制和操作的设备、系统、生产过程或环境，也称调节对象。它接收控制量并输出被控制量。

（7）输出信号，是指系统经过输入和处理后产生的结果或所能提供的信息服务，即被控制的物理量。输出信号与输入信号之间存在特定的函数关系。

（8）反馈环节与反馈信号。反馈环节是指控制系统中，用来测量被控量的实际值，并经过信号处理，转换为与被控量有一定函数关系，且与输入信号同一物理量的信号。反馈信号是指自动控制系统中，将系统（环节）的输出信号经过变换、处理送到系统（环节）的输入端的信号，包括主反馈信号、局部反馈信号。

知识拓展

偏差信号是指控制系统中，控制输入信号与主反馈信号之差。
误差信号是指控制系统中，输出量的希望值与实际值的差值。

温馨提示

此知识点在历年中经常考查。

考题探究

【不定项】自动控制系统中，用来测量被控量的实际值，并经过信号处理，转换为与被控量有一定函数关系，且与输入信号同一物理量的信号的是（　　）。

A. 给定环节　　　　　　　　　B. 放大变换环节
C. 反馈环节　　　　　　　　　D. 探测器

【细说考点】本题主要考查自动控制系统中的相关术语，比较简单，应熟记并注意区分。自动控制系统中，反馈环节是用来测量被控量的实际值，并经过信号处理，转换为与被控量有一定函数关系，且与输入信号同一物理量的信号。本题选 C。

闭环控制系统按反馈方法分为单回路系统、多回路系统、串级系统、比值系统、复合系统等基本类型。

（1）单回路系统。只由被控量一个变量的反馈所组成的单环系统叫单回路系统。其特点是被控对象不太复杂，系统结构比较简单。只要合理地选择调节器的调节规律，就可以使系统的技术指标满足生产工艺的要求。在满足生产工艺要求的前提下,调节规律越简单越好,这样可以简化系统,便于调试和管理。

(2)多回路系统。有些控制对象动态性比较复杂,滞后和惯性也很大,当采用单回路不能满足要求时,常常设法在对象本身外找一个或几个辅助变量作为辅助控制信号反馈回去,这样就构成了多回路系统。辅助变量的选择原则是所选变量要比被控量变化快,且易于实现,在大多数情况下,往往选择辅助变量的微分,以便反映变量的变化状况和趋势。比如直流电动机转速控制系统往往选电压和电流做辅助变量,或再加电压微分反馈,形成多回路系统。

(3)串级系统。串级系统是多回路系统的另一种类型,由主、副两个控制回路构成,被控量的反馈形成主回路,另外把一个对被控量起主要影响的变量选做辅助变量形成副回路。串级系统与一般多回路系统的根本区别和主要特点在于副回路的给定值不是常量,而是变量;其变化情况由被控量通过主调节器来自动校正。因此,副回路的输入是任意变化的变量,这就要求副回路必须是随动系统,才能使输出追随输入的变化,被控量达到所要求的技术指标。

(4)比值系统。比值系统是使系统中一个或多个变量按给定的比例自动跟随另一个或多个变量的变化而变化的控制系统。事实上,比值系统可以看作是更普遍的指标控制系统的一种特例。有时一些工艺过程采用直接可测变量作为控制变量时并不能达到生产上的要求,或者能作为控制变量的量又无法测量,这时必须测量一些间接变量,经过一定计算而达到所需要的变量。如热工或化工生产中的热焓控制,电弧炼钢炉中的功率控制,都是这类指标控制的例子。测出间接变量,经计算就获得了被控量,如测出电流或电压经乘法计算就可以得到功率。因此,比值控制是指标控制的一个特例。这类系统与一般系统的主要区别在于系统中必须有一个完成比值或指标计算的计算元件。

3. 复合控制系统

开环控制系统和闭环控制系统各有优缺点,在实际工程中应根据工程要求及具体情况来决定。如果事先预知输入量的变化规律,又不存在外部和内部参数的变化,则采用开环控制系统较好。如果对系统外部干扰无法预测,系统内部参数又经常变化,为保证控制精度,采用闭环控制系统则更为合适。如果对系统的性能要求比较高,为了解决闭环控制系统精度与稳定性之间的矛盾,可以采用开环控制与闭环控制相结合的复合控制系统。

(二)计算机控制系统

由于计算机技术的快速发展,特别是微型计算机性能的日臻完善,目前计算机已广泛应用于控制系统,用以代替传统的常规控制系统,形成计算机控制系统。通常根据计算机参与控制方式、特点以及系统的结构,可以将计算机控制系统分为以下类型。

1. DCS 系统

DCS 是分布式控制系统(Distributed Control System)的英文缩写,在国内自控行业又称之为集散控制系统。所谓的分布式控制系统,即集散控制系统,是相对于集中式控制系统而言的一种新型计算机控制系统。它是在集中式控制系统的基础上发展、演变而来的。其基本思想是分散控制、集中操作、分级管理、配置灵活以及组态方便。

DCS 系统由集中管理部分、分散控制部分和通信部分组成,一般分为以下四个级别:

(1)现场控制级,又称数据采集装置,主要是将过程非控制变量进行数据采集和预处理,而且对实时数据进一步加工处理,供 CRT 操作站显示和打印,从而实现开环监视,并将采集到的数据传输到监控计算机。

（2）过程控制级，又称现场控制单元或基本控制器，是 DCS 系统中的核心部分。生产工艺的调节都是靠它来实现，比如阀门的开闭调节、顺序控制、连续控制等。

（3）过程管理级，是操作人员跟 DCS 交换信息的平台，是 DCS 的核心显示、操作跟管理装置。

（4）经营管理级，又称上位机，功能强、速度快、容量大。通过专门的通信接口与高速数据通路相连，综合监视系统各单元，管理全系统的所有信息。这是全厂自动化系统的最高一层。只有大规模的集散控制系统才具备这一级。

DCS 系统的主要特征是系统既有集中管理部分，又有分散控制部分，由中央计算机完成集中管理、报警、显示、打印等任务；被控设备现场的计算机控制器完成对被控设备的测量、控制与监视的任务。

2. FCS 系统

FCS 是现场总线控制系统（Fieldbus Control System）的英文缩写，是指基于现场总线，实现全分散、全数字、全开放的计算机控制技术，适用于工业过程控制等方面。

目前国际上有很多种现场总线，但没有任何一种现场总线能覆盖所有的应用面，主要的几种现场总线介绍如下：

（1）基金会现场总线。基金会现场总线（FF）是在过程自动化领域得到广泛支持和具有良好发展前景的技术。FF 通信模型符合国际标准化组织 ISO 定义的开放系统互连 OSI 参考模型，主要采用了七层参考模型中的三层（其物理层、数据链路层和应用层），并增加了用户层，按层次分为四层。

（2）LonWorks 总线。LonWorks 是又一具有强劲实力的现场总线技术。LonWorks 技术所采用的 LonTalk 协议被封装在称之为 Neuron 的神经元芯片中而得以实现。

（3）Profibus 总线。Profibus 是德国标准 DIN19245 和欧洲标准 EN50170 的现场总线标准。由 Profibu – DP，Profibu – FMS，Profibu – PA 组成了 Profibus 系列。

（4）CAN 总线。控制器局域网（简称 CAN）最初是德国 Bosch 公司为汽车应用而开发的，一种能有效支持分布式控制和实时控制的串行通信网络，属于现场总线的范畴。1993 年 11 月，ISO 正式颁布了控制器局域网 CAN 国际标准，为控制器局域网标准化、规范化推广铺平了道路。目前它已经成为国际上应用最广泛的开放式现场总线之一。

（5）HART 总线。HART 是 Highway Addressable Remote Transducer 的英文缩写，最早由 Rosemount 公司开发。其特点是在现有模拟信号传输线上实现数字信号通信，属于模拟系统向数字系统转变的过渡产品。其通信模型采用物理层、数据链路层和应用层三层，支持点对点主从应答方式和多点广播方式。

（6）其他总线。此外还有 DeviceNet 总线、CC – Link 总线、WorldFIP 总线等，此处不再叙述。

FCS 系统的具体特点如下：

（1）系统的开放性。开放是指对相关标准的一致性、公开性，强调对标准的共识与遵从。系统具有开放性是指能与同类网络互联，也能与不同类型网络互联。通信协议一致公开，各不同厂家的设备之间可实现信息交换。现场总线开发者就是要致力于建立统一的工厂底层网络的开放系统。用户可按自己的需要和考虑，把来自不同供应商的产品组成大小随意的系统。通过现场总线构筑自动化领域的开放互联系统。

（2）互可操作性与互用性。互可操作性是指实现互联设备间、系统间的信息传送与沟通；而互用性是指不同生产厂家的性能类似的设备可实现相互替换。

（3）系统结构的高度分散性。现场总线控制系统中取消现场控制器DDC,将其功能分散到现场仪表。通信线一直连接到现场设备,把单个分散的测量控制设备变成网络节点,以现场总线为纽带,组成一个集散型的控制系统。现场总线控制系统从根本上改变了现有DCS集中与分散相结合的集散控制系统体系,简化了系统结构,提高了可靠性。现场总线控制系统把传感测量、控制等功能分散到现场设备中完成,体现了现场设备功能的独立性。

（4）节省硬件数量与投资。系统中分散在现场的智能设备能直接执行多种传感、控制、报警和计算功能,因而可减少硬件数量与投资。

（5）提高了系统的准确性与可靠性。现场总线设备的智能化、数字化,从根本上提高了测量与控制的精确度。同时,系统的结构简化,设备与连线减少,现场仪表内部功能加强,减少了信号的往返传输,提高了系统的工作可靠性。

考题探究

【不定项】现场总线控制系统FCS与集散式计算机控制系统DCS相比,总线控制系统的特点有(　　　)。

A. 系统中通信线一直连接到现场设备,把单个分散的测量控制设备变成网络节点

B. 具有开放性,能与同类网络互联,也能与不同类型网络互联

C. 系统既有集中管理部分,又有分散控制部分

D. 系统中取消现场控制器DDC,将其功能分散到现场仪表

【细说考点】本题主要考查现场总线控制系统FCS的特点,熟悉现场总线控制系统FCS与集散控制系统DCS的不同。系统既有集中管理部分,又有分散控制部分的是集散控制系统DCS。本题选ABD。

二、过程检测仪表安装技术与计量 ★★★★★

过程检测仪表包括温度仪表、压力仪表、流量仪表、物位检测仪表。检测仪表一般包括传感器、检测点取样设备、信号放大器(进行抗干扰处理及信号传输),以及电源与现场显示部分。传感器是检测仪表的主要组成部分。自动化系统中,能将湿度、温度等非电量的物理量参数转换成电量参数的装置是传感器。其通常由敏感元件和转换元件组成。敏感元件指传感器中能直接感受被测量的部分,转换元件指传感器中能将敏感元件输出转换为适于传输和测量的电信号部分。关于过程检测仪表安装技术,以下主要从温度仪表、压力仪表、流量仪表和物位检测仪表进行介绍。

（一）温度仪表安装技术

1. 温度传感器安装技术

温度传感器是指能感受温度并将其转换成可用输出信号的传感器,按测量方式可分为接触式和非接触式两大类,按传感器材料及电子元件特性分为热电阻传感器和热电偶传感器两大类。

（1）接触式测温传感器。

接触式测温传感器就是使温度敏感元件与被测对象相接触,使其进行充分的热交换,当热交换平衡时,温度敏感元件与被测对象的温度相等,测温传感器的输出大小即反映了被测温度的高低。其优点是结构简单,工作可靠,测量精度高,稳定性好,价格低;缺点是

不方便对运动物体进行温度测量,测温范围比较小。

（2）非接触式测温传感器。

非接触式测温是利用被测对象的热辐射能量随其温度的变化而变化的原理,通过测量一定距离处被测物体发出的热辐射强度来确定被测对象的温度。测量上限不受感温元件耐温程度的限制,因而对最高可测温度原则上没有限制。

（3）热电阻传感器。

热电阻传感器是中低温区（150 ℃以下）最常用的一种温度检测器,是基于金属导体的电阻值随温度的增加而增加的特性来进行温度测量。

①金属热电阻传感器。

热电阻大的传感器都由纯金属材料制成,最常用的有铂（Pt）、铜（Cu）、镍（Ni）等。

铂为贵金属,易于提纯,在高温和氧化性介质中物理化学性稳定,电阻率较大,能耐较高的温度,制成的铂电阻输出－输入特性接近线性。铂热电阻传感器应用于高精度、高稳定性的温度测量回路中。

铜的价格偏低,电阻率也偏低（故铜电阻所用阻丝细且长,机械强度较差）,当温度高于100 ℃时易被氧化,适用于在温度较低和没有侵蚀性的介质中工作。一般当测量精度要求不高和测温范围较小时,宜采用铜热电阻传感器。

镍的灵敏度高、稳定性好,但镍非线性严重,材料提取也困难。镍热电阻传感器应用于要求一般,具有稳定性能的测量回路中,在自动恒温和温度补偿方面的应用也较多。

知识拓展

金属热电阻传感器是把温度的变化首先转换成电阻值的变化,然后通过一个测量电路即一般是通过一个直流电桥将其转化为电压信号,由此达到测量温度的目的。

而另一种温度传感器,可以将温度转化成电压信号或者是电流信号,这种温度传感器即为 PN 结温度传感器。PN 结温度传感器是利用二极管、三极管 PN 结的正向压降随温度变化的特性而制成的温度敏感器件,在低温测量方面,有体积小、响应快、线性好和使用方便等优点,所以在电子电路中的过热和过载保护、工业自动控制领域的温度控制和医疗卫生的温度测量等方面有较广泛的应用。

利用 PN 结设计的传感器,典型的有集成温度传感器。集成温度传感器是利用晶体管 PN 结的正向压降随温度升高而降低的特性,将 PN 结作为感温元件,把敏感元件、放大电路和补偿电路集成在同一芯片上的温度传感器,主要有电压型和电流型两种类型。此类型的温度传感器应用最为广泛的是 AD590 电流集成温度传感器。

②热敏电阻传感器。

热敏电阻是开发早、种类多、发展较成熟的敏感元器件,采用半导体材料制成,大多为负温度系数,即阻值随温度增加而降低。温度变化会造成较大的阻值改变,因此它是最灵敏的温度传感器。热敏电阻的线性度极差,并且与生产工艺有很大关系。

热敏电阻体积非常小,对温度变化的响应也快,广泛应用于精度要求不高的测量和控制电路。

（4）热电偶传感器。

热电偶是利用热电效应的原理制成的。将两种不同材料的导体或半导体 A 和 B 焊接起来,构成一个闭合回路。当导体 A 和 B 的两个交接点 t 和 t_0 之间存在温差时,两者之间便产生电动势,因而在回路中形成一个大小的电流,这种现象称为热电效应。导体 A,B 称热电极,温度 t 处称为热端、自由端,该端温度保持恒定;温度 t_0 称为冷端、工作端,该端插在需要测温的地方。由这样一种结构,并将温度值转换成热电动势的传感器叫作热电偶传感器。

热电动势的大小与热电极 A,B 的长度和直径无关,只与热电极的材料和冷、热两端的温度有关。如果热电极的材料选定,冷端的温度 t_0 确定,那么热电动势就只与热端温度 t 有关,所以可以通过测量热电动势的大小得到热端的温度值,这就是热电偶测温度的工作原理。

从理论上说,任何两种不同材料的导体都可以组成热电偶,但为了能准确、可靠以及稳定的测量温度,对热电偶材料必须进行一定的选择,其原则如下:热电势变化尽量大;热电势与温度的关系尽量接近线性;理化性能稳定,易加工,有良好的互换性。

国际上定义了八种常用的热电偶(S 型、R 型、B 型、K 型、N 型、E 型、J 型、T 型),具体如下:

①铂铑 10 - 铂热电偶(S 型)。铂铑 10 - 铂热电偶为贵金属热电偶,长期最高使用温度为 1 300 ℃,短期最高使用温度为 1 600 ℃。其性能稳定,精度高,适宜在氧化性或中性介质中进行测量,室温下热电动势小,不需要进行冷端补偿和修正,可作为标准热电偶。

> **知识拓展**
>
> 组成热电偶的两种材料中,写在前面的为正极,写在后面的为负极。例如,铂铑 10 - 铂热电偶,正极:铂 90%,铑 10%;负极:铂 100%。

②铂铑 13 - 铂热电偶(R 型)。铂铑 13 - 铂热电偶为贵金属热电偶,长期最高使用温度为 1 400 ℃,短期最高使用温度为 1 600 ℃。

③铂铑 30 - 铂铑 6 热电偶(B 型)。铂铑 30 - 铂铑 6 热电偶为贵金属热电偶,长期最高使用温度为 1 600 ℃,短期最高使用温度为 1 800 ℃。

④镍铬 - 镍硅热电偶(K 型)。镍铬 - 镍硅热电偶是用量最大的廉价金属热电偶,使用温度范围为 - 200 ~ 1 300 ℃。不同线径镍铬 - 镍硅热电偶推荐使用的最高温度不同。

⑤镍铬硅 - 镍硅镁热电偶(N 型)。镍铬硅 - 镍硅镁热电偶是廉价金属热电偶,使用温度范围为 - 200 ~ 1 300 ℃。不同线径镍铬硅 - 镍硅镁热电偶推荐使用的最高温度不同。

⑥镍铬 - 铜镍(康铜)热电偶(E 型)。镍铬 - 铜镍热电偶又称镍铬 - 康铜热电偶,也是一种廉价金属热电偶。热电偶的热电动势较大,易测温,但测温范围小。

⑦铁 - 铜镍(康铜)热电偶(J 型)。铁 - 铜镍热电偶又叫铁 - 康铜热电偶,也是一种廉价金属热电偶。它的正极(JP)是纯铁,负极(JN)是铜镍合金,常被含糊地称之为康铜,其名义化学成分为 55% 的铜和 45% 的镍以及少量却十分重要的钴、铁、锰等元素,尽管叫康铜,但不同于镍铬 - 康铜和铜 - 康铜的康铜,故不能用 EN 或 TN 来替换。

⑧铜 - 铜镍(康铜)热电偶(T 型)。铜 - 铜镍热电偶又称铜 - 康铜热电偶,是一种最佳的测低温的廉价金属热电偶。它的正极(TP)是纯铜,负极(TN)是铜镍合金,常称之为康铜,它与镍铬 - 康铜的康铜 EN 通用,与铁 - 康铜的康铜 JN 不能通用。

我国常用的是铂铑 10 - 铂热电偶(S 型)、铂铑 30 - 铂铑 6 热电偶(B 型)、镍铬 - 镍硅热电偶(K 型)、镍铬 - 铜镍热电偶(E 型)、铜 - 铜镍(康铜)热电偶(T 型),主要了解这几种即可。

热电偶的缺点是存在冷端温度补偿问题。根据热电偶测量原理可知,当冷端温度保持不变时,热电偶回路的热电动势与热端温度成单值对应关系。在实际测温时,由于热电偶一般比较短,长度有限,冷端温度会直接受到被测介质的温度和周围环境的影响,无法保持恒定,因而会产生测量误差。为了消除温度误差的影响,常采用的补偿方式为补偿导线法和冷端补偿法。

室内、外温度传感器的安装应符合下列规定:

(1)室内温度传感器的安装位置宜距门窗、出风口(如空调机出风口)、冷热源(如暖气片)大于2 m;在同一区域内安装的室内温度传感器,距地高度应一致,高度差不应大于5 mm。

(2)室外温度传感器应有防风、防雨措施。

(3)室内、外温度传感器不应安装在阳光直射的地方,应远离有较强振动、电磁干扰、潮湿的区域。

风管型温度传感器应安装在风速平稳,能反映温度变化的位置。

水管温度传感器的安装应符合下列规定:

(1)应与管道相互垂直安装,轴线应与管道轴线垂直相交。

(2)感温段小于管道口径的1/2 时,应安装在管道的侧面或底部。

温度传感器的安装质量控制应符合下列规定:

(1)主控项目。水管型温度传感器应安装在水流平稳的直管段,应避开水流流束死角,且不宜安装在管道焊缝处。风管型温度传感器应安装在风管的直管段且气流流束稳定的位置,且应避开风管内通风死角。

(2)一般项目。风管温度传感器应在风管保温完成并经吹扫后安装。水管型温度传感器的安装宜与工艺管道安装同时进行。

> **知识拓展**
>
> 水管阀门附近阻力较大,水管型温度传感器也不宜安装在此处。
>
> 不论哪种传感器,均宜安装在光线充足、方便操作的位置;应避免安装在有振动、潮湿、易受机械损伤、有强电磁场干扰、高温的位置。

2. 温度仪表安装技术

温度是工业生产中最基本的工艺参数之一,任何化学反应或物理变化的进程都与温度密切相关,因此温度的测量与控制是生产过程自动化的重要任务之一。温度仪表主要是温度计,常用的包括如下几种。

(1)膨胀式温度计。

膨胀式温度计是利用固体或液体热胀冷缩的特性测量温度,主要有液体膨胀式温度计、固体膨胀式温度计和气体膨胀式温度计三种。

①液体膨胀式温度计。最常见的液体膨胀式温度计是玻璃液体温度计。玻璃液体温度计是利用透明玻璃感温泡和毛细管内的感温液体随被测介质温度的变化而热胀冷缩的作用来测量温度的,测温范围是 −100~600 ℃。玻璃液体温度计按感温泡与感温液柱所呈的角度可分为直型温度计和角型温度计;按结构可分为棒式温度计和内(外)标式温度计两种形式。

②固体膨胀式温度计。最常见的固体膨胀式温度计是双金属温度计。双金属温度计按温度计的主要功能分为指示型和指示带接触装置(简称电接点)型;按温度计的环境条

件分为普通型、防喷淋型、船用型、防爆型（指电接点温度计）。双金属温度计是把两种线膨胀系数不同的金属组合在一起，一端固定，当温度变化时，两种金属热膨胀不同，带动指针偏转以指示温度的温度计，测温范围为 – 80 ~ 500 ℃，适用于工业上精度要求不高时的温度测量。

③气体膨胀式温度计。最常见的气体膨胀式温度计是压力式温度计。压力式温度计是根据密封在固定容器内的液体或气体，当温度变化时压力发生变化的特性，将温度的测量转化为压力的测量，主要由两部分组成：一是由盛液体或气体的感温固定容器构成的温包；二是反映压力变化的弹性元件。压力式温度计适用于有振动、无法近距离读数、测温精确度要求不高、–80 ℃以下、对铜无腐蚀作用的介质温度测量。压力式温度计的分类，如表 6-19 所示。

表 6-19　压力式温度计的分类

分类形式	内容
按安装方式不同	凸装、嵌装、托架安装、刚性杆安装
按用途不同	普通型、防爆型、防腐型
按所充测温物质的相态不同	充气式、充液式、蒸汽式
按功能的不同	温度调节式、记录式、指示式、报警式

（2）热电偶温度计。

热电偶温度计的测量范围广，能测量固、液、气体介质及固体表面温度，可测量 4K 的低温物体（如液态氢、液态氨等）和 2 800 ℃的高温地区（如炼钢炉、炼焦炉等）。

从结构形式上看，热电偶可以分为普通型、铠装型、薄膜型三种。热电偶的基本结构是由热电极、绝缘材料和保护套管组成。铠装热电偶由热电极、绝缘材料、金属保护套管经拉伸成为一体。薄膜热电偶与普通体块型热电偶相比，薄膜热电偶具有典型的二维特性，其热结点厚度为微纳米量级，具有热容量小、响应迅速、尺寸小等优点。

（3）热电阻温度计。

热电阻温度计是由热电阻、连接导线及显示仪表组成的较为理想的高温测量仪表。由于热电阻输出的是电阻信号，所以热电阻温度计与热电偶温度计一样，也可用于远距离显示或传送信号。热电阻温度计常用于中低温区的温度检测，测量精度高、性能稳定，其中，铂热电阻温度计不仅广泛应用于工业测温，而且被制成标准的基准仪。但是其感温部分热电阻的体积较大，因此热容量较大，动态特性则不如热电偶温度计。

🔔 知识拓展

热电阻材料的要求：电阻温度系数大；电阻率大，热容量小，复现性好；在测量范围内，应具有稳定的物理和化学性能；电阻与温度的关系接近于线性；应有良好的可加工性，且价格便宜。

（4）辐射温度计。

辐射温度计属非接触式测温仪表，是基于物体的热辐射特性与温度之间的对应关系设计而成，通常由光学系统、检测元件（或称接收器）、测量仪表、辅助装置四部分组成。测量时，感温元件不与被测对象直接接触，不干扰被测温场，不影响温场分布，从而具有较高的测量准确度，理论上无测量上限的特点；通常用来测定 1 000 ℃以上的移动、旋转或反应迅速的高温物体的温度或表面温度,例如测量核子辐射场的温度;但不能直接测被测对象的真实温度,且所测温度受物体发射率、中间介质和测量距离等因素影响。

考题探究

【不定项】在各种自动控制系统温度仪表中,能够进行高温测量的温度仪表有(　　　)。

A.玻璃液体温度计　　　　　　B.热电偶温度计

C.热电阻温度计　　　　　　　D.辐射温度计

【细说考点】本题主要考查不同温度仪表的适用范围,需熟悉各种温度仪表原理、特性和适用范围,加以区分避免混淆。玻璃液体温度计的测温范围是 $-100 \sim 600 \ ℃$。热电偶温度计可测 2 800 ℃的高温地区(如炼钢炉、炼焦炉等)。热电阻温度计是由热电阻、连接导线及显示仪表组成的较为理想的高温测量仪表。辐射温度计通常用来测定 1 000 ℃以上的移动、旋转或反应迅速的高温物体的温度。本题选 BCD。

（二）压力仪表安装技术

1.压力传感器安装技术

压力传感器是指能感受压力并将其转换成电压或电流等可测信号输出的传感器。压力传感器的测量是把被测介质引入封闭容器内,流体对容器周围施加压力,使弹性元件产生变形,然后通过变换器把这种变形变换成机械量或电量输出。这种变换可以是电位计、金属应变片、磁敏元件、电容元件、电感元件、压电元件、压阻元件等。常用的压力传感器包括:

(1)压电式压力传感器。压电式压力传感器主要基于压电效应,是利用电气元件和其他机械把待测的压力转换成为电量,再进行相关测量工作的测量仪器。压电传感器不可以应用在静态的测量当中,是因为受到外力作用后的电荷,当回路有无限大的输入抗阻时,才得以保存下来,因此压电传感器只可以应用在动态的测量当中。压电传感器的压电材料主要使用石英、陶瓷等。

知识拓展

压电陶瓷是一种人工合成的多晶压电材料。其优点有强度和压电系数高,烧结方便且易成形,价格便宜等。

(2)电容式压力传感器。电容式压力传感器是一种利用电容作为敏感元件,将被测压力转换成电容值改变的压力传感器。

(3)电阻式压差传感器。电阻式压差传感器是指将测压弹性元件的输出位移变换成滑动电阻的触点位移,将被测压力变化转换成滑动电阻阻值变化的压力传感器。

(4)霍尔压力传感器。霍尔压力传感器通过霍尔元件,将弹性元件感受的压力变化所引起的位移转换成电压信号。霍尔压力传感器只能用在测量动态压力和快速脉动的压力上,无法对其他压力进行测量。

压力传感器的安装应符合下列规定:

(1)风管型压力传感器应安装在管道的上半部,并应在温、湿度传感器测温点的上游管段。

(2)水管型压力传感器应安装在温度传感器的管道位置的上游管段,取压段小于管道口径的 2/3 时,应安装在管道的侧面或底部。

压力传感器的安装质量控制应符合下列规定:

(1)主控项目。水管压力传感器应安装在水流平稳的直管段,应避开水流流束死角,且不宜安装在管道焊缝处。风管型压力传感器应安装在风管的直管段且气流流束稳定的位置,且应避开风管内通风死角。

(2)一般项目。风管压力传感器应在风管保温完成并经吹扫后安装。水管型压力传感器、蒸汽压力传感器的安装宜与工艺管道安装同时进行。水管型压力传感器安装套管的开孔与焊接,应在工艺管道的防腐、衬里、吹扫和压力试验前进行。

2. 压力仪表安装技术

压力也是工业生产中的重要工艺参数,往往决定化学反应的方向和速率。此外,压力测量的意义还不局限于自身,有些物理量如温度、流量、液位等往往通过压力来间接测量。所以压力的测量在自动化中具有特殊的地位。压力仪表主要是压力表或压力计。

压力表按测量精度分为精密压力表和一般压力表。其中,一般压力表是指精确度等级等于或低于 1.0 级的压力表、真空表及压力真空表。在工业过程控制与技术测量过程中,由于一般压力表的弹性敏感元件具有很高的机械强度以及生产方便、安装简单、读数方便等特性,使得一般压力表得到越来越广泛的应用。一般压力表适用测量无爆炸,不结晶,不凝固,对钢和铜合金无腐蚀作用的液体、气体或蒸汽的压力及真空。

压力表按工作原理分为液柱式压力表、弹性式压力表、电气式压力表、活塞式压力表。不同压力表的原理、特点和用途如表 6-20 所示。

表 6-20 不同压力表的原理、特点和用途

压力表名称	原理	特点	用途
液柱式压力表	将被测压力转换成液柱高度进行测量	结构简单,使用、维修方便,但信号不能远传,密度及精度差,测量范围较窄	用于测量低压、负压,被广泛用于实验室压力测量或现场锅炉烟、风通道各段压力及通风空调系统各段压力的测量
弹性式压力表	将被测压力转换成弹性元件变形的位移进行测量	使用范围广,测量范围宽(可以测量真空、微压、低压、中压和高压),结构简单,使用方便、价格低廉,有足够的精度	用于测量压力及真空度,可以就地指示,也可以远传,集中控制,或记录或报警,发信
电气式压力表	将被测压力转换成电量进行传输及显示的仪表	测量范围较广,可以远距离传送信号,可以实现压力自动控制和报警,并可与工业控制机联用	多用于压力信号的远传、发信或集中控制以及工业自动化中
活塞式压力表	将被测压力转换成活塞上所加平衡砝码的质量来进行测量	测量范围宽(−0.1~2 500 MPa),准确度高(0.05% ~ 0.2%),结构简单,使用方便。但由于活塞与活塞筒之间有间隙,在压力的作用下,工作液易发生泄漏,测压时,要加减砝码,使压力测量点的压力值不能连续显示	用于精密压力表的校验和检定,或是向低一级的各种压力表进行量值传递

典型的弹性式压力表有隔膜式压力表、电接点压力表。

（1）隔膜式压力表。隔膜式压力表主要利用隔离膜片接受介质压力，再通过压缩工作液将压力传导至压力表中的弹性元件，从而根据弹性元件的变形间接得出相应的被测压力值。隔膜式压力表由普通压力表和一个膜片隔离器组成。压力表和膜片隔离器之间由连接管连接。连接管可以是硬管，也可以是软管。膜片材料应根据被测介质的性质来选择。膜片可以经过保护镀层处理以提高防腐性能。隔膜式压力表常用于石油、化工、食品等生产过程中测量具有腐蚀性、高黏度、易结晶、含有固体状颗粒、温度较高的液体介质的压力。

（2）电接点压力表。电接点压力表是基于测量系统中弹簧管在被测介质的压力作用下，迫使弹簧管的末端产生相应的弹性变形，借助拉杆经齿轮传动机构的传动并予以放大，由固定齿轮上的指示装置将被测值在度盘上指示出来的压力仪表。当其与设定指针上的触头（上限或下限）相接触（动断或动合）的瞬时，致使控制系统中的电路得以断开或接通，以达到自动控制和发信报警的目的。电接点压力表由测量系统、指示系统（包含压力指示指针、压力上限指针、压力下限指针）、磁助电接点装置（包含压力上限接点静触点、压力上限接点动触点、压力下限接点静触点、压力下限接点动触点）、外壳、调整装置和接线盒（插头座）等组成，一般用于测量无爆炸危险的各种流体介质压力。电接点压力表示意图，如图6-6所示。

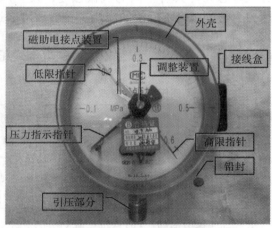

图6-6　电接点压力表示意图

此外，自控系统中应用较多的还有远传压力表。远传压力表通过仪表内部的滑动电阻发送器把被测值以电量值传至远离测量点的二次仪表上，以实现集中检测和远距离控制。此外还能够同时就地指示压力，便于现场工艺检查。远传压力表由一个弹簧管压力表和一个滑线电阻传送器构成，适用于测量对钢及铜合金不起腐蚀作用的液体、蒸汽和气体等介质的压力。

> **温馨提示**
>
> 压力仪表在历年考试中经常考查。

（三）流量仪表安装技术

1. 流量传感器安装技术

流量传感器是指能感受流体流量并转换成可用输出信号的传感器。流量传感器可按不同的检测方式，分为以下几种，且由相应的传感器执行工作。

（1）电磁式检测方式。

电磁式检测方式由电磁式流量传感器执行工作。

电磁式流量传感器是由直接接触管道介质的传感器和上端信号转换器两部分构成，是基于法拉第电磁感应定律进行工作，用来测量电导率小于 50 ~ 100 $\mu\Omega/cm$ 的导电液体的流量。

电磁式流量传感器的使用条件是要求流体是导电的，其优点如下：没有机械可动部分和其他零件接触，安装使用简单可靠；管道中不设任何节流元件，测量结果不受流体黏度的影响；工作可靠、精度高、线性好、测量范围广且反应速度快；除了可以测量一般导电液体的流量外，还可以用于测量强酸、强碱等强腐蚀性液体和均匀含有液固两相悬浮的液体，如泥浆、矿浆、纸浆等。

（2）机械式检测方式。

机械式检测方式由容积式流量传感器或涡街流量传感器或涡轮流量传感器执行工作。

①容积式流量传感器又称定排量流量传感器，简称 PD 流量传感器，是流量传感器中精度最高的一类。其机械测量元件把流体连续不断地分割成单个已知的体积部分，根据测量室逐次重复地充满和排放该体积部分流体的次数来测量流体体积总量。

②涡街流量传感器是基于卡门涡街原理研制出来的，是在流体中安放一个非流线型旋涡发生体，使流体在发生体两侧交替地分离，释放出两串规则地交错排列的旋涡，且在一定范围内旋涡分离频率与流量成正比的流量传感器。通过测量旋涡的频率，根据相关公式就能计算出流体的流量。

③涡轮流量传感器类似于叶轮式水表，将涡轮（叶轮）、螺旋桨等元件置于流体中，利用涡轮的速度与平均体积流量的速率成正比，螺旋桨转速与流体速度成正比的原理，构成能量转换器件。其工作原理是在管道中安装一个可自由转动的叶轮，流体流过叶轮使叶轮旋转，流量越大，流速越高，则动能越大，叶轮转速也越高。测量出叶轮的转速或频率，就可确定流过管道的流体流量和总量。

ⓘ 温馨提示

也可将涡街流量传感器和涡轮流量传感器归属于速度式流量传感器。

（3）声学式检测方式。

声学式检测方式由超声波流量传感器执行工作。

超声波流量传感器是使用压电材料锆钛酸铅晶体制成的，能将电能转换成声能的元件。其工作原理是当超声波束在流体中传播时，流体的流动将会使传播时间发生微小的变化，并且传播时间的变化正比于液体的流速，由此就能测出流体的流速，在根据管道口径就能计算出流量大小。

（4）节流式检测方式。

节流式检测方式由差压式流量传感器执行工作。

差压式流量传感器是根据安装于管道中流量检测件产生的差压，已知的流体条件和检测与管道的几何尺寸来计算流量的传感器。

典型的差压式流量传感器是节流式流量传感器。节流式流量传感器的工作原理是在管道中安置一个中间带有小孔的节流装置，当流体通过该节流装置的小孔时，在阻力件前后产生一个较大的压力差。把流体通过阻力件时流束的收缩造成压力变化的过程称为节流过程，其中的阻力件称为节流元件。完整的节流装置由节流元件、取压装置和上下游测量导管三部分组成。几种常见的节流装置有孔板、喷嘴和文丘里管。节流装置示意图，如图 6-7 所示。

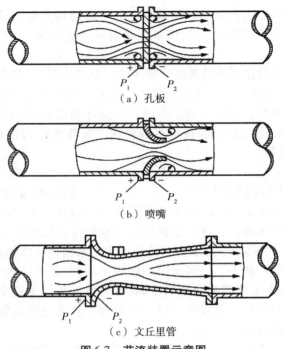

（a）孔板

（b）喷嘴

（c）文丘里管

图 6-7　节流装置示意图

2. 流量仪表安装技术

在连续生产过程中，有大量的物料通过管道来往输送。因此，对管道内液体或气体的流量进行测量和控制，是生产过程自动化的一项重要任务。用来测量流体流量的仪表称为流量计或流量表。根据流量传感器的类型，常用的流量仪表包括以下几种。

（1）电磁流量计。

电磁流量计的优点是管道中不设任何节流元件（即是一种无阻流元件），阻力极小，流场影响小，可以测各种黏度的液体，特别宜于测量含各种纤维及固体污物的液体；此外，对腐蚀性液体也很适用，测量精度不受介质黏度、密度、温度、导电率变化的影响，工作非常可靠且精确度高。缺点是电磁流量计价格昂贵，且只能测导电液体的流量，被测液体的电导率至少大于 10^{-4} S/cm，不能测量油类及气体的流量，不适合测量电磁性物质。电磁流量计是一种流量式流量计，可以广泛应用于污水、氟化工、生产用水、自来水行业以及医药、钢铁、化工、造纸、食品、纺织、冶金、环保、给排水等等诸多方面。而且在水和污水行业，尤其是大口径电磁流量计更是具有很大优势，因此得到了非常广泛的应用。

（2）容积式流量计、涡街流量计、涡轮流量计。

①容积式流量计的代表性产品是椭圆齿轮流量计。在金属壳体内有一对啮合的椭圆形齿轮（齿较细），当流体自左向右通过时，在输入压力的作用下，产生力矩，驱动齿轮转动。齿轮经过连续转动，椭圆齿轮每转一周，向出口排出半月形容积的液体。测量椭圆齿轮的转速便知道液体的体积流量，累计齿轮转动的圈数，便可知道一段时间内液体流过的总量。椭圆齿轮流量计只要加工精确，配合紧密，防止腐蚀和磨损，便可得到极高的精度，一般可达 0.2% ~0.55% 的精度，常作为标准表及精密测量之用。

椭圆齿轮流量计测量精度高、计量稳定，适用于精密地连续或间断地测量管道中液体的流量或瞬时流量,特别适用于重油、聚乙烯醇、树脂等黏度较高介质的流量测量,但被测流体中不能有固体颗粒,否则容易将齿轮卡住或引起严重磨损。

②涡街流量计。涡街流量计是利用流体振荡的原理进行流量测量。当流体流过非流线型阻挡体时会产生稳定的旋涡列,旋涡产生频率与流体流速有着确定的对应关系,测量频率的变化,就可以得知流体的流量。其特点是寿命长、压力损失小。

③涡轮流量计。涡轮流量计是速度流量计的一种。它的原理是置于被测流体中的涡轮(叶轮),其旋转角速度是与流速成正比,求得涡轮旋转速度,便可求得流量。涡轮流量计是由涡轮、磁电转换、前置放大器和显示仪表组成。前三部分是一个整体,总称变送器。把矩形脉冲信号输出到显示仪表,显示仪表可以进行频率/电流转换,转换成 0 ~ 10 mA 或 4 ~ 20 mA 直流信号,指示瞬间流量,另一路经过单位换算运算,显示累计流量。涡轮流量计的优点是刻度线性、反应迅速,可测脉冲流量、精度高、结构简单、体积小;缺点是价格较贵,轴承易磨损,连续使用时间短;适用于封闭管道中测量低黏度气体的体积流量。

(3)超声波流量计。

超声波流量计和日常使用的电磁流量计很相似,因为仪表流通的管道未设置阻碍件,属于无阻碍流量计,对于解决一些流量测量困难的流量计是非常有帮助的,尤其是在大孔径流量测量方面,优势比较突出。超声波流量计作为非接触式仪表,不仅可以测量大直径的介质流量,还可以用于测量不易接触和观察的介质。测量精度高,几乎不受被测介质各种参数的干扰,特别是解决其他仪器无法测量的流量问题,比如强腐蚀性、非导电性、放射性和易燃易爆介质等。

(4)差压式流量计。

差压式流量计是以伯努利方程和流动连续性方程为依据,当被测介质流经差压件时,在其两侧产生差压,由差压与流量的关系,通过测量差压确定流体的流量。差压式流量计主要由差压装置、差压变送器和流量积算仪组成。

差压式流量计的分类按其差压件的种类来划分。差压件包括节流件(包括标准节流件、非标准节流件)、非节流式差压件。标准节流件包括标准孔板、ISA1932 喷嘴、长径喷嘴、文丘里喷嘴、经典文丘里管;非标准节流件包括锥形入口孔板、1/4 圆孔板、偏心孔板、圆缺孔板、多孔孔板、锥形节流件、楔形节流件等;非节流式差压件包括弯管、均速管等。对应的差压式流量计的分类如下:标准孔板流量计、ISA1932 喷嘴流量计、长径喷嘴流量计、文丘里喷嘴流量计、经典文丘里管流量计;锥形入口孔板流量计、1/4 圆孔板流量计、偏心孔板流量计、圆缺孔板流量计、多孔孔板流量计、锥形流量计、楔形流量计;弯管流量计、均速管流量计等。

常用的差压式流量计有:

①节流装置流量计。其结构简单、通用化程度高,成本低,不必个别标定即可使用,但会造成一定程度的压力损失,适用于非强腐蚀一般单向流体(气体、液体、蒸汽)的流量测量。

②均速管流量计。其结构简单、价格便宜、维修方便,在大口径的水流量测量中用的比较多,还具有压损小、输出压差较低、能耗低等优点。

知识拓展

除上述流量计外,还有转子流量计和靶式流量计。

转子流量计的结构有锥管和浮子。浮子在管内可视为一个节流件,在锥形管和浮子之间形成一个环形通道,浮子的升降就改变环形通道的流通面积,从而测定流量。它与流通面积固定,通过测量压差变化实现流量的测量。其特点是结构简单,直观、使用维护方便、压力损失小,适用于中小管径、中小流量和较低雷诺数的流量测量。典型的转子流量计是玻璃管转子流量计,因其结构简单、维修方便、价格较便宜、测量精度低,通常用于对空气、氮气、水及与水相似的其他安全流体进行小流量测量。

靶式流量计的测量元件是一个在测量管中心并垂直于流向的被称为"靶"的圆板。通过测量流体作用在靶上的力而实现流量测量。其特点是结构简单,压力损失大,测量精度不高,可以解决高黏度、低雷诺数流体流量测量,适用于测量重油、沥青、含固体颗粒的浆液及腐蚀性介质的流量,也适用于测量浮黑物、沉淀物的流量。

电磁流量计的安装应符合下列规定:

(1)电磁流量计不应安装在有较强的交直流磁场或有剧烈振动的位置。

(2)电磁流量计外壳、被测流体及管道连接法兰之间应做等电位联结,并应接地。

(3)电磁流量计应安装在直管段上。在垂直的管道上安装时,流体流向应自下而上;在水平的管道上安装时,两个测量电极不应在管道的正上方和正下方位置。

(4)电磁流量计前后应有相应的直管段,直管段长度上游不宜小于管道直径的10倍,下游不宜小于管道直径的5倍。

(5)电磁流量计应在流量调节阀的前段安装。

涡街流量计信号线和涡轮流量计信号线应使用屏蔽线。

涡轮式流量计的安装应符合下列规定:

(1)涡轮式流量计前后应有相应的直管段,直管段长度上游不宜小于管道直径的10倍,下游不宜小于管道直径的5倍。

(2)传感器安装除应符合产品技术文件的要求外,还应安装在较低处,不应安装在泵的进水侧、管道放空及振动处。

(3)传感器安装在管道下方时,传感器内应被液体充满,不得出现空管状态。

(4)一般要求水平安装涡轮流量计,避免垂直安装,需要特殊安装方式的流量计作为特殊情况处理。流体的流动方向必须与流量计壳体上所示的流向标志一致。

超声波流量计上、下游直管段长度应符合设计文件的规定。对于水平管道,换能器的位置应在与水平直线成45°夹角的范围内。被测管道内壁不应有影响测量精度的结垢层或涂层。

（四）物位检测仪表安装技术

物位包括液面、料面和界面。按照习惯,液面主要是指液 – 气界面;料面（或称料位）主要指固 – 气界面,不包括液 – 泡分界面和液 – 固分界面;界面主要指两种不相混合的物料之间的界面位置。

1.物位传感器安装技术

物位传感器根据具体用途分为液位传感器、料位传感器和界位传感器,以下主要介绍应用广泛的液位传感器。

液位传感器是指能感受液位高度并转换成可用输出信号的传感器。常见的液位传感器包括如下几种。

（1）浮力式液位传感器。

典型的浮力式液位传感器是浮筒式液位传感器。

浮筒式液位传感器由浮筒室（顶装式无）、浮筒、扭力管系统及电子测量系统等组成。浮筒浸没在浮筒室内的液体中，与扭力管系统刚性连接，扭力管系统承受的力是浮筒自重减去浮筒所受的浮力的净值，在这种合力作用下的扭力管扭转一定角度。浮筒室内液体的位置、密度或界位高低的变化引起浸没在液体中的浮筒受到的浮力变化，从而使扭管转角也随之变化。该变化被传递到与扭力管刚性连接的传感器，使传感器输出电压变化，继而被电子部件放大并转换为 4～20 mA 电流输出。

浮筒式液位传感器的特点：电子器件可以明确指示液面，指示醒目；受外界影响小，可以在静态和动态条件下测量液面；测量液体密度，无需温度补偿便可获得液面读数；设计简洁、坚固耐用和可靠；经济有效。

浮筒式液位传感器可用来测量液位、界位和密度，测量精度高，稳定性能好，调试方便，标定简单，广泛应用于石油、化工、冶金、电力、食品等行业。

（2）电气式液位传感器。

典型的电气式液位传感器是电容式液位传感器和电阻式液位传感器。

①电容式液位传感器。电容式液位传感器主要是由细长的不锈钢管、同轴绝缘导线以及被测液体共同构成的金属圆柱形电容器构成。该传感器主要利用其两电极的覆盖面积随被测液体液位的变化而变化，从而引起对应电容量变化的关系进行液位测量。电容式液位传感器是利用被测体的导电率，通过传感器测量电路将液位高度变化转换成相应的电压脉冲宽度变化，再由单片机进行测量并转换成相应的液位高度进行显示，该系统对液位深度具有测量、显示与设定功能，并具有结构简单、成本低廉、性能稳定等优点。

②电阻式液位传感器。电阻式液位传感器既可进行定点液位控制，也可进行连续测量。所谓定点控制是指液位上升或下降到一定位置时引起电路的接通或断开，引发报警器报警。电阻式液位传感器的原理是基于液位变化引起电极间电阻变化，由电阻变化反映液位情况。

2. 物位检测仪表安装技术

对物位测量所需的仪表统称为物位检测仪表。

物位检测仪表按测量方式可分为连续测量和定点测量两大类。连续测量方式能持续测量物位的变化。定点测量方式则只检测物位是否达到上限、下限或某个特定位置，一般称为物位开关。

物位检测仪表按工作原理可分为直读式、静压式、浮力式、机械接触式、电气式等类型。

（1）直读式物位检测仪表采用侧壁开窗口或旁通管方式，直接显示容器中物位的高度，方法可靠、准确，但是只能就地指示。其主要用于液位检测和压力较低的场合。

（2）静压式物位检测仪表基于流体静力学原理，适用于液位检测。容器内的液面高度与液柱重量所形成的静压力成比例关系，当被测介质密度不变时，通过测量参考点的压力可测知液位。这类仪表有压力式、吹气式和差压式等形式。压力式物位检测仪表既能检测液位又能检测料位；吹气式物位检测仪表只能检测液位；差压式物位检测仪表既能检测液位又能检测界位。

（3）浮力式物位检测仪表的工作原理是基于阿基米德定律，适用于液位检测。漂浮于液面上的浮子或浸没在液体中的浮筒,在液面变动时其浮力会产生相应的变化,从而可以检测液位。这类仪表有浮子式、浮筒式、随动式、翻板式等形式。浮子式物位检测仪表、浮筒式物位检测仪表、随动式物位检测仪表既能检测液位又能检测界位;翻板式物位检测仪表只能检测液位。

（4）机械接触式物位检测仪表通过测量物位探头与物料面接触时的机械力实现物位的测量。这类仪表有重锤式、旋翼式和音叉式等形式。重锤式物位检测仪表能检测液位又能检测界位;旋翼式物位检测仪表只能检测料位;音叉式物位检测仪表既能检测液位又能检测料位。

（5）电气式物位检测仪表将电气式物位敏感元件置于被测介质中,当物位变化时其电气参数如电阻、电容、电感等也将改变,通过检测这些电量的变化可知物位。这类仪表有电阻式、电容式、电感式等形式。电阻式物位检测仪表和电容式物位检测仪表既能检测液位又能检测料位;电感式物位检测仪表只能检测液位。

（6）其他物位检测方法,如超声波式物位检测仪表、辐射式物位检测仪表等。

（五）过程检测仪表计量

根据《通用安装工程工程量计算规范》,过程检测仪表的计量规则如表6-21所示。

表6-21　过程检测仪表

项目名称	项目特征	计量单位	工程量计算规则	工作内容
温度仪表	略	支		略
压力仪表	略		按设计图示数量计算	略
变送单元仪表	略	台		略
流量仪表	略			略
物位检测检测	略			略

三、执行仪表安装技术与计量 ★★★

在介绍执行仪表安装技术与计量前有必要对执行仪表相关设备有一个基本的了解。

（一）执行仪表相关设备

调节阀也称控制阀,是指过程控制系统中用动力操作去改变流体流量的装置,由执行机构和阀组成,执行机构按照控制信号改变阀内截流件的位置。

执行机构是指将控制信号转换成相应的动作以控制阀内截流件的位置或其他调节机构的装置。信号或动力源可为气动、电动、液动或此三者的任意组合。执行机构按照执行机构输出位移的形式分为角行程和直行程,其中,角行程分为多回转和部分回转,直行程通常为推拉式和齿轮旋转式结构;按照所使用的辅助能源分为气动、电动、液动。

阀是指内含控制流体流量用的截流件的压力密封壳体组件。阀由阀芯、阀体及其他部件组成。阀芯也称为调节机构,是指由执行机构驱动,直接改变操纵变量的机构。

执行机构和调节机构共同组成执行器,是自动控制系统的终端控制装置。

调节器是指根据被控参数的给定值与测量值的偏差,按预定的控制方式控制执行器的动作,使被控参数保持在给定值要求的范围内或按一定的规律变化的调节仪表,也称控制器。

国内生产的调节器,按作用特性来分主要有位置式,比例式（P）,积分式（I）,比例、积分式（PI）和比例、积分、微分式（PID）五种。

（1）位置式调节器。位置式调节器包括双位式和三位式。当调节器的输入信号发生变化后，调节器的输出信号只有两个值的调节器，叫作双位式调节器。双位调节是位置调节的最简单形式，只有两个输出值，相应的调节机构也只有两个极限位置，即"开"和"关"，没有中间位置。三位式调节器输出信号有三个值，分别是高值、中值和低值。当偏差的绝对值小于某个界限值时，控制器输出取中值；当偏差的绝对值大于该界限值时，视偏差的极性（正、负）而取高值或低值。

（2）比例式调节器（P）。比例式调节器是将被调量与给定值比较，按偏差的大小和方向成比例地输出连续信号以控制执行器的调节装置，属于连续动作的调节器。比例式调节器的优点是反应速度快，调节作用能立即见效且稳定性高，不易产生过量调节的现象。缺点是不能使被调量恢复到给定值而存在余差（过渡过程终了时的残余偏差叫余差），因而调节准确度不高。当调节质量要求较高时，单纯的比例调节不能满足需要，往往要加上积分调节来消除余差。

（3）积分式调节器（I）。积分式调节器是当被调参数与给定值发生偏差时，调节器输出使调节机构动作，直到被调参数与给定值之间偏差消失为止的调节装置。积分式调节器是唯一一个可以通过调节以消除被调参数和给定值之间偏差的装置。其多用于压力、流量、液位的调节，不能用于温度的调节。积分式调节器适用于具有自平衡能力，且对调节速度要小的小型调节，一般与其他调节器配合使用，不单独使用。

（4）比例、积分式调节器（PI）。当被调参数与其给定值发生偏差时，调节器的输出信号不仅仅与输入偏差保持硬性的比例关系，而且还与输入偏差对时间的积分成正比。

（5）比例、积分、微分式调节器（PID）。比例作用的输出与偏差值成正比、积分作用的输出变化的速度（快、慢）与偏差值成正比、微分的输出与偏差变化的速度成正比。采用比例、积分、微分式调节器不仅加强了调节系统抗干扰的能力，而且调节系统的稳定性也得到了提高，适用于某些惯性滞后较大的对象，如温度测量。

此外，还有比例、微分式调节器（PD），但其应用较少。比例、微分式调节器是当被调参数与给定值有偏差时，输出信号与输入信号偏差大小及对时间的微分（偏差变换速度）成比例。

（二）执行仪表安装技术

执行仪表包括执行机构、调节阀、自力式调节阀、执行仪表附件，以下主要介绍调节阀安装技术。

调节阀按驱动能源可分为电动调节阀、气动调节阀、液动调节阀。其中，电动调节阀应用较多。

电动调节阀是指由电动执行机构（包括电动机、减速器、终端开关等）和调节阀组合成的流量调节装置。电动调节阀的选择应与被控对象的特性相适合，应使系统具有好的控制性能，一般有两通阀和三通阀两种。其工作原理是当控制器发出电信号后，电动机通电旋转，带动阀芯上下移动，以实现阀门的开启、关闭、开大和关小动作；当阀芯到达极限位置时，通过轴上的凸轮，使相应的限位开关断开，使电动机断电。电动调节阀安装应符合的要求以考题探究的形式进行介绍。

考题探究

【不定项】电动调节阀安装应符合的要求有（　　　）。

A. 应垂直安装在水平管上，大口径电动阀不能倾斜

B. 阀体上的水流方向应与实际水流方向一致，一般安装在进水管上

C. 阀旁应安装旁通阀和旁通管路，阀位指示装置安装在便于观察的位置

D. 与工艺管道同时安装，在管道防腐和试压前进行

【细说考点】本题主要考查电动调节阀安装应符合的要求，需要掌握。电动调节阀一般安装在回水管上。本题选 ACD。

电磁阀是一种特殊的流量调节装置。电磁阀是指利用电磁铁作为动力元件，以电磁铁的吸、放对小口径阀门作通断两种状态控制的流量调节装置。电磁阀没有调节功能，只有通断（开关）作用。电磁阀从原理上分为直动式和先导式两大类。

（1）直动式电磁阀的原理为通电时，电磁线圈产生电磁力把关闭件从阀座上提起，阀门打开；断电时，电磁力消失，弹簧把关闭件压在阀座上，阀门关闭。

（2）先导式电磁阀的原理为通电时，电磁力把先导孔打开，上腔室压力迅速下降，在关闭件周围形成上低下高的压差，流体压力推动关闭件向上移动，阀门打开；断电时，弹簧力把先导孔关闭，入口压力通过旁通孔迅速腔室在关阀件周围形成下低上高的压差，流体压力推动关闭件向下移动，关闭阀门。

结合直动式和先导式的原理可以构成分步直动式电磁阀。分步直动式电磁阀的原理为当入口与出口没有压差时，通电后，电磁力直接把先导小阀和主阀关闭件依次向上提起，阀门打开。当入口与出口达到启动压差时，通电后，电磁力先导小阀，主阀下腔压力上升，上腔压力下降，从而利用压差把主阀向上推开；断电时，先导阀利用弹簧力或介质压力推动关闭件，向下移动，使阀门关闭。

知识拓展

除了流量调节装置外，还有风量调节装置——风阀。风阀也称风门，是指用来调节管道内风量的阀门。风阀由叶片组成，叶片的形状决定了风阀的流量特性。通过叶片的转动，使叶片角度进行了改变，改变风道的气流流通截面积，其通过的风量也相应改变，从而调节风流量。

（三）执行仪表计量

根据《通用安装工程工程量计算规范》，执行仪表的计量规则如表 6-22 所示。

表 6-22　执行仪表

项目名称	项目特征	计量单位	工程量计算规则	工作内容
执行机构	略			略
调节阀	略	台	按设计图示数量计算	略
自力式调节阀	略			略
执行仪表附件	略			略

注：开关阀、电磁阀、伺服放大器，按调节阀编码列项。

四、仪表回路模拟试验技术与计量 ★★

仪表工程在系统投用前应进行回路模拟试验。回路模拟试验是对仪表性能、仪表管道和仪表线路连接正确性的全面试验,其目的在于对仪表和控制系统的设计质量、设备材料质量和安装质量进行全面的检查,确认仪表工程质量符合生产运行使用要求。

根据《通用安装工程工程量计算规范》,仪表回路模拟试验的计量规则如表 6-23 所示。

表 6-23　仪表回路模拟试验

项目名称	项目特征	计量单位	工程量计算规则	工作内容
检测回路模拟试验	略	套	按设计图示数量计算	调试
调节回路模拟试验	略			
报警联锁回路模拟试验	略			
工业计算机系统回路模拟试验	略	点		

五、其他自动化控制仪表安装技术与计量 ★

其他自动化控制仪表安装技术在考试中不涉及,不再介绍,以下只介绍其他自动化控制仪表安装计量。

(一)显示及调节控制仪表计量

根据《通用安装工程工程量计算规范》,显示及调节控制仪表的计量规则如表 6-24 所示。

表 6-24　显示及调节控制仪表

项目名称	项目特征	计量单位	工程量计算规则	工作内容
显示仪表	略	台	按设计图示数量计算	略
调节仪表	略			略
基地式调节仪表	略			略
辅助单元仪表	略			略
盘装仪表	略			略

(二)机械量仪表计量

根据《通用安装工程工程量计算规范》,机械量仪表的计量规则如表 6-25 所示。

表 6-25　机械量仪表

项目名称	项目特征	计量单位	工程量计算规则	工作内容
测厚测宽及金属检测装置	略	套	按设计图示数量计算	略
旋转机械检测仪表	略			略
称重及皮带跑偏检测装置	略	台		略

(三)过程分析和物性检测仪表计量

根据《通用安装工程工程量计算规范》,过程分析和物性检测仪表的计量规则如表 6-26 所示。

表 6-26　过程分析和物性检测仪表

项目名称	项目特征	计量单位	工程量计算规则	工作内容
过程分析仪表	略	套	按设计图示数量计算	略
物性检测仪表	略	套		略
特殊预处理装置	略			略
分析柜、室	略	台		略
气象环保检测仪表	略	套		略

（四）安全监测及报警装置计量

根据《通用安装工程工程量计算规范》，安全监测及报警装置的计量规则如表 6-27 所示。

表 6-27　安全监测及报警装置

项目名称	项目特征	计量单位	工程量计算规则	工作内容
安全监测装置	略	台（套）	按设计图示数量计算	略
远动装置、顺序控制装置	略	套		略
信号报警装置	略			略
信号报警装置柜、箱	略	台（个）		略
数据采集及巡回检测报警装置	略	套		略

注：工业电视按《通用安装工程工程量计算规范》建筑智能化工程相关项目编码列项。

（五）工业计算机安装与调试计量

根据《通用安装工程工程量计算规范》，工业计算机安装与调试的计量规则如表 6-28 所示。

表 6-28　工业计算机安装与调试

项目名称	项目特征	计量单位	工程量计算规则	工作内容
工业计算机柜、台设备	略	台	按设计图示数量计算	略
工业计算机外部设备	略			略
组件（卡件）	略	个		略
过程控制管理计算机	略	套		略
生产、经营管理计算机				
网络系统及设备联调	略			
工业计算机系统调试	略	点		
与其他系统数据传递调试	略	个		
现场总线调试	略	套		
专用线缆	略	m 或根	以米计量，按设计图示尺寸以长度计算（含预留长度及附加长度）；按设计图示尺寸以根计量	略
线缆头	略	个	按设计图示数量计算	略

注：专用线缆敷设预留及附加长度同电气设备安装工程中的相关规定。

（六）仪表管路敷设计量

根据《通用安装工程工程量计算规范》，仪表管路敷设的计量规则如表6-29所示。

表6-29　仪表管路敷设

项目名称	项目特征	计量单位	工程量计算规则	工作内容
钢管	略	m	按设计图示管路中心线以长度计算	略
高压管				
不锈钢管	略			略
有色金属管及非金属管	略			略
管缆	略		按设计图示尺寸以长度计算	略

> **温馨提示**
>
> 仪表导压管敷设工程量计算不扣除阀门、管件所占长度。

（七）仪表盘、箱、柜及附件安装计量

根据《通用安装工程工程量计算规范》，仪表盘、箱、柜及附件安装的计量规则如表6-30所示。

表6-30　仪表盘、箱、柜及附件安装

项目名称	项目特征	计量单位	工程量计算规则	工作内容
盘、箱、柜	略	台	按设计图示数量计算	略
盘柜附件、元件	略	个（节）		略

（八）仪表附件安装计量

根据《通用安装工程工程量计算规范》，仪表附件安装的计量规则如表6-31所示。

表6-31　仪表附件安装

项目名称	项目特征	计量单位	工程量计算规则	工作内容
仪表阀门	略	个	按设计图示数量计算	略
仪表附件	略			略

> **温馨提示**
>
> 此处的仪表附件是具有相对独立性的仪表附件（如压缩空气净化分配器等）。

六、自动化控制仪表安装计量相关问题及说明 ★★

自动化控制仪表安装工程适用于自动化仪表工程的过程检测仪表，显示及调节控制仪表，执行仪表，机械量仪表，过程分析和物性检测仪表，仪表回路模拟试验，安全监测及报警装置，工业计算机安装与调试，仪表管路敷设，仪表盘、箱、柜及附件安装，仪表附件安装。

土石方工程，应按现行国家标准《房屋建筑与装饰工程工程量计算规范》中相关项目编码列项。

自控仪表工程中的控制电缆敷设、电气配管配线、桥架安装、接地系统安装，应按《通

用安装工程工程量计算规范》中电气设备安装工程相关项目编码列项。

在线仪表和部件（流量计、调节阀、电磁阀、节流装置、取源部件等）安装，应按《通用安装工程工程量计算规范》中工业管道工程相关项目编码列项。

火灾报警及消防控制等，应按《通用安装工程工程量计算规范》中消防工程相关项目编码列项。

设备的除锈、刷漆（补刷漆除外）、保温及保护层安装，应按《通用安装工程工程量计算规范》中刷油、防腐蚀、绝热工程相关项目编码列项。

管路敷设的焊口热处理及无损探伤按《通用安装工程工程量计算规范》中工业管道工程相关项目编码列项。

工业通信设备安装与调试，应按《通用安装工程工程量计算规范》中通信设备及线路工程相关项目编码列项。

供电系统安装，应按《通用安装工程工程量计算规范》中电气设备安装工程相关项目编码列项。

项目特征中调试要求指单体调试、功能测试等。

第三节 通信设备和线路工程安装技术与计量

通信是信息在不同时空节点之间的传递。一个完整的通信过程可简化为如图6-8所示的过程。

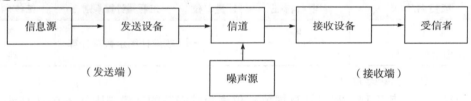

图6-8 通信系统组成

通信系统则是通过交换器按照一定的拓扑结构组合在一起，形成的一个通信网络。通信系统的基本构成要素是终端设备、传输设备、转接交换设备。

一、通信设备与传输介质 ★★★★

（一）网络通信设备

1. 网络适配器（NIC）

网络适配器也叫网络接口卡，简称网卡。网卡是网络传输介质与计算机或智能设备终端之间的物理接口，其作用是：

（1）为网络传输介质准备来自计算机或智能设备终端的数据。

（2）向另一台计算机或智能设备终端发送数据。

（3）控制计算机或智能设备终端与传输介质之间的数据流量。

（4）接收来自传输介质的数据，并将其解释为计算机或智能设备终端能够理解的形式。

网卡是计算机或智能设备终端与传输介质之间数据传输的桥梁，网卡的性能对整个网络的传输性能会产生巨大的影响。网卡的选择应与特定的网络体系结构相匹配，例如以太网卡等。网卡的选择还必须与计算机或智能设备总线类型以及网络传输介质、传输速率等相匹配。网卡与计算机的接口,根据计算机扩展总线类型,可划分为 ISA,EISA, PCI,PCIE,PCMCIA 和 USB 六种。

按网络传输介质分,网卡分为有线网卡和无线网卡。目前,在有线网络工作站中通常是采用支持 10/100 Mbps 自适应速度的快速以太网网卡。有线以太网网卡的主机接口通常是 PCI 接口;在网络接口方面,工作站网卡基本上都是采用双绞线作为传输介质的 RJ-45 接口。服务器网卡则通常采用 10/100/1 000 Mbps,或者纯 1 000 Mbps 的千兆位以太网技术标准,可以选择的传输介质主要有"双绞线"和"光纤"这两类,但光纤传输更好。

> **考题探究**
>
> 【不定项】某设备是主机和网络的接口,用于提供与网络之间的物理连接,该设备是(　　)。
>
> A. 网卡　　　　　　　　　　　　B. 集线器
>
> C. 交换机　　　　　　　　　　　D. 路由器
>
> 【细说考点】本题主要考查网卡的定义(作用)。电气和自动化控制工程中,需要掌握的主要知识便是各种设备的作用,熟悉概念即可。本题选 A。

2. 服务器

服务器是指局域网中一种运行管理软件以控制对网络或网络资源进行访问的计算机。服务器是计算机网络上最重要的设备,是网络的中枢和信息化的核心,具有高性能、高可靠性、高可用性、I/O 吞吐能力强、存储容量大、联网和网络管理能力强等特点。服务器的构成,与 PC 机(个人电脑)基本相似,有处理器、内存、硬盘、网卡、系统总线等,但服务器比 PC 机(个人电脑)拥有更强的处理能力、更多的内存和硬盘空间。服务器上的网络操作系统,不仅可以管理网络上的数据,还可以管理用户、用户组、安全组和应用程序等。

按照应用层次划分,服务器可分为入门级服务器、工作组级服务器、部门级服务器、企业级服务器。其中,部门级服务器属于中档服务器,一般支持双 CPU 以上的对称处理器结构,具有全面的服务器管理能力,可监测如温度、电压、风扇、机箱等状态参数,可连接100 个左右的计算机用户,大多数具有优良的系统扩展性。

3. 集线器(HUB)

在网络中,集线器是一个集中点,用于将网络中的计算机连接起来,使不同计算机能够相互通信。

集线器的本质是一个中继器,其主要的工作内容是将接收到的信号进行再生、整形和放大,使其能够传输到更远的位置。以集线器为中心的节点相互连接起来形成的终端设备网络,构成了 OSI 模型的物理层(第一层)。

集线器按通信特性划分,可分为无源集线器和有源集线器;按带宽划分,可分为10 Mb/s、10/100 Mb/s、100 Mb/s 集线器;按端口个数划分,可分为 5 口、8 口、16 口、24 口等。集线器的带宽、端口数都是进行集线器选型时参考的依据。

此外,集线器选型时还应重点考虑集线器与网络其他设备的连接端口。集线器通常提供三种端口,即 RJ-45 端口、BNC 端口和 AUI 端口,以适用于连接不同类型电缆构建的网络。一些高档集线器还提供光纤端口和其他类型的端口。例如细缆连接选择 BNC 接口;粗缆连接选择 AUI 接口;长距离局域网连接选择光纤接口;双绞线连接选择 RJ-45 接口。

知识拓展

OSI 模型,即开放式通信系统互联参考模型,是国际标准化组织(ISO)提出的一个试图使各种计算机在世界范围内互连为网络的标准框架,简称 OSI。OSI 将计算机网络体系结构划分为以下七层:将七层比喻为真实世界收发信的两个老板的图。具体如表 6-32 所示。

表 6-32　计算机网络体系结构

分层名	分层号	描述	比喻
应用层	7	用户的应用程序和网络之间的接口	老板
表示层	6	协商数据交换格式	替老板写信的助理
会话层	5	允许用户使用简单易记的名称建立连接	公司中收寄信、写信封与拆信封的秘书
传输层	4	提供终端到终端的可靠连接	公司中跑邮局的送信职员
网络层	3	使用权数据路由经过大型网络	邮局中的排序工人
数据链路层	2	决定访问网络介质的方式	邮局中的装拆箱工人
物理层	1	将数据转换为可通过物理介质传送的电子信号	邮局中的搬运工人

4. 交换机

交换机是指用于在通信系统中完成信息交换功能的设备,处于 OSI 模型的数据链路层(第二层),也是网络节点上话务承载装置、交换级、控制和信令设备以及其他功能单元的集合体。

交换机是有线局域网中最关键的网络设备之一,集中连接所有网络设备,包括服务器、工作站、网络打印机等。正因如此,交换机与目前逐步淘汰的集线器产品一样,具有多个网络端口。网络交换机一般采用每台 16 端口、24 端口、48 端口、96 端口的配置。组网时常采用 24 端口、48 端口的设备或其组合。

交换机与服务器一样,也有档次之分,而且划分的类型也基本一样,按照应用层次划分,可分为企业级交换机、部门级交换机、工作组交换机、桌面型交换机。企业级交换机属于一类高端交换机,一般采用模块化的结构,可作为企业网络骨干构建高速局域网。

选用交换机时,应当考虑端口(带宽、数量、类型)、工作层次、性能档次、网管功能、背板带宽、堆栈功能等因素。交换机端口与集线器一样,也有许多种不同类型,以支持不同的网络技术和传输介质。普通的以太网交换机采用双绞线 RJ－45 接口,最高可以支持 1 000 Mbps;而有些高档的交换机为了获得高性能,采取了光纤作为传输介质,这就需使用适配光纤网络的光纤接口。

5. 路由器

路由器是指用于连接多个网络或网段的网络设备,是在网络层(第三层)上将若干个 LAN 连接到主干网上,如局域网与广域网的连接,局域网中不同子网的连接。

在节点众多的大型网络环境中,路由器可以读取数据包中的网络地址,并根据信道环境选择路由,为经过路由器的每个数据包寻找合适的传输路径,并将该数据有效地传送到目的站点。

实际生活中,骨干网络内部的连接,骨干网络间互联,以及骨干网与互联网互联互通较多使用路由器。路由器可以在多网络环境中建立灵活的连接,可用完全不同的数据分组和介质访问方法连接各种子网。

6. 防火墙

防火墙是位于两个信任程度不同的网络之间(如企业内部网络和 Internet 之间,专用网与公共网之间)的软件或硬件设备的组合,目的是保护网络不被他人侵扰。本质上,它遵循的是一种允许或阻止业务来往的网络通信安全机制,也就是提供可控的过滤网络通信,只允许授权的通信。

防火墙通常由四部分组成,即服务访问规则、验证工具、包过滤和应用网关。防火墙主要具有以下作用:

(1)过滤进出网络中的各种数据。

(2)管理和分析访问网络的进出流量中的行为。

(3)禁止网络访问中的特定禁止业务或流量。

(4)记录通过防火墙信息内容和活动。

(5)对来自网络的各种攻击机检测和警告。

防火墙的分类如表 6-33 所示。

表 6-33　防火墙的分类

分类方法	内容
根据物理特性划分	硬件防火墙(专用防火墙设备)、软件防火墙(代理服务器)、固件防火墙(包过滤路由器)
根据原理划分	特殊设计硬件防火墙、数据包过滤型防火墙、电路层网关型防火墙、应用级网关型防火墙
根据结构划分	代理主机结构防火墙、路由器 + 过滤器结构防火墙

(二)电话通信系统设备

电话通信系统必须具备三个基本要素:发送和接收话音信号、传输话音信号和话音信号的交换。这三个要素分别由用户终端设备、传输设备和电话交换设备来实现。

1. 用户终端设备

常见的用户终端设备有电话机、电报机、传真机、微型计算机等。此类设备的作用是将话音、文字、数据和图像信息转变为电信号、电磁信号或光信号发出去,将接收到的电信号、电磁信号或光信号复原为原来的话音、文字、数据或图像。

2. 传输设备

传输设备是指将电信号、电磁信号或光信号从一个地点传送到另一个地点的设备,是构成电话通信系统的传输链路(信道),包括无线传输设备和有线传输设备。

无线传输设备有短波、超短波、微波收发信机和传输系统以及卫星通信系统(包括卫星和地球站设备)等。

有线传输设备有架空明线、同轴电缆、海底电缆、光缆等。

用于传输的信号既可为模拟信号，也可为数字信号。以模拟信号为传输对象的传输方式称为模拟传输，而以模拟信号来传送消息的通信方式称为模拟通信；以数字信号为传输对象的传输方式称为数字传输，而以数字信号来传送消息的通信方式称为数字通信。模拟信号抗干扰能力弱、保密性差，且设备不易大规模集成，渐渐不适应计算机通信飞速发展的需要。数字信号可以很好地解决这些问题，但所用的信道频带比模拟通信所用频带宽的多，降低了信道利用率。

3. 电话交换设备

电话交换设备是电话通信系统的核心。电话通信最初是在两点之间通过受话器和导线连接，由电的传导来进行，仅可在两部电话之间进行通话。但随着社会的发展，有成千上万部电话机之间需要互相通话，电话交换设备应运而生，即电话交换机。电话交换机可连接每一部电话机（用户终端），通过线路在交换机上的接续转换，就可以实现任意两部电话机之间的通话。

按使用场合划分，电话交换机可分为公用电话网的交换机和用户专用电话网的交换机两类。公用电话网的交换机是用于用户交换机之间中继线的交换。用户交换机是机关团体、宾馆酒店、企事业单位内部进行电话交换的一种专用交换机。

目前常用的电话交换设备是程控交换机。它采用电子计算机作为中央控制设备，把各种控制功能、步骤、方法，预先编好程序插入到控制设备的存储器中，利用这些程序软件来控制电话的交换、接续工作。这种控制方式叫"存储程序控制"，简称"程控"。

4. 电话通信系统安装技术

交换机的中继方式应符合下列规定：

（1）对于市内电话局的中继方式，交换机设备容量在 50 门以内或中继线数在 5 对以下时宜采用双向中继方式；交换机设备容量在 50～500 门时或中继线在 5 对及以上时宜采用单向中继或部分单向、部分双向混合的中继方式；交换机设备容量在 500 门以上、中继线大于 37 对时宜采用单向中继的方式。

（2）交换机中继线安装数量应根据当地市内电话局的有关规定和市话中继话务量大小等因素确定。中继线数量可按用户交换机容量的 10% 确定。

（3）对于程控交换机进入市内电话局的中继方式，大、中型厂的交换机宜采用全自动直拨中继方式，小型厂的交换机宜采用半自动中继方式。

中继线主要用于连接用户电话交换机、集团电话、无线寻呼台、移动电话交换机与市话交换机的电话线路。用户交换机与市内电话局连接的中继线一般选用光缆。中继电路根据交换机接入信号部件的类别可分为单向中继和双向中继。

配线箱、过路箱（盒）、家居配线箱、出线盒等设施的安装位置和安装方式应符合设计要求和下列规定：

（1）壁嵌式配线箱（分线箱）的安装高度，箱底边离地面不宜小于 0.5 m，明装挂壁式配线箱（分线箱）箱底边离地面不宜小于 1.5 m。

（2）出线盒的安装高度，盒底边离地面宜为 0.3 m。

电话通信系统安装的其他规定以考题探究的形式进行讲解。

考题探究

【不定项】建筑物内普通市话电缆芯线接续应采用(　　)。

A. 扭绞式　　　　　　　　　　　　B. 旋转卡接式

C. RSSJL45　　　　　　　　　　　D. 扣接式

【细说考点】本题主要考查电话通信系统安装技术。建筑物内普通市话电缆芯线接续应采用扣式接线子,禁止使用扭绞接续。本题选 D。

(三)有线电视通信系统设备

有线电视系统(CATV)是指用射频电缆、光缆、多频道微波分配系统或其组合传输、分配和交换声音、图像及数据信号的电视系统。

任何一个有线电视系统无论多么复杂,均可认为是由前端系统、干线传输系统、分配系统三个部分组成。CATV 系统示意图如图 6-9 所示。

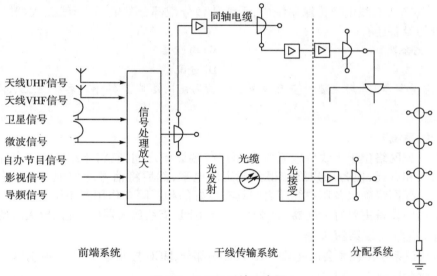

图 6-9　CATV 系统示意图

1. 前端系统

前端系统就是将要播放的信号转换为高频电视信号,并将多路电视信号混合后送往干线传输系统。前端是有线电视系统核心,是为用户提供高质量信号的重要环节之一。其主要作用是进行信号处理,内容包括信号的分离、信号的放大、电平调整和控制、频谱变换(调制、解调、变频)、信号的混合以及干扰信号的抑制。前端设备包括调制器、频道放大器、导频信号发生器、SHF 接收机、频率变换器、带通滤波器、图像伴音调制器等。

2. 干线传输系统

干线传输系统是将电视信号不失真地输送到用户分配网络的输入接口。有线电视均采用同轴电缆、光缆和微波传输作为电视信号的传输介质。

除输送介质外,干线传输系统还需要干线放大器将信号放大,因此需要增加其他无源器件。无源器件是指不需要供电的各类器件,主要包括分配器、分支、衰减器和均衡器等。

分配器主要作用是将一路输入信号电平平均地分成几路输出,如分成二、三、四、六和八路等。分配器的分类方法有很多,通常根据分配器有几个输出端而称为几分配器,如二分配器、三分配器、四分配器、六分配器等。

分支器通常有一个主输入端、一个主输出端和一个或多个分支输出端。分支器的作用也是将主输入端信号分成几路输出，但是各路信号电平不完全相等，大部分信号通过主输出端送至主线，另一小部分信号则通过分支输出端进入支线。通常根据分支输出端的多少将分支器分为一分支器、二分支器、三分支器、四分支器等。

在有线电视系统中，当输入或输出电平过大，超出规定的范围，就会影响收视效果。衰减器大多用在放大器的输入端和输出端，调节输入、输出端电平，使其保持在适当的范围内。

均衡器是一种可以分别调节不同频率信号大小的效果器，通过对各种不同频率的信号调节来弥补扬声器和声场的缺陷，补偿和修饰各种声源，以及模拟其他音频环境等。均衡器的主要功能就是调整音色、调整声场和抑制声反馈。

考题探究

【不定项】有线电视传输系统中，干线传输分配部分除电缆、干线放大器外，属于该部分的设备还有（   ）。

A. 混合器   B. 均衡器

C. 分支器   D. 分配器

【细说考点】本题主要考查有线电视传输系统的组成。具体内容详见上文。本题选 D。

3. 分配系统

用户分配网络位于干线传输系统和用户终端设备之间，它将干线传输系统输送的信号进行放大和分配，使各用户终端得到规定的电平，然后将信号均匀地分配给各用户终端。用户分配网络确保各用户终端之间具有良好的相互隔离作用互不干扰。用户分配网络系统采用的设备主要有分配器、分支器、终端电阻、支线放大器（系统比较大时使用）等。

（四）视频会议系统设备

视频会议系统由视频会议终端（VCT）、传输部分、MCU 控制单元（多点控制单元）组成。

1. 视频会议终端（VCT）

视频会议终端实际上也就是多媒体通信终端设备，人们借助终端参与视频会议。视频会议终端的作用是将本地的视频、音频、数据和控制信息进行编码打包并发送，并对收到的数据包解码还原为视频、音频、数据和控制信息。

视频会议终端由编解码器、视频输入设备、视频输出设备、音频输入设备、音频输出设备、网络接口和信令等组成。常见的终端设备有摄像机、监控器、编解码器、网络接口、控制系统、延时电路、数字终端、反向复用器和话筒等。

知识拓展

通常情况下，VCT 的音频输入接口有 2～4 个，音频输出接口有 1～2 个；VCT 的视频输入接口有 3～5 个，视频输出接口有 3～5 个。

2. 传输部分

由于会议电视传输的是实时的图像和语音业务，因此对传输网络的要求较高。为了能够保障会议的通信质量，传输网络需能够提供足够带宽，传输线路需稳定，且没有拥塞和低误码率。

3. MCU 控制单元（多点控制单元）

MCU 是多点视频会议系统的关键设备,其作用相当于一个交换机,将来自各会议场点的信息流经过同步分离后,抽取出音频、视频、数据等信息和信令,再将各会议场点的信息和信令,送入同一种处理模块,完成相应的音频混合或切换、视频混合或切换,数据广播和路由选择,定时和会议控制等过程,最后将各会议场点所需的各种信息重新组合起来,送往各相应的终端系统设备。

（五）信息传输介质

信息传输介质是指在网络中传输信息的载体,常用的传输介质包括有线传输介质和无线传输介质两大类。

有线传输介质是指在两个通信设备之间实现的物理连接部分,能将信号从一方传输到另一方。有线传输介质主要有双绞线、同轴电缆和光纤。双绞线和同轴电缆传输电信号,光纤传输光信号。无线传输介质即电磁波,在自由空间传输的电磁波根据频谱可将其分为无线电波、微波、红外线、激光等,信息被加载在电磁波上进行传输。

1. 双绞线（TP）

双绞线(TP)是综合布线工程中最常用的传输介质,是由两根具有绝缘保护层的铜导线组成的。把两根绝缘的铜导线按一定密度互相绞在一起,每一根导线在传输中辐射出来的电波会被另一根线上发出的电波抵消,可有效降低信号干扰的程度。双绞线按其外部包缠的外皮材料不同可分为非屏蔽双绞线(UTP)和屏蔽双绞线(STP)。

> **🔔 知识拓展**
>
> UTP 使用无金属屏蔽材料,只有一层绝缘胶皮包裹,价格相对便宜,组网灵活,其线路阻燃效果好,不容易引起火灾。流量不大的网络,适合采用 UTP。STP 外面由一层金属材料包裹,以减小辐射,防止信息被窃听,同时具有较高的数据传输速率,但价格较高,安装也比较复杂。网络流量较大的高速网络协议应用,适合采用 STP。

双绞线作为网络传输介质时,一般用于星型网的布线连接,通常由一定距离长的双绞线(最大网线长度为 100 m,如需更长距离,则可在双绞线线段之间增加中继器,最多可增加 4 个)与两端的 RJ-45 头组成,连接网卡与集线器。双绞线由 8 根不同颜色的线分成4 对绞合,具体为橙白 1/橙 2、蓝 4/蓝白 5、绿 6/绿白 3、棕 8/棕白 7。其中只有 4 根线在进行数据交换,1、2、3、6 这四根分别用来发送和接收数据。双绞线多用于点对点的通信连接,用于多点连接时效果较差。

2. 同轴电缆

同轴电缆由内导体、绝缘体、外导体(屏蔽层)和护套组成。内导体多用单股或多股铜丝制成,其作用是传输高频电流;绝缘体(位于内导体与外导体之间)或叫绝缘介质,是用聚乙烯、聚氯乙烯、聚丙烯等材料制成的,其作用是阻止沿径向的漏电流和支撑内外导体,使电缆构成稳定的整体;外导体(位于绝缘体与护套之间)叫屏蔽层,通常采用金属丝编织网或金属箔,其作用是传输高频电流,使电缆内的电磁场不受外界影响,同时也不干扰外界的电磁场;护套(包在屏蔽层的外面)是用塑料制成的,其作用是增强电缆的抗机械磨损和抗化学腐蚀的能力。

同轴电缆根据其直径大小可以分为粗同轴电缆和细同轴电缆。粗缆标准距离长,可靠性高,由于安装时不需要切断电缆,因此可以根据需要灵活调整计算机的入网位置,但粗缆连接时两端需终接器,安装难度大,所以总体造价高,适用于比较大型的局部网络。

相反,细缆安装则比较简单,造价低,但由于安装过程要切断电缆,故利用 T 型 BNC 接口连接器连接 BNC 接口网卡,两端头需安装终端电阻器。因受网络布线结构的限制,其日常维护不方便,一旦一个用户出现故障,便会影响其他用户的正常工作。

有线电视系统传输电视信号通常采用的是射频同轴电缆。

3. 光纤（光缆）

光纤由能传送光波的玻璃纤维或塑料纤维制成,外包一层比玻璃或塑料折射率低的材料,进入光纤的光波能在两种材料的界面上形成全反射,从而不断地向前传播完成传导。通常一根光缆由 1～216 根光导纤维组成,可分成多模式和单模式。多模式的光纤直径为 62.5 μm,多用于以太网和 ATM 网等。单模式的光纤直径为 9 μm,常用于较长距离的通信传输,如用于以太网。光缆传输电磁绝缘性能好、信号衰小、频带宽、传输速度快、传输距离大,传输不受电磁干扰或噪声影响,可以防窃听,因而安全性和保密性好。此外,光缆传输重量轻、体积小。光缆传输主要用于要求传输距离较长、布线条件特殊的主干网连接。

知识拓展

与其他材料制造的光纤相比,由多成分玻璃纤维制成的光导纤维性价比好。

知识巩固

双绞线、同轴电缆、光纤的优缺点对比如表 6-34 所示。

表 6-34　双绞线、同轴电缆、光纤的优缺点对比

传输介质	价格	抗电磁干扰	频带宽度	单段最大长度
UTP	低	低	低	100 m
STP	较低	高	中等	100 m
同轴电缆	较低	高	高	185m（细）/500 m（粗）
光纤	高	无电磁干扰	极高	>6 km

4. 微波

微波传输属于无线传输。所谓微波,就用于传输电视信号来说,是指频率为 970～300 GHz 范围的电磁波（近年来,人们常用 2 GHz 以上的微波频段来传输电视信号）。而对传输分配系统而言,微波包括多路（多频道）微波传输分配系统和调幅微波链路系统。

二、通信线路安装技术 ★★★

通信线路的安装主要包括线路路由和位置的确定、光（电）缆敷设、光（电）缆接续、光（电）缆测试及质量验收等内容。

（一）通信管道与通道路由和位置的确定

通信管道与通道路由的确定应符合下列规定:

（1）通信管道与通道宜覆盖城市主要道路和楼宇、住宅小区,城市郊区的主要公路也应建设通信管道。

（2）通信管道与通道路由的选择应在管道规划的基础上充分研究分路建设的可行性。

（3）通信管道与通道路由应远离有害物质和化学腐蚀地带。

（4）通信管道与通道路由应优先选择地下、地上障碍物较少的道路。

（5）在已有规划而尚未成型，或虽已成型但土壤未沉实的道路上，以及流砂、翻浆等地带，不应修建通信管道与通道。

选定通信管道与通道建筑位置时，应符合下列规定：

（1）宜建在人行道下，当在人行道下无法建设时，可建在非机动车道或绿化带下，不宜建在机动车道下。

（2）高等级公路上的通信管道建筑位置应依次按照中央分隔带下、路肩及边坡和路侧隔离栅以内进行选择。

（3）通信管道与通道位置宜与通信杆路同侧。

（4）通信管道与通道中心线应平行于道路中心线或建筑红线。

（5）通信管道与通道位置不宜选在埋设较深的其他管线附近。

通信管道与通道应避免与燃气管道、热力管道、输油管道、高压电力电缆在道路同侧建设。

通信管道、通道与其他地下管线及建筑物同侧建设时，通信管道、通道与其他地下管线及建筑物间的最小净距应符合相关规定：主干排水管后敷设时，排水管施工沟边与既有通信管道间的平行净距不得小于1.5 m；当管道在排水管下部穿越时，交叉净距不得小于0.4 m；在燃气管有接合装置和附属设备的2 m范围内，通信管道不得与燃气气管交叉；电力电缆加保护管时，通信管道与电力电缆的交叉净距不得小于0.25 m。

人（手）孔内不得有其他管线穿越。

通信管道与铁道及有轨电车道的交越角不宜小于60°。交越时，与道岔及回归线的距离不应小于3 m。与有轨电车道或电气铁道交越处采用钢管时，应有安全防护措施。

线路路由施工测量应以批准的设计和规划部门批准的红线为依据。当有路由变更时应办理路由变更手续。

线路施工测量时应核定通信线路穿越铁路、公路、河流、湖泊、大型水渠、地下管线等障碍的具体位置和保护措施。

线路施工测量时应核定防腐蚀、防白蚁、防强电、防雷等地段的长度以及保护措施。

直埋光（电）缆线路及硅芯塑料管道线路施工测量时，应随地形测量地面距离；管道光（电）缆线路应测量人（手）孔中心间的距离；架空杆路应测量两电杆间的直线距离。

考题探究

【不定项】通信线路工程中，通信线路位置的确定应符合的规定包括（　　）。

A. 宜建在快车道下

B. 线路中心线应平行于道路中心线或建筑红线

C. 线路宜与燃气线路、高压电力电缆在道路同侧敷设

D. 高等级公路的通信线路敷设位置选择依次是：路肩、隔离栅内，隔离带下

【细说考点】本题主要考查通信线路的位置要求。具体内容详见上文。本题选 B。

（二）光（电）缆敷设

1. 一般规定

光（电）缆线路的走向、端别应符合设计要求。分歧光（电）缆的端别应与主干光（电）缆的端别相对应。

光（电）缆敷设前应进行配盘，配盘应满足下列规定：

（1）光（电）缆的规格、型号和结构应符合设计规定和路由实际状况。

（2）光（电）缆配盘时应综合考虑,确定合理接头点位置。直埋光（电）缆接头,应安排在地势平坦、地质稳固的地方。光（电）缆接头应避开水塘、河渠、桥梁、沟坎、快慢车道、交通道口等地点,不得设在桥上、跨越道路、铁路、河流等跨越范围内。埋式与管道交界处的接头应安排在人孔内。架空光（电）缆接头,宜安排在杆旁 2 m 以内或杆上。

电缆敷设安装时曲率半径应大于其外径的 15 倍。

硅芯塑料管道敷设安装时曲率半径应大于其外径的 15 倍。

光（电）缆在各类管材中穿放后,管孔应封堵严实。

光（电）缆敷设中应保证其外护层的完整性,并应避免扭转、打小圈和浪涌等现象发生。

光（电）缆敷设完毕,应保证光纤或缆线良好,光（电）缆端头应做密封防潮处理,不得浸水。对有气压维护要求的光（电）缆应加装气门端帽,充干燥气体进行单段光（电）缆气压检验维护。

> **温馨提示**
>
> 光缆敷设时的最小曲率半径与光缆的类型有关,不同标准里有不同的规定。一般条件下,不应小于光缆外径的 15 倍。

2. 敷设直埋光（电）缆

光（电）缆在沟底应自然平铺,不得有绷紧腾空现象。

光（电）缆同沟敷设时应平行排列,不得重叠或交叉,缆间的平行净距不应小于 100 mm。

光（电）缆在坡度大于 20°,坡长大于 30 m 的斜坡地段宜采用"S"形敷设。

埋式光（电）缆穿越保护管的管口处应封堵严密。

3. 敷设架空光（电）缆

架空光（电）缆敷设后应自然平直,并应保持不受拉力、应力,无扭转,无机械损伤。

当架空电缆接头的位置在近杆处时,200 对及以下的电缆接头套管的近端距电杆宜为 600 mm,200 对以上架空电缆接头套管的近端距电杆宜为 800 mm,允许偏差为 ±50 mm。

4. 敷设管道光（电）缆

在管孔内敷设光缆时,应根据设计规定一次性敷设数根塑料子管,子管敷设完成后应按设计要求封堵管口。

子管不得跨人（手）孔敷设,子管在管孔内不得有接头。

> **知识拓展**
>
> 光缆穿管道敷设时,一般采用机械牵引法施工。牵引力不得超过光缆允许张力的 80%,最大瞬时牵引力不得超过光缆允许张力。一次牵引敷设光缆的长度不宜超过 1 000 m。

（三）光（电）缆接续

光缆接头套管（盒）的封装应符合下列规定:

（1）接头套管（盒）的封装应符合产品使用说明的工艺要求,并应符合设计要求。

（2）热可缩套管加热应均匀,热缩完毕应原地冷却后再搬动,可开启式接头盒,安装的螺栓应均匀拧紧、无气隙。热缩管的作用是保护光纤熔接头。

（3）封装完毕,应测试检查并做好记录,需要做地线引出的应符合设计要求。

电缆芯线接续应符合下列规定:

（1）电缆接续前,应保证除填充性电缆外的电缆的气闭性良好,并应核对电缆程式、对数,检查端别。当有不符合规定时,应及时处理,合格后方可进行电缆接续。

（2）全塑电缆芯线接续应采用压接法,应按设计要求的型号选用扣式接线子或模块型接线子。

（3）电缆芯线的直接、复接线序应与设计要求相符,全色谱电缆应按色谱色带对应接续。

（4）接续的电缆芯线不应有混线、断线、地气、串线及接触不良等现象,无接续差错,芯线绝缘电阻应合格。接续后应保证电缆的标称对数全部合格。

建筑物内普通市话电缆芯线接续,可采用扣式接线子直接和模块直接的方法。

（四）光（电）缆测试及质量验收

1. 光（电）缆测试

光缆中继段竣工测试指标应符合设计规定,并应包括下列内容:

（1）中继段光纤线路衰减系数及传输长度。

（2）中继段光纤通道总衰减。

（3）中继段光纤后向散射曲线。

（4）直埋光缆线路对地绝缘电阻。

全塑电缆线路工程的电气性能测试应包括下列项目:

（1）用户线路的全部电缆线对及对地绝缘电阻、每一分线设备抽测一对线的环路电阻、局至交接箱的电缆全部线对近端串音衰减。

（2）中继电缆线路的电缆全部线对近端串音衰减、全部线对及对地绝缘电阻、抽测5%线对的环路电阻。

（3）设计如有其他特殊规定,按设计规定测试的测试项目。

同一条线路上有几种不同的绝缘层电缆时,应按电缆绝缘层分段进行绝缘电阻测试。合拢后可不再进行全程绝缘电阻测试。

2. 工程质量验收

通信线路安装工程质量验收分为随工检验、工程初验、工程试运行、工程终验四个阶段进行。

通信线路工程在施工过程中应采取巡视、旁站等方式进行随工检验。隐蔽工程部分应进行隐蔽工程验收,并应签署"隐蔽工程检验签证"。

通信线路工程施工结束,施工单位向建设单位提交完工报告、竣工资料后,建设单位应组织设计、监理和施工单位对工程进行竣工验收。已取得随工验收签证的安装和测试项目,在初步验收阶段可不再检验,验收小组认为有必要复验的,可进行买方复测验证。

光（电）缆线路工程经初验合格后,应按要求的试运行期组织工程产品试运行。

工程终验应在初验合格并经试运行且工程遗留问题已经解决后进行。

终验可对系统性能指标进行抽测。

工程终验应对工程质量及档案、工程决算等进行综合评价,并应对工程设计、施工、监理以及相关管理部门的工作进行总结。工程验收通过后应发出验收证书。

三、通信设备及线路工程计量 ★

根据《通用安装工程工程量计算规范》,通信设备及线路工程的计量规则如下。

（一）通信设备

通信设备（部分）工程量清单项目设置、项目特征描述的内容、计量单位及工程量计算规则，应按表 6-35 的规定执行。

表 6-35　通信设备（部分）

项目名称	项目特征	计量单位	工程量计算规则	工作内容
开关电源设备	种类、规格、型号、容量	架（台）	按设计图示数量计算	略
整流器、电子交流稳压器、调压器	规格、型号、容量	台		
市话组合电源、不间断电源设备		套		
变换器		架（盘）		
无人值守电源设备系统联测	测试内容	站		
控制段内无人站电源设备与主控联测		中继站系统		
设备电缆和软光纤	名称和类别、规格、型号、安装方式	m、条	以米计量，按设计图示尺寸以中心线长度计算；以条计量，按设计图示数量计算	
市话用户线硬件测试、市话用户线软件测试	测试类别、测试内容	千线	按设计图示数量计算	
中继线 PCM 系统硬件测试、中继线 PCM 系统软件测试		系统		
长途硬件测试、长途软件测试		千路端		
监控中心及子中心设备、光端机主/备用自动转换设备、数字公务设备	名称、规格、型号	套		
数字段内中继段调测、数字段主通道（辅助通道）调测	测试部位、测试类别、测试内容	系统/段		
小口径卫星地球站（VSAT）中心站高功放（HPA）设备、小口径卫星地球站（VSAT）中心站低噪声放大器（LPA）设备	规格、型号	系统/站		
中心站（VSAT）公用设备（含监控设备）、中心站（VSAT）公务设备		套		

注：铁塔架设，安装位置分楼顶、地上；不含铁塔基础施工，应按现行国家标准《房屋建筑与装饰工程工程量计算规范》相关项目编码列项。

（二）移动通信设备工程

移动通信设备工程（部分）工程量清单项目设置、项目特征描述的内容、计量单位及工程量计算规则,应按表 6-36 的规定执行。

表 6-36　移动通信设备工程(部分)

项目名称	项目特征	计量单位	工程量计算规则	工作内容
全向天线、定向天线	规格、型号、塔高、部位	副	按设计图示数量计算	略
室内天线、卫星全球定位系统天线(GPS)	规格、型号	副		
同轴电缆	规格、型号、部位	条、m	以条计量,按设计图示数量计算;以米计量,按设计图示尺寸以中心线长度计算	
GSM 定向天线基站及 CDMA 基站联网调测、寻呼基站联网调测	测试类别、测试内容	站	按设计图示数量计算	

(三)通信线路工程

通信线路工程(部分)工程量清单项目设置、项目特征描述的内容、计量单位及工程量计算规则,应按表 6-37 的规定执行。

表 6-37　通信线路工程(部分)

项目名称	项目特征	计量单位	工程量计算规则	工作内容
水泥管道	略	m	按设计图示尺寸以中心线长度计算	略
长途专用塑料管道		m		
光缆接续		头	按设计图示数量计算	
光缆成端接头		芯		
堵塞成端套管、充油膏套管接续、封焊热可缩套管、包式塑料电缆套管、气闭头		个	按设计图示数量计算	
交接箱		个		
交接间配线架		座		

(四)相关问题及说明

破路面、管沟挖填、基底处理、混凝土管道敷设等工程,应按现行国家标准《房屋建筑与装饰工程工程量计算规范》《市政工程工程量计算规范》中相关项目编码列项。

建筑与建筑群综合布线,应按《通用安装工程工程量计算规范》中建筑智能化工程相关项目编码列项。

建筑群子系统敷设架空管道、直埋、墙壁光(电)缆工程,应按《通用安装工程工程量计算规范》中相关项目编码列项。

通信线路工程中蓄电池、太阳能电池、交直流配电屏、电源母线、接地棒(板)、地漆布、橡胶垫、塑料管道、钢管管道、通信电杆、电杆加固及保护、撑杆、拉线、消弧线、避雷针、接地装置,应按《通用安装工程工程量计算规范》中电气设备安装工程相关项目编码列项。

通信线路工程中发电机、发电机组,应按《通用安装工程工程量计算规范》中机械设备工程相关项目编码列项。

除锈、刷漆等工程,应按《通用安装工程工程量计算规范》中刷油、防腐蚀、绝热工程相关项目编码列项。

第四节　建筑智能化工程安装技术与计量

一、建筑智能化工程概述 ★★

智能建筑是指以建筑物为平台,基于对各类智能化信息的综合应用,集架构、系统、应用、管理及优化组合为一体,具有感知、传输、记忆、推理、判断和决策的综合智慧能力,形成以人、建筑、环境互为协调的整合体,为人们提供安全、高效、便利及可持续发展功能环境的建筑。

（一）智能化系统的组成

根据《建筑电气与智能化通用规范》,按系统技术专业划分方式和设施建设模式进行展开,智能化系统工程细分如下:

（1）信息化应用系统,系统组成分项包括公共服务系统、智能卡应用系统、物业管理系统、信息设施运行管理系统、信息安全管理系统、通用业务系统、专业业务系统、满足相关应用功能的其他信息化应用系统等。

（2）智能化集成系统,系统组成分项包括智能化信息集成（平台）系统、集成信息应用系统。智能化集成系统应成为建筑智能化系统工程展现智能化信息合成应用和具有优化综合功效的支撑设施。智能化集成系统功能的要求应以建筑物自身使用功能为依据,满足建筑业务需求与实现智能化综合服务平台应用功效,确保信息资源共享和优化管理及实施综合管理功能等。

（3）信息设施系统,系统组成分项包括信息接入系统、布线系统、移动通信室内信号覆盖系统、卫星通信系统、用户电话交换系统、无线对讲系统、信息网络系统、有线电视系统、卫星电视接收系统、公共广播系统、会议系统、信息导引及发布系统、时钟系统、满足需要的其他信息设施系统等。

（4）建筑设备管理系统,系统组成分项包括建筑设备监控系统、建筑能效监管系统等。

（5）公共安全系统,系统组成分项包括火灾自动报警系统、安全防范系统（入侵和紧急报警系统、视频监控系统、出入口控制系统、电子巡查系统、楼寓对讲系统、停车库（场）安全管理系统、安全防范管理平台、应急响应系统、其他特殊要求的技术防范系统等）。

（6）机房工程,智能化系统机房工程组成分项包括信息接入机房、有线电视前端机房、信息设施系统总配线机房、智能化总控室、信息网络机房、用户电话交换机房、消防控制室、安防监控中心、应急响应中心和智能化设备间（弱电间）、其他所需的智能化设备机房等。

按功能进行划分,智能建筑系统可分为建筑自动化系统 BAS、通信自动化系统 CAS、办公自动化系统 OAS 三个子系统:

（1）建筑自动化系统（BAS）的功能是调节、控制建筑内的各种设施包括变配电、照明、通风、空调、电梯、给排水、消防、安保、能源管理等,检测、显示其运行参数,监视、控制其运行状态,根据外界条件、环境因素、负载变化情况自动调节各种设备,使其始终运行于最佳状态;自动监测并处理诸如停电、火灾、地震等意外事件;自动实现对电力、供热、供水等能源的使用、调节与管理,从而保障工作或居住环境既安全可靠,又节约能源,而且舒适宜人。

(2)通信自动化系统(CAS)是保证建筑物内语音、数据、图像传输的基础上,同时与外部通信网(如电话网、数据网、计算机网、卫星以及广电网)相连,与世界各地互通信息的系统。

(3)办公自动化系统(OAS)是应用计算机技术、通信技术、多媒体技术和行为科学等先进技术,使人们的部分办公业务借助于各种办公设备,并由这些办公设备与办公人员构成服务于某种办公目标的人机信息系统。

这三个系统之间通过综合布线系统 SCS 与系统集成中心 SIC 共同构成智能建筑的整个自动化系统。

知识助记

智能化系统的功能组成如图 6-10 所示。

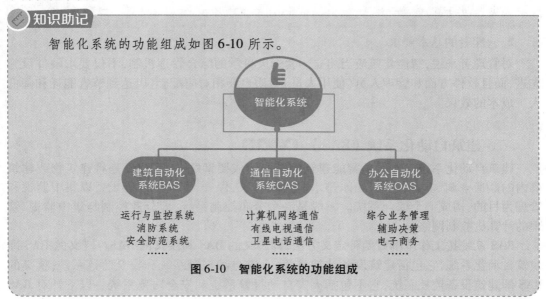

图 6-10　智能化系统的功能组成

(二)智能建筑的基本要求

1. 使用者的基本要求

对使用者来说,智能建筑应能提供安全、舒适、便利高效的优质服务,及有利于提升工作效率、激发人的创造性的环境。

(1)安全要求。

安全方面的要求主要包括火灾自动报警系统、安全技术防范系统和应急响应系统。

①火灾自动报警系统:火灾自动报警、自动喷淋灭火等。

②安全技术防范系统:入侵报警、闭路电视监控、保安巡查等。

③应急响应系统:电梯运行控制、出入口控制、应急照明等。

(2)舒适要求。

舒适方面的要求主要包括设备设施监控系统、居家娱乐系统。

①设备设施监控系统:空调设备、热力设备、给排水设备、供配电设备等监控设施。

②居家娱乐系统:卫星电缆电视、视频点播及回放、背景音乐、装饰照明等设施。

(3)便利高效要求。

便利高效方面的要求主要包括通信系统、办公自动化系统。

①通信系统:用户程控交换机、VSAT 卫星通信、互联网及宽带入户、综合布线等。

②办公自动化系统:办公自动化、物业服务、一卡通等。

考题探究

【不定项】智能建筑提供安全功能、舒适功能和便利高效功能,下列系统能提供安全性功能的有(　　　)。

A. 空调监控系统　　　　　　B. 闭路电视监控

C. 物业管理　　　　　　　　D. 火灾自动报警

【细说考点】本题主要考查智能建筑的功能要求。智能建筑安全方面的系统主要包括火灾自动报警系统、安全技术防范系统和应急响应系统。可以提供的安全性功能有火灾自动报警、自动喷淋灭火、入侵报警、闭路电视监控、保安巡查等。本题选BD。

2. 管理者的基本要求

对管理者来说,智能建筑应当建立一套先进科学的综合管理机制,不仅要求硬件设施先进,而且软件方面和管理人员(使用人员)素质也要相对应配套,以达到节省能耗和降低人工成本的效果。

二、建筑自动化系统（BAS）★★★★

建筑自动化系统(BAS)是智能建筑的基本组成要素之一,其含义是将建筑物或建筑群内的暖通空调、电力、照明、给水排水、运输、防灾、保安、车库管理等设备以集中监视和管理为目的,构成一个综合系统。一般是一个分布控制系统,即分散控制与集中监视、管理的计算机控制网络。

BAS系统按工作范围有两种定义方法,即广义的BAS和狭义的BAS。广义的BAS即建筑自动化系统,它包括建筑设备监控系统、火灾自动报警系统和安全防范系统;狭义的BAS即建筑设备监控系统,它不包括火灾自动报警系统和安全防范系统。以下针对BAS主要的子系统进行说明。

（一）建筑设备监控系统

建筑设备监控系统主要是用于对智能建筑内各类机电设备进行监测和控制,以达到安全、可靠、节能和集中管理的目的。

建筑设备监控系统应符合下列规定:

(1)监控的设备范围宜包括冷热源、供暖通风和空气调节、给水排水、供配电、照明、电梯等,并宜包括以自成控制体系方式纳入管理的专项设备监控系统等。

(2)采集的信息宜包括温度、湿度、流量、压力、压差、液位、照度、气体浓度、电量、冷热量等建筑设备运行基础状态信息。

(3)监控模式应与建筑设备的运行工艺相适应,并应满足对实时状况监控、管理方式及管理策略等进行优化的要求。

(4)应适应相关的管理需求与公共安全系统信息关联。

(5)宜具有向建筑内相关集成系统提供建筑设备运行、维护管理状态等信息的条件。

建筑设备监控系统包括暖通空调监控系统、变配电监测系统、公共照明监控系统、给排水监控系统、电梯和自动扶梯监控系统、能耗监测系统、保安监控系统等。

1. 暖通空调监控系统

暖通空调监控系统包括对空调机组、新风机组、冷冻机组、变风量末端风机盘管、水泵等进行的监控,是节能、节电的关键。对楼宇暖通空调设备进行全面管理和监控,可以实现楼宇的温度调节、湿度调节、通风气流速度的调节以及空气洁净度的调节,营造良好的工作环境。

2. 变配电监测系统

变配电监测系统的功能是确保智能建筑能够安全可靠地使用电力系统。其主要的工作任务包括:对开关、变压器的状态进行监测;对电流、电压、用电功率及发电机或备用电源的运行状态进行监测。同时可以做到智能建筑的用电计量、电费分析计算等。

> **🔔 知识拓展**
>
> 建筑设备监控系统对变配电系统一般只监不控,因此对变配电系统的检测,重点是核对规范要求的各项参数在中央管理工作站显示与现场实际数值的一致性。

3. 公共照明监控系统

公共照明系统的控制目前有两种方式。一种是由建筑设备监控系统对照明系统进行监控,监控系统中的 DDC 控制器对照明系统相关回路按时间程序进行开、关控制。系统中央站可显示照明系统运行状态、打印报警报告、系统运行报表等。另一种方式是采用自成体系专业照明监控系统(智能照明控制系统)对建筑物内的各类照明进行控制和管理,并将智能照明系统与建筑设备监测系统进行联网,实现统一管理。智能照明控制系统具有多功能控制、节能、延长灯具寿命、简化布线、便于功能修改和提高管理水平等优点。由于智能照明控制系统是专用的照明控制系统,其实现的各种照明控制功能比由建筑设备监控系统对照明进行控制的方式控制功能更多、更完善,管理更方便,节能效果更好。

4. 给排水监控系统

生活给水系统的监控应符合下列规定:

(1)当建筑物顶部设有生活水箱时,应设置液位计测量水箱液位,其高水位、低水位值应用于控制给水泵的启停,超高水位、超低水位值用于报警。

(2)当建筑物采用恒压变频给水系统时,应设置压力变送器测量给水管压力,用于调节给水泵转速以稳定供水压力,并监测水流开关状态。

(3)采用多路给水泵供水时,应具有依据相对应的液位设定值控制各供水管电动阀(或电磁阀)的开关,同时应具有各供水管电动阀(或电磁阀)与给水泵间的联锁控制功能。

(4)应设置给水泵运行状态显示、故障报警。

(5)当生活给水主泵故障时,备用泵应自动投入运行。

(6)宜设置主、备用泵自动轮换工作方式。

(7)给水系统控制器宜有手动、自动工况转换。

排水系统的监控应符合下列规定:

(1)当建筑物内设有污水池时,应设置液位计测量水池水位,其上限信号用于启动排水泵,下限信号用于停泵。

(2)应设置污水泵运行状态显示、故障报警。

(3)当排水主泵故障时,备用泵应能自动投入。

(4)排水系统的控制器应设置手动、自动工况转换。

(5)宜能根据累计运行时间进行多台水泵轮换开启。

5. 电梯和自动扶梯监控系统

电梯和自动扶梯宜采用自成体系专业监控系统进行监控,并纳入建筑设备监控系统。

当采用建筑设备监控系统对电梯和自动扶梯进行监测时,宜符合下列规定:

(1)应监测电梯、自动扶梯的运行状态及故障报警。

(2)当监控电梯群组运行时,电梯群宜分组、分时段控制。

(3)宜累计每台电梯的运行时间。

6. 能耗监测系统

能耗监测系统应检测能耗数据的显示、记录、统计、汇总及趋势分析等功能。检测结果符合设计要求的应判定为合格。

7. 保安监控系统

保安监控系统又称SAS,是一个相对独立的系统,一般通过联网通信与BAS联接在一起,可实现闭路电视监控、防盗报警、出入口控制等安全保护功能,以及保安人员巡逻路线的监控。保安监控系统按功能可由闭路电视监控子系统、防盗报警子系统、出入口控制子系统以及保安人员巡逻管理系统组成。

考题探究

【不定项】保安监控系统又称SAS,它包含的内容有(　　　　)。

A. 火灾报警控制系统　　　　　B. 出入口控制系统

C. 防盗报警系统　　　　　　　D. 电梯控制系统

【细说考点】本题主要考查保安监控系统的组成。具体内容详见上文。本题选BC。

(二)火灾自动报警系统

火灾报警对确保建筑物的安全重要非凡,有消防报警系统是大楼投入使用的先决条件。火灾探测器是及时发现和报警火情的关键,根据使用环境的不同,产生火灾报警信号的探测装置可以是传统烟感、温感、光感等各类火灾探测器,也可以是自带CPU的智能离子烟感探测器或者烟感复合智能探测器。火灾报警信号通过数据总线传送给判定单元和火灾报警监控主机。在对火灾信息进行处理后,如果确认发生火灾及其部位,将发出火灾报警信号、触发消防设备的联动、运转消防水泵和喷淋系统、启动排烟机、落下防火卷帘门,以将火灾消灭在萌芽状态。

火灾自动报警系统应符合下列规定:

(1)应安全适用、运行可靠、维护便利。

(2)应具有与建筑设备管理系统互联的信息通信接口。

(3)宜与安全技术防范系统实现互联。

(4)应作为应急响应系统的基础系统之一。

(5)宜纳入智能化集成系统。

(6)系统设计应符合现行国家标准《火灾自动报警系统设计规范》和《建筑设计防火规范》的有关规定。

火灾自动报警系统前面章节已进行讲解,此处不再展开描述。

(三)安全防范系统

安全防范系统是指以安全为目的,综合运用实体防护、电子防护等技术构成的防范系统,可包括安全防范综合管理系统、入侵报警系统、视频安防监控系统、出入口控制系统、访客对讲系统、电子巡查系统和停车库(场)管理系统等子系统。

1. 综合管理系统

综合管理系统是指对各安防子系统进行集成管理的综合管理软硬件平台,是安全防范系统集成与联网的核心,其设计应包括集成管理、信息管理、用户管理、设备管理、联动控制、日志管理、统计分析、系统校时、预案管理、人机交互、联网共享、指挥调度、智能应用、系统运维、安全管控等功能。

2. 入侵报警系统

入侵报警系统是指利用传感器技术和电子信息技术探测并指示进入或试图进入防护范围的报警系统。入侵报警系统通常由前端设备、传输设备、处理/控制/管理设备和显示/记录设备四个部分构成。

按信号传输方式的不同,入侵报警系统的组件可分为分线式、总线式、无线式、公共网络四种。

(1)前端设备。

前端设备包括探测器和紧急报警装置,是指对入侵或企图入侵或用户的故意操作作出响应以产生报警状态的装置。探测器可以是一个单独的集成单元,也可以由一个或多个传感器与信号处理单元相连而组成。探测功能包括系统中所有能确定报警状态是否存在的那些部分。紧急报警装置是用于紧急情况下,由人工故意触发报警信号的开关装置。

探测器按探测范围的不同分为点型、直线型、面型、空间型四种类型。常见的探测器类型如表6-38所示。

表 6-38 常见探测器类型

分类			说明
点型探测器	开关型探测器		由开关型传感器构成,可以是微动开关、干簧继电器、易断金属导线或压力垫等。常见的是磁开关探测器
	振动型探测器	速度式(或电动式)振动探测器	物体振动时会使永久磁铁与线圈之间产生相对运动,产生感应电动势,发出报警信号
		加速度式(或压电式)振动探测器	由压电晶体、压电陶瓷等压电材料制成,可将作用在其上的机械振动转变为相应大小的电压,强度达到阈值时,即触发报警
直线型探测器	红外入侵探测器	主动红外探测器	当发射机与接收机之间的红外辐射光束被完全遮断或按给定的百分比被部分遮断时,即可触发报警
		被动红外探测器	人在探测器覆盖区域内移动引起接收到的红外辐射电平变化,即可触发报警
	激光入侵探测器		当被探测目标侵入所防范的警戒线时,激光光束被遮挡,接收机接收到的光信号发生突变,提取出这一变化信号,经放大并做适当处理后,即发出报警信号
面型探测器			常见的有振动入侵探测器、栅栏式被动红外入侵探测器、平行线电场畸变入侵探测器、泄漏电缆电场畸变入侵探测器、振动传感电缆型入侵探测器、电子围栏式入侵探测器等

（续表）

分类		说明
空间探测器	超声波探测器	利用多普勒效应,当被测目标侵入,并在防范区域空间移动时,移动人体反射的超声波,引起探测器报警的装置
	微波探测器	在一个充满微波场的防范空间里,当入侵物体进入防范区域发生移动时,移动的入侵目标反射微波,产生多普勒频率偏移,而引起探测器报警的装置
	视频探测器	将电视监视技术与报警技术相结合的一种新型安全防范报警设备。以电视摄像机来作为遥测传感器,通过检测被监视区域的图像变化,从而触发报警
	声控探测器	利用由声电传感器做成的监听头对监控现场进行立体式空间警戒的探测系统。声控探测器以探测声音的声强作为报警的依据,把接收到的声音信号转换为电信号,并经电路处理后送到报警控制器,当声音的强度超过一定电平时,就可触发电路发出声、光等报警信号

考题探究

【不定项】能够封锁一个场地的四周或封锁探测几个主要通道口,还能远距离进行线控报警,应选用的入侵探测器为(　　　　)。

A. 激光入侵探测器　　　　　　　B. 红外入侵探测器

C. 电磁感应探测器　　　　　　　D. 超声波探测器

【细说考点】本题主要考查激光入侵探测器的特点。激光入侵探测器可发出受激辐射光,方向性、单色性、相干性更好,亮度也更高,因此传输的距离也很远,是用于长距离周界防护的一种较理想的探测器。可以用一套激光器来封锁场地的四周,或封锁几个主要通道路口。本题选 A。

（2）传输设备。

传输设备即信道,其作用是将由探测器发出的携有报警信号的电信号及时准确地传至报警控制器。

传输方式的确定应取决于前端设备分布、传输距离、环境条件、系统性能要求及信息容量等,宜采用有线传输为主、无线传输为辅的传输方式。有线传输是指报警信号沿导体（如双绞线、同轴电缆、电话电缆等）传输的方式。无线传输是指报警信号通过无线电波沿自由空间传输的方式。

有线传输方式的特点如表6-39所示。

表6-39　有线传输方式的特点

传输介质	特点
双绞线	适用于小型防范区域,常用于传送低频模拟信号和频率低的开关信号
光缆	多用于视频图像的传输和远距离传输。特点是传输质量高、体积小、抗腐蚀、敷设容易、抗干扰性和保密性强,但造价高
音频屏蔽线和同轴电缆	适用于传送声音和图像复核信号。同轴电缆的传输方式包括单根电缆传送一路信号和单根电缆传送多路信号两种方式

（3）控制指示设备。

控制指示设备俗称防盗报警控制器。报警控制器由信号处理器和报警装置等设备组成，作用是将信道送来的探测信号进行分析、判断和处理，若判断有危险情况存在，就会立即发出声光报警信号，引起值班人员的警觉，以采取相应的紧急处理措施或直接向有关部门发出报警信号。

控制指示设备应具备以下功能：

①操作权限。每种用户类别可使用的控制指示设备功能应满足规定的要求。

②身份验证。

③设防。具有规定权限的用户应能对控制指示设备进行全部和/或部分设防操作。设防成功后，控制指示设备应有相应的指示。设防失败时，控制指示设备应能立即给出指示和/或报警信号和/或信息。

④撤防。具有规定权限的用户应能对控制指示设备进行全部和/或部分撤防操作。

⑤报警。控制指示设备应具备入侵报警（包括瞬时报警、延时报警和 24 h 报警）、紧急报警、防拆报警、故障报警、胁迫报警、远程报警、遮挡及探测范围明显减少报警、多路报警的功能，且报警声压及持续时间符合规定。

⑥指示。控制指示设备应能按照的规定给出相应的指示，其中强制性要求的指示应显示在控制指示设备上。入侵/紧急报警、故障报警、防拆报警、遮挡报警和探测范围明显减小报警所给出的指示应保持到取消指示操作后。

⑦响应。控制指示设备应对持续时间大于 400 ms 的入侵探测、紧急报警和防拆信号和/或信息进行处理，控制指示设备应对持续时间大于 10 s 的故障信号和/或信息进行处理。

⑧自检。控制指示设备在开机后，应能进行自检，并给出自检结果指示。

3. 视频安防监控系统

视频安防监控系统是指利用视频探测技术、监视设防区域并实时显示、记录现场图像的电子系统或网络，也常称为闭路监控系统。视频安防监控系统一般由前端、传输、控制及显示记录四个主要部分组成。

（1）前端部分。

前端部分包括一台或多台摄像机以及与之配套的镜头、云台、防护罩、控制解码器等。

①摄像机。摄像机是指以安全防范视频监控为目的，将图像传感器靶面上从可见光到近红外光谱范围内的光图像转换为视频图像信号的采集装置。

②镜头。镜头是摄像机的眼睛，起着收集光线的作用，正确选择镜头以及良好的安装与调整是清晰成像的第一步。

③云台。摄像机云台是一种安装在摄像机支撑物上的工作台，用于摄像机与支撑物之间的连接，云台具有水平和垂直回转的功能。云台的分类如表 6-40 所示。

表 6-40 云台的分类

分类方法	说明
按负载重量划分	轻型负载云台（最大负载 < 10 kg）、中型负载云台（最大负载 10 ~ 30 kg）、重型负载云台（最大负载 ≥ 30 kg）
按使用环境划分	室内用云台（负载重量小，无防雨装置）、室外用云台（负载重量大，有防雨装置）
按机械程度划分	手动云台（又称支架或半固定支架），在手动云台上安装好摄像机后，可调整摄像机的水平和俯仰的角度（水平方向调整角度为 30° ~ 150°；垂直方向为 -45° ~ 45°），达到最好的工作姿态后只要锁定调整机构即可；电动云台，可用控制电压驱动云台在水平和垂直两个方向进行全方位扫描，在视频监控系统中得到广泛的应用

④防护罩。为了使摄像部分在各种环境下都能正常工作，需要使用防护罩来进行保护。防护罩的种类有很多，主要分为室内、室外和特殊类型等。室内防护罩的主要区别在于体积大小、外形及表面处理的不同，主要以装饰性、隐蔽性和防尘为目标；而室外型因为属于全天候应用，需适应不同的使用环境。

⑤控制解码器。控制解码器是与控制系统配套使用的一种前端设备，可控制室内外云台、电动变焦镜头、一体化摄像机、灯光或雨刷等，应配有 RS－485 通信接口，宜兼容多种控制协议。有的控制解码器还能对摄像机电源的通、断进行控制。

> **🔔 知识拓展**
>
> 一体化摄像机将镜头内置于摄像机中，除有自动光圈、自动变焦、自动白平衡、背光补偿等基本功能外，有些还具备特殊防护功能，如防水型、防爆型、防弹型摄像机等，以方便安装和使用。

（2）传输部分。

传输部分是指视频监控系统中用于传输图像、声音，以及控制信号的信号通路。传输部分一般包括馈线（同轴电缆、多芯电缆、平衡式电缆和光缆等）、视频电缆补偿器和视频放大器等。

由于视频信号在同轴电缆内传输受到的衰减与传输距离、电缆的直径和信号的频率有关（信号频率越高，衰减越大），因此同轴电缆只适合于近距离传输图像信号。当传输距离达到 200 m 左右时，图像质量将会明显下降。为了延长视频信号的传输距离，则需要使用视频放大器。放大器会将视频信号进行一定倍数的放大，同时能对不同频率成分进行不同大小的补偿，以尽可能减小视频信号的失真。但放大器不能级联太多，一般在一个点到点系统中放大器最多只能级联 2～3 个，否则无法保证视频传输质量，且调整起来很困难。视频电缆补偿器用于长距离传输，可对视频信号损耗进行补偿放大，从而保证图像质量不会受到较大影响。

在传输方式上，目前视频监控系统多半采用视频基带传输方式。若是在摄像机距离控制中心较远的情况下，也有采用射频传输或光纤传输，或采用微波传输、IP 网络传输等方式。不同的传输方式，应根据信号传输距离、控制信号的数量等确定。各种传输方式，均应力求视频信号输出与输入的一致性和完整性，信号传输应保证图像质量和控制信号的准确性（响应及时和防止误动作），信号传输应有防泄密措施，有线专线传输应有防信号泄漏或加密措施。

常见的视频信号传输有以下几种：

①基带传输。又叫数字传输，是按照数字信号原有的波形（以脉冲形式）在信道上直接传输，它要求信道具有较宽的通频带。基带传输不需要调制、解调，设备花费少，适用于较小范围的数据传输（一般不超过 2 km）。系统的控制信号可采用多芯电缆直接传输，或通过双绞线采用编码方式对摄像机、云台进行控制。

②射频传输。在视频监控系统中，当需要在一条传输线上同时传送多路射频图像信号时，可以采用射频传输方式，也就是将摄像机输出的视频图像信号经调制器调制到某射频频道上进行传送。射频传输一般采用有线传输的方式，且布线的场所应方便。

③微波传输。微波传输属于无线传输，就是将摄像机输出的图像信号和对摄像机、云台的控制信号，采用电磁波的方式进行传输，适用于布线困难的场所。

④光纤传输。当长距离传输或在强电磁干扰环境下传输时，应采用光纤传输。光纤传输是将摄像机输出的图像信号和对摄像机、云台的控制信号转换成光信号进行传输。

此外,光纤传输还具有传输质量高、容量大、安全性好等特点。

⑤IP 网络传输。监视电视系统正沿着数字化、网络化、智能化的方向发展,图像信号和控制信号可作为一个数据包,选择在 IP 网络中进行传输。IP 网所需要的核心技术,包括 IP 网络交换、IP 视频处理、IP 存储等,与 IP 监视网所需要的核心技术是一致的。IP 系统在性价比、图像综合利用及管理方面都具备优势。

> **🔔 知识拓展**
>
> 　　频带传输是信号经调制传输到终端后经再解调的传输方式。即将数字信号(二进制电信号)进行调制变换,变成模拟信号,经传输介质传送到接收端后,再由调制解调器将该信号解调变换成原来二进制电信号。频带传输需在发送端和接收端分别设置调制解调器。此种传输方式克服了许多长途线路不能直接传输基带信号的缺点,可以实现多路复用,以提高传输信道的利用率。

> **考题探究**
>
> 　　【不定项】闭路监控系统中,可近距离传递数字信号,不需要调制,解调,设备花费少的传输方式是(　　)。
>
> 　　A. 光纤传输　　　　　　　　B. 射频传输
> 　　C. 基带传输　　　　　　　　D. 宽带传输
>
> 　　【细说考点】本题主要考查视频信号的传输方式。具体内容详见上文。本题选 C。

(3)控制部分。

控制部分是监控系统的中心。通过在中心机房操控控制设备,对前端设备进行远距离操控。常见的控制设备如下:

①集中控制器。集中控制器通常安装在中心机房、调度室或监视部位。与一些辅助设备配合,可以遥控摄像机的工作状态,如电源的接通、关断、水平旋转、垂直俯仰、远距离广角变焦等。一台遥控器按其型号不同能够控制摄像机的数量不等,一般为 1~6 台。

②微机控制器。微机控制器是一种较先进的多功能控制器,它采用微处理机技术,其稳定性和可靠性好。与相应的解码器、视频切换器、云台控制器等设备配套使用,可以组成一级或二级控制,并具有功能扩展接口。控制信号传输线可以采取串并联相结合的布线,从而节约大量电缆,降低工程费用。

③视频分配放大器。视频分配放大器的功能和作用有两个:一是对视频信号进行分配(即将同一个视频信号分成几路);二是对视频信号进行放大。在实际使用过程中一般是先放大后分配。用于分配目的的视频分配放大器,应侧重于功率放大;而对于远距离视频基带传输时视频信号的发送端所用的视频分配放大器,应侧重于电压幅度的放大。

④视频切换器。视频切换器是选择视频图像信号的设备。如果将几路视频信号加在它的输入端,通过对它的控制,可以选择任何一路视频信号输出,而其他信号则不输出。它可以对多路视频信号进行自动或手动控制,使一个监视器能监视多台摄像机信号,扩大监视范围,节省监视器,还可用来产生特技效果,如图像混合、分割画面、特技图案、叠加字幕。

⑤视频矩阵主机。视频矩阵主机是电视监控系统中的核心设备,对系统内各设备的控制均是从这里发出和实现的。其主要功能是将一台视频切换监视器监视到的多个摄像机摄取的图像信号显示出来,或将单个摄像机摄取的图像经视频分配放大可同时显示在

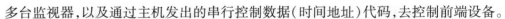

多台监视器，以及通过主机发出的串行控制数据（时间地址）代码，去控制前端设备。

（4）显示记录。

显示是视频安防监控系统图像信号的探测采集、传输、控制质量的客观反映，因此显示设备的型号、规格要和视频安防监控系统规模相适应，如控制室的大小、视频输入的数量。同时，还要充分考虑值机人员对显示图像的观察的人机关系。

记录设备宜选用数字录像设备，并宜具备防篡改功能；其存储容量和回放的图像（和声音）质量应满足相关标准和管理使用要求。

显示记录设备主要包括监视器、录像机、多画面分割器等。

①监视器。摄像机产生的图像信号经过传输、控制设备等在监视器上显示，故监视器属于终端显示设备。监视器屏幕大小应根据监视的人数、画面、分辨程度及监视人与屏幕之间的距离确定。

②录像机。硬盘录像机的原理是将视频信号送入计算机中，通过计算机内的视频采集卡，完成 A/D 转换，并按照一定的格式进行存贮。在监控系统中，通常需配备录像机，以便将监视目标的图像或数据进行存档。

③多画面分割器。在有多个摄像机的视频安防监控系统中，为了节省监视器以及为监控人员提供全视野画面，经常采用多画面分割器使多路图像同时显示在一台监视器上。既减少了监视器的数量，又能使监控人员一目了然地监视各个部位的情况。常用的画面分割器有四画面、九画面和十六画面。画面分割器的基本工作原理是采用图像压缩和数字化处理的方法，把几个画面按同样的比例压缩在一个监视器的屏幕上。

4. 出入口控制系统

出入口控制系统俗称门禁系统，是指利用自定义编码信息识别或模式特征信息识别技术，通过控制出入口控制点执行装置的启闭，达到对目标在出入口的出入行为实施放行、拒绝、记录和警示等操作的电子系统。

出入口控制系统的防护级别由所用设备的防护面外壳的防护能力、防破坏能力、防技术开启能力以及系统的控制能力、保密性等因素决定。系统的防护级别分为 A，B，C 三个等级。

出入口控制系统的网络结构是集散型控制系统。系统采用集中管理、分散控制的方式。管理中心的管理主机负责对系统的集中管理，分布在现场的控制设备负责对出入口目标的识别和设备的控制。

出入口控制系统的网络结构由监视、控制的现场网络和信息管理、交换的上层网络构成。分布在门禁控制现场的门禁读卡器是一种现场数字控制器，用来读取卡信息。当持卡人刷卡后，读卡器就会向现场控制器（门禁控制模块）传送该智能卡数据，由现场控制器（门禁控制模块）进行身份识别，如果该卡有效，现场控制器通过输出接口输出门锁打开信号，开启出入口通道。同时现场控制器（门禁控制模块）记录持卡人的资料，如持卡人的姓名、区域、刷卡时间等。此时，该持卡人即可进入该区域。反之，该卡无效，现场控制器（门禁控制模块）同样会记录读卡信息并会根据设定发出其他动作（如报警）提醒保安人员注意。门禁读卡器、门禁控制模块可以脱离系统独立工作。系统中门禁读卡器、门禁控制模块发生故障同样不会殃及整个系统。而系统管理中心协调管理系统资源，可监视、控制现场设备的状态。

出入口控制系统主要由识读部分、传输部分、管理/控制部分和执行部分组成。出入口控制系统结构图，如图 6-11 所示。

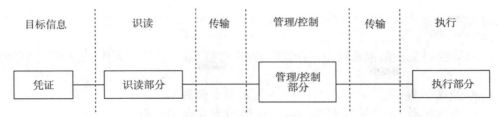

图 6-11　出入口控制系统结构图

（1）识读部分。

出入口目标识读部分，是通过提取出入目标身份等信息，将其转换为一定的数据格式传递给出入口管理子系统；管理子系统再与所载有的资料对比，确认同一性，核实目标的身份，以便进行各种控制处理。

出入目标识别，就是在安全防范系统中对人员、物品等目标进行身份的识别，一般分为以下三种类型，如表 6-41 所示。

表 6-41　出入目标识别方式

分类	使用方法
人体生物特征识别	指纹、掌形、虹膜、面部、语音特征、签字等
代码识别	密码、身份证号码、学生证号码、条码等
卡片识别	磁卡、IC 卡、射频卡、感应卡等

常用人体生物特征识读设备选型要求如表 6-42 所示。

表 6-42　常用人体生物特征识读设备选型要求

序号	名称	主要特点	安装设计要点	适宜工作环境和条件	不适宜工作环境和条件
1	指纹	指纹头设备易于小型化；识别速度很快，使用方便；需人体配合的程度较高；操作时需人体接触识读设备	用于人员通道门，宜安装于适合人手配合操作，距地面 1.2～1.4 m 处；当采用的识读设备，其人体生物特征信息存储在目标携带的介质内时，应考虑该介质如被伪造而带来的安全性影响	室内安装；使用环境应满足产品选用的不同传感器所要求的使用环境要求	操作时需人体接触识读设备，不适宜安装在医院等容易引起交叉感染的场所
2	掌形	识别速度较快；需人体配合的程度较高；操作时需人体接触识读设备；精确性略差于指纹识别			
3	虹膜	虹膜被损伤，修饰的可能性很小，也不易留下被可能复制的痕迹；需人体配合的程度很高；需要培训才能使用；操作时不需人体接触识读设备	用于人员通道门，宜安装于适合人眼部配合操作，距地面 1.5～1.7 m 处	环境亮度适宜、变化不大的场所	环境亮度变化大的场所，背光较强的地方
4	面部	需人体配合的程度较低，易用性好，适于隐蔽地进行面像采集、对比；操作时不需人体接触识读设备	安装位置应便于摄取面部图像的设备能最大面积、最小失真地获得人脸正面图像		

考题探究

【不定项】安全防范系统中，身份辨别方式有很多，以下属于人体生理特性识别的是（　　）。

A. 指纹识别　　　　　　　　　B. 磁卡识别

C. 人脸识别　　　　　　　　　D. 身份证号码识别

【细说考点】本题主要考查安全防范系统中身份识别的方式。指纹、掌形、虹膜、面部、语音特征、签字等都属于人体生物特征识别。本题选 AC。

除人体生物特征识别外，IC 卡也是使用较为广泛的识别技术。IC 卡（集成电路卡）也称智能卡，是将一个微电子芯片嵌入符合一定标准的卡基中，做成卡片形式。IC 卡与读写器之间的通信方式可以是接触式也可以是非接触式。IC 卡具有体积小、便于携带、存储容量大（存储区域有 8～16 个且相互独立）、可靠性高、使用寿命长、保密性强、安全性高（多重双向认证）等特点。

IC 卡种类较多，根据 IC 卡芯片功能的差别可以分为以下几种：

①存储卡。也称记忆卡，卡内为电可擦可编程的只读功能的集成电路存储器，具有数据存储功能，不具有数据处理功能和硬件加密功能。

②逻辑加密型卡。它是在存储型 IC 卡上，再增加一部分加密控制逻辑电路，因此具备加密逻辑和数据存储器功能。加密逻辑电路通过校验密码方式来保护卡内的数据对外部访问是否开放，但只是低层次的安全保护，无法防范恶意性的攻击。

③CPU 卡。也称智能卡，卡内的集成电路中带有微处理器 CPU、存储单元（包括随机存储器 RAM、程序存储器 ROM、用户数据存储器 EEPROM）以及芯片操作系统 COS。装有 COS 的 CPU 卡相当于一台微型计算机，不仅具有数据存储功能，同时具有命令处理和数据安全保护等功能。

（2）传输部分。

传输方式应考虑出入口控制点位分布、传输距离、环境条件、系统性能要求及信息容量等因素。

识读设备与控制器之间的通信用信号线宜采用多芯屏蔽双绞线。

门磁开关及出门按钮与控制器之间的通信用信号线，线芯最小截面积不宜小于 $0.50~mm^2$。

控制器与执行设备之间的绝缘导线，线芯最小截面积不宜小于 $0.75~mm^2$。

控制器与管理主机之间的通信用信号线宜采用双绞铜芯绝缘导线，其线径根据传输距离而定，线芯最小截面积不宜小于 $0.50~mm^2$。

知识拓展

门磁开关是用于监视门的开闭状态，并与门禁读卡模块连接，能将其状态信息通过 485 总线反馈至中央控制器的装置。

（3）管理/控制部分。

管理/控制部分是出入口控制系统的管理—控制中心，也是出入口控制系统的人机管理界面。功能包括接收识读部分传来的操作和钥匙信息，与预先存储、设定的信息进行比较、判断，对目标的出入行为进行鉴别及核准，对符合出入授权的目标，向执行部分发出予以放行的指令；设定识别方式、出入口控制方式，输出控制信号；处理报警情况，发出报警信号;实现扩展的管理功能(如考勤、巡更等),与其他控制及管理系统的连接(如与防盗报警、视频监控、消防报警等的联动)等。

管理/控制部分中的系统硬件主要有:

①主控模块。主控模块是系统中央处理单元,连接各功能模块和控制装置,具有集中监视、管理、系统生成及诊断功能。

②网络隔离器。网络隔离器主要用于网络隔离,增强网络连接的安全性,同时具有网络抗雷击的作用。当网络系统中的一部分出现故障时,其他部分的网络可以继续工作;当网络传输的线缆发生损坏现象时,能够提供报警信号。

③专用电源。系统的主电源可以仅使用电池或交流市电供电,也可以使用交流电源转换为低电压直流供电。可以使用二次电池及充电器、UPS 电源、发电机作为备用电源。如果使用了主电源和备用电源,则它们之间应能自动转换,转入备用电源供电时应有指示。

(4)执行部分。

执行部分接收管理/控制部分发来的出入控制命令,在出入口做出相应的动作和/或指示,实现出入口控制系统的拒绝与放行操作和/或指示。

> **🔔 知识拓展**
>
> 　　出入口控制系统应具备以下功能:基于电脑的编程;存储记录;时间程序的管制;首次进入自动开启;自检和故障指示;联动控制;系统日志功能;多单位管理功能;多级操作权限的设定;实时监控和远程监控;楼层电子地图显示;系统具有单门反潜回功能;系统具有胁迫密码报警功能;应急开启功能;双向管制防反转;卡片管理。

5. 访客对讲系统

楼寓对讲系统也称为访客对讲系统,具有可视功能的系统通常称为可视对讲系统。系统通常由访客呼叫机、用户接收机、管理机、电源及辅助设备组成,如图 6-12 所示。

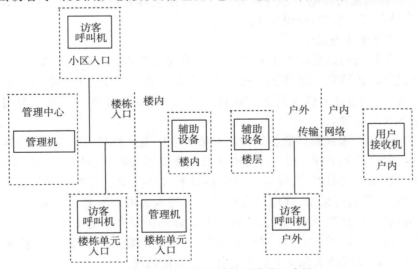

图 6-12　楼寓对讲系统应用构成示意图

访客对讲系统可分为单户型、单元型、联网型等多种,详细说明如表 6-43 所示。

表 6-43　楼寓对讲系统的种类

名称	说明
单户型	每户一个室外主机可连带一个或多个室内分机,多用于别墅。别墅宜选用访客可视对讲系统;多幢别墅统一物业管理时,宜选用数字联网式访客可视对讲系统
单元型	单元楼有一个门口控制主机,门口主机可以直接和本单元内的室内分机进行通信。住宅小区和单元式公寓应选用联网式访客(可视)对讲系统
联网型	每个大门口主机、单元门口主机、室内分机都通过联网器和本小区的管理主机相连,可实现集中管理

6. 电子巡查系统

电子巡查系统是指对巡查人员的巡查路线、方式及过程进行管理和控制的电子系统。电子巡查系统主要由信息标识(信息装置或识别物)、数据采集、信息转换传输及管理终端等部分组成。依照巡查信息是否能即时传递,电子巡查系统一般分为离线式和在线式两大类。

（1）离线式电子巡查系统。

离线式电子巡查系统,又称无线巡查系统,是指巡查人员采集到的巡查信息不能即时传输到管理终端的电子巡查系统。离线电子巡查是通过管理计算机读取保安人员手持或其他类似功能装置巡更棒,检验保安人员巡逻的工作情况。

离线电子巡查系统由信息钮、巡更棒、通信座或传输线和电脑及管理软件组成。先将信息钮安装在小区重要部位(需要巡检的地方),然后保安人员根据要求的时间、沿指定路线巡逻,用巡更棒逐个阅读沿路的信息钮,便可记录信息钮数据、巡更员到达日期、时间、地点等相关信息。保安人员巡逻结束后将巡更棒通过通信座与微机连接,将巡更棒中的数据输送到计算机中,在计算机中统计、存储。

离线电子巡查系统无需布线,方便快捷,系统投资少、安全可靠、寿命长,目前全国各地95%以上选择的是离线电子巡查系统。感应式巡更棒靠近巡查点即可读取信息,不受灰尘、雨、雪、冰等环境影响,使用方便。

（2）在线式电子巡查系统。

在线式电子巡查系统是指识读装置通过有线或无线方式与管理终端通信,使采集到的巡查信息能即时传输到管理终端的电子巡查系统。在线电子巡查是按照预先编制的保安人员巡查程序,通过读卡机或其他方式对保安人员巡逻的工作状态进行监督、记录,并能对意外情况及时报警。

有线(在线)巡查系统是将数据识读器安装在小区重要部位(需要巡检的地方),再用有线连接到控制中心的电脑主机上。保安人员根据要求的时间,沿指定路线巡逻,用数据卡或信息钮在数据识读器识读,保安人员到达日期、时间、地点等相关信息实时传到控制中心的计算机,计算机可记录、存储所有数据。管理人员可随时查询巡查记录,掌握第一手资料,也可以按月、季度、年度等方式查询,有效评估保安人员的工作。由于系统能实时读取保安人员的巡查记录,所以能对保安人员实施安全保护,一旦保安人员未在规定时间、规定地点出现,则要核实保安人员失职或者意外的情况。

利用现有门禁系统的读卡器规定巡查路线,巡查员按规定的时间和路线,在读卡器上对固定的智能卡进行识读,可实时输入巡查信号,门禁系统实时地将巡查信号传到门禁控制中心的计算机,然后解读巡查数据,既能实现巡查功能又可降低造价。

在线式电子巡查系统的缺点是需要布线,施工量很大,成本较高;在室外安装传输的线路容易遭到人为的破坏,需设专人值守监控电脑,系统维护费用高;已经修好的建筑物再配置在线式巡查系统就更显困难。

> **🔔知识拓展**
>
> 对实时巡查要求高的建筑物,宜采用在线式电子巡查系统。其他可采用离线式电子巡查系统。

7. 停车库(场)管理系统

有车辆进出控制及收费管理要求的停车库(场)宜设置停车库(场)管理系统。

停车库(场)管理系统宜由出入口管理系统、车辆引导与反向寻车管理系统组成。出入口管理系统宜由入口部分、出口部分、库(场)分区引导以及管理中心四部分组成,车辆引导与反向寻车管理系统宜由前端信息采集、发布及查询、管理中心三部分组成。

停车库(场)安全管理系统应对停车库(场)的车辆通行道口实施出入控制、监视与图像抓拍、行车信号指示、人车复核及车辆防盗报警,并能对停车库(场)内的人员及车辆的安全实现综合管理。

停车库(场)安全管理系统设计内容应包括出入口车辆识别、挡车/阻车、行车疏导(车位引导)、车辆保护(防砸车)、库(场)内部安全管理、指示/通告、管理集成等,并应符合下列规定:

(1)停车库(场)安全管理系统应根据安全技术防范管理的需要,采用编码凭证和(或)车牌识别方式对出入车辆进行识别;高风险目标区域的车辆出入口可复合采用人员识别、车底检查等功能的系统。

(2)停车库(场)安全管理系统设置的电动栏杆机等挡车指示设备应满足通行流量、通行车型(大小)的要求;电控阻车设备应满足高风险目标区域的阻车能力要求。

(3)应根据停车库(场)的规模和形态设计行车疏导(车位引导)功能。

(4)系统挡车/阻车设备应有对正常通行车辆的保护措施,宜与地感线圈探测等设备配合使用。

(5)系统可与停车收费系统联合设置,提供自动计费、收费金额显示、收费的统计与管理功能;系统也可与出入口控制系统联合设置,与其他安全防范子系统集成。

(6)应在停车库(场)内部设置紧急报警、视频监控、电子巡查等设施,封闭式地下车库等部位应有足够的照明设施。

三、通信自动化系统(CAS)⭐⭐

智能建筑内部的通信自动化系统主要包括信息网络系统、有线电视及卫星接收系统、电话通信系统、公共广播系统、会议系统等组成。通信系统的相关结构组成已在本章第三节讲解,本部分内容主要介绍相应的安装技术。

(一)信息网络系统

网络的根本是实现互相通信。目前,网络已经成为高效对外业务联络、信息交互的必需,网络系统除了需要综合布线的底层连接外,还需要集线器、交换机、路由器等网络设备的支撑。按照单一网络能够覆盖的地域划分,网络可分为局域网、城域网和广域网,具体如表6-44所示。

表6-44　网络按覆盖地域划分

名称	定义
局域网（LAN）	一种位于有限地理区域内的用户宅院内的计算机网络，即用于在本地互联各个系统
城域网（MAN）	一种连接位于同一城市区域内的几个局域网的网络
广域网（WAN）	对比局域网或城域网更大的地理区域提供各种通信服务的一种网络，即用于互联向世界范围的各个系统

知识拓展

常说的互联网是指广域网、局域网及单机按一定的通信协议组成的国际计算机网络，又称因特网、网际网。

信息网络系统应符合下列规定：

（1）应根据建筑的运营模式、业务性质、应用功能、环境安全条件及使用需求，进行系统组网的架构规划。

（2）应建立各类用户完整的公用和专用的信息通信链路，支撑建筑内多种类智能化信息的端到端传输，并应成为建筑内各类信息通信完全传递的通道。

（3）应保证建筑内信息传输与交换的高速、稳定和安全。

（4）应适应数字化技术发展和网络化传输趋向；对智能化系统的信息传输，应按信息类别的功能性区分、信息承载的负载量分析、应用架构形式优化等要求进行处理，并应满足建筑智能化信息网络实现的统一性要求。

（5）网络拓扑架构应满足建筑使用功能的构成状况、业务需求及信息传输的要求。

（6）应根据信息接入方式和网络子网划分等配置路由设备，并应根据用户工作业务特性、运行信息流量、服务质量要求和网络拓扑架构形式等，配置服务器、网络交换设备、信息通信链路、信息端口及信息网络系统等。

（7）应配置相应的信息安全保障设备和网络管理系统，建筑物的信息网络系统与建筑物外部的相关信息网互联时，应设置有效抵御干扰和入侵的防火墙等安全措施。

（8）宜采用专业化、模块化、结构化的系统架构形式。

（9）应具有灵活性、可扩展性和可管理性。

（二）有线电视及卫星接收系统

有线电视及卫星电视接收系统应符合下列规定：

（1）应向收视用户提供多种类电视节目源。

（2）应根据建筑使用功能的需要，配置卫星广播电视接收及传输系统。

（3）卫星广播电视系统接收天线、室外单元设备安装空间和天线基座基础、室外馈线引入的管线等应设置在满足接收要求的部位。

（4）宜拓展其他相应增值应用功能。

（5）系统设计应符合现行国家标准《有线电视系统工程技术规范》的有关规定。

1. 有线电视系统

有线电视网络可由干线网、城域干线网和接入分配网构成。

干线网是连接两个以上城市有线电视网络前端的大容量光传输网络。干线网可分国家干线网和省干线网两类。

城域干线网是城市有线电视网络中，连接前端和所有分前端的网络（针对HFC）；或者连接所有核心节点、汇聚节点和接入节点的网络(针对 IP)。

接入分配网是城市有线电视网络中连接城域干线网边缘设备和用户终端(或者用户家庭网络网关)的网络。

有线电视系统是建筑物内可用于传输图像信号、声音信号、控制信号的通信系统。

有线电视网络工程直埋线缆敷设应符合下列要求:

(1)直埋线缆的埋深应符合设计文件的要求,线缆在沟底应自然平铺,不应有绷紧腾空现象。

(2)直埋线缆不应与电力线缆同沟敷设。当与其他线缆同沟敷设时,应平行排列,不应重叠和交叉。线缆间间距不应小于 100 mm。

(3)直埋线缆最小弯曲半径应符合规定。

(4)当坡度大于 20°或坡长大于 30 m 时,宜采用 S 型敷设方式,宜采用堵塞加固或分流方式防止雨水冲刷。在坡度大于 30°时,宜采用铠装结构线缆。

(5)当直埋线缆穿越保护管时,保护管两段应封堵严密。

有线电视网络工程管道线缆布放应符合下列规定:

(1)施工前应逐段清刷管孔和试通。

(2)线缆在管孔中不应有接头。

(3)施工时牵引用力应均匀,经过人(手)孔出口、转弯、管孔高差等处时,应采取减少线缆与之摩擦的措施。

(4)线缆最小弯曲半径应符合规定。

(5)施工完成后应做好线缆标志,标志应选择耐用及防水材料制作。

(6)管道中多条线缆敷设后,余缆应盘好后合理放置,排列应整齐,不应有交叉;线缆应紧靠井壁牢固绑扎在井内支架或托盘上,预留线缆应放置在托架上。

(7)人孔作业进出时应使用梯具,不应踩压井内支架、托板和井内线缆。

(8)敷设线缆后的管道口和未使用的管道口应封堵严密。

(9)人(手)孔内施工完成后,应清理作业场地,撤出工具设备,盖上并锁好井盖。

有线电视网络工程架空线缆布放应符合下列规定:

(1)架空线缆敷设后应自然平直,并应保持不受拉力和应力,应无扭转,应无机械损伤。

(2)架空线缆的弧垂度允许偏差应为设计弧垂度的 ±5%。

(3)架空线缆与树木等易剐蹭物体交越时应安装护套管。

(4)当架空线缆与电力线交越时,吊线和线缆应加装绝缘保护套,保护套管长出交越区域两端不应小于 1 m。

(5)当架空线缆敷设经过电力变压器时,应绕行通过。

(6)架空线缆进出机房应做伸缩预留。

有线电视网络工程建筑物内及户内线缆敷设应符合下列规定:

(1)宜采用暗管敷设方式。

(2)建筑物内及户内线缆敷设安装时的最小弯曲半径应符合规定。

(3)当线缆穿越建筑物墙壁时,应打孔并埋设穿墙管、穿越外墙的墙孔应内高外低,线缆在进入建筑物前应制作回水弯;当线缆需打孔进入建筑物时,应选择其门窗侧墙。

(4)建筑物内线缆布线完成后,穿缆孔应封堵严密。

(5)户内光缆成端处光纤应作标志。

户外暗管敷设应符合下列规定:

（1）当暗管采用金属材料时，其截面利用率应为 25% ~ 30%；当暗管采用钢管或阻燃聚氯乙烯硬质材料时，直线暗管的管径利用率应为 50% ~ 60%，弯管道的管径利用率应为 40% ~ 50%。

（2）线缆在暗管内不应有接头。

（3）当暗管内用带线敷设线缆时，应将带线与线缆的加强构件相连。

户内电缆敷设应符合下列规定：

（1）户内电缆与户内电源线的安装间距不应小于 300 mm，且不应将两者同暗管、同线槽、同出线盒、同设备箱安装。

（2）暗管敷设时，应将电缆沿预埋管孔引至户内有线电视终端盒上。

（3）明线敷设时，应将电缆在设计文件要求的位置打孔进入户内，并引至电视终端盒上。

有线电视系统安装的其他规定以考题探究的形式进行讲解。

考题探究

【不定项】有线电视系统安装应符合的要求有（　　　　）。

A. 电缆在室内敷设，可以将电缆与电力线同线槽、同出线盒、同连接箱安装

B. 分配器、分支器安装在室外时应采取防雨措施，距地面不应小于 2 m

C. 系统中所有部件应具备防止电磁波辐射和电磁波侵入的屏蔽功能

D. 应避免将部件安装在高温、潮湿或易受损伤的场所

【细说考点】本题主要考查有线电视系统的安装技术。根据《有线电视系统工程技术规范》，电缆在室内敷设时，不得将电缆与电力线同线槽、同出线盒、同连接箱安装。分配放大器、分支、分配器可安装在楼内的墙壁和吊顶上。当需要安装在室外时，应采取防雨措施，距地面不应小于 2 m。系统中所用部件应具备防止电磁波辐射和电磁波侵入的屏蔽性能。应避免将部件安装在厨房、厕所、浴室、锅炉房等高温、潮湿或易受损伤的场所。本题选 BCD。

2. 卫星电视接收系统

卫星电视接收系统是指利用地球同步卫星将数字编码压缩的电视信号传输到用户端的一种广播电视系统，又称卫星地面站。

卫星电视接收系统主要由室外接收设备（包括接收天线和高频头）和室内接收设备（包括卫星电视接收机）等部分组成。天线接收来自卫星的下行信号，经高频头得到中频信号，送入卫星接收机，经过信号处理输出图像和声音信号。调制混合后通过有线电视网络传送给用户，目前一般只能实现单向传输。卫星电视接收系统框图如图 6-13 所示。

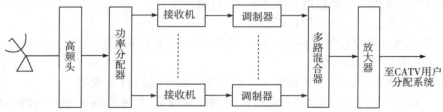

图 6-13　卫星电视接收系统框图

卫星电视接收机应选用高灵敏、低噪声的设备。

卫星电视接收天线的选择，应符合下列规定：

（1）卫星电视接收天线应根据所接收卫星采用的转发器，选用 C 频段或 Ku 频段抛物

面天线;天线增益应满足卫星电视接收机对输入信号质量的要求。

（2）当天线直径大于或等于4.5 m,且对其效率及信噪比均有较高要求时,宜采用后馈式抛物面天线;当天线直径小于4.5 m时,宜采用前馈式抛物面天线;当天线直径小于或等于1.5 m时,Ku频段电视接收天线宜采用偏馈式抛物面天线。

（3）天线直径大于或等于5 m时,宜采用内置伺服系统的天线。

（4）在建筑物上架设的天线基础设计应计算其自重荷载及风荷载。

（5）天线的结构强度应满足其工作环境的要求;沿海地区宜选用耐腐蚀结构天线,风力较大地区宜选用网状天线。

（三）电话通信系统

移动通信室内信号覆盖系统应满足室内移动通信用户语音及数据通信业务需求。

室内信号覆盖系统应设置在民用建筑内,对移动通信信号遮挡损耗较强或通信信号盲区的场所。

室内信号覆盖系统由信号源和室内天馈线分布系统组成,并应符合下列要求:

（1）信号源可分为宏蜂窝或微蜂窝等基站设备和直放站设备。

（2）室内天馈线分布系统可为合路设备、有源/无源宽带信号设备、天线及缆线等。

（3）室内天馈线分布系统宜采用集约化方式合路设置成一套系统或可各自分别独立设置。当合路设置成一套系统时,应满足各家电信业务经营者移动通信接入系统的指标要求和上下行频段间互不干扰。

用户电话交换系统应根据使用需求,设置在民用建筑内,并应符合下列要求:

（1）系统宜由用户电话交换机、话务台、终端及辅助设备组成。

（2）用户电话交换机可分为用户交换机(PBX),ISDN用户交换机(ISPBX)、IP用户交换机(IPPBX)、软交换用户电话交换机等。

（3）用户电话交换机应提供普通电话通信、ISDN通信和IP通信等多种业务。

（4）用户终端可分为普通电话终端、ISDN终端、IP终端等。

（5）用户电话交换机应根据用户使用语音、数据、图像、多媒体通信业务功能需要,提供与用户终端、专网内其他通信系统、公网等连接的通信业务接口。

（6）民用建筑内物业管理部门宜设置内部用户电话交换机,并满足楼内物业管理办公用房、各个机电设备用房及控制室、内部餐饮用房、大堂总服务台、门卫室及相关公共场所等处的有线通信要求。

用户电话交换系统的直流供电应符合下列要求:

（1）通信设备直流电源电压宜为48 V。

（2）当建筑物内设有发电机组时,蓄电池组的初装容量应满足系统0.5 h的供电时间要求。

（3）当建筑物内无发电机组时,根据需要蓄电池组应满足系统0.5～8 h的放电时间要求。

（4）当电话交换系统对电源有特殊要求时,应增加电池组持续放电的时间。

（四）公共广播系统

公共广播系统应符合下列规定:

（1）应包括业务广播、背景广播和紧急广播。

（2）业务广播应根据工作业务及建筑物业管理的需要,按业务区域设置音源信号,分区控制呼叫及设定播放程序。业务广播宜播发的信息包括通知、新闻、信息、语音文件、寻呼、报时等。

（3）背景广播应向建筑内各功能区播送渲染环境气氛的音源信号。背景广播宜播发的信息包括背景音乐和背景音响等。

（4）紧急广播应满足应急管理的要求，紧急广播应播发的信息为依据相应安全区域划分规定的专用应急广播信令。紧急广播应优先于业务广播、背景广播。

（5）应适应数字化处理技术、网络化播控方式的应用发展。

（6）宜配置标准时间校正功能。

（7）声场效果应满足使用要求及声学指标的要求。

（8）宜拓展公共广播系统相应智能化应用功能。

（9）系统设计应符合现行国家标准《公共广播系统工程技术规范》的有关规定。

（五）会议系统

会议系统应符合下列规定：

（1）应按使用和管理等需求对会议场所进行分类，并分别按会议（报告）厅、多功能会议室和普通会议室等类别组合配置相应的功能。会议系统的功能宜包括音频扩声、图像信息显示、多媒体信号处理、会议讨论、会议信息录播、会议设施集中控制、会议信息发布等。

（2）会议（报告）厅宜根据使用功能，配置舞台机械及场景控制及其他相关配套功能等。

（3）具有远程视频信息交互功能需求的会议场所，应配置视频会议系统终端（含内置多点控制单元）。

（4）当系统具有集中控制播放信息和集成运行交互功能要求时，宜采取会议设备集约化控制方式，对设备运行状况进行信息化交互式管理。

（5）应适应多媒体技术的发展，并应采用能满足视频图像清晰度要求的投射及显示技术和满足音频声场效果要求的传声及播放技术。

（6）宜采用网络化互联、多媒体场效互动及设备综合控制等信息集成化管理工作模式，并宜采用数字化系统技术和设备。

（7）宜拓展会议系统相应智能化应用功能。

会议电视系统采用多点控制单元（MCU）设备组网时，系统功能应符合下列要求：

（1）网内任意会场均可具备主会场控制和管理的功能。

（2）网内一方作为主会场时，会场显示屏幕上应能呈现出其他分会场传送来的视频图像、电子文本、电子白板等画面。

（3）任何一方应能远程遥控对方会场授权控制的一体化高清晰度摄像机及场景高清晰度摄像机。

（4）主会场宜能控制所有会场的全部画面。

（5）主会场应能控制主会场发言模式与分会场发言模式的转换。

（6）显示屏幕上，应能叠加各会场地点名称等文字说明。

（7）同一个多点控制单元设备能支持不同传输速率的会议电视，支持召开多组会议同时进行。

（8）网内系统在多个多点控制单元中，应支持主从级联、互为备份等功能。

（9）多点控制单元应按系统与会方最多数量配置，并留有扩展余量。

（10）多点控制单元设备组网时，宜具有网闸（GK）组网功能。

四、办公自动化系统（OAS）⭐

办公自动化系统有广义与狭义之分。广义的办公自动化系统是指能够完成事务处理、信息管理和决策支持任务的办公自动化系统。它是一个人机系统,能够高效率地自动进行处理,属于较完善的办公自动化。而狭义的办公自动化系统是指基于文字处理基础上的办公事务的数据处理系统,能部分地减少人的手工操作和劳动强度,属于简单的办公自动化。

(一)办公自动化信息处理

办公自动化的信息处理能力非常强大,一般包括语音、数据、图像和文字等四种形式的信息处理。从信息流程上看,信息处理可分为四个环节,即信息收集、信息加工、信息传递和信息存贮。

1.信息收集

信息收集是指测量、存储、感知和采集信息,包括信息的采集、整理和录入。

2.信息加工

信息加工是信息处理的基本内容和重要环节,是指对收集到的原始信息,按照一定的要求和程序,采取科学的方法,进行分类、排序、合并、比较、判断、选择和编写的过程。信息加工不仅是一个具体的工作程序,也是一个思维过程,是信息加工者对大量原始信息进行艰巨复杂的脑力劳动的过程。

3.信息传递

信息传递是指信息在信源与信宿之间,凭借一定的传递载体或介质,通过一定信道的运动、传播和接受的过程,包括空间上的传递和时间上的传递。信息传递是发挥信息效用的必要条件。

4.信息存贮

信息存贮是指信息在时间上的传递。经过收集、加工和整理的信息,有些经过传递会被直接使用;有些需要贮存起来,形成信息资料积累,便于后期使用;或者,有些信息会在第一次使用后也需要贮存,以利于后期重复使用。信息的使用价值决定了信息贮存的本质属性,也使所贮存的信息资料具有后备性、参考价值和馆藏意义等特点。

(二)办公自动化系统的特点及引用

1.办公自动化系统的特点

(1)集成化。集成的核心是将分散的系统集成形成一个统一的整体,以取得系统效益。例如办公系统与社会公众信息数据的集成。

(2)多媒体化。在办公自动化系统中使用多媒体技术,使系统具有处理文字、数字、声音、图形、图像等多种类型信息的能力,使信息以更加直观生动的方式来表达,进一步提高办公效率。

(3)智能化。随着计算机技术的不断进步和计算机能力的不断增强,日常事务的各种信息处理和信息交换将由计算机自动完成,减少员工的智能性劳动。

(4)电子数据交换(EDI)的运用。EDI电子数据交换是将工作中的各种数据和信息,通过计算机通信网络,使各有关部门、公司与企业之间进行数据交换与处理,并完成相关业务的过程。

2.办公自动化系统的应用

办公自动化系统是一个综合系统,其由多个子系统构成并提供不同的功能,具体如表6-45所示。

表 6-45　办公自动化系统的子系统及功能

子系统名称	功能
收文系统	主要完成收文所涉及的一系列操作如公文上报、登记、拟办、中转、转发、处室拟办、领导审核、承办单位办理、归档、相关单位查询公文等
发文系统	主要完成发文所涉及的一系列操作如处室拟稿、领导审签、文字初审、文字复审、领导签发、文书印发等
待办事宜系统	是整个办公自动化系统的重要组成部分，通过该子系统，办公人员只需查看、处理待办事宜系统中的文件，进行批示、审批、审阅，可以极大地提高办公效率
电子邮件系统	不仅是系统中各种流程衔接的纽带，同时也可以非常方便地促进工作人员之间信息的交流和共享、文档的传递
会议管理系统	通过网络远程提供会议安排、会议通知单、会议纪要、会议议题归档库等功能，也可以通过网络进行实时图像、声音传输实现网上会议
领导日程安排系统	可以有效地对领导的办公时间和待办事项进行统一协调和安排
论坛管理系统	论坛类似现实生活中的公告牌，用于系统内部人员在上面发布相关公开信息。论坛管理主要对这些信息进行管理，比如信息分类、更新等
外出人员管理系统	电子公告牌中可以清晰地显示外出人员的外出时间、地点、理由以及预计返回时间等事项
个人用户工作台系统	可对工作人员个人的各项工作进行统一管理，例如安排日程、活动，查看处理当日工作，存放个人的资料、记录等
档案管理系统	可有效提高档案管理工作效率，降低管理费用，实现高速、实时的档案查询
简报期刊系统	提供国内外主要报纸杂志的查询和检索；提供信息查询、统计、分析功能，协助领导决策管理
综合信息系统	提供职工联系方式查询，增进职工与单位和外界的沟通，提供国内外相关法律、法规查询，并提供相关咨询服务

（三）办公自动化系统的类型

按办公自动化系统所能支持的最高层次，办公自动化系统可划分为事务处理型、信息管理型和决策支持型三种。

1. 事务处理型

事务处理型办公自动化系统的主要内容是执行例行的日常办公事务，大体上可分为办公事务处理（如文字处理、电子表格、电子邮件、办公日程管理、财务统计等）和行政事务处理（如公文流转、文件收发登录、人事管理等）两大部分。事务型办公自动化系统可以是单机系统，也可以是一个机关单位内的各办公室完成基本办公事务处理和行政事务处理的多机系统，属于第一层次的办公自动化系统。事务处理型办公自动化系统以数据库为基础，可以把业务作成应用软件包，包内的不同应用程序之间可以互相调用或共享数据。

2. 信息管理型

信息管理型办公自动化系统是在事务处理型办公自动化系统的基础上增加了与数据库的联系，从而构成的一体化的办公信息处理系统。它由事务型办公自动化系统支持，以管理控制活动为主，除了具备事务型办公自动化系统的全部功能外，还增加了信息管理功能，属于第二层次的办公自动化系统。应用该系统的前提是具有各部门共享的综合数据库。

3.决策支持型

决策支持型办公自动化系统是在信息管理型办公自动化系统的基础上增加了决策或辅助决策功能的最高级的办公自动化系统,可为办公人员提供决策支持。它不同于一般的信息管理系统,应能够协助决策者在求解问题答案的过程中方便地检索出相关的数据,对各种方案进行试验和比较,对结果进行优化。

> **知识拓展**
>
> OA 就是将计算机技术、通信技术、系统科学、行为科学应用于用传统的数据处理技术难以处理的量非常大而结构又不明确的某些业务上的一项综合技术。具体解释如表 6-46 所示。
>
> 表 6-46　办公自动化的科学技术
>
> | 名称 | 说明 |
> |---|---|
> | 计算机技术 | 办公自动化系统中信息的采集、存储和处理均依赖于计算机技术。文件和数据库的建立和管理,办公语言的建立和应用,各种办公软件的开发,以及办公自动化软件开发环境的建立,对于办公自动化都起主要作用 |
> | 通信技术 | 通信系统是办公自动化的神经系统,是缩短空间距离、克服时空障碍的重要保证,从模拟通信到数字通信、从局域网到广域网,从公用电话网、低速电报网到分组交换网、综合业务数字网,从一段的电话到微波、光纤、卫星通信等,都是办公自动化要涉及的通信技术 |
> | 系统科学 | 系统科学为办公自动化提供各种与决策有关的理论支持,为建立各类决策模型提供方法与手段,主要包括各种优化方法、决策方法、对策方法等,可为自动化办公提供定量结构分析、预测未来、决策评价等功能 |
> | 行为科学 | 行为科学研究人的行为产生原因、发展和相互转化的规律,以便预测、解释、引导、说明、控制人的行为。行为科学的组织设计、组织结构、组织变革和发展中采用的理论与方法可以指导办公自动化系统的实现 |

五、综合布线系统（PDS）★★★

综合布线系统是一种模块化的、灵活性极高的建筑物内或建筑群之间的信息传输通道。通过它可使语音设备、数据设备、交换设备、各种控制设备与信息管理系统连接起来,同时也使这些设备与外部通信网络相连。

综合布线由不同系列和规格的部件组成,其中包括传输介质、相关连接硬件(如配线架、连接器、插座、插头、适配器)以与电气保护设备等。这些部件可用来构建各种子系统,它们都有各自的具体用途,不仅易于实施,而且能随需求的变化而平稳升级。

（一）综合布线系统的结构

设计综合布线系统应采用开放式星型拓扑结构,该结构下的每个子系统都是相对独立的。只要改变节点连接就可使网络在星型、总线、环形等各种类型的网络拓扑间进行转换。

综合布线系统的构成,应符合下列规定:

(1)配线子系统中可以设置集合点(CP),也可不设置集合点。

（2）建筑物配线设备（BD）之间、建筑物楼层配线设备（FD）之间可以设置主干线缆互通。

（3）FD可以经过主干线缆连至建筑群配线设备（CD），信息插座（TO）也可以经过水平线缆连至BD。

（4）设置了设备间的建筑物，设备间所在楼层的FD可以和设备间中的BD和CD及入口设施安装在同一场地。

（5）单栋建筑物，无建筑群配线设备CD，入口设施和BD之间可设置互通的路由。

1. 布线子系统

综合布线系统包含三种布线子系统，即建筑群主干布线子系统、建筑物主干布线子系统和水平布线子系统。各种布线子系统可连接成图6-14所示的综合布线系统。配线架提供综合布线系统的配置，以支持不同的拓扑，如总线型、星型和环型。

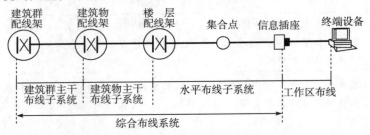

图6-14 综合布线系统的结构

（1）建筑群主干布线子系统。建筑群布线子系统从建筑群配线架延伸到通常是分开的建筑中的建筑物配线架。子系统可能包括：建筑群主干缆线；建筑物引入设备内的所有布线部件；建筑群配线架中的跳线和接插软线；端接建筑群主干缆线的连接硬件（在建筑群配线架和建筑物配线架上）。

（2）建筑物主干布线子系统。建筑物布线子系统从建筑物配线架延伸到各楼层配线架。子系统可能包括：建筑物主干缆线；建筑物配线架中的跳线和接插软线；端接建筑物主干缆线的连接硬件（在建筑物配线架和各楼层配线架上）。

（3）水平布线子系统。水平布线子系统从楼层配线架延伸到与之相连的各信息插座。子系统包括：水平缆线；楼层配线架中的跳线和接插软线；在信息插座处水平电缆的机械终端；在楼层配线架处水平缆线的机械终端包括互连或交叉连接的连接硬件；集合点（可选）；信息插座。

考题探究

【不定项】综合布线子系统中，从楼层配线架到各信息插座的布线称为（　　）。

A. 建筑群综合配线子系统　　　　　B. 建筑物综合配线子系统

C. 水平综合配线子系统　　　　　　D. 工作区综合布线子系统

【细说考点】本题主要考查各种布线子系统的定义。水平布线子系统是指从楼层配线架延伸到与之相连的各信息插座的布线系统。本题选C。

---

2. 子系统的互连

在综合布线中，布线子系统的功能部件互连成图6-15和图6-16所示的分层结构。

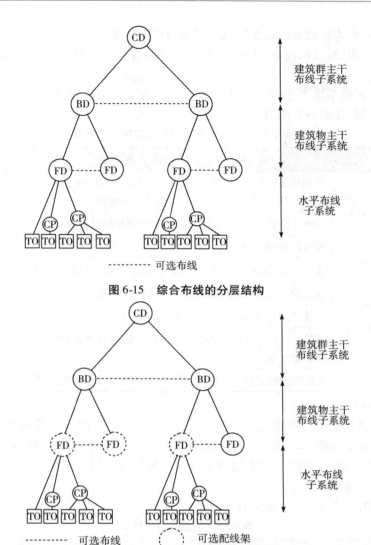

图 6-15　综合布线的分层结构

图 6-16　集中综合布线的结构

当配线架的功能合并时,可以省去相关的布线子系统。

集中综合布线结构建立组合的主干/水平信道,如图 6-16 所示。通过配线架上的无源连接构成信道,这种连接由交叉连接或互连完成。另外,集中光纤布线可以在配线架上采用熔接建立连接,但这样会降低布线重新配置的能力。

3. 布线部件

综合布线系统中采用的主要布线部件并不多,一般包括传输介质、连接硬件、信息插座等。

(1)传输介质。

综合布线系统常用的传输介质有对绞线(又称双绞线)、大对数电缆(简称对称电缆)和光缆。

(2)连接硬件。

连接硬件是综合布线系统中各种接续设备(如配线架等)的统称。连接硬件包括主件的连接器(又称适配器)、成对连接器及接插软线,但不包括某些应用系统对综合布线系统用的连接硬件,也不包括有源或无源电子线路的中间转接器或其他器件(如阻抗匹配变量器、终端匹配电阻、局域网设备、滤波器和保护器件)等。连接硬件是综合布线系统中的重要组成部分。

由于综合布线系统中连接硬件的功能、用途、装设位置以及设备结构有所不同,其分类方法也有区别,详细分类如表 6-47 所示。

表 6-47　综合布线系统中连接硬件的分类

分类依据	类型
按在综合布线系统中的线路段落划分	终端连接硬件:总配线架(箱、柜),终端安装的分线设备(如电缆分线盒、光纤分线盒等)和各种信息插座(即通信引出端)等
	中间连接硬件:中间配线架(盘)和中间分线设备等
按在综合布线系统中的使用功能划分	配线设备:配线架(箱、柜)
	交接设备:配线盘(交接间的交接设备)和屋外设置的交接箱
	分线设备:缆分线盒、光纤分线盒和各种信息插座
按设备结构和安装方式划分	设备结构划分:架式和柜式(箱式、盒式)
	安装方式划分:壁挂式和落地式,信息插座有明装和暗装方式,且有墙上、地板和桌面安装方式
按装设位置划分	建筑群配线架(CD)、建筑物配线架(BD)和楼层配线架(FD)等

（3）信息插座。

信息插座是指连接配线线缆和工作区跳线的物理接口。综合布线系统可采用不同类型的信息插座和信息插头。这些信息插座和信息插头基本上都是一样的,可以做到互相兼容。例如,在终端(工作站)一端,将带有 8 针的插头软线插入插座;在水平子系统一端,将 4 对双绞线连接到插座上。

信息插座的种类很多,如表 6-48 所示。

表 6-48　信息插座的种类

名称	信息传输速率/Mbps	适用范围	安装方式
3 类信息插座模块	16	语音	安装位置为配线架或接线盒内
5 类信息插座模块	155	语音、数据、视频	
超 5 类信息插座模块	622		已锁定方式,安装在配线架或接线盒内
千兆位信息插座模块	1 000		安装位置为机柜式配线架或接线盒内
光纤插座	1 000		安装位置同 RJ－45 信息插座
多媒体信息插座	100		安装在 RJ－45 型插座或 SC、ST 和 MIC 型耦合器

🔔 知识拓展

3 类、5 类信息插座模块,属于 8 位/8 针无锁模块。所有综合布线推荐的标准信息插座是 8 针模块化信息插座。

（二）综合布线系统的设计要求

综合布线系统宜按六个部分进行设计,即建筑群子系统、设备间子系统、垂直干线子系统、管理间子系统、水平干线子系统和工作区子系统。子系统之间的关系如图6-17所示。

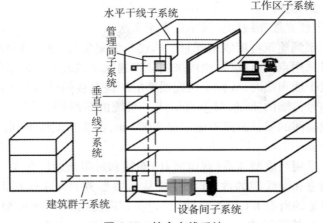

图 6-17　综合布线系统

1. 建筑群子系统的设计要求

建筑群配线设备(CD)内线侧的容量应与各建筑物引入的建筑群主干缆线容量一致。

建筑群配线设备(CD)外线侧的容量应与建筑群外部引入的缆线的容量一致。

建筑群配线设备各类设备缆线和跳线的配置应符合《综合布线系统工程设计规范》的规定。

2. 设备间子系统的设计要求

设备间是建筑物的电话交换机设备和计算机网络设备,以及配线设备(BD)安装的地点,也是进行网络管理的场所。对综合布线工程设计而言,设备间主要安装总配线设备。设备间设置的位置应根据设备的数量、规模、网络构成等因素综合考虑。

每栋建筑物内应设置不小于1个设备间,并应符合下列规定:

(1)当电话交换机与计算机网络设备分别安装在不同的场地、有安全要求或有不同业务应用需要时,可设置2个或2个以上配线专用的设备间。

(2)当综合布线系统设备间与建筑内信息接入机房、信息网络机房、用户电话交换机房、智能化总控室等合设时,房屋使用空间应作分隔。

设备间内的空间应满足布线系统配线设备的安装需要,其使用面积不应小于10 m²。当设备间内需安装其他信息通信系统设备机柜或光纤到用户单元通信设施机柜时,应增加使用面积。

设备间应设置不少于2个单相交流220 V/10 A电源插座盒,每个电源插座的配电线路均应装设保护器。设备供电电源应另行配置。

3. 垂直干线子系统的设计要求

垂直干线子系统是指设备间到楼层配线间配线架之间的连接线缆(光缆)。

🔔 **知识拓展**

水平干线子系统和垂直干线子系统的网络拓扑结构都为星型结构。水平干线子系统中的布线并非一定是水平的布线;垂直干线子系统中的布线也并非一定是垂直的布线。

(1)垂直干线子系统的设计原则。

垂直干线子系统的设计原则如下:

①干线布线应选择较短的、安全的、经济的路由。例如使用弱电井内的电缆桥架布线并与各楼层的配线架相连。

②干线电缆、干线光缆布线的交接不应多于 2 次。

③从楼层配线架到建筑群配线架间只应通过一个配线架，即建筑物配线架。

④干线电缆可采用点对点端接，也可采用分支递减端接或混合使用的连接方法。

⑤当进行一级干线布线时，放置干线配线架的二级交接间可以并入楼层配线间。

⑥为了保证信号传输的质量，对垂直干线子系统的布线距离有一定的限制。建筑群配线架到楼层配线架间的最长距离不应超过 2 000 m，建筑物配线架到楼层配线架的最长距离不应超过 500 m。

⑦垂直干线可采用开放型通道（弱电竖井）布线和封闭型通道布线。

⑧确定干线通道和配线间的数目时，主要从所要服务的可用楼层面积来考虑。如果在给定楼层所要服务的所有 I/O（输入/输出）设备都在配线间的 75 m 范围之内，则采用单干（即一个主干道）线接线系统；否则，则要采用双通道（两个主干道分开）干线子系统，或者采用二级交接间，把所要服务的所有 I/O（输入/输出）设备仍控制在配线间的 75 m 范围之内。

（2）垂直干线子系统的线缆要求。

根据建筑物的楼层面积、建筑物的高度和用途来选择干线电缆的类型：100 Ω 双绞电缆；150 Ω 双绞电缆；8.3/125 μm 单模光缆；62.5/125 μm 多模光缆。在实际工程设计中，常用的缆线是 62.5/125 μm 多模光缆（数据信号的传输速率为 100 Mbps 时，传输距离为 2 km）。

采用单模光缆时，建筑群配线架到楼层配线架的最大距离为 3 km。

传输速率超过 100 Mbps 的高速应用系统，布线距离不超过 90 m，宜采用的综合布线介质为 5 类双绞电缆；否则宜选用光缆（单模或多模）。如果传输速率在 1 Mbps 以下，布线距离可为 2 km。

在确定垂直子系统所需要的电缆总对数之前，必须确定电缆中语音和数据信号的共享原则。基本型每个工作区选用 2 对双绞电缆。对于增强型和综合型，每个工作区可在基本型的基础上增设光缆系统。增强型每个工作区选用 3 对双绞电缆和 0.2 芯光纤；综合型每个工作区选用 4 对双绞电缆和 0.2 芯光纤。

（3）干线电缆的接合方法。

在确定主干线缆如何连接楼层配线间与二级交接间配线架时，通常有两种方法可供选择。

①点对点端接法。

点对点端接法是最简单、最直接的接合方法。首先要选择一根双绞线电缆或光缆，其电缆对数、光纤根数可以满足一个楼层的全部信息插座需要，而且这个楼层只需设一个配线间，即一个配线间或一个二级交接间兼负这两者的功能。然后从设备间引出这根电缆，经过干线通道，直接端接于该楼层的一个指定配线间的连接件。

选用点对点端接法，可能引起干线中的各根电缆长度各不相同，每根电缆的长度要足以延伸到指定的楼层和配线间，而且粗细也可能不同。

该方法的优点是避免使用特大对数的电缆，可采用容量小、重量轻的对数电缆；发生电缆故障只影响一个楼层，有利于故障的判断和测试，便于维护。缺点是电缆数目较多，占用通道空间加大；工程造价偏高。

②分支递减接合法。

分支递减接合法是指一根特大对数电缆可以支持若干个楼层配线间的通信,经过分配接续设备后分出若干根小电缆,分别延伸到每个配线间或每个楼层,并端接于目的地的连接方法。这种接合方法可分为单楼层接合法和多楼层接合法。

该方法的优点是干线中的主干电缆条数较少,可以节省一些空间;在某些情况下,分支递减接合法的造价低于点对点端接法。缺点是电缆对数过于集中,发生故障影响面大;电缆分支需要接续设备,发生故障时,检测和分隔难度大,维护费用高。

4. 管理间子系统的设计要求

管理间也称电信间或配线间,是专门安装楼层机柜、配线架、交换机的楼层管理间。一般设置在每个楼层的中间位置,主要安装建筑物楼层配线设备。管理线缆和连接件的区域称为管理区。管理区包括管理间(包括设备间、配线间、二级交接间)和工作区的线缆、配线架及相关接插线等硬件以及其交接方式、标志和记录。

管理间子系统常设于楼层中的配线间中,配线间是干线子系统与水平子系统转接的地方。应从干线所服务的可用楼层面积和楼层信息插座的密度考虑并确定干线通道及楼层配线间的数目。

当水平工作面积较大,给定楼层配线间所要服务的信息插座离干线的距离超过 75 m,或每个楼层信息插座超过 200 个时,就需要设置一个二级交接间。

5. 水平干线子系统的设计要求

水平干线子系统,也称配线干线子系统,是从楼层配线架到各信息插座的布线子系统。水平布线子系统是整个布线系统的一部分,它将干线子系统线路延伸到用户工作区。水平布线子系统总是处在一个楼层上,并端接在信息插座或区域布线的中转点上。

水平布线子系统应根据工程提出的近期和远期终端设备的设置要求、用户性质、网络构成及实际需要确定建筑物各层需要安装信息插座模块的数量及其位置,配线应留有发展余地。

信道的物理长度应不超过 100 m;固定水平电缆的物理长度应不超过 90 m。当接插软线、设备软线和工作区软线的总长度超过 10 m 时,固定水平电缆容许的物理长度应减少;集合点(水平布线子系统中,楼层配线架与信息插座之间的连接点)距楼层配线架应在15 m 之外;在使用多用户信息插座组件处,工作区软线的长度应不超过 20 m;接插软线、跳线电缆长度宜不超过 5 m。

固定水平电缆的最大长度与信道所支持的软线总长度有关。在布线的运行期内,宜建立管理系统以确保信道所用的软线、跳线和 CP 电缆符合楼层、建筑物或装置的设计规定。

6. 工作区子系统的设计要求

工作区子系统是从工作区房间中的信息插座延伸至终端设备的区域。工作区子系统由终端设备连接到信息插座的连线(或软线)组成。

工作区布线要求相对简单,这样就容易移动、添加和变更设备。工作区布线是用接插软线把终端设备连接到工作区的信息插座上。该子系统包括水平配线系统的信息插座、连接信息插座和终端设备的跳线及适配器。工作区的每个信息插座都应该支持终端设备。工作区布线随着系统终端应用设备不同而改变,因此它是非永久的。工作区子系统的终端设备可以是电话、计算机和数据终端,也可以是仪器仪表、传感器和探测器。

工作区内不同的终端设备配备的信息插座和接插软线也有所不同。传输速度低的终端设备（例如电话、楼宇控制系统中的传感器等）可选用支持低速率的信息插座和线缆；传输速率高的终端设备（例如计算机、图形处理设备）可选用支持高速率的信息插座和线缆；当终端设备要求传输速率极高时（例如光接收机），可选用传输速率极高的光纤插座和光缆。

工作区适配器的选用应符合下列规定：

（1）设备的连接插座应与连接电缆的插头匹配，不同的插座与插头之间互通时应加装适配器。

（2）在连接使用信号的数模转换、光电转换、数据传输速率转换等相应的装置时，应采用适配器。

（3）对于网络规程的兼容，应采用协议转换适配器。

（4）各种不同的终端设备或适配器均应安装在工作区的适当位置，并应考虑现场的电源与接地。

每个工作区的服务面积应按不同的应用功能确定。

六、BIM 技术 ★★

（一）BIM 的概念

BIM 其全称是 Building Information Modeling，即建筑信息模型，是以建筑工程的各项相关信息数据作为基础，通过数字信息仿真，模拟建筑物的真实状态建立出的建筑模型。其中，BIM 主要有以下几方面作用：

（1）提供了较为详细的工程三维几何形状信息。几何形状信息是表示建筑物或构件的自身形状（如长、宽、高等）以及空间位置的一组参数，通常还包含构件之间空间相互约束关系如相连、平行、垂直等。

（2）可以描述除几何形状外的其他非几何形状信息。如材料信息、价格信息及各种专业参数信息（例如重量、进度、施工）等。

（3）集成了建筑工程项目各种相关信息的工程数据模型。可对工程项目设施实体与功能特性数字化表达，使设计人员和工程人员能够对各种建筑信息做出正确的应对，实现数据共享并协同工作。

（4）为设计师、建造师、机电安装工程师、开发商乃至最终用户等各环节人员提供"模拟和分析"的数据协同平台。数据随时可以被运算、查找、组合，各参建方均可使用该数据资源。

（二）BIM 软件介绍

1. Revit

Revit 是我国应用最多的 BIM 软件之一，能完成设计、施工阶段的图纸绘制和明细表生成。Revit 信息化主要体现在以构件信息为单位，任意改变构件参数，就会在三维视图、平面图、立面图、明细表等中同时改变参数。Revit 有三个分支产品，分别是 Architecture、Structure 和 MEP，也就是建筑、结构和电暖通。

2. Navisworks

Navisworks 是 3D 模型漫游和设计审核市场的领导者，目前在施工、总包、设计领域被广泛接受。Navisworks 可以帮助所有相关方将项目作为一个整体来看待，从而优化从设计决策、建筑实施、性能预测和规划直至设施管理和运营等各个环节。

3. 广联达 BIM 5D

在三维模型基础上,增加时间、成本两个参数,形成 5D 模型。广联达 BIM 5D 集成土建、机电、钢构、幕墙等各专业模型,并以集成模型为载体,关联施工过程中的进度、合同、成本、质量、安全、图纸、物料等信息,利用 BIM 模型的形象直观、可计算分析的特性,为项目的进度、成本管控、物料管理等提供数据支撑,协助管理人员有效决策和精细管理,从而达到减少施工变更,缩短工期、控制成本、提升质量的目的。

(三)BIM 技术的特点

1. 可视性

传统 CAD 图纸只是采用线条绘制的平面图,无法对真实建筑造型进行直观地展示。这就难免造成项目相关人员想象与表达有所出入。BIM 技术的可视化特性将二维线条图形转化为三维空间实物,使得建筑或者构件的真实形状得以体现。项目全周期(设计→建造→运营过程)都能够可视化,各阶段都可以在可视化状态下进行探讨、决策。

2. 可出图性

BIM 的可出图性可以满足各参建方不同实际需要,有针对性地出图,体现在:

(1)设计图纸。

(2)构件加工图纸。

(3)碰撞检查报告改进后的综合管道图。

(4)综合结构留洞图。

(5)施工图纸等。

3. 模拟性

BIM 模拟性是指通过三维模型可模拟项目各建造阶段发生的各种现实情况,用以指导项目的设计、施工、运营维护等阶段的工作。在设计阶段,模拟建筑物的节能、日照等情况,使设计更加合理;在施工阶段,依据图纸和文件,借助计算机模拟现场场地,进行空间优化,科学指导施工;在使用阶段,模拟消防人员疏散等问题。

4. 协调性

不同专业之间需要协作工作,但由于项目各参与方存在信息不对称、不衔接等情况,往往在项目实施过程中真正发现施工问题时才去研究解决问题方法,造成时间、成本以及其他问题的浪费。BIM 技术可以通过信息共享,在项目实施前期对项目各参与方存在的冲突进行商讨,并形成协调文件,进行公示。以减少各参与方之间不必要的冲突。协调性可以解决因结构构件标高、装修吊顶标高影响机电暖通管道空间布置的问题,在施工前对结构、装修、机电、给排水专业进行空间碰撞,生成检测结果,对存在的碰撞点加以改正。使用 BIM 协调流程进行碰撞检查,减少了不合理的方案。

5. 优化性

项目建造是一个不断优化的过程,大型复杂建筑物超出参建人员空间想象能力,可以借助 BIM 信息模型对其进行优化。如对总体建筑占较大比例的特殊部位、复杂部位进行设计优化。

(四)BIM 技术的价值

BIM 技术改变了传统项目管理方式,使项目管理的信息集成化大大提高。BIM 技术可以解决设计、构件生产、施工阶段相互之间因信息不流通而造成人力、物力、财力的浪费,合理分配劳动力、保障工程质量、降低工程成本。

BIM 技术实现项目全周期协同工作。BIM 信息化为建设方、设计方、构件厂家、施工方、业主、运营维护者提供交流的平台，同在一个平台，任何一方修改或者更新信息，其他参与方均可及时查询。为各方信息共享提供便利，可以实现各环节的产业、工程全周期的管理。除此之外，BIM 技术集成了整个建筑工程项目中各相关参与方的数据信息，构建一个数据平台。平台可以完整准确地提供整个建筑工程项目信息。

BIM 技术可以使项目数据准确化、透明化、共享化，对项目数据进行动态监管，查询项目各方面的资金情况，有效控制成本风险，实现项目盈利目标。

BIM 技术可提高项目沟通效率。业主单位与设计单位进行沟通时，设计单位以三维模型进行展示，对于专业知识不强的业主单位，既可以看到项目整体效果，又可以看到项目细部构造，直观地发现是否符合要求。

考题探究

【不定项】下列关于 BIM 作用的说法中，错误的是（　　　　）。

A. 反映三维几何形状信息

B. 反映成本、进度等非几何形状信息

C. BIM 建筑信息模型可在建筑物建造前期对各专业的碰撞问题进行协调，生成协调数据并提供出来

D. 模型三维的立体实物图可视，项目设计、建造过程可视，运营过程中的沟通不可视

【细说考点】本题主要考查 BIM 的作用和特点。BIM 可视化的特性不仅可以使模型的三维立体实物图可视，还可以使项目设计、建造、运营等的建设过程和沟通、讨论、决策都可视化。本题选 D。

七、建筑智能化工程计量 ✪

建筑智能化工程计量应按照《通用安装工程工程量计算规范》建筑智能化工程的计算规则进行。本部分节选部分典型项目，全部内容详见上述规范。

（一）计算机应用、网络系统工程

计算机应用、网络系统工程（部分）工程量清单项目设置、项目特征描述的内容、计量单位及工程量计算规则，应按表 6-49 的规定执行。

表 6-49　计算机应用、网络系统工程（部分）

项目名称	项目特征	计量单位	工程量计算规则	工作内容
输入设备、输出设备	名称、类别、规格、安装方式	台	按设计图示数量计算	本体安装、单体调试
集线器	略	台（套）		
路由器、收发器、防火墙	略			
交换机	略			
软件	略	套		安装调试、试运行

（二）综合布线系统工程

综合布线系统工程（部分）工程量清单项目设置、项目特征描述的内容、计量单位及工程量计算规则，应按表 6-50 的规定执行。

表 6-50　综合布线系统工程(部分)

项目名称	项目特征	计量单位	工程量计算规则	工作内容
机柜、机架	名称、材质、规格、安装方式	台	为按设计图示数量计算	略
抗震底座、分线接线箱(盒)		个		略
双绞线缆、大对数电缆、光缆	略	m	按设计图示尺寸以长度计算	略
双绞线缆测试、光纤测试	测试类别、测试内容	链路(点、芯)	按设计图示数量计算	略

(三)建筑设备自动化系统工程

建筑设备自动化系统工程(部分)工程量清单项目设置、项目特征描述的内容、计量单位及工程量计算规则,应按表 6-51 的规定执行。

表 6-51　建筑设备自动化系统工程(部分)

项目名称	项目特征	计量单位	工程量计算规则	工作内容
中央管理系统	略	系统(套)	按设计图示数量计算	略
通信网络控制设备	略	台(套)		略
建筑设备自控化系统调试	略	台(户)		略

(四)建筑信息综合管理系统工程

建筑信息综合管理系统工程(部分)工程量清单项目设置、项目特征描述的内容、计量单位及工程量计算规则,应按表 6-52 的规定执行。

表 6-52　建筑设备自动化系统工程(部分)

项目名称	项目特征	计量单位	工程量计算规则	工作内容
服务器、服务器显示设备	名称、类别、规格、安装方式	台	按设计图示数量计算	略
各系统联动试运行	测试类别、测试内容	系统	按系统所需集成点数及图示数量计算	略

(五)有线电视、卫星接收系统工程

有线电视、卫星接收系统工程(部分)工程量清单项目设置、项目特征描述的内容、计量单位及工程量计算规则,应按表 6-53 的规定执行。

表 6-53　有线电视、卫星接收系统工程(部分)

项目名称	项目特征	计量单位	工程量计算规则	工作内容
共用天线	略	副	按设计图示数量计算	略
卫星电视天线、馈线系统	略			略

(六)音频、视频系统工程

音频、视频系统工程(部分)工程量清单项目设置、项目特征描述的内容、计量单位及工程量计算规则,应按表 6-54 的规定执行。

表6-54　音频、视频系统工程（部分）

项目名称	项目特征	计量单位	工程量计算规则	工作内容
扩声系统设备	略	台	按设计图示数量计算	略
扩声系统调试	略	只（副、台、系统）		略

（七）安全防范系统工程

安全防范系统工程（部分）工程量清单项目设置、项目特征描述的内容、计量单位及工程量计算规则，应按表6-55的规定执行。

表6-55　安全防范系统工程（部分）

项目名称	项目特征	计量单位	工程量计算规则	工作内容
入侵探测设备	略	套	按设计图示数量计算	本体安装、单体调试
入侵报警控制器	略			
显示设备	略	台或 m²	为以台计量，按设计图示数量计算；以平方米计量，按设计图示面积计算	

（八）相关问题及说明

土方工程，应按现行国家标准《房屋建筑与装饰工程工程量计算规范》中相关项目编码列项。

开挖路面工程，应按现行国家标准《市政工程工程量计算规范》中相关项目编码列项。

配管工程，线槽，桥架，电气设备，电气器件，接线箱、盒，电线，接地系统，凿（压）槽，打孔，打洞，人孔，手孔，立杆工程，应按《通用安装工程工程量计算规范》中电气设备安装工程相关项目编码列项。

蓄电池组、六孔管道、专业通信系统工程，应按《通用安装工程工程量计算规范》中通信设备及线路工程相关项目编码列项。

机架等项目的除锈、刷油应按《通用安装工程工程量计算规范》中刷油、防腐蚀、绝热工程相关项目编码列项。

如主项项目工程与需综合项目工程量不对应，项目特征应描述综合项目的型号、规格、数量。

由国家或地方检测验收部门进行的检测验收应按《通用安装工程工程量计算规范》中措施项目相关项目编码列项。

答案详解
457—458

不定项选择题（试题由单选和多选组成）

1. 下列关于变配电工程的说法中，正确的是（　　　）。
   A. 低压配电室的作用是把高压电转换成低压电
   B. 独立变电站一般在车间外的建筑物单独设置
   C. 建筑物及高层建筑物变电站不宜设置干式变压器
   D. 变电站的电容器室作用是分配电力

2. 下列关于高压熔断器的说法中,正确的是(　　)。

　　A. 熔管为瓷质材料制成　　　　　　　B. 熔丝为铝制细丝

　　C. 熔丝埋放在细沙内,并与细沙紧密接触　　D. 熔丝上焊有小铅球

3. 下列关于母线安装的说法中,正确的是(　　)。

　　A. 封闭式母线垂直敷设时,距地面 1.5 m 以下部分应采取防止母线机械损伤措施

　　B. 母线引下线布置时,由左到右的顺序是 N－C－B－A

　　C. 封闭式母线水平敷设的支持点间距不宜大于 1.5 m

　　D. 母线垂直布置时,由上向下的顺序是 A－B－C－N

4. 某建筑工地临时供电采用架空线路敷设,则架空线路的线间距不得小于(　　)。

　　A. 0.1 m　　　　　　　　　　　　　B. 0.2 m

　　C. 0.3 m　　　　　　　　　　　　　D. 0.5 m

5. 下列关于电缆安装的说法中,正确的是(　　)。

　　A. 三相四线制系统中应采用三芯电缆另加一根单芯电缆或以导线、电缆金属护套作中性线进行安装

　　B. 电缆直接埋地敷设时,穿越农田时的电缆埋置深度不应小于 0.7 m

　　C. 1 kV 以上的电缆要做直流耐压试验

　　D. 电缆保护管的内径应为电缆外径的 1.2～1.5 倍

6. 独立避雷针及其接地装置与道路或建筑物的出入口等的距离应大于(　　)。

　　A. 1 m　　　　　　　　　　　　　　B. 2 m

　　C. 3 m　　　　　　　　　　　　　　D. 5 m

7. 下列关于防雷接地系统的说法中,正确的是(　　)。

　　A. 建筑物高度超过 20 m 时,应设置均压环

　　B. 当专设引下线时,宜选用圆钢敷设,当采用扁钢敷设时可不用镀锌材质

　　C. 明敷户内接地母线,在导体的全长度的表面,应涂以宽度相等的红色和黑色相间的条纹标识

　　D. 土壤条件较差的山石地区应采用水平接地极

8. 电气调整试验中,反映绝缘性能的基本指标之一,能发现小体积设备贯通和未贯通的局部缺陷的是(　　)。

　　A. 测量电容比　　　　　　　　　　　B. 测量介质损耗角正切值

　　C. 直流耐压试验　　　　　　　　　　D. 三倍频及工频感应耐压试验

9. 依据《通用安装工程工程量计算规范》,电气工程中的各种箱、柜、盘、板、盒的外部进出电线预留长度是(　　)。

　　A. 高＋宽　　　　　　　　　　　　　B. 0.5 m/根

　　C. 0.3 m/根　　　　　　　　　　　　D. 0.2 m/根

10. 自动控制系统中,把接收到的偏差信号,通过分析其控制的形式、幅值、功率后,变化为适合控制器执行的信号的是(　　)。

　　A. 控制器　　　　　　　　　　　　　B. 放大变化

　　C. 校正装置　　　　　　　　　　　　D. 给定环节

11. 适合于黏度较高介质的流量测量,但被测流体中不能有固体颗粒的流量仪表是(　　)。

　　A. 涡轮流量计　　　　　　　　　　　B. 节流装置流量计

　　C. 电磁流量计　　　　　　　　　　　D. 椭圆齿轮流量计

12. 某调节装置的特点是反应速度快,稳定性高,不易产生过量调节现象,但由于存在残余偏差,因而调节准确度不高。则该调节装置是( )。
    A. 比例式调节器　　　　　　　　　　B. 位置式调节器
    C. 积分式调节器　　　　　　　　　　D. 比例、积分式调节器

13. 某温度仪表,广泛用于工业测温,还被制成标准的基准仪。则该温度仪表是( )。
    A. 热电偶温度计　　　　　　　　　　B. 铂热电阻温度计
    C. 辐射温度计　　　　　　　　　　　D. 双金属温度计

14. 依据《通用安装工程工程量计算规范》,计量单位为支的过程检测仪表是( )。
    A. 物位检测仪表　　　　　　　　　　B. 流量仪表
    C. 压力仪表　　　　　　　　　　　　D. 温度仪表

15. 下列选项中,属于压力表按作用原理分类的有( )。
    A. 液柱式压力表　　　　　　　　　　B. 机械式压力表
    C. 活塞式压力表　　　　　　　　　　D. 弹性式压力表

16. 下列关于电磁流量计的说法中,正确的为( )。
    A. 测量精度不受介质黏度、密度的影响
    B. 只能测导电液体的流量
    C. 属于容积式流量计
    D. 不适合测量电磁性物质

17. 既能检测液位又能检测料位的物位检测仪表为( )。
    A. 浮子式物位检测仪表　　　　　　　B. 重锤式物位检测仪表
    C. 压力式物位检测仪表　　　　　　　D. 电容式物位检测仪表

18. 某网络设备实质是一个中继器,用于对接收到的信号进行再生、整形和放大,以扩大网络的传输距离。该网络设备是( )。
    A. 交换机　　　　　　　　　　　　　B. 集线器
    C. 路由器　　　　　　　　　　　　　D. 服务器

19. 下列关于交换机的说法中,错误的是( )。
    A. 端口数越多,单端口成本越低,通常控制在48个端口之内
    B. 普通的以太网交换机都是采用光纤的网络接口
    C. 在大中型网络中,交换机可作为企业网络骨干结构
    D. 交换机处于OSI模型中的数据链路层

20. 有线电视传输系统中,可以将主输入端信号分成几路输出,但是各路信号电平不完全相等的设备是( )。
    A. 干线放大器　　　　　　　　　　　B. 分配器
    C. 分支器　　　　　　　　　　　　　D. 均衡器

21. 下列关于通信线路位置的说法中,正确的是( )。
    A. 通信管道应布置在机动车道下
    B. 通信管道与通道中心线应平行于道路中心线或建筑红线
    C. 通信管道与通道位置宜选在埋设较深的其他管线附近
    D. 通信管道与铁道及有轨电车道的交越角不宜小于40°

22. 智能建筑系统包含三个子系统是( )。
    A. 建筑自动化系统、通信自动化系统、综合布线系统
    B. 安全防范自动化系统、办公自动化系统、通信自动化系统

C.通信自动化系统、安全防范自动化系统、火灾报警自动化系统

D.建筑自动化系统、通信自动化系统、办公自动化系统

23. 入侵探测器的种类较多,属于点型入侵探测器的是(　　)。

A.振动型探测器　　　　　　　　　　B.平行线电场畸变探测器

C.声控探测器　　　　　　　　　　　D.红外入侵探测器

24. 某入侵探测器是以摄像机作为探测器,通过检测被监视区域的图像变化,从而报警的一种装置。则该入侵探测器是(　　)。

A.超声波探测器　　　　　　　　　　B.激光探测器

C.视频探测器　　　　　　　　　　　D.微波探测器

25. 闭路监控系统中,主要功能可显示多个摄像机的图像信号,还可以将单个摄像机摄取的图像同时送到多台监视器上显示的设备是(　　)。

A.视频信号分配器　　　　　　　　　B.视频矩阵主机

C.视频切换器　　　　　　　　　　　D.多画面处理器

26. 下列关于建筑群主干布线子系统的说法中,正确的是(　　)。

A.从建筑物配线架到各楼层配线架属于建筑物主干布线子系统

B.建筑群主干布线宜采用光缆

C.建筑物主干电缆属于该子系统

D.水平光缆及其在楼层配线架上的机械终端、接插软线和跳线属于该子系统

27. 下列关于网络传输介质的说法中,正确的有(　　)。

A.双绞线作为网络传输介质时,一般用于星型网的布线连接

B.同轴电缆应用于点到点和多点配置的连接

C.光纤传输具有电磁绝缘性能好、信号衰小、频带宽、传输速度快、传输距离大等特点

D.光纤由能传送光波的玻璃纤维或铂纤维制成

28. 依据《通用安装工程工程量计算规范》,移动通信设备工程清单项目中计量单位为"副"的有(　　)。

A.全向天线　　　　　　　　　　　　B.定向天线

C.同轴电缆　　　　　　　　　　　　D.室内天线

29. 出入口控制系统中,属于代码识别的有(　　)。

A.密码　　　　　　　　　　　　　　B.指纹

C.身份证号码　　　　　　　　　　　D.磁卡

30. 办公自动化系统需要的支撑技术有(　　)。

A.自然科学　　　　　　　　　　　　B.系统科学

C.行为科学　　　　　　　　　　　　D.通信技术

答案速查

不定项选择题

1. B	2. A	3. D	4. C	5. C	6. C	7. D	8. B
9. A	10. B	11. D	12. A	13. B	14. D	15. ACD	16. ABD
17. CD	18. B	19. B	20. C	21. B	22. D	23. A	24. C
25. B	26. B	27. ABC	28. ABD	29. AC	30. BCD		

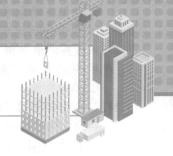

答案详解

第一章　安装工程材料

一、单项选择题

1. C。【解析】硅和锰能够提高钢材的强度和硬度,略微降低钢材的塑性和韧性,属于有益元素。硫可能导致钢材具有热脆性,磷可能导致钢材的冷脆性,均属于有害元素。故选项 A,B 错误。当钢材中含碳量大于 1% 时(质量),随着含碳量的增加,钢材强度降低。故选项 D 错误。

2. A。【解析】马氏体型不锈钢是指基体为马氏体组织,通过热处理可调整其力学性能的不锈钢。常用于制作力学性能要求高的零部件和工具,如弹簧、测量工具等,也可以用于腐蚀性较弱的海水、淡水和水蒸气环境中,但由于其可焊性较差,不用作焊接件。

3. B。【解析】填料可以提高塑料的强度、刚度和耐热性能,并降低成本。增塑剂可以增加塑料的可塑性、流动性和柔软性,降低脆性,使塑料易于加工成型。稳定剂可在一定程度防止合成树脂在加工和使用过程中受光和热的作用分解和破坏,以延长塑料的使用寿命。

4. D。【解析】复合材料中纤维材料增强体按其性能可分为高性能纤维增强体和一般纤维增强体。高性能纤维增强体包括碳纤维、芳纶、全芳香族聚酯等。一般纤维增强体包括玻璃纤维、矿物纤维、石棉纤维、棉纤维、合成纤维和亚麻纤维等。

5. A。【解析】常用的聚丙烯管有均聚聚丙烯管(PP－H)、嵌段共聚聚丙烯管(PP－B)和无规共聚聚丙烯管(PP－R)三种。其中,无规共聚聚丙烯管是最轻的热塑性塑料管材,具有较高的强度、耐热性,最高工作温度可达 95 ℃,在 1.0 MPa 下长期(50 年)使用温度可达 70 ℃,无毒,耐化学腐蚀,常温下无任何溶剂能溶解,但其低温易脆化,每段长度有限,且不能弯曲施工。无规共聚聚丙烯管广泛地用在冷热水供应系统中。

6. C。【解析】呋喃树脂漆的固化剂为强酸性物质。故选项 A 错误。过氯乙烯漆的耐磨性和耐冲击性较差,金属附着力不强。故选项 B 错误。环氧煤沥青漆在酸、碱、盐、水、汽油、煤油、柴油等溶液和溶剂中长期浸泡无变化,防腐寿命可达 50 年以上。故选项 D 错误。

7. D。【解析】松套法兰适用于钢、铝等非铁金属及不锈耐酸钢容器的连接和耐腐蚀管线上,适用于低压管道,适用于定时清洗和检查、需频繁拆卸的地方。故选项 A 错误。对焊法兰主要用于工况比较苛刻的场合,或用于应力变化反复的场合,压力温度波动较大和高温、高压及零下低温的管道。故选项 B 错误。螺纹法兰不宜用于温度高于 260 ℃ 及低于 －45 ℃ 的环境中。故选项 C 错误。

8. D。【解析】球形补偿器由壳体、球体、法兰、密封圈组成。一般由 2～3 个球形补偿器组成一个补偿器组,依靠球体相对于外套的角位移在吸收或补偿管系在任意平面上的横向位移,故单台使用时作为管道万向接头使用,没有补偿能力。球形补偿器具有补偿能力大,流体阻力和变形应力小,且对固定支座的作用力小等优点,但填料容易松弛,发生泄漏。

二、多项选择题

1. CD。【解析】铝合金按加工方法可以分为变形铝合金和铸造铝合金。故选项 C 错误。铅及其合金在大气、淡水、海水中很稳定,对硫酸、磷酸、亚硫酸、铬酸和氢氟酸有耐蚀性,不耐硝酸侵蚀,在盐酸中也不稳定。故选项 D 错误。

2. AD。【解析】绝热材料按照绝热材料的使用温度限度分为低温用绝热材料、中温用绝热材料和高温用绝热材料三类。其中,高温用绝热材料应用于温度在 700 ℃ 以上的绝热工程,宜选用的多孔质保温材料有蛭石加石棉、硅藻土、耐热黏合剂等;纤维质材料有硅纤维、硅酸铝纤维等。选项 B,C 属于中温用绝热材料。

3. ABC。【解析】碱性焊条的焊渣中 CaO 数量较多,故焊接时熔渣脱氧能力强,能有效消除焊缝金属中的硫、磷,降低合金元素的烧损。采用其焊接后的焊缝抗热裂性能较好,非金属杂物较少,有较高塑性和韧性及较好的抗冷裂性能和力学性能。由于药皮中含有较多的 CaF_2,影响气体电离,所以碱性焊条一般要求采用直流电源反接法施焊。

4. BCD。【解析】消防负荷、导体截面积在 10 mm² 及以下的线路应选用铜芯。民用建筑的下列场所应选用铜芯导体:火灾时需要维持正常工作的场所;移动式用电设备或有剧烈振动的场所;对铝有腐蚀的场所;易燃、易爆场所;有特殊规定的其他场所。除上述场合外,其他无特殊要求的场合可采用价格低廉的铝芯导线,较为经济。

第二章　安装工程施工技术

一、单项选择题

1. D。【解析】砂轮切割机是借助于平行薄片砂轮实现切割。砂轮片是在磨料中加入纤维、树脂、橡胶等结合剂,经压坯、干燥和焙烧而制成的多孔体。

2. B。【解析】氧－氢火焰切割时,火焰温度高达 3 000 ℃,且火焰集中不发散,并具有无污染、安全性好、成本低等特点。

3. A。【解析】在酸性焊条和碱性焊条都可以满足的地方,鉴于碱性焊条对操作技术及施工准备要求高,故应尽量采用酸性焊条。故选项 B 错误。因受条件限制而使某些焊接部位难以清理干净时,就应考虑选用对铁锈、氧化皮和油污反应不敏感的焊材(如酸性焊条),以免产生气孔等缺陷。故选项 C 错误。焊接母材厚度大、刚性大、承受动荷载和冲击荷载、工作环境恶劣和受力状况复杂,对焊缝的延性、韧性要求高的构件时,应选用低氢型焊条,防止裂纹产生。故选项 D 错误。

4. A。【解析】管材的坡口加工宜采用机械方法。对于有色金属管,通常采用手工锉坡口。

5. B。【解析】将淬火后的工件再加热到 250～500 ℃ 之间进行的回火是中温回火。经中温回火后的工件具有高的弹性极限,较高的强度和硬度,良好的塑性和韧性。中温回火一般适用于中等硬度的零件、弹簧等。

6. B。【解析】绝热层采用喷涂施工时,一般选用聚氨酯、酚醛、聚苯乙烯等泡沫塑料。喷涂矿物纤维材料及聚氨酯、酚醛等泡沫塑料时,应分层喷涂,依次完成。

7. A。【解析】金属管道压力试验应以液体为试验介质。当管道的设计压力小于或等于 0.6 MPa 时,也可采用气体为试验介质,但应采取有效的安全措施。

8. D。【解析】管道脱脂后应及时将脱脂件内部的残液排净,并应用清洁、无油压缩空气或氮气吹干,不得采用自然蒸发的方法清除残液。当脱脂条件允许时,可采用清洁无油的蒸汽将脱脂残液吹除干净。

二、多项选择题

1. ABC。【解析】耐酸陶、瓷砖板具有耐腐蚀、吸水率低、易清理、常温下不易氧化等优点。故选项 D 错误。

2. AD。【解析】汽车起重机吊重时必须支腿,不能载荷行驶,不适合松软或泥泞地面作业。故选项 B 错误。汽车起重机多用于流动性较大的施工单位或临时分散的工地。故选项 C 错误。

3. BD。【解析】公称尺寸大于或等于 600 mm 的液体或气体管道,宜采用人工清理。故选项 A 错误。吹扫与清洗的顺序应按主管、支管、疏排管依次进行。故选项 C 错误。

4. BC。【解析】碳素钢、Q345R、Q370R 制设备液压试验时,液体温度不得低于 5 ℃。故选项 A 错误。气密性试验时,压力应缓慢上升,达到试验压力后,保压时间不应少于 30 min,同时对焊缝和连接部位等用检漏液检查,无泄漏为合格。故选项 D 错误。

第三章　安装工程计量

一、单项选择题

1. A。【解析】项目编码采用十二位阿拉伯数字表示,各位数字的含义是:(1)一、二位为专业工程代码。(2)三、四位为专业工程顺序码。(3)五、六位为分部工程顺序码。(4)七、八、九位为分项工程项目名称顺序码。(5)十至十二位为清单项目名称顺序码。故选项 B 错误。在编制工程量清单时应特别注意对项目编码十至十二位的设置不得有重码的规定。故选项 C 错误。补充项目的编码由《通用安装工程工程量计算规范》的代码 03 与 B 和三位阿拉伯数字组成，并应从 03B001 起顺序编制，同一招标工程的项目不得重码。故选项 D 错误。

2. B。【解析】根据《通用安装工程工程量计算规范》，附录部分包括附录 A 机械设备安装工程（编码 0301），附录 B 热力设备安装工程（编码 0302），附录 C 静置设备与工艺金属结构制作安装工程（编码 0303），附录 D 电气设备安装工程（编码 0304），附录 E 建筑智能化工程（编码 0305），附录 F 自动化控制仪表安装工程（编码 0306），附录 G 通风空调工程（编码 0307），附录 H 工业管道工程（编码 0308），附录 J 消防工程（编码 0309），附录 K 给排水、采暖、燃气工程（编码 0310），附录 L 通信设备及线路工程（编码 0311），附录 M 刷油、防腐蚀、绝热工程（编码 0312），附录 N 措施项目（编码 0313）。

3. D。【解析】项目特征描述的内容应按《通用安装工程工程量计算规范》附录中的规定，结合拟建工程的实际，能满足确定综合单价的需要。

4. B。【解析】根据《通用安装工程工程量计算规范》，项目安装高度若超过基本高度时，应在"项目特征"中描述。本规范安装工程各附录基本安装高度为：附录 A 机械设备安装工程 10 m；附录 D 电气设备安装工程 5 m；附录 E 建筑智能化工程 5 m；附录 G 通风空调工程 6 m；附录 J 消防工程 5 m；附录 K 给排水、采暖、燃气工程 3.6 m；附录 M 刷油、防腐蚀、绝热工程 6 m。

5. C。【解析】工业管道与市政工程管网工程的界定：给水管道以厂区入口水表井为界；排水管道以厂区围墙外第一个污水井为界；热力和燃气以厂区入口第一个计量表（阀门）为界。故选项 C 错误。

6. B。【解析】在有害身体健康环境中施工增加的工作内容及包含范围为有害化合物防护、粉尘防护、有害气体防护、高浓度氧气防护。

7. C。【解析】高层施工增加编制时应注意：(1) 单层建筑物檐口高度超过 20 m，多层建筑物超过 6 层时，按各附录分别列项。(2) 突出主体建筑物顶的电梯机房、楼梯出口间、水箱间、瞭望塔、排烟机房等不计入檐口高度。计算层数时，地下室不计入层数。

二、多项选择题

1. AD。【解析】以"项"为计量单位进行编制的措施项目有安全文明施工，夜间施工，非夜间施工照明，二次搬运，冬雨季施工，地上、地下设施，建筑物的临时保护设施，已完工程及设备保护等。

2. AC。【解析】安全文明施工的工作内容及包含范围为环境保护、文明施工、安全施工、临时设施。现场污染源的控制、生活垃圾清理外运、场地排水排污措施属于环境保护内容；施工现场规定范围内临时简易道路铺设属于临时设施内容。

第四章　通用设备安装工程技术与计量

一、单项选择题

1. D。【解析】振动输送机是一种无牵引构件的连续输送机械。当制成封闭的槽体输送物料时，可改善工作环境，输送具有磨琢性、化学腐蚀性或有毒的散状固体物料、含泥固体物料及高温物料，也可在防尘条件、有气密性要求的条件或受压情况下进行物料输送，但输送能力有限，一般不宜输送黏性大、过于潮湿、易破损以及含气的物料，不能大角度向上倾斜输送物料。

2. D。【解析】电梯的电气设备接地必须符合下列规定：(1) 所有电气设备及导管、线槽的外露可导电部均必须可靠接地(PE)。(2) 接地支线应分别直接接至接地干线接线柱上，不得互相连接后再接地。导体之间和导体对地之间的绝缘电阻必须大于 1 000 Ω/V，且其值不得小于：(1) 动力电路和电气安全装置电路，0.5 MΩ。(2) 其他电路（控制、照明、信号等），0.25 MΩ。动力电路、控制电路、安全电路必须有与负载匹配的短路保护装置；动力电路必须有过载保护装置。

3. A。【解析】旋涡泵在能量传递过程中，由于液体的多次撞击，能量损失较大，泵的效率较低，比转数通常为 6～50。旋涡泵只适用于要求小流量(1～40 m³/h)、高扬程（可达 250 m)的场合,如消防泵、飞机加油车上的汽油泵、小锅炉给水泵等。旋涡泵可以输送高挥发性和含有气体的液体,但不应用来输送黏度大于 7 Pa·s 的较稠液体和含有固体颗粒的不洁净液体。

4. D。【解析】电梯安装以部为计量单位。故选项 A 错误。直联式风机的质量包括本体及电动机、底座的总质量。故选项 B 错误。直联式泵的质量包括本体、电动机及底座的总质量;非直联式的不包括电动机质量;深井泵的质量包括本体、电动机、底座及设备扬水管的总质量。故选项 C 错误。交流电梯、直流电梯、小型杂货电梯、观光电梯、液压电梯等项目的项目特征包括名称、型号、用途、层数、站数、提升高度、速度、配线材质、规格、敷设方式、运转调试要求。故选项 D 正确。

5. B。【解析】连续式炉是指物料连续进出,炉内按工艺要求分区,加热过程中各区炉温基本不变的工业炉,如推钢式连续加热炉、环形炉、振底式炉、步进式炉、隧道窑等。

6. C。【解析】当机械设备及零、部件表面有锈蚀时,应进行除锈处理;其除锈方法宜按下表规定的方法确定。

金属表面的除锈方法

金属表面粗糙度/μm	除锈方法
>50	用砂轮、钢丝刷、刮具、砂布、喷砂、喷丸抛丸、酸洗除锈、高压水喷射
6.3~50	用非金属刮具、油石或粒度 150 号的砂布沾机械油,擦拭或进行酸洗除锈
1.6~3.2	用细油石或粒度为 150~180 号的砂布,沾机械油擦拭或进行酸洗除锈
0.2~0.8	先用粒度 180 号或 240 号的砂布沾机械油擦拭,然后用干净的绒布沾机械油和细研磨膏的混合剂进行磨光

注:表面粗糙度值为轮廓算术平均偏差。

7. C。【解析】干法除尘设备有旋风除尘器,湿法除尘设备有麻石水膜除尘器和旋风水膜除尘器。

8. B。【解析】锅炉部件水压试验的试验压力,应符合下表的规定。

锅炉部件水压试验的试验压力

部件名称	试验压力/MPa
过热器	与本体试验压力相同
铸铁省煤器	省煤器工作压力的 1.5 倍
钢管省煤器	锅筒工作压力的 1.5 倍

9. B。【解析】成套整装锅炉的计量单位为台。按供货状态确定计量单位时,组装锅炉按"台",散装锅炉按"t"。除尘器的计量单位为台。

10. A。【解析】临时高压消防给水系统的高位消防水箱的有效容积应满足初期火灾消防用水量的要求。其中,多层公共建筑、二类高层公共建筑和一类高层住宅,不应小于 18 m³,当一类高层住宅建筑高度超过 100 m 时,不应小于 36 m³。

11. A。【解析】湿式报警装置包括内容为湿式阀、蝶阀、装配管、供水压力表、装置压力表、试验阀、泄放试验阀、泄放试验管、试验管流量计、过滤器、延时器、水力警铃、报警截止阀、漏斗、压力开关等。

12. A。【解析】输送气体灭火剂的管道应采用无缝钢管。无缝钢管内外应进行防腐处理,防腐处理宜采用符合环保要求的方式。输送气体灭火剂的管道安装在腐蚀性较大的环境里,宜采用不锈钢管。输送启动气体的管道,宜采用铜管。

13. A。【解析】点型探测器周围 0.5 m 内,不应有遮挡物。故选项 B 错误。在宽度小于 3 m 的内走道顶棚上设置点型探测器时,宜居中布置。故选项 C 错误。感温火灾探测器的安装间距不应超过 10 m,感烟火灾探测器的安装间距不应超过 15 m。故选项 D 错误。

14. C。【解析】无源接近开关不需要电源,通过磁力感应控制开关的闭合状态。当磁质或者铁质触发器靠近开关磁场时,由开关内部磁力作用控制闭合。特点:不需要电源、非接触式、免维护、环保。

15. B。【解析】固体继电器(静态继电器)是指由电子、磁性、光学或其他元器件产生预定响应而无机械运动的电气继电器。

16. B。【解析】硬质聚氯乙烯管耐腐蚀性较好,易变形老化,机械强度次于钢管,适用于腐蚀性较大的场所的明、暗管;但不得在高温和易受机械损伤的场所敷设。

17. A。【解析】刚性导管经柔性导管与电气设备、器具连接时,柔性导管的长度在动力工程中不宜大于 0.8 m,在照明工程中不宜大于 1.2 m。

18. C。【解析】当接线端子规格与电气器具规格不配套时,不应采取降容的转接措施。故选项 A 错误。截面积大于 2.5 mm² 的多芯铜芯线,除设备自带插接式端子外,应接续端子后与设备或器具的端子连接;多芯铜芯线与插接式端子连接前,端部应拧紧搪锡。故选项 B 错误。多芯铝芯线应接续端子后与设备、器具的端子连接,多芯铝芯线接续端子前应去除氧化层并涂抗氧化剂,连接完成后应清洁干净。故选项D错误。

19. D。【解析】氙灯是指由氙气放电而发光的放电灯。氙灯能发射连续光谱,其光色接近太阳光,其光效不很高,约20~50 lm/W,其控制装置大而重,成本高,故使用较少。氙灯在工作中辐射的紫外线较多,产生很强的白光,有"小太阳"美称。

20. C。【解析】航空障碍标志灯安装应符合下列规定:(1)灯具安装应牢固可靠,且应有维修和更换光源的措施。(2)当灯具在烟囱顶上装设时,应安装在低于烟囱口1.5~3 m的部位且应呈正三角形水平排列。(3)对于安装在屋面接闪器保护范围以外的灯具,当需设置接闪器时,其接闪器应与屋面接闪器可靠连接。

二、多项选择题

1. AB。【解析】承受重负荷或有连续振动的设备,宜使用平垫铁。故选项C错误。放置平铁垫时,厚的宜放在下面,薄的宜放在中间。故选项D错误。

2. AB。【解析】测量低压的压力表或变送器的安装高度,宜与取压点的高度一致;测量高压的压

力表安装在操作岗位附近时,宜距地面1.8 m以上,或在仪表正面加保护罩。故选项C错误。省煤器安全阀整定压力应为装设地点的工作压力的1.1倍。故选项D错误。

3. ABC。【解析】七氟丙烷灭火系统属于气体灭火系统。气体灭火系统适用于扑救下列火灾:(1)电气火灾。(2)固体表面火灾。(3)液体火灾。(4)灭火前能切断气源的气体火灾。气体灭火系统不适用于扑救下列火灾:(1)硝化纤维、硝酸钠等氧化剂或含氧化剂的化学制品火灾。(2)钾、镁、钠、钛、锆、铀等活泼金属火灾。(3)氢化钾、氢化钠等金属氢化物火灾。(4)过氧化氢、联胺等能自行分解的化学物质火灾。(5)可燃固体物质的深位火灾。

4. CD。【解析】同一场所的三相电源插座,其接线的相序应一致。故选项A错误。对于单相三孔插座,面对插座的右孔应与相线连接,左孔应与中性导体(N)连接。故选项B错误。

5. ACD。【解析】气体放电光源是指电流流经气体或金属蒸气,使之产生气体放电而发光的光源。简单来说,气体放电光源包括荧光灯、钠灯、汞灯、金属卤化物灯、氙灯等。

第五章 管道和设备安装工程技术与计量

不定项选择题

1. A。【解析】气压水箱供水方式的优点是没有高位水箱,不占用建筑面积。缺点是运行费用较高,气压水箱体积小,贮存量小,水泵开启关闭频繁,造成水压不均匀,变化大。适用于不能设置高位水箱的建筑。

2. A。【解析】自动排气阀属于室内热水供应系统的组成部件之一。为了排除上行下给式管网中热水汽化产生的气体,保证管内热水汽畅,应在管道最高处安装自动排气阀。

3. C。【解析】给水管道在埋地敷设时,应在当地的冰冻线以下,如必须在冰冻线以上铺设时,应做可靠的保温防潮措施。在无冰冻地区埋地敷设时,管顶的覆土埋深不得小于500 mm,穿越道路部位的埋深不得小于700 mm。

4. C。【解析】管径小于或等于100 mm的镀锌钢管应采用螺纹连接,套丝扣时破坏的镀锌层表面及外露螺纹部分应做防腐处理;管径大于100 mm的镀锌钢管应采用法兰或卡套式专用管件连接,镀锌钢管与法兰的焊接处应二次镀锌。

5. A。【解析】室内给水管道采用下行上给的布置方式时,其供水干管设置在该分区的下部技术

夹层、室内管沟、地下室顶棚或者该分区的底层下的吊顶内,由下向上供水。该布置形式的优点是施工图式较为简单。缺点是敷设在地沟内,维修工序较多,最高层配水点流出水头较低。为便于安装和维修,多采用明敷的形式。多适用于利用室外给水管网水压直接供水的工业与民用建筑。直接从室内外管网供水时,大都采用下行上给式。

6. D。【解析】水泵装置宜采用自灌式吸水,当无法做到时,则采用吸入式。每台水泵的出水管上应设置阀门、止回阀和压力表,并应采取防水锤措施。每组消防水泵的出水管应不少于两条且与环状网连接,并应装设试验和检查用的放水阀门(一般为DN65)。

7. A。【解析】敷设在高层建筑室内的塑料排水管道,当管径大于等于110 mm时,应在下列位置设置阻火圈:明敷立管穿越楼层的贯穿部位;横管穿越防火分区的隔墙和防火墙的两侧;横管穿越管道井井壁或管窿围护墙体的贯穿部位外侧。

8. B。【解析】在立管上应每隔一层设置一个检查口,但在最底层和有卫生器具的最高层必须设

置。故选项 A 错误。在连接 2 个及 2 个以上大便器或 3 个及 3 个以上卫生器具的污水横管上应设置清扫口。故选项 C 错误。在转角小于 135°的污水横管上,应设置检查口或清扫口。故选项 D 错误。

9. B。【解析】采暖系统中常用的水泵有循环水泵、补水泵、加压泵、凝结水泵、中继泵等。其中,循环水泵一般设在热力管网的回水干管上,其扬程不应小于设计流量条件下热源、热网、最不利用户环路压力损失之和。

10. C。【解析】补偿器是指可吸收因温度变化或建筑物沉降引起的管道伸缩、变形的装置,一般设在架空管或桥管上。常用的补偿器有波形管补偿器、套筒式补偿器等。套筒式补偿器是燃气管网常用的补偿器,一般埋地铺设的聚乙烯管道上设置这种补偿器。

11. A。【解析】常用铝及铝合金管铝管的最高使用温度不得超过 200 ℃。在有压力的管道,使用温度不得超过 160 ℃。在低温(小于 -150 ℃)深冷工程的管道中较多选用铝及铝合金管。

12. B。【解析】夹套管焊缝位置布局应符合下列规定:(1)两环向焊缝间距,内管不宜小于 200 mm,外管不宜小于 100 mm。(2)环向焊缝距管架不宜小于 100 mm,且不得留在过墙或楼板处。(3)夹套管外管剖切的纵向焊缝应置于易检修的部位。(4)在内管焊缝上,不得

开孔或连接支管。外管焊缝上不宜开孔或连接支管。

13. B。【解析】钛及钛合金管道不宜与其他金属管道直接焊接连接。当需要进行连接时,可采用活套法兰连接。

14. A。【解析】压缩空气管道安装形成系统后应按设计要求以水为介质进行强度和严密性试验。系统最低点压力升至试验压力后,应稳压 20 min,然后应将系统压力降至工作压力进行严密性试验,外观检查无渗漏为合格。

15. B。【解析】高压钢管校验性检查时,全部钢管逐根编号,并检查硬度。故选项 A 错误。外径大于或等于 35 mm 时做压扁试验。试验用的管环宽度为 30 ~ 50 mm,锐角应倒圆。故选项 C 错误。高压钢管在校验性检查中,如有不合格项目,须以加倍数量的试样复查。复查只进行原来不合格的项目。故选项 D 错误。

16. B。【解析】管材表面超声波探伤、管材表面磁粉探伤计量单位为 m 或 m²。故选项 A 错误。焊缝磁粉探伤的计量单位为口。故选项 C 错误。探伤项目包括固定探伤仪支架的制作、安装。故选项 D 错误。

17. B。【解析】不同耐火等级建筑的允许建筑高度或层数、防火分区最大允许建筑面积应符合下表的规定。

名称	耐火等级	允许建筑高度或层数	防火分区的最大允许建筑面积/m²	备注
高层民用建筑	一、二级	按《建筑设计防火规范》的规定确定	1 500	对于体育馆、剧场的观众厅,防火分区的最大允许建筑面积可适当增加
单、多层民用建筑	一、二级	按《建筑设计防火规范》的规定确定	2 500	—
	三级	5 层	1 200	
	四级	2 层	600	
地下或半地下建筑(室)	一级	—	500	设备用房的防火分区最大允许建筑面积不应大于 1 000 m²

18. B。【解析】气体吸收法是指采用适当的液体吸收剂清除气体混合物中某种有害组分的方法。该方法的优点是高效、设备简单、一次性投资费用低、净化的同时能够除尘。缺点是需对吸收后的液体进行处理,设备易受腐蚀,净化效率不能 100%。适用于气态污染量大的场合。

19. C。【解析】风阀的种类较多,其中蝶式调节阀、菱形单叶调节阀具有控制、调节功能,但适用于小断面风管;平行式多叶调节阀具有控制、调节功能,适用于适用于大断面风管;止回阀仅有控制功能,作用是阻止气流逆向流动。

20. A。【解析】喷淋塔是指筒体内设有几层筛板,气体自下而上穿过筛板上的液层,通过气体的鼓泡使有害物质被吸收的净化设备。其具有阻力小、结构简单、塔内无运动部件的特点。由于吸收率不高,适用于处理浓度低且量小的有害气体(同时可除尘)。

21. A。【解析】中效过滤器的过滤效率为 20% ~ 70%,初阻力不大于 80 Pa,以过滤 1 μm 以上的微粒有中等程度捕集效率为主。故选项 B 错误。高中效过滤器的结构形式多为袋式。故选项 C 错误。亚高效过滤器的过滤材料采

用一次性使用的超细玻璃纤维滤纸、丙纶纤维滤纸。故选项 D 错误。

22. B。【解析】超声检测通常能确定缺陷的位置和相对尺寸。射线检测能确定缺陷平面投影的位置、大小以及缺陷的性质。磁粉检测能检测出铁磁性材料中的表面开口缺陷和近表面缺陷。渗透检测能检测出金属材料中的表面开口缺陷，如气孔、夹渣、裂纹、疏松等缺陷。

23. B。【解析】套管式换热器构造较简单，能耐高压，传热面积可根据需要增减，应用方便。但管间接头多，易泄漏，占地较大，单位传热面消耗的金属量大。适用于流量不大，所需传热面积不多而要求压强较高的场合。

24. C。【解析】散装填料是一个个具有一定几何形状和尺寸的颗粒体，一般以随机的方式堆积在塔内，又称为乱堆填料或颗粒填料。填料塔使用的散装填料的种类有很多种，属于环形填料的有拉西环填料、鲍尔环填料、阶梯环填料；属于鞍形填料的有弧鞍填料、矩鞍填料；属于环鞍形填料的有金属环矩鞍填料、纳特环填料、共轭环填料；属于其他形填料的有麦勒环填料、海尔环填料、球形填料。

25. A。【解析】储罐充水试验应采用淡水，罐壁采用普通碳素钢或 16MnR 钢板时，水温不应低于 5 ℃。罐壁使用其他低合金钢时，水温不应低于 15 ℃。

26. C。【解析】湿式气柜所用的角钢圈、槽钢圆的分段预制长度不应小于 5 m。当采用热煨或冷弯时，应按设计直径在平台上放样校正弧度，其径向允许偏差应为 ±3 mm，翘曲不得大于 5 mm。

27. C。【解析】根据《通用安装工程工程量计算规范》，气柜制作安装的工程量以"座"为计量单位，按设计图示数量计算。

28. AB。【解析】公称直径（DN）小于或等于 150 mm 的薄壁铜管适用于高级和高层民用建筑室内冷水管、高级民用建筑室内热水管和饮用水管。

29. BC。【解析】公称直径（DN）小于或等于 50 mm时，宜采用闸阀或球阀；公称直径（DN）大于 50 mm时，宜采用闸阀或蝶阀。故选项 A 错误。比例式减压阀节点处的前后应装设压力表和阀门，过滤器应装设到阀前。故选项 D 错误。

30. BCD。【解析】气、水逆向流动的热水采暖管道和气、水逆向流动的蒸汽管道，坡度不应小于 0.5%。故选项 B 错误。低温热水地板辐射采暖系统的加热盘管弯曲部分不得出现硬折弯现象，塑料管曲率半径不应小于管道外径的 8 倍，复合管曲率半径不应小于管道外径的

5 倍。故选项 C 错误。焊接钢管的连接，管径小于或等于 32 mm，应采用螺纹连接；管径大于 32 mm，采用焊接。故选项 D 错误。

31. BD。【解析】室外燃气聚乙烯管材与管件、阀门的连接应采用热熔对接或电熔连接方式，不得采用螺纹连接或粘接。公称外径小于 90 mm的聚乙烯管道连接宜采用电熔连接。公称外径大于 110 mm 的聚乙烯管道连接宜采用热熔连接。

32. ABD。【解析】给排水、采暖、燃气工程的管道工程量计算不扣除阀门、管件（包括减压器、疏水器、水表、伸缩器等组成安装）及附属构筑物所占长度；方形补偿器以其所占长度列入管道安装工程量。

33. CD。【解析】空气干燥器是指利用冷冻或吸附原理将水从压缩空气中析出的装置，主要分为冷冻式干燥器和吸附式干燥器。冷冻式干燥器是指运用物理原理，将压缩空气中的水分冷冻至露点以下，使之从空气中析出的压缩空气干燥机。吸附式干燥器是指利用吸附剂吸附水分的特性来降低压缩空气中水分的含量的压缩空气干燥机。

34. BC。【解析】机械排风的风管用于空气的输送，通常用钢板制造。排除有爆炸性气体或余热宜采用镀锌钢板风管；排除酸性、碱性废气宜采用难燃型耐腐蚀玻璃钢风管或阻燃型塑料风管；排除有机废气宜采用不锈钢风管；排除含有粉尘的空气宜采用碳钢风管；排除潮湿空气时宜采用玻璃钢或聚氯乙烯风管。

35. ABC。【解析】惯性除尘器是指借助各种形式的挡板，迫使气流方向改变，利用尘粒的惯性使其和挡板发生碰撞而将尘粒分离和捕集的除尘器，主要类型有气流折转式、重力挡板式、百叶板式、组合式等。

36. BD。【解析】分离压力容器（代号S），主要是用于完成介质的流体压力平衡缓冲和气体净化分离的压力容器，例如各种分离器、过滤器、集油器、洗涤器、吸收塔、铜洗塔、干燥塔、汽提塔、分汽缸、除氧器等。

37. AD。【解析】球罐整体热处理宜采用内燃法，也可采用电加热法。球罐内燃法热处理的装置主要由雾化器、燃料、空气供给系统等组成。电加热法热处理的装置主要由变压器、电源控制箱和远红外电热板及温度自动控制系统组成。电热板的功率和数量应满足工艺要求，其最高使用温度应高于热处理温度 200 ℃ 以上。电热板的导线和金属支架应采取绝缘措施。

第六章　电气和自动化控制安装工程技术与计量

不定项选择题

1. B。【解析】变配电站的功能用房一般根据其规模、设备选型、使用要求等设置。其中,高压配电室的主要作用是接受电力;控制室的主要作用是预告信号;电容器室的主要作用是提高功率因数;变压器室的主要作用是高压电转低压电;低压配电室的主要作用是分配电力;值班室的主要作用是应对突发事件。故选项 A,D 错误。建筑物及高层建筑物变电站不宜采用油浸变压器,应采用干式变压器。故选项 C 错误。

2. A。【解析】高压熔断器由熔管、熔丝、触头、接触座、绝缘子、底架构成。熔管采用瓷质管,熔丝用镀银铜丝与石英砂紧密接触,熔丝中间焊有降低熔点的小锡球。

3. D。【解析】封闭式母线垂直敷设时,距地面 1.8 m 以下部分应采取防止母线机械损伤措施。故选项 A 错误。母线引下线布置时,由左到右的顺序是 A - B - C - N。故选项 B 错误。封闭式母线水平敷设时,支撑点间距离为 2~3 m。故选项 C 错误。

4. C。【解析】架空线路的线间距不得小于 0.3 m,靠近电杆的两导线的间距不得小于 0.5 m。

5. C。【解析】三相四线制系统中应采用四芯电力电缆,不应采用三芯电缆另加一根单芯电缆或以导线、电缆金属护套作中性线。故选项 A 错误。直埋电缆敷设时,电缆埋置深度应符合下列规定:电缆表面距地面的距离不应小于 0.7 m,穿越农田或在车行道下敷设时不应小于 1 m。故选项 B 错误。电缆保护管的内径应为电缆外径的 1.5~2 倍,敷设电缆管时应有 0.1% 的排水坡度。故选项 D 错误。

6. C。【解析】独立避雷针及其接地装置与道路或建筑物的出入口等的距离应大于 3 m;当小于 3 m 时,应采取均压措施或铺设卵石或沥青地面。

7. D。【解析】建筑物高度超过 30 m 时,应设置均压环。故选项 A 错误。当专设引下线时,宜采用圆钢或扁钢。除利用混凝土中钢筋作引下线外,引下线应热浸镀锌,焊接处应涂防腐漆。故选项 B 错误。明敷接地线适用于户内接地母线。明敷接地线,在导体的全长度或区间段及每个连接部位附近的表面,应涂以 15~100 mm 宽度相等的绿色和黄色相间的条纹标识。故选项 C 错误。

8. B。【解析】介质损耗角正切值是反映绝缘性能的基本指标之一,反映的是绝缘损耗的特征参数。测量介质损耗角正切值可以灵敏有效地发现小体积设备贯通和未贯通的局部缺陷。

9. A。【解析】根据《通用安装工程工程量计算规范》,盘、箱、柜的外部进出电线预留长度见下表。

盘、箱、柜的外部进出线预留长度　　单位:m/根

序号	项目	预留长度	说明
1	各种箱、柜、盘、板、盒	高 + 宽	盘面尺寸
2	单独安装的铁壳开关、自动开关、刀开关、启动器、箱式电阻器、变阻器	0.5	从安装对象中心算起
3	继电器、控制开关、信号灯、按钮、熔断器等小电器	0.3	从安装对象中心算起
4	分支接头	0.2	分支线预留

10. B。【解析】自动控制系统中,放大变换是指把接收到的偏差信号,通过分析其控制的形式、幅值、功率后,进行放大变换为适合控制器执行的信号的环节。

11. D。【解析】椭圆齿轮流量计测量精度高、计量稳定,适用于精密地连续或间断地测量管道中液体的流量或瞬时流量,特别适用于重油、聚乙烯醇、树脂等黏度较高介质的流量测量,但被测流体中不能有固体颗粒,否则容易将齿轮卡住或引起严重磨损。

12. A。【解析】比例式调节器的优点是反应速度快,调节作用能立即见效且稳定性高,不易产生过量调节的现象。缺点是不能使被调量恢复到给定值而存在余差(过渡过程终了时的残余偏差叫余差),因而调节准确度不高。

13. B。【解析】热电阻温度计是常用于中低温区的一种温度检测器,测量精度高、性能稳定,其中,铂热电阻温度计不仅广泛应用于工业测温,而且被制成标准的基准仪。

14. D。【解析】过程检测仪表包含温度仪表、压力仪表、变送单元仪表、流量仪表和物位检测仪表五项。五项的工程量计算规则均为按设计图示数量计算;其中除温度仪表的计量单位为支外,其余的计量单位均为台。

15. ACD。【解析】压力表按测量精度分为精密压

力表和一般压力表;按工作原理分为液柱式压力表、弹性式压力表、电气式压力表、活塞式压力表。

16. ABD。【解析】电磁流量计属于流量式流量计。容积式流量计的代表性产品是椭圆齿轮流量计。故选项 C 错误。

17. CD。【解析】浮子式物位检测仪表既能检测液位又能检测界位。重锤式物位检测仪表既能检测液位又能检测界位。压力式物位检测仪表既能检测液位又能检测料位。电容式物位检测仪表既能检测液位又能检测料位。

18. B。【解析】集线器的本质是一个中继器,其主要的工作内容是将接收到的信号进行再生、整形和放大,使其能够传输到更远的位置。

19. B。【解析】普通的以太网交换机都是采用双绞线 RJ－45 接口,而且最高可以支持 1 000 Mbps。故选项 B 错误。

20. C。【解析】分支器的作用是将主输入端信号分成几路输出,但是各路信号电平不完全相等,大部分信号通过主输出端送至主线,另一小部分信号则通过分支输出端进入支线。

21. B。【解析】通信管道宜建在人行道下,当在人行道下无法建设时,可建在非机动车道或绿化带下,不宜建在机动车道下。故选项 A 错误。通信管道与通道位置不宜选在埋设较深的其他管线附近。故选项 C 错误。通信管道与铁道及有轨电车道的交越角不宜小于 60°。故选项 D 错误。

22. D。【解析】智能建筑系统一般分为三个子系统,包括建筑自动化系统（BAS）、通信自动化系统（CAS）、办公自动化系统（OAS）,这三个子系统通过综合布线系统（PDS）与智能建筑集成中心（SIC）相连构成整个建筑智能化集成系统。

23. A。【解析】点型入侵探测器通常有开关型和振动型两种。振动型探测器又包括速度式（或电动式）振动探测器和加速度式（或压电式）振动探测器。选项 B 属于面型探测器;选项 C 属于空间探测器;选项 D 属于线型探测器。

24. C。【解析】视频探测器是将电视监视技术与报警技术相结合的一种新型安全防范报警设备。它以电视摄像机来作为遥测传感器,通过检测被监视区域的图像变化,从而实现报警的功能。

25. B。【解析】视频矩阵主机是电视监控系统中的核心设备,对系统内各设备的控制均是从这里发出和实现的。其主要功能是通过视频切换一台监视器能够监视多个摄像机摄取的图像信号;单个摄像机摄取的图像经视频分配放大可同时显示在多台监视器;可通过主机发出的串行控制数据（时间地址）代码,去控制前端设备。

26. B。【解析】建筑群布线子系统从建筑群配线架延伸到通常是分开的建筑中的建筑物配线架。故选项 A 错误。建筑群布线子系统可能包括建筑群主干缆线,建筑物引入设备内的所有布线部件,建筑群配线架中的跳线和接插软线,端接建筑群主干缆线的连接硬件（在建筑群配线架和建筑物配线架上）。故选项 C,D 错误。

27. ABC。【解析】光纤由能传送光波的玻璃纤维或塑料纤维制成,外包一层比玻璃或塑料折射率低的材料,进入光纤的光波能在两种材料的界面上形成全反射,从而不断地向前传播完成传导。故选项 D 错误。

28. ABD。【解析】全向天线、定向天线和室内天线的计量单位为副,按设计图示数量计算。同轴电缆的计量单位为条或 m。

29. AC。【解析】出入目标识别,就是在安全防范系统中对人员、物品等目标进行身份的识别。常见的代码识别有密码、身份证号码、学生证号码、条码等。

30. BCD。【解析】办公自动化系统就是将计算机技术、通信技术、系统科学、行为科学应用于用传统的数据处理技术难以处理的量非常大而结构又不明确的那些业务上的一项综合技术。